图 5-8

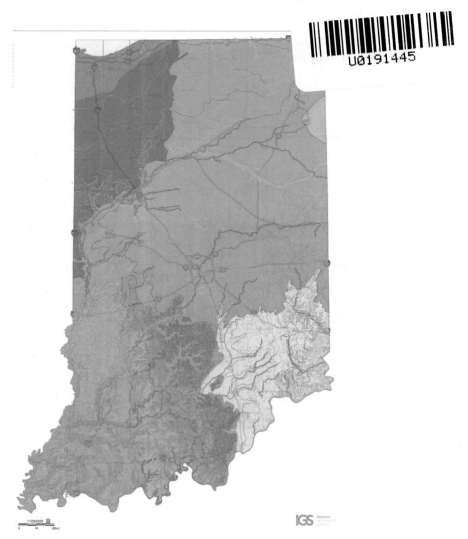

图 6-16

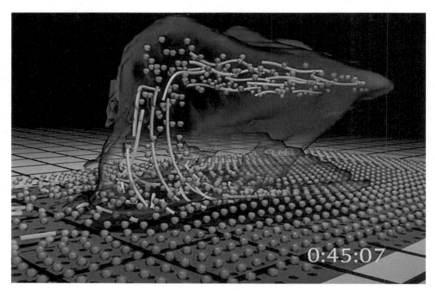

图 6-17

a)

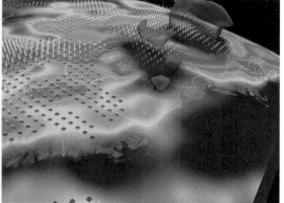

b)

图 6-43

图 7-33

图 7-59

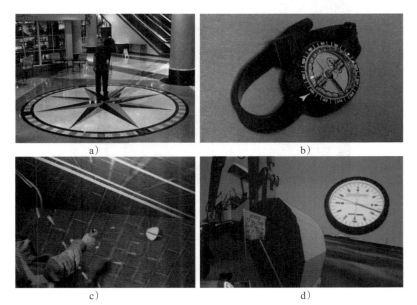

图 7-66

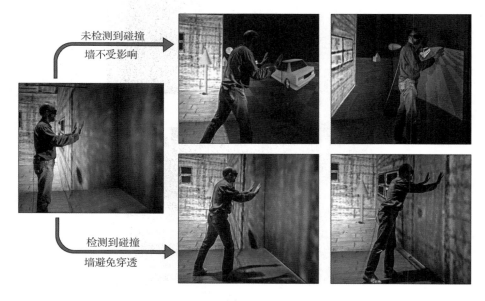

未检测到碰撞
墙不受影响

检测到碰撞
墙避免穿透

图 8-31

图 9-7

Understanding Virtual Reality
Interface, Application, and Design, Second Edition

虚拟现实

接口、应用与设计

（原书第 2 版）

［美］ 威廉姆·R. 谢尔曼（William R. Sherman） 著
 阿兰·B. 克雷格（Alan B. Craig）

黄静 叶梦杰 译

机械工业出版社
China Machine Press

图书在版编目（CIP）数据

虚拟现实：接口、应用与设计：原书第 2 版 /（美）威廉姆·R. 谢尔曼（William R. Sherman），（美）阿兰·B. 克雷格（Alan B. Craig）著；黄静，叶梦杰译 . -- 北京：机械工业出版社，2021.10
（华章程序员书库）
书名原文：Understanding Virtual Reality: Interface, Application, and Design, Second Edition
ISBN 978-7-111-69477-9

I. ①虚…　II. ①威… ②阿… ③黄… ④叶…　III. ①虚拟现实　IV. ① TP391.98

中国版本图书馆 CIP 数据核字（2021）第 221724 号

> **注意**
>
> 本书涉及领域的知识和实践标准在不断变化。新的研究和经验拓展我们的理解，因此须对研究方法、专业实践或医疗方法作出调整。从业者和研究人员必须始终依靠自身经验和知识来评估和使用本书中提到的所有信息、方法、化合物或本书中描述的实验。在使用这些信息或方法时，他们应注意自身和他人的安全，包括注意他们负有专业责任的当事人的安全。在法律允许的最大范围内，爱思唯尔、译文的原文作者、原文编辑及原文内容提供者均不对因产品责任、疏忽或其他人身或财产伤害及／或损失承担责任，亦不对由于使用或操作文中提到的方法、产品、说明或思想而导致的人身或财产伤害及／或损失承担责任。

虚拟现实：接口、应用与设计（原书第 2 版）

出版发行：机械工业出版社（北京市西城区百万庄大街 22 号　邮政编码：100037）
责任编辑：曲　熠　　　　　　　　　　　　　　责任校对：殷　虹
印　　刷：三河市东方印刷有限公司　　　　　　版　　次：2022 年 1 月第 1 版第 1 次印刷
开　　本：186mm×240mm　1/16　　　　　　　印　　张：38（含 0.25 印张彩插）
书　　号：ISBN 978-7-111-69477-9　　　　　　定　　价：199.00 元

客服电话：（010）88361066　88379833　68326294　　　投稿热线：（010）88379604
华章网站：www.hzbook.com　　　　　　　　　　　　　读者信箱：hzjsj@hzbook.com

The Translator's Words 译 者 序

　　本书的翻译工作从 2020 年 2 月初开始，经过近一年的艰苦努力才全部完成。在翻译风格上，我们讲求忠实原著，有时宁可减少文采也力求清楚地传达作者的原意。

　　作为译者，能将国外权威的虚拟现实技术专业书籍在尽可能短的时间内翻译出来并送到读者手中，我们感到非常荣幸。同时，尽管我们都有虚拟现实技术开发的专业背景，并已在高校从事虚拟现实技术的教学和项目开发工作多年，但在翻译过程中仍备感压力。希望中文版能对虚拟现实技术爱好者有所帮助！

　　本书的翻译工作由黄静、叶梦杰完成。黄静翻译了序言、前言和作者简介，叶梦杰翻译了第 1 ～ 10 章，黄静对全文翻译做了统稿和审稿。欢迎各位专家学者指正书中存在的错误。

译 者

2021 年 9 月

序　言 *Foreword*

　　我们的生活是在融合了真实和虚拟的混合现实中度过的。在这样的现实中,我们一天中的大部分时间都被综合的体验所填满,甚至体验的"虚拟"现实可能还要多于"真实"现实。我们常常专注于手机,而不是身边的物理环境。

　　我相信,混合现实有潜力重塑经济,它对环境几乎没有破坏,并能激发更令人满意的创造、合作和交流。然而,如果人们坐在同一张餐桌对面互发手机短信,孩子们在纸质杂志上徒劳地"捏拉"图片试图缩小或放大,这样的场景看起来似乎有些荒谬。但这只是因为我们没能以足够开放的心态去接受一种新的媒介,这种媒介将我们从物质世界的束缚中解放出来,同时又让我们在感知上扎根于自己的身体。

　　我们正处于从工业化时代向信息化时代过渡的过程中。充满电子邮件和网络表单的令人麻木的生活是过去思维的残留,我们现在必须去探索这个新的世界中可能存在的感知、认知和情感力量,并研究心灵、思维和身体是如何快乐地栖息在虚拟世界中的。

　　1992 年(就在我遇见两位作者的那一年)我就说过:"设计师必须抛弃日常感知的物理环境和其他媒介的特性,这样才能完全接纳虚拟环境的本质和特性。"随着领域的发展,我发现这一点变得越来越重要:超现实主义在虚拟环境设计中是非常重要的,因为它的反直觉能力能够在超越现实的同时增强存在感。

　　心理学家 J. J. Gibson 提出,人类理解环境的方式是,首先建模环境中存在的事物,然后是环境能提供给我们什么,最后是环境能让我们做什么。这就是我对这本书的看法。它超越了对虚拟现实的一般粗略描述,即那些只触及媒介表面情况的简单描述,至多涉及一些结构和背景。本书则深入其中,从历史、感知、技术、艺术等多个视角切入主题。这样不仅能帮助读者了解虚拟现实这种媒介是什么,还能使读者清楚这种媒介能做什么。

　　虚拟现实技术还在不断发展变化,我们无法准确预知它的未来走向。正因如此,虚拟现实的创造力才令我们如此兴奋。同时,我们也开始发现虚拟现实技术的一些边界。我很欣赏两位作者强调"虚拟现实体验是开发者和参与者共同创造的"这一说法，在这种合作中，我们更有可能发现好故事而不仅仅是听别人讲故事。

　　本书并不是一本带有简洁答案的教科书，而是搭建了一个框架，使读者能够开展自己的探索和实验。很高兴向大家推荐这本探索指南，让我们共同探寻新现实的本质。

Mark Bolas

华盛顿贝尔维尤

前 言 *Preface*

第 2 版简介

本书第 2 版已经酝酿了很长一段时间（碰巧的是，它在 Ivan Sutherland 的第一台头戴式显示器（HMD）问世 50 周年之际出版）。在第 1 版中，考虑到用于创建沉浸式体验的技术将不断发展，当时的目标是尽可能以一种与时代或技术无关的方式来讨论主题。我们认为第 1 版在这方面是比较成功的。

本书第 1 版的最后一行是："我们（早期 VR 开发人员）现在正在开发的就是未来。我们需要为建立在当下工作基础上的未来做好准备。"这基本上是正确的，现在我们正乘着更大的浪潮——甚至是无法控制的浪潮，但我们仍然可以指引一条道路，并做出自己的贡献。

第 1 版关于"未来"的一章（第 9 章）中所预期的大部分内容已经快速成为现实，甚至比我们在 5 年前开始修订本书时想象的还要快。我们没有预料到智能手机和平板电脑会有如此迅速的发展，尤其是它们对虚拟现实的贡献。我们没想到出现了一种全新的位置跟踪方法，事实上出现了两种新技术：Vive Lighthouse 跟踪系统和 SLAM 内部 / 外部跟踪方法。这些技术通过扫描周围世界，检测出相对于已知世界的运动。实际上，在对第 1 版进行更新的同时，我们被智能手机 VR/Oculus Kickstarter 以及 2016 年发布的三款消费级 HMD（Oculus CV-1、HTCVive 和索尼 PlayStation-VR）的浪潮所震撼。因此，随着新的技术及应用趋势开始形成，我们最终做了比原计划更重要的更新。

我们还惊讶地发现，2000 年在伊利诺伊州国会大厦进行的虚拟现实产品展会的参与者之一——伊利诺伊州的一名参议员，后来变得相当有名（见图 8.11d）。（在第 1 版的图 7.5 中，你会看到他戴着我们为 Allstate Insurance 设计的酒后驾驶模拟器跟踪眼镜。）

虚拟现实社区也是游戏产业的幕后推手。在 GPU 为电脑游戏带来新的渲染功能的同时，虚拟现实的发展亦得到很大的推动。此外，智能手机技术也对虚拟现实的发展大有助力，包括小型、平板、高分辨率的显示器，来自惯性传感器（GPS、倾斜、罗盘等）的输入，以及新的计算技术。当然，随着元件价格的不断降低，支持 Oculus HMD 的游戏爱好者也成为推动虚拟现实技术进步的重要力量。

虚拟现实涉及计算机科学、工程、感知心理学、艺术和物理等众多领域的知识。毫无疑问，虚拟现实教学已经发生了改变，并且变得越来越好。在过去，我们可能会在校园边缘（甚至校外）为学生提供一个实验室，他们可能要和研究人员共享虚拟现实显示器，不管是 CAVE 沉浸式系统还是 HMD。在 Google Cardboard 被广泛使用之后，现在学生可以方便地开发和测试虚拟现实技术。后来，随着大学在更多的公共空间（包括图书馆）部署 HMD 实验室，学生现在可以使用全 6-DOF 虚拟现实体验。此外，在虚拟现实教学领域出现了更多更易于使用的软件工具包，这些工具包将游戏引擎与虚拟现实技术整合，其中很多都用到了 Unity。

但总的来说，虚拟现实作为一种媒介的概念是没有改变的。设计标准与过去仍然是相同的，尽管我们可能比以前更了解在特定情况下什么方法是有效的。

第 2 版中展示的例子是新旧混合的。当我们能找到更好的现代例子时，我们就采用新例子；但当旧例子仍然是某些概念的最佳例证时，它们就被保留下来。新的界面和表示方式已经开始合并，但这可能不是最好的选择，一些好的想法已经半途而废，但仍需要进一步探索。自从第 1 版出版后，我们又出版了另一本书（*Developing Virtual Reality Applications*），其中介绍了许多很好的例子（有些现在已经成为历史了），这些都应该在开发下一代虚拟现实体验时加以考虑。此外，Alan Craig 还写了一本名为 *Understanding Augmented Reality* 的书，专门讨论 AR。

这是一本什么样的书

本书的目的是探讨如何利用虚拟现实作为人类交流的媒介，在人与人之间分享信息和经验。我们试图提供对虚拟现实媒介的全面概述，包括产生物理沉浸效果所需的技术和提供有用和有意义的内容所需的界面设计。

虚拟现实的研究正从主要关注技术转向越来越关注使用虚拟现实媒介可以做什么，这正在推动应用的发展。早期对技术的关注不是因为研究人员对这种新兴媒介能做什么缺乏兴趣，而是因为技术本身在很多方面都存在缺陷。研究人员——例如北卡罗来纳大学教堂山分校的 Fred Brooks——的工作目标是可用的应用程序，但认识到需要在计算机图形、显示和跟踪设备等领域取得重大进展，因此被迫将他们的研究扩展到所有这些方向。

随着所需技术的普及和技术水平的提高，虚拟现实媒介已经成为一种完成研究的可行工具，而不仅仅是一个研究主题。从 20 世纪 80 年代末到 90 年代初，随着技术的进步，越来越多的研究中心（商业界和学术界）有能力尝试虚拟现实。现在技术的成本已经足够低，不仅可以用于大型研究设施，也可以用于大众市场。因此，在消费者层面上，使用和创作 VR 内容在很大程度上变得物有所值。这本书探讨了在科学、工业、艺术、教育和医学等领域开发虚拟现实应用程序需要做好哪些准备。

就像娱乐业推动了计算机图形技术的发展一样，电影、街机和家庭娱乐市场率先开发了虚拟现实的商业潜力。这些力量正促使虚拟现实产品价格进入一个合理的范围，以便更广泛地应用。在一些利基受众中，已经出现了许多可行的科学、工业、医疗、教育和艺术应用。事实上，许多例子都来自现实世界的 VR 应用，包括科学、制造、商业、医学、教育、体育、娱乐、艺术和军事等不同领域。

我们写这本书的目的是提供关于虚拟现实媒介的综合描述，包括如何使用虚拟现实，以及如何创建引人注目的 VR 应用程序。书中探讨了虚拟现实的起源，虚拟现实系统的组成部分，以及将人类参与者与虚拟世界连接起来的方法。虽然我们简单地讨论了虚拟现实系统的类型和它们之间的区别，但是我们避免详细讨论硬件技术，因为技术发展得太快，仅凭一本书无法深入讨论，而且读者可以通过其他资源来获取这些信息。最新、最详细的信息通常可以在会议、展会或线上找到。

这不是一本什么样的书

这本书不是关于如何用今天的技术实现 VR 系统的教程。我们认为这本书的读者将会在内容层面上理解并应用虚拟现实。我们的目标是写一本超越当今技术的有用的书。对于那些需要学习底层 VR 设备接口的人来说，目前有许多可用的资源。

这本书也不涉及虚拟现实或计算机图形的编程知识。相反，本书的重点是内容、交互、系统集成和可用性方面。此外，通过与其他虚拟现实编程资源的整合，本书也可作为虚拟现实编程课程的参考书。

只要有可能，我们将尽力帮助读者获得有效的信息，并学会把实用的信息和噱头区分开来。人们一直指责虚拟现实仅仅是一种技术创新，但在媒体上被过度宣传。虽然媒体对虚拟现实有一定的炒作，但我们相信（并希望在接下来的章节中证明）虚拟现实是一种有用的新兴媒介，并且是一种不容忽视的媒介。聪明的读者会认识到新媒介的力量，并以建设性的方式在自己的应用程序中利用它。

本书的读者对象

本书面向所有具有前瞻性观点的读者——那些商业人员，以及科学家、工程师、教育工作者和艺术家，他们不满足于媒体炒作的热点，而是渴望学习如何使用虚拟现实解决问题。

这些读者通常了解一些技术知识，但可能不知道如何将 VR 应用于他们感兴趣的特定领域。

本书也适合作为 VR 课程的一本有价值的教科书，为研究生或本科生提供关于 VR 系统和内容的基础知识。这些学生可以来自不同的专业，包括计算机科学、工程、心理学、医学、教育、科学和艺术。事实上，在很大程度上，VR 开发者需要是全能的，或者至少是多个领域的精英，他们需要与拥有互补技能的人合作。

本书的另一个目的是为那些想知道 VR 是否能使他们受益的人提供有用的信息来源，无论是作为探索信息的途径，还是作为开发完整的虚拟现实应用程序的工具。VR 常常让人联想到游戏和复杂科学这些有限的概念。为了研究如何将 VR 应用于各种领域，我们在第二部分研究了一般的 VR 界面技术，在第三部分研究了总体设计。

如何使用本书

本书的第一部分旨在向读者提供理解 VR 应用所需的术语和背景知识。第二部分重点讨论技术问题，包括交互技术、内容选择和在设计 VR 应用程序时需要注意的表示问题。在第 2 版中，我们新增一章（第 3 章）讨论人类用户在 VR 应用的体验中扮演的重要角色。第三部分探讨设计 VR 体验过程中出现的问题，并探索这些体验的分类以及我们可以从过去的体验中学到什么。最后一章对 VR 系统和应用的未来进行展望，并回顾了我们在第 1 版中所做的预测。

可以这样理解本书三个部分的主要内容：

❑ 第一部分：VR 是什么。
❑ 第二部分：VR 怎样实现。
❑ 第三部分：为什么使用 VR、如何使用（或如何最充分地使用）VR 以及 VR 接下来会如何发展。

为了了解该领域的基础知识，以及 VR 在各种应用领域中的进展，读者可以从头到尾通读全书。然而，教师也可以根据不同大学课程的侧重对阅读方式进行调整。以技术为导向的课程可能较少关注前面的章节（强调 VR 作为一种交流媒介），而更多关注技术和系统章节（第二部分）；专注于媒介研究课程或主要关注内容层面的课程，可能会淡化 VR 系统的技术问题，转而关注 VR 的使用（第一部分和第三部分）；VR 编程课程可关注本书的技术和可用性方面，特别是利用我们在 www.understandingvirtualreality.com 上提供的额外在线材料。

本书的第 1 版包括几个附录，每个附录都提供了对特定 VR 体验的介绍。现在可以在网站上看到这些内容。

如何帮助我们改进本书

当然，随着 VR 和 AR/MR（也就是"XR"）作为媒介和底层技术的不断发展，肯定会有一些新的概念无法在本书中及时呈现（比如第 1 版没有涵盖 SLAM 跟踪技术）。除此之外，关于人类如何与技术互动以及如何改进体验以满足参与者的需求的研究还在继续。因此，在某种程度上，可以肯定本书将来还会推出第 3 版。因此，我们当然欢迎读者的任何意见，特别是教授 VR/AR/MR/XR 课程的教师。（我们已经设想过拆分篇幅过大的章节，但由于时间限制，在这个版本中暂时没有实现。）

作者的怪癖

VR 是一种只能亲身体验的媒介，如果不熟悉这种媒介，就很难理解某些概念。因此，为了符合 VR 的视觉本质，我们使用了大量的照片、截图和图表来增强表达效果。读者可能会注意到其中的许多图像使用了 CAVE VR 系统。我们之所以这么做，是因为在固定式 VR 显示器中更容易看到参与者在 VR 体验中的互动。

然而，我们也使用了许多基于头部的系统，并认识到它们在许多情况下是用于显示的最合适的选择。因此，我们对显示技术的讨论试图在固定式显示器和基于头部的显示器（HBD）之间取得良好的平衡。书中也包括一些基于头部的显示器系统的照片。

如前所述，本书的目的不是提供对当今快速变化的技术的详细讲解。我们希望，当今天的硬件适合在博物馆中作为展示的对象而不是作为展示的手段时，这里提供的信息还能继续发挥作用。目前已经有许多有用的信息来源，涵盖了当前 VR 技术的复杂性和实现方法。

书中有一些"作者的怪癖"，即一些反复出现的典故或者可能是"笑料"，这些内容涉及流行、古典甚至特定 VR 文化的元素，例如 *Moby Dick*、*The Muppets*、*Portal*、*Crayoland* VR 世界、The Who，以及在许多照片中出现的同事和家人（"笑料"主要参考 *The Muppet Movie*）。令人惊讶的是，我们很少提到 Seinfeld 和 Monty Python。我们特别向 1994 年的 Saturday Night Live 致敬，其中包括一个关于"Virtual Reality Books"的讽刺性广告，广告中突出了 *Moby Dick*，因此我们将其作为典故收录了。

第 1 版致谢

很多人都为这本书的创作做出了贡献。第一个贡献来自 Audrey Walko，她帮助我们联系 Morgan Kaufmann 出版公司的创始人，从而开启了我们的旅程。另一个早期贡献来自 Mary Craig，她根据听写转录了初稿的部分内容。

理想情况下，我们希望逐一感谢每一个向我们展示并讨论过他们的虚拟现实工作的人，包括在参观世界各地的许多虚拟现实设施期间接待我们的人。我们最初关注的是如何将虚拟现实应用于各种学科和主题领域。因此，我们的创作之旅始于尽可能多地找到虚拟现实应用程序，体验它们，并与创作者讨论。我们与 50 多个虚拟现实应用程序的负责人进行的讨论，无疑有助于塑造我们对创造良好虚拟现实体验的看法。

随着写作的进展，书中包括的关于虚拟现实媒介的材料越来越多，并且变得难以处理，于是我们选择删除关于现有 VR 应用的大部分材料。（事实上，这些材料成了我们所著的 *Developing Virtual Reality Applications* 一书的内容。）部分材料保留在用于例证许多概念的图中（见第 1 版的 4 个附录）。因此，我们在图题中直接给出这些贡献者的名字。然而，我们还希望使用更多的材料来单独致谢许多我们在最初的调研中遇到的慷慨的人。

当然，也有很多人与我们分享了他们的虚拟现实工作经验，并允许我们在自己的设备上运行他们的应用程序。我们在照片中呈现了许多这样的应用程序，展示了各种 VR 技术是如何实现的。这些是他们的慷慨的充分体现，我们在照片说明中单独向他们致谢。我们要特别感谢 Dave Pape，他直接或间接地提供了许多 CAVE 应用程序，并允许我们使用 Crayoland House——我们将其移植到了许多示例场景中。

我们也要感谢在 NCSA 与我们合作的许多人。当然，这包括所有在 NCSA 做过可视化工作的人，特别是那些参与可视化小组展示项目的人。该项目向我们介绍了许多可视化的基本概念，包括感知、表示、映射、符号学和认知。即使日常任务让我们更专注于技术本身，但我们的主要目标还是利用技术进行交流和获得洞察力。我们希望以一种易于读者理解的方式来呈现在那些充满深刻见解的会议中学到的一些概念。

NCSA 也为我们提供了大量的机会，让我们可以与有兴趣的科学家一起研究可视化和 VR 技术。这些工作也让我们与有兴趣将 VR 作为制造设计工具以及有兴趣推动安全和可视化零售业务的企业保持联系。我们与多位教授合作，他们通过虚拟现实媒介打造新颖的教学环境。NCSA 管理层全力支持虚拟现实设施的开发和推广，从 1991 年的 FakeSpace BOOM、VPL 和 Virtual Research HMD，到我们后来经常使用的 CAVE，但这些产品最终还是落伍了。此外，NCSA 还与伊利诺伊大学芝加哥分校电子可视化实验室（EVL）开展合作，该实验室当时由 Tom DeFanti 和 Dan Sandin 负责，多年来仍然是该领域信息、技术和灵感的巨大来源。

考虑到这本书所经过的迭代次数，我们要感谢大量的评论者，包括 Colleen Bushell、Toni Emerson、Scott Fisher、George Francis、Kurt Hebel、Andy Johnson、Mike McNeill、Robert Moorhead、Carla Scaletti、Steve Shaffer、Audrey Walko 和 Chris Wickens。还有三位评论者特别为我们提供了几章的详细评论，他们是 Bill Chapin、Rich Holloway 和 Holly Korab。我们还要感谢一些匿名的评论者，正是他们使这本书变得更加出色。

我们还要特别感谢 Mike Morgan，以及 Morgan Kaufmann 出版公司的工作人员，包括我们的编辑 Diane Cerra、丛书编辑 Brian Barsky 和 Belinda Breyer。Mike 和 Diane 很有耐心，允许我们在当前产品的基础上对书中各个方面的设计和实现进行迭代。Belinda 的贡献包括对书的完整审查和编辑，确保所有对读者必要的信息都被有序地包括在内。

我们要感谢 Beverly M. Carver 绘制了许多线条图。我们也要感谢 Yonie Overton 帮助我们进一步打磨内容，并监督设计和制作过程。她的努力使最终产品变得更好。

最后要感谢我们的家人。Bill 的妻子 Sheryl 承担了更多的家务，在马拉松式的写书过程中一直给予我们支持。Cindy 和 Danielle 两个孩子尽自己所能表现到最好，尽管爸爸并没有像他们希望的那样常在身边。还有 Theresa，感谢她等了这么久，直到本书完成最后的编辑。还要感谢 Alan 的朋友和家人在技术领域的鼓励和专业意见。

第 2 版致谢

许多人又一次为这本书的创作做出了贡献。首先感谢建议更新本书的评论者：Christoph Borst、Torsten Kuhlen 和 Ryan McMahon。他们不仅鼓励我们创作新版，而且还对可以改进的地方提出了深思熟虑的意见。我们还应该感谢（也许是道歉）Jesse Schell，我们从他那里第一次了解了 Gartner Hype Curve，并做了进一步的讨论。在第 1 版中对他的感谢是以脚注的形式出现的，但采用不加脚注的版式后，我们忘了将对他的感谢转移到前言中。

我们也与许多 VR 从业者进行了很好的交流，包括 Mary Whitton、Jason Jerald 和 Richards Skarbez（特别是在制作 Presence 部分时）。还有 John Stone，他对现代 GPU 渲染提供了相当多的见解。此外，Symbolic Sound 公司的 Carla Scaletti 提供了关于音频的信息和综述，特别是虚拟现实中的音频。

相比于第 1 版，在我们与同事和合作者的努力下，这本书已大大改进。现在，除了 NCSA 以外，我们与沙漠研究所（DRI）、I-CHASS 和印第安纳大学均有合作。我们现在已经参观了世界上大约 100 个虚拟现实实验室，而且可以轻松地将不同的虚拟现实体验下载到我们的个人虚拟现实系统。

我们再次感谢 Beverly M. Carver 在 2D 图表方面的大力帮助，许多图表需要更新，但由于我们丢失了一些原始文件，她不得不从头重新创建。同样，有许多人为这本书提供了图片，他们的贡献在相应的图题中列出。没有致谢或出处的图片通常是我们自己创建的，除了 Beverly 的大部分 2D 图表。此外，付费和开放的应用程序的截图，用 Unity 和 Iris Inventor 创造的 3D 世界，以及用 Py-cairo 创造的 2D 错觉图像，都是我们以半匿名方式创造的。

还要感谢 Elsevier/Morgan Kaufmann 团队，包括 Todd Green、Meg Dunkerley、Amy

Invernizzi 和 Ana Garcia，以及包括 Punithavathy Govindaradjane 和 Sandhya Narayanan 在内的制作团队。与第 1 版一样，本书的出版是一个漫长的过程，感谢他们的坚持，是他们推动我们写完全书。

最后，感谢我们的家人。Bill 的妻子 Sheryl 承担了大部分家务并不断鼓励他，而 Bill 则每晚都在写作、编辑和发电子邮件。至于孩子们，现在有一个更长的名单：Cindy、Josh、Danielle、Theresa、Thomas 和 Anthony，还有 Gracie、Nora 和 Andrew。他们偶尔会走进爷爷的书房玩闹一阵。感谢 Bill 的父母 Robert 和 Kathleen，他们可能还记得我五年级时因为完不成关于太阳系的作业而开始失控的事。还有 Alan 的朋友和家人，举不胜举。

作者简介 *About the Author*

William R. Sherman　印第安纳大学高级可视化实验室研究技术部高级技术顾问，领导科学可视化和虚拟现实方面的研究。他教授本科生和研究生的虚拟现实和可视化相关课程长达20年，曾任教于内华达大学雷诺分校（UNR）和伊利诺伊大学厄巴纳 – 香槟分校（UIUC）。

此前，他在沙漠研究所（DRI）建立了高级可视化、计算和建模中心（CAVCaM），领导虚拟现实和可视化方面的工作，包括监督 FLEX CAVE 式虚拟现实系统和六面 CAVE 系统的安装。在加入 DRI 之前，他曾在 UIUC 国家超级计算应用中心（NCSA）领导虚拟现实方面的工作，与电子可视化实验室合作安装和操作第二套 CAVE 虚拟现实系统。

他独立或参与撰写了众多关于科学可视化和虚拟现实的书籍和论文，并与爱达荷州国家实验室和 Kitware 公司合作，组织并领导了以沉浸式可视化为主题的"训练营"。他是 FreeVR 虚拟现实集成库的架构师。他参加了自 1995 年以来的每一次 IEEE 虚拟现实会议，并曾担任 2008 年会议的主席。

Alan B. Craig　独立顾问、发明家、音乐家、作家、科学家、教师。Craig 博士是虚拟现实、增强现实、可视化和高性能计算领域的独立顾问。在担任这一职务之前，他在 UIUC 工作了 30 年，担任 NCSA 的研究科学家，并在人文、艺术和社会科学（I-CHASS）计算研究所担任人机交互方向的高级副主管。在咨询领域，他目前主要关注极限科学与工程发现环境（XSEDE）。

作为虚拟现实和增强现实领域的专家，他曾在世界范围内的众多活动上发表演讲。他曾在大学、高中和公司教授与虚拟现实和增强现实相关的课程，包括一些在线课程。他曾与政府和企业就虚拟现实和增强现实应用进行合作。他还接受过许多出版机构、电视台和新闻媒体的采访。

除了本书之外，他还创作了 *Developing Virtual Reality Applications*（与 William R. Sherman 和 Jeffrey D. Will 合著）和 *Understanding Augmented Reality* 两本著作。

他独立或参与撰写了许多书籍和论文。他在从考古学到动物学的内容领域开发了许多虚拟现实和增强现实应用，并就相关主题进行授课和提供咨询。他的主要关注点是在教育应用中使用虚拟现实和增强现实，他的工作集中在物理和数字之间的连续性。此外，他还拥有三项专利。

Contents 目　　录

○ 参考文献为在线资源，请访问华章网站 www.hzbook.com 下载。——编辑注

什么是虚拟现实

　　第 1 章介绍虚拟现实（Virtual Reality，VR）的含义。我们从虚拟（Virtual）和现实（Reality）在字典中的定义开始，并考虑这两个词是如何组合在一起以描述一种独特的人类交流方式的。接下来继续定义其他关键术语，并简要介绍虚拟现实的起源及历史。

　　第 2 章探讨如何将先前存在的媒介知识应用到虚拟现实媒介中，并考察了虚拟现实媒介从何发展而来。我们比较了虚拟现实与其他人类交流媒介的不同特点，并探讨了虚拟现实如何被用来传达虚拟世界的模型。

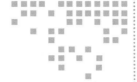

第 1 章　*Chapter 1*

虚拟现实概述

人类历史的标志是传播和体验思想的媒介的进步，这一进程中最近的一个阶段是使用虚拟现实。有记载的历史始于人们在洞穴墙壁上绘画，表示狩猎事件或分享故事，从而记录一个群落或部族的历史。正是交流的重要性使讲故事的人在部族中获得了崇高的地位。

第一批洞穴壁画超越了其所描绘的物理体验（图 1-1）。这些画是传达艺术家思想的原始媒介。它们是在人们之间交流思想、有用的事实和事件的一种方法。然后，观众将他们自己的理解叠加在绘画者所传达的思想上。

从洞壁上的第一幅壁画开始，新技术不断发展和演化，进而导致新媒介的出现（图 1-2）。在这个过程中，人类探索了利用每一种新媒介来充分表达自己的想法。虚拟现实是一种由技术进步带来的新媒介，人们正在进行大量的实验来尝试实际的应用和更有效的交流方式。

图 1-1　洞穴壁画是早期用来讲故事的媒介。通过在石头上涂颜料的技术，虚拟世界可以从一个人传递到另一个人（图片由 Benjamin Britton 提供）

想象力	电视（大众视觉呈现）
跳舞	数字计算机（ENIAC）
音乐	飞行模拟
讲故事（口述传统）	计算机图形（画板）
——开始记录历史——	第一个 HMD（Sutherland）
洞穴壁画	视频游戏
书面语言	可视电话
雕刻（如图腾柱）	视频会议
乐谱	互联网（telnet、ftp、套接字等）
书（手写）	计算机颜色帧缓冲区
书（印刷）	计算机图形学动画
报纸（期刊）	网络论坛（USENET 等）
电报	立体图形
摄影	交互式计算机图形界面
立体镜（Whetstone）	MUD 等
立体摄影	沉浸式交互显示（如 VR）
动画图片	增强现实
电影（大众视觉呈现）	CAVE（类似剧院的 VR）
电话	万维网
广播	电子游戏（DDR、Wii、Kinect）
录音	

图 1-2 从洞穴壁画到在虚拟 CAVE 的屏幕上共享计算机生成的图像，人类的历史已经被新媒介的发展标记出来

1.1 定义虚拟现实

随着虚拟现实媒介的成熟，不同群体对其所包含的内容有不同的看法。对该领域不太熟悉的人可能会有不同的解释。我们在本书中使用的定义反映了虚拟现实领域的从业者和学者的常规理解——但市场和大众媒体并不总是这样使用这个术语。

Webster's New Universal Unabridged Dictionary［1989］将虚拟定义为："本质上或效果上存在，但实际上并不存在。"这种用法已经应用于计算的早期概念，例如，当计算机系统需要比可用内存更多的内存（主存储器）时，内存实际上是通过使用磁盘存储（次要的、更便宜的存储）来扩展的。由此产生的看起来更大的主存储器容量称为虚拟内存。

现实的含义更复杂，试图完全定义它可能需要复杂的哲学讨论。Webster 将现实定义为："真实存在的状态或性质。独立于有关它的思想而存在的东西。构成真实或实际事物的东西，区别于仅仅是表面存在的东西。"为了简化问题，本书定义"现实"为一个客观存在的地方，并且是可以体验的。

1.2 虚拟现实体验的 5 个关键要素

体验虚拟现实（或任何相关的现实）的关键要素是虚拟世界、沉浸感、交互性，以及媒

介的创作者和接受者。

1.2.1　关键要素 1 和 2：参与者和创作者

第 2 章将主要阐述虚拟现实作为人与人之间的交流媒介的意义。所以任何虚拟现实体验的两个关键要素都是这些人。

实际上，对于任何虚拟现实体验而言，最重要的因素可能是参与者。虚拟现实的所有魔力都发生在参与者的脑海中，因此每一次虚拟现实体验对每个人来说都是不同的，因为每个人的能力、诠释、背景、历史都不同，从而都以自己独特的方式体验虚拟世界。

请注意，虽然本书侧重于人类参与者，但也可以为非人类参与者创建虚拟现实体验。例如，有些针对特殊"参与者"的实验已经设计出来了，例如鱼［Hughes 2013］、蟑螂和螳螂［Nityananda et al. 2016］（图 1-3）。

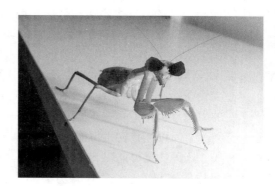

第二个关键要素是设计和实现应用程序和系统的人员或团队，他们将创作的作品交付给参与者体验。出于第 2 章中讨论的原因，我们避免将这些人员或团队称为作者，而是将其视为作品的"创作者"或"开发者"。本书主要面向有兴趣创作可作为虚拟现实体验的应用程序和系统的人。我们通常将所谓的"应用程序"（或作品）与"体验"区分开来，因为体验实际上是参与者和创作者团队共同努力创建的，尽管一般来说他们从未遇到过。而我们所说的"应用程序"是

图 1-3　在实验中，为了确定螳螂利用立体视觉测量距离的能力，人们用蜂蜡在螳螂的眼睛上贴上彩色滤镜（因为螳螂的红色视力不好，滤镜被涂上了蓝色和绿色）（图片由英国纽卡斯尔大学提供）

虚拟现实系统的组合，以及呈现给参与者的特定代码、概念和模型，以帮助他们实现体验。这些想法非常重要，我们将在第 2 章深入研究。

1.2.2　关键要素 3：虚拟世界

虚拟世界是媒介的内容。它可能只存在于其创作者的心中，或者以可以与他人共享的方式呈现出来。虚拟世界不需要在虚拟现实系统（一个为产生虚拟现实体验而组装的硬件、软件和内容的集成）中显示就可以存在——就像戏剧或电影剧本独立于特定的表演实例而存在一样。这样的剧本实际上描述了虚拟世界。让我们进一步进行类比。我们可以将戏剧的剧本仅仅称为戏剧的描述。当通过演员、舞台布景和音乐将这种描述变为现实时，我们正在体验该戏剧的虚拟世界。类似地，基于计算机的虚拟世界是模拟中对对象的描述。当我们通过一个系统来观察这个世界时，这个系统将这些对象和交互以一种身临其境的、交互式的方式呈现给我们，我们通过虚拟现实来体验它。

虚拟世界： 1）通常通过媒介表现出来的虚构空间。2）空间中对象集合的描述以及管理这些对象的规则和关系。

1.2.3 关键要素4：沉浸感

考虑到用户必须沉浸在其他一些替代现实中，一个公认的虚拟现实的简单定义可能是：

虚拟现实： 沉浸在替代现实或视角中。

但是，这是什么意思？你去哪里沉浸在替代现实或视角中？什么是替代现实或视角？根据这个简单的定义，如果媒介的参与者在没有外部影响的情况下能够感知到其他事物，那么媒介就是合格的。这个定义承认通过两种方式感知你当前生活的世界之外的事物的可能性：你可以感知另一个世界或从另一个视角感知正常世界。

另一个世界可能是存在于其他地方的真实空间的再现，也可能是一个纯粹想象的环境。在小说家、作曲家和其他艺术家以及有创造力的人的头脑中，经常会产生另一个世界。

想象一下，你被赋予了一种神奇的能力，能够生活在你目前居住的世界之外。你被赋予了新的力量，物体也具有不同的属性——也许没有引力。其他人类和非人类生物都居住在这个空间。空间可能存在也可能不存在，就像我们在宇宙中一样。也许两点之间的最短距离不是直线。这种情况可能吗？

如果你能够想象这样一个地方，那么它就是可能的。想象力是虚拟世界开始的地方，也是获取众多虚拟世界体验的方式。想象的力量可以让我们存在于我们选择的任何地方、任何时间，甚至遇见任何人。我们只受到想象和交流能力的限制。

我们常常渴望把自己想象中的想法表现成某种媒介。这样，我们能够与他人分享我们的世界，并参与其他人的创作。例如，一部小说可以把我们带到有着异国情调的地方，进入我们日常生活以外的生活，电影、广播、电视和动画也是如此（图1-4）。然而，这些媒介中的每一种都只产生单向交流：从创作者到观众。视角是预先选定的，对话是预先设定的，故事的结果是预先确定的。然而，每个观众可能会有不同的反应，并可能是创作者意想不到的方式。

取决于作者将读者融入故事世界的能力——现实地或至少是有条理地将故事世界呈现出来，通常称为模仿（mimesis）——一部小说可以称得上是让读者沉浸其中的另一个世界。也许你发现自己对广播、电影或电视节目中的角色产生了共鸣。暂停怀疑（suspension of disbelief）使这些媒介的内容看起来很真实。但是，这些媒介在观众或听众（接受者）与世界之间不能提供直接的交互。此外，这些媒介通常从第三人称视角来呈现世界。

然而，这些体验与虚拟现实之间的主要区别在于，它们只在精神层面吸引参与者。然而，在虚拟现实中，进入虚拟世界的效果始于身体而非精神沉浸。由于物理沉浸是虚拟现实的必要组成部分，因此我们的简单定义不够具体，因为许多其他媒介都属于这种范围。

a)　　　　　　　　　　　　　　　b)

图 1-4　思想可以通过小说、电影等媒介以强有力的方式表现和传达（图 a 归贺曼娱乐发行有限责任公司版权所有，图 b 经 Citadel 出版社 /Kensington 出版公司许可转载，www.kensingtonbooks.com. ©1985，Douglas Brode）

物理沉浸和精神沉浸

沉浸这个术语可以按两种方式使用：精神沉浸和身体（或感官）沉浸。在大多数媒介的讨论中，"沉浸"通常指的是情绪或精神状态——一种参与体验的感觉。然而，在虚拟现实媒介中，我们也将物理沉浸称为虚拟现实系统的特性，它替代或增强了对参与者感官的刺激。

精神沉浸的状态通常被称为在环境中具有"临场感"。遗憾的是，我们尚不清楚这些术语的确切含义、它们之间的相互关系以及区分这些术语的方法。（我们找到了一本书，其中不同作者撰写的章节给出了沉浸感和临场感的完全相反的定义。）让我们来定义这三个术语的含义以及它们在本书中的用法。

沉浸感：在环境中的感觉；可以是一种纯粹的精神状态，也可以通过物理手段来实现。物理沉浸是虚拟现实的一个决定性特征，精神沉浸是大多数媒介创作者的主要目标。

精神沉浸：全神贯注的状态；暂停怀疑；沉迷。

物理沉浸：身体进入媒介；通过技术手段对身体感官的合成刺激；这并不意味着所有感官或整个身体的沉浸 / 吞没。

我们将使用术语精神沉浸和物理沉浸来讨论这些现象。然而，虚拟现实社区也接受了"临场"（presence）这个词（可能是因为之前使用过"远程呈现"（telepresence）这个词）来代表这个概念。在这种情况下，更确切地说是临场感（sense of presence），这是我们通常表达这个概念的方式。

临场感：精神沉浸。

与传统的媒介不同，虚拟现实允许参与者通过定位自己的身体来选择的有利位置，从

而影响虚拟世界中的事件。这些特性有助于使虚拟现实比静态的第三方媒介体验更具吸引

力。参与者对虚拟世界施加控制的感觉，被称为他们在虚拟世界的"代理"的感觉（图 1-5）。第 3 章将介绍更多关于临场感、代理和相关主题的内容。

如果不从哲学的角度讨论什么是现实，我们就会认为，除了我们用自己的感官直接体验到的现实之外还有更多的东西。我们将后者称为物理现实。想象的现实指的是我们在思想和梦境中所拥有的体验，或者我们在小说、电影、广播等媒介中所拥有的间接体验。在想象的现实中，我们想象自己通过媒介被呈现在世界中——也被称为叙事。叙事的

图 1-5 影响世界的能力（将你的意志施加到世界上）给予一个人的动力，并帮助他们接受世界的真实（照片由 William Sherman 拍摄）

世界通过媒介呈现，包括不直接呈现但暗示存在或已经发生的地点和事件。虚拟现实是我们使用物理场景体验想象现实的媒介，也就是说，我们在体验中使用较少的想象力，更多地依赖于内容创作者的想象力。换句话说，虚拟现实是一种媒介，它允许我们拥有接近物理现实的模拟体验。虚拟现实还允许我们有目的地降低物理现实的危险并创建在现实世界中不可能的场景。我们将在 6.1.1 节进一步讨论叙事和模仿。

感官反馈对物理沉浸至关重要，因此对虚拟现实也很重要。虚拟现实系统根据参与者的身体状况为参与者提供直接的感官反馈。在大多数情况下，接收反馈的是视觉，尽管有些虚拟现实环境确实会呈现（可能只有）触觉（触摸）体验、声音体验等。实现即时的交互式反馈需要使用高速计算机作为中介设备。

为了使虚拟现实系统的感官输出能够基于参与者的位置，系统必须跟踪他们的移动。典型的虚拟现实系统将跟踪参与者的头部以及至少一只手或手持的物体。先进的系统可以跟踪许多主要的身体关节。虚拟现实系统可以使用各种技术来执行跟踪。这些技术在第 4 章中描述。位置跟踪的定义是：

位置跟踪：计算机感知物体在物理世界中的位置（位置和方向），通常包括参与者身体的一个或多个部分。

1.2.4 关键要素 5：交互性

为了使虚拟现实看起来真实，它应该能够响应用户操作。因此，虚拟现实完整定义中的另一个必要组成部分是交互性。随着计算机的加入，交互性变得更加容易实现。计算机支持的替代现实包括游戏、自然和非自然现象的计算机模拟以及飞行模拟。

应该注意的是，任何这些替代现实都不需要计算机图形。经典计算机游戏 *The Oregon Trail*（最初的版本）、*Adventure* 和 *Zork*（最初称为 *Dungeon*，见图 1-6）通过文字描述来呈现世界。每个世界都响应玩家输入的命令，让玩家有参与的感觉。在这些虚构的世界中，玩家与物体、角色和场地进行交互。作者创作的、基于文本的交互式世界现在通常被称为互动小说（Interactive Fiction, IF）。

修改基于计算机的虚拟世界是一种交互形式，另一种形式是在虚拟世界中改变人的视角。互动小说可以定义为用户 / 玩家通过改变位置、捡起并放下物体、扳动开关等方式与世界进行交互的能力。虚拟现实与参与者在虚拟世界中移动的能力密切相关，可通过头部的移动获得新的有利位置。互动小说和虚拟现实可以通过一种特定的交互形式来定义，但我们应该注意每种媒介都可以使用另一种形式。虽然许多虚拟现实体验是由参与者无法改变的静态世界构建的，但更多的虚拟现实体验是动态的，并且允许对世界进行修改。

图 1-6　数字计算机为新媒体提供了一个平台。通过允许参与者与由计算机程序以文本形式发布的故事进行互动，互动小说提供了一种强大的交流机制。Zork 是第一个商业上成功的互动小说程序。认识到媒体的力量和消费者的创造力，Infocom 公司在他们的广告中展示了人类的大脑，并自吹自擂：我们把我们的图形贴在没有阳光的地方（图片由 Infocom 公司提供）

环绕式电影暴露了虚拟现实的模糊边缘。以球形呈现的电影允许观众交互式地选择他们能够看到的电影区域。面向前方时，他们能看到动作的一个特定子集，而转过身来，他们能看到背后发生的事情。这有时被称为 360°（或 360° × 180°）电影，或称为电影虚拟现实。有些人可能会认为以这种方式观看 360° 电影是虚拟现实体验，而另一些人则简单地称之为环绕式电影。那么，通过头戴式显示器改变一个人的视角的方式与在球幕影院中环顾四周的方式有什么不同呢？

计算模拟现实

通过计算模拟构建的人工现实模拟了世界的一部分。这些模型通常会产生大量数字，代表一段时间内世界的状态。一个例子可能是雷暴的科学模拟，其中描述风暴的数学方程基于当前的天气条件求解，并且所得到的数字被转换成图像。

在图 1-7 中，第一幅图像是生成中的雷暴云的照片。通过数学工具，研究人员可以操纵抽象的天气概念，以获得进一步的理解。大多数计算机不能直接求解解析式的数学表达式，因此信息必须以计算机能够解释的形式表示。执行计算机程序的结果是一组描述风暴的数字。然而，对科学家或其他任何人来说，数百万数字并不是最好的诠释方式。相反，数字可以转换为人类更容易理解的视觉图像。

另一个例子是，飞行模拟是对各种翼型（机翼、螺旋桨、涡轮机、方向舵）与周围空气相互作用的计算模拟。这种模拟的输出不必是驾驶舱外的视角的视觉表示，而可能仅仅是驾驶舱仪表显示器的表示。

虽然今天我们认为飞行模拟既是虚拟现实的子集，也是虚拟现实的前身，但早期的飞行模拟的计算机图像生成主要由屏幕上的点组成。按照今天的标准，这可能不会被认为是具有沉浸感的，尽管模拟飞行夜间降落时效果非常好——因为其中有类似于现实世界的跑道、出租车和城市灯光，这些灯光点缀着飞行员的夜间视野。在很大程度上，由于需要提高飞行模拟的图像生成能力，图形工作站变得非常强大，非常适合于虚拟现实应用程序。后来，对游戏视觉质量的追求导致了家用计算机的类似进步。

协作环境（与其他人交互）

协作环境是交互元素的扩展，是指多个用户在同一虚拟空间或模拟中进行交互的系统。用户可以在模拟中感知其他人，也可以相互交互。用户的表示被称为他们的化身。

协作环境： 多个用户在虚拟世界中进行交互，实现参与者之间的交互；不一定表现在虚拟现实中；协作虚拟现实环境可以被称为多重呈现或多参与者。

当然，这对于许多虚拟现实应用程序来说都是非常重要的功能，包括战斗模拟/实践和虚拟现实游戏产业中的应用程序，其中涉及团队游戏和人类对手。由于其他参与者的不可预测，他们使环境变得更具挑战性。

这对于虚拟现实的其他用途也很重要。在虚拟样

图 1-7　可以表示雷暴信息的不同方式（图片由 Matthew Arrott 和 Bob Wilhemson 提供）

机中，不同位置的设计师可以远距离交互。在远程手术中，多个外科医生可以从同一个有利位置观看手术，也可能在特定情况下将控制权交给另一个参与手术的外科医生。

当我们与其他人类参与者一起体验一个空间时，能够感觉到他们在这个世界中的存在是很重要的——他们在哪里，他们看 / 指向的方向，他们在说什么。印地语的 avatar（意为神的化身）一词用来表示虚拟世界中用户的概念。有时，真人的实时视频图像或点云捕获图像被用作化身表示的一部分或全部（图 1-8）。

化身：1）用于在虚拟世界中表示参与者或物理对象的虚拟对象；（通常是可视化的）表示可以采取任何形式；2）参与者所体现的对象；3）改编自印地语，意为神的尘世化身。

图 1-8　当用户在虚拟世界中观看时，Kinect 深度摄像机捕捉到的动态表示就成为用户的化身（图片由 Oliver Kreylos 提供）

虽然我们认为多重呈现是虚拟现实媒介的一个特殊特性，但也存在非虚拟现实情况下的多重呈现。如果将电话呼叫视为纯音频虚拟环境，那么它也将被视为多重呈现环境，因为有两个或更多参与者。这种现象产生了一个以技术为中介的空间，现在被称为赛博空间（cyberspace）（我们将在本章后面讨论）。

即使在单用户体验中，化身也是有用处的。特别地，在基于头部的系统中，用户看不到自己的身体，而虚拟角色的存在使用户可以看到自己的化身，增加了他们在这个世界中的存在感，并能够影响他们在虚拟世界中的代理（在第 3 章中进一步讨论）。这可能只是简单地模仿手持控制器的表示，或者用人形或卡通手代替这些控制器。如果虚拟世界中有镜子，用户也可以看到自己的头。在某些情况下，会创建全身化身，通常采用某种形式的推断来填补有限的身体跟踪造成的空白。

1.2.5　综合 5 个关键要素

把所有这些因素都考虑在内，就能得出更合适的虚拟现实定义：

虚拟现实：一种由交互式计算机模拟组成的媒介，它能感知参与者的位置和动作，并将反馈替换或增强到一种或多种感官，使人有沉浸于或存在于模拟（虚拟世界）中的感觉。

这个定义既狭窄到足以抛弃虚拟现实这个术语的许多误导用法，又宽广到足以包括媒介从业者使用的各种各样的设备。

现代计算机系统可以通过附加的硬件设备来满足这个定义所描述的场景，这些硬件设备可以提供用户位置感知、感官显示和适当交互的编程。

因此，如本书所述，虚拟现实体验需要一个技术平台来支持。有许多方法可以实现这种体验。如今，许多人将"虚拟现实"等同于戴上一副眼镜或面具。虽然可以使用这种方法，但这并不是实现虚拟现实体验的唯一方式。

虚拟现实系统不一定是可视化的。外科医生可能通过操作连接到计算机上的医疗器械与虚拟病人进行交互。医生的手被跟踪，计算机向设备提供信息，并向医生的手提供触觉反馈（阻力和压力），从而模拟仪器对器官的感觉（图1-9）。

图1-9 一些虚拟现实系统可为视觉之外的感官提供反馈。这种手术模拟器提供视觉和触觉信息，使用户能够体验外科医生与病人之间的所见所闻（照片由波士顿动力公司提供）

1.2.6 虚拟现实范式

在本书中，我们将虚拟现实体验的内容与支持它的技术区分开来。这两者是独立但相关的问题。在某些情况下，由于各种原因，某些技术更适合某个应用程序（后面的章节将详细讨论）。从广义上讲，虚拟现实技术平台可以分为三种范式（虚拟现实范式将在第5章中详细讨论）：基于头部的、固定的和基于手部的。

基于头部的

基于头部的一种装置是头盔或头戴式显示器（Head-Mounted Display，HMD），它可能允许也可能不允许看到外部世界（图1-10）。图形图像显示在头盔或眼镜中的一块屏幕或一对屏幕（每只眼睛一个）上。位置跟踪传感器告诉计算机系统参与者在看哪里——或者至少他们的眼睛在哪里。计算机从适合参与者的有利位置快速显示视觉图像。因此，参与者能够以类似于现实世界的方式（在当前技术的限制下）观察计算机生成的世界，使其成为一个自然、直观的界

图1-10 头戴式显示器允许参与者沉浸在计算机生成的合成环境中（照片由 William Sherman 拍摄）

面。可以添加额外的设备，让参与者与世界交互，而不仅仅是四处看看。潜在的输入设备包括一个语音识别系统，该系统允许用户使用语音或连接到计算机的手套与世界进行交互——该手套允许用户抓住并移动世界中的物体，或者还可以使用简单的手持游戏控制器。

并不是所有的头部显示器都是戴在头上的，特别是那些使用智能手机的显示器。智能手机被固定在一个框架内，上面带有镜头，通常是手持的，在使用的时候被拿到眼睛上方。在这种情况下，"基于头部的显示"（Head-Based Display，HBD）可能是一个更恰当的术语，它涵盖了这两种方法。

另一种选择是，参与者可以在头上戴一个投影系统，而不是戴在眼睛附近的显示器，这个投影系统可以随着头部的移动而移动，并投射到他们所看到的墙壁或其他表面上。这种技术被称为基于头部的投影显示（Head-Based Projector Display，HBPD）。

固定的

固定的虚拟现实范式是指参与者不佩戴或携带虚拟现实硬件的范式。这类设备位于空间中的一个固定点上，参与者在系统所在的地方完成体验。通常这些类型的系统使用投影仪或大屏幕来呈现体验的视觉信息。固定虚拟现实范式最常见的实现之一是 CAVE 系统。

这种呈现虚拟现实体验的机制包括将参与者置于一个类似房间的空间中，周围环绕着计算机生成的图像。在过去，这通常是通过将计算机图形投影到大型固定屏幕上来实现的，但目前随着的技术进步，可以采用离轴前投影和大型平板显示器。伊利诺伊大学芝加哥分校电子可视化实验室的 CAVE 系统（图 1-11）仍然是使用背投设备的一个例子［Cruz-Neria et al. 1992］。较新的 NexCAVE 和 CAVE2 系统直接显示在平板显示器上。即使图像仅部分地围绕或仅出现在参与者前面（后者通常被称为"鱼缸式 VR"，或者在更大规模的情况下，可能称为"水族馆式 VR"），固定式显示也可以引人注目。

图 1-11　CAVE 系统提供另一种支持虚拟现实体验的范式。在这里，用户将进入 20 世纪 20 年代哈莱姆的棉花俱乐部（照片由 Kalev Leetaru 提供，Virtual Harlem 应用程序由 Bryan Carter 提供）

基于手部的

基于手部的虚拟现实范式是指参与者手持智能手机或平板电脑等设备，由这些设备向参与者显示信息。参与者可以把设备举到眼前（例如举着一副智能双筒望远镜或智能歌剧眼镜），也可以像许多增强现实应用程序那样把它举得很远。

1.3 虚拟现实、远程呈现、增强现实和赛博空间

以计算机为媒介的现实世界和虚拟世界（虚拟现实、增强现实、远程呈现和赛博空间）的术语经常被混淆。因此，需要总结一下这些密切相关的表达方式有何异同。

虚拟现实、增强现实和远程呈现可被视为三类物理沉浸式媒介。虚拟现实是一个纯粹的合成环境，用户可以与之交互。增强现实将物理世界与计算机生成的信息混合在一起。通过远程呈现，用户可以通过自己的动作来查看、交互并影响真实的远程环境。在增强现实中，物理现实就在这里（近端）。在远程呈现中，物理现实在那里（远端）。因此，远程呈现是真实的，但是远程的，增强现实是合成现实与本地现实的混合，虚拟现实则是一个完全由计算机生成的合成世界（或许安全措施除外），它可能与这里或那里的任何现实世界都没有任何关系。

事实上，正是一次使用远程呈现系统原型的经历，激发了 Sutherland 应用这种类型的显示器来完成他的第一个终极显示器原型。在参观贝尔直升机的时候，Sutherland 体验了一个原型，它由一对位于建筑物屋顶上的立体摄像机组成。这对摄像机安装在一个云台上，由戴着 HMD 坐在大楼里的用户的头部运动远程控制。（贝尔直升机公司正在探索这一方法，以便让飞行员在夜间降落时能够看到直升机下方。）Sutherland 为他的系统购买了相同的 HMD。

因为两者都依赖于一个合成的世界（全部或部分），VR 和 AR 现在经常被合并成符号"XR"。"XR"有时也表示"交叉现实"（Cross-Reality）。此外，一些从业者使用术语"混合现实"（Mix Reality，MR）来描述融合了 AR 和 VR 的沉浸式体验。WebXR 和 OpenXR 等标准都采用了新的表示法。

赛博空间与虚拟现实（或 XR）之间的关系更加复杂。它们的特征似乎相互交叉，主要区别在于赛博空间并不意味着对用户进行直接的感官替代。虚拟现实并不总是符合我们对赛博空间的定义，因为交互不一定在多人之间，而是在人和虚拟世界（可能不包括其他人）之间。

两者都是通过技术与虚拟世界或社区进行交互的例子。赛博空间意味着与他人共享的精神沉浸。VR 意味着在一个以计算机为媒介的虚拟世界中体验沉浸感。

赛博空间本身不是一种媒介，而是许多不同媒介的共同特征。创建赛博空间必须具备的特征是：在虚拟世界中存在、多个参与者、交互性以及精神沉浸的潜力。

1.3.1 人工现实

人工现实是用于描述用户可以交互参与的合成环境的另一术语。Myron Krueger 创造了这个术语来描述他的研究。他给出了人工现实的定义，这个定义与现在通常所说的虚拟现实一致。在他的著作 *Artificial Reality II*［Krueger 1991］中，他讨论了人工现实如何与艺术和技术相关联，并确实将两者更紧密地结合在一起。在他的术语表中，Krueger 对人工现实的定义如下：

人工现实：人工现实根据身体与图形世界的关系来感知参与者的行为并产生反应，以保持参与者的行为是在该世界中发生的错觉。

1.3.2　虚拟

由于与 VR 相关的炒作，"虚拟"（virtual）一词经常被用来暗示与 VR 技术有关。然而，称某物为虚拟并不一定意味着它属于 VR 的学术定义。

我们已经提到"虚拟"可以被添加到计算系统的名称中，以指示系统的某些组件是硬件的扩展，通过另一个源模拟真实的东西。另一种用途是在模拟的虚拟世界中，其中对象虚拟地存在于那个世界中。因为这些对象仅仅是它们所代表的物理对象的图像，所以可以将"虚拟"一词附加到每个对象的名称后面来表示这一点。我们可以描述虚拟厨房中的虚拟桌子，两者都存在于虚拟世界中。在相关的用法中，光学领域使用短语虚拟图像来指代看起来通过镜头或镜子存在的对象，其用途与虚拟现实中的含义非常相似。许多人使用术语虚拟现实来描述像 *Second Life* 或 *Minecraft* 这样的交互空间（图 1-12）。

图 1-12　*Minecraft* 沙盒游戏允许玩家探索和影响虚拟世界，且玩家之间可以彼此交互（图片由 Thomas Sherman 提供）

然而，虽然 *Second Life* 是一个可以通过虚拟现实体验的交互虚拟世界，但它实际上是一个典型的通过非虚拟现实界面体验的虚拟世界。

虚拟：（形容词）表示一个实体模仿另一个实体的特征；在虚拟世界的背景下，该世界中的任何对象都可以说是虚拟的。

1.3.3　虚拟世界和虚拟环境

我们之前给出了虚拟世界的定义，但是澄清其与虚拟现实和虚拟环境的关系是很重要的。可以理解的是，这三种表达方式经常混为一谈。那虚拟现实这个术语与虚拟世界和虚拟环境有什么关系？

虚拟环境这个术语通常用作虚拟现实和虚拟世界的同义词。但是，虚拟环境这个术语的使用实际上早于虚拟现实。虚拟环境具有模糊性，它可以简单地定义为虚拟世界，也可以指代在特定虚拟现实硬件配置中呈现的世界。在 20 世纪 80 年代中期，美国宇航局艾姆斯研究实验室的研究人员经常使用虚拟环境描述他们的工作，他们创造了一个界面，允许人们以第一人称视角体验计算机生成的场景——现在我们称之为虚拟现实系统。

虚拟环境：1）虚拟世界；2）以虚拟现实等交互媒介呈现的虚拟世界实例。

虚拟世界：1）某些媒介的内容；2）存在于创作者头脑中的空间，常以某种媒介表现出来；3）对空间中虚拟对象集合的描述，以及控制这些对象的规则和关系。

1.3.4 赛博空间

赛博空间是与这些术语相关的另一个重要概念。从历史上看，技术（如电话）为人们提供了一种交流的方式，就好像他们在同一个地方一样。在这个过程中，一个新的虚拟位置诞生了：赛博空间。William Gibson 在其 1984 年的小说 *Neuromancer* 中提到了赛博空间一词，描述了未来计算机网络中存在的巨大空间，该空间的居民可定位、检索和交流信息。

赛博空间与虚拟现实不同。虽然我们可以使用虚拟现实技术在赛博空间中进行交互，但这样的界面不是必需的。用简单的文字、语音或视频就能创造了一个赛博空间。互联网提供了许多仅存在于赛博空间中的位置示例，例如社交媒介、即时消息、实时聊天论坛、MUD（多用户网络游戏）、新闻组 / 网络论坛 / 评论区等。一些非互联网示例包括电话、民用波段无线电台和视频会议。

> **赛博空间**：一个存在于参与者头脑中的位置，这是技术使得地理距离遥远的人们能够进行交互交流的结果。

这个新空间的一个有趣的方面是，它通常被视为物理位置。这一点在人们使用这里和那里这两个词语时特别明显。例如，在实时聊天论坛中，当询问某个人是否参与时，问的问题是" Beaker 在这里吗？"——"这里"是论坛创建的空间。在电视访谈中可以看到同样的现象，主持人会说"现在与我们在一起的是虚拟现实领域的专家，Honeydew 博士。"然而，通常那个人不在电视台的工作室，而是在另一个地方，并显示在大屏幕上。

1.3.5 增强现实

一些虚拟现实应用程序旨在将虚拟表示与对物理世界的感知相结合。虚拟表示可以为用户提供有关物理世界的附加信息，而这些信息是人类无法感知的（如隐藏在墙后的管道），或者可以添加虚拟对象来表示虚拟的对象和角色。这种类型的应用程序被称为增强现实，有时也称为"混合现实"。在增强现实中，特殊显示技术的使用允许用户通过附加信息的叠加来感知现实世界（图 1-13）。这个术语源于 Webster［1989］对"增强"的定义："使更大；扩大规模或范围；增加。"与正常感知相比，通过增强现实，我们通常会增加用户可用信息量，虽然在某些情况下，"增强"是对真实世界信息的删除，以减少场景的复杂性。

增强现实可以被认为是一种虚拟现实。不是体验物理现实，而是将其置于另一个包含物理和虚拟物质的现实中。相反，虚拟现实可以被视为增强现实的特殊情况，其中现实世界已被遮挡。

一般来说，这是视觉上的增强。例如，需要了解建筑机械系统信息的承包商可能会在他们穿过建筑时佩戴的与计算机连接的 HBD 上显示管道和管道系统的位置。医生可能会使用增强现实技术来观察病人的内脏器官，同时保持病人身体的外部视图。

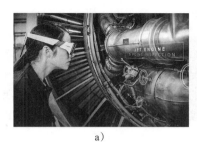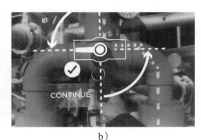

图 1-13　a）佩戴 Daqri 智能眼镜的用户在准备检查时，将获得有关喷气发动机的信息和文件。b）通过智能头盔，用户可以看到管道内的水流方向，以及转动阀门控制杆的方向和结果（图片由 Daqri 提供）

增强现实：一种将实时交互式数字信息叠加在物理世界上的媒介，这种信息在空间和时间上都与物理世界相匹配。

许多 AR 应用集中在修复一个生命系统或机械系统的内部组件的概念上（图 1-14）。增强现实技术应用于医学的一个例子可能是允许学生在真实空间中操作数字尸体。例如，该应用程序支持学生在家预览实验室练习，然后帮助他们在真实实验室操作真正的尸体。请注意，类似的例子也可以用于机械系统（如喷气式飞机）的修理。

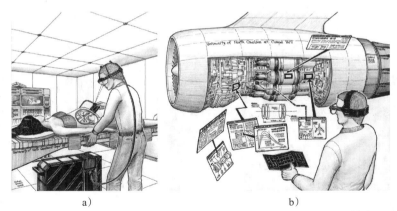

图 1-14　增强现实可以用于查看需要检修的系统。a）医生能够根据胎儿在母亲体内的实际位置查看胎儿超声数据的 3D 表示。b）向喷气维修工程师显示哪些部件需要检修，并可在不离开工作区域的情况下查阅文件（图片由 Andrei State 提供）

增强现实通常需要使用可移动的视觉显示器，尤其是如果用户要在增强的世界中移动时。目前，这种显示器通常是智能手机或平板电脑设备，但更多的是使用 HMD，因为可穿戴显示器变得更轻巧，不那么突兀，并且可以更广泛地使用，例如 Daqri 的智能头盔和微软的 HoloLens。还有基于投影的增强现实系统的示例。增强现实的关键要求是虚拟覆盖要

与它所映射到的现实世界对齐，这被称为配准（registration）。增强现实系统的细节将在第 5
章中介绍，Alan B. Craig 的 *Understanding Augmented Reality* 一书对增强现实进行了深入讨
论［Craig 2013］。

注意，并不是所有将现实世界与虚拟世界混合在一起的情况都应该被归类为增强现实。
只有在被观察的现实世界与现实世界并存的情况下才可以认为是增强现实，因此，当现实世
界的组件被视为可以位于虚拟世界中任何位置的虚拟对象时，这不能称为增强现实。当现实
世界仅出于安全目的或允许用户更好地访问现实世界的输入（例如物理键盘）时，也不被视
为增强现实。

1.3.6　远程呈现

远程呈现利用与虚拟现实密切相关的技术。远程呈现是一种媒介，利用诸如摄像机和
麦克风之类的传感器代替参与者的相应感觉。在远程位置的传感设备的帮助下，参与者能够
以第一人称视角远程看到和听到。用户可以通过远程操作来交互和影响远程环境。远程呈现
与一般情况下的虚拟现实不同，它呈现的是物理世界，而不是完全由计算机生成的世界。

远程呈现是一种应用程序，它使用虚拟现实相关技术将用户虚拟地放置在其他地方的
空间——无论是在相邻的房间还是在邻近的星球上。许多虚拟现实从业者使用术语临场的
主要原因可能是，远程呈现在虚拟现实出现之前已成为远程控制操作相关领域的既定术语。
tele 的意思是"遥远的"，而"presence"是指"在场"或"在这里"的状态。远程呈现的示
例包括远程操作深海探测器、使用危险化学品、控制太空探测器的操作，甚至操作几英尺外
的手术器械。

很多重大问题可以通过远程呈现来解决。例如，在外科手术中，医生使用微创技术（通
过放置在体内的小型摄像机观看）进行手术，可以大大提高控制精度。

远程呈现：能够直接（通常通过计算机中介）与从第一人称视角体验到的物理真实的远
程环境进行交互；不受用于在远程执行用户命令的设备的位置或大小的限制。

远程呈现的定义假定用户从远程设备的有利位置观看远程世界。相比之下，术语"远
程操作"（teleoperation）是指操作员使用远程设备与环境交互，同时从另一个角度（外部摄
像头）观看设备的情况。

远程操作不同于远程呈现，远程操作的参与者只是观看远程环境，而不进行交互。因
此，以远程操作为特征的实时观察世界（即同步）的要求没有得到满足。远程呈现通常被认
为是一个世界的由内而外的视角，而远程操作通常提供一个由外而内的视角（由内而外和由
外而内在第 8 章中讨论）。

远程呈现和远程操作之间的差异可以通过模型飞机的控制进一步说明（图 1-15）。在远
程呈现中，操作员看到环境并与环境进行交互，就像他们在飞机内部一样，而远程操作中的
视图和交互来自外部（第二人称视角）。在驾驶一架无线电控制的飞机时，人们通常站在地

面上并观察飞机执行从飞机外部发送给它的命令。而为了实现远程呈现，需要在飞行器内部安装一个摄像头，使得用户能从飞行员的视角观看飞行（与图 1-15b 和图 1-16 相比）。

a)　　　　　　　　　　　　　　　　b)

图 1-15　远程呈现可以从控制的角度和机制上与远程操作区分开来。a）在正常的遥控操作中，视角来自飞机外部。b）如果从飞行员的角度观察和控制，无线电控制的模型飞机可以被认为是远程呈现应用（图 a 由南公园地区 RC 协会的 Bruce Stenulson 提供，图 b 由底特律业余远程呈现俱乐部的 Chris Oesterling（N8UDK）提供）

a)　　　　　　　　　　　　　　　　b)

c)　　　　　　　　　　　　　　　　d)

图 1-16　警察可以将一个配有摄像机、扬声器和猎枪的远程操作机器人置于潜在的危险境地以解决冲突，并使他们能够与另一端的各方进行沟通（图片由 ZMC Productions 提供）

远程呈现的一个现代例子是控制一些无人驾驶飞行器（UAV，又称"无人机"）。无人机驾驶员远离无人机，可以完成感知和行动，就好像他们坐在无人机里飞行在远程位置上方（图 1-17）。

a)   b)

图 1-17 如今，低成本的四轴飞行器可以通过外部透视遥控飞行。许多无人机还提供视频传输，让飞行员以从内到外的视角观看飞行，就像坐在驾驶舱里一样，我们称之为远程呈现（照片由 Matthew Brennan 提供）

像双筒望远镜这样的视觉增强设备是远程呈现还是远程操作系统？虽然双筒望远镜可以让用户看到仿佛离自己更近的场景，但这只是一个单向的通信链接，用户没有能力与远程环境进行交互。典型的 Skype 或其他视频聊天电话是远程呈现的例子吗？不，它们只是赛博空间交流的另一个例子。视频聊天不允许参与者像在现场一样交互和影响远程空间。每个参与者都认为自己处在自己的位置，而不是对方的位置。

1.4 虚拟现实的历史：虚拟现实技术从何而来

在我们处理虚拟现实系统所涉及的组件之前，有必要回顾一下这种新媒介的技术、思想和影响的历史。通过探索一些导致虚拟现实技术出现的里程碑，许多目前使用的界面的创意来源变得显而易见。我们来看看内容有时是如何被技术驱动的，而技术又是如何被内容驱动的。技术的快速发展提高了我们对虚拟现实在不远的将来的可能性的期望。

接下来的章节——从 1435 年到 2016 年——代表虚拟现实发展的一个简短时间轴。为了了解虚拟现实领域中已经出现的技术并推动它向前发展，我们在每个阶段用一个图标突出显示，以表明某个特定的里程碑：

概念上的进步	经济因素
技术上的进步	社区 / 社会因素
媒介的产生	

1435/36 年。Leon Battista Alberti 首次发表了线性透视（单点）渲染的数学原理。虽然我们知道画家和艺术家几千年来一直在他们的作品中探索透视的概念（不仅仅是线性透视，还有倾斜透视和等距透视）。此外，很可能 Brunelleschi 在洗礼堂的透视实验中发现了线性透视的数学原理，但没有公布这些方法。

1787 年。在英格兰，Robert Barker 获得了"Apparatus for Exhibiting Pictures"的专利，其中"图片"是 360 度绘画，"装置"是一个特殊的建筑，旨在容纳和展示这些"全景图"（图 1-18）。1788 年，他在爱丁堡首次公开展示了自己的作品，并于 1792 年将作品移至伦敦。

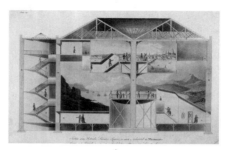

a)

b)

图 1-18　a）伦敦建筑的横截面，Robert Barker 在这里展示他的全景画。b）全景画 *Edinburgh from The Crown of St. Giles*（1972），作者是 Robert Barker（1739—1806）和 Henry Aston Barker（1774—1856），这是 Barker 在他的 360 度展览中使用的原始视角之一（图 a 为公开的，图 b 由爱丁堡市立博物馆和画廊城市艺术中心提供）

1838 年。Charles Wheatstone 爵士研究立体视觉，并发明了立体镜——一种能将两张独立的照片呈现给观众的装置，每张照片之间都有一定的偏移量，从而产生一个场景的左右视图。

1862 年。John Pepper 展示了通过使用照明和反射透明表面创建的幻觉的增强版本，允许同时观看两个空间（世界）——创造一个替代现实。（虽然只是改进和普及了这项技术而不是发明它，但他的名字常和一个应用一起出现：佩珀尔幻象（Pepper's Ghost）。）

1901 年。Frederic E. Ives 展示了第一个已知的自动立体图像显示器。

1915 年。Edwin S. Porter 和 W. E. Wadell 进行了第一个立体电影实验。

1916 年。一项基于头部的潜望镜显示器的美国专利 1183492 被授予 Albert B. Pratt（图 1-19）。

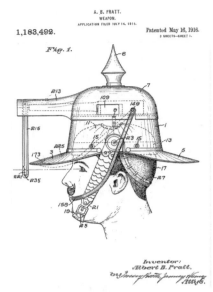

图 1-19　首个头戴式显示器（潜望镜）于 1916 年获得专利（图片由美国专利与商标局提供）

🦠 **1929 年**。经过几年的飞行训练，通过"企鹅"训练员（缩短机翼的飞机无法产生足够的升力以离开地面），Edwin Link 开发了一种机械飞行模拟器，用于在固定（室内）位置训练飞行员（图 1-20）。学员可以通过驾驶舱内的仪表复制品来学习飞行和导航。

图 1-20　飞行模拟是虚拟现实技术的早期形式。飞行员可以在一个合成环境中进行训练，就像他们真的在飞行一样。早期的模拟器使用机械连杆来提供控制和反馈。虽然飞行模拟器在现代数字计算机出现之前就已经存在了，但今天它们使用的是高度复杂的计算机、模拟程序、跟踪和显示技术（图片由罗伯逊博物馆和科学中心提供）

🎤 **1935 年**。*Pygmalion's Spectacles* 是 Stanley G. Weinbaum 的一篇短篇小说，发表于 Hugo Gernsback 的 *Wonder Stories* 期刊［Weinbaum 1935］（图 1-21）。这个故事讲的是一个人戴着的能让"梦想"变成现实的装置。"傻瓜！我把它带到这里来卖给 Westman，摄影师，他们怎么说？""目前还不清楚。一次只能有一个人使用，太贵了。""傻瓜！上当了！"

1946 年。 第一台电子数字计算机——宾夕法尼亚大学开发的 ENIAC——交付给了美国陆军。

1951 年。 Ray Bradbury 发行了 *The Illustrated Man* 短篇小说集,其中包括 "The Veldt",它描述了一个类似于电视剧 *Star Trek: The Next Generation* 中的 "Holodeck" 房间的系统。

1956 年。 受宽银幕立体电影的启发,Morton Heilig 开发了体验剧场(Sensorama)。体验剧场是一种多模式体验显示系统,观众可以通过视觉、声音、气味、振动和风来感知预先录制好的体验(例如,骑摩托车穿越曼哈顿)。

1960 年。 Morton Heilig [1960] 获得了美国个人立体电视设备专利,该设备与 20 世纪 90 年代的头戴式显示器具有惊人的相似性,甚至包括听觉、嗅觉以及视觉的显示机制(美国专利 2955156,见 CG v.28, n.2-1994.5)。

1961 年。 美国飞歌(Philco)公司的工程师 Comeau 和 Bryan [1961] 设计并制作了一个 HMD 作为头部运动跟踪的远程摄像机观察系统。头的跟踪和远程相机的运动只借助偏航轴,利用一个电磁线圈来感觉头的旋转。基于在远程呈现方面的研究,他们之后又创办了 Telefactor 公司(图 1-22)。

图 1-21 这幅为短篇小说 *Pygmalion's Spectacles* 所作的插图,呈现了佩戴者如何通过一副特殊的眼镜进入虚拟世界

图 1-22 基于 HMD 的远程呈现系统的早期示例(图片由纽约 VNU 商业出版物电子公司提供)

1963 年。 麻省理工学院的博士生 Ivan Sutherland [1963] 通过他的 Sketchpad 应用程序向世界介绍了交互式计算机图形学。Sutherland 的开创性工作是使用光笔进行选择和绘图交互,还包括键盘输入。

同样是在麻省理工学院,Timothy Johnson [1963] 演示了对 Sutherland 的 Sketchpad 的扩展,称为 Sketchpad-Ⅲ,可以用计算机进行三维绘图。

Life 杂志介绍了 Hugo Gernsback [O'Neil 1963],他创造了 "Science Fiction"(科幻小说)(甚至可能是 television)这个词,并出版了一系列期刊,包括 *Wonder Stories*,其中

Pygmalion's Spectacles 首次出版（见 1935 年的历史条目）。早在几年前，Gernsback 就构想出了类似的头戴式个人立体显示器（teleyeglasses，图 1-23），并刊登在 *Life* 杂志上。他的其他发明概念包括远程医疗（图 1-24）、戴在手腕上的生物识别装置和计算机化的日期配对。

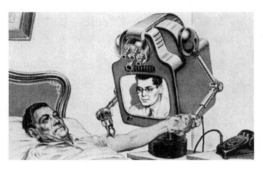

图 1-23　富有远见的 Hugo Gernsback 戴着一副他在 1936 年最初设想的望远镜，这是 1963 年为 *Life* 杂志展示的一个模型（转载自维基百科，https://en.wikipedia. org/wiki/File: Hugo_Gernsback_1963.png）

图 1-24　1963 年，Hugo Gernsback 在 *Life* 杂志上描绘了他的远程医学的概念（经 *Life* 杂志许可转载，1963 年 7 月 26 日）

1964 年。 通用汽车公司开始研究 DAC（计算机辅助设计）系统，一种用于汽车设计的交互式程序包［Jacks 1964］。

1965 年。 Ivan Sutherland［1965］在国际信息处理联合会的发言中解释了终极显示（ultimate display）的概念。Sutherland 解释了显示的概念：用户可以与某些不需要遵循物理现实法则的世界中的对象进行交互——这是进入数学王国的一面镜子。Sutherland 对显示的描述包括动觉（触觉）和视觉刺激。

1966 年。 Larry Roberts［1966］发表了他的研究成果——The Lincoln Wand（林肯手杖），它是麻省理工学院林肯实验室开发的一种使用超声波追踪方法进行三维追踪的微型计算机输入设备。

1967 年。 受 Sutherland 终极显示概念的启发，Fred Brooks 在北卡罗来纳大学教堂山分校开始了 GROPE 项目，探索如何将动觉相互作用作为一种工具，帮助生物化学家感受蛋白质分子之间的相互作用［Brooks et al. 1990］。北卡罗来纳大学在虚拟现实技术和思想方面一直发挥着重要作用。

1968 年。 Evans&Sutherland 计算机公司由犹他大学计算机科学教授 David Evans 和 Ivan Sutherland 于 1968 年创立。

Ivan Sutherland［1968］在他的论文 "A Head-mounted Three-Dimensional Display" 中描述了他在哈佛大学开发的一种可跟踪的立体头戴式显示器（并将它带到了犹他大学）（图 1-25）。Suther land 在贝尔实验室关于直升机飞行员的远程呈现实验中第一次看到这种显示器。他开发的显示器使用小型阴极射线管（CRT），类似于电视显像管，采用光学器件为每只眼睛显示单独的图片，并有一个连接机械装置（绰号"达摩克利斯之剑"）和超声波跟踪器的接口。虚拟世界的样本包括一个虚拟画笔和一个简单的每面墙上都有方向性指示的房间。

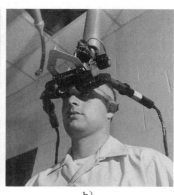

a) b)

图 1-25 Ivan Sutherland 于 1968 年发明了一个可行的头戴式显示器。该显示器提供立体视觉图像、机械和超声波跟踪，并展示了虚拟现实的潜力。a）超声波跟踪装置将发射器放在四根管子的末端。b）Quintin Foster 佩戴的 HMD 通过一个机械装置（被称为达摩克利斯之剑）连接到天花板上，用来跟踪佩戴者的位置（照片由 Ivan Sutherland 提供）

1972 年。 Atari 公司为大众开发了一款实时、多人交互的乒乓游戏（图 1-26）。Magnavox公司凭借他们的 Odyssey 系统在本土市场击败了 Atari 公司，但主要是由于 Atari 推出的投币版本的乒乓游戏引发了这场革命。）1981年，Atari 公司在 Alan Kay 的带领下创建了一个研发部门，招揽了大批未来的虚拟现实先驱，如 Fisher、Bricken、Foster、Laurel、Walser、Robinett 和 Zimmerman 等。

1973 年。 Evans&Sutherland 计算机公司（E&S）开发了第一个用于飞行模拟的数字计算机图像生成系统，称为 Novoview。这个系统只能模拟夜景，并只能显示单个阴影和最多

图 1-26 Atari 公司的乒乓游戏，将交互式计算机图形技术带入了大众市场（照片由 Atari 历史学会提供）

2000 个光点。

Robert Burton 的论文 " Real-time measurement of multiple three-dimensional positions" ［1973］描述了一种基于光的位置跟踪系统，称为"闪烁盒"。次年，Burton 和 Ivan Sutherland 发表了一篇关于它的后续论文［1974］，在论文中他们谦虚地声明："这篇论文描述了另一项用途有限的实验室工作。"

1974 年。在犹他大学，Sutherland 的学生 Jim Clark（Silicon Graphics 公司的未来创始人）提交了他的博士论文 " Three-dimensional Design of Free-Form B-Spline Surfaces"，其中自由形式的控制是通过真正的 3-DOF（自由度）位置跟踪界面实现的。虽然可能不是研究中的重要部分，但这篇论文也描述了这个系统如何采用新提出的矩阵乘法器和裁剪分割器的硬件实现。此外，手持"手杖"由闪烁盒或带编码器的可伸缩电线跟踪。

Donald Vickers 提交了他的博士论文 " The Sorcerer's Apprentice: Head-mounted Display and Wand"，其中描述了一个由 Sutherland 的 HMD 和"林肯手杖"组成的 VR 系统，以及一个基于菜单的用户界面，该界面使用真实世界的物体作为用户界面显示的一部分（图 1-27）。

1975 年。在犹他大学，Henry Fuchs 的博士论文 " The Automatic Sensing and Analysis of 3-D Surface Points from Visual Scenes"，中描述了如何使用激光来捕捉场景中物体的三维深度。

1976 年。Myron Krueger［1982］已经完成 Videoplace 原型。Videoplace 使用摄像机和其他输入设备来创建虚拟世界，由参与者不受束缚的动作控制。

图 1-27 利用博士导师 Ivan Sutherland 的 HMD，Donald Vicker 的 Sorcerer's Apprentice 系统利用墙上的文字作为操作选择菜单的一部分（照片由犹他大学提供）

1977 年。芝加哥伊利诺伊大学的电子可视化实验室开发了 Sayre 手套。这种手套使用光导管来传输不同数量的光，其数量与弯曲手指的数量成比例。这些信息由计算机进行解释，以估计用户手的配置［DeFanti and Sandin 1977］。

Commodore、Radio Shack 和苹果公司推出家用个人计算机。

1978 年。北卡罗来纳州立大学的研究生 Nick England 开发了一种可编程图形系统［England 1978］，在某种程度上来说，这个系统是后来北卡罗来纳大学的 Pixel Planes 系统的前身，以及现代 GPU 的前身。他将这项工作作为 Ikonas 系统进行商业化，并在 1979 年推出了第一台装置。

1979 年。Eric Howlett 开发了 LEEP（Large Expanse Enhanced Perspective）系统，用

于实现在小显示器中提供更宽的视场。该技术后来被集成到 NASA 开发的早期 HMD（例如 VIVID 显示器）中，然后集成到一系列商业产品，如 VPL、Fakespace、Virtual Research 和 LEEP System 公司自己的 Cyberface HMD。

在 AT & T 贝尔实验室，Gary Grimes［1983］开发了一种"数字数据输入手套接口设备"，这种手套还使用光来感知手指弯曲程度和其他手部姿势，以及手的整体方向。

Polhemus Navigation Sciences 公司的 Raab 等人发表了关于如何利用磁场在正交定向线圈中感应电流来实现 6-DOF 位置跟踪的研究［Raab et al 1979］。

Oxford Medical Systems 公司成立，后来在 1984 年改名为 Vicon Motion Systems 公司。该公司开发了第一个商用动作捕捉系统（MoCap）。虽然 MoCap 主要用于人体动画以及人体分析，但是准确跟踪人类的能力也使其成为虚拟现实的可行工具。

1981 年。斯坦福大学教授——Sutherland 的学生——Jim Clark 与他的 6 名学生共同创建 Silicon Graphics 公司，他们使用 VLSI 图形引擎生产高速、低成本的图形工作站，并且在许多虚拟现实设施中使用了超过 20 年。

在 Wright Patterson 空军基地，在 Tom Furness［1986］的指导下，Super Cockpit 系统开始运作（见 *Aviation Week* 杂志专题报道［1985］）。Super Cockpit 包括安装在飞行员头盔上的透视 HBD，当飞行员向各个方向看时，他们的视觉被不同的信息增强。例如，查看机翼显示哪些导弹仍然可以发射。

在麻省理工学院，立体视觉空间项目团队开始研究早期的增强现实显示器。该显示器允许用户探索各种主题，诸如 3D 绘图、建筑可视化和计算机芯片的 3D 布局等。该设备使用半镀银镜子将计算机图像叠加在用户的手和其他身体部位上。团队成员包括 Chris Schmandt、Eric Hulteen、Jim Zamiska 和 Scott Fisher［Schmandt et al. 1983］。

1982 年。Sara Bly［1982］在她的博士论文中探讨了可听化（用声音表示大型数据集）的使用。她对无序的多元数据集进行了分类，并从中创建了离散的听觉事件。然后，将数据集中的许多参数映射为声音的特定参数。这种声音表示的早期工作为在虚拟现实中使用计算机生成的声音和利用计算机控制声音奠定了基础。

首款翻盖式笔记本电脑 GRiD Compass 上市，紧接着是 Gavilan SC，这是首款以"笔记本电脑"命名的便携式计算机。

运动捕捉公司 Motion Analysis Corporation 成立。1986 年，该公司推出专为 MoCap 操作设计的 Falcon 相机。除了传统的 MoCap 任务外，该技术最终将成为一种基于视觉的 6-DOF 位置跟踪手段。

1983 年。在麻省理工学院，Mark Callahan 开发了早期的 HMD，这是 Sutherland 在哈佛大学和犹他州的工作之外第一个涉及 HMD 式虚拟现实的大学研究项目。

1984 年。NASA 航天人类因素研究部门负责人 Dave Nagel 聘请 Scott Fisher 创建虚拟接口环境工作站（Virtual Interface Environment Workstation，VIEW）。许多虚拟现实公

司通过与 VIEW 实验室合作获得早期资金，包括 VPL、LEEP System 公司、Fakespace 公司和 Crystal River Engineering 公司。

cyberspace 这个词的流行源于 William Gibson 在他的小说 *Neuromancer* 中的使用。

VPL公司由 Jaron Lanier 创立，旨在创建一种可视化编程语言。但该公司很快放弃了这项工作，并在 NASA VIEW 实验室的资助下创建了 DataGlove 和 EyePhones 两种设备（分别在 1985 年和 1989 年）。DataGlove 是一种仪器手套，可以向计算机报告佩戴者的手部姿势。EyePhones 是一种头戴式显示器，使用一对 LCD 显示器与 LEEP 光学设备结合。

1985 年。VPL 公司与 NASA VIEW 实验室的 Scott Fisher 签订合同，根据他制定的规格制造"数据手套"。VPL 的设计工作由前 Atari 合作伙伴 Tom Zimmerman 完成（Scott Fisher 在 Atari 时曾与他讨论过这个概念）。

1986 年。Thomas Furness［1986］发表"The Super Cockpit and its Human Factors Challenges"，介绍了 VR 相关的人为因素研究。

1987 年。NASA VIEW 实验室项目的首席工程师 Jim Humphries 设计并原型化了原始的 BOOM，该产品将于 1990 年由 Fakespace 公司商业化。BOOM 是 Humphries 为 VIEW 实验室项目设计和原型化的众多 HBD 之一。

NASA 的 Scott Fisher 和 Elizabeth Wenzel 与 Scott Foster 签订了一份合同，他们利用威斯康星大学麦迪逊分校开发的一种算法研制了一种设备，用来模拟声音似乎是从三维空间的特定位置发出的现象。这项工作促成了 1988 年 Crystal Rivers Engineering 公司的成立，该公司随后推出了 Convolvotron 系统，这是一种专用硬件设备，用于实现声音的三维放置等声音操作。

Polhemus 公司（成立于 1970 年，生产导航系统设备）推出了 Isotrak 磁跟踪系统，用于检测和报告用户佩戴的小型传感器的位置和方向。

1989 年。6 月 6 日，VPL 公司宣布推出完整的虚拟现实系统——RB-2（Reality Built for 2）——引入 Virtual Reality 这一术语（图 1-28）。

同样在 6 月 6 日，Autodesk 公司推出 CyberSpace 项目，这是一个针对 PC 的 3D 建模程序。

Division 公司开始销售虚拟现实硬件和软件。他们后来放弃了"晶片机"硬件设计工作，并从北卡罗来纳大学教堂山分校的 Pixel Planes 获得了技术许可。Division 公司随后将硬件组件出售给惠普公司，然后集中开发他们的软件工具包 ProVision VR。

图 1-28　此用户使用 VPL 公司的 Eyephones 和 Datagloves 体验虚拟世界并与之交互（图片由 NCSA 提供）

Mattel 公司为任天堂家庭游戏机推出了 Powerglove 手套和跟踪系统。尽管作为游戏机产品是失败的，但这些设备成为低成本虚拟现实系统和虚拟现实爱好者的流行设备。

Sorenson 等人 [1989] 发表他们关于 "The Minnesota Scanner" 的工作，他们称之为 "一种用于移动身体部位三维跟踪的原型传感器"，其中身体部位可以是人类的或机器人的。这个概念是 HTC Vive Lighthouse 跟踪系统的工作原理（见 2015）。

1990 年。W-Industries 公司推出了第一个公共场所虚拟现实系统，称为 Virtuality。它是一个双人虚拟现实街机系统，包括每个参与者的头戴式显示器、手持道具和环形平台。交互式计算机游戏逐渐崭露头角。最初的游戏 *Dactyl Nightmare*，涉及两个玩家在一个简单的多层次虚拟世界中互相射击（图 1-29）。1993 年，W-Industries 公司将其更名为 Virtuality Group plc，并根据破产法第 11 章申请破产，于 1997 年出售了自己的资产。

图 1-29　Virtuality Group plc 公司的 *Dactyl Nightmare* 通过跟踪的头戴式显示器提供 3D 世界和虚拟现实界面。这是多人虚拟现实的早期例子，多个玩家在同一个虚拟世界中相互竞争。参与者可以将彼此视为图形表示，这被称为化身（图片由 Virtuality Group plc 公司提供）

斯坦福大学博士毕业生 Jim Kramer 创建了 Virtual Technologies 公司，并将 CyberGlove 商业化。CyberGlove 是一种手套设备，采用应变仪测量手指相对于手腕的相对位置。Virtual Technologies 公司后来被 Immersion 公司收购，然后在 2009 年被剥离出一个现在称为 CyberGlove Systems 的独立实体。

Ascension Technology 公司推出其磁跟踪系统——Bird。

NASA VIEW 实验室的 Mark Bolas 和 Ian McDowall 组建了 Fakespace 公司。他们二人最初由 Fisher 在 VIEW 实验室聘请，为 NASA 计算流体动力学小组开发更健壮版本的 BOOM，后来 Fakespace 公司将这一技术扩展到输入设备和基于投影的固定式虚拟现实显示器，包括 RAVE 和 CAVE 系统（后者与 Pyramid 系统合并了）。

Telepresence Research 公司成为早期的虚拟现实应用程序开发公司，它由 Scott Fisher 和 Brenda Laurel 创立。

1991 年。Virtual Research Systems 公司发布了 VR-2 Flight Helmet。这可能是第一款价格低于 10 000 美元的可靠的头戴式显示器，因此在大学研究实验室中非常受欢迎。

CyberEdge Journal 开始发行。这本杂志由 Ben Delaney 创立，是第一本关于虚拟现实社区的商业新闻通讯杂志。

田纳西州参议员 Al Gore 成为美国参议院计算机技术——虚拟现实发展小组委员会主席。

SIGGRAPH 计算机图形学会议引入了一个新的专题，即"未来的现实"，展示了虚拟现实应用和技术的重大进展，并举行了北卡罗来纳大学的 Pixel Planes 5 图形硬件和房间大小的天花板跟踪器的公开演示。

技术记者兼作家 Howard Rheingold 的书 *Virtual Reality* 于 1991 年出版，其宣传语为："计算机生成的人工世界的革命性技术——虚拟现实带给商业和社会的机遇与危机。"该书讨论了虚拟现实的历史和未来趋势。该书的书名直接使用虚拟现实作为一种媒介的名称。

1992 年。在芝加哥举行的 SIGGRAPH'92 计算机图形学会议上，固定式（基于投影）虚拟现实作为基于头部的范式的替代而引入。会议上展览的最具有吸引力的是 CAVE 显示器（图 1-30）。CAVE 由 Tom DeFanti、Dan Sandin 及其团队在芝加哥伊利诺伊大学电子可视化实验室构思和开发，多种科学和艺术应用均展示了这种技术［Cruz-Neira et al. 1992］。

图 1-30　CAVE 系统在芝加哥举行的 SIGGRAPH '92 计算机图形学会议上首次公开展示，吸引了许多渴望看到这项新技术的人（图片由伊利诺伊大学芝加哥分校电子可视化实验室提供）

同样在 SIGGRAPH'92 会议上，Sun 公司推出了类似的显示器——Virtual Portal。这两个显示器之间的主要区别在于，Virtual Portal 仅适用于一个人的沉浸式体验，而 CAVE 最多允许 10 个人同时共享，尽管每一次只有一个人拥有最佳视角。

Neal Stephenson 出版了小说 *Snow Crash*，其中描述了一个采用虚拟界面的多参与者虚拟世界（The Metaverse）。

罗技公司（Logitech）发布了一款集成的有源立体眼镜和 3D 鼠标，采用超声波方法进行跟踪（图 1-31）。超声波接收器直接集成到眼镜和手杖中，使它们成为桌面尺寸的鱼缸虚拟现实系统的理想选择［Logitech 1991］。

Ascension Technologies 公司发布了"Flock of Birds"系统，该系统使用直流脉冲电磁场提供对多个接收器（"birds"）的"远距离"（~6ft/2m）跟踪。这成为 CAVE 和类似的固定式虚拟现实显示系统的通用选择（图 1-32）。

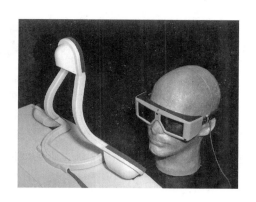

图 1-31　罗技桌面 6-DOF 跟踪系统，该系统基于从发射器的三个角发出的超声波信号，并由用户佩戴的主动立体眼镜中嵌入的麦克风感应（照片由 William Sherman 拍摄）

图 1-32　用户佩戴一副立体眼镜，上面安装了 Ascension 公司的 Flock of Birds 磁性接收器，以确定用户与安装在虚拟现实系统附近或内部的发射器单元（黑匣子）的相对位置（照片由 William Sherman 拍摄）

1993 年。最早的两个专门为虚拟现实社区举办的学术性会议是在西雅图举办的 VRAIS'93 会议和在圣何塞举办的 IEEE 虚拟现实研究前沿研讨会。1995 年这两个组织合并，形成 IEEE VRAIS 会议，后来简称为 IEEE VR。

SensAble Devices 公司（后来的 SensAble Technologies 公司，之后被 GeoMagic 收购，再之后被 3D Systems 收购）成立，并出售第一台 Phantom（图 1-33）。Phantom 是由麻省理工学院学生 Thomas Massie 和 Kenneth Salisbury 教授开发的低成本力显示设备。

Digital Image Design 公司（DIDI）的 Cricket 可能是第一款包含振动形式的触觉反馈的手持式控制器（图 1-34）。之后，Nintendo 64 振动卡将成为第一款包含振动反馈的游戏控制器。

图 1-33　SensAble Technologies 公司的 Phantom 触觉显示设备是早期商用的台式力反馈单元（照片由 William Sherman 拍摄）

图 1-34　Cricket 手持式输入设备提供了振动输出功能（图片由 Digital Image Design 公司提供）

1994 年。 在奥兰多举行的 SIGGRAPH'94 大会上，VROOM 展示了在 CAVE VR 系统中运行的 40 多个应用程序。

德国国家信息技术研究中心（German National Research Centre for Information Technology，GMD）在奥兰多的 SIGGRAPH '94 大会上推出响应式工作台（Responsive Workbench）。

James Fergason 申请了一项专利——"头戴式投影仪显示"系统，利用反光材料将佩戴投影仪的用户在虚拟世界的视角投射回设备（专利 5621572，1997 年 4 月 15 日）。Hong Hua 等人在他们的 SCAPE 项目（1999）中使用了这个专利的思想，并在 2013 年被 Technical Illusions 公司商业化为 CastAR。

美国电视节目《周六夜现场》（SNL）讽刺了围绕 VR 的炒作："唯一的限制是你们和我们的想象力。"

1995 年。 Virtual I/O 公司推出的配置 VIO 的头戴式显示器突破了 1000 美元的价格壁垒。这些显示器包括一个惯性跟踪系统，提供佩戴者头部的旋转信息。

3Dfx Voodoo 图形显卡发布。这是第一款能够实时 3D 渲染的 PC 独立显卡，并引入了现代的消费类 GPU。

EVL（Electronic Visualization Lab）推出了 ImmersaDesk。这是一个与 CAVE 系统配合使用的单屏幕投影虚拟现实系统，允许应用程序在 ImmersaDesk 和 CAVE 系统之间轻松迁移。

随后 CAVE 和 ImmersaDesk 由 Pyramid Systems 公司推向市场。

Fakespace 公司推出响应式工作台 Immersive Workbench。

在 SIGGRAPH'95 大会上，研究人员 Iwata 和 Fujii 展示了他们的 "Virtual Perambulator"（图 1-35）——一种使用脚和地板之间的低摩擦界面的设备，允许用户在虚拟世界中以"原地行走"（walk-in-place）的方式移动［Iwata and Fujii 1996］。

1996 年。 Ascension Technologies 公司在新奥尔良的 SIGGRAPH'96 大会上推出 MotionStar 无线电磁跟踪系统。最初的产品专注于 MoCap 行业，其中接收器包含 14 个独立的身体部位。

Fakespace 公司推出了一个允许两个人从同一个投影系统中获得不同视图的系统。在匹兹堡举行的 Supercomputing'1996 会议上，双用户选择（Dual User Option，DUO）系统在 Immersive Workbench 上进行了演示。

Virtual Space Devices 公司为美国海军研究生院提供了他们的 Omni-Directional Treadmill 原型。

奥地利林茨的电子艺术中心（Ars Electronica Center）开放了第一个公共场所 CAVE 虚拟现实系统（图 1-36）。该中心还开发了一个基于头部的虚拟现实显示器以及其他有趣的小工具。

1997 年。Virtual Technologies 公司推出了基于手部的力反馈设备 CyberGrasp（图 1-37）。该设备允许虚拟现实系统限制佩戴者闭合各个手指的能力，增强虚拟世界中的触摸和抓握感。

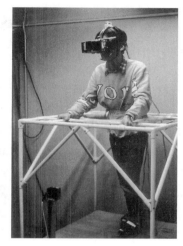

图 1-35　在 SIGGRAPH'95 会议上，Hiroo Iwata 教授和他的学生展示了 Virtual Perambulator 的研究原型。该设备在用户的脚和地板之间提供了一个低摩擦界面，允许用户在实际行走的同时在虚拟的环境中行走（图片由 Hiroo Iwata 提供）

图 1-36　电子艺术博物馆的 CAVE 系统，为在虚拟现实中工作的艺术家提供了一个公共场所，让人们体验虚拟世界。图中，一个用户正在体验 World Skin 的战争场景（图片由 Maurice Benayoun 提供）

图 1-37　CyberGrasp 力反馈显示（加上 CyberTouch 输入手套）使用运动限制技术来限制手指的运动，从而向佩戴者的手提供反馈（图片由 CyberGlove 系统公司提供）

1998 年。迪士尼开放了他们的第一个 DisneyQuest 家庭游乐中心。该中心使用 HMD 和基于投影的视觉显示来展示众多 VR 景点（图 1-38）。

Fakespace 公司分为两个组织：一家名为 Fakespace Systems 的产品导向公司和一家名为 Fakespace Labs 的研发公司。CAVE 许可授权的 Pyramid Systems 和 Fakespace Systems 合并，保留了 Fakespace Systems 的名称。

第一台名为 VR-CUBE 的六面 CAVE 显示系统在瑞典皇家理工学院并行计算机中心揭幕，该系统由德国 TAN Projektionstechnologie 公司建造。

1999 年。ARToolKit 是一个为增强现实设计的免费开源跟踪库，由华盛顿大学西雅图分校的人机接口技术实验室（Human Interfaces Technology Laboratory, HITLab）与日本京都 ATR 媒介集成与通信公司合作发布［Kato and Billinghurst 1999］［Kato et al. 2000］。尽管专为增强现实设计，但 ARToolKit 提供了一种视频跟踪方法，只需配备摄像头输入的个人计算机即可实现（并且相对便宜且容易）位置跟踪。ARToolKit 后来被 ARToolworks 商业化，后来由 Daqri 公司购买，随后将完整的工具包作为开源发布，并且至今仍在使用。

图 1-38　DisneyQuest 家庭游乐中心在佛罗里达奥兰多开业，包含多种不同类型的虚拟现实体验（照片由 William Sherman 拍摄）

在南加州大学，创新技术研究所（Institute for Creative Technologies, ICT）成立，成为学术界、好莱坞和军方的合作伙伴，用于联合建模和仿真研究，包括虚拟现实。特别值得注意的是，由 Mark Bolas 领导的 MxR 实验室（Fakespace Labs 的前身）最终引发了 Google Cardboard 和 Oculus Rift 的诞生（可能有争议）。

伊利诺伊大学的 SCAPE 项目［Hua et al. 2000］［Hua et al. 2004］展示了一种基于投影的 AR/ VR 环境，使用反光显示器，允许多个用户从各自的角度观看虚拟世界（图 1-39）。

图 1-39　在 SCAPE 项目中，用户头上戴着一对投影仪，这些投影仪会发射出渲染的虚拟世界，然后在他们的眼睛反射回来。注意他拿着的盒子、他面前的桌子和他周围的墙壁都覆盖了反光材料，使这项技术成为可能（图片由 Hong Hua 提供）

The Amazing Adventures of Spider-Man 在佛罗里达州奥兰多的环球影城冒险岛首次开放。这是第一个黑暗骑行风格（dark-ride-style）的主题公园景点，在叙述中，根据骑手在路上遇到的不同的角色，结合 3D 渲染，调整他们的视角。通过模拟屏幕上的动作，以及动画序列之间的一些真实世界的间隙，这种体验得到了进一步的增强。

2000 年。北美第一个（全球第二个）六面 CAVE 系统由 Mechdyne 公司安装在爱荷华州立大学虚拟现实应用中心（VRAC）。

在新奥尔良的 SIGGRAPH'2000 展会上，德国 TAN 公司展示了他们的 Infitec 技术，该技术允许在宽色谱上实现立体影像。2006 年，Infitec 技术被授权给杜比实验室用于其"杜比 3D"立体影院平台。

nVidia GeForce 3（NV20 芯片）引领了可编程 GPU 的出现，这是第一个可编程像素着色器。

2001 年。位于芝加哥的 DisneyQuest 中心关闭。计划在费城建立第三个 DisneyQuest 中心的计划被搁置，后来完全被取消。

Sandin 等人开始研究他们的 Varrier 显示器，该显示器使用双层 LCD 系统，创建一个最佳观看位置可变的自动立体显示，通过跟踪观察者位置并调整可变 LCD 层的立体显示阻隔条来实现［Sandin et al. 2005］［Peterka et al. 2007］。

林德伯格手术（Operation Lindbergh）是第一例跨大西洋远程手术，在纽约和法国的斯特拉斯堡之间由 Jacque Marescaux 医生完成。

2002 年。具有 GSM 移动电话功能的 Treo 180 个人数字助理（PDA）发布，可能是第一款融合数字设备和电话的产品，最终引领智能手机时代的到来。

Understanding Virtual Reality 第 1 版出版。从那时起，VR 已经有了长足的发展（图 1-40）。

2003 年。Linden Labs 发布了 *Second Life* 共享虚拟世界系统。虽然不是虚拟现实（因为界面是通过桌面上的键盘和鼠标），但它确实提供了一个大规模的虚拟世界，人们和机构可以在这个世界中购买他们自己的地区和岛屿。*Second Life* 更多像是一个社交聚会场所，而不是一个游戏——一个用户可以交互的"沙盒"。这个虚拟世界拥有自己的货币，允许"居

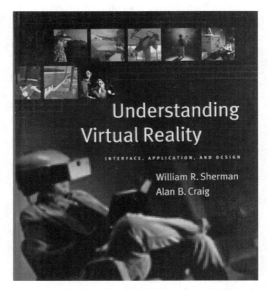

图 1-40 自本书第 1 版发布以来，虚拟现实已经发生了很大变化

民"推销他们在虚拟世界中的创作，这些创作可以是用户创建的模型和脚本。（2013年，*Second Life* 创始人 Philip Rosedale 创立了一家面向虚拟现实的社交体验平台公司 High Fidelity。）

首次发布了带有视频聊天工具的 Skype 即时消息，实现了互联网上的点对点视频通信，或者将语音连接到电话系统。

2004 年。 Mechdyne 公司收购并合并了 Fakespace Systems 公司，但保留了 Mechdyne 公司的名称。

2005 年。 Unity 游戏引擎首次针对 Apple OS/X 操作系统发布。它后来被移植到其他平台，成为开发交互式体验的热门选择。最终，除了传统的游戏开发商，Unity 也成为 VR 和 AR 开发者快速创建 VR 和 AR 应用内容的普遍选择。

2006 年。 任天堂 Wii 发布，这是第一个在计算机生成的虚拟世界中使用物理跟踪（尽管有限）的大众消费产品。无线远程输入设备（俗称"wiimote"），包括加速度计和用于位置跟踪的红外相机，成为低端虚拟现实输入设备的热门选择。此外，从 2007 年 Johnny Lee［2007］在 YouTube 上发布的一段臭名昭著的视频来看，wiimotes 经常被用作为自制的 VR 系统提供低成本位置跟踪的一种手段（实现了我们在本书第 1 版中的一个预测）。

2007 年。 爱荷华州立大学的 VRAC 中心通过与 Mechdyne 公司合作的一个项目改造了他们的六面 CAVE 系统，采用 24 台索尼 4K 投影，能生成超过 1 亿个立体像素。

AlloSphere 在加州大学圣巴巴拉分校开放。AlloSphere 是一个巨大的（三层楼高）球形投影显示器，用户可以在位于球体中心的 T 台上行走（图 1-41）。

NaturalPoint 公司的 OptiTrack 软件包提供了一种低成本（低于 5000 美元）的运动跟踪解决方案，用于创建低成本的 VR 系统。虽然针对的是 MoCap 行业，但它作为一个 VR 位置跟踪系统也工作得很好。

使用德州仪器数字光处理器（DLP）芯片，三星和三菱推出了能够使用主动快门式眼镜显示立体（又称"3D"）图像的高清分辨率消费电视。这是虚拟现实技术能够被更广泛的用户所接受的另一个因素。

卡内基·梅隆大学的博士 Johnny Lee 在 YouTube 上发布了一段视频，演示了如何使用 wiimote 来实现非常低成本的 DIY 头部追踪。后来，Lee 在微软研究院继续研究 Xbox Kinect 设备，并在谷歌从事 Tango 项目。

图 1-41　AlloSphere 是一个有趣的投影 VR 环境，它由两个半球体组成，一个在观众的两边，观众悬浮在球体中间的 T 台上（照片由 Tobias Hollerer 提供）

配备集成摄像头的智能手机进入市场（如华硕 M530W 和诺基亚 N82），结合用于基准跟踪的 SDK［Wagner et al. 2008］，开启了广泛使用电话的 AR 时代。

2008 年。基于 OptiTrack 位置跟踪的低成本虚拟现实系统，采用消费级 3D 电视提供了价格合理（低于 2 万美元）的小型虚拟现实显示器。后来的开放硬件设计被称为智能站（IQ-station）［Sherman et al. 2010］。

苹果公司申请了一项名为"用于固定带有显示器的便携式电子设备的头戴式显示设备"的专利，该专利预计将通过具有增强型惯性传感器的智能手机与可观看 3D 场景的光学器件的结合来构建 VR 系统。（这项专利在 2015 年 2 月 17 日授予，编号8957835。）

VR 研究员 Randy Pausch，因创立卡内基·梅隆大学 Entertainment Technology Center、领导 Alice 编程语言的开发工作、创作 DisneyQuest Aladdin VR 骑行游戏、开设 VR DIY 讲座（"VR on $5 a day"）、开发 SUIT 用户接口 SDK、发表"The Last Lecture"而闻名［Pausch and Zaslow 2008］。Randy Pausch 于 2008 年因胰腺癌去世。许多普通公众通过他的"The Last Lecture"了解 VR。

2009 年。加州大学圣地亚哥分校的加州电信与信息技术研究所（CALIT2）（现在的高通研究所）展示了他们的 NexCAVE——一种基于屏幕的 VR 显示器，采用 JVC 平板高清电视（HDTV）系统，具有无源立体输出。

Mechdyne 在阿卜杜拉国王科技大学（KAUST）安装了另一个 1 亿像素的六面 CAVE 系统。

Kickstarter 众筹网站启动，为小众项目提供融资渠道。一些 VR 相关的项目利用了Kickstarter，重振了 VR 设备市场。

2010 年。微软的 Kinect 输入设备在基于商业游戏的设备方面取得了进步，这使得 VR 社区获得了一种低成本的位置跟踪解决方案，以及一种收集实时点云数据的工具，这些数据对虚拟形象或虚拟世界的创建非常有用。

玩具制造商孩之宝（Hasbro）发布了"My3D"设备，该设备能够利用苹果 iPhone 或iPod Touch 设备呈现简单的 VR 体验。

苹果公司于 2010 年 6 月 15 日发布 iPhone-4，这是第一款包含基于 MEMS 陀螺仪的智能手机，它可以与已经嵌入的加速度计技术一起使用，快速确定手机的方向。

苹果公司也发布了首款 iPad 平板电脑，它成为一个更大的手持 VR/AR 平台。

伦敦大学学院探索了 Wizdish 的使用，这是一种减少摩擦的表面行走设备，允许在使用VR 系统时更接近自然的行走［Swapp et al. 2010］。

2011 年。雷蛇（Razer Hydra）游戏输入设备与全 6-DOF 的基于 EM 的位置跟踪器开始销售。作为下一代游戏控制器，它也适合只需 100 美元的低成本的位置跟踪器。这种设备使用一对控制器，每只手一个，它可能已经普及了为用户提供双手输入的概念。（不幸的是，在后续 STEM 产品准备上市之前，它早就停产了，造成了低成本跟踪系统领域的真空。）

Advanced Realtime Tracking（ART）公司发布了他们的基于 SMARTTRACK 摄像机的位置跟踪器。该跟踪器将两个摄像机安装在一个杆上，从而不需要校准摄像机。虽然未折扣价格达 1 万美元，但是它提供了一个专业级别的跟踪解决方案，因此价格仍然算是适中。

NaturalPoint 公司发布了用于位置跟踪的产品 Trio 和 Duo。和 ART 公司的 SMARTTRACK 一样，Trio 和 Duo 也是安装在固定位置的摄像机（分别为 3 台和 2 台），无须校准。价格更适中，在 2500 美元和 1500 美元，他们提供了一个更低成本的跟踪解决方案，虽然不能完全达到高端系统的质量水平。

2012 年。南加州大学创新技术研究所（ICT）的 MxR 实验室发布了 FOV2GO——这是一款 DIY HBD 显示器。它利用带有惯性传感器的个人智能手机作为 VR 系统的追踪器、计算机和 VR 显示器。该显示器由泡沫板和塑料光学器件组成，使用 ICT 开发的软件，利用手机的内部惯性传感器跟踪位置，并根据手机的运动输出立体图像对。

图 1-42 第一款 Oculus Rift 开发工具包（DK-1）是通过 Kickstarter 筹集资金的，重新点燃了人们对虚拟现实的广泛兴趣（照片由 William Sherman 拍摄）

MxR 实验室的实习生 Palmer Luckey 在 Kickstarter 上为 Oculus Rift HMD（图 1-42）进行了一次成功的众筹活动。Oculus Rift 是由南加州大学一个交互游戏学生小组发起的项目，并从原型转向生产。第一代（DK-1）在 2013 年上市，第二代（DK-2）在 2014 年上市，消费级产品在 2016 年上市。

CAVE2 开始推出。CAVE2 基于具有无源立体视觉功能的消费级平板高清电视。结合 Omegalib 和 SAGE，CAVE2 展示了一个混合现实环境，将 2D 数据和会议空间与传统 VR 相集成。

2013 年。Virtuix Omni 设备通过 Kickstarter 开展了成功的众筹活动，为从原型到生产的过渡提供资金支持。Virtuix Omni 是一个低成本的表面行走设备，具有一个环形平台、倾斜的侧面，可以通过专业鞋滑回到中心，以增强行走的感觉，同时保持在环形内（图 1-43）。不幸的是，Virtuix Omni 受到生产和交付问题的困扰。虽然一些众筹支持者在 2016 年开始收到设备，但其他大部分支持者还在继续等待。

Leap Motion 是一款低成本、近距离的手指追踪系统，开发人员可以利用它来探索基于该设备设计的用户界面。Leap Motion 控制器售价仅为 80 美元，它提供了一种无须戴手套或记号笔就能追踪用户手指的方法。佩戴 HMD 的用户可以在虚拟世界中操作时看到自己的手。

Technical Illusions 公司成功完成了众筹活动，为 CastAR 系统的最终开发和生产提供资金。CastAR 系统是一个多用户反光显示系统，每个用户都佩戴一台投影仪，提供自己的图像，然后反射回它们。该系统的重点是能按顺序进行交互式桌面游戏，游戏中所有对象都是虚拟的。

图 1-43 Virtuix Omni 提供了一种在虚拟空间中无限行走的机制。通过使用低摩擦表面和低摩擦鞋，使用者可以通过在适当位置滑动而无限地行走（或奔跑）（照片由 William Sherman 拍摄）

LG 电子和索尼推出无源立体显示的超高清（近 4K）3D 电视，三星则推出了有源立体显示的超高清 3D 电视。尺寸范围从 49 英寸到 85 英寸，增强了小型固定式显示器虚拟现实系统的视觉效果。

谷歌为开发社区推出了他们的"谷歌眼镜"。但在消费级产品推出之前，这项工作就被取消了。

2014 年。在广泛商业化的风口浪尖，VR 开始走出"吸引媒体"模式，呈现出制度化的迹象。

Oculus VR 公司是在 Kickstarter 众筹活动中成立的，目的是制造低成本的 HMD。该公司被 Facebook 以 20 亿美元的价格收购。Oculus 还发布了他们的第二个原型设备（开发工具包 DK-2），其中包括一个用于基于视频的 6-DOF 位置跟踪的小摄像头。

谷歌发布了一个 DIY 智能手机 HBD 适配器，由硬纸板和塑料光学器件制成，称为 Google Cardboard。Google Cardboard 还包括一个基于磁性的开关输入，以及一个应用程序接口和 Android 操作系统智能手机的示例应用程序。（2015 年，谷歌将发布一个更新版本，利用手机的触摸屏作为 tap 接口接收器。）

三星与 Oculus VR 合作，发布了三星 Gear VR，这是一款围绕使用概念构建的商用 HMD，将智能手机作为 VR 系统的跟踪器/电脑/显示器。不过，在这种情况下，内置了额外的跟踪技术，以及用于输入的按钮和小触摸板。外壳是专门为三星 Snapdragon Galaxy Note 4 手机设计的模制硬壳。

2015 年。在 2015 年游戏开发者大会上，Valve——一家计算机游戏制作公司——与电子公司 HTC 合作，发布并展示了他们新的 Lighthouse 位置跟踪系统。该系统将与 HTC Vive HMD 结合，成为一个消费级 VR 系统。

《纽约时报》与谷歌合作宣布了一项协议，根据协议，《纽约时报》的订阅者将获得一个 Google Cardboard，通过该平台，他们可以看到 360 篇由《纽约时报》记者特别创作的内容。

2016 年。2016 年，经过 50 年的发展，VR 一夜成名。

Oculus VR 通过预购系统发布了首款面向消费者的 VR 显示产品（CV-1）。最初的系统包括 HMD、一个用于视频位置跟踪的摄像头，以及一个用于用户输入的未跟踪的 Xbox 游戏控制器。今年晚些时候，他们发布了 Oculus Touch 6-DOF 跟踪手持控制器。

HTC 和 Valve 通过预购系统发布了他们的首款面向消费者的 VR 显示产品（Vive）。除了 HMD，Vive 系统还包括两个 Lighthouse 跟踪单元以及两个完全跟踪的手持输入控制器。

Daqri 公司将他们的 Smart Helmet 商业化，供工业使用。Smart Helmet 是一个集成的 AR 系统，包括一个计算单元，除了用于跟踪的传感器外，还包括热传感器和脑电图传感器。它全部包含在一个个人防护装备头盔中，取代传统安全帽。

微软发布了 HoloLens 开发工具包，供研究和消费级软件开发者早期探索和开发。

HoloLens 是一款一体化 AR 显示器，除了透视（see-through）光学系统外，还包括由内到外（SLAM）跟踪系统，以及带有渲染的计算单元。

索尼发布了他们的 PlayStation VR 头戴显示器，与 PlayStation 摄像机和 Move 控制器相结合，并与 PlayStation 4 游戏机一起使用。

1.5 本章小结

虚拟现实的定义特征是：
- 它是一种交流的媒介。
- 它需要身体的沉浸感。
- 它提供合成的感官刺激。
- 它是交互的。
- 它可以让用户在精神上沉浸其中。

了解了这些特征，我们现在可以对每个组成部分进行更详细的研究：媒介（第 2 章）、人类参与者（第 3 章）、物理沉浸技术（第 4 章和第 5 章）、虚拟世界的表示（第 6 章）和交互（第 7 章）。在第 8 章我们将着眼于虚拟现实的整体体验，而在第 9 章介绍虚拟现实体验的设计。最后，在第 10 章，我们探讨了虚拟现实的未来潜力。

术语: 冰山一角

本章中定义的术语涵盖了在虚拟现实讨论中最常使用(和容易混淆)的术语。虚拟现实的术语出现的时间较短且发展较快,许多名词和短语甚至在虚拟现实社区中用法也不一致(尽管更多的是那些试图推销类似技术的人)。

在这本书中,我们坚持使用虚拟现实领域常见术语的更学术的定义。特定学科的相关术语将在出现时进行定义。此外,你可以在 www.understandingvirtualreality.com 网站上找到与 VR 相关的在线术语表。

作为媒介的虚拟现实

虚拟现实（VR）是一种媒介。因此，我们可以通过研究虚拟现实与其他人类传播媒介的关系来了解虚拟现实在交流和探索思想方面的潜力。

这一章的重点是交流媒介的性质和虚拟现实在更大整体设计中的作用。这是开发有效虚拟现实体验的一个重要课题。如果你要设计体验的任何部分，仅了解媒介的技术知识是不够的。（在第二部分中，我们将继续介绍如何将虚拟现实技术和界面设计转化为一个可行的系统。）

精通媒介对于良好的交流是非常重要的。这对于交流的创建者和接受者都很重要，尽管创建者自然要承担更大的责任。为了提高我们对媒介的读写能力，研究它的历史、语言、叙事形式、流派和界面是很重要的 [Sherman and Craig 1995]。

在了解了如何使用一般媒介支持人类交流之后，我们将重点关注通过虚拟现实媒介来增强交流的惯例和设备。

2.1 通过媒介交流

作为一种交流媒介，VR 与更多的传统媒介，尤其是与之有共同传统的媒介有着相同的属性。我们认为，对于虚拟现实开发者（和用户）来说，理解他们所工作的媒介的更深层次的重要性是很重要的。

从最广泛的意义上来说，媒介（medium）指的是介于两种或两种以上事物之间的事物。根据这个定义，任何可以将某物从一个点传递到另一个点的东西通常都被称为媒介。那么这可能是一个想法，也可能是物质或能量。因此，金属管是一种可以将流体从一端转移到另一端的媒介，它还具有传递声音和热量的特性。小说是传递思想和概念的媒介。我们将传递物质 / 能量的媒介称为载体媒介，将传递思想 / 概念的媒介称为人类交流媒介。

❑ 媒介（medium）：1）中介。连接两个实体（中间人）的东西。（在本书中，通常用于讨论人类交流的媒介。）2）影响或传达某种事物的方式；或一种交流、信息或娱乐的渠道或系统［Webster 1989］。

❑ 载体媒介（carrier medium）：用来存储和传递信息的物质（substance）或基质（substrate），或物理实体（physical entity）。计算机 SD 卡就是一个例子，它用来存储和携带电子编码信息的比特。计算机网络用于携带电子编码信息，但通常不用于存储电子编码信息。铜管可以把液体从一点输送到另一点。

❑ 人类交流媒介（human communication medium）：1）一种表达形式，在这种表达形式中，思想被转换成一种可以穿越物质世界的形式，并通过一种或多种感官被重新还原思想（改编自 McCloud［1993］）；2）一种表达方式。

媒介必须能够存储其内容，直到它们被传递完毕。一些媒介可以无限期地存储内容，而另一些媒介只是作为传输机制。举一个非常简单的例子，水桶可以用来存储水（在本例中，水桶是一种存储媒介），或者可以在水桶中携带水（现在水桶是一种载体媒介）。然而，管道的目的是传递内容而不是存储内容，它被严格地认为是一种载体媒介。此外，在内容的边界处有一个访问点，我们将这个访问点称为界面（interface）。

虚拟世界可以包含在各种存储媒介中，如超级计算机、书籍、软盘、录像带、U 盘，甚至人脑。有关虚拟世界的信息通过交流媒介从一个"容器"传递到另一个"容器"：超级计算机通过工作站传递到大脑，书籍通过书面语言传递到大脑，或者大脑通过口语传递到大脑。

2.2　媒介的内容：虚拟世界

任何思想交流媒介最重要的方面之一就是内容本身。正如第 1 章所阐述的，我们所关注的人类交流媒介的内容被称为虚拟世界。之所以使用这个术语，是因为所传播的思想通常是通过描述一个世界而变得生动起来的，在那个世界中，接受者体验世界的景点、对象和居民。因此，虚拟现实应用程序的内容确实被称为虚拟世界，但并不是所有的虚拟世界都是专门为通过 VR 界面呈现而创建的。

本节重点讨论独立于媒介的虚拟世界。在这里，我们将研究虚拟世界是如何创建、呈现和探索的。我们将看看虚拟世界从何而来，又存于何处。

虚拟世界并不是一个新概念。自人类诞生以来，人类就一直在努力塑造自己的环境。除了操作他们所生活的世界之外，人们还创造了他们自己关于另一个世界的概念。这些变化的世界只服从于人类创作者的规则。造物主拥有绝对的统治权。这样一个虚拟世界可能只存在于创作者的头脑中，或者通过一种媒介表现出来，使它可以与其他人分享。

当然，现实世界影响着虚拟世界。虽然虚拟世界是想象的空间，但有时人们并不清楚真实世界的尽头和虚拟世界的开端。当虚拟世界是某个地方的模型，旨在模仿特定的现实世界的对应物时，尤其如此。

虚拟世界是对现实世界中可能存在也可能不存在的某些世界的真实再现。即使在物质世界中，遇到的东西是真实的还是表象的也并不总是显而易见的。René Magritte 在他著名的画作 *Treachery of Images*（图 2-1）中展示了这一点。虽然这是一幅非常写实的烟斗画，但它不是真的烟斗，而是一幅画。这幅画本身是相当真实的，但是烟斗和一幅画之间并没有混淆。然而，如果被问到"这是什么？"大多数人可能会回答"这是烟斗"，而不是"这是幅画"。

虚拟世界可以被认为是某种媒介中某个域的模拟，其中的模拟是由行为规则驱动的——编程的或想象的，简单的或复杂的。这些规则可以作为计算机程序、棋盘游戏规则、静止图像的颜色，甚至是孩子的想象力来实现。域是虚拟世界的空间、参与者、对象和规则的范围。

总之，我们重申：媒介所传达的内容是一个虚拟的世界。

一些在不同媒介中实现虚拟世界的例子包括：

图 2-1　超现实主义画家 René Magritte 在 *Treachery of Images* 中处理了意象与现实的复杂问题，他将一根烟斗的意象与标题"这不是烟斗"并列在一起（照片版权归 Museum Associates/LACMA 所有）

人类交流媒介	虚拟世界
幻想	白日梦 / 心智模型
想象 / 玩具	小孩玩洋娃娃
故事	传说 /《变形记》(*Metamorphoses*)
洞穴壁画	拉斯考克斯（Lascaux）洞穴
小说（非交互）	《白鲸》(*Moby Dick*)
地图	伦敦地铁系统图
魔术	从帽子里变出一只兔子
歌曲	*Early Morning Dreams*
电影（非交互）	《公民凯恩》(*Citizen Kane*)
动画	《幻想曲》(*Fantasia*)
木偶戏	《布偶秀》(*The Muppet Show*)
业余无线电 / 民用波段电台	圆桌会议
互动小说（通过书籍）	*Zork: The Cavern of Doom*

（续）

人类交流媒介	虚拟世界
互动小说（通过计算机游戏）	*Adventure*/Zork
电子邮件	备忘录，信件，一般信函
互联网新闻与网络论坛	问答 / 聊天（文化）
多媒体互动小说	*Myst/Virtual Nashville*
MUD（多用户游戏），MOO（多用户面向对象）	游戏 / 聊天室 / 办公室仿真
棋盘游戏	Chess/Clue/Catan/Caverna/Portal 游戏
游戏机	*Pong/Donkey Kong* 游戏
互联网（WWW）	www.yahoo.com 网站
飞行模拟	波音 747 训练系统
VR 游戏	*Dactyl Nightmare* 体验
VR 设计	*MakeVR* 应用
VR 创作	Google *Tiltbrush* 应用
增强现实	*Augmented Alma* 体验
MMORPG（在线游戏）	*Everquest/Second Life/Minecraft*
社交网络	Facebook

可能不太明显的是，所有这些示例实际上都是虚拟世界。例如，从帽子里变出兔子是一个模拟世界，在这个世界里，可以从"稀薄的空气"中变出兔子。相信不存在的东西是虚拟现实的一个重要方面。上面列表中的每一种媒介实际上都是一种机制，用来支持一个人向另一个人传递想法，或者帮助自己完善自己的想法。

虚拟世界对特定媒介的适用性

有些虚拟世界是按照特定的媒介来设计的，而有些则设计为通过不止一种媒介来体验。有些虚拟世界特别适合使用 VR 界面来实现。显然，虚拟现实显示的候选对象包括那些通过物理空间移动的世界是体验的重要组成部分。例如，建筑漫游或者南极科考的飞行漫游可以利用用户的三维空间感和距离感。我们将在第 9 章中研究其他类型的虚拟世界，讨论它们是否适合在 VR 中显示。

作为一种表达媒介，VR 的主要特征之一就是通过计算机作为介质。当以计算机作为载体媒介时，诸如分辨率、速度和界面等都是必须考虑的问题，因为这些问题会对结果产生重大影响。计算技术正在迅速改进，因此我们不断期待更好的计算性能。

2.3　沟通：思想的传递

人类的进步和文化是建立在人们相互思考和传递思想的能力之上的。我们传播这些想法的方式大多是基于人造技术。

当一个人以某种方式想出一个想法时，交流的过程就开始了。一个想法可能是私人的，也可能是一个人想传递给别人的。为了清晰起见，我们将把一个心智模型的传播者（或创作者）和接受者（或参与者）看作是独立的个体，即使情况并非总是这样。

有了一个想法，沟通者开始使用一些技术创造一个物理表示——用一根棍子在沙子上划痕或在表面涂上颜色。（一个想法如何以物理形式表示的其他例子可以在图 2-2 中找到。）然而，重要的是要记住，即使在同一个媒介中也需要选择。例如，画家可以选择使用不同的媒介来着色：画布上的油画、墙上的颜料、计算机内存的比特。诗人可以通过朗诵、手稿或歌词来表达思想。

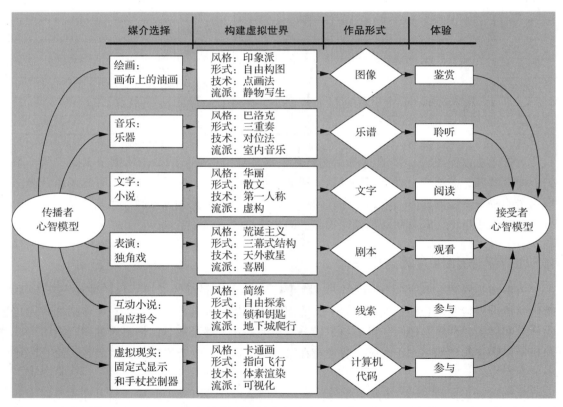

图 2-2 这个图描述了思想通过特定的媒介传播的各种方式。请注意，没有限制交流者和接受者是同一个人

通过图 2-2 所示的媒介选择，从传播者到接受者的思想流动隐藏了一些细节。大多数媒介都将表演作为如何将作品呈现给接受者体验的一部分（图 2-3）。而且，如果我们把绘画的行为和计算机按照指令操作看作表演，那么基本上每种媒介都有一个舞台或一个平台，作

品必须在那里表演。因此，在虚拟现实体验中也会发生类似的流程：计算机充当"表演者"，接受者参与到体验中。

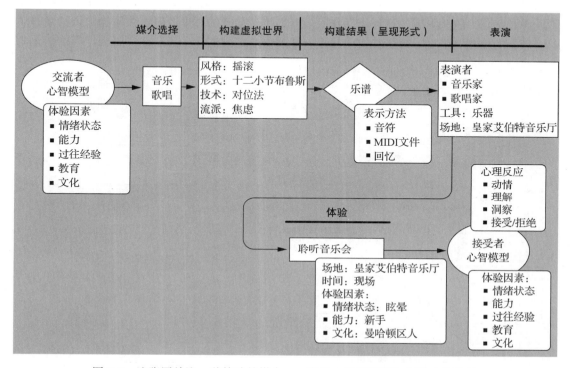

图 2-3　这张图关注一种特殊的媒介——音乐，显示表演如何融入体验的

当信息从一个阶段传递到下一个阶段（即传播者的心智模型、物理表征、表示和接受者的心智模型）时，它是在某种传输媒介中创建或承载的（图 2-4）。例如，绘画是通过将油画颜料涂在画布上的动作来创作的，这将艺术家的视觉转换到物理对象上。交响乐的演出可以录制到光盘上，戏剧的舞台演出也可以录制成视频。在这些情况下，载体媒介也充当存储媒介。存储媒介允许接受者稍后再去感知表演。

虽然存储媒介通常为更多人访问特定内容提供了一种方便的手段，但存储媒介本身可以对作品的感知方式产生额外的影响。

当一个虚拟世界通过媒介呈现出来时，有几个混杂的因素会影响对所呈现思想的接受。第一个因素是物理表示的质量：传播者在将想法转化为所选择的媒介方面有多成功？其次是载体和存储媒介的限制。实时记录的质量受到诸如分辨率、动态范围和其他感知损失（如深度、视场）等限制，这些限制会干扰信息的捕获和传输。

我们体验创作的场地影响着我们对它的感知。在一群人中观看与独自在一个小房间中观看，我们对戏剧的感知是非常不同的。在画廊里观看一幅原创绘画与在桌面工作站或智能手机的小屏幕上观看它的数字副本，对我们来说是两种截然不同的体验。

此外，接受者的经历会受到许多外部和内部的影响。外部影响可能包括场地或作品初次表演时间（就其吸引力的"新鲜度"而言）。内部影响可能包括接受者的心理状态、先前的经历和文化。这些影响，连同作品本身，有助于接受者的心理反应，并可能导致情绪的波动、行为的改变、灵光一现，甚至困惑或拒绝的信息。

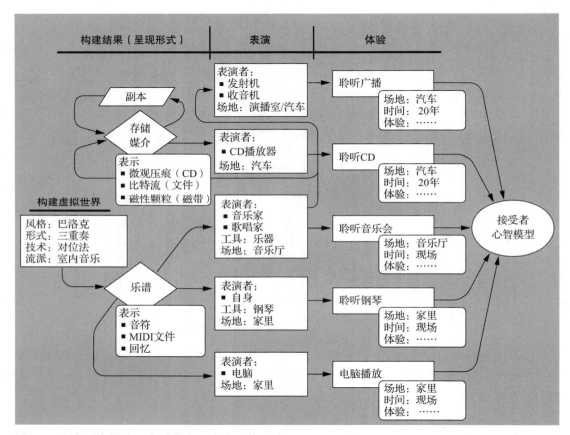

图 2-4　这个图表描述了音乐媒介的表演和体验阶段之间可能发生的事情的一个更详细的视图。在作曲的过程中，作曲家的思想通常表现在乐谱上。这可能是传统的音乐符号，一个 MIDI（乐器数字接口）文件（计算机如何演奏的指令），或作为作曲家自己对如何演奏乐曲的心理笔记。乐谱可以由作曲家、计算机或其他音乐家演奏。体验形式可以直接现场聆听，或通过传输媒介如无线电台（通过电波或数字流媒体播放），或记录在存储媒介，如 CD（这本身就可以被复制，直接播放）、广播，或者转换成新的格式在其他播放器上播放

最后，一些媒体允许接受者与虚拟世界交互，产生一个反馈给执行者（图 2-5）。在传统的表演艺术中，观众对现场表演的反应会极大地影响表演本身。在以计算机为媒介的交互式媒体中——同样，计算机可以被认为是表演者——观众对结果有更深远的影响。根据互动

的程度，观众成为体验本身的共同创作者。

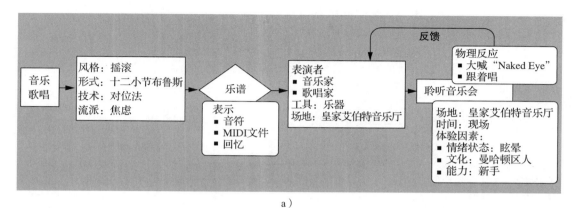

a）

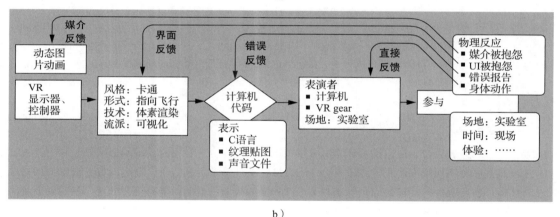

b）

图 2-5　a）这张图展示了接受者对一次体验的身体反应如何通过反馈影响表演。在现场表演中，观众的反馈往往会影响表演本身，例如，在音乐会上，观众的热情会影响音乐家演奏的方式和演奏的内容。b）反馈是 VR 的关键元素之一。对于 VR 来说，参与者的身体反应对 VR 系统的影响是必不可少的。在虚拟现实体验中，反馈可以出现在多个层面。当参与者移动头部时，互动反馈发生，导致计算机呈现更新的感官图像。另一个层面的反馈发生在参与者报告计算机正在执行的代码中的错误时，或者他们可能报告应用程序的某个元素难以理解时，从而导致修改虚拟世界的设计

　　对于交互性起着重要作用的媒介来说，当人们试图将体验转移到存储媒介时，一个至关重要的元素就丢失了。用目前的技术来捕捉原始体验的每一个方面是完全不可能的。随着交互元素的丢失，体验的本质被改变了（图 2-6）。

　　然而，在某些情况下，通过某种载体媒介传递思想所造成的损失是微乎其微的。例如，如果一部小说的文字通过 USB 记忆棒传输，然后打印出来，或者在电子阅读器上阅读，那么这个故事就不会失去它的灵魂。事实上，它的损失很小，尽管很多人仍然喜欢阅读纸质

书。小说的传播媒介得益于这样一个事实，即文字可以很容易地传播，而没有任何关键的信息丢失。然而，排版、字体、插图和纸张质量都可能发生根本性的变化，从而影响用户的体验。

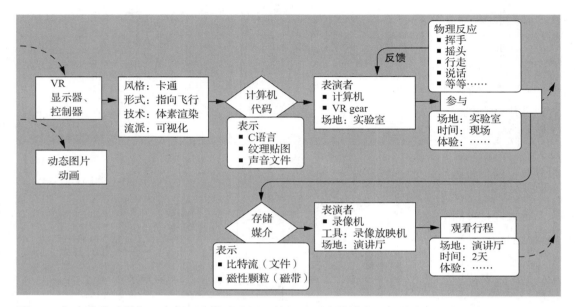

图 2-6　与音乐体验类似，虚拟现实体验也可以被记录到存储媒介，但就虚拟现实而言，它的表现形式是一种不同类型的人类沟通媒介——也许它被纯粹地记录为一个动态图像，或者也许虚拟世界中所有的行动都被记录下来，可以在未来的体验中观看，但是交互已经限制在录制的时间流里了。当然，观看 VR 体验的视频录制与最初的体验相去甚远，甚至在 3D 空间录制的体验中移动也失去了最初体验的很多精髓

2.4　人类传播媒介的共性问题

虽然用于交流的媒介各种各样，但有许多共同的问题。第一个关注点是创作者。谁是虚拟现实体验的创作者：体验的创作者还是思想的接受者？媒介的开发者和评论者必须研究的其他问题包括语言、与虚拟世界的交互、表现形式、体验的类别（流派）、叙事的可能性、体验与信息的本质，以及探索媒介的范围。我们将从人类传播媒介的一个横截面来讨论这些话题。我们将着眼于虚拟现实作为一种新媒介所特有的一些特点和问题，并探讨这些问题在一般媒介中应用的情况。

2.4.1　虚拟世界的界面

无论思想以何种媒介呈现，我们都需要能够访问内容。虚拟世界有一个与之关联的界面，接收方可以通过该界面访问内容。例如，一本小说是以页面上的文字呈现给读者的，这些文字具有连续的顺序。因此，参与者在自我和媒介之间的边界与虚拟世界交互。这个访问点称为用户界面。

用户界面：*通过接受者与虚拟世界边界的接入点。信息必须通过媒介的界面在传播者和接受者之间传递，在我们当前的例子中，界面在小说家和读者之间。*

术语用户界面（UI）并不一定意味着计算机的使用（尽管它经常被暗示）。呈现虚拟世界的媒介规定了一组可能的界面，通过这些界面可以访问虚拟世界。小说可以通过图书界面或使用计算机显示器和鼠标来阅读。有时界面是技术性的（如电视机或收音机），有时则不是（如舞蹈表演或雕塑）。此外，界面也会受到环境的影响：接受者是直接参与到媒介中，还是通过载体媒介传播体验？虚拟现实的用户界面将在第 7 章中详细讨论。这里我们讨论用户界面、媒介和虚拟世界之间的关系。

作为用户与虚拟世界的连接，用户界面会影响虚拟世界的设计。理想情况下，这个接入点将允许尽可能平滑的传输，使得思想自由地向接受者移动。对于很多媒介来说，良好的用户界面设计已经投入了大量的研究，虚拟现实也将需要同样多的努力。

许多理论家认为虚拟现实的最终目标是成为一种没有明显界面的媒介，一种"无界面"的媒介。也就是说，虚拟现实体验将被设计得如此之好，以至于用户和虚拟世界之间的边界似乎是不存在的。用户界面将精确地模拟用户体验现实世界的方式。许多人认为这是最终的界面。但是，我们应该始终记住，即使界面是不可见的，它仍然存在。

因此，很明显，通过选择合适的界面，可以很好地利用特定媒介的约束和功能。创作者可以选择设计一个带有特定界面的虚拟世界，也可以努力让虚拟世界通过各种用户界面被有意义地访问。为特定的媒介或界面编写代码既有优点又有缺点。

当为特定的媒介设计界面时，传播者可以利用媒介的优势和灵活性。例如，在写小说时，作家可以假设读者已经阅读了前面的所有页面，并且理解当前章节的相关背景。在更具交互性的媒介中，创作者可能无法做出这样的假设，尽管他可能试图引导参与者通过特定的操作来了解必要的信息。同样，特定用户界面的约束可能允许创作者忽略世界的某些方面，而这些方面在使用不同的界面时是不可取的。在一个以完整的虚拟现实环境呈现的世界中，许多视觉方面，如重力对无支撑物体的影响，必须被纳入。在以文本为基础的媒介（如小说和互动小说）呈现的世界中，将掉落在地上的物体纳入其中通常并不重要。当这样的事件对故事很重要时，就会特别处理。

当为多种媒介（比如小说和互动小说）设计虚拟世界时，需要额外的努力来确保设计能够支持每种媒介的界面提供的不同可能性。为多种媒介设计的虚拟世界可能会有更广泛的潜在场所和观众。

为了支持多个界面，必须更彻底地定义虚拟世界的某些方面，也就是说，虚拟世界必须提供每个潜在界面所允许的所有可能性。同时，在设计虚拟世界时，必须考虑来自每个界面的约束。在为小说和互动小说创建虚拟世界的例子中，作者必须为互动小说的参与者考虑所有可能的交互，这在小说中是不需要的。对于小说，作者必须选择参与者将要"走的道路"。

通常，为特定媒介和界面设计的虚拟世界需要调整以适应不同的用户界面。转换的成功在很大程度上取决于虚拟世界是否适合新的界面或重构人员的技能。改编后的作品可能无法达到与原作相同的质量水平，或者（可能性更小）实际上可能得到改进。并不是所有内容都适合在虚拟现实系统中使用。为给定的内容和目标选择最合适的媒介是很重要的。

2.4.2　语言

语言不仅仅是口头或书面文字的产物。根据 Webster 的说法，语言是"任何形式化的符号、手势或类似的系统，被用来或认为是交流思想、情感等的一种手段"［ Webster 1989 ］。因为人类交流的每一种媒介都有与其相关的不同属性，每一种都发展了自己的语言，通过这种语言人们可以更有效地交流。每种媒介都发展出一套多少有点标准化的工具和方法，创作者可以用这些工具和方法来传达概念（例如，音乐使用音符和节奏，绘画使用颜色和纹理）。

每一种新媒介都经历了一个过程，在这个过程中，它的语言从混乱的过去演变而来。这种混乱包含了与技术或界面相关的其他媒介的语言。VR 继承了计算机图形、视频游戏、互动小说等语言元素（图 2-7）。

图 2-7　菜单、化身、指示器、凝视 / 熔断按钮、远程跳跃点和其他图形表示是在虚拟现实体验中发现的许多视觉语言元素中的一部分

因为一种新媒介没有机会发展自己的语言，它常常会被那些使用古典语言的艺术家们所轻视。在 *Understanding Comics* 一书中，Scott McCloud［1993］指出，所有新媒介的祸根都是"被旧媒介的标准所评判的诅咒"。

在新媒介语言的重要性得到合理评价之前，必须给新媒介语言一定的时间，使其演变为有效的传播手段。VR 开发者和研究者必须审视 VR 与其他媒介的关系，并探索新的可能性。

虚拟现实开发者和研究人员必须研究虚拟现实与其他媒介的关系，并探索新的可能性。

在 *Understanding Media* 一书中，Marshall McLuhan［1964］说，"对一种媒介的任何研究都有助于我们理解所有其他媒介"。因此，我们应该明智地审视其他媒介是如何发展的以及它们所使用的语言。书面语将口语的符号扩展为一种代表口语的声音的符号语言。在这个过程中，交流获得了持久性。后代能够阅读、学习和享受这些词语。然而，书面语并不支持通过口语的时间和语调直接提供信息的能力。每一种新媒介都对旧媒介进行了权衡，带来了一种新的人类交流方式。

为什么讨论语言

即使你不精通一种媒介的语言，你也可以理解它的一些内容，但你会错过媒介本身传递的很多信息。一般的听众可能会觉得他们得到了想要的信息，而精通这种媒介语言的接受者可能会得到由传播者传达的更深层次的意义。要充分利用媒介，就必须研究媒介语言的创作要素（写作）和解释要素（阅读）。

每种媒介的语言也随着其潜在的技术而发展。让我们以电影为例。当电影最初被发展成一种存储和回放动态图像的方法时，其内容通常是日常生活中所经历的事件的记录。这一事件可能是一场舞台剧（一种既定的媒介），设置了一个固定的电影摄像机，只是简单地从观众的角度记录剧本。后来，电影制作人发现他们可以把摄像机带入动作，提供了一种新的方式来传递故事。用摄影机作为工具来强化故事，将摄影机技术作为电影制作的语言元素。

这些方法包括摄影机的放置、剪辑的顺序和整个场景，然后与对场景中动作的更大控制（通过演员）相结合，以增强导演影响观众理解和情感反应的能力。通过实验，电影制作语言不断发展。例如，剪辑可以用来在两个角色之间的对话中改变视角，或者它可以用来通过延长场景的持续时间来增加事件的重要性。剪辑的数量也可以被操纵，从希区柯克 1948 年的电影 *Rope* 中的零剪辑到快速剪辑（在短时间内使用几十个剪辑，通常被称为 MTV 风格）。

虚拟现实的习语

在语言元素被创造出来的时候，VR 仍处于发展阶段。即使听众可能没有意识到这些元素，他们仍然可能受到它们的影响。要成为一名全面参与 VR 的接受者，需要学习这种媒介的语言。

在同一种媒介中，语言元素可以是不同的，这一点在绘画媒介中表现得淋漓尽致。例如，可以使用水彩画以抽象风格创作一幅画，也可以使用基于计算机的绘画软件以照片写实风格创作一幅画。同样，语言规则在任何特定的媒介中都可以在不同的社会文化中沿着不同的路线发展——看看中国音乐中使用的音阶与欧洲音乐中使用的音阶就知道了。

因此，虚拟现实的媒介有一种符号和语法的语言，这些符号和语法结合在一起，向参与体验的观众呈现一种信息。即使经过了这么多年的虚拟现实，这种语言仍然出现时间较短且不成熟，会随着每一个新的应用程序而不断发展。当前虚拟现实语言中的许多元素都来源于其他相关媒介，因此需要适应虚拟现实的习语。

目前在各种虚拟现实体验中发现的符号包括：远程跳弧和着陆圈（图 2-8）、虚拟按钮（对象）、3D 光标（选择图标）和用户行走时的脚步声。

其他媒介为 VR 带来的一些元素包括菜单和小部件窗口。VR 语言的一些符号超越了视觉和听觉显示，延伸到了物理现实。Randy Pausch 和 Ken Hinckley 把这些与虚拟符号直接相关的物理对象（或符号）称为道具 [Hinckley et al. 1994]。例如，一个简单的球和一个装有位置传感器的塑料块（道具）可以用来指示用户想要将磁共振成像（MRI）扫描到计算机上的某些医疗信息显示出来（图 2-9）。移动与球相关的塑料平面会显示出与球上塑料块位置对应的那部分大脑的信息。

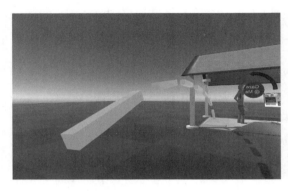 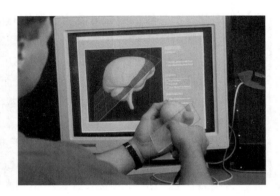

图 2-8　在虚拟现实语言中，一个相对较新的应用是远程跳跃运动指示器，它提供一个弧线或一条线，从用户手持移动控制器的位置开始，并提供一个圆圈来指示他们下一跳的着陆位置

图 2-9　研究人员使用一般的物体（球和塑料平面）作为道具来指示计算机显示器上显示的大脑横截面的位置（照片由 Ken Hinckley 提供）

时间与空间的语言元素

与其他随时间推移而传播的媒介（如电影、漫画、计算机游戏）一样，VR 在如何处理时间和空间方面具有很大的灵活性。在电影中，时间的流逝可能表现为一个旋转的时钟或翻动的日历页，或者仅仅是放置在场景上的日期。虚拟现实体验对于时间的流逝有更多的选择。对时间的控制可以从没有时间概念（查看静态场景或对象），到保持时间不变，再到让它以我们日常体验的相同速度流动。虚拟现实甚至可以让用户操作时间的方向和速度，或者让他们跳转到特定的时间点。

同样，VR 应用程序可以以多种方式处理空间：可以将空间限制在一个小区域，这样用户可能想要操作或观察的任何东西都在跟踪技术的范围内，或者空间可以是巨大的，也可以说是无限的。最后，空间可以被赋予与我们的宇宙不同的形状。在较大的空间中，用户可以用不同的方式在空间中移动，或许可以通过将手指指向他们想去的方向（指向飞行）来指示所需的动作。

空间穿越也有时间元素，因为每一种旅行方式都允许以不同的速度穿越该区域。穿越空间的抽象方法是允许用户只是指着地图上的一个位置，瞬间到达，没有现实和虚拟世界的时间流逝，或者用户在一个特定的时间间隔，或以一个特定的速度移动到新位置。

自我表示

虚拟现实语言中一个新的概念和符号就是自我表示。一些媒介向接受者呈现或描述环境，充当他们的眼睛和耳朵的角色。在虚拟现实中，环境直接呈现给参与者，他们用自己的感官感知世界。这种表示方式，结合了交互性，要求在虚拟世界中表示用户。"手在空间中"符号就是一个具体的例子。手也可以表示为用户用手控制的任何工具。通常，在单用户体验中，只显示四肢而不是整个身体，而且通常只有一只手。涉及共享世界的体验要求对身体有更完整的表示。无论身体的多少部分被表示，这些自我表示仍然被称为用户的化身（图 2-10 ）。

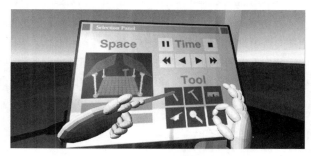

图 2-10　一个非常简单的化身，可以代表虚拟世界中参与者的手。虚拟化身帮助用户在空间中感知自己的身体，并帮助用户执行导致身体所有权错觉的任务，也许会增强他们在世界中的代理（参见第 3 章）

化身可以很简单，以节省计算开销——可以是带有眼睛的 T 形来显示视角的朝向和方向，或者是一个简单的多边形，其中一侧映射有用户的静态图像（图 2-11）。化身也可以是复杂的，也许是用户身体的完整 3D 扫描，并且嘴巴部分会根据用户的说话模式进行自我重塑。当然，如何表示用户并没有约束。可以设计任何一种表示形式——提供另一个自我或用户希望被看到的描述。虚拟现实动作 / 冒险体验 *Snow Crash* 描述了虚拟现实世界中虚拟人物未来可能出现的场景："多元宇宙" [Stephenson 1992]。

在他们关于 Placeholder 体验（在本书的配套网站 UnderstandingVirtualReality.com 上可以看到我们对这个应用程序的描述）的论文中，Laurel、Strickland 和 Tow 特别讨论了他们努力寻找新的表示（化身）和探索参与者与环境互动的新方式 [Laurel et al. 1994]。

技术上的限制常常导致早期的 VR 应用程序开发者使用头部方向（即注视）作为决定行进方向的因素。Laurel 和同事们注意到，这种限制导致用户只能保持头部向前。为了让用户"找回脖子"，他们决定在用户的躯干上放置一个额外的追踪装置，并利用用户的身体方向来确定行进方向。他们还选择了替代另一种在 VR 中变得越来越传统的技术，即指向飞行的方式旅行。为了找到一个新的界面，研究人员对用户幻想的飞行方式进行了调查。他们没有得到一致的反馈，但在早期的测试中注意到，当用户扮演乌鸦的角色时，他们往往会拍打手臂。所以这个手势在 Placeholder 应用程序中是乌鸦飞行的指示器。

图 2-11 全身化身可以像 T 字表示那样简单，也可以像逼真的渲染那样复杂，它可以传达参与者的许多方面，比如面部手势、情绪和动作。手化身不仅对它所代表的手的主人有用，而且对共享同一个虚拟世界的其他用户也有用，帮助他们感知邻居的位置、动作和肢体语言（海豚和章鱼模型来自 Thingiverse. com，分别由用户 nap（217214）和 glad- 3Dprintable（522008）制作）

2.4.3 作者关系（与创作者关系）

根据媒介的不同，谁是体验的作者的问题是难以捉摸的。当然，要解决的第一个问题是"体验"这个词的含义。在这种情况下，我们讨论的是第 1 章中描述的参与式体验。那么，当参与者感受到某种特定的情感时，是谁创造了这种情感呢？或者，当参与者对某种现象的本质有了顿悟，而这种顿悟又得到了媒介中所呈现的东西的帮助时，是谁创造了这个顿悟？答案并不明确。

作品的作者可以被认为是通过某种媒介构建内容的人。然而，由于解释发生在观察者／接受者身上，他们也可以声称自己在一定程度上是体验的作者，但不是内容（例如，呈现给参与者的虚拟世界）的作者。

一本书的作者当然是写这些文字的人。可辩证地说，阅读这本书的体验既属于文字作者，也属于读者，这使得两者都成为体验的共同作者。为了扩大考虑范围，许多情况涉及第三方：将原始想法置于文字作者头脑中的人／实体／事件。

当一种媒介允许某种形式的交互时——当接受者选择在虚拟世界中走一条特定的路并使用某种工具时——接受者在体验中扮演了一个更具参与性的角色，这使得关于作者的问题变得更加混乱。但即使是没有交互界面的媒介，当接受者仔细考虑所呈现的内容时，他们也是在以一种方式与所呈现的材料进行交互。

有些媒介仅仅提供了一套工具和一个供参与者交互的公共场所。参与者自己创造内容和体验。例如，在参与者创建自己的对话框、发布自己的照片等之前，Facebook 等社交媒介相对来说是免费的。然而，重要的是要注意，所提供的工具的可用性，以及参与者与系统交互的机制以及彼此之间的交互机制，都会影响虚拟世界内容的创造和体验的感觉。（"媒介即信息"[McLuhan 1964]。）

2.4.4　虚拟现实有什么特别之处

在任何一种特定媒介中工作的艺术家都试图在他们的作品中利用这种媒介的特性。VR 有许多特性，这些特征结合起来使它成为一种真正独特的媒介。这些特性包括操纵时间和空间感的能力，互动和多个同时参与者的选择，以及参与者驱动体验叙事的潜力。VR 将所有这些组成部分整合到一个单一的媒介中，为接受者（参与者）和媒介之间的动态关系创造了机会。

虚拟现实的一个非常特别的可供性是，它使参与者的身体成为体验的一部分。因此，参与者自己的本体感觉会影响他们对虚拟世界的体验。VR 提供了一种与数字虚拟世界进行物理交互的方式。当参与者看到自己对应的虚拟身体，并且意识到它可以影响虚拟世界时，他们就会产生一种主体感（见第 3 章）——身体对世界的参与导致了思想的参与。大脑的参与反过来可以反映在参与者的自主身体反应中，从而改变他们的生物特征，如心率、呼吸率和皮肤电反应。

2.5　虚拟现实媒介的研究

媒体创作是为了让别人体验。然而，除了这些个人体验之外，还有一个问题：这些创作是如何影响人们的？我们如何研究和分类人们面对这些体验的反应？在实践层面上，对体验进行分类和评价可以帮助消费者决定他们想要探索什么样的体验（包括工具）。在学术层面上，对媒介的更深理解可以帮助设计师和制作人创作出更有效的体验。

我们可以探讨的虚拟现实体验的一些方面包括：虚拟现实体验可以划分的自然类别；叙事类型；特定体验的形式和流派；或者体验的设计主要是为了传达信息、促进创新，还是仅仅为了体验。随着 VR 进入制度化阶段，我们可以研究媒介质量的变化如何影响参与者的体验。最后，当体验的实际参与发生和消失时（是短暂的），我们如何尝试捕捉一些本质，以便稍后回顾和评估？

2.5.1　叙事：无动机与交互

在基于事件的媒介（小说、电影等）中，作品的创作者为某些角色设定一系列发生在不同背景下的事件。我们称这些序列为故事，而故事的展开就是叙事。

当然，并非所有的叙事都是虚构的。在 *Film: Form and Function* 一书中，Wead 和 Lellis [1981] 给出了电影可以拥有的 4 个角色：1）现实主义：尽可能地如实记录世界；2）说服性：影响观看者的特定观点（POV）；3）个人：传达电影人的世界观；4）审美：一种创新的艺术表现手段。这些角色包括创作者希望呈现的一些真相的表达。这些角色可以而且确实倾向于混合在一起。同样的 4 个角色也可以应用到虚拟现实内容中。

随着虚拟现实应用的日益丰富，大多数大型虚拟现实系统都是为了运行虚拟现实体验而构建的，这些虚拟现实系统侧重于传递信息，而低成本的虚拟现实则更侧重于创造一种体验。这在很大程度上取决于硬件和场地的成本。研究实验室将有更高的预算，可能比家庭用户有更多的空间，因此更大、更昂贵的系统将供研究专用。

在 VR 中，创作者也可以选择信息的传递方式。非虚构叙事无疑是虚拟现实体验创作者的一条途径。VR 的可视化和位置漫游类型允许用户以自由形式去探索一个空间（以及与空间相关的信息），尽可能少地限制参与者。这样的自由允许对潜在信息有更少的偏见。体验的故事可能是从某个科学家的方程式的角度出发，由一个复杂的计算模拟来解释宇宙的诞生，也可能是孩子蜡笔画中的生活，遵循孩子自己的自然法则（图 2-12）。

a)   b)

图 2-12   a）研究人员 Gavrill Tsechpenakis 使用 VR 在小鼠大脑内侧图像扫描中探索错综复杂的神经通路。b）Cindy 和 Danielle 探索 *Crayoland* 的幻想世界，这是一款经典的 VR 体验，由伊利诺伊州大学芝加哥分校电子可视化实验室的 Dave Pape 开发（图 a 中的照片由 Chauncey Frend 提供。图 b 中的应用程序由 Dave Pape 提供，照片由 William Sherman 拍摄）

创作者构建一个情节，或相关的事件序列，可能还包括揭示虚拟世界不同方面的次要情节。在标准小说中，作者可以选择叙事方式。他们可以用线性向前的形式讲故事，也可以用倒叙的形式讲故事。他们还可以使用闪回方式回到过去，在一些媒介中，他们可以选择结合观众的选择（互动）来帮助确定叙事的方向。

在叙事中，接受者的选择程度可以从完全被动（或无动机）到完全互动。随着交互性的增加，传播者所保持的作者控制力逐渐减弱，并转移到接受者身上，从而产生较少的静态体验，更多的探索性体验。虽然在某些方面更难设计和制作，但也许更多的互动体验会对参与者产生更深远的影响。

交互性、参与性和多重呈现

许多其他媒介不如 VR 灵活。例如，音乐主要存在于时间中，绘画主要存在于空间中。舞蹈和电影同时存在于时间和空间中，编舞和导演通过这两个维度影响着节奏。在 VR 中，用户通常控制自己如何穿越时空。用户可以改变自己的有利位置，这是虚拟现实媒介中的一个新元素。虚拟世界可能有一个行动中心，但参与者可以自由地将他们的头（和注意力）转向虚拟世界的其他方面。用户通常可以操纵虚拟世界中的对象和角色并与之交互。这些自由给直接叙事的开发者带来了挑战。

这涉及虚拟现实（以及大型多人在线角色扮演游戏（MMORPG）的媒介）的另一个重要的新元素：多个参与者出现在同一体验中，每个参与者都有一个交互的化身占据虚拟世界的空间。每个参与者的化身可以作用于其他参与者。有时这增加了合作感，有时参与者互相竞争。（当然，一旦同时参与的人数超过一个，控制时间的能力就会受到严重限制。）

虚拟现实是第一个允许如此高程度的参与者交互的媒介之一。在较小程度上（由于缺乏物理反馈），MMORPG 现在也提供了大量的交互性。（当然，这两种媒介可以相互结合。）

用户控制时间和空间的能力——在虚拟世界中观察和移动——以及其他人在虚拟世界中呈现和行动的能力，都对参与水平有显著影响。VR 体验给用户的控制越多，用户在虚拟世界（代理）中的参与感就越强。在一篇关于沉浸式新闻报道的论文中，Nonny de la Peña 等人假定，"沉浸式新闻报道提供了一种完全不同的体验新闻的方式，因此最终以一种不可能的方式理解新闻"［de la Peña et al. 2010］。再次，允许参与者、观众与世界和其中的人（真实的和虚拟的）互动，给他们更大的临场感，产生更有影响力的体验。

叙事灵活性：导向叙事和无导向叙事

和大多数媒介一样，VR 可以作为一种讲故事的工具。在 VR 中，讲故事有一些独特之处，许多方面类似于互动小说。首先，你是否应该强迫参与者沿着一个特定的线性故事线（导向叙事）？如果你这么做了，你会不会把 VR 局限于一部 3D 电影？如果你不这样做，而参与者完全控制了结果（无导向叙事），你如何保证观众能看到叙事的所有部分？还是什么都能看？

导向叙事是一种典型的以情节为基础的作品，以一个（或少数）预定的目标或结局为导向。在这样一种无动机的叙事下，参与者要达到结局所需要做的就是继续体验，直到它结束。然而，并非所有的导向叙事都是无动机的；互动小说的体验通常是导向的，但正如我们所讨论的，这种体验可以通过跳转到其他时间点并沿着不同的方向继续。

Josephine Anstey 的 *The Thing Growing*（图 2-13）是一种导向叙事的 VR 体验［Anstey et al. 2000］。在体验过程中，参与者面临着是否杀死物体的表亲以及最终杀死物体本身的选择（图 2-14）。体验的结局取决于参与者的行动，但最终所有参与者都导向高潮场景决定杀还是不杀，当然，除非参与者选择完全离开体验（在其他媒介中这也是一个选择）。

当导向叙事 VR 体验的参与者未能体验到一个必要的元素时，内容创作者必须设计出调整叙事或阻止其继续进行的方法，直到参与者目睹或与故事中的关键事件或人物进行互动。（同样，这也是互动小说创作者面临的挑战。）在 VR 中，体验开发者还面临着另外一个难题，即如何确定参与者所看到的是什么，他们是否真的看到了一些重要的事件，或者他们是否在看其他的方向？

图 2-13　*The Thing Growing* VR 应用允许参与者在互动叙事的环境中与虚拟人进行接触（应用由 Josephine Anstey 提供，照片由 William Sherman 拍摄）

图 2-14　在 *The Thing Growing* VR 应用中，参与者在虚拟世界中有一定的自由，但最终都被导向相同的结局（应用由 Josephine Anstey 提供，照片由 Willima Sherman 拍摄）

交互性对叙事结果的影响是决定何种程度的交互性最合适的主要考虑因素。在基于事件的体验中，如果参与者在过程中做出了次优的选择，并且没有找到最终结果，那么最终的结果可能会令人不满意。在这种情况频繁发生的媒介中，玩家 / 参与者通常会根据他们过去的虚拟世界经验做出新的选择。他们可以重新开始体验，或者跳到体验的某个中间点。

另一方面，也许通过虚拟现实媒介来呈现导向叙事并不明智。Virtuality Group PLC 的 Mike Adams［Adams 1995］认为，虚拟现实内容并不是以故事情节的形式存在，而是作为一个可以探索的地方存在。Laurel，Strickland 和 Tow 的 Placeholder 应用（参见配套网站）符合这个定义。在他们的研究工作中，他们纯粹是为了研究使用 VR 作为叙事范式的新方法，他们为参与者开发了一个探索空间，但也有与他们交互的元素。一些实体可以谈论他们自己，然后允许用户扮演他们的角色。

这样一个没有预先计划或预先描述的故事，让参与者去探索的世界称为无导向叙事。因此，从本质上讲，所有无导向的叙事都允许某种形式的交互。叙事完全是从用户，也就是观众的行为演变而来的。无导向叙事可能包含故事的元素（背景、人物、情节装置），可能只是一个需要检查的地方或对象，也可能是一个可以用来创建虚拟世界的工具。NICE VR 体验（参见配套网站）是带有故事成分的无导向叙事的一个例子。相反，Placeholder 体验是一个由用户构建的世界的例子，是一种没有故事元素的无导向叙事。

在无导向叙事中，目标是让参与者构建一种独立的体验，在这种情况下，叙事的重要性可能会大大降低：

❑ 用户在坐标（0，0，5）到（0，10，5）的地方设置一堵墙。

❑ 用户在坐标（5，5，7）处放置一张桌子。

❑ 用户说桌子是棕色的……

然而，最终的体验结果可能会让用户非常满意。在这种情况下，用户满意度更多的是与用户界面设计的好坏有关，而不是与用户体验的质量有关。如果用户能够轻松地重建他们的心智模型，那么界面设计就算合适了。

增加交互性的一个明显好处是参与者的参与度增加了。参与者可以在做出最终导致结局的决定时获得自豪感和满足感。另一方面，一个更好的故事可能是由创作者使用无动机的叙事体验来讲述。这个经过改进的故事可以让参与者对角色感兴趣，想要弄清楚是什么激励了他们，并好奇故事接下来会发生什么。

我们对叙事交互的范围讨论主要集中在两个极端。但是，也可以引入不同程度的交互性。交互可以包括进一步的叙事，而不需要以重要的方式改变它。有限的交互可以用来以不同的顺序呈现次要情节，或者在达到最终结局之前从不同的角度体验规定的事件。

最后，基于即兴创作的机制（通过计算或人类想象），可以基于一个前提创造出一个互动故事，但根据参与者的输入走一些叙事弯路。

2.5.2　形式和流派

形式（form）和流派（genre）是评价和讨论媒介内容的两个常用术语。形式与叙事的建构和呈现方式有关。电影 *Citizen Kane* 的一个经典形式是用倒叙的方式讲述故事。流派是对风格进行分类的一种方式：科幻小说或推理小说、歌剧或交响乐、抽象或具象都是特定媒介的流派。

就像其他媒介也有自己的形式一样，虚拟现实中也有不同的呈现形式和交互风格，它们结合在一起构成了虚拟现实的形式。创作作品的元素是围绕一个基本结构构建的，这个结构可以采取任意数量的形式（例如，文学或界面风格）。体验的形式表现为体验所选择的界面风格；因此，在虚拟现实中，形式在很大程度上是界面。本质上，界面是事物呈现的方式——叙事的形式。

在虚拟现实中，我们通常将类型与所处理的问题类别联系起来，并将其作为交互和呈现的方法。其中一种交互的形式是漫游。这种形式是一个稍微简单的应用程序界面，它允许参与者通过无导向的交互式叙事来体验某个位置的模型。参与者可以在整个虚拟世界中移动。使用这种形式的常见类型是建筑或位置漫游，通常基于真实世界的位置，在那里用户可以测试门、水槽和橱柜。然而，在这些空间中通常不会发生太多其他的事情。你路过饮水机时，不会看到有人在交谈，不会听到火警，不会看到人们平静地走到最近的出口，也不会看到他们离开大楼（尽管可以）。

除了漫游，还有许多常见的虚拟现实界面形式，我们将在第 7 章中描述。当然，虚拟现实体验的形式并不局限于用户如何在虚拟世界中旅行。形式也包括他们如何与虚拟世界中的对象交互。例如，要选择和移动一个对象，用户可能需要在对象附近握紧拳头，将他们的手移动到所需的新位置，然后松开拳头。这种操作的另一种形式可能是用手杖指向对象，按下按钮，指向新位置，然后释放按钮。

除了这些不同类型的表示 / 交互风格（形式），还有一套叙事风格和原型设定（流派）。一些 VR 流派已经开始出现，和 VR 的其他方面一样，许多都是从其他媒介衍生出来的。今天的虚拟现实流派包括游戏、科学可视化、制造过程分析和培训、产品原型设计、互动故事体验和历史遗址重建。

流派和形式的选择是正交的，也就是说，对特定流派的选择并不（必然）限制可以使用的形式。但实际上，可能有某些组合经常一起使用，特定的流派与特定的形式密切相关。类似的形式可以在不同的流派中使用，然而，正如我们在戏剧类型电影 *Citizen Kane* 和喜剧类型电影 *Zelig* 中看到的新闻短片和倒叙的使用。

与媒介语言支持对语言元素从一部作品到另一部作品的理解类似，形式和流派也可以从一部作品迁移到另一部作品。在电影语言中，一旦一部电影使用旋转的时钟来表示时间的流逝，另一部电影也可以使用同样的符号，看过另一部电影的观众就会立刻理解。因此，新体验的作者可以使用类似的产品之间的形式和流派一致性来提供传递信息的捷径。潜在的观众利用他们对作品流派或形式的了解，首先决定他们是否对这种体验感兴趣，其次是如何最好地进行互动，思考在这种体验中发生了什么。

2.5.3 体验与信息

与其他传播媒介一样，VR 体验可以被设计成不同的目的。媒介作为一种通信手段被用来传达许多不同类型的信息（图 2-15）。在斯塔尔峡谷（Starr Valley），一个标识设计师创造了一个指示朝向内华达 Deeth 方向的标识，他的目标是通过一个非常简单的虚拟世界传达一段真实的信息。艺术家可能会在法庭审判中画素描，记录事件，为那些不在场的人服务。印象派画家可能会努力创造一种能唤起宁静感的画面。立体派画家可能试图表现运动，暗示多种视角，或唤起情感。

同样的动机和目标也适用于使用 VR 媒介的传播者。有些应用程序是专门为向用户传递事实信息而开发的，例如，一个应用程序是为了教学生关于分子的 3D 结构，或者通过建筑漫游向客户展示建筑的设计。虚拟现实应用可以激发情感，也可以让用户体验环境，比如在模拟的过山车中，或者通过身体或精神残疾人士的视角模拟环境。

VR 应用程序中的对象和事件必须作为信息编码。那么，情感是如何用一系列信息流表示的呢？在舞蹈的媒介中，不可能将经验从一个人的头脑直接传递给另一个人，甚至是另一个舞者。因此，符号方法被用来指示舞者的动作，从而允许表演者复制虚拟世界并呈现给观众（图 2-16）。表示信息的符号方法超越了简单的视频记录，所以对于舞蹈来说，视频不会透露舞者在远离摄像机的另一边发生了什么，但符号表示了整个动作。VR 媒介也是如此。虽然通常不被称为符号，但动作和其他体验元素通过嵌入计算机程序传递到虚拟现实媒介中。

图 2-15　VR 应用程序可以为不同的目的而构建，就像绘画可以为不同的目标而创建。在这些例子中：
a）标识画家通过标识创造了一个真实的世界；b）一名法庭艺术家捕捉了现实生活中戏剧性
时刻的紧张气氛；c）印象派画家唤起一个安静的时刻；d）立体派捕捉运动（图 a 由 William
Sherman 拍摄。图 b 为 Charlotta McKelvey 的素描。图 c 为 Mary Cassatt 的 *In the Loge*，由
波士顿美术博物馆提供。图 d 为 *Nude Descending a Staircase*，2002 年艺术家权利协会
（ARS），纽约 /ADAGP，巴黎 / 马塞尔·杜尚庄园）

　　就像任何信息的传递一样，在传递 VR 体验的过程中也会发生过滤。同一计算机程序可以发送给多个接受者，但不能保证接受者将具有与传播者相同的经验，事实上，这是极不可能的。当然，精确感知创作者的意图可以通过技术手段获得，例如简单地通过一个音频 / 视觉呈现；或者对于 Morton Heilig 的体验剧场的情况，利用振动、气味和微风，预期能够传递更多的体验信息，接受者将会体验到与现实世界相对应的更大程度的真实度。然而，回放预先录制好的体验并不能让人身临其境，也不能提供交互性，所以 VR 也是如此。录制 VR 体验可能是有原因的，这将在本章后面讨论，但这样做会改变体验，如上所述。

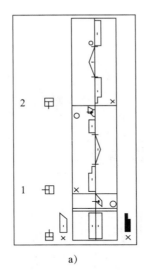 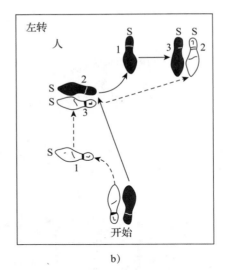

图 2-16 应用程序中的信息必须以某种方式编码。a) 在这里，Laban 标准化舞蹈谱描述了舞步、手臂
动作和其他动作，舞者应该表演创造一个特定的华尔兹舞步。b) 在这个简单的记谱法中，一
个简单的脚的位置图显示了脚的基本运动。乐谱不显示身体的完整的动作，对新手来说更容
易接受信息（图片由伊利诺伊大学香槟分校舞蹈教授 Rebecca Nettle-Fiol 提供）

真正的问题是如何传输一个虚拟世界，使参与者能够体验到传播者的模型。这是所有
媒介的艺术家们几个世纪以来一直在努力解决的问题（取得了不同程度的成功），但他们受
到的限制是，没有一个虚拟世界可以完整传播。

艺术家和技术人员的角色

通常，媒介的进步发生在两种力量从不同的角度相互接近的时候，例如，从艺术的角
度和工程的角度。技术人员（工程师）经常为载体媒介提供基础，推动媒介本身的改进。艺
术家通过媒介来表达他们的想法，或者仅仅是作为一个地方来探索这些想法的表现。艺术
家通过让内容对观众来说更有趣来推动内容向前发展。如果一项技术不能满足艺术家们表达
自己的愿望，对技术改进的需求就会产生一种拉力［Furness 1995］——需求就会成为发明
之母。

随着媒介的技术变得越来越复杂，一个人（甚至是一个小团队）要想让它运作起来并对
信息有益就变得越来越困难。许多艺术形式也要求（或曾经要求）艺术家熟悉技术。画家被
要求懂得如何混合颜料来制作他们的颜料；石雕师仍然需要掌握锤子和凿子；曾经，摄影师
都是自己冲洗胶卷（现在他们要学习数字图像增强技术）。通过控制创作过程的每一步，艺
术家可以在每一个阶段进行试验，让他们更灵活地找到表达信息的最佳方式。

电影是另一种通常需要大型团队来实现虚拟世界的媒体。这个团队由各种专业的艺术
家和技术人员组成：摄像师、导演、编剧、灯光专家、演员、电影摄影师等。所有这些人都
在不同程度上影响着电影的外观以及信息传达给观众的效果。所以，决定一部电影好坏的一

个重要因素是：通过理解彼此的需求，以及能够彼此沟通，团队能在一起合作得多好。

由于 VR 依赖于使用复杂的设备、软件，有时还需要将多台计算机连接在一起，因此它的创作与电影类似，需要团队的努力。Placeholder VR 体验无疑是这一媒介中大型团队努力的早期例子［Laurel et al. 1994］。艺术家 Rita Addison 和程序员 Marcus Thiébaux（艺术和计算机科学的学生）创作的 VR 体验 *Detour: Brain Deconstruction Ahead*，是一个小团队创作成功作品的例子［Addison 1995］［Craig, Sherman and Will 2009］，但他们利用大规模虚拟现实设备，并由多学科人员维护。由于后一种情况下的项目技术人员也是一个艺术专业的学生，团队成员之间的交流变得更容易。在任何合作努力中，相互理解都是很重要的，因此我们认为技术人员和艺术家思考这里提出的问题是很重要的。

重要的是要认识到，在真正的合作中，技术人员不仅仅被视为艺术家思想的实施者。相反，技术人员，作为载体媒介的专家，也许确实可以通过利用媒介的细微差别给信息本身带来深刻的见解。相反，对于技术人员来说，认识到他们可能不是沟通方面的专家是很重要的。当所有的团队成员都承认并尊重自身和其他团队成员的贡献时，就会形成一种协同关系。

2.5.4　虚拟现实：吸引力媒介之一

当然，无论是从技术角度还是从媒体研究的角度，虚拟现实领域都有相当多的学术研究。在技术方面，完全专注于虚拟现实的学术会议可以追溯到 IEEE 主办的 1993 年 VRAIS（虚拟现实年度国际研讨会），后来简称为 IEEE VR 会议。但除了专注于 VR 本身的会议之外，还有一些会议，如 MMVR（Medicine Meets VR）和游戏开发者大会（Game Developers Conference, GDC），它们探索了自己的应用领域如何利用 VR 这一媒介。

最终，最重要的是理解虚拟现实媒介的独特可供性。这种理解的一部分是基于虚拟现实与其他媒介之间的契合程度。同样重要的是，虚拟现实媒介是否已经达到了更加标准化和制度化的时代，从而能够实现面向普通消费者的大众市场分销方式——这些消费者对媒介如何运作知之甚少。Rebecca Rouse 扩展了术语"吸引力电影"（Cinema of Attraction），将 VR 标记为"吸引力媒介"之一［Rouse 2016］。事实上，尽管 VR 目前仍处于虚拟现实的预制度化阶段，但它正越来越多地向制度化模式转变。

Rouse 基于吸引力电影的概念，确定了吸引力媒介的 4 个特征：

❑ **未同化的**——换句话说，尚未制度化 / 没有广泛传播。

❑ **跨学科**——"运用多种艺术形式和技术"。

❑ **有缝的**——她的意思是你能看到接缝，看到粗糙的边缘；相对于无缝作品。

❑ **参与性**——"以某种形式邀请观众以一种积极而直接的方式参与进来"。

很明显，虚拟现实已经在预制度化的状态中存在了几十年。当然，即使 VR 已经制度化，它的跨学科和参与性仍然存在。一旦媒介被制度化，就会有一些质量审查，通过发行渠道进行。通过系统发行的作品将有附加的设计约束。对于 VR 来说，舒适度要求更高，这就要求更高的渲染要求、更好的光学、更轻的重量等。另一个考虑是制度化的产品必须在没有专家在场的情况下被消费者使用。VR 体验作为一种吸引力媒介，总是有这样的专家在场。

另一方面，在互联网时代，许多媒介又回到了制度化之前的开放性。例如，YouTube 允许任何人发布他们自己创作的电影，任何人在互联网上都可以观看。其结果是，除了可能的审查网站之外，并没有进行真正的审查。从本质上说，这种远离制度化的做法正是前卫艺术家所努力追求的，它重新打开了媒介的可能性，也许还能显示出缝隙。用户如果想要寻找经过审核的材料，仍然可以去电影院、Apple 应用商店、Oculus 商店、Valve Steam 商店等。

因此，将 VR 作为一种媒介研究时，不应该把这些阶段（制度化前和制度化后）看作一个连续体，而应该看作媒介的两种不同形式。任何吸引力媒介的挑战之一是，早期的作品往往是由众所周知的小本经营，而且往往没有足够的努力来捕捉这些体验，使它们能够在未来的研究中生存下来。

2.5.5 捕捉虚拟现实体验

即使仅仅是为了学术目的，我们也不能夸大捕捉 VR 体验的重要性。正如本章前面所指出的（图 2-7），仅仅录制一次虚拟现实体验并不会，实际上也不能真正捕捉到交互体验虚拟世界的感觉。事实上，很多时候，即使是同一个人重新体验同一件 VR 作品，也会有两种不同的体验！但是，这一事实并不意味着不应该尽一切努力去捕捉这些作品。

理想的做法是保存一个运行的体验副本。在某些情况下，这是可能的，而且已经做到了——在 20 世纪 90 年代早期为 EVL CAVE 开发的许多原始体验现在仍在运行。但这依赖于用于创建这些应用程序的软件和硬件，通常通过明智的软件选择可以减轻对硬件的依赖。创建体验的软件级别与体验的持久性之间存在相关性。因此，使用 C 编程语言和 OpenGL 开发的软件，可能还有 CAVElib VR 集成库或 VRPN（Virtual Reality Peripheral Network）输入库，今天可能仍然可以运行。早期的 CAVE 体验是用 Iris Performer、Yggdrasil，甚至是不断变化的 C++ 编程语言开发的，由于缺乏对这些平台的持续支持和升级，这些经验在今天不太可能运行（除非在这种情况下不维护旧硬件）。此外，为特定硬件基础开发的程序在未来随着这些关键基础的改变，不太可能运行。

对于可能会衰落的虚拟现实体验（实际上是所有的体验都会衰落），我们必须转向其他方式来获取这些体验。捕捉体验的一个明显的方法是在一些媒介上记录它们。但在这句简单的语句中隐藏着许多选项：假设视频被录制了，那么音频也被录制了吗？那手柄的振动呢？那么用户的生物特征呢？在录制视频时，是站在参与者的角度，还是站在第三人的角度？在录制音频时，参与者的声音是否与体验发出的声音混合在一起？参与者的身体是否应该被记录？如果是，通过视频还是 3D 点云（图 2-17）？附近的人或东西发出的噪声呢？视频应该被编辑，还是从头到尾播放？是否应该包含来自创建者的注释以提供一些上下文信息？

人们可以只记录其中一个屏幕的输出，但这并不能很好地反映那种体验。或许体验过去体验的第二选择是在 VR 中重新体验。Oliver Kreylos 证明，使用 Vrui 系统捕获虚拟现实经验的所有交互，加上 3D 点云和参与者的声音，能够在 VR 中重新体验过去的体验本身。决定如何记录并不是一项简单的任务。

除了录制之外，另一种捕捉 VR 体验的方法是通过文字来描述，可以是在页面上，也可以是在听觉上，或许还可以包括静态图片。这是一种比实时捕捉多媒体录音更有损的捕获，尽管它可以包括来自亲身体验作品的参与者和作品的创作者的评论。作者们尽了最大努力以这种方式捕捉了 50 多件 VR 作品［Craig, Sherman and Will 2009］。

在本节的开始，我们说过，至少对于学术来说，捕捉 VR 体验是重要的。但这绝不是人们努力这样做的唯一原因。Dolinsky 等人提出了捕获 VR 体验的 8 种动机［Dolinsky et al. 2012］：

图 2-17　在一个科学解释的体验记录中，地质学家 Dawn Sumner 指出，在火星盖尔陨石坑的夏普山峡谷中出现了一条古代河道，显示了河流穿过的岩石层揭示了火星上古代的环境条件。在这里，后面的用户可以体验 Dawn Sumner 的解释，能够四处走动以便更好地了解她所描述的内容（图片由 Oliver Kreylos 提供）

- ❑ 历史保护；
- ❑ 作品对比分析；
- ❑ 接触更多的观众；
- ❑ 通过新闻报道进行公开曝光；
- ❑ 扩大展览机会；
- ❑ 创造衍生作品；
- ❑ 传播 / 教育；
- ❑ 创意过程的文档记录。

我们还可以加上：

- ❑ 为知识产权问题提供文档。

尽管实时捕捉 VR 体验是首选，但如上所述，还有许多不同的方法可以做到这一点。有简单的屏幕截图，可能是 CAVE 式系统的一个固定屏幕，或头戴式显示器（HMD）的一只或两只眼睛的移动视图，或 VR 范式中的第三人称视图。固定式屏幕系统的另一种选择是跟踪摄像机的运动并渲染到它的透视图。部分真实世界可以用深度摄像机（如微软的 Kinect）捕捉到，并将 3D 数据融入虚拟世界。法国 INRIA 研究机构与 4D View Solutions 公司创建了 Virtualization Gate 体验，通过使用绿屏将真实的物体带入虚拟世界，然后重建真实物理物体的视觉表现，包括移动参与者本身（图 2-18）。

a)   b)

图 2-18 使用绿屏和先进的处理方法，对用户进行实时的三维重构，让用户的整个身体在虚拟世界中进行交互，包括对物体施加力，也让用户在虚拟世界中看到自己（图片由 INRIA 的 Bruno Raffin 提供）

混合真实与错觉

上述创造衍生作品的概念也许是一个奇怪的概念——为什么创造一个虚拟现实作品，参与者体验它并不是最终的目的。然而，事实上，已经有好几部作品是这样的。索尼 PlayStation 集团制作了一系列视频（Great Films Fill Rooms），让演员体验虚拟世界，将现实元素（如真实的章鱼玩偶或一杯液体）与环绕屏幕渲染的世界混合（图 2-19）。摄像机被跟踪，使观看视频的人成为真正的参与者——屏幕上的参与者、演员，实际上没有看到任何虚拟物体的正确视角。

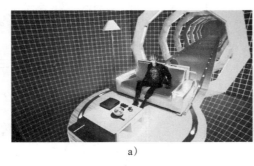
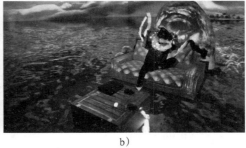

a)   b)

图 2-19 电影制作人利用 VR 跟踪和混合现实的概念，通过跟踪摄像机，从观看视频的人的角度渲染虚拟世界。请注意，对于场景中的演员，视图将被戏剧性地扭曲，因为他们没有从他的视角渲染（图片由 Output Group 提供）

这类视频也可以创建为真正的沉浸式参与者，通过 VR 只看到虚拟世界。此外，除了沉浸感之外，他们的动作也可以通过绿屏（chromakey）视频系统捕捉到。由于他们的头和手被精确跟踪，他们的形象可以与虚拟世界相融合。其他人可以从第三人称的角度来看待虚拟世界中正在发生的事情，就好像沉浸其中的参与者真的在那个空间中一样。

一些舞蹈公司，如 Sila Sveta 使用这种技术把舞者放到一个虚拟的世界中，这增强了故事的叙事，并吸引观众。同样，在这种情况下，只有观看视频的人才是参与者。虚拟世界和 VR 摄像机跟踪不是为舞者准备的，而是为观众准备的。舞者只是混合现实的一部分。在他们的作品 Levitation 中，Sila Sveta 使用了一个不显眼的摄像机角度来欺骗观众，让他们知道舞者是如何与地板联系在一起的，从而让他表演了看似不可思议的特技（图 2-20）。

图 2-20　这幅图是为俄罗斯 KTV 频道创作的大剧院芭蕾舞团项目 Levitation，我们观众是参与者，与虚拟世界互动的舞者实际上是为我们创造的混合现实体验的一部分（图片由 Sila Sveta 提供。艺术指导：Arthur Kondrashenkov；编排：Anna Abalikhina；音乐：Mitya Vikhornov）

该技术与投影映射的概念有关，即将虚拟元素投影到现实世界中的物体上（图 2-21）。投影映射已经在房间尺度和建筑尺度上进行了演示。在许多利用投影映射的艺术装置中，迪士尼幻想工程不仅在内部表演中使用了投影映射技术，还在外部增强了主题公园中的睡美人或灰姑娘城堡。投影映射可以通过将颜色映射到与对象几乎相同位置的物理对象上，从而很好地与多个观众进行协作，这样对于任何观众来说都不会有很大的差异。

图 2-21　在 The Legend of Jack Sparrow 体验中，投影映射技术将中性色调应用于一组物理对象，创建暴风雨场景的瞬间，然后过渡到平静的天气，随着故事的进展，偶尔突出船上的元素，如宝箱（照片由迪士尼提供）

　　2013 年，微软展示了 IllumiRoom，它将投影映射的概念用于家庭电视观看和计算机游戏。IllumiRoom 系统增加的内容超出了传统显示（电视 / 显示器）的范围，增加了显示单元周围的墙壁和表面的内容。这个概念演变成了 RoomAlive，现在它为系统所在的整个房间添加内容。微软（通过 GitHub）为该项目发布了一个开发人员工具包，允许研究人员和 DIY 人员使用该技术实现他们的愿景［Microsoft 2015］。然而，到写这本书的时候，还没有消费品上市。来自 IllumiRoom 和 RoomAlive 的一些主要开发者正通过他们的公司 Lightform 将这些想法推广到市场上。

　　从本质上讲，这些技术，以及环绕屏幕的虚拟现实都是 trompe-l'oeil（法语，欺骗眼睛）的例子。事实上，这种方法在技术上并不需要很多。它甚至被用于 3D 粉笔画的伟大效果，如艺术家 Julian Beever（图 2-22）。在 Beever 的艺术中，只有当观众站在一个特定的位置时，这种效果才有效；从其他地方来看，这幅画是扭曲的。当然对于 VR 来说也是如此，但是在 VR 中我们会根据观察者的位置来改变图纸。在 OK GO 音乐视频 The Writing's On The Wall（图 2-23）中也展示了一些相同的技巧。

图 2-22　粉笔艺术家 Julian Beever 在城市街道和人行道上创造了虚幻的图像，在这些图像中，物体似乎以 3D 的形式存在于街道表面的上方和下方。当然，这种错觉只有在从特定位置观看时才有效，否则绘图就会出现倾斜（照片由 Julian Beever 提供）

a)　　　　　　　　　　　　　　　　　b)

图 2-23　在 The Writing's On The Wall 的 MV 中，使用了许多错觉艺术来创造错觉（图片由 OK Go 提供）

2.6　本章小结

虚拟现实是一种媒介。在比较了 VR 与其他人类传播媒介的共性之后，我们现在可以开始研究如何利用虚拟现实，并充分利用它所提供的特性。

思想的世界是虚拟的。通过虚拟世界中所包含的思想与接受者之间的边界的接入点体现在界面上。如果没有仔细的实现，界面可能会阻碍思想的流动。研究这个界面的多种可能性，就是学习如何将想法从创作者最好地传递给观众，他们共同创造了体验。

作为一种媒介，VR 与其他媒介具有一定的共性，并不是在真空中发展起来的。VR 开发者可以在其他媒介概念的基础上进行开发，也可以脱离其他媒介的概念，并且可以在这些媒介还在探索的时候做一些事情。特别是，VR 与其他吸引力媒介有着相同的特点，它们一开始都是未被同化的作品，有一些粗糙的边缘，在某种程度上是有趣的，因为它们是新的，还不是无缝的。最后，作为一种有历史的媒介，如果这些古老的 VR 作品能够以某种方式被捕捉以供未来的观众体验，那么今天和未来的学者都将受益。

我们现在从讨论 VR 如何适于所有人类交流媒介的一般性讨论，转向阐述在创造 VR 体验时可选择的界面技术。

虚拟现实系统

在讨论如何使用虚拟现实方法之前，我们首先必须对这个媒介有基本的了解，并学习与其相关的技术基础。在第一部分中，我们讨论了虚拟现实作为一种媒介究竟是什么，它是如何产生的，以及它作为一种呈现虚拟世界的方式是如何与其他媒介相关联的。事实上，用户通过界面与所构建的虚拟世界进行交流，反过来，虚拟世界将感官刺激呈现给用户。有了这样的理解，在本书的第二部分中，我们将探讨如何将硬件和算法技术结合起来，从而使虚拟现实成为可能——既有从其他领域中借鉴的算法，也有专门用于支持这种新兴媒介的技术。在第三部分中，我们将探讨用户如何使用虚拟现实的特定媒介与虚拟世界进行交互，从而获得富有创意和引人入胜的体验。

我们首先考虑界面中的人类参与者（第 3 章），然后进一步讨论界面的物理层面——硬件（第 4 章讨论输入设备，第 5 章讨论输出设备）。在第 6 章，我们将看到虚拟世界如何通过渲染的美学和技术呈现给用户。在第 7 章，我们将深入研究为了在虚拟现实媒介中进行交互而构建的用户界面（UI）。所有这一切将引出第三部分的内容，在那里我们将转回来，讨论如何将媒介知识和其支撑技术与虚拟世界的内容结合起来，为用户提供满意的体验。

虚拟现实系统是第二部分中探讨的所有要素的总和。图 II-1 阐明了用户界面中（硬件和软件）两个层次的关系；用户界面与虚拟世界创作的关系，及其如何影响用户的心理状态；用户界面的所有元素如何影响虚拟现实的体验（第三部分）。该图的每个组件都在指定的章节中进行了详细描述，从面向硬件 / 技术的章节开始，然后转向软件、用户界面和体验的整体设计。

技术组件的编排由一个中央计算系统处理，该系统将创造整体用户体验所需的硬件和软件系统结合在一起。业务流程当然不是唯一需要的计算，还需要读取输入、生成刺激并计算虚拟世界中的行为。因此，合并的计算需求可能是巨大的，并且可以根据需要分布在计算机之间——可能是在单个设备上，但也可能是在本地分布式计算机上，甚至可以是基于云的计算解决方案。在技术方面，虚拟现实系统的主要组成部分是：

❑ 计算系统；

❑ 输入设备；

❑ 输出设备；

❑ 世界表示；

❑ 用户交互。

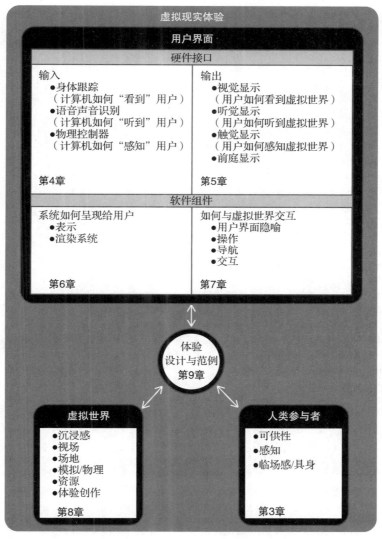

图 II-1　硬件和软件技术是实现 VR 体验的重要元素，并与虚拟世界的人类参与者有关，最终结果取决于虚拟体验如何设计。本书接下来的 7 章将分别讨论特定的细节，以及它们如何在设计中协同工作以实现引人注目的虚拟现实体验

　　图 II-2 为一个典型虚拟现实系统中的信息流。虚拟世界映射到一种表示方式，然后通过显示设备渲染并呈现给用户。渲染过程会考虑用户的动作，以创建物理沉浸的视角。此外，用户可以通过输入操作来影响虚拟世界，这些操作被设计为与世界的某些方面交互。在增强现实系统中，虚拟世界的呈现与现实世界的呈现混合在一起。

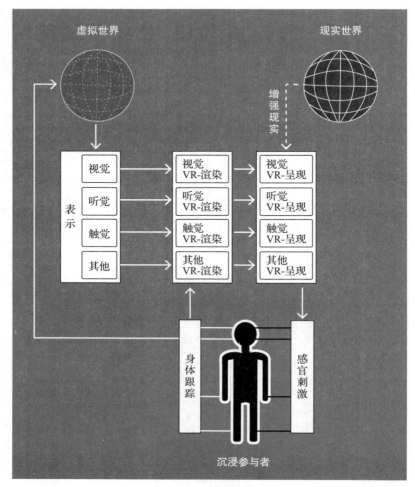

图 II-2　VR（或 AR）体验的简单模型。图片上方的世界要么是完全虚拟的，要么是添加了一些虚拟元素的真实世界。这些虚拟元素通过某种方式表示——这些方式是为人类感知系统而设计的。然后利用与沉浸参与者相关的位置跟踪信息来呈现这些表示。渲染被传输给显示设备，通过显示设备呈现给参与者的感觉器官。参与者对虚拟对象和世界做出反应，例如四处走动和观察，提供其他输入，并影响世界中的虚拟实体

第 3 章 *Chapter 3*

人类参与者

向用户展示环境以及他们对环境的感知是虚拟现实体验的关键组成部分。因此，在设计体验时，理解人类感知系统的能力，包括感知是如何工作的以及感知实现的结果（例如，我们可能容易感受到什么错觉）是很重要的。

我们从一般的用户界面概念——可供性（affordance）的概念开始讨论如何使用某种技术，以及用户如何理解这种技术。接下来，我们深入研究人类感知系统，包括视觉、听觉、触觉和前庭感知子系统，并深入研究嗅觉和味觉（图 3-1）。最后，我们探讨了用户认知方面的一些问题，特别是对用户如何参与虚拟现实体验非常重要的两个概念：临场感和参与感。

在第 4 章和第 5 章中，我们将探索与用户的感知系统交互的实际技术——系统的输入以及系统反馈给用户的输出。

3.1 将人与模拟连接起来

无论采用何种显示设备（固定式、基于头部等），使某物成为 VR 体验的关键是将所显示的内容与用户的位置联系起来。不同的感官或多或少都会适用于某一种基本的显示设备。

由于人的参与是虚拟现实体验中最重要的组成部分，因此有效的虚拟现实体验应该匹配用户的能力和期望。每个参与者都有自己的身体属性，甚至也会有不同的个人经历。

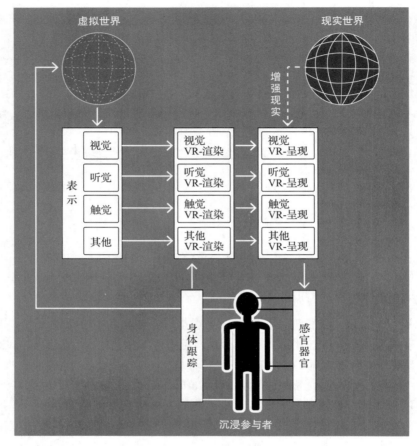

图 3-1　在本章中，我们探讨了沉浸其中的参与者，以及他们如何通过感官和心智能力感知体验

因此，虚拟现实系统开发人员和应用程序设计师应该将人类参与者视为系统的一部分，使得参与者能够与环境融合。虚拟现实体验设计领域是对人机界面设计领域的延伸，包括生理学、人类感知和认知心理学。

使显示符合人类的需要

在第 2 章中，我们探讨了虚拟现实作为一种媒介如何将信息（包括经验）从创作者传达给参与者。与任何其他媒介一样，在传输过程中可能会丢失一些信息。当两端的流动能力不同而阻碍了能量流动时，电气工程师就会使用"阻抗失配"（impedance mismatch）这个术语。通过类比，VR 体验设计师应努力使系统界面与人类参与者的身体和精神的局限性相匹配。事实上，在某些情况下，将刺激与参与者的局限相匹配可能减少信息输出，例如在虚拟世界中呈现快速移动时相应地减少视场的呈现。

任何媒介的具体实例的实施都必须考虑接受者如何实现这种体验。例如，书籍的形状和大小取决于预期的读者。幼儿读物很短，可能有很厚的（甚至是用布做的）书页。用于在旅途中阅读的书籍通常便于装在背包中。可供随意阅读的书籍可能要大得多，其中包含很多大图片。其他媒介，例如壁画，将有更多或更少的细节，这取决于观看者靠得多近。例如在高层建筑上，则不需要太多细节。

技术方面可以做什么是有限制的，但在参与者方面的限制则更是显而易见的。改变计算机界面以更好地匹配人类，比改变人类以适应界面要容易得多。为了设计一个有效的系统，我们需要了解人类的特性。我们需要探索人机界面的功能。

3.1.1　人机界面

人机交互（HCI，有时也称为 CHI）研究什么样的界面方法和信息呈现方法能使人们与计算机有效交互。从 20 世纪 70 年代末个人计算机的兴起开始，人机交互领域发展迅速，从设计文字处理器和电子表格工具的最佳方式扩展到游戏、教育环境、网站设计和社交交互工具。甚至在 1989 年创造"虚拟现实"一词之前，沉浸式技术的研究人员就已经探索了开发媒介与人类用户联系的最佳途径［Ellis 1995］。因此，虽然"标准"计算机界面是一般 HCI 社区的主要关注点，但虚拟现实界面研究的子领域也取得了很大进展。

早在 1971 年，HCI 研究人员就已经列出了设计交互系统的关键原则，例如 Hansen［1971］的这个列表：

- □ 了解用户；
- □ 减少记忆；
- □ 优化操作；
- □ 处理错误。

显然，首先要知道的是，用户只能记住这么多；他们会寻找最简单的方法来实现目标，他们会犯错误。但是，了解用户也意味着了解他们想要完成什么，他们对系统或类似系统的熟练程度，以及他们能够多快地接受和学习一个新的界面。如果你期望计算机图形艺术家已经知道 3D 建模软件，如 Maya 或 Blender，那么你可以在一个新的用户界面中利用他们所知道的东西，同时注意利用沉浸式界面提供的功能。

3.1.2　可供性

人机交互中的一个关键概念是让用户知道世界中的物体可如何被他们使用，即"可供性"。遗憾的是，这个术语有两种半对立的用法。在这两种情况下，"可供性"都指环境中对象的使用方式。Gibson［1979］使用该术语来描述对象的实际使用方式（不考虑设计者的意图，也不考虑其明显的用途）。然而，Norman［1988］使用该术语来具体指代一个对象的外观如何提供关于如何使用它的可感知线索。

在"技术可供性"（technology affordance）中，William Gaver 将这两个观点合并为 4 个

特定类别：感知可供性（perceptible affordance）、隐含可供性（hidden affordance）、虚假可供性（false affordance）和正确拒绝（correct rejection）（图 3-2）。"感知可供性"与该术语的两种用法相匹配。在 Gibson 的框架中，"可供性"扩展为"隐含可供性"；而 Norman 的用法将其扩展到包括"虚假可供性"（一种不存在的感知"可供性"）[Gaver 1991]。

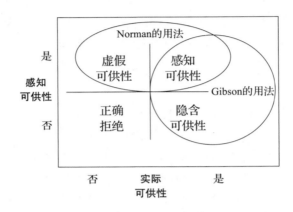

图 3-2　该图比较了实际可供性和感知可供性，得出了 4 种可能的情况。其中，Norman 对可供性的定义是基于感知可供性的，因此包括虚假可供性和感知可供性。同样，Gibson 对可供性的定义也包括隐含可供性和感知可供性（图片基于 Gaver 的"技术可供性"[1991]）

　　这 4 个类别可通过简单的 2D 计算机界面进行说明——通过在屏幕上的特定位置点击鼠标来激活动作（图 3-3）。在屏幕上创建一个看起来像物理按钮的区域，这给人一种"点击"的感觉——通过使用阴影使其浮现在屏幕上方。这个地方的外观是感知可供性。如果它实际上是一个（虚拟）按钮，那么就是"感知可供性"，如果不是，那么就是"虚假可供性"。同样，如果屏幕上有一个区域可以在没有任何视觉表现的情况下激活某个事件，那么这个区域就是"隐含可供性"（图 3-4），而屏幕上任何看起来"正常"而不执行任何操作的区域就是"正确拒绝"。

　　简单地说，Gibson 的"可供性"是一个对象可以做什么，而 Norman 的"可供性"是用户感知到（并因此期望）一个对象可以做什么。因为一个是基于实际的物理属性，另一个是基于人类感知的属性，前者不受文化影响，而后者受文化影响。

　　可供性（Gibson 的定义）：可以使用对象的方式。
　　可供性（Norman 的定义）：用户感知对象可以使用的方式。

　　具有感知可供性的重要性是显而易见的。Gaver [1991] 直接陈述：

　　"使可供性能被用户感知是设计易于使用的系统的一种方法。可感知的可供性是相互参照的：与行为相关的对象的属性可用于感知。所感知到的即是应该采取的行为。这种情况与使用中介表示的方法不同，那种方法中必须将感知属性和那些与操作相关的属性关联起来。感知到门把手提供拉动不需要中介表示，因为与拉动相关的属性可用于感知。知道一个钥匙应该在一个锁中被转动确实需要中介，因为相关的属性并不存在。

从这个观点来看，界面可以提供感知可供性，因为它们可以提供关于可能被操作的对象的信息。"

图 3-3　感知可供性的一个例子，图形上的阴影表明这是可以点击的，同时图像上的文字强化了这种期望。当然，在一本书中没有实际的可供性，所以在这种情况下它是一种虚假可供性

图 3-4　Gibson 可供性的两个方面：激活隐藏门的烛台是隐含可供性，而不能穿透的墙是感知可供性（看起来你不能穿过实体墙，实际上你也不能）（角色：Alban Denoyel (skfb.ly/BRwt), CC BY 4.0）

3.1.3　虚拟现实中的可供性

刚接触虚拟现实的用户如何知道该做什么？假设你发现自己身处一个网格世界，看着一对浮动控制器化身（图 3-5），你应该怎么做？你可以做任何事！这就是问题所在。需要有约束，需要有惯例，需要有语言设定，需要有信息让用户掌握实际的可能性是什么。当然，人们可以随意按下按钮，盯着不同的方向，希望偶然发现有趣的事情，但这种效率非常低。

在虚拟现实中，与其他以计算机为媒介的界面相比，虚拟世界与物理世

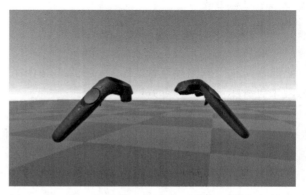

图 3-5　一个空白的世界有无限可能的可供性。体验设计师的工作是提供线索，让参与者知道在这个世界实际上可以做什么

界之间有着广泛的联系。参与者至少可以判断他们的身体能够在虚拟空间内做些什么。例如：

❑ 我可以在表面上行走吗？

❑ 我可以站在倾斜的表面上吗？

❑ 我可以爬建筑物（例如楼梯）吗？

❑ 我可以穿过洞口吗？

❑ 我可以坐在椅子上吗？

❑ 我可以穿过墙吗？

❑ 我可以走上墙吗？

如果有一个看不见的表面怎么办？这在虚拟现实中很容易实现，但用户如何知道？椅子怎么样？也许用户不能坐在它上面，但它能在虚拟世界中设置对象吗？如果用户试图穿过墙壁会发生什么？什么行为因素是显而易见的？虚拟世界中的哪些动作对于用户（行动者）来说是可行的？

应用于虚拟现实中的测量可供性的方法，在他们对采用的不同参考点的调查中，Flach和 Holden［1998］支持 Gibson 测量意义（体验的真实性）的原则："可供性的建构反映了在行动者与环境关系中的现实基础。"这种"体验的真实性"不是基于笛卡儿距离测量等概念，而是基于感知的距离：

"一个物体的绝对大小或绝对距离并不能决定一个事件的真实性。更确切地说，它是相对于手的大小或相对于移动方式的距离。"

然而，正如 Flach 和 Holden 所指出的那样，对于 Gibson 而言，"对行为的限制［是］作为真实体验的基本基础"。因此，体验设计师允许用户执行的动作越少，人们认为这种体验越"真实"。具有讽刺意味的是，在 VR 媒介中，设计师比在大多数其他媒介中更能将感知可供性与实际可供性分离开来。事实上，也许有些情况下接受虚假可供性，甚至可能是有益的（例如迷宫）。

虚拟现实中的虚假可供性

在传统的用户界面设计中，虚假可供性的概念是令人厌恶的。但是对于虚拟现实来说，它通常是关于欺骗参与者的感知，在某些情况下，可以故意创建虚假可供性，使虚拟世界看起来更真实（或更不真实）。

如果我们在虚拟世界中看到一堵墙，这意味着我们无法通过它。如果我们向下看并看到一个悬崖，这意味着如果我们继续走下去，我们就会坠落。在一般的虚拟现实系统中，可能没有什么能阻止我们穿过一堵虚拟的墙，也不太可能我们会因为踩到一块突出的岩石而摔死。因此，这些情况通常是虚假可供性，特别是在后一种情况下，这是一件好事。

不利的一面是，一旦我们开始穿过墙壁，进入半空中，这个世界就变得不那么可信，也就不那么吸引人了。当然，除非目标是创造一个可以实现奇妙事物的世界。在某些世界中，如果我可以在水上行走或独立飞行，它可能会使体验看起来更真实。因此对于 VR 来说，偶尔虚假的能力可以使体验受益。总有这样的情况，设计师较少关注可信度，更多关注实用性——特别是当一个人与一个科学模拟交互，或其他不依赖世界可信度的应用程序交互时，这些交互就不会那么令人不安了。但除了个别例外情况之外，通常最好让使用者相信墙壁和孔洞等对象的虚假可供性——例如，我们想让他们认为墙壁阻挡了他们的去路。在本章的后面我们将讨论"被动触觉"，这种技术可以通过使世界的某些方面变得非常逼真，从而使整个世界变得更加可信（参见 3.3.5 节）。

增强感知可供性——反馈

在物理现实中，当我们与一个对象交互并遵循一个感知可供性的原则时，行动的结果告诉我们这种可供性是真实的还是虚假的。我们从行动中得到即时的反馈。同样，在虚拟现实中，甚至在其他以计算机为中介的系统中，反馈是计算机界面通知用户其行动已被识别的重要方式。

反馈：系统对用户操作的响应。

例如，按下按钮的反馈可以是按下按钮的声音，理想情况下，声音质量与按钮的大小和样式相匹配，如果再加上按下按钮的适当外观，效果会更好。在现实世界中，我们也能感觉到按钮的移动。触觉和身体运动（触觉学）为动作的反馈提供了更好的真实感，但是增加了虚拟现实系统的成本和复杂性。体验设计师可能只会选择声音和视觉反馈，或者他们可能会选择另一种不太现实的触觉反馈，但至少会触发触觉感觉，比如短振动。

用一种感觉代替另一种用现有技术难以产生的感觉是感官替代。感官替代是设计者在虚拟世界中创造良好可供性的一个工具。在第 6 章将进一步讨论感官替代。

在现实世界中，婴儿通过反复试验来学习可供性。他们知道当他们看到一个按钮并按下它时，通常会发生一些事情。在 VR 系统中，设计师可以使用大多数人从现实世界以及其他计算机系统（如台式计算机、智能手机、电子设备（如电脑游戏机）和汽车仪表盘）中学到的可供性。随着时间的推移，越来越多的人会学习虚拟现实系统或其他计算机系统中没有对应的典型可供性。然而，在某种程度上，每当一个人遇到一种新的 VR 体验，他们就像一个婴儿一样，在尝试之前，他们永远不知道在任何给定的场景中会发生什么。

3.2　人类感知系统

将参与者视为虚拟现实系统的一部分的一个方面是探讨参与者的"技术接口"（technology interface）。在我们的例子中，是人类的感知系统。在这里，我们讨论了一些基本的人类感知，因为它涉及生产虚拟现实的体验。

对于 VR 设计师或工程师来说，理解人类感知的基础［Whitton 2017］至少有三方面的动机：

❑ 创造一个感知相似的世界；

❑ 利用人类感知系统的不精确性；

❑ 避免以危险或不健康的方式刺激感官。

这三者都引出了一个问题：虚拟现实的体验应该需要有多真实？显然，一种体验不应该是如此真实，以至于通过超过人类可以安全体验的亮度、音量或力而对用户造成直接伤害。但是对于第一个动机，设计师应该意识到需要多少感官来描绘一个对参与者来说足够真实的虚拟世界——这取决于体验的目标是什么（例如，训练与社交聚会）。

虚拟现实系统可以为用户提供的限制通常比体验设计师希望传达的世界更具限制性，因此，理解感知的第二个动机是利用人类感知的局限来隐藏系统的技术和逻辑缺陷。例如，为了克服有限的地面空间，可以使用称为"重定向行走"的技术。这种技术充分利用了我们对旋转和行走速度的模糊感知，这使得基于头戴式显示器的虚拟现实体验能够改变相对于用户实际旋转的感知旋转量，从而将它们"重定向"到面朝前方更开阔的方向。这一技术（以及其他技术）将在本章后面和第 8 章中讨论。

一般来说，人类有足够的感知能力来对世界做出反应，并高效地在世界中穿梭。当我们的感知系统不精确时，要么是细节不那么重要，要么是有办法利用其他感官或认知过程来弥补。例如，我们通常知道我们的四肢在什么地方是看不见的，但只有在一定的误差范围内。正常情况下，我们的视觉确认并改善了我们的本体感觉模糊地告诉我们的信息，否则我们就会感觉到周围的事物，然后我们的认知就会得出结论。然后，我们的一些感官支配或增强我们的其他感官，而我们无法从刺激中准确感知的东西可以在认知上得到增强。

对于虚拟现实设计和感知来说，归根结底是：

❑ 如何让体验变得真实？

❑ 这种体验有多真实？

最终，体验对参与者来说有多真实取决于他们自己。但好消息是，总的来说，他们更愿意做到这一点——接受他们所看到的表象并相信它。

3.2.1 感觉：感知的生理方面

虽然 Gaver［1991］假设，对于一种生态的设计方法，"可供性是感知的基本对象"，但对生理感知进行概述仍然很重要，在这里，我们将避免过分纠缠于细节。

在生理上，人类感知系统可以分为感受器、神经元和大脑三个部分。感受器将来自世界（包括体内）的信号转换成电脉冲。然后这些脉冲沿着神经元的通路传播，直到它们到达大脑，通常在皮质。有一些特殊的感受器类型可以将特定的物理刺激传递给不同的感官，如光感受器和机械感受器。具有特定连接模式的"中间"神经元束向大脑产生高阶信号。每一种感觉在大脑中都有一个不同的区域（通常在皮质），在那里信号被解释，并最终在那里"感知"发生。

大脑皮质的不同区域负责不同的感知。Wilder Penfield 发现如何确定大脑的哪些区域与特定的感觉运动感知和相互作用有关，他将这种映射表示为"皮质侏儒"（cortical homunculus）［Penfield and Boldrey 1937］。虽然术语"侏儒"一词最初指的是小型的人类 / 类人猿，但 Penfield 为了将大脑区域的大小映射到身体感觉运动特征的大小，他用"侏儒"这个术语表示"感官侏儒"和"运动侏儒"。图 3-6 显示了感觉映射的 3D 表示，以及感官侏儒和运动侏儒的 2D 表示（图 3-6）。（请注意，大脑区域的大小与感觉器官上的感受器数量是不同的。）

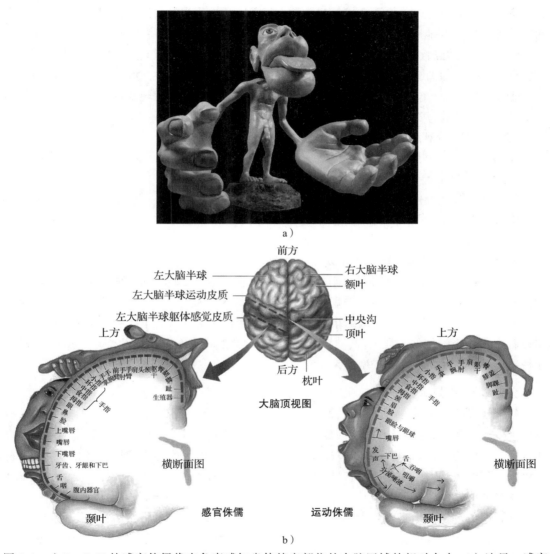

图 3-6　a）Penfield 的感官侏儒代表负责感知身体特定部位的大脑区域的相对大小。b）这里，感官和运动侏儒是通过皮质切片上的特定位置映射到二维图像来表示的（图 a 由用户 Mpj29 根据 CC Share Alike 4.0 International 许可在 Wikimedia.com 上分享。图 b 来自 Sherwood。Human Physiology, 8E © 2013 Brooks/Cole. Cengage 公司授权复制。www.cengage.com/permissions）

　　传统上，我们认为有 5 种感官：视觉（景象）、听觉（声音）、体感／"触觉"（触摸）、嗅觉（气味）和味觉（味道），但实际上我们认为"触摸"才是真正的多种感官的结合，此外我们能感知头部方向（前庭），并且内在和外在的疼痛都是由它自己的感受器感受到的。触摸（或"触觉"，与其他术语保持一致）可以被认为是 3 种不同的方式：触觉（皮肤／皮肤感觉）、本体感觉（内部骨骼位置）和动觉（身体运动和肌肉紧张）——在用户界面设计中我们经常将后两者混为一谈。除了身体上的异常，视觉通常被认为是最重要的感官。事实上，它的感受器比所有其他感官加起来还要多 10 倍。当然，它是用来创造典型的虚拟现实体验的主要感觉。在此之后，虚拟现实系统设计下一个要解决的往往是听觉，然后是一个或多个触觉感官。在特定的训练应用中，运动平台被用来影响前庭感觉，在某些情况下，气味被用于嗅觉感知。味觉很少被提及，通常只是实验性地提及。最后，虚拟现实系统的设计当然是为了避免产生痛苦的感觉。

　　有几种受体类型，其中一些服务于多种感官模式：

❑ 光受体——视觉；

❑ 机械性受体——听觉、体感、本体感觉、动觉和前庭；

❑ 热感受体——体感的温度部分；

❑ 化学受体——嗅觉和味觉；

❑ 伤害受体——疼痛，包括极端温度。

　　除了感知特定类型的刺激（如颜色、音调、压力或张力、香味等），受体还报告强度、位置（在感受野）和持续时间等特征。在体感／皮肤触感（接触触觉）的情况下，不同类型的机械受体针对压力的变化而不是直接对压力进行调节，因此对于持续的刺激，它们只报告刺激的开始和停止，而不是连续地报告刺激。我们可能也会在视觉上体验到类似的效果，比如盯着一张静止的图像一段时间，然后会在刺激改变时看到图像的负像（但在这种情况下，这种效应不是在受体水平上产生的）。

分层处理和选择性

　　感知主要发生在大脑皮质。然而，在刺激受体和皮质之间，有多层中间神经元对信号进行预处理。当感觉沿着从受体到大脑的神经通路传递时，神经连接的特定组合实际上可以执行更高级别的数据处理。例如，视觉刺激通过特定的神经元到达视神经的神经节细胞。神经组合阵列就像逻辑门的布局，它将一组杆状体和细胞的输入组合成一个神经元，并根据特定的模式"触发"。

　　将这些处理过的信号带到大脑皮层的神经元具有它们所响应的特定特征——它们表现出"选择性"，充当"特征探测器"。对于感受野的特定区域（如视网膜区域），特定的神经中枢可能会检测一些特征，比如一个特定方向上的线，或在一个特定的方向移动的线，或一个在中心具有相同的颜色和强度的同心圆，或者在中心具有不同颜色和强度的同心圆。

　　这些感觉组合是有益的，因为更多的信息可以通过更少的神经通路更有效地传输。大脑皮质的感知处理建立在被处理的信息之上，在某种意义上说，是被压缩的信息。当然，虽然这可能有利于提高效率，但由此产生的"漏洞"或感知限制可能是我们所经历的许多感知错觉的原因。（大多数错觉的一个惊人之处在于，虽然知道正在发生什么，但并不能阻止人们产生感知错觉。）

可塑性和适应性

大脑随着身体的发育而发育。因此，当身体的大小和能力发生变化时，大脑会适应这些变化，并以行动重塑感知以适应新的现实。这是一个长期适应的例子。但是大脑也会在短期内适应。即使压力保持恒定，或适应低或高的光照水平，皮肤的压力感觉也会减弱。对这些持续输入的感知减少了。同样，当刺激被移除时，变化的感觉再次被感知。错觉的另一个来源是长时间暴露在特定的刺激下，然后突然移除刺激，从而产生相反的感觉。Mather 将"适应"定义为：

> **适应**："系统对持续刺激的反应发生变化。"［Mather 2016］

适应也可以通过刺激与受体的相互作用发生更剧烈的变化来观察。一个极端适应的例子来自这样的实验：实验对象戴着头戴装置，头戴装置装有棱镜或其他视场可以进行修改的装置，或者使视场旋转，或者是反转。在某些情况下（虽然极端变化的频率很低），受试者能够充分适应，他们可以执行抛球和行走任务，类似于修改视场之前那样。当然，一旦适应，就会产生后遗症，当眼镜被移除时，受试者必须重新适应"现实世界"。但重新适应一般要快得多。

另一个例子是，也许只有半兴奋状态才有能力应对恶心的情况，比如当前庭感觉（或缺乏前庭感觉）与视场不一致时，比如坐在一艘摇摆的船上，或者漂浮在失重的太空中。在这两种情况下，大多数人都会适应——并不会晕船，或适应缺乏前庭输入的失重状态。

科学：测量感知 / 感觉

为了更好地向人类参与者呈现数据，体验开发者应该了解用户可以区分的感知。测量人类总体感知各种刺激的方式是心理物理学（psychophysics）的研究课题。1860 年，Gustav Fechner 发表了 *Elements of Psychophysics*）的相关数据，他和他的导师 Ernst Weber 在实验中确定了刺激和感知之间的关系。粗略地说，韦伯定律（Weber's Law）是**感知变化（例如强度）的差异与刺激成正比**——因此，当受试者被要求通过举起来判断砝码是否相同时，对于较轻的砝码，可感知的差异较小，而对于较重的砝码，可感知的差异则较大。

韦伯定律中有一个重要的概念叫作"最小可觉差"（Just Noticeable Difference, JND），这是主体能够识别的感知任务中最小的差异。最小可觉差的测量基本上可以用任何一种感觉形态来完成：光的亮度、声音的振幅，甚至是皮肤上两个同时出现的刺激物之间的距离。

Fechner 继续发现主观感觉与刺激的强度呈对数比例。他将此命名为"费希纳定律"（Fechner's Law）。Weber 和 Fechner 的实验是通过重量和光强度完成的，但并没有成功地适用于所有的感官形态。

事实上，不同感觉的反应强度可以绘制各种各样的曲线，其中一些是对数型的，另一些在刺激达到某个阈值后逐渐减少到渐近线。对数型感知的一个例子是声音的响度（强度）。以分贝为单位测量声音，这本身就意味着，对响度的物理测量与所感知到的响度相比，是呈对数关系的。

最后，心理物理学研究员 Stanley Stephens 在广泛的感官类型中进行了实际刺激与感知感觉比较。从这些实验中，他确定实际刺激强度的比率等于感觉的主观感知量的比率。他为每个实验感知确定了一个特定的指数，其范围从味道的甜味（它含有多少蔗糖），到举起的重量，到特定音调的响度，再到皮肤接触金属感觉的温度。

人类感知也有时间限制。例如，视觉系统中的运动检测可以感知物体在视网膜上移动的速度，但这会被欺骗（或者说产生错觉），比如当一个物体的移动速度比两次比较之间的时间快，就会被误认为是在向后移动。有些物体，例如栅栏，似乎是相对于自身的前进运动向后移动的，或者一个轮子似乎是对着前进的车辆反向旋转的（在电影行业，这被称为车轮效应）。在电影中，这是由捕捉移动图像的频率决定的——采样率，但人类感知本身也是如此。（一般来说，采样是将连续的模拟信号通过离散的测量转换成数字信号。）

感知变化

感知的一个方面来自人类神经系统的组成，那就是感知变化的能力。具体来说，虽然我们看到了变化，但我们并不擅长于中断。每时每刻，我们都能听到声音在改变音调。我们可以看到一个物体从一个地方移动到另一个地方。然而，在这两种情况下，如果有一个中间事件，或者变化太细微，我们感知这些变化的能力可能会减弱。对于极其细微的变化，如恒星在天空中移动，或海星在海底移动，它们位置的变化很难实时感知。技术可以帮助我们通过延时摄影改变我们看到这些运动的速度，将其转换到一个允许我们感知变化的范围内——例如，观察星星或海星的运动。

通过训练，人们可以学会说出一个音调的音符（或频率），但不需要训练就可以知道音调是升是降——在实践中，这可以告诉我们某物是快速地向目标移动，还是由于多普勒频移而远离目标。

人类最不擅长的一种内在感知是，我们无法知道自己与直线行走之间的差异有多大。在短距离内，如果有额外的感官（视觉）来确定运动的方向，那么直走就很容易了。然而，如果没有视力，即使是短距离的直线行走也会变得非常困难。这种感知上的弱点可以被 VR 设计师用来故意提供误导人的动作线索。Steinicke 等人描述了改变参与者运动的三个基本机会，并通过实验确定了在不被察觉的情况下可以夸大多少［Steinicke et al. 2010］。一种简单的分类不被察觉的运动夸大（或缩小）范围是：

❑ 平移增益——物理运动期间，高达 26% 的夸大或 14% 的缩小；
❑ 旋转增益——物理旋转期间，高达 49% 的夸大或 20% 的缩小；
❑ 曲率增益——直线行走时旋转，圆弧半径为 22m 或更大。

这些发现是为那些意识到可能存在操纵行为的受试者准备的，他们需要找出其中的差异。在实践中，更大的夸大 / 缩小是可能的，特别是 Steinicke 等人报告说，当用户专注于其他任务时，圆弧半径 3.3 m 的曲率增益已被发现是可以接受的。

神经中枢"计算"特定方向的运动可以在非常短的时间内完成，如果两个视觉场景被打断，神经中枢就不再参与"计算"差异。因此，当有一个中间事件，把对世界的视觉感知分开，或者把一个声音从另一个声音中分开，它就变成了一个更大的认知过程，结果是，人们在感知变化方面会惊人得差。当我们被打断或专注于其他事情时，我们会错过环境中重大变化的能力被称为"变化盲视"。变化盲视并不是一种不正常的情况，每个人都容易受到它的影响，虽然可能每个人的程度不一样。

Dan Simons 对"变化盲视"的研究揭示了人们是多么容易受影响。在一系列的实验中，受试者与人交互（填写表格，或指示方向）时，Simons 使用表演者代替和受试者交互的人，并且大约一半的时间，受试者并没有意识到他们与之交互的人刚刚改变了（更有可能的情况是，当被交换的人在某种程度上与受试者年龄、社会阶层等不同时）（图 3-7）[Chabris and Simons 2010]。

图 3-7　令人惊讶的是，人们可能不知道周围的细节。在这种情况下，对话被打断后，毫无戒备的被试者通常会继续对话，而没有注意到他们是在和另一个人说话 [Simons and Levin 1998]。a）实验中的实验者向街上的行人问路。b）实验小组的两名成员在提问者和被试者之间通过，在这个过程中，问问题的同谋者与其中一个打断者互换位置。c）新提问者假装是同一个人，继续与被提问者交谈。d）两名提问者（来自中断前和中断后）可以进行比较（图片由 Dan Simons 提供，www.dansimons.com）

在虚拟现实方面，当主体在别处时，改变世界要容易得多，虚拟世界中几乎任何东西都可以被改变。虚拟现实体验可以被设计成利用变化盲视的一个实践是，扩大参与者在虚拟世界中自由行走的身体运动感知范围。

Evan Suma Rosenberg 进行了一系列实验，探讨了人们在多大程度上能注意到世界布局的变化。具体来说，当受试者在建筑物中漫游时，房间会在背后被改变。当他们看着房间的一侧时，他们进入的门从一面墙移动到另一面墙（图 3-8）。（设计师选择这样做的原因是迫使用户在离开房间时沿特定方向旋转。）在他的研究中，Suma 发现几乎所有的受试者都没有意识到房间的布局已经改变 [Suma et al. 2011]。

图 3-8　在计算机生成的世界中，用在现实世界不可能的方式改变世界要容易得多。在这里，应用程序设计师通过将门从一面墙移到另一面墙来改变参与者身后房间的几何形状。由于"变化盲视"，参与者不会注意到这个改变。当体验的目标不依赖于导航意识时，这种技巧可以用来将参与者保持在有限的跟踪范围内（图片由 Evan Suma Rosenberg [Suma et al. 2011] 提供）

跨感官感知

感知的另一个有利于虚拟现实应用程序设计的方面是，人类感知系统如何将来自多种感知模式的刺激合并为单一的感知事件。大脑中有多个区域共同处理多感官信息。当刺激之间存在很强的空间和时间相关性时，就会产生综合知觉。

稍后，在单独仔细考虑许多人类感知系统的细节之后，我们将探讨交叉模态效应的一些具体好处和缺陷。在这里，我们概述了跨感官感知的主要方式。在"感觉与知觉的基础"中，Mather 列举了 5 个多模态感知特别明显的领域 [Mather 2016]：定向、目标识别、定位、肢体表现和味道。

定向：当处理视觉、听觉或触觉刺激时，当三种感官中的两种刺激提供了确证数据时，识别输入方向的反应时间就会缩短。当三种感觉一致时，反应时间进一步缩短。

目标识别：识别可以是具体事物（例如椅子），也可以是抽象事物（例如口头表达的单词）。在单词的情况下，结合嘴唇和面部运动的视觉刺激，识别单词所表达的意思的能力增加了，就好像说话人的声音被放大了 15 ～ 20 分贝一样 [Spence 2002]。

定位：当视觉刺激相互印证了声音或触觉感知的方向时会产生强烈的感知效应——即使

刺激之间存在一些实际的差异。最典型的例子就是"腹语术效应"。对人（或角色）的嘴唇发出声音的预期使大脑确信，移动的嘴唇确实是声音的来源。我们不仅在真正的腹语演员身上体验到这种感觉，而且在任何时候，当我们看着屏幕上的角色说话时，旁边的扩音器也会发出声音。

另一个跨感官定位效果的例子是"橡胶手错觉"，其中，受试者一边看着有人在他们面前刷假手臂，同时他们的真正的手臂也同时被刷，受试者会将假手臂当成是自己的，即使假手臂并不是在他们的真手臂的位置（他们开始将假手臂具身化了——参见具身化和代理部分）。除了受试者感觉假手臂是自己的之外，当被要求指出隐藏的手臂时，他们估计的位置是倾向于假手臂的位置（本体感受的漂移）［Botvinick and Cohen 1998］，此外，真正的手臂可能会温度降低和触觉迟钝［Moseley et al. 2008］。橡胶手错觉的演示通常在对假臂的锤击中达到高潮。事实上，对新具身的肢体的威胁会激活大脑的焦虑反应［Ehrsson et al. 2007］。

肢体表现："运动错觉"，即指一个人通过强烈的线性或旋转的视觉线索感知到不存在的运动，它来源于与大脑前庭核相连的前庭和视觉刺激。（举个例子，当你在一辆静止的火车上，一辆行驶中的火车经过你的窗户时，你会有一种运动的感觉。）

味道：许多感官刺激共同产生对味道的感觉。除了味觉，嗅觉也是感知食物味道的一个重要因素。但其他刺激也有影响：温度、触摸（舌头和嘴）、视觉、声音（嘎吱嘎吱响？）和疼痛。实验发现，颜色对味道的强度有影响，而高黏度（触摸）对味道的强度有负面影响。

3.2.2　视觉感知

视觉显示的发展或应用迫使人们去了解视觉如何工作的生理学。我们已经讨论了感知概念的一般原则，现在我们将探讨与视觉相关的方面。在我们讨论视觉显示之前，有必要对我们的眼睛如何工作有一个基本的了解，并熟悉我们将在本节中使用的视觉显示的术语。

人类视觉生理学

人类能够感知一部分电磁波谱，即称为"可见光谱"。可见光谱中的波长范围为约400nm（紫色）约700nm（红色）。眼睛的生物学，或确切来说是视网膜，是每个眼睛中光受体所在的区域，由4种类型的光受体组成，其中3种具有特定的颜色特征响应（视锥细胞），另一种类型对整体强度有响应（视杆细胞）。

光受体

这3种独特的视锥光谱响应不仅针对一种特定的颜色，而且跨越了可见光谱的一部分。但是每一种都会在一个特定的波长附近达到峰值。在计算机图形学中，我们经常提到红/绿/蓝三色，这近似于三种视锥受体的颜色感觉。为了避免指定一个特定的颜色名称，我们可以根据峰值波长对它们进行排序，并通过这种排序引用它们。重要的是，每种视锥类型的分布非常不均匀，短视锥细胞的数量远少于其他类型，并且所有的视锥细胞加起来也远远少于视杆细胞的数量：

❑ 短波（S）视锥——约 430nm（紫色）(约 128 000 个细胞)；
❑ 中波（M）视锥——约 530nm（蓝～绿色）(约 2 048 000 个细胞)；
❑ 长波（L）视锥——约 560nm（绿～黄色）(约 4 096 000 个细胞)；
❑ 视杆——约 498（绿色）(约 110 000 000 个细胞)。

当然，尽管视杆细胞在可见光谱的中部达到峰值，但它们与视锥细胞在其他重要方面有所不同。具体来说，视杆细胞对光更敏感，这是由视杆细胞的另外两个特征所决定的：1）视杆细胞的速度比视锥细胞慢，这是由于视杆细胞在较长时间内积累光子而使其对光更敏感；2）视杆细胞的输出光束更大（例如，在视网膜覆盖的区域更大）。与视锥细胞相比，虽然视觉敏锐度（分辨率）降低，但是对弱光的敏感度提高。另一方面，视锥细胞速度更快，光束更小，因此具有更好的时间和空间分辨率，但需要更多的光子来产生足够的信号。

三色（三种视锥细胞）排列是人类感知的典型配置。当然，人与人之间存在差异。最常见的差异是中等或长视锥的功能丧失，虽然每种情况略有不同，都或多或少都导致区分绿色和红色的能力大大降低。更为罕见的是短波视锥的问题，它们能感知到大部分蓝色色调。在极少数情况下，人类有第四种视锥细胞（四色）。（在其他物种中也存在其他类型的视锥，尽管大多数其他物种的视锥受体类型少于三种。）

视网膜

成人视网膜的感光部分直径约为 32mm（图 3-9）。在这个区域内，直径约 5mm 的中央部分是黄斑（macula）。黄斑是高敏锐度的区域，在那里视杆细胞的密度达到峰值，几乎包含所有的视锥细胞。黄斑的中心是中央凹（fovea）。中央凹的直径为 1.5mm，由视锥控制。事实上，在中心部位（中心凹直径 0.3mm）中央凹为唯一的视锥，并且仅为中长波视锥。短波视锥细胞的密度要低得多，但在视网膜的其余部分的分布更为均匀。

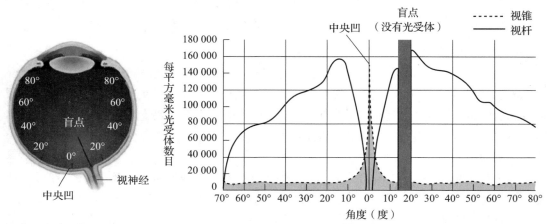

图 3-9　视网膜上的视锥细胞和视杆细胞的密度因其表面区域的不同而不同。中心凹以快速反应的视锥细胞为主，视锥细胞密度从中心凹向外扩展，而低光敏强度视杆细胞密度增加（来源：www.skybrary.aero）

视网膜区域包括：

❏ 小凹（Foveola）——0.3mm——只有中长波视锥。

❏ 中央凹——1.5mm——由视锥控制。

❏ 黄斑——5mm——几乎包含所有视锥，视杆细胞密度达到峰值。

❏ 周边视网膜——32mm——以视杆细胞为主，灵敏度低。

除了有分布更集中的光受体之外，还有更高比例的神经节和双极细胞"处理"输入——光受体与高级细胞接近——映射，具有高敏锐度。

视网膜的另一个重要方面是整个感受野相对于眼睛的大小。视网膜大约占眼球内表面的 75%。因此，每只眼睛的视场（FOV）在水平方向上是相当大的：大约在太阳穴一侧离中心 95 度，在鼻部一侧离中心 60 度（这还没有考虑到眼睛旋转的能力）。垂直方向上，每只眼睛的视场约为向下 80 度和向上 50 度，这同样忽略了眼睛旋转的能力（图 3-10）。

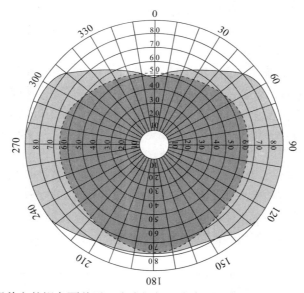

图 3-10　每只眼睛直视前方的视角覆盖了一个大视场，由鼻子一侧、在太阳穴一侧、上方的眉毛和下方的脸颊覆盖，因此实际的视场因人而异。中间的圆圈代表中央凹的大小，当然，当眼睛旋转时，中央凹会发生变化。较暗的区域显示双目（立体）重叠的区域（图形由 J. Adam Jones［Jones et al. 2013］提供）

在角度测量方面，中心凹的高灵敏度区域约 54 分（不到 1 度）。作为对比，从地球上看，月亮大小跨度约为 30 分（半度），因此中央凹只有两个月亮的宽度。中央凹的一般敏锐度区域大约是 1 分——这是天文学家 Robert Hooke 在 1674 年发现并提交给皇家学会院士的数值！［Wade 2003］。现代科学证实了这一数值，并且可以更准确地为每个人测量它。经典的 Snellen 视力表将 20/20 视力（美国比例）的字母（包括"E"）的大小设置为上下 5 分，每个条形 1 分和两个间隙条之间也是 1 分。

混合色上的细节会比一个人的视灵敏度低（可能通过光学调整）——例如调整黑白相间的线就会显示为灰色的斑块。因为视网膜上的视杆细胞和视锥细胞的模式是不规则的，所以要避免像莫尔条纹（moiré pattern）这样的人工图案。

亮度（动态范围）

除了颜色，我们当然也可以感知物体的亮度。事实上，我们的视觉能够通过16个数量级的强度来感知光线，但不能同时感知所有的光线。实际上，非常像摄像机的工作原理，传感器可以通过一系列的不同强度接收光线，但可以通过摄像机的光圈等设置进行控制，例如可以限制照射到传感器的光量，或者在捕捉黑暗环境中的场景时可以让传感器在一段时间内收集光线。在任意给定时间可以感知的强度范围称为"动态范围"，就人类的视力而言，大约覆盖了三个数量级。

我们的瞳孔就像摄像机的光圈（反之亦然），可以打开或关闭，让更多或更少的光线进入视网膜。受瞳孔限制的光量小于两个数量级，远远小于我们的灵敏度范围。摄影师很清楚地知道，改变光圈的一个辅助功能是，当瞳孔/光圈变窄时，可以聚焦更远处的物体——用摄影师的话来说，有更大的景深。

其余的动态范围由眼睛和视神经中的传感器和神经收集器的功能。不同的视杆细胞和视锥细胞本身对不同程度的光有不同的敏感度。此外，特别是视杆细胞需要在一段时间内收集光子，然后产生一个较慢，但光敏度更高的反应。视觉系统还可以调节受体的灵敏度，这一过程可能需要长达40分钟的时间来使得视觉变得非常敏感，比如在只有星光的条件下看到物体的基本形状。

不同程度的光敏度分为两大类，外加过渡区：明视觉、暗视觉和中间视觉（图3-11）。明视觉是人类视觉动态范围中以高清晰度色彩视觉为主导的一类视觉。暗视觉是非色彩、低视力、光谱的弱光端。中间视觉是明视觉和暗视觉之间的过渡部分，从视锥细胞可以看到一些色彩，而视杆细胞则在光线暗淡的情况下帮助观察形状。

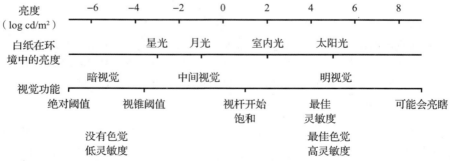

图3-11　视敏度和色彩敏感度取决于可用光量和中央凹的方向。中央凹的视锥细胞需要更多的光线，比支配外围和近外围的视杆细胞提供更高的视敏度颜色反应（来源：www.skybrary.areo）

时间敏感度

我们随着时间感知光，我们能够看到动态的物体。但是，如果某些东西的移动速度足够快，我们只能看到模糊的颜色。另一方面，如果按顺序向我们显示图像，并且以足够高的闪烁速率穿插一些纯黑背景图像，那么该图像序列在我们看来是运动图像。图像和黑色背景图像的闪光融合成稳定感知的速度，这一技术术语称为闪光融合临界（Critical Flicker Fusion, CFF）频率 [Rash et al. 2009]。

一个多世纪以来，电影行业一直依赖这一现象，在电影胶片的消耗量和为观众提供可忍受的体验之间寻找最佳平衡点，从最初开始标准化 18Hz，到转变为 24Hz 作为一般标准（甚至需要达到 48Hz 的闪烁率）。在过去的一个世纪中，人们开始尝试更高的实际"帧速率"，例如休斯坎（Showscan）系统采用 60Hz 帧率，而在数字时代，真正的 48Hz 帧率能提供更逼真的动作。

不幸的是，找到最佳帧率的特定数值是困难的。一个令人困惑的问题是图像的亮度与 CFF 之间存在关联——图像越亮，所需的帧率越高（费波二氏定律（Ferry Porter Law））。当然，我们这是一本关于虚拟现实的书，因此我们仅仅关注与虚拟现实有关的感知。研究中采用统一的数值 60Hz 及以上的帧率是比较合适的。

也许另一个考虑因素是视网膜的视锥细胞主导区域（明视觉）和视杆细胞主导区域（暗视觉）中的 CFF 也存在差异。在虚拟现实中，我们主要关注适用于 60Hz 帧率的明视觉。暗视觉可能具有较低的 CFF，因此能够采用较低的帧速率，这可能具有应用于配备眼睛跟踪的头戴式显示器的潜力，其中中心凹的渲染可以单独处理，而外围视网膜的渲染可以采用另一种方式。

高级处理

如在一般感知概念一节中所讨论的，视觉神经将光受体连接到大脑（通过视神经），不仅仅传输原始数据（参见 3.2.1 节第 1 点）。相反，神经元（神经中枢）执行特定计算的排列方式与数字逻辑门非常相似。最终，发送给大脑的信号提供了关于线的方向性，或高对比度点，或有特定方向运动的区域的信息。也许这就是为什么按二维网格排列的显示器，我们的眼睛会被一些特征所吸引，比如在不平行于其中一个轴的非反锯齿线条上出现的阶梯。

视觉错觉

人类感知系统（实际上是整个大脑）是为了提高效率而设计的，为了达到这个目的，它会"作弊"。它会尽可能地偷工减料。错觉揭示了大脑的捷径。例如，Pinna-Gregory 错觉是一种视错觉，其中，当这些正方形倾斜时，由小正方形组成的同心圆就会向内螺旋运动（图 3-12）

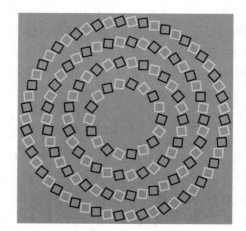

图 3-12 Pinna-Gregory 错觉揭示了视觉感知如何从局部方面蕴含整体结构，但在这种情况下不存在——只看到圆圈存在的假想螺旋

[Pinna and Gregory 2002]。我们可以推测，通过将正方形的边看作一条直线的切线，在每个地方，我们看到线向内移动，因此我们感觉到一条线始终向内移动——螺旋——实际上没有这样的线存在。以类似的方式，Zöllner 错觉（图 3-13）和 Café Wall 错觉（图 3-14）在感知上显示了实际上是平行的线条，似乎是互相弯曲的。

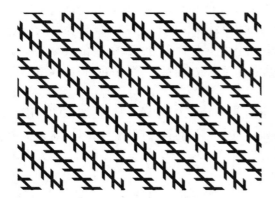

图 3-13　Zöllner 错觉表现出视觉感知，其中当添加平行短交叉阴影线时，平行线看起来好像在聚拢

图 3-14　Café Wall 错觉是另一个示例，当在直线之间添加错位的瓦片图案时，平行线看起来会聚拢

那么错觉就是误解，由于误导性的感觉引起的误解，或者至少是大脑预先倾向于以特定的方式解释的感觉。我们知道，当视觉信息到达大脑时，它已经经过了预处理，其中一些预处理包括寻找具有特定方向的线条——小的视觉单元，当与许多其他小的视觉单元结合时，可以从这些小的视觉单元中得到一个合并的感知。

当然，由于虚拟现实是关于虚拟世界的创造，我们希望被认为（或误认为）它是真实的，所以我们有兴趣创造错觉。当然，这种渴望不仅限于计算机产生的刺激领域，也不仅限于魔术师（幻觉论者）的专业，也包括其他艺术家。建筑师 Guarini 设计意大利都灵的 Santissima Sindone 教堂穹顶使用了几何错觉，通过石头的颜色和纹理创造了一个比现实更高的结构 [Meek 1988]。

上下文在我们如何感知视觉图像方面起着重要作用。该上下文可能与方向性一样简单，或者可能涉及周围形状和颜色的变化。通过圆内的灰度垂直渐变可以看到非常简单的错觉。当渐变的较暗端位于顶部时，我们会感觉到表面是凹陷的，但是当较暗端位于底部时，我们会看到凸起的表面（图 3-15）。对此的解释仅仅是我们习惯于光是从上方照射的，并且使用这种"知识"，认为凹陷的洞将在顶部具有阴影，而凸起的表面将在下方具有阴影。如果你在看图 3-15 的同时转动这本书，你会看到似乎凸起的圆圈现在被抑制了，反之亦然。

上下文也会影响我们对颜色的感知。人类的感知常常告诉我们刺激之间的关系，而不是直接的值——因为绝对值很难确定。总是存在有上下文的。在视觉上，灯光条件会影响我们看待颜色的方式（图 3-16）。从本质上讲，提起物体需要多大的力量可能会根据物体的抓地力或提起者的疲惫程度而改变。声音如果有很多背景噪声，我们可能无法辨别出精确的音

高。(在一本书中，在视觉上更容易证明这一点。)图 3-16 显示了两对看似是两种不同灰色的

方块。实际上，这不是真的，图 3-16 显示了四个相同颜色的方块，都是相同的灰色，但因为有不同的背景，使得视觉干扰("噪声")让我们的感知推断某些物体或形状处于"阴影"中，因此一定比实际刺激感觉到的更亮。

　　另一方面，颜色也会引起错觉。在波根多夫错觉(Poggendorff illusion)中，一个模糊的形状遮挡了一对不同颜色的线条，其中一条线条终止于遮挡面下方，另一条线条变为更接近另一条线条，单个突出部分看起来会以某种方式移动更符合截断段(图 3-17)。在另一种情况下，物体的阴影可能会影响我们对该物体的距离感知。在前面提到的 Cappella della Santissima Sindone 教堂的圆顶中，Guarino Guarini 根据颜色和纹

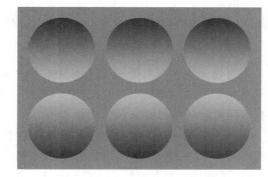

图 3-15　阴影的暗示会导致 3D 形状的错觉。黑色暗示了阴影来自光线，而我们的经验会认为光线来自上方(来源于我们对太阳和正常室内照明的经验)，因而从暗到亮的渐变，从上往下看起来是一个凹陷的，当渐变反转时，它是一个凸起的(将书翻过来，注意我们的观感是如何反转的。事实上，将书翻过来，你可能会惊讶地看到两边是镜像的)

理选择了在每一层圆顶上使用的石头，以增强他对圆顶的几何错觉。具体来说，Guarini 在穹顶下方(离观者更近)放置了浅色和光滑的石头，使得它们看起来更大，而在穹顶上方在采用深色和较为粗糙的石头，使得看起来更远 [Meek 1988][Evans 2000]。

图 3-16　在蛇形错觉中，周围环境影响我们如何感知 4 个菱形，它们都是相同的灰色阴影

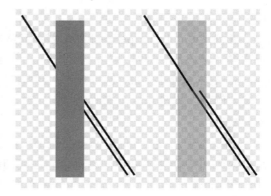

图 3-17　在波根多夫错觉中，一对彼此靠近的平行线被一个多边形遮挡，其中一条线在多边形下面结束，而另一条线则改变颜色，与终止线的颜色相近，这使得继续的线似乎在终止线的方向上改变

最后讨论的一个与视觉相关的错觉是相对运动错觉。相对运动错觉是由视觉刺激引起的错误的运动感觉。因此，这种情况是一种跨感官错觉，更准确地说是前庭错觉，因此，我们将在前庭错觉部分进一步讨论。

视觉深度线索——距离

人类感知物体相对距离信息的方式多种多样，对于视觉来说，这些距离指标通常被称为深度线索。这些线索的累积效应告诉我们，我们看到的形状离我们有多远——我们对展现在我们面前的世界有多深。

在接下来的小节中，我们将描述四类视觉深度线索，以及十几种我们可以直观感知相对距离的具体方式。这些是：

1）单视场图像深度线索，包括介入、色差、尺寸、直线透视、表面纹理渐变、视域中的高度、大气效应和亮度。

2）立体图像深度线索（立体视觉）。

3）运动深度线索。

4）生理深度线索，包括调节和汇聚。

单视场图像深度线索

单视场图像深度线索是可以在场景的单个静态视图中看到的那些，如在照片和绘画中（图 3-18）。介入（interposition）就是当一个物体挡住了我们对另一个物体的视线时，我们所接收到的线索。我们从经验中得知，如果一个物体掩盖了另一个物体，那么它就更接近了。色差（shading）提供有关物体形状的信息。阴影是色差的一种形式，表示两个对象之间的位置关系。我们将对象的尺寸（size）与相同类型的其他对象进行比较，以确定对象之间的相对距离（即假设较大的对象更近）。我们还将对象的大小与我们对类似对象的记忆进行比较，用以估计对象离我们有多远。

直线透视（linear perspective）是平行线在消失点处相交的规律。这种线索的使用依赖于这样一种假设，即被观察的物体是由平行线构成的，例如大多数建筑物。表面纹理渐变（surface texture gradient）是明显的，因为我们的视网膜在远处不能像近距离一样辨别纹理的细节。例如，当我们站在草地上时，你脚下草地纹理的细节（高频率）在远处变成了一片模糊的绿色。

视域中的高度（height in the visual field）源于视场中的地平线比我们脚下的地面要高；因此，一个物体离我们越远，它在我们视场中的位置就越高。大气效应（atmospheric effect），如霾与雾，会导致较远的物体在视觉上不那么清晰（由于不同颜色的衰减不同，可能蓝色会更加明显）。亮度提供中等深度的线索。排除其他信息，明亮的物体被认为是更近的。

立体图像深度线索

立体视觉源自每只眼睛中视网膜接收的不同图像之间的视差（双目视差）。立体图像深度线索取决于视差，视差是从不同位置观察物体的明显位移。立体视觉对于约 5m 内的物体特别有效。在手臂可达的范围内操作物体时，立体视觉尤其有用。

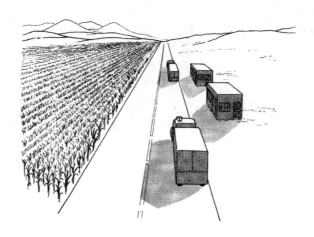

图 3-18 这幅简单绘图提供了许多单视场图像线索。介入和阴影有助于定义建筑物的大小和位置。视场中的大小、高度和阴影提供有关卡车的几何信息。我们可以从道路上观察到直线透视，因为直线从观察点开始逐渐汇聚。道路中心线的亮度以及纹理渐变为前方道路的延伸提供了线索。在玉米田中也可以看到纹理渐变。大气中的阴霾使得山脉的细节难以辨别（图片来自 Engineering Psychology and Human Performance 3/E by Wickens/Hollands, © 2000。经 Pearson Education, Inc., Upper Saddle River, NJ. 许可转载）

运动深度线索

运动深度线索是由头部和被观察物体之间的相对位置变化所产生的视差（头部或观察物体中的一个或两个在运动）。深度信息可以从以下事实中辨识出来：离眼睛近的物体比离眼睛远的物体在视网膜上移动得更快。基本上，视角的变化可以通过两种方式实现：观察者移动或物体移动。当观察者的身体移动时，他们会感知到本体感觉和动觉反馈，告诉他们移动了多少。此信息有助于更精确地确定距离。来自物体运动或非自主运动的视差提供的关于物体相对运动速率的信息不如来自观察者的运动（图 3-19）。当观察者不能确定自己和物体之间的相对运动速度时，他们的判断就不那么精确了。

生理深度线索

生理深度线索是由眼部肌肉运动产生的，目的是使物体清晰可见。调节（accommodation）是眼睛通过调整聚焦来改变晶状体的形状。肌肉调节的变化量能为 2 ～ 3m 范围内的物体提供距离信息。汇聚（convergence）是一种眼睛肌肉的运动，把一个物体投影到每只眼睛视网膜上的同一位置（比如中央凹）。用于汇聚的眼球肌肉运动向大脑提供了视场中物体距离的信息。

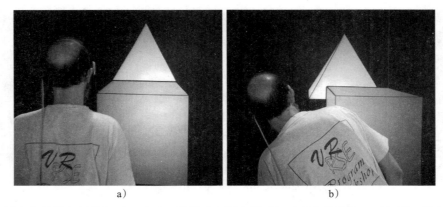

图 3-19 用户和世界之间的相对运动可以增强对象深度的感知（以及世界的 3D 性质）。该相对运动可以由用户发起或者在乘坐车辆时被动地感知。在该图像中，用户稍微移动他的头部以更好地理解对象之间的形状和关系（照片由 William Sherman 拍摄）

距离错觉（压缩）

现代 VR 显示器中使用的光学设备还不能（至少目前不能）控制焦距（调节）。因此，除非虚拟物体完美地驻留在视觉显示的焦点范围内，否则距离（深度）感知线索之间会产生冲突。许多虚拟现实用户的一个可测量的特征是对距离估计的错觉。实际上，大多数用户都会低估（压缩）他们与某个目标对象之间的距离。这已经在 CAVE 模式和 HMD 模式的虚拟现实视觉显示［Steinicke 2019］中看到。不良距离估计与聚散效应（焦距）之间存在明显的关系［Hoffman et al. 2008］。实际上，似乎有效焦距可能会增加距离估计误差——Bruder 等人发现基于投影的环绕虚拟现实系统中的距离估计相当准确，虚拟渲染的物体与屏幕表面重合得非常好（也称为零视差渲染），而在屏幕"内部"渲染的物体位置的精度还算比较合理（负视差），但当渲染的物体"超出"屏幕时，距离估计被"压缩"（正视差）（据研究报告，估计的距离比实际的更近）［Bruder et al. 2015］。光场（lightfield）和其他配备变焦的显示器有望克服这一限制。

视觉深度线索小结

并非所有深度线索都具有相同的优先级。立体视觉是一种非常强烈的深度线索。当与其他深度线索发生冲突时，立体视觉通常占主导地位。相对运动可能是一个和立体视觉一样强（或更强）的深度线索。在静态单视场图像深度线索中，介入是最强的。生理深度线索可能是最弱的。因此，如果要通过遮住一只眼来消除立体视觉，那么试图仅仅依靠调节就会相当困难［Wickens et al. 1989］。一些深度线索在超出一定范围时是无效的。立体视觉的范围延伸约 5 米，调节延伸至 3 米。因此，对于更远的物体，这些线索的优先级非常低。

如果不是感知困难和疲劳，强烈的深度提示（如立体视觉）和介入之间的冲突经常会造成烦恼。通常，在已建立和审查的虚拟现实软件中，立体视觉和介入渲染应该是准确的并且不会对用户造成问题（除非他们颠倒地佩戴他们的立体眼镜）。然而，物理显示仍然是一个问题，特别是在 CAVE 模式和平铺的立体显示器中。当屏幕的近侧上的对象跨越显示表面时，CAVE 的角或平铺屏幕的边框（竖框）可能导致介入冲突。

几个单视场深度线索由基本的计算机图形渲染算法产生——例如，介入、尺寸、直线透视和视域中的高度。其他（色差、纹理、大气和亮度）可以或多或少地使用。虚拟现实设计师可以根据需要在体验中引入这些"可选"深度线索。类似的效果用于动画片中。例如，当角色在地面上行走时，通常不使用阴影。在没有阴影的情况下，观察者假设角色在地面上，因此在视场中使用高度来确定角色的位置。通过在角色离开地面时引入阴影，动画师指示角色在地面上方的高度。这种间歇性使用的阴影是动画师和观众之间的媒介语言。

3.2.3 听觉感知

声音使一个空间看起来更真实——它有助于把空间变得更真实。同样，声音告诉我们世界上的细节，无论是与视觉或其他感官所感知到的事物相结合，还是与之相辅相成。它告诉我们周围发生了什么。声音也是人类交流的主要渠道。在我们讨论听觉显示的种类和方法之前，有必要先介绍我们的听觉系统工作的一些方式，以及我们如何利用这些知识来提高听觉 VR 显示的性能。

声音本身是由压力波组成的，压力波通过一些物理介质，通常是空气，但也包括水、金属等。这些声压波通常是由空气的振动或其他扰动产生的。声音在不同的介质中以不同的速度传播，在空气中以大约每秒 340 米的速度传播。

听觉的人体生理学

我们对声音的感知使我们能够听到频率（声调／音高）——正如颜色与视觉的关系一样，频率提供了我们的大脑构建成可理解单元的独特感知输入。我们的耳朵能够接受大约 20～22 000Hz 的声压。根据奈奎斯特的采样定理，将 22kHz 加倍至 44kHz 可得到最小的采样率，恰好可以覆盖整个人类的听觉范围。当然存在个体差异，特别是在该范围的上端，人们往往很难感知较高的频率。一般认为"语音频率"的上限是 3400Hz，但大多数成人语音远低于这个数值。（因此，对于通过电话进行语音传输，仅 8kHz 的采样率就足够了。）

人体听觉系统是一个复杂的装置，它将声音引入耳道，放大它们，然后进行一种信号分析，以持续提取压力波的频率。耳朵的三个主要部分是外耳、中耳和内耳。

外耳（耳郭）

外耳包括耳朵的外部（耳郭）以及通向鼓膜的耳道（称为"鼓室"）。在人类中，耳郭基本上是不动的，但确实充当过滤器，通过该过滤器，声音的衰减根据其来自的方向而变化。因此，声音的修改可用于帮助确定声音发出的方向。此外，中频声音频率（约 1.5～7kHz）在通过外耳时会被放大。

中耳

中耳将声波从鼓膜传递到内耳的椭圆形窗口。有三个骨头（"听小骨"）传播压力波振动，依次是锤骨、砧骨和镫骨。这个骨骼系统的目的是放大外耳的声音，并与压力能量相匹配。阻抗匹配是外耳空气介质向内耳流体介质过渡的必要条件。

内耳

内耳是包含听觉（和平衡／前庭）的受体的地方。具体地，耳蜗是液体填充（蜗牛状）螺旋结构，其在中间内部变宽，使得不同的振动频率将在沿着结构的不同（特定）位置处具有增强的能量，这导致膜移位。在耳蜗内，充满液体的管（scala）被膜隔开，其中一个（基底膜）含有成排的毛发（毛细管纤毛），当膜移位到附近时会引起神经活动。当呈现两个非常相似的频率时，膜不能区分识别，因此相似的正弦波（频率）被混合成单个感知。

耳蜗神经

耳蜗内的神经节神经细胞连接到静纤毛并合并成耳蜗神经，将信号传送到大脑。神经中枢连接到一个以上的静纤毛，与视力一样，能对刺激做一些预"处理"。当左耳和右耳的耳蜗神经到达大脑时，有一些信号交织在一起，进一步"处理"，确定从声音到达每个耳朵的时间差（双耳时间差（Interaural Time Difference, ITD）），以及由头部结构引起的振幅差异（双耳强度差（Interaural Level Difference, ILD））。这两个值能够检测声音从头部的水平面（方位角）发出的方向。这可以与耳郭如何过滤声音的信息相结合，从而获得声音来源的提升（上／下）值。

人类听力的极限

听觉的动态范围高达约100dB。并非每个静纤毛受体跨越整个范围，但是不同的受体对特定范围的响应被认为是单一的、一致的幅度范围。

当与其他声音事件混合时，我们能够专注于特定声音——例如，我们能专注于听一个对话，即使当听到附近发生另一个对话，以及来自大自然或附近交通的声音。区分不同来源的声音是通过不同的技术实现的。一种技术是基于每个声音的开始时刻。另一种技术使用声音的基频。在广谱声音中，基频是声音的最低频率分量。也许具有讽刺意味的是，声音的空间化并不能很好地识别单独的声音，因为要确定双耳时间差和双耳强度差，必须知道单个声音。

听觉错觉

与视力一样，我们的大脑对声音刺激的感知可能与信号的实际情况不同——我们可能会误解我们听到的内容。在某些情况下，听错觉与其他感官有关，而另一些则纯粹基于声波压力波。

与视觉相关的两种错觉是腹语效应（ventriloquism effect）和麦格克效应（McGurk effect）。腹语效应是使用视觉线索来重定向对声源位置的感知。显然，这个效果是以舞台娱乐的名字命名的，表演者通过移动木偶的嘴，同时避免移动他们自己的嘴来传达声音，好像声音来自木偶或其他实体，从而呈现出声音的错觉，其他娱乐媒介也依赖于这种效果——实际上任何在屏幕上呈现角色的媒介，由位于屏幕侧面的扬声器产生的声音都利用了这种效果。

麦格克效应发生在听众听到一个声音，同时看到嘴唇和嘴巴明显产生了那个声音，但是被伪造了，这时会产生另一种声音［McGurk and MacDonald 1976］。嘴部的运动被认为是产生声音的原因，它可以改变我们所听到的声音。典型的例子是，涉及英语音素"b"的声音，当听到"b"的发音，但是看到嘴唇发出"g"音素时，产生了对"d"音素的感知。当"b"的发音与"f"的嘴唇运动相结合时，可以听到类似的效果，在这种情况下，听到"f"发音。当声音与正确的嘴唇运动相结合，或者听者只是闭上眼睛时，再次听到正确的"b"发音。

还有一类听错觉与音色和其他音乐品质的感知有关。在许多情况下，这些可能是人为产生的声音，呈现"不可能"的音调。一个典型的例子是 Shepard 音调［Shepard 1964］。由 Roger Shepard 开发，通过组合三个音调（最初相隔一个八度）产生看似无限增长的音调，例如，每一步中音调的幅度比低音调和高音调更高，并且当达到一个新的八度音时，高音调已经逐渐完全消失，一个新的低音调又慢慢出现。Shepard 也提出假设，Diana Deutsch 报道称，将一对 Shepard 的音调交替一个半音（一个三全音）分开将是一个双稳态错觉，可以听到低音，然后是高音，或者相反——三全音悖论（tritone paradox）［Deutsch 1986］。

三种跨感官错觉与听觉有关，其中声音用于产生一些其他感知的错觉。在"长臂错觉"和"假身高错觉"中，产生了本体感觉（触觉）错觉——受试者感觉好像他们的手臂比实际的要长，或者比实际的更高/更矮。"大理石手错觉"是使用者的身体会受到声音的影响，这些声音错误地传达了主体的手是由什么材料制成的。

听觉定位线索

用于虚拟现实体验的计算机生成的虚拟世界存在于三维空间中，因此使得该空间中的声音也具有 3D 特征可能是很重要的。在现实世界中，我们被声音所包围，这些声音有助于我们理解我们所处环境的本质。与视觉一样，我们有能力判断感觉（事件）的起源。

人类定位声音的能力是距离和方向的问题——对视觉来说，方向是从视网膜位置和眼睛与颈部的本体感觉确定的，而距离是通过视觉系统感知的。一些听觉线索增强了我们判断世界声学特性（来自物理特征）的能力：

- ❑ 定位（定向）；
- ❑ 距离线索；
- ❑ 腹语效应；
- ❑ 空间特征线索。

定位是一种心理声学现象，无论是在现实世界还是在虚拟世界中，其中听者可以确定声音发出的方向和距离。声音的定位类似于前一节中描述的视觉深度线索。空间化这个术语描述的是一种制造声音从特定 3D 位置发出的错觉的行为。

定位：感知声音发出的方向和距离。

空间化：将声波通过滤波、放大和相位调整等处理，使听众相信声音从特定位置发出。

我们确定声音方向的精度取决于声音的来源。通常当声音在听众面前时，精度可以达到 1 度。但是，当从侧面听到声音时，分辨率下降到大约 15 度。当然，如果声音听起来很重要，我们可能会转过头来更好地了解我们周围发生的事情。

用于影响空间化声音的处理方法将在 6.9.2 节的第 8 点中介绍。这些方法利用各种声波滤波器，配合振幅和时序（相位）效应，这对应于双耳时间差和双耳强度差感知线索。我们将讨论一种有趣的空间化声音的方法称为"传递函数"，其模拟头部和外耳对进入的声音的影响——头部相关传递函数（Head-Related Transfer Function，HRTF）。（传递函数是一种数学变换，能够以某种特定的方式改变信号。）对于空间化声音，传递函数可用于创建一种对信号的数学运算，对信号进行修改，从而产生方向性声音的错觉。

除了声音发出方向的线索外，我们还能从知道事件发生的距离中获益。因此，我们使用距离线索（distance cue）来帮助做出决定。以下列表提供了一些声音距离线索的快速概述。

- ❑ **响度**：对于熟悉的声源，我们可以通过与附近听到的声音相比较来判断相对音量；
- ❑ **高频阻尼**：随着距离的增加，更高的频率消散得更多，因此感知声音大部分具有较低的频率意味着更远的距离；
- ❑ **初始时间延迟**：从视觉感知和声音感知的时间告诉我们由于光和声的相对速度引起的距离；此外，听到初始声音后的早期反射可以提供一个线索；
- ❑ **直接和间接声音的混合**：来自更远距离声源的声音将与相关的室内声学分离得更少；
- ❑ **运动视差**：来自移动物体的声音变化更快可能更接近；
- ❑ **强度差（ILD）**：由于振幅的下降，距离较远的物体在两耳之间的相对感知音量差异较低。

腹语效应（如 3.2.3 节第 2 点所述）利用了心理声学现象（从经验中学习），声音很可能来自它应该来自的地方。虽然简单，但这是一个非常强大的定位线索。因此，如果有人听到声音并且看到嘴唇运动与声音同步时，则他们可能会感知到声音的方向来自嘴唇。同样，在虚拟世界中，鼓的视觉存在可能会帮助参与者相信鼓的声音来自鼓的视觉图像的方向。

最后，空间的质量提供了空间特征线索（spatial characteristic cue），有助于辨别声音来自何处。例如，如果声音具有大的混响效果，那么它可能是进隧道时。空间本身的质量通常呈现原始声音的早期和晚期反射。因此，当它在房间内反弹时，我们实际上会听到来自多个方向的声音。然而，由于优先效应（precedence effect），定位时感知声音的方向将由第一次到达耳朵的声音来确定，而忽略其他反射声音。

听觉定位小结

一般而言，如果没有确凿的线索，人类就不像现实世界或虚拟世界那样擅长定位声音。因此，帮助参与者提供显眼的线索非常重要。除了使用基于头部的滤波器（例如 HRTF）和各种距离线索之外，提供引人注目的视觉效果还有助于提供使声音源看起来位于特定位置的感知。

有关如何创建空间化声音效果的技术，请参阅 6.9.1 节，这里需要注意空间化如何有助于虚拟世界的感知。此外，理解其他感官线索如何与听觉定位线索一起工作是很有帮助的。特别是，基于视觉的腹语效应是增强声音空间化的好工具。

3.2.4　触觉感知

haptic 来自希腊语，指的是身体接触或触摸。我们一般把触觉泛指为触摸感知，但更具体地说，触觉包括触摸、本体感觉和动觉的综合感觉。在正式的知觉文献中，体感一词通常用于触觉。

非常独特的是，我们的触觉受体被整合到人类系统的各个部分中，这些部分也可以操作世界。因此，触觉的计算机接口使其成为输入和输出的形式：作为输出，它是由计算机呈现的物理刺激，并且由于其与参与者的物理连接，它还可以是计算机的输入设备。（当然，在很多情况下，它被严格用作输入或输出，例如，仅输出盲文显示或用于温度显示的加热灯。）

动觉是对身体肌肉、肌腱和关节内部运动或伸展的感知。术语本体感觉，即从体内刺激，已被用作动觉的同义词，如术语力反馈或力显示。然而，或者更确切地是，本体感觉特别指的是一个人感知自己身体姿势的能力，即使没有外力的作用——这种能力完全是内在的，不受外部感觉的影响。

触觉（或皮肤机械性感觉）是来自皮肤表面敏感神经传感器的触觉。触觉显示包括对皮肤温度的刺激（温度感觉）以及压力（机械性感觉）。机械性感受器信息由神经系统过滤，使得大脑接收关于压力的瞬时和长期变化的信息。机械性感觉使大脑能够感知诸如事件发生时或物体的表面纹理在皮肤摩擦时的感觉。

在人类身上，分离动觉和触觉几乎是不可能的（一个人对一个表面施加的力的大小将影响它的感觉）。然而，对于计算机显示来说，这两者很少被合并。很可能在未来的设备中，触觉和动觉/力输出的结合将会更加普遍。

通过客体永久性转移，从而利用触觉反馈的好处，一些虚拟现实应用程序增强了临场感和真实感。整个虚拟世界可以变得越来越真实，甚至通过使用触觉使一个虚拟对象看起来非常真实。

体感的人体生理学（触觉）

触觉（又称为体感）具有很广泛的范围。触觉的感觉类型包括静压、动压、振动、皮肤拉伸、肌肉长度、肌腱应力、关节角和疼痛。虽然这个列表似乎暗示这是一个关于多种感觉模式的讨论，但结果是有一个单一的神经通路将这些信息传递给大脑。因此，把它们作为一个整体来讨论是有一定道理的。事实上，仅凭触觉来探索物体形状的任务（实体辨别）使用了这些感觉的大部分：皮肤伸展（感知纹理）、压力和腱应力（感知硬度）、本体感觉（感知大小/体积）、接触（感知温度）、腱应力（感知重量/质量）、本体感觉和压力（感知轮廓）。

触觉传感器类型

与我们的其他感官不同的是，用于综合触觉的刺激受体实际上遍布全身，包括外部和内部。因此，有几种不同的受体类型。讨论这些受体首先需要对神经类型有一些基本的了解：

- ❏ A δ（Alpha delta）纤维——感觉刺痛和寒冷；
- ❏ C 纤维——感觉灼痛和温暖；
- ❏ RA（Rapidly Adapting）纤维——仅在开始和抵消时触发的机械性受体；
- ❏ SA（Slowly Adapting）纤维——持续触发的机械性受体；
- ❏ 本体感受器——关节、肌肉和肌腱的受体。

此外，皮肤机械性感受器有些更靠近皮肤表面（就在表皮之下）——标记为 I 型，而有些位于更深的真皮内——标记为 II 型。正如预期的那样，较浅的感受器提供更局部的感知，而较深的感受器则覆盖更大的皮肤区域。然而，身体的不同区域可能有不同浓度的特定感受器，导致不同区域的感知能力不同。

我们主要对 9 种特殊类型的体感感受器感兴趣，以理解触觉感知（有些感受器有双重用途）。每一种感受器都附属于一种特殊的神经纤维，就皮肤感受器而言，则附属于皮肤深处。

皮肤感受器

- ❏ **疼痛感受器**（自由神经末梢）：两种类型，A δ 纤维位于表皮附近（浅），产生刺痛、低温，也许还有痒痒的感觉；而 C 纤维（也很浅）产生灼痛感和温暖感。
- ❏ **麦斯纳氏小体**：RA-I（浅层快速适应性）位于表皮（浅层）附近的无毛皮肤，对光和动态触觉敏感，感知皮肤的运动、抓握（包括滑移）、动态皮肤变形，还善于感知低频振动（30 ~ 50Hz）。
- ❏ **默克尔神经末梢**：SA-I（浅层缓慢适应性）位于全身皮肤的表皮附近，受到静压的刺激，产生对形状、纹理和极低频（0.3 ~ 3.0Hz）振动的感知。
- ❏ **帕西尼氏小体**：PC/RA-II（深层快速适应性）位于皮肤深处，受到快速振动的刺激，产生高频振动（250 ~ 350Hz）感知，包括通过在表面上移动皮肤引起的振动的纹理感觉，还能够感知路线压力变化。

❑ **鲁菲尼氏小体**：SA-II（深层缓慢适应性）位于皮肤深处的，受到皮肤伸展的刺激，导致静态和动态皮肤变形和拉伸。

❑ **毛囊**：RA-I 位于整个身体的毛囊底部，受到触觉和振动的刺激（在 10 ～ 100Hz）。

动觉 / 本体感觉感受器：

❑ **肌梭**（SA-II）：位于肌肉中的肌束受到肌束拉伸的刺激，有助于感知身体移动和位置。

❑ **高尔基腱器官**：位于肌腱上的肌腱受到压力刺激，并提供肌肉张力和力量的感知。

❑ **鲁菲尼氏小体**：位于关节内（以及表皮），受到压力刺激，提供关节压力和角度感知。

❑ **帕西尼氏小体**：位于关节内，受到关节运动的刺激，并提供关节方向和速度感知。

❑ **高尔基关节器官**：位于关节内，受关节扭矩刺激，提供关节张力和扭力的感知。

正如一些感受器类型的名称所示，某些感受器类型根据它们所处的位置提供皮肤和动觉 / 本体感觉。而且，一些皮肤感受器（即位于皮肤中）通过提供确证的线索来帮助本体感觉和动觉。

触觉时空分辨率

皮肤感受器的密度在无毛皮肤中比在多毛皮肤中更高。对于每种类型，指尖和手掌上的感受器密度（cm²）为（指尖 / 手掌）：麦斯纳氏小体 140/25、默克尔神经末梢 70/8、帕西尼氏小体 21/9 和鲁菲尼氏小体 49/16。总的来说，皮肤的无毛部分比身体的其他部分有更高密度的受体。两点辨别感觉测试可以测量皮肤的敏感度。简单来说，这项测试是通过遮挡受试者的眼睛，并用一个点或两个点同时触摸身体的不同区域来完成的。受试者无法辨别感觉差异的距离是该位置的感觉分辨率。对于成年人来说，指尖上的典型分辨率（最小可视差）约为 2 毫米，手掌为 8 毫米，背部为 70 毫米。

在本体感觉方面，短肌肉的肌梭浓度更大，可以执行更多的精细运动控制。在关节中，关节在被感知之前必须移动的转动阈值（最小可视差），在靠近躯干的关节会更小。肩关节的最小可视差约为 0.8 度，肘关节和腕关节的最小可视差为 2.0 度，手掌指关节的最小可视差为 2.5 ～ 4.4 度，内手指关节的最小可视差为 2.5 ～ 6.8 度。

对人类的动觉（力）感知的整体感知分辨率约为 0.06N（1N 近似为地球引力对苹果的作用力）。对于动觉（力）显示，为了模仿人类如何感知现实，施加的力足够让用户感觉物体是固体的（或黏稠液体等）就足够了。在 Phantom 触觉显示设备的开发过程中，Massey 和 Salisbury 发现，虽然人类手指可以施加的最大力约为 40 N，但在大多数任务中，用户很少会施加超过 10N 的力［Massie and Salisbury 1994］。

触觉错觉

与其他前面讨论的感官一样，也有与体感有关的错觉。我们通常不太了解触觉错觉，因为正如我们下面将看到的那样，有些是非自然刺激引起的，有些涉及失去肢体，而其他则涉及我们不经常进行的活动。

匹诺曹错觉是指以 100Hz 的振动对肱二头肌和其他肌肉进行非自然的刺激，通常会产生肌肉收缩反射。当施加振动，但是肌肉受到约束时，肌梭会显示，即使肌肉保持不动，它也被拉伸了。当受试者被蒙住眼睛，用受到刺激的肱二头肌的手触摸他们的鼻子时，他们会感觉到他们的手臂正在远离他们，同时也会感觉到他们的手仍然在触摸自己的鼻子。因此，他们认为自己的鼻子正在快速生长。此外，除了鼻子生长错觉，Lackner 还报告称，采用这种技术，受试者可以感知许多其他错误的身体扭曲感觉［Lackner 1988］。

一种类似于匹诺曹错觉的跨感官错觉，但这种错觉是通过听觉产生的"长臂错觉"［Tajadura-Jiménez et al. 2012］。在这种错觉中，对应于触摸表面的触觉感觉的声音被呈现为好像从夸大的距离发出，因此导致（错误）感知到对象的手臂比其实际长度更长。类似地，当受试者扔下物体时可能引起身高错觉，并且在听到该物体撞击地板之前的时间提供了物体下落高度的虚假线索，导致受试者感觉自己比现实身高更高或更矮［Tajadura-Jiménez et al.2018］。

另一种体感错觉是对"幻肢"的感觉。这种错觉并不是感觉你的肢体比平常多，而是伴随着肢体的丧失，在此之后，许多病人继续感知来自该肢体的感觉（疼痛、发痒等）。这种错觉的原因仍然没有得到很好的理解——有确凿的证据可以反驳大多数常见的理论，比如在截肢点存在的神经末梢会被触发，但脊髓受损的患者也会有这种错觉。

你可以体验并与朋友一起尝试的一种错觉是"皮肤兔错觉"（或更科学地"皮肤跳跃"）［Geldard and Sherrick 1972］。这种错觉使人对触摸事件的感觉沿着两个实际刺激点之间的路径进行，就像一只兔子跳上你的手臂。它可以通过在身体上两个不同的位置（如手腕和肘部）快速轻拍来诱发，它在身体的触觉敏锐度较低的区域效果最好（图 3-20）。Israr 和他在迪士尼研究部的团队在他们的立体触觉项目中利用了这一错觉，他们在用户身上放置两个触发器来产生各种各样的感知［Israr et al. 2016］。

通过使用虚拟现实技术引发的另一种错觉是"重定向触摸"［Azmandian et al. 2016］。在这里，佩戴 HMD 并因此无法看到他们的手臂的用户可以确信他们的手臂位置与他们的本体感受器指示的略有不同。通过在用户面前放置单个物理块并说服他们按顺序触摸多个块来

图 3-20　嵌入手掌的触发器用于提供各种触觉感知，其中一些可以看起来（想象的）好像它们是从手掌之间的身体部位（在空中）发出的（或者可以将触发器放置在身体上的其他位置）(图片由美国迪士尼研究部提供)

证明这一点。这是一个跨感官错觉的例子。

我们可以体验的一个微小的触觉错觉是物体的表观材料特性对预期重量的影响。看起来是实心金属材质的物体预期会比木头或塑料材质的重，因此如果它并不像预期的那么重，它就被感知为比实际上更轻，特别是与其他同等重量的物体相比，但看起来不那么"沉重"。颜色可以有类似但柔和的效果，较暗的颜色预期会更重。

触觉定位感知

与视觉和听觉感觉不同，躯体感觉直接发生在身体上（或体内）。因此，定位完全是通过将神经脉冲映射到大脑中专门处理该部位的区域来完成的。如上所述，一些感觉的分辨率（最小可视差），特别是皮肤上的触觉/皮肤感觉，或多或少取决于感知发生的位置，但它通常仍然是准确的。

本体感觉也有不同程度的准确性，但如前所述，错觉可能导致对肢体的准确位置的误解。所以，虽然我们很擅长感知四肢的位置，但大多数时候这种感知是由我们的视觉感知所证实的，因此我们可以很自信地知道一种感觉的来源。

3.2.5　前庭感知

前庭感知（也称为"平衡感知"）是感知头部的旋转和直线运动的能力，更准确地说，是感知头部受到的加速度。其中一种加速度来自地球的引力，因此前庭器官为我们提供了平衡感。所以，前庭感知不同于本体感知，因为它不是提供我们的身体部位如何与我们的头部相关的感知，而是告诉我们我们的头部如何与外部世界相关——实际上它为我们提供了一些基本事实——它将我们与现实世界联系起来。

除了向大脑提供可用于保持平衡的信息——告诉我们当我们开始失去平衡时如何进行调整——来自前庭器官的信号也用于控制我们的眼球运动。具体地，当头部旋转时，"前庭眼球反射"（Vestibulo-Ocular Reflex，VOR）提示眼睛反向旋转，使得视觉目标保持在视场中心。这种反射可以达到每秒 50 度左右，使得眼睛会固定在新的目标上。

前庭感知的人体生理学

前庭——前庭感觉的器官（前庭/平衡感知）——是内耳的一部分，即使它们与听觉无关。实际上，将信号传递给大脑的是一组单独的神经。耳蜗附近是半规管和耳石器官，其中含有负责前庭的感受器。半规管和耳石器官提供两种不同的感觉组件：头部的旋转运动和直线运动。

头部两侧的三条半规管（后部、前部、侧部）（实际上明显大于一个半圆）可以感觉到头部轴线的旋转。然而，后部和前部半规管的排列方式并不是一个负责头部俯仰（向上倾斜），而另一个负责头部翻滚（向侧面倾斜），而是使用从头部两侧（每个内耳）接收的方式协同工作。另一方面，两条侧管分别感觉头部的左右水平旋转（偏航）。每个管道都充满了流体，根据自然规律，即使在容器移动时，流体也会倾向于保持在原位，从而导致流体与周围结构之间的相对运动。专门的毛细胞(纤毛)受到液体运动的影响,向大脑发送信号。

头部两侧的两个耳石器官(椭圆囊和球囊)感知头部的线性加速度。椭圆囊感知水平方向上的运动,球囊感知垂直方向上的运动(在耳朵之间解剖头部(人体解剖学方位))。与半规管一样,专门的毛细胞(纤毛)的弯曲触发神经信号被发送到大脑。每个耳石器官都具有对不同方向作出反应的纤毛,因此可以感知特定平面的任一轴上的运动——椭圆囊感知左-右和前-后两个方向;而球囊感知上-下和前-后两个方向。与用于旋转运动刺激的液体相反,直线运动感知是由覆盖在纤毛(耳石膜)上的胶质物质产生的,纤毛被"耳石"所覆盖——碳酸钙晶体(为耳石膜提供质量)。当经历直线运动时,凝胶会移位,导致纤毛倾斜,产生神经信号。

值得注意的是,在这两种情况下——提供旋转信息的半规管液体和提供直线信息的耳石器官中的凝胶——材料将在不再加速时恢复"正常"。然而,没有加速度并不意味着没有运动,它意味着匀速运动。因此,一个人可以快速移动或旋转,而不会发送任何信号——就像在地球表面上行驶时一样。这样做的结果是,从匀速运动到停止的减速将被视为相反方向的加速度。因此,当一个人旋转一段时间然后停止时,他会感到一种相反方向的旋转感觉,这将与视觉刺激不匹配,并可能导致恶心。

前庭感知错觉

前庭刺激通常提供对肌肉运动的控制,以响应身体的位置变化,包括眼部肌肉作为前庭眼球反射的一部分。因此,当它与我们的认知意识(主要是由我们的视觉提供)不匹配时,我们倾向于只注意到前庭感知。通常这会导致恶心或至少迷失方向。有一些错觉误导了我们的前庭感知,其中一些与我们的视觉感知有关。

相对运动错觉是最常见的前庭错觉之一,它是由视觉刺激引起的你正在移动的错觉。尽管错觉是由视觉刺激产生的,但我们可以认为这是一种前庭错觉,因为感知是在大脑的前庭核区域产生的。通常,当你坐在一辆车里,旁边的车开始移动时,你就会产生这种错觉。周边视觉感知两者之间的相对运动,产生静止的人在相反方向上移动的感觉——在这种情况下,他们正在体验相对直线运动错觉。当静止不动并且你周围的物体开始旋转时,也可能会体验相对旋转运动错觉。在虚拟现实之外,这可能发生在一些游乐设施(比如过山车、摩天轮)中,或者通过围绕你自己的表面发生旋转。R. W. Wood [Wood 1895] 报道,基于这种效果的骑行(1893 年获得专利 [Lake 1893])在 1895 年旧金山仲冬博览会上展示,称为 Haunted Swing。广告说它是一个大秋千,事实上秋千本身是静止的(或基本上是静止的),而周围的房间围绕秋千旋转。结果是旋转运动的错觉——通常伴随前庭感知和视觉感知不匹配而产生的恶心。在各种游乐园仍然可以找到类似的"游乐设施"。

在虚拟现实体验中,为了减少恶心的可能性(虚拟运动可以导致相对运动错觉),通常给用户呈现周边视觉的视觉线索可以减少或消除,从而避免令人不快的刺激。

另一种错误的运动感觉(即前庭错觉)是眩晕。与相对运动错觉不同,眩晕不一定是由视觉刺激产生的。眩晕的一个原因是酒精扩散到半规管中的液体中。因为酒精比普通液体的浮力更大，所以当人躺下的时候，由于管中液体的重力作用，会产生一种错误的旋转感。另一种类型的眩晕是晕动病。晕动病是由视觉刺激暗示缺乏运动引起的，但前庭系统识别出有运动——船的摇摆或汽车翻山越岭。导致眩晕的第三个原因是从相当高的地方看一个场景，没有任何局部的参照物（例如，在悬崖边上观看，但却看不到附近的地形）。高度引起的眩晕是由于缺乏视觉感知，而视觉感知通常伴随着身体位置的微小变化（摇摆）。

前面已经略微提到了动眼错觉。这是在一个方向上以恒定速率旋转一段持续时间（10秒）后反向旋转的感知。当以恒定速率旋转时，半规管中的流体返回其正常/静止位置，因此当旋转停止并引起减速时，液体的旋转导致前庭感知旋转，但没有伴随视觉刺激。

眼球重力错觉是由耳石器官无法区分头部倾斜和向前水平移动的事实引起的。因此，当一个人经历显著的前向加速时，特别是当没有得到足够的确证视觉刺激时，他会觉得自己正在倾斜，并且确实会觉得他面前的物体比他高。当飞机起飞时，你可能会感觉到飞机内部明显倾斜，但是当你向外看时，可以看到角度（"俯仰"）要小得多。

温热性眼球震颤错觉有时用于测试前庭系统。它涉及注入比室温更温暖或更冷的水进入外耳道，并且当温差导致最近的半规管（水平管）中的流体调整时，水平管的纤毛产生神经脉冲，就像头部旋转一样。结果是前庭眼球反射被触发并且眼睛将移动以抵消所感知到的旋转。

前庭定位感知

前庭系统的全部功能是向大脑提供运动信息（在某些情况下，甚至直接向肌肉提供）。当然，在大多数情况下，这些感觉并不提供关于特定位置的信息，只提供相对于重力的方向，以及相对于保持静止的运动。

3.2.6　嗅觉感知

虽然考虑到人类感知的各个方面是好的，但由于目前没有实际的硬件解决方案可以快速创建和消除实时的气味，我们将重点关注嗅觉的一些亮点，并将细节留给那些在该领域进行前沿研究的人。总的来说，人类的嗅觉不是很灵敏，事实上，在一个不断提供新鲜食物或含有防腐剂的社会中，嗅觉的作用在很大程度上是有限的。然而，气味通常被认为是以一种非常引人注目的方式来传达情感记忆（我记得当我回家过感恩节时，烤箱里的南瓜派的味道。或者，每当我走过一个和她用同一款香水的人身边时，我就会回想起我和大学女友约会的日子，诸如此类。）因此，它值得在虚拟现实应用中进一步研究，特别是含有情感和怀旧内容的应用。

Mather 在他对嗅觉效用的描述中，确定了气味的两个主要维度：愉悦与不愉悦以及可食用与不可食用〔Mather 2016〕。在愉悦维度中，人类的目的是在遇到特定气味时提示接近或回避。例如，接近水果或鲜花的味道，但避免动物的麝香气味。对于可食用性的判断，烘焙或香料的气味可能是值得食用的，而不是与清洁、化妆品或腐肉有关的气味。

与我们的其他感官相比，嗅觉的"帧率"明显变慢。通常，当不主动嗅闻空气时，我们以大约 1～2Hz 的呼吸速率吸入气味。因此嗅觉显示以 2Hz 的帧率"渲染"可能就足够了。当然，即使是这样也可能很难做到，如果显示需要通过管道输送芳香的空气，并且疏散香味，特别是对于 CAVE 式显示，这可能需要花费一段时间，或者需要明显的微风。

对气味的适应可能有助于缓解疏散的困境。当一种气味持续存在时，人们对这种气味的感知能力会下降 30% 甚至更多。我们在日常生活中就能体验到这一点，例如我们感觉不到家里的气味，而对于吸烟者来说，他们也感觉不到衣服上的烟味等。

嗅觉感受器位于鼻腔上部的黏膜组织中。化学受体对溶解于黏膜组织的特定分子的数量作出响应。在气味被感知之前，不同的分子类型有不同的阈值——数量级。大约有 1000 种不同的受体对不同的化学物质有反应。一个感觉神经元可以对多种分子类型作出响应。当不同的神经元对不同的气味分子集合做出反应时，就会形成一个气味的"轮廓"，从而产生对特定气味的感知。

3.2.7 味觉感知

即使没有味觉，我们也能为身体提供营养，但撇开这个概念不谈，味觉感知可能有助于我们了解我们所品尝的食物的可食性和营养价值，甚至是否可能是有毒的，否则应该避免。Mather 认为：味觉系统似乎扮演着营养守门员的角色，根据食物的可食性和营养价值来调节选择和拒绝食用［Mather 2016］。

Mather 所指的 5 个品质是：甜、咸、酸、苦和可口（鲜味）。我们经常将"风味"（flavor）这个词与味道（taste）联系在一起，也确实存在着一种强烈的联系，但正如关于跨感官感知部分所提到的，味道的感知不仅来自味道，还来自食物的视觉品质，以及气味、纹理、嘎嘣脆，甚至疼痛。正如我们在其他感官上已经看到的，味道也会产生适应性效应。例如，在与酸性物质接触后，后续食物中的酸味强度可能会降低。或者，如果下一项是中性的（比如水），我们可能会感知到一种交叉适应，我们会感受到甜味。

一种更全局的适应形式是"味觉厌恶"。如果在食用食物后，我们会感到恶心，那么这种食物将变得不那么可口了。基于这个原因，在癌症治疗之后，建议患者推迟进食，甚至吃不喜欢的食物。因此，对于可能导致恶心的 VR 体验，参与者或许也应该遵循这个建议。

味觉的感受器是位于舌头、嘴和喉咙上的大约 10 000 个味蕾。每个味蕾具有 50～150 个感受细胞。蓓蕾本身只能维持 10 天左右，然后被替换。

3.2.8 跨感官效应和虚拟现实

在本章的前面，在 3.2.1 节第 5 点中，我们提出了多个感官如何协同作用的问题，并且在我们讨论单个感官时，不时会详细阐述一些具体的例子，在这些例子中这是一件好事，但也存在一些问题。现在，我们将快速回顾并探讨这些多感官感知效应是如何影响虚拟现实体验的开发者的。

感官优先级

我们的每一种感官都在我们如何感知和操作这个世界中扮演着自己的角色。我们在很大程度上依赖视觉，而视觉支配着我们定位物体的能力（当然，声音和本体感知也有帮助）。另一方面，听觉和触觉主导我们感知事件发生时间的能力。

视觉影响我们提到的其他感知的一些方式包括腹语效应、麦格克效应，以及重定向触摸和重定向行走。在重定向的情况下，视觉感知基本上覆盖了本体感知。在其他情况下，另一种感官占主导地位。如果在现实世界中，你遇到了一堵有形的墙，它将战胜你的视觉——你可能会认为你在虚拟世界中遇到了一个无形的力场。

跨感官效应的好处

当我们可以提供额外的感官显示（即除了视觉之外），我们可以从跨感官效应中获得一些好处。一个简单的例子是使用腹语效应——如果有角色或其他用户说话，移动他们的化身的嘴唇，声音应该从他们的视觉表现中发出来。这比创建空间化声音所需的处理容易得多。另一种视觉和声音组合是能够根据视觉和听觉表征之间的时间差异来判断事件的距离。当然，为了实现这一点，必须根据用户与事件的距离来延迟事件的声音。

我们还可以跨感官生成人造效果。例如，我们可以通过向用户的背部增加压力感（可能通过充气囊袋）以暗示高的加速度来使用触觉反馈模拟前庭。使用声音作为感官替代是增强虚拟现实体验的常用手段。

使用重定向技术来扩展物理"舞台"或重用被动触觉对象的能力，因为视觉优于本体感知，这使得能够拥有更逼真的虚拟世界。

一般而言，增加感知可以增强世界的真实性或逼真度。解决这个问题的一种方法是添加声音，使得在用户视线之外的对象仍然显示出"确认"它们存在的迹象。增加体感反馈可以进一步增强这种错觉——特别是让我们了解世界的物质性，并将这一概念转移到整个（虚拟）世界。我们将在 3.3.5 节进一步解决这个问题。下一步将是为用户提供他们在世界中的代理——他们的虚拟表示的自我所有权（也即将到来）。

跨感官效应的坏处

感知差异也会产生负面影响。首先，这些负面影响将是技术缺陷的结果——在某些情况下，我们不能很好地产生特定的刺激（或者这样做太昂贵）。例如，当我们移动头部时，在现实世界中，视觉效果是完美的和直接的，而在虚拟世界中，为了尽可能快地渲染一个合理的场景，视觉效果可能会做一些妥协，但也依然不能跟现实一样快。因此，我们的本体感觉和前庭感觉会感知到特定数量的运动，但是我们的视觉系统，依赖于 VR 系统的刺激，会有点延时。根据冲突的严重程度，我们的大脑可能感觉出了问题。

我们已经提到的负面影响是视觉系统和前庭系统之间的分歧。虚拟世界的视觉渲染可能是快速运动的视觉刺激的来源，诱发了呕吐，而前庭系统感知到完全缺乏运动。利用大型运动平台引起相关的前庭刺激通常是不实际的。一个成本较低的解决方案是减少周边视觉系统的光流刺激。减少光流的一种简单方法是创建一种"舒适模式"，使参与者的周边视觉减弱或消失［Bolas et al. 2014］［Fernandes and Feiner 2016］。

基于跨感官效应的虚拟现实设计选择

了解感知和感知模式的相互关联性质的目的是让我们可以做些什么——有时实施一种技术，让我们避免感官冲突。以下是一些可用于改善许多虚拟现实体验的有效技术。其中一些技术已经讨论过，其他的将在今后适当的章节中讨论：

- ❏ 尽可能使用腹语术；
- ❏ 尽可能使用触觉（被动或主动）；
- ❏ 在可能引起呕吐或眩晕时减少视觉感知（例如，采用"舒适模式"，即对快速移动物体减少渲染视角［Fernandes and Feiner 2016］）；
- ❏ 向用户暗示是世界在移动，而不是用户在移动；
- ❏ 避免在视觉上穿透固体表面，如墙壁［Burns et al. 2005］。

3.3 临场感和具身化：虚拟世界中的自我感知

参与者对他们所进入的虚拟世界以及他们与该世界的关系的看法，是他们在短期和长期内如何影响和受其影响的重要回应。正如我们将要详细讨论的那样，"临场感"是参与者对虚拟世界（精神上或身体上）的信任程度的一般概念；"具身化"意味着感觉物体，真实的或虚拟的，已经成为你实际身体的一部分。"代理"是具身化的一部分，是指参与者多大程度上认为自己是世界的一部分，并对其产生影响。

3.3.1 临场感的概念

有一些概念是可以轻松且可靠地定义的。但"临场感"的概念并不是这样。在第1章关于"沉浸"的两个方面（身体上的和精神上的）的讨论中，我们表达了一种思考精神沉浸的方式，那就是在一个环境中有一种"存在感"。事实上，这种感觉，这种感知，是虚拟世界中临场感概念整体本质的一个重要组成部分（通过某种媒介探索）。由于媒介的本质是将信息从一个人传递给另一个人，我们通常会认为接受者的精神投入达到了对他们来说世界变得真实的程度是一件好事。如果它是一件好事，我们会想要更多，为了知道我们是否得到了更多，我们必须测量它，为了测量它，我们必须更好地了解它是什么。

因此，通过虚拟现实，物理沉浸在虚拟世界中很简单，只需将HMD放在参与者身上，或者将他们放在一个带有跟踪立体眼镜的CAVE显示器中，给他们一个控制器，他们就真正沉浸在虚拟世界中。那么，精神沉浸并不那么简单。当然，精神沉浸可以在没有虚拟现实的情况下完成，因此对于某些虚拟世界来说可以更容易实现。但是，当我们考虑通过媒介而不是虚拟现实来呈现虚拟世界时，这些媒介显然不是本书的重点，因此讨论将集中在 VR 的临场感如何与其他媒介的临场感相关联。

在第 1 章中，我们讨论了如何在精神上沉浸在小说中，例如 *Moby Dick*。在与这个世界交往的同时，我们遇到了人物，我们接受了鲸鱼解剖学的指导，我们听到了冒险的故事。当然，我们可以承认，在精神上沉浸在小说的世界中是一种有效的主张——不需要物理沉浸。

研究临场感能获得什么

探索临场感的本质的合理的第一步是考虑在探索中投入资源的价值。从学术上讲，如何将不同的虚拟现实体验与其他虚拟现实体验和其他媒介的体验进行有效比较可能是非常值得追求的知识。然而，理想情况下，理解临场感的能力可以帮助创造更好的虚拟现实体验，因为它提供了哪些因素会对体验产生最大影响的知识——尤其是设计师可以影响的因素。

培训显然是一种重要的虚拟现实体验类型，可以从一定程度的临场感中受益。这种虚拟现实类型模拟了新手和专家都可以用来提高技能或针对特定活动进行练习的任务。培训体验的两个重要方面是：1）受训者在学习任务时是否没有学习错误的信息；2）体验是否通过培养受训者正确、适当（真实）的反应来转移"生态效度"。尤其是在第二种情况下，提升临场感的能力很重要，但衡量受训者是否充分参与的能力也很重要，这样才能最大限度地发挥培训的作用。（当然，在工厂生产线上训练操作人员可能不像在军事行动中训练人员那么多，在军事行动中，极端压力下的判断是至关重要的。）

另一种能够让参与者完全沉浸（精神）于体验中的游戏类型是恐惧症治疗。治疗患者的恐惧，甚至是创伤后应激障碍（PTSD）是早期证明有用且经济有效的 VR 使用案例之一［Rothbaum et al. 1995］。暴露疗法使患者处于一种轻度的痛苦状态，然后逐渐增加"威胁性"刺激，人们发现这种疗法在使用虚拟现实时效果很好，是一种很好的替代现实世界中诱发恐惧的刺激物的方法（否则可能要租一架飞机或参观城里最高的建筑）。

另一个更重要的类型是使用虚拟现实通过分散患者对某些医疗程序的注意力来减轻对疼痛（或不适）的认知感觉。Hunter Hoffman 的作品就是一个典型的例子，他在杂志 *Pain* 中描述了他为烧伤患者修复伤口绷带时提供的虚拟现实世界［Hoffman et al. 2004］。Hoffman 和他的同事们发现，当患者被一个有趣的虚拟世界分散注意力时，他们的疼痛感要小得多。头戴式虚拟现实体验遮挡了现实世界中正在发生的事情，这也是一个好处。Hoffman 还根据所治疗的伤口类型开发了不同的虚拟世界，因此对于烧伤患者，呈现出一个白雪皑皑的表面上冰冷的世界。

不久我们将讨论"代理"的本质（在虚拟世界中体验自己），但我们已经提到如何提高参与者的代理感与增加临场感之间存在关联性。另一方面，对虚拟世界的接受程度提高了，会让人更加觉得自己是这个世界的一部分。

关于临场感发展的看法

对临场感的深入研究已持续了大约 30 年，在这段时间里，认知科学研究人员、VR 研究人员和实践者一直在探索临场感的本质和概念，并逐渐形成了他们对临场感的定义和描述。

Marvin Minsky 创造了"远程呈现"这一术语，他在热门杂志 *Omni* ［Minsky 1980］的一篇文章中使用了这一术语。Minsky 描述了如何通过允许操作员控制远程设备来提升远程操作并提供诸多好处，就像他们亲自进行操作一样。他描述了 Steve Moulton 如何使用 Philco 头戴式显示器和相机让某人环顾四周，好像站在建筑物的屋顶上（参见第 1 章"虚拟现实历史"）。这种远程呈现的使用与该术语如何与虚拟现实结合使用非常一致——除了"远程"位置在计算机的工作范围内而不是直接视觉（虚拟世界）。

1992 年，Steuer区分"临场感"和"远程呈现"，虽然不是我们目前使用该术语的方式——对于 Steuer 来说，"临场感"是"自然感知环境"，而"远程呈现"则是"通过中介感知环境"［Steuer 1992］。换句话说，"临场感"是指我们直接将现实世界视为仅由我们的感官和大脑调节的方式，而"远程呈现"则是"临场感"的任何媒介形式，其中包括虚拟现实。然而，他确实承认，即使在他发表论文时，其他人也只使用"远程呈现"来描述远程操作，并为模拟世界使用"临场感"。

在这段时间内，Mel Slater 及其同事也在研究"临场感"，并于 1993 年（1995 年修订）发布了他们的临场感问卷——Slater-Usoh-Steed（SUS）临场感问卷［Slater et al. 1995］。该调查问卷以及 Witmer 和 Singer（WS）临场感问卷［Witmer and Singer 1998］是许多研究人员在虚拟现实的新兴领域中使用的两种流行选择。除了问卷之外，Witmer 和 Singer 给出了他们自己对"临场感"的定义："在一个地方或环境中的主观体验，即使一个人实际处于另一个地方"——这个定义与我们目前所描述的一致。后来 Witmer 和 Singer 对其定义进行了更加详细的解释：临场感是一种"在那里"的心理状态，由一种环境来调节，这种环境能调动我们的感官、吸引我们的注意力，并促进我们的积极参与［Witmer et al. 2005］。

解构临场感：临场感的要素

"临场感"概念的转变一直是这一主题研究的一个重要问题。一个积极的方面是，作者将包括如何定义"临场感"为一个单独的报告。由于不同的工作通常会研究临场感的不同方面，因此解释临场感的应用类型是很重要的。

在对其他研究人员如何解释临场感的概念的早期综述中，Lombard 和 Ditton 列举了他们所使用的 6 种概念［Lombard and Ditton 1997］。在任何给定的解释中，可以将单个概念或多个概念混合在一起。他们的概念清单是：

❑ 社会财富——"通过媒介可能获得温暖或亲密"；

❑ 现实主义——"感知和社会"的本质；

❑ 传输——参与者被"传送"到虚拟世界，如"你在那里""它在这里"或"我们在一起"；

❑（物理）沉浸——"在中介环境中"；

❑ 媒介中的社会行动者——"拟社会交互"（演员对着镜头说话，就像直接对着一个人一样）；

❑ 作为社会行动者的媒介——"将计算机视为社会实体"。

Wirth 和同事们特别将"空间临场感"定义为广义临场感概念的一个特定子集［Wirth et al. 2007］。因此，根据 Wirth 的定义："空间临场感被认为是一个二维的结构。核心维度是在媒介所描绘的空间环境中所感受到的物理位置（自定位）。第二个维度指的是可感知的行为可能性：体验空间临场感的个体只会感知那些与中介空间相关的行为可能性，而不会意识到与他的真实环境相关的行为。"

在 2009 年，Mel Slater 描述了两个新的术语，他打算用它们来更明确地指出他正在讨论和制定的关于位置错觉（Place Illusion, PI）和似真性错觉（Plausibility Illusion, Psi）的测量方法［Slater 2009］。对 Slater 来说，位置错觉（或 PI）通常对应他以前所说的"临场感"；而似真性错觉（或 Psi）是一个独立的概念，是关于虚拟世界如何看起来更真实，因为认为参与者就像他们是在那个虚拟世界里一样。Slater 的"位置错觉"紧密对应到 Wirth 的"空间临场感"，并且都考虑到这个方面是二元的，或者是经验丰富的，或者是没有经验的，没有中间值。Slater 的定义或多或少地传达了他的描述。

位置错觉：感觉就是在某一个地方的强烈错觉，尽管你肯定知道你不在那个地方。

似真性错觉：表面上看起来正在发生的事情实际上正在发生的错觉（即使你确信它并没有发生）。

你可能会注意到 Slater 关于似真性错觉的例子指的是世界与参与者的关系，而他的定义不是。因此，或许需要第三种分类。Richard Skarbez 在 Slater 的清单上增加了第三类：社会临场感错觉［Skarbez 2016］［Skarbez et al. 2017］。

社会临场感错觉："角色在虚拟或中介环境中产生的社会临场感。"

此外，Skarbez 提供了一种体验的客观特征，有助于实现临场感的三个主观方面（或心理学术语中的"感质"）：

❑［物理］沉浸→（使能）位置错觉；

❑ 一致性→（使能）似真性错觉；

❑ 陪伴→（使能）社交临场感错觉。

Slater 接着将同时经历 PI 和 Psi 的组合归因于一种条件，而这种条件可以导致参与者具有"感觉像真的一样的反应"（Responding-As-If-Real，RAIR）的条件，这是一种与虚拟现实特别相关的体验——也是参与者精神沉浸的一个强有力的指标！

Skarbez 同时将他的"社会临场感错觉"与"共存错觉"（copresence illusion）联系起来，其中前者暗示与其他有效实体在一起的感觉，而后者则更具体地说是通过媒介空间与其他人

"在一起"。在第 1 章的讨论中，我们将其称为"赛博空间"——人们觉得他们好像在一起，但实际上并不是在同一个现实世界的物理环境中。

关于什么是或什么不是临场感的特定组成部分，还可以说更多。不时有研究人员给出了这一概念的全面总结［Lee 2004］［Youngblut 2007］［Skarbez et al. 2017］。整卷书都是关于临场感的概念，而我们只是简单概述了它与虚拟现实有关的性质。因此，我们将继续讨论虚拟现实中的临场感如何与其他媒介进行比较，以及在特定情况下，哪些因素能够促进或阻碍临场感，以及可以衡量哪些因素。

其他媒介中的临场感

在我们对临场感的总体概念的考虑中，我们明确地将它用于描述阅读书籍的精神状态，以及两者之间的所有媒介。从早期开始，临场感包括（可能只是当时这样）远程观看的媒介——即"闭路"电视摄像机和显示器，其中显示器固定在头部，而摄像机与头部运动一起移动。

Biocca 指出了这种差异，即临场感的许多定义不包括对小说世界的精神沉浸——他称之为"书籍问题"。当时流行的临场感模式集中在感觉运动方面，但"沉浸感"也可能意味着沉浸在书中。在某种程度上，这是因为没有认识到"沉浸"有两种不同的含义——精神沉浸和物理沉浸。

英国 ITC 电视网也认识到可以在电影和电视节目中衡量临场感，因此开发了自己的问卷调查来衡量临场感——ITC 临场感调查表（Sense of Presence Inventory，SOPI）［Lessiter et al. 2001］。在 ITC-SOPI 和其他旨在衡量临场感的现有问卷的基础上，Lombard 及其同事开发了"Temple Presence Inventory"（TPI），部分是为了拥有一个跨越不同类型媒介（一些受试者观看低分辨率的黑白电视）的测量工具，以及前面"解构临场感"章节中列出的 6 个概念中的许多概念（不包括社会临场感，因为这需要非常困难的实验。）［Lombard and Ditton 1997］。

重新审视"赛博空间"，即使像电话会议一样"简单"的媒介也能把很多人聚集到一个单独的地方，每个人都感觉"在这里"——"Bob 在这里吗"。这样的体验就符合 Skarbez "社交临场感错觉"的定义。

最后，我们重新回到虚拟现实，除了没有完全物理沉浸式虚拟现实，但在"虚拟现实电影"中，可以重新定向，允许参与者（观察者）向任何方向看，但是预先设定好的叙事，他们基本不能控制（可能会有一些基于视角的控制，但除此之外，故事情节的时间进展都是被动的），而是由媒介制作人决定。Vosmeer 和 Schouten 在他们的项目案例研究中描述了他们为观众提供跨媒介体验（电影虚拟现实和电视）的努力［Vosmeer and Schouten 2017］。

3.3.2　临场感的决定因素和反应

尽管很难给出临场感的绝对定义，但在很多方面，人们仍有相当多的共识，例如对于临场感（无论如何定义）是如何实现的，或者至少是临场感的某些组成部分（无论它们是什么）中哪些因素起作用。同样，当某种形式的临场感达到时，在体验的参与者身上会有特定的反应——临场感的表现。图 3-21 显示了临场感的这些决定因素和反应的合并。我们将围绕该图讨论这些元素。

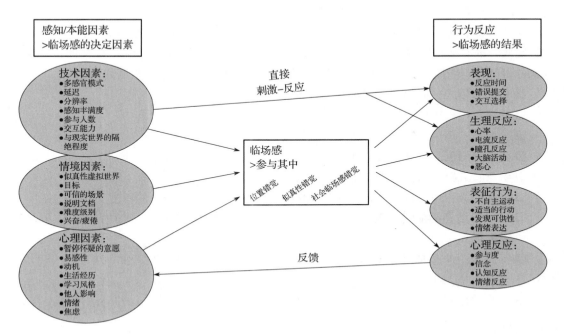

图 3-21　此图显示了通常被称为"临场感"的现象的决定因素和影响，以及针对用户的虚拟现实体验的直接刺激反应和心理反馈（图表改编自 Mestre［2015］）

　　我们展示的图表是来自多个来源的数据的合并，但它的主要来源是 Mestre，他描述了在研究和开发虚拟现实体验时使用临场感概念的好处［Mestre 2015］。特别是，该图表描绘了临场感的三组具有差异化的因素，和达到临场感所产生的反应以及来自某些刺激的直接反应（许多任务可以在虚拟现实中完成，即使参与者并没有真正融入世界）。Mestre 列举了我们图表中描述的大约一半的因素／响应。我们的图表增加了两个行为反应集（生理和心理），尽管 Mestre 在论文中也提到了生理因素。我们的图表还为生理反应"泡沫"添加了额外的刺激－反应路径，并且还在心理反应和因素之间建立了反馈循环。

　　单独的刺激－反应路径的含义是，当临场感实现时，它不仅仅是单纯的刺激－反应，而是包含了一个心理过程，虽然不一定要达到认知的水平。中心方框中存在的一些子元素暗示了 VR 社区当前的想法，即临场感并不是一个特定的概念，而是参与者所经历的使虚幻的世界看起来更真实的多个条件的融合。

感性和本能因素

　　在创造体验中的"临场感"方面发挥作用的因素或成分在这里分为三个不同的类别：技术因素、情境因素和心理因素。这些类别非常合理地对应到媒介形式、媒介内容和参与者特征的概念。也许它们也可以对应到 Skarbez 定义的类别："系统的（物理）沉浸"、"场景的一致性"和"用户的个体特征"[Skarbez et al. 2017]。我们也可能认为技术和情境因素更客观，心理因素更主观。

技术因素：这些是提供物理沉浸式体验的因素。它们通常是引导我们划分体验属于某种特定媒介的参数，以及在这种媒介中，感知细节的程度。当然，对于某些媒介而言，某些因素的价值并不能体现——例如，不是所有的媒介都是交互的，或物理沉浸式的。

- ❑ **多感官模式**：向参与者提供的感官模式的数量；
- ❑ **延迟**：内容对用户输入的响应时间；
- ❑ **分辨率**：任何给定感官模式下刺激的精确度；
- ❑ **感官丰满度**：感官模式的细节；
- ❑ **参与者人数**：与其他参与者共享体验的程度；
- ❑ **交互能力**：用户改变世界（至少能改变他们在世界中的位置）的程度；
- ❑ **与现实世界的隔绝程度**：参与者多大程度上看不到现实世界，使他们能够主要关注虚拟世界。

情境因素：这些都是与虚拟世界的元素相关的因素，以及参与者如何看待这个世界。同样，这些通常是通过媒介与体验的内容相关联的。

- ❑ **似真性虚拟世界**：一个根据自身的规则（与叙事引导和 Skarbez 的一致性概念有关）运转良好的世界；
- ❑ **目的**：用户知道自己的期望；
- ❑ **可信的场景**：用户被要求在世界中做一些有意义的事情；
- ❑ **说明**：告知用户基本操作和可能的操作；
- ❑ **难度级别**：就用户最初的技能水平而言，这项任务不要难到不可能完成的程度，也不要简单到令人无趣的程度；
- ❑ **兴奋/疲倦**：用户的能量和注意力水平以及他们可以应用于体验的程度。

心理因素：这些是用户给体验带来的因素——一些是他们独有的特征，一些是他们每次参与体验时所特有的特征。

- ❑ **暂停怀疑的意愿**：参与者愿意接受并参与虚拟世界的程度，或者，从消极方面来说，他们倾向于拒绝虚拟世界或虚拟现实的想法；
- ❑ **易感性**：参与者被体验所吸引的自然倾向（可能与认知意愿相反）；
- ❑ **动机**：特别渴望参与体验（或通过体验呈现的媒介）；
- ❑ **生活经历**：他们的技能、联想、偏见、知识，包括与媒介或内容有关的知识；
- ❑ **学习风格**：参与者在学习新技能时采用的方法——有些人更注重视觉，有些人更注重听觉，有些人更注重触觉（触摸）；
- ❑ **来自他人的影响**：他们对体验的预期如何受到他人或者是旁观者的影响（抑制或者激发）；

❑ **情绪**：参与者当前的状态如何提高或抑制他们对体验的兴趣；

❑ **焦虑**：对体验内容的关注，或可能减少对体验的关注的外部因素。

行为反应

参与者在当前状态下通过给定媒介对特定体验内容的反应（反应的行为），在这里划分为四种不同的类别。同样，我们认识到有些反应更多的是直接刺激－反应行为或认知行为的结果。其余的反应行为是通过"临场感"的程度来调节的。也可能直接受到影响的两类是性能和生理反应；而代表性行为和心理行为主要受到临场感的影响。

性能：用户执行给定任务的效果。用户可以直接执行任务作为对刺激的响应，但也可能受到他们在虚拟世界中的临场感的影响。这些都是可以客观衡量的任务。

❑ **反应时间**：用于培训、游戏和其他类型的任务，促进减少执行某些操作的行动时间。

❑ **错误承诺**：同样，某些类型的体验（包括参与者执行人为的实验任务）允许用户出错或避免用户错误。

❑ **交互选择**：在虚拟世界中采取行动，表明对需要做什么的理解，从而表明对世界的接受。

生理反应：这些反应是身体的自然反应，通常是神经系统自动过程的结果。它们当然可以是刺激－反应模式反射的直接结果，如视觉系统和前庭系统之间的分歧。当然，它们也会受到用户在虚拟世界中的临场感的影响。多数情况下，这些指标可以相当容易地通过客观手段衡量出来。

❑ **心率**：当情况变得危急时，心率会增加，或者当情况一切顺利时，心率会减少；

❑ **电流反应**：由于压力或精神紧张引起的汗液导致皮肤电导率增加；

❑ **瞳孔反应**：瞳孔扩张可以源自激动或兴奋程度（除了标准的光反射之外）；

❑ **大脑活动**：可以测量头皮上的电信号，以揭示各种情况，如警觉性、认知过程或焦虑；

❑ **恶心**：对世界如何呈现的问题有明显的负面反应——通常与视觉和前庭功能不匹配有关，一般可以通过问卷来测量，虽然在一些极端的情况下可以客观地记录下来。

代表性行为：这些是身体行为，揭示了虚拟世界"真实性"的可接受性。它们通常通过临场感来调节，但不一定通过认知思维。在大多数情况下，可以客观地观察这些，特别是对于虚拟现实体验，因为已经跟踪了一些身体动作。

❑ **不自主运动**：对快速接近的物体的回避反应表明用户将其视为物理真实的；

❑ **适当的行动**：有意识地以积极或避免消极的方式活动身体；

❑ **发现可供性**：认识到世界中的物体应该如何运作；

❑ **情绪表达**：情感的外在表现，如微笑、流泪或表现出对虚拟世界的惊恐。

心理反应：表示接受虚拟世界"真实性"的心理反应。与代表性行为一样，这些行为通常也是通过参与者的临场感来调节的。值得注意的是，心理反应并作为心理因素反馈到临场感。因此，用户的情绪可以改变，例如，他们的焦虑减少，他们相信并接受虚拟世界，或者反过来。测量体验的心理反应主要是通过问卷调查或发声来主观测量。

❑ **参与度**：参与者被虚拟世界吸引到的程度；
❑ **信念**：相信世界的存在的，即使不能证明它存在；
❑ **认知反应**：积极地把虚拟世界想象成一个存在的地方；
❑ **情绪反应**：恐惧、悲伤、兴奋等本能反应。

3.3.3　测量临场感

在本节的开始，我们讨论了能够度量用户对虚拟现实或其他媒介体验的反应的重要性。特别是，他们接受虚拟世界作为现实的程度，他们是否在精神上与这个世界交互，他们是否体验临场感。我们已经在列举临场感可能产生的影响，同时提示了测量临场感的一些方法，但是现在让我们直接关注它们。

我们首先考虑一些测量的品质。测量技术的主要二分法是它们是否产生客观或主观数据。主观的品质是个人内在的，因此很难衡量，被称为 qualia（quale 的参数形式）。但由于临场感是这种品质（qualia）中一种，所以从参与者的心理状态以及他们的外部反应中收集信息是很重要的。

在决定采用哪种测量方法时，面临着一些问题。有些方法可能会破坏体验——精神上或身体上，或两者兼而有之——从而降低了与世界充分交互的能力。一些测量是在事后进行的，因此参与者可能会错误地记住他们在体验期间的感知，并且他们可能无法准确地指出特定的体验时刻的感知。对于所有的测量，我们都需要了解他们在多大程度上测量他们认为他们正在测量的东西，以及一种测量方法在不同的参与者和不同的体验上有多大程度的一致性。列举每种方法的所有可能性超出了本书的范围。Skarbez 和 Whitton 对测量技术进行了很好的概述，包括不同技术的品质（有效性、可靠性、客观性和灵敏度）［Skarbez 和 Whitton 2019］。

许多研究人员列举了不同的测量技术，但从 Skarbez 和 Whitton 的列表开始，我们将添加"发声"这种技术：

❑ **问卷调查**：这是一种非常流行的方法，它可以与已有的"经典"临场感调查问卷保持一致性（尽管可能增加了新的内容）。问卷是主观的，但要努力去感知参与者的内心感受。

❑ **行为**：由于行为是外部的，所以这些测量更客观，特别是在使用虚拟现实系统时，算法得分更容易（对于其他媒介来说更困难）。当然，这依赖于创建一个良好的评分算法，因为即使在跟踪用户的动作时也可能很困难。

❑ **生理**：这是属于用户的另一个外部响应，因此可以客观地测量。然而，与行为测量相反，记录生理反应通常需要在用户佩戴的设备上添加更多设备，其中一些设备可能相当突兀——例如带有电极的头盔来测量大脑活动——这很容易干扰用户与世界交互。

❑ **心理物理**：这是更具挑战性的技术，用于衡量客观感受，但要求用户报告当感知变得明显时的阈值，例如动显延迟多大时开始引起恶心。

❑ **访谈**：一般在体验过后采用（虽然可以在体验中的特定时刻进行，但代价是会中断体验——除非虚拟世界中的代理通过某种自然语言进行访谈。）访谈允许研究人员了解可能没有发生过的经历。

❑ **发声**：让用户在体验过程中大声说出自己的想法。常作为设计过程的一部分，可以明显减少对体验的干扰。但与访谈一样，它可以导致有些信息无法收集，它发生在体验的过程中，引发特定感知的事件可以被记录下来。

当然，很明显，一个人并不局限于使用一种方法来衡量临场感，事实上，包含多个方法是明智的，特别是如果一个更主观，而另一个更客观。然后可以对这些多重估值进行交叉比较（三角测量），并帮助验证测量过程。

采用多种方法测量的例子，如 Slater 和 Usoh［1994］在他们早期关于测量临场感的工作中，将物理反应（例如，危险规避行为）和体验后问卷（包括开放式的（访谈风格）问题）应用于虚拟体验中。这些措施被用来分析各种虚拟世界特征和精神沉浸感之间的关系。研究人员对受试者的问卷结果进行了检查，以确定每个受试者的主要感觉是什么。研究人员观察了受试者用来描述事物的词语。

他们发现有些人用倾向于采用视觉方面的词语（"我看见……"），而有些人则更多使用声音方面的词语（"我听到……"），还有些人则更偏向于触觉方面的词语（"我感觉……"）。他们发现词语使用和感官主导之间明显存在关系。例如，有些人是视觉学习者：他们需要看演示。有些人是听觉学习者：他们需要被告知做什么或听讲座。有些人则在触觉上占主导地位：他们需要实际上做一些事情来学习它。因此研究人员发现沉浸深度与受试者的先天感官优势和虚拟现实世界中给出的反馈类型有关。如果两个人，一个在视觉上占优势，另一个在听觉上占优势，体验相同的虚拟现实应用，他们可能会体验不同的沉浸感。对于专注于视觉反馈的应用，视觉占优势的人将比听觉占优势的人更沉浸。在没有声音的虚拟世界中，听觉上占优势的主体不那么沉浸。对于以动觉为导向的主题，在虚拟世界中使用化身可以获得更高的沉浸感。

3.3.4　具身化

对"临场感"的研究同时产生于少数几个学科中，但最初没有带来一套明确的术语。对于具身化这一概念，虚拟现实研究社区在后来才涉及该主题，并且在更广泛的概念范围内做了很多有价值的工作。例如，使用身体意象与身体图式（Body Image and Body Schema, BIBS）来描述具身化的不同组件是谨慎和明智的［Tong et al. 2015］。在许多情况下，虚拟现实体验的参与者与虚拟世界没有直接联系——他们是没有实体的。许多仅限头部跟踪的虚拟现实体验仍然是这种方式，因为在体验中不可以用其他可以应用所有权或代理的身体部位。

通常，虚拟现实系统中的化身通常至少在某种程度上是具备人形的。也就是说，它们通常可以明显看出是有头有眼的东西，并且身体具有明显的方向。通常，整个身体以某种程度描绘成一个典型的人的样子，例如最多有两条胳膊和两条腿。当使用人形化身时，物理身体对化身的控制是直接将身体的各部分连接到对应的化身身体部位。然而，在虚拟现实中，化身本质上不需要是人形的。它可能是一头牛或一只狗。在这些四肢情况下，可以实现一个相对简单的映射（尾巴忽略不计）。但是，如果化身上有更多的附属物（例如，三臂人或八爪鱼），或者没有附属物（如蛇或一团气体），那么如何将物理身体映射到化身以及用户如何控制化身就会变得更加复杂。

在本章的前面我们提到了从大脑皮质到感觉运动感受器和肌肉感受器的神经映射，称为皮质侏儒。扩展该术语的使用，能够将我们的大脑映射到人形化身，同时在虚拟现实体验中能够控制非人形化身的能力，被称为侏儒灵活性。什么形状可以控制以及如何完成控制（例如，通过肌肉或神经输出）是一个开放的研究领域［Won et al. 2015］。

在现实世界中，这一概念也与侏儒灵活性有关。我们不会在本书中讨论这些，但心理学家探讨了"多余肢体"的概念，一种是从人（通常是中风患者）的角度，那些中风患者认为自己能感觉到自己额外的身体部位（尽管从视觉上和其他所有证据都表明他们是不可能感觉得到的）［Halligan et al. 1993］，另一种是从物理模拟附加假肢（例如第二条右臂）的角度［Guterstam et al. 2011］。看起来好像我们具有很高的"神经可塑性"的能力，它甚至可以延伸到我们使用的物理工具中，正如 Clark 所设想的那样［Clark 2007］。

诱导身体所有权错觉

在虚拟现实研究社区之外的研究中，Longo 和同事利用橡胶手错觉（在 3.2.1 节第 5 点中讨论过）来仔细分析具身化的组件［Longo et al. 2008］。通过使用橡胶手错觉，他们可以比较真实身体和被采用的身体部分的反应，实际上在两种情况下，人们如何感知非身体部分（通过同步或异步抚摸橡胶手臂和真实手臂）。据研究人员称："橡胶手错觉提供了为数不多的操纵身体的方法之一。"（当然，虚拟现实采用另一种方式。）

在最高层次，他们的实验对象体验了 5 个不同的条件：橡胶手的具身，失去自己的手，失去自己手的控制权，有感情地触摸自己的手（例如，有适当的反应），以及丧失/减少对自己手的感觉（传入神经阻滞）。虚拟现实体验中可能更重要最突出的概念是具身化。Longo 等人定义了具身化：

具身化： 对自己身体的感觉。感觉某事物属于自己身体。

这项研究的一个重要结果是发现了具身化的三个主要维度：所有权、位置和代理。对于 Longo 的实验，一些受试者报告说，他们觉得只要他们想，他们就可以移动橡胶手——这种感觉是代理概念的要点。但所有三个维度都发挥了作用。

Sanchez-Vives 和同事们试图确定是否可以通过"视觉运动相关性"来诱导假手的具

身［特别是具身的子组件：所有权和位置（本体感受替代）］，而不需要同时进行皮肤刺激 ［Sanchez-Vives et al. 2010］。使用头部跟踪和包含单个手指运动的位置跟踪手套，他们的实验仅仅从与自我运动的本体感知有关的视觉感知中得出了积极的发现。换句话说，有一个虚拟的手的化身，它模仿你的手的动作，使人接受虚拟的手作为你自己的手——它成为你的化身，你觉得你拥有它。因为这种感觉是错觉，这种情况通常被称为身体所有权错觉（Body Ownership Illusion，BOI）。

Yuan 和 Steed 做了一个类似的实验，结果表明，将视觉和动觉（身体运动）反应联系起来，可以诱导身体所有权错觉［Yuan and Steed 2010］。此外，Yuan 和 Steed 还探索了手臂和手的表现方式，比如一只逼真的手，或者一个 3D 箭头。在这两种情况下，受试者都可以使用虚拟化身与世界进行交互。他们发现，越真实的化身具有越强的身体所有权感知。

身体所有权错觉是具身化的一个子集，因为它只考虑所有权的作用，但它也不一定都是错觉的——我们在实际的身体中也能感知具身。身体所有权错觉并不是唯一与身体感知有关的错觉，其中一个已被提及——匹诺曹错觉，当手臂伸出触摸鼻子时，通过错误的本体感觉反馈来表明手臂正在伸展，鼻子就会被认为在生长。身体错觉的另一个类别是"身体位置错觉"（又名"身体外体验"）。这可以通过技术手段诱导，例如通过远程视频传输，从第三人称的角度看到参与者的身体。当刺激皮肤和本体感觉时，参与者既可以感觉到它们，又能在视觉上看到原因，那么他们仍然可以对他们外在看到的身体感知所有权。

Kilteni 及其同事对这些错觉进行了分类，并在有关身体错觉的文献中发现了一些重要的发现，尤其是与虚拟现实相关的文献："将这些发现与其他身体错觉联系起来，身体所有权错觉揭示了我们的大脑根据可获得的多感官和感觉运动信息动态计算出我们自己的身体部位"［Kilteni et al. 2015］。

在他们的文献综述中，Kilteni 及其同事主要研究了来自"视觉和触觉"与"视觉和运动"组合的身体所有权错觉，以及本体感觉如何融入这两者。在前者中，他们报告说身体所有权错觉"依赖于看到和感觉刺激之间的时空一致性"，并且在后者中也是如此，除了"看到和感觉到的运动"之外。在一般情况下，当视觉与同时触摸或同时运动相结合时，最容易产生错觉。

但是身体所有权错觉并不总能实现，事实上，有许多条件会阻碍这种错觉——Kilteni 及其同事认为是"语义约束"。他们讨论的约束是：

❑ 要有"语义一致性"——多感官感知应该匹配；

❑ 假体和真体的重合应该是一致的；

❑ 假体姿势应该是"合乎解剖学原理的"——当手靠近身体中线的时候，这种错觉要比手从身体延伸到远处时更强烈，或身体部位的方向变得令人不安的时候更强烈，也会减少这种错觉；

❑ 不适当的缩放，即一个维度与另一个维度的比例严重失调，以至于在解剖学上难以置信，当它"违反了正常的身体比例"时，就会减少这种错觉；

❑ 假体部件的空间布置必须匹配——即不能左右切换，或手脚互换；

❑ 假体部件的形状很重要；身体所有权错觉是"形状敏感"的——假体部件越不像人体部位，身体所有权错觉就越小，甚至完全消失；

❑ 假体皮肤的纹理是逼真的，还是卡通的，或者是变色的，其影响都是可以忽略不计的。

一个没有明确讨论的领域是，听觉如何发挥作用。或者更准确地说是听觉和发声之间的冲突。例如，如果一个锤子击中了假手，虚拟的身体发出了一声痛苦的喊叫（"哎哟"），但参与者的身体却没有，这会破坏错觉吗？或者在做一些费力的事情时发出哼哧哼哧声呢？

沿着这些方向进行的一个有趣的实验是 Senna 和同事探索的"大理石手错觉"［Senna et al. 2014］。利用这一错觉进行的实验探索了参与者在听到的小锤子敲击手的声音后，对手的感知是如何变化的。是不匹配的声音让虚拟世界变得不可信，还是改变了他们对自己身体的感知？在仅仅 5 分钟的虚假声音刺激后，当锤子敲击他们的手时，相应的声音是敲击大理石的声音，受试者开始觉得他们的手变得更结实、更坚硬、更沉重，变得不那么敏感，并且整只手都不自然。

代理和身体所有权对参与者的影响

具身化的另一个组成部分是代理。代理指的是一个人在某种情况下控制了多少，或者至少自认为控制了多少。与身体所有权类似，它也可能是虚幻的。实际上，仅仅是相信一个人拥有代理会影响他们对世界的感知。"预知"一个人有能力影响世界似乎给了他们一个更积极的观点——给了他们"玫瑰色的眼镜"（过于乐观）。

伊利诺伊大学的一项实验展示了正面（令人愉悦）和负面（令人不安）的图像，两者各占一半。在实验中，图像是在通过按一个键后来呈现的，当受试者被告知，如果他们按下按键的正确顺序，他们将看到正面的图像，而在其他试验中，是通过计算机自动选择按键。那些（错误地）认为自己在控制中的受试者报告看到更多的正面图像，而那些不相信自己在控制中的受试者报告看到更多的负面图像。而实际上在这两种情况下，他们看到的正面和负面图像数量都是相同的［Buetti and Lleras 2012］。因此，为虚拟现实体验的参与者实现代理通常会增强这种体验。

影响心理因素并不是代理和具身的唯一作用。Ries 等人发现，当身体沉浸在虚拟世界中时拥有一个具身的化身，通常可以提高参与者估计世界内距离的能力——这是一项经常被发现执行不准确的任务［Ries et al. 2009］。

Mohler 及其同事发现了与 Ries 类似的结果——具有具身的化身可以帮助用户标定虚拟世界［Mohler et al. 2010］。然而，该团队的研究人员进一步研究了化身－距离估计感知的关系［Linkenauger et al. 2013］。具体来说，他们调整了手的大小和形状，以发现这如何影响虚拟世界中的大小感知。一个发现是，调整虚拟手的宽度将影响参与者对所能抓住物体大小的估计。总体而言，他们发现"正如基于身体的尺度感知所认为的，这些结果表明，一个人的身体在感知尺度方面起着特殊的作用。"更具体地说，他们认为"手作为一个度量标准，人们用它来衡量环境中物体的外观大小。"

当自我表示（化身）的大小和外观被参与者声音的音色变化证实，例如，一个孩子的声音，那么参与者对自己的形象也相应改变 [Tajadura-Jiménez et al. 2017]。

因此，代理可以产生影响，并通过在虚拟世界的具身，代理可以帮助参与者感知世界的尺度。身体所有权（具身的另一方面）也被发现在行为层面有影响。Kilteni 等人通过击鼓（被动发声的鼓）的实验发现，将受试者从一个简单的穿着休闲装的化身，过渡到穿着正装的化身，会影响受试者击鼓的次数 [Kilteni et al . 2013]。受试者被发现通过简单的化身获得身体所有权和代理，他们被暗示用这个化身来击鼓。化身转换之后，那些穿着更随意、皮肤更黑的人敲鼓更起劲。事实上，身体所有权感知越高，鼓声越大。

身体所有权也可能在认知层面发挥作用——改变参与者的思想。Peck 等人对此进行了一次探索。在一个实验中，化身的肤色与参与者的皮肤设置为不匹配 [Peck et al. 2013]。特别是，浅肤色的参与者（全部为女性）被给予深色皮肤的手和胳膊。在四种实验条件中的一种，虚拟身体通过全身动作捕捉系统对受试者的运动做出反应、在第四种情况下，两者的动作并不一致。这四种情况都包括一个镜像化身，在前三种情况下，受试者可以看到他们移动的身体的化身，而在第四种情况下，受试者可以看到一个不同步的身体。三种不同的肤色被应用于化身：浅色皮肤、深色皮肤、紫色（外星人）皮肤，而深色皮肤仅用于镜像化身。根据上一节中的语义约束列表，无论肤色如何，身体所有权错觉在所有三种跟踪条件下都能实现。此外，通过在虚拟现实体验之前和之后测试受试者中的隐性偏见，他们发现，当他们体验深色皮肤的虚拟世界时，种族偏见减少了——尽管紫色皮肤似乎没有影响。然而研究人员提醒说，在一些数据中存在很大的差异，并且受试者中也存在意外的"紧张"，这可能在一定程度上否定了这项研究结果，因此需要进行更多的研究。他们没有测试偏见减少效应的持续时间。

当然，也有一些群体希望利用虚拟现实的新奇和有趣的因素，希望他们能够影响参与者的思维。一个倡导反对使用动物制品的团体发展了称为" I, Chicken "的体验，并在大学校园里巡回演出，其中参与者具身为一只即将被宰杀的鸡 [PETA 2014]。

3.3.5　增加虚拟世界的"真实性"

到目前为止，我们尚未完全解决"真实性"的概念，并且在很大程度上避免进行哲学讨论。但是，在通过虚拟现实媒介与虚拟世界交互的过程中，体验"临场感"的人会产生一种观念，即他们所在的地方对他们来说是真实的。因此，在大多数情况下，VR 开发者希望鼓励这种感知是合理的。我们可能会推测，我们之前在虚拟世界中体验过的对象可能会增加它们的"真实性"。真实性也许有一个层次关系，从我们可能认为是真实的东西开始：

❏ 我们亲身经历的事物——例如，可能是短吻鳄（或狗）；

❑ 我们看见其他媒介描绘的真实事物——例如，恐龙的科学重建；

❑ 我们通过媒介体验过的虚构事物——例如，The Blob；

❑ 想象的，不存在的东西，甚至还没想到——我们没有例子，因为一旦我们这样做，这个例子就进入了上一个类别。

但是，也有一些实用的技术可以帮助使虚拟世界更加真实，这首先要改进上面列出的那些导致"临场感"的因素，以及那些导致"具身化"成为虚拟世界中的化身的因素。事实上，使虚拟世界更"真实"、更"可信"是本章的主题。我们使用腹语效应，使声音从适当的位置发出。我们使用重定向行走和触摸，使空间看起来更大，（虚拟地）增加了参与者可以触摸的物理对象的数量，让世界具有一致性和交互性。我们向世界添加交互式人物角色。我们已经提到过一两次另一种技术——被动触觉——它可以极大地增强人们对世界"现实"的感知。把一个物体的物理性质转移到另一个物体上的效果。

客体永久性转移

就像小孩子直到18周大的时候才完全了解现实世界中物体的永久性一样［Baillargeon 1993］，人们第一次进入虚拟世界时可能很难"相信"物体的永久性。多重感官的增加证实了一个物体在世界上的存在，增加了该物体的可信度，进而增加了世界本身的可信度。

虚拟现实体验的开发者可以利用感官的延续来增加对真实世界的印象。这既增加了世界上特定物体的现实性，也增加了整个世界的现实性。单个对象看起来越真实，用户就越希望它表现得自然。增加更多的感官显示，如声音或触摸，也会增加物体的真实感。增强真实性的一种方法是让物体的声音跟随物体穿过虚拟空间，即使它不再在参与者的视场中。结果是参与者"意识"到对象具有永久性［Snoddy 1996］。

同样，当某些物体被感官强化时，整个世界的现实性可以得到极大的提高。因此，当用户遇到一个对他们来说非常真实的对象时，世界上其他对象的"真实性"可能也会增加。这对于帮助参与者克服最初的障碍，停止怀疑是非常有用的。因此，参与者对真实的期望变得更高，他们开始相信世界所呈现的样子，而不去检验它。

由于触觉是很难被欺骗的，与其他感官输入相一致的触觉反馈可能更有效。Hunter Hoffman［1998］利用这一现象，通过使用简单的触觉显示来增强参与者的停止怀疑状态。在华盛顿大学人机界面技术（Human Interface Technology，HIT）实验室的工作中，他将一个跟踪装置安装在一个物理餐盘上，以产生（被动的）触觉显示。真实餐盘上的跟踪器与虚拟世界中的餐盘表示相连接。当用户获得虚拟餐盘，并发现它拥有真实餐盘的所有属性时，他们更倾向于将他们的真实概念扩展到虚拟世界的其余部分。这种客体永久性转移会增加用户停止怀疑状态，以至于他们不会试图穿过一堵墙，因此，永远不会发现墙并没有像盘子那样被完全重构。

Hoffman在他的工作中利用了这种转移，将VR用于恐惧症暴露治疗。通过增加参与者的沉浸程度，使得参与者暴露在他们恐惧的对象下，这些对象看起来和真实的事物一样真实，从而提高了治疗的效果。Hoffman 对餐盘的使用是被动触觉的一个例子。

　　在第 4 章中，我们将讨论被动道具的"可触知性"——用户可以触摸并使用本体感知来了解触摸它时的位置——这也是被动触觉技术，其中仅使用真实物体因为它们的物理特性可以传达有关虚拟世界的信息。这些被动触觉显示不会产生任何对参与者输入作出反应的主动力。北卡罗来纳大学教堂山分校使用被动触觉进行了更详细的物体永久性转移实验。为了研究出更有效的虚拟环境，那里的研究人员使用了聚苯乙烯、泡沫塑料和胶合板，这些材料与虚拟世界中墙壁和表面的视觉表象重合，从而在物理上模拟了虚拟世界的一部分（图 3-22）。因此，当受试者看到一个虚拟的表面，他们伸出手去触摸它，可以感觉到泡沫芯或胶合板在适当的位置。研究人员通过进行生理测试来测量参与者的临场感；测量心率、呼吸率等生理反应；调查受试者对他们沉浸感的主观评价［Insko 2001］。

图 3-22　在这幅图中，参与者被给予虚拟世界的触觉线索，使用被动物体如胶合板来产生一个 3 英寸的壁架，泡沫塑料来代表砖和石墙。在她的头戴式显示器中，这位参与者看到了一个大约有一层楼高的跌落。因为她站在一个平面的边缘，她可以用她的脚趾感觉到在这一点上确实有下降。因为她看到的是 20 英尺高的楼梯，而没有感觉到楼梯边缘的地面，她很可能会认为自己确实站在了一层楼高的楼梯边缘（图片由北卡罗来纳大学教堂山分校提供）

　　声音也可以增强虚拟世界的整体"真实性"。与被动触觉一样，空间化声音与对象相关联，可以增加对象的永久性感知。就像婴儿必须知道即使不能被观察到的物体仍然存在一样，虚拟现实体验的参与者似乎也持怀疑态度，他们在物体离开屏幕后转过头去看它。迪士尼的 *Aladdin* VR 体验［Snoddy 1996］的设计者们发现，即使在看不见的地方，让物体在正确的方向上继续发出声音，这有助于潜意识地让用户相信物体确实还在那里。

　　The VOID 大量使用被动触觉和空间化声音，整个虚拟世界都设定为被动物体——幕后它们都被涂成哑光黑色，但通过虚拟现实展示它们活灵活现，当他们坐在长凳上时，那种错觉并不会破坏，因为那里确实有一把真实的椅子，他们实际上可以坐在上面（图 3-23）。

图 3-23　在此图像中，创建了一个简陋的物理空间，为参与者提供简单的被动触觉感知，包括坐在"虚拟椅子"上的能力。整个世界的视觉外观是完全模拟的，然后显示在 HMD 上（照片由 VOID 公司提供）

3.3.6　破坏临场感：让世界变得不那么真实的因素

当然，还有一些因素会降低虚拟世界的"真实性"。其中一些只是技术的缺点，随着技术的改进，这些缺点可能会减少。由于体验的设计、参与者的状态或知识，也会产生其他问题。

在任何媒介中分辨率过低，或者低于用户所能感觉到的刷新率都属于技术问题。从理论上讲，技术可能会达到这样一种程度，即大多数用户不再注意到分辨率或延迟的阈值。其他的技术问题是缺少一些功能，比如视觉景深不够。此外，一些技术的高成本或不实用导致它们无法在许多体验中被排除在外，特别是各种形式的触觉呈现。

虚拟世界的不协调——除非有什么谜团需要解开——会破坏参与者在体验中的沉浸感（降低临场感的实现）。因此应该保持世界的一致性，包括暗示在观众视线以外发生的事情（世界的叙事引导）。缺乏交互性，或者更糟糕的是，根本无法使用交互性（当然，除非这些是为了专门用来创造一个不协调的世界，为了达到某种艺术或戏剧效果，这种不协调可以创造一个不一致的世界）。

现实世界的事物也可以侵入虚拟世界，并且破坏临场感——附近的巨大声音可能与虚拟世界无关。或者是真实世界的内心感觉，比如恶心（可能是由于糟糕的体验呈现引起的）。另一个现实世界的问题（也可以被认为是一种技术缺陷），是使用电缆连接任何显示器，或输入回计算机。这一问题已经在基于手机的 VR 平台上得到了解决，也有一些半解决方案，例如，对于要求更高渲染能力的体验采用背包计算机，但是，一般来说，那些利用电缆的系统会破坏体验的临场感。

任何与在虚拟世界中所遇到的相矛盾的先验经验也可能是一个问题。特别是，如果一个用于培训的应用程序，与受训者可能已经熟悉的现实系统不完全匹配，可能会分散他们学习任务的注意力。像虚拟吉他这样的物品可能会漏掉某个功能，而有经验的吉他手马上就会注意到。

最后，任何做得不好的事情通常都会破坏或者至少很难达到精神沉浸——临场感。当然，这并不包括与物理现实不同的风格化渲染。

3.4　本章小结

正如我们一开始所说的："虚拟现实体验最重要的组成部分是参与者。"因此，我们至少需要对这个"组件"如何工作有基本的了解。虚拟现实"发生"在我们的头脑中——技术和内容只是帮助我们到达那里。

通过对人类的感知和参与者思维的基本了解，虚拟现实体验设计师可以更好地满足用户的需求，这应该是他们最关心的问题。在技术能力方面，显示技术的进步应该针对人类的需求——我们不能指望人类会有那么大的改变。

当我们继续讨论显示技术时，我们将再次触及其中一些主题，因为它们与虚拟现实的其他方面有关联。

Chapter 4 第 4 章

输入：连接参与者与虚拟世界

虚拟现实的定义为用户与虚拟环境交互提供了许多可能性。在虚拟现实中，各种各样的可能的交互，可能以不同的方式实现，甚至可能被不同的感官感知，都可以体现虚拟现实的关键特征：想法和沉浸、交互、协作和灵活的叙事。

首先，最基本的交互级别是用户和 VR 系统之间的物理连接。本章与第 5 章相结合，列举了 VR 技术发展过程中使用的多种物理 VR 接口类型。在第 5 章，我们将讨论如何呈现信息作为用户感官接收到的各种形式（听觉、视觉、感觉等）刺激的替代物。我们将解释与每种接口类型相关的组件和接口问题，以及硬件实现和属性。在第 4 章中，我们讨论了物理连接的另一半——用户到计算机的输入（图 4-1）。

虽然我们的目标不是详细研究当今的技术，但我们将使用现有技术的示例来说明具体的要点，并为我们关于实现的讨论提供背景。虽然示例中使用的特定产品可能会在当今瞬息万变的技术市场中出现和淘汰，但其背后的理念是不变的，为你对 VR 的理解提供了坚实的基础。这本书是第 2 版，我们已经更新了一些设备产品的示例。因此，如果你对旧的示例感兴趣，可能会涵盖在第 1 版中。

VR 的定义表明，物理沉浸和高度交互模拟是虚拟现实的关键组成部分。因此，VR 系统需要监控用户姿态和位置的硬件设备，以便向用户传递必要的信息，使用户体验具有身临其境的感觉。经过深思熟虑的输入可以让用户进一步与虚拟世界进行交互。

系统必须对参与者的身体动作进行实时感知。把用户的行为看作计算机的输入，就好像虚拟现实系统在观察或监视用户一样。事实上，VR 系统不仅需要用户告诉系统他们想要什么，还需要至少跟踪用户身体的一部分。因此，用户向系统提供信息有主动（有意）和被动两种方式。

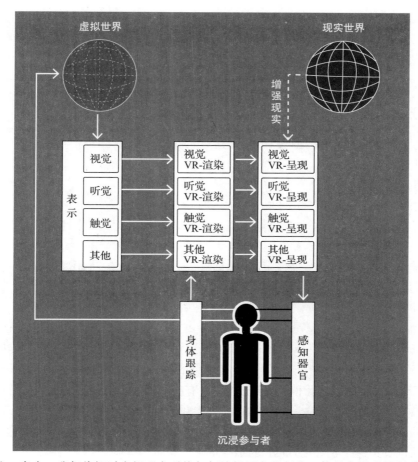

图 4-1　在这一章中，我们将探讨虚拟现实系统如何捕捉用户的行为，使得虚拟世界既受到用户交互的影响，也受到渲染的影响，从而产生合适的感知视角

　　经过深思熟虑的输入包括口头命令；有形的控制器，例如魔杖、操纵杆、手套、方向盘、键盘和道具；与用户没有身体接触的控制，例如用于解释手势的基于摄像头的传感器。而被动输入则告诉计算机参与者如何移动，在哪里移动，在看哪里，但并不要求用户主动发起一个动作。这些方法包括跟踪身体的一个或多个部分（例如，手、眼睛和脚）或用户可能持有或移动的对象。持续跟踪用户的移动，使系统能够从以用户为中心的视角呈现和显示虚拟世界——提供物理沉浸的效果。

4.1　输入技术

　　有多种技术用于监控参与者与虚拟世界的交互。这些技术在计算机如何跟踪参与者以及用户如何指定与虚拟世界的控制交互方面各不相同。虽然身体跟踪组件是我们对 VR 的定义中唯一要求的组件，但使用用户主动的、经过深思熟虑的输入可以极大地增强虚拟环境的沉浸感。我们可以通过将这两种类型的用户输入分为被动输入（系统监视的事件）和主动输入（用户触发的特定事件）来区分它们。

主动与被动属性只是众多特性中的一种。要考虑的其他输入属性是：

❑ 主动与被动
❑ 连续与离散
❑ 带宽：信息的数量和类型
❑ 绝对与相对
❑ 物理与虚拟。

但首先，有哪些输入设备示例？

* 键盘   * 摄像机   * 惯性传感器
* 鼠标   * 立体摄像头   * 磁传感器
* 操纵杆 / 飞行棒 * 深度摄像机   * 距离传感器
* 脚踏板   * 光传感器   * 压力传感器
* 游戏控制器   * 麦克风   * 弯曲传感器
* 方向盘 / 支架   * 触摸屏   * 空气流量传感器
* 空间球 / 三维控制器 * 全球定位卫星系统（GPS） * 生理 / 生物传感器

这些输入技术代表了用户向计算机传递信息的各种方法（图 4-2）。有些具有二值输入（"按钮"），有些具有一维变化值（"定值器"），有些能够报告空间中的三维位置以及相应的方向（"6-DOF 位置跟踪器"），我们将在研究影响输入如何使用的属性之后，详细介绍 VR 中使用的特定类型的输入。从这些不同的输入技术中，我们可以构建更精细的输入系统，比如 6-DOF 的位置跟踪，或者 22-DOF 的手指跟踪。

4.1.1 主动与被动输入

在用户通过物理沉浸式界面参与虚拟世界时，默认情况下，要求沉浸式系统跟踪他们的物理移动——至少跟踪他们的一部分移动，例如跟踪他们的头部如何移动。这种对用户的跟踪是系统的输入，用户不需要显式地传递它——它是系统的被动输入。系统通过监测（部分）用户身体部位的运动来收集这些输入。另一方面，主动输入源自用户已深思熟虑的行动，他们通过接触一个对象来表明他们的意图。

主动输入包括按下按钮或转动方向盘等动作。具有讽刺意味的是，被动输入可能需要参与者更多的活动。被动输入的例子包括简单地在空间中走动，或移动手臂，或伸出手去触摸虚拟物体。

4.1.2 连续与离散输入

离散输入是指在某一时刻发生的特定事件。连续输入是一串通常随时间变化的数值流。

常见的离散输入类型是按下按钮。另一个例子是说"开始"这个词。连续输入的范围从移动操纵杆，到踩脚踏板（比如汽车的油门），再到用户四处走动时监控头部位置，或者在用户拍打手臂时监控他们的手臂。

图 4-2　有各种各样的输入设备被设计用来帮助用户完成特定的任务（最后三张图片由 Advanced Realtime Tracking 提供，其余全部由 William Sherman 拍摄）

　　可以从连续数值流中派生出离散输入事件，反之亦然。实际上，当连续数值流的值超过某一阈值时，就可以触发离散输入事件，例如在某一特定角度下扣动扳机，或在空中跳跃，都可以在离开或返回地面时触发输入事件。更复杂的例子可能是分析某一特定手势（如手臂拍打）的连续数值流，以及当手臂开始拍打或停止时提供一个明显的信号。确切地说，一系列离散的事件可以形成连续的数值流——也许是按下按钮的速度在一个时间段内的积分。这方面的一个经典例子是 Joust 电子游戏，其中按键的速度用来控制玩家的鸵鸟的高度（图 4-3）。

图 4-3　在 Joust 电子游戏中，玩家快速按键动作被解释为一种拍打的频率，为他们的飞行坐骑提供可变的升力（照片由 William Sherman 拍摄）

4.1.3　带宽：信息的数量／类型

　　一个特定的输入从参与者传递到虚拟现实系统的信息量取决于输入的类型——粗略地说，每种类型的输入都有一个特定的"带宽"或"通道容量"。在工程术语中，我们可以用数值的自由度、范围和数量来描述。

　　自由度是物体在空间中移动的特定方式。这可能是围绕某个轴的旋转或沿直线滑动（后者称为平移）。在机械装置中，这些运动可以结合起来，使身体有更大的活动范围，从而有更大的机动自由度。机械约束仍有一定的局限性，因此可以增加额外的动作（DOF），使身体接近完全自由。标准操纵杆装置允许操纵杆围绕两个独立的轴移动，因此是一个 2-DOF 输入设备。旋钮（例如扩音器上的音量旋钮）仅允许一次旋转，是 1-DOF 输入设备。人整只手的机械结构需要跟踪 22 个动作，因此手是 22-DOF 系统。

　　当一个物体可以独立于任何机械连杆移动时，任何可能的移动都可以用 6-DOF 来表示。这6 个自由度通常是围绕或沿着三个正交轴的三个旋转角度和三个平移角度（图 4-4）。我们可以将旋转运动称为滚动、俯仰和偏航，并将平移称为

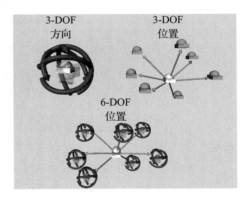

图 4-4　位置传感器可以只跟踪一个物体的 3-DOF 方向、3-DOF 位置或完整的 6-DOF 位置

沿 x、y 和 z 轴的简单定位或偏移。

每个参数化移动的组合确定了"身体"的最终状态。简而言之，允许沿轴或围绕轴的运动是一个自由度。因此，一些输入设备范例提供的信息是：

- ❑ 单按钮：1-DOF，两个离散值。
- ❑ 计算机键盘：约 101-DOF，每个都有两个离散值。
- ❑ 可变脚踏板：1-DOF，值范围（例如，0-255）。
- ❑ 声音振幅的麦克风测量：1-DOF，值范围（例如，0 ～ 100dB）。
- ❑ 操纵杆：2-DOF，每个都有一系列值（例如，0 ～ 255）。
- ❑ SpaceNavigator：6-DOF，每个都有一系列值（例如，0 ～ 1023）（加上两个具有离散值的 DOF，即两个按钮）。
- ❑ 位置跟踪器：6-DOF，每一个都有一系列值（例如，–5.0 ～ 5.0）。

显然，自由度越高，用户可以传达给系统的信息越多，因此他们可以使用单个输入设备控制更多。注意，许多范围值，特别是那些基于传感器产生电信号然后被转换成数字信号的范围值，都是二的幂次方个离散值，当然，这最终取决于模数转换（A/D）过程中采用的位数。因此，虽然最终可能的值实际上是离散的，但对于大多数应用，我们可以将它们表示为实数范围（例如 [–1.0，1.0]）。

4.1.4　绝对与相对输入（参考系）

输入可以根据一个绝对的参考系来测量，也可以相对于一个已知的或任意的起始点。严格地说，绝对测量和相对测量以及参考系的概念是有区别的，但是在这里，这些概念是紧密相关的，所以我们合并讨论。

绝对输入是那些从一个特定的原点测量的值，报告的值是相对于那个原点的。另外，相对输入不断地报告它们（传感器）相对于任意起始点（它们上一时刻的位置）所经历的变化的数量和方向。一种报告相对运动的技术（如惯性测量单元（Inertial Measurement Unit, IMU））可以按时间积分，以获得相对于原点的"绝对"值。这种技术的主要问题是，来自相对传感器（例如惯性传感器）的微小误差累积可能导致精度漂移。漂移误差是对连续输出进行离散采样的结果，因此可能会遗漏一些运动。所以，虽然增加采样率可以改进结果，但是对于采样的频率有计算限制。陀螺传感器（gyroscopic sensor）的误差比线性加速度计小，因此旋转漂移可以在可接受的范围内工作。此外，陀螺仪产生角速度值，因此只需要一个单一积分就可以产生角度值。当然，加速度计测量的是加速度，然后需要双重积分才能产生一定的平移量。这种双重积分非常容易导致误差积累，使得它们不能用于 3-DOF 位置跟踪。然而，利用加速度计来确定由重力引起的加速度向下的方向有助于抑制陀螺仪采样的旋转误差。

固定式 VR 系统，比如 CAVE，将几乎完全使用绝对位置跟踪输入系统。通常，空间的原点会被设置在 CAVE 显示器底部的中心。头戴式显示器也可以通过绝对跟踪系统很好地提供服务，特别是当用户可以在空间自由行动时。另一方面，对于仅需要头部旋转的应用程序，使用基于陀螺仪的相对输入技术就足够了。基于智能手机的 VR 主要通过内部 IMU 传感器工作，因此默认情况下提供相对旋转跟踪。

对于非位置输入，如按钮和定值器（踏板、滑块和操纵杆），绝对与相对的概念仍然适用，但通常采用不同的方式。对于简单的二值按钮，off 位置可以被认为是零点（原点），on 位置是沿着非常小的数轴（一维数轴）的一点。

我们还可以将按钮和定值器看作具有相对输入值——本质上是对输入绝对值的查询之间的增量度量。例如，二值按钮的（相对）测量有三个可能的值：当按钮释放时为 "–1"（从 "1" 到 "0"）；当它没有变化时为 0（在 "1" 或 "0" 处保持稳定）；和当按下按钮时为 "+1"（从 "0" 到 "1"）。同样，对于一个定值器，当与之前的测量结果保持不变时，它可以是 0；当它调整时，可以是绝对值两倍范围内的任何正实数或负实数。当然，需要知道按钮或定值器（或其他）输入的初始值，以便对其应用增量。

特别是在按钮按下的情况下，至关重要的是按钮的采样不要错过过渡状态或用户将要发起（尝试）的操作。

参考系

对于 6-DOF 位置输入，参考系的概念不仅仅是关于绝对值与相对值的概念，而且还与报告的坐标相关的物体有关——从广义上说，这是在外中心（exocentric）和自我中心（egocentric）之间的选择。**外中心**是 "相对" 于世界中某个固定位置——原点，因此用于确定 "世界坐标" 中的位置。**自我中心**是相对于在世界中某个身体（例如我自己的身体）的位置，因此用于确定为相对于移动参考系的 "局部坐标"。

有几种方法可以表示平移和旋转，需要指明是世界坐标还是局部坐标。图 4-5 显示了讨论平移和旋转时使用的术语表。在讨论用户的输入如何影响虚拟世界时，将进一步探讨这些关系（第 7 章）。

	平移		旋转	
自我中心	身体参考系： ●纵向 ●横向 ●垂直	航海： ●纵荡 ●横荡 ●垂荡	航空： ●俯仰 ●翻滚 ●偏航	导航： ●爬升/俯冲 ●左滚/右滚 ●左转/右转
外中心	球坐标： ●经度 ●纬度 ●高度	笛卡儿坐标： ●X轴 ●Y轴 ●Z轴	笛卡儿坐标： ●X轴 ●Y轴 ●Z轴	移动： ●海拔 ●翻滚 ●垂直 导向： ●海拔 ●翻滚 ●高度

注释：
- 海拔是通过一些平均表面水平来测量的，比如平均海平面（Mcan Sca Level, MSL）
- 可能涉及整体位置的术语：姿态/方位
- 可能涉及不同旋转的术语：倾斜/扭转
- 关于控制的导航术语：向后拉/向前推

图 4-5 根据具体情况，可以通过多种方式参考平移和旋转的运动和位置

4.1.5　物理与虚拟输入

本章介绍虚拟现实系统的输入硬件，同样，我们对输入的讨论主要是关于输入硬件。然而，许多物理输入的概念也适用于虚拟输入的概念。因此，物理输入（physical input）是指在现实世界中直接可见的输入设备。在工程术语中，这是一种将一种类型的能量转换为电信号的装置。虚拟输入（virtual input）是作为虚拟世界中的表示而存在的输入。游戏控制器上的按钮和操纵杆、方向盘、手套、平板电脑的键盘和麦克风都是物理输入的例子。下拉菜单、选择框、文本输入框、看起来像按钮的图像都是典型的虚拟输入。由于虚拟输入是无形的，所以它们需要物理输入已经具备的东西———一种操作它们的手段。通常虚拟输入由物理输入操作。当我们在第 7 章（图 7-6）中讨论用户操作时，将对此进行进一步讨论。

物理输入和虚拟输入都有位置。虚拟输入在虚拟世界中某些位置，并且可以根据需要隐藏和移动。物理输入需要方便用户在不妨碍运动或干扰自然运动的情况下进行。可以远距离操作的输入类型，例如基于摄像机或其他远距离传感器的输入类型，显然符合这一标准。但即使是许多基于光学的输入也利用了放置在参与者或其他对象上的标记。因此，我们可以讨论身体各部位的输入位置：头部、手指、脚、膝盖等；或附加在一个手持控制器上（参见下面章节的"道具"），或位于用户周围的控制面板上（参见下面章节的"游戏平台"）。

4.1.6　输入分类

我们已经提到了一组不同类型的输入，其中大多数是典型的计算机用户已经熟悉的：
- 按钮
- 定值器
- 位置
- N 元开关
- 文本
- 手势

其中，前三个是虚拟现实系统中最常见的：按钮、定值器和位置———特别是 3-DOF 位置、3-DOF 方向或 6-DOF 完整位置和方向。手势可能是虚拟现实的下一个最有可能的输入类型，偶尔会使用文本和 N 元开关。

对于每种类型，我们可以考虑相关性质和可能的内部表示（见图 4-6）。

按钮输入：按钮输入是二值设备，因此很容易表示为布尔值。一个典型的按钮会在以下情况下快速恢复到零，当释放（瞬时接触）或保持接触，直到再次按下（闭锁接触）。典型的手持控制器（又名道具）、平台、键盘、鼠标、Space Navigator 等都有按钮。一个按钮输入也可以由表面皮肤的简单接触触发，如 HTC Vive 控制器或 Oculus 触摸手指握把上的接触感应，或夹指手套中的手指之间的接触（图 4-7）。此外，与许多输入类型一样，可以通过应用于其他输入的手势或阈值生成按钮类型的事件。

类型	数值表示	范围	瞬时/闭锁
按钮	布尔	True/False	都有(按压/切换)
赋值器	浮点数	[-1.0,1.0]或[0.0, 1.0]	都有(滑动/回弹)
位置	3元组/6元组	3- DOF/6-DOF	瞬时
n元开关	整数/枚举	[1, 2, ...,n]	闭锁
文本	字符串	[0-9, A-Z, a-z]	闭锁
姿态	位置序列	人类动作范围	瞬时

图 4-6 输入分类具有特定的特征，这些特征通常基于类型。特征包括输入是如何在计算机内部表示，取值范围，以及这些值在未激活时（瞬时）是否返回到中心 / 中性位置，或者在交互后保持稳定（闭锁）

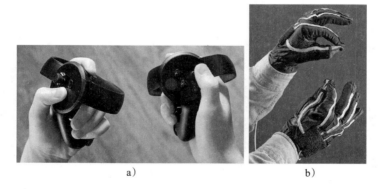

a)   b)

图 4-7 a）Oculus Touch 内置了几个触摸板，当手指接触到它们时，这些触摸板就会感应到，从而可以根据触摸到的触摸板推断出手的姿势。b）夹指手套使用导电织物来感应两个或多个手指和手掌之间的接触，允许许多不同的手指组合产生一个 on，从而代替几个按钮（照片由 William Sherman 和 Fakespace 实验室提供）

定值器输入：定值器输入是单轴（1-DOF）操作，可以表示为整数或浮点值的范围。通常，如果移动控件有一个参考中心时，则当移向不同的方向时，可以表示为归一化范围 [-1.0, 1.0]，例如操纵杆的一个轴；当移向一个方向（只有正方向）时，可以表示为归一化范围 [0.0, 1.0]，例如施加的压力。因为定值器的值通常是电子测量的，所以它们通常是通过模数转换产生的，这种转换基于特定的 2 次幂，因此定值器的整数范围同样基于 2 次幂，

比如 2^8（[0，255] 或 [-128，127]）或 2^{16}（[0，65 535] 或 [-32 768，32 767]）。2 次幂的一个特性是，定值器处于中心位置时恰好有一半的值在中心以下（例如，小于 0），有一半的值在中心以上，这听起来很好，除了中心（在 0 处）没有精确的值！因此，对于这种定值器输入，有必要考虑到这个性质，在一个很小的阈值 ε 范围内（在 $0 \pm \varepsilon$ 的范围内）仍然被解释为 0。

在各种类型的手持控制器上都可以找到定值器，既可以作为操纵杆（位于中心的双轴联合定值器），也可以作为拉动触发器（位于一端（未拉动）的单向轴）。一个普通的计算机鼠标有两个连接到一个设备上的定值器，但在这种情况下，没有中心，因为鼠标的移动或触摸表面的滑动都是相对移动，而不是绝对移动。有些设备如 SpaceBall 或 SpaceNavigator 具有六轴输入，这些输入值基于施加在"球"或"冰球"的线性和扭矩压力——通常这些值会转换为虚拟世界中的运动。其他设备包括方向盘或方向舵，以及其他车辆控制输入，例如刹车踏板和油门。或者甚至，仅使用麦克风输入波形的响度（忽略了细节）——例如，可以作为塑造化身嘴巴的一种简单方法。

与按钮一样，定值器输入可以是"瞬时的"或"锁定的"。在这种情况下，"瞬时的"表示当用户没有积极参与时，定值器将归零（或返回中心）——就像摩托车或汽车油门。"锁定的"定值器输入可以是副翼调整片或飞机油门，在用户重新调整它们之前，它们一直保持原位。

Wii 平衡板是一种有点复杂的定值器输入，因为它从 4 个压力传感器收集数据，但输出不是 4 个定值器，而是 2 个定值器，为站在上面的人提供 X、Y 重心。（Wii 平衡板的前身是 Peter Broadwell 的 DIY 冲浪板界面，参见图 6-47。）

位置输入：位置输入表示空间中的点或方向。也就是说，一个"位置"可能只代表自由体在空间中放置方式的一部分，例如仅仅是位置或方向，或者它可能包含两者。如上所述，三个运动轴和主体可围绕其旋转的三个轴各自独立地为 3-DOF 输入，并且组合为 6-DOF 输入系统。表示 6-DOF 位置的最简单方法是使用 6 个浮点值。这适用于输入的平移（位置）部分，但是旋转可能更棘手，因为它们不是可交换的——当旋转组合在一起时，它们的指定顺序很重要！为了避免混淆（并获得其他有益的特性），3-DOF 旋转也可以指定为 3×3 矩阵，或 4 个四元数。注意，矩阵或四元数的附加数值不会增加任何额外的自由度，因为这些数字还有其他数学限制（例如四元数元素的平方和是 1.0），但一个特定的旋转组合可以明确指定。

作为透视渲染和自然操作的关键，位置跟踪与虚拟现实是相互联系的，因此，自 1968 年 Ivan Sutherland 演示了第一个工作的 VR 系统以来，已经有许多不同的位置跟踪技术被开发和改进。由于它对 VR 的重要性以及它的新奇性，我们将在下一节介绍几种不同的位置跟踪技术。

与其他输入分类一样，位置跟踪器可以将其值报告为相对于特定原点的绝对值，也可以报告为相对于最近报告的值。这一区别在它们所提供的 VR 显示风格方面尤为显著。诸如 CAVE 之类的固定虚拟现实显示器需要绝对位置才能在屏幕上呈现正确的视角，因此 CAVE 仅适用于提供与特定原点相关的值的位置跟踪技术。然而，基于头部的虚拟现实显示器，例如 Oculus Rift、HTC Vive 或 Google Cardboard，只能在 3-DOF 方向的情况下工作，并且该方向可以来自相对运动跟踪器，例如陀螺仪。我们还提到一些定值器输入有 6 个定值器包含在单个设备中，例如 SpaceNavigator，这些设备可用于控制虚拟世界中的移动，它们不是特别适合提供虚拟现实所需的透视渲染（但可以在桌面上模拟虚拟现实系统时派上用场）。

位置输入几乎总是"瞬时的"，因为它们将报告某个实体的当前位置，且未被锁定或锁定到特定位置或方向（除了实体本身不移动时）。

n 元输入：n 元输入是具有多于两个位置的开关（我们称之为按钮）。这些开关的值可以用枚举的整数表示，或者只是一个简单的整数，可以用作可能选择数组的索引。n 元输入的物理实现可以是具有固定刻度的圆盘，或者是单选按钮（按钮行，其中一次只能选择一个），或者实际上是下拉菜单选项。由于可用的选项通常是非标准的（它们没有必要顺序），n 元输入通常没有"归零"属性。请注意，二值开关（按钮或拨动开关）可视为 n 元开关的特殊情况（一个 2 元开关），它们非常常见，因此它们可以作为一种类别。

文本输入：文本输入本质上比其他类型的输入更随意。它们可以很容易地表示为一串字符（在某些情况下可能仅限于数字），但除了数字输入之外，很难根据自由度的数量对它们进行分类。提供文本输入的显而易见的技术是键盘和语音识别系统。但另一种替代方案可以是提供一个（虚拟的）文本下拉菜单。虽然在这种情况下，人们可能会争辩说这实际上只是一个 n 元开关输入，只是输出的是字符串而不是数字（比如单选按钮接口）。对于文本输入，没有真正的归零或中心概念。

手势输入：手势输入与上面列出的分类不同，因为它们使用一种或多种其他类型，通过计算特定输入值，它们产生一种新类型的输入。因此，时间是手势的重要物理特征——即使我们称之为"姿势"也是如此，因为即使是"静止"姿势也必须与不保持该姿势的其他时刻区分开来。更广泛地说，手势可以被认为是随着时间的推移而形成的一系列姿势。手势的输出可以映射到上面的任何分类：

❏ 按钮——指向或不指向（或者拍打或不拍打）。

❏ 定值器——手臂拍打的频率。

❏ n 元开关——有多少手指抬起来？

❏ 文本——手语或摩斯电码。

❏ 位置——我在屏幕上滑动的方向是什么？

手势只能在虚拟世界的特定区域内有效（可能与用户的身体有关）。本章后面将讨论更多关于手势的内容。

常见组合：对于特定风格的虚拟现实系统（CAVE、HMD 等）来说，有许多常见的输入组合。

对于固定式（CAVE 风格）虚拟现实系统，需要对头部进行完整的 6-DOF 位置跟踪（事实上我们实际上只需要每只眼睛的位置，但这可以通过确定完整的头部位置并推断眼睛位置来实现）。除此之外，大多数应用需要至少一只手进行 6-DOF 位置跟踪（通常通过手持式道具 / 控制器完成）——对于某些应用，可能需要双手跟踪（幸运的是，现代虚拟现实系统已经向双手输入发展）。在其他应用中，跟踪脚或身体的其他部位可能很重要。通常安装在手持道具 / 控制器上的是至少一对定值器组合成一个操纵杆，以及三个或更多的按钮输入。

HBD 风格的虚拟现实系统根据其用途有不同的需求。对于设计用于坐在桌子前的闭塞式 HBD，只需要跟踪头部的方向（3-DOF 位置），手部输入甚至不需要跟踪，或者仅提供操纵杆（一对定值器）和按钮输入。与 HBD 设备的 3-DOF 位置跟踪的自然组合是加一个同样 3-DOF 的手持控制器，例如 Google Daydream 控制器（图 4-8）。在某些情况下，坐着的 HBD 甚至可以提供鼠标和键盘作为输入设备（图 4-9）。

图 4-8　谷歌的 Daydream 控制器提供了一个蓝牙输入控制器，包括 3-DOF 方向跟踪，两个按钮和一个圆形触摸板（照片由 William Sherman 拍摄）

图 4-9　坐着使用 HMD 的用户可以在体验虚拟世界的同时访问键盘（照片由 William Sherman 拍摄）

对于涉及四处走动的 HBD，或者用作增强现实显示的非遮挡式显示，则头部跟踪输入将需要完整的 6-DOF 位置跟踪以允许使用头部移动来探索世界。与固定式虚拟现实系统一样，这些设备通常配置 6-DOF 位置跟踪的手持控制器，并且还至少包括一个操纵杆（一对定值器）和少数按钮（或者在 HTC Vive 的情况下，2D 触摸板代替操纵杆）。

对于智能手机虚拟现实显示，IMU 提供的内置相对方向（3-DOF）跟踪允许用户看向任何方向。智能手机虚拟现实显示通常以相同的方式用于坐着（或站立时无法四处走动）的 HMD 用户。智能手机虚拟现实系统的其他输入通常更受限制。基本的智能手机 – 虚拟现实接口将包括单个按钮输入（通过磁性中断或通过发送触摸事件），以及使用手势，例如保持凝视一个对象一段时间。高级智能手机系统可能包括 2D 定值器输入，方法是在显示器侧面安装触摸板，例如 Samsung Gear VR（图 4-10）。另一个选择是使用蓝牙输入设备（如迷你游戏控制器）为虚拟现实体验提供额外的定值器和按钮输入，有些甚至通过 3-DOF 方向跟踪进行增强。

4.1.7 位置跟踪技术

位置传感器是向计算机报告其位置和方向的设备。通常，在已知位置处存在固定基座，并且每个被跟踪的对象都有附加装置或标记。稍后我们将专门解决与跟踪特定身体部位和动作相关的问题，以及哪种跟踪技术最能满足需求。常见的惯例是使用位置传感器来跟踪参与者的头部和一只或两只手。

位置传感器是任何虚拟现实系统中

图 4-10　三星 GearVR 智能手机支架设备的右侧集成了一个 X/Y 输入触摸板，作为操纵杆方式的输入（照片由 William Sherman 拍摄）

最重要的跟踪设备。位置跟踪告诉虚拟现实系统用户位于虚拟现实空间内的位置以及他们的姿势。有几种类型的位置传感器，每种都有其自身的优点和局限性。由于位置跟踪器对 VR 的特殊性质，以及这些技术对大多数进入 VR 领域的开发人员来说相对陌生，因此我们将解释位置跟踪技术的来龙去脉。

在本章前面我们注意到并非所有位置跟踪系统都报告目标的完整 6-DOF 位置。有时只需要三个旋转自由度（定义方向）或仅需要三个平移自由度（定义位置）。除非提供额外的硬件，否则许多低成本虚拟现实显示设备（例如 GearVR、Google Cardboard 等）仅支持三个旋转自由度。其他系统（如 Oculus Rift CV1）具有内置 IMU 跟踪器用于定向，以及外置摄像头用于（可选）视频跟踪以提供位置值。

所有位置传感器技术都对系统造成了限制。当然，限制因所采用的传感器类型而异，但通常，限制源于用于计算原点和传感器之间关系的技术。例如，一些跟踪器技术需要发射器和传感器之间的不间断视线。当视线中断时（即有东西介入发射器和传感器之间），跟踪系统无法正常工作。

在位置传感系统中，除了成本因素之外，有三个因素相互竞争：1）位置数据的准确性、精确度和速度；2）干扰介质（例如，金属、不透明物体）；3）障碍（电线、机械连杆）。虽然有些问题可以通过冗余和数据融合来缓解，但是没有任何技术可以不惜任何代价在这三个方面都提供最佳的条件——例如，内置 IMU 加上多个发射器 / 接收器链路（例如使用两个 Lighthouse 发射器的 HTC Vive）。系统设计师必须考虑如何使用虚拟现实系统，并做出最佳权衡。一个衡量标准就是系统产生可接受体验的能力。位置传感器报告的噪声和低精度以及延迟时间降低了体验的真实感和沉浸感，并可能导致一些参与者感到恶心。

各种技术的流行程度起起落落，不断改进并有了质的飞跃。例如，除了触觉系统之外，很少有现代虚拟现实系统使用机械或神经跟踪。机械跟踪通常被不需要直接物理链接的技术所取代。肌肉和神经传感器技术目前正被用于某些特定任务，目前正在研究这些技术在 VR 系统中的实验应用。下面所列出的技术的顺序是基于它们是什么时候开始集成到虚拟现实系统的：

1）机械	4）光	7）惯性
2）超声波	5）视频	8）测距
3）电磁	6）光束扫描	9）肌肉 / 神经

机械跟踪

位置跟踪的一种基本技术是通过机械手段。例如，铰接式臂状吊杆可包含用于测量头部位置的传感器。用户可以把设备的一部分绑在头上，也可以把脸贴在上面，然后握住手柄。臂架在有限的范围内跟随他们的运动。臂架的每个肘关节和连杆都有传感器，可以报告关于臂架肘关节的角度和方向的值。对象的位置根据累积的输入计算。Sutherland 在 1968 年的 HMD 系统中使用的机械跟踪系统被称为 "The Sword of Damocles"（图 4-11）。

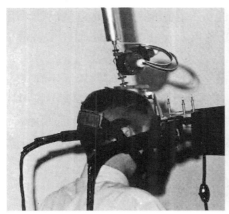

图 4-11　原始虚拟现实 HMD，机械跟踪悬挂在用户上方的天花板上（称为"达摩克利斯之剑"）使用了 6 个编码器，包括在用户走动时测量轴长度的编码器［Vickers 1974］

机械连杆机构的转动和线性测量可以实时、准确、精密地完成。利用简单的矩阵数学知识，可以快速计算出精确的位置值。一些设备，例如 Virtual Research System 公司的 WindowVR，以及 Art+Com Systems 公司在 "Window into Virtuality" 项目中使用的伸缩臂触摸屏（图 4-12），也利用臂架连接来帮助支持视觉显示系统的物理重量。

图 4-12 机械跟踪的优点是非常快和准确。Art+Com 公司的 Window into Virtuality 项目中的设备由一个机械跟踪的平板组成，虚拟世界通过该平板面板呈现，就像它与现实世界重叠一样。臂中的每个关节通过光学编码器感测每个关节的旋转来报告值位置。在某些情况下，使用电位计（可变电阻器）代替光学编码器来报告关节旋转了多少，但这些会磨损、变脏并有电噪声。来自各种关节的结果被整合以提供输入位置（照片由 Art+Com 公司提供）

除了位置跟踪器，发动机和制动器也可以连接到臂架上，以创建一个力显示（触觉显示，见图 5-41）。这些设备不是跟踪用户的头部，而是跟踪（并提供反馈）用户的手或脚，就像 3D Systems 公司的 Touch™ 触觉设备系列（最初由 SensAble Technologies 公司开发）。

机械系统的主要缺点是物理连接将用户限制在世界中的固定位置。还有一些其他的问题，例如因为移动重型显示设备可能需要花费一些力气——特别是当大型设备（例如较重的屏幕显示器）连接到连杆时。在现代系统中，机械跟踪器通常与用于手的触觉 I/O 设备耦合。理论上，用于向用户提供力反馈的穿戴式外骨骼可以提供一种移动机械跟踪系统，其中所报告的所有位置都与用户自己的身体有关。

当然，机械跟踪器很少用于跟踪与眼睛相关的视觉显示。

超声波跟踪

超声波跟踪使用按一定时间间隔发出高音调的声音来确定发射器（扬声器）和接收器（麦克风）之间的距离。三个固定发射器与三个接收器相结合组成严格形式，为系统提供足够的数据，通过三角测量计算物体的完整 6-DOF 位置。为了增强稳健性，通常会使用大量的发射器。

声音的特性确实限制了这种跟踪方法。如果噪声发生在跟踪系统所使用的频率范围内，那么在有噪声的环境中，跟踪性能会下降。声音必须在扬声器和麦克风之间畅通无阻，才能准确地确定声音在两者之间传播的时间（以及因此产生的距离）。基于这项技术建造的跟踪器的范围通常只有几英尺，并且要么是受到连接在接收器上的电线限制，要么是受到无线电通信电池消耗的限制。由于发射器技术（扬声器）的成本较低，因此覆盖较大区域在经济上是可接受的，因此可以通过添加更多的扬声器来扩大范围。

超声波跟踪的另一个限制是对位置进行三角测量需要多个独立的发射器和接收器。这些发射器和接收器必须隔开一定的最小距离。对于可以在整个物理环境中安装的发射器而言，这通常不是问题，但对于接收器来说可能是一个问题，因为接收器的目标是制造尽可能不受阻碍的小而轻的单元（图 4-13）。

超声波跟踪是 Sutherland 在第一个虚拟现实头戴式显示系统中使用的另一种方法。Sutherland 的头戴式显示器过渡到使用机械跟踪，但超声波技术仍然用于他们的"魔杖"输入控制器［Baumgart 1968］。

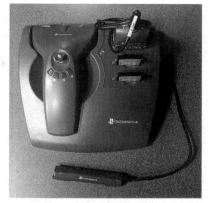

图 4-13　房间里安装了超声波发射器（通常安装在天花板上），一个手持控制器和一个安装在玻璃上的跟踪器将麦克风与框架结合起来进行位置跟踪，同时控制杆上还有按钮和操纵杆输入。数据值通过无线电发送到一个基本单元。这张图片显示了 InterSenseIS-900 的无线控制器和眼镜追踪器版本的基本结构（照片由 Shane Grover 拍摄）

电磁跟踪

电磁跟踪是一项虚拟现实技术，随着其他技术的流行或改进，这项技术的使用也经历了起起伏伏。它仍然是一些低成本、用于近距跟踪的可行解决方案（图 4-14）。这种跟踪技术通常使用一个发射器，由机组内三个正交的线圈产生一个低电平磁场。反过来，这些磁场在另一组线圈中产生电流，这些线圈位于被跟踪物体所穿的较小的接收单元中。测量接收器内部每个线圈中的电流，以确定其相对于发射器的位置。发射器基本单元固定在一个已知的位置和方位，以便计算接收单元的绝对位置。多个接收单元通常放置在用户身上（通常是头部和一只手）、使用的任何道具上，有时也放置在手持显示设备上。

图 4-14　电磁跟踪器很小，可以内置在各种设备中，也可以方便地安装在各种设备上。在这幅图像中，Polhemus Patriot Wireless 提供了一个容纳传输线圈的立方盒，以及带有正交线圈的小型接收器，可以提供 6-DOF 跟踪解决方案（照片由 Polhemus 提供）

全 6-DOF 的位置是通过电磁跟踪来测量的，方法是通过发射器中三个正交线圈分别诱导正交磁偶极子（图 4-15）。在发射器连续输出的每一段时间内，接收器在三个独立的正交线圈中有不同数量的电流产生，产生 9 个测量值，其中 6 个值可以计算，提供了发射器基本单元的相对测量值。每个接收单元生成 6 个值：x、y、z 位置和方向（滚动、俯仰、偏航）。

电磁跟踪系统的一个局限性是，环境中的金属具有电磁性，例如铁和镍，会引起涡流，从而导致反馈干扰。[注意，诸如 Ascension Flock of Birds 之类的直流脉冲系统，在进行测量之前，尽可能长时间地等待涡流消退来减少一些涡流问题。复杂之处在于，为了提高精度而等待的时间越长，测量的延迟就越长，从而增加了延迟（延迟的增加是不可取的）]。

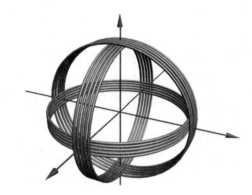

图 4-15 电磁跟踪是通过向三个正交方向发射脉冲磁场来实现的，这些脉冲磁场由附着在人体或设备上的移动"接收器"单元中的三个类似定向的线圈接收（图片由 Slawomir Tumański 提供）

另一个限制是产生的磁场范围很短。根据具体型号的不同，接收器只能在距离发射器 3 ～ 8 英尺的范围内以合理的精度工作。当用户移动到操作范围的边缘时，精度会大幅下降。使用多个发射器来扩大范围是可能的，但很难实现。另一个限制是，计算位置数据的顺序特性要求生成数据需要大量的时间，从而增加了跟踪延迟。

主要优点是电磁系统没有视线限制。由于没有这个限制，用户可以在一个空间中移动，他们和发射器之间可能有多个非金属视觉或声音障碍——这些障碍会干扰其他类型的跟踪设备。还提供无线系统，减少了参与者的负担。

光学跟踪

光学跟踪系统通过使用视觉信息监控用户的位置。有很多方法可以做到这一点。最常见的虚拟现实系统是使用一个或多个固定摄像机作为电子眼来监视被跟踪物体或人。请注意，我们将相反的情况称为"视频跟踪"——摄像机放置在参与者身上，并注视着外面的世界。由于这种情况非常不同，我们将在下一节中单独讨论。还有其他光学跟踪技术，例如结构光的使用在后面第 8 点中描述。

通常，使用一组摄像机，每个摄像机位于固定位置（图 4-16）。然后使用计算机视觉技术根据摄像机"看到"的东西来确定物体的位置。请注意，摄像机不一定限于可见光谱，实际上它们通常都调整为红外线，因为系统采用这种方式产生光线不会分散用户的注意力。

　　另一种单源视频跟踪方法使用安装在桌面监视器附近的小型摄像机（例如用于桌面视频电话会议的摄像机）。该相机可以通过检测观察者的头部和脸部来粗略地计算用户在监视器前面的位置（考虑到用户头部与屏幕的距离通常在一定范围内）。该系统可以将面部跟踪作为基于桌面显示器的 VR 系统的一种原始的、不受束缚的光学跟踪器（也称为鱼缸式 VR，因为显示器的外观类似于观看鱼缸（图 4-17））。

图 4-16　安装在墙壁上的摄像机测量逆向反射球的位置，从中可以计算出 6-DOF 位置（图片由 Advanced Realtime Tracking 提供）

图 4-17　有些 VR 系统就像透过玻璃观察另一个世界，用户可以与之交互。术语"鱼缸式 VR"来源于鱼缸的隐喻（尽管通常比这个特定的例子要小）（照片由 Cynthia Hughes 拍摄）

　　特定光学跟踪系统的参数可以对跟踪数据的范围和质量施加限制。在单摄像机系统中，被跟踪的人或物体与摄像机之间的视线必须始终清晰。由于被跟踪物体必须位于摄像机的视线范围内，因此参与者的移动范围是有限的。所以更强大的视觉跟踪系统利用了一系列集成摄像头。

　　通过组合多个视觉输入源（摄像机），虚拟现实系统可以获得有关参与者的其他位置信息。通过谨慎地瞄准摄像机，可以跟踪参与者的多个物体或多个身体部位（例如手和脚）。对于多摄像机系统，需要确定它们之间的相对位置，通常通过一些校准过程来确定。一些较小的系统包括两个或三个刚性连接的摄像机，因此通过预先确定它们的相对位置来避免手动校准。

　　为运动捕捉（Motion Capture，MoCap）行业开发的系统也使用摄像机来跟踪人和物体的运动。虽然用于不同的目的，但技术的紧密重叠使得虚拟现实社区能够随着 MoCap 技术的发展而驾驭它们。MoCap 和虚拟现实跟踪系统之间的一个区别在于，对于 MoCap，跟踪了许多单个参考点，跟随一个或多个人的每个关节，甚至他们正在操作的对象。而对于虚拟现实系统，跟踪的点数较少，但还需要确定获取完整 6-DOF 的方向。为了实现 6-DOF 跟踪，3 ～ 6 个标记的小的刚性非对称构造物理地连接在一起。这些集合通常被称为"刚体"

或"星群"(图 4-18)。

视频(光学)跟踪

另一种光学跟踪方法被称为视频跟踪。视频测量跟踪在某种程度上与刚才描述的情况相反,摄像机安装在被跟踪的对象上,并监视周围的情况,而不是安装在一个固定的位置上监视被跟踪的对象。VR 系统通过分析周围空间的传入图像来定位地标,并得出摄像机相对于地标的位置。例如,摄像机可以安装在 HBD 上,向 VR 系统提供输入,VR 系统将能够确定环绕房间角落的位置,并根据这些信息计算出用户的位置。

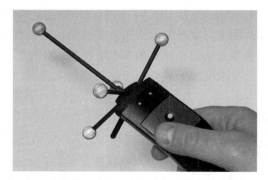

图 4-18　此手持设备集成了按钮和操纵杆输入以及反射球的反射,用于辅助以 6-DOF 光学跟踪设备(照片由 William Sherman 拍摄)

视频跟踪通常是为智能手机和平板电脑设计的增强现实应用程序的首选跟踪方法,或者通过附加摄像机的 HBD 进行跟踪(图 4-19)。

要使视频跟踪系统工作,必须知道空间中的地标位置,或者从其他数据中辨别出地标的位置,以便确定传感设备的绝对位置(图 4-20)。图像分析用于定位地标。当首次引入视频跟踪时,使用已知位置处的不同地标来减少计算,但是现在已经在很大程度上克服了这种

图 4-19　这款增强现实应用程序使用了视频跟踪技术,在该技术中,摄像机可以看到图像,平板电脑/手机的位置是根据图像计算出来的。然后,从适当的角度呈现虚拟对象,无缝地将它们混合到场景中。在这里,衬衫上的图像被用作一个参考,以覆盖一个心脏的 3D 动画(图片由伊利诺伊大学 DesignGroup@Vet Med 提供)

图 4-20　Valve Software 的原型跟踪系统使用了一个带有专门设计和放置的参考标记的房间,摄像机安装在跟踪设备上以确定它们的位置和方向(The Lab 应用程序的屏幕截图)

限制。通过使地标在形状或颜色上不同，计算机视觉算法可以容易地跟踪多个点并将它们与周围的物体区分开。这些基准地标作为世界中已知的参考点。随着手机和平板电脑的计算能力的提高，对那种刻意的基准地标的需求已经减少，可以以自然环境作为参考。这种方法通常被称为自然特征跟踪（Natural Feature Tracking，NFT），通常用于增强现实系统，该系统采用视频透视方法（video see-through method），将合成世界叠加到现实世界的。

随着移动设备计算能力的提高，以及大型的已知图像数据库的增加，在更大的空间中使用 NFT 已经变得更加可行。通过将这些技术与 GPS 系统提供的数据相结合，可以缩小搜索空间，使系统更容易地识别环境中的地标。例如，如果一个系统"看到"了一座摩天大楼，而 GPS 报告了摄像头的位置，那么该系统就只需要搜索该地区中的摩天大楼，从而缩小了搜索范围。

尚未开发现代计算机视觉算法之前，如 SIFT［Lowe 1999］，由于受到计算能力的限制，旧式传统的算法依赖于添加到环境中易于区分的图案。其中一种类似于固定摄像机跟踪的方法是在环境中使用光点（LED）。LED 有两个作用：首先，可以控制它们的照明来区分它们或形成特定的图案。此外，由于它们比环境中其他部分更亮，我们可以使用简单的阈值滤波器轻松确定它们的位置［Welch and Bishop 1997］。另一个技巧是使用简单形状的图案（有时使用颜色）来做标记，这样使用简单的算法就可以快速定位。这个技巧被用于 AR 超声诊断工具的研究——选择 4 种明亮的颜色放置在两个同心圆中，每个圆有不同的颜色［State et al. 1996］。

最近，任天堂 Wii 的遥控器（通常被称为"wiimote"）也使用了视频跟踪技术。Wii 遥控器的一端有一个红外摄像头，摄像头拍摄的视频经过过滤，会出现一对（或更多）明亮的红外光。红外光源是位于"Wii 感应栏"的 LED 灯（它没有感应功能，只是发射红外光）。

最近甚至出现了同步定位与地图构建技术（Simultaneous Localization And Mapping，SLAM），它可以实时识别可作为基准地标的特征，然后用于视频跟踪。SLAM 将在本章的后面作为改进位置跟踪的一种手段进行进一步讨论。

光束扫描跟踪（Lighthouse 跟踪）

光束扫描跟踪使用以已知结构排列的光感受器进行定时扫描，根据被跟踪的接收单元上光接收的时间模式计算 6-DOF 位置信息。该技术的早期实现——"The Minnesota Scanner"——用于跟踪机器人运动［Sorensen et al. 1989］。HTC Vive Lighthouse 系统是 Valve Software 开发的一种现代实现，可以在 Vive HMD 和手持控制器中找到（图 4-21）。

这种技术的基本原理是一个或多个

图 4-21　查看 Valve Lighthouse 发射器（左侧）内部，可以看到两个旋转鼓以及一组用于同步闪光的 LED。右上方是手持控制器，右下方是可附着的圆盘，两者都有凹坑，这是由闪光灯和旋转信号灯触发的光传感器的位置（照片由 William Sherman 拍摄）

发射器（Lighthouse）轮流将激光光束（片）横向扫过一次，然后纵向扫过一次，在每个周期开始时发射同步脉冲。设备上有几个刚性排列的光传感器。每个传感器用于计算同步脉冲从水平到垂直扫描的时间延迟。使用每次扫描的已知速率，系统可以确定光束击中每个单独传感器时的角度，并且根据每个传感器的角度聚合，可以计算单元的完整 6-DOF 位置。

凭借足够的传感器捕获速度，这种跟踪技术既准确又快速。（为了进一步改进，HTC Vive 系统也使用了 IMU 数据。）需要注意的两点是：1）Lighthouse 发射器在旋转镜中有移动部件以旋转光束，因此随着时间的推移会磨损；2）必须校准控制器相对于世界以及相互之间的位置（尽管在 HTC Vive 的情况下，校准是快速和简单的）。

光束扫描跟踪方法与光学跟踪和视频跟踪系统具有相似性。与视频跟踪系统一样，传感器位于被跟踪的单元上。这样做的主要好处是增加跟踪单元的数量不会影响跟踪所有单元所需的时间。另一方面，光束扫描跟踪类似于大多数光学跟踪系统，因为它使用刚体上的"星群"来实现数据的三角测量和融合以产生 6-DOF 结果。与超声波跟踪有些相似，光束扫描跟踪使用时间作为计算方法的一部分。因此，该方法存在固有延迟。

惯性跟踪和其他微机电系统技术

惯性跟踪使用机电仪器通过测量陀螺力、加速度和倾角的变化来检测传感器的相对运动［Foxlin 1996］［King 1998］。测量加速度的装置（加速度计）检测相对运动。因此，要确定对象的新位置，你必须知道它的起始位置。另一种称为倾斜仪的仪器用来测量倾角，或者一个物体相对于它的"水平"位置倾斜的程度（例如，一个人的头部倾斜度）。它就像一个木工水平仪，除了它的输出是一个可以由计算机解释的电信号。陀螺仪和磁力计是另外两种现在作为微机电系统（MicroElectroMechanical System, MEMS）使用的传感器类型。

历史上，电子惯性导航系统（Inertial Navigation Systems, INS）长期以来被用作海上和飞行导航的手段，提供高精度的位置信息。MEMS 传感器现在通常被封装在一起作为 IMU，其通常包括非惯性传感器，例如磁力计（指南针），有时还包括用于更稳健的导航单元的倾角仪。这些廉价的微电子传感器结合（"融合"）角速率，使用陀螺仪、角加速度计和线性加速度计和倾角仪的磁读数，能够提供外心方向，形成一个小型自包含跟踪系统。现代智能手机和平板电脑，以及大多数面向消费者的头戴式显示器，现在都包括这些传感器。

虽然可以用陀螺仪（用于定位信息）和线性加速度（用于从起点算起的距离）传感器来测量全 6-DOF 的位置变化，但仍有一些技术问题需要考虑。因为加速度计和陀螺仪提供的是相对（而非绝对）测量，所以系统中的误差会随着时间的推移而累积，从而导致位置报告越来越不准确。

因此，在虚拟现实的实际应用中，这些跟踪系统通常仅限于定向测量。随着时间的推移精度下降（漂移）是 3-DOF 定向跟踪系统的一个问题，但可以通过使用滤波器和综合传感器的信息来减少精度下降［Foxlin 1996］，传感器包含来自倾斜仪和磁力计的独立的绝对测量数据，以及来自外部跟踪系统的数据。如果没有一个单独的跟踪系统来比较基于惯性的跟踪值，系统有时需要手动调整。手动调整是通过将跟踪对象移动到一个固定的方向并将其校准到这个固定的参考点来完成的。根据系统的质量和是否对输入的数据流使用滤波算法，显著漂移导致跟踪不令人满意的时间量是不同的。

对于固定的视觉显示器，很少专门使用惯性跟踪，因为需要精确的用户头部位置信息。惯性跟踪本身不能提供足够的信息来确定位置。

尽管存在这些限制，惯性跟踪仍可提供显著的优势。主要的好处是它们是独立的单元，不需要固定到已知位置的互补组件，因此没有范围限制。它们可以与用户一起在大空间内自由移动。与其他许多跟踪方法相比，它们提供快速响应，因此，在系统中引入很少的延迟。高质量的单元价格低廉，通常直接集成到廉价的消费级 HBD、智能手机和一些游戏控制器中，如 Wii 遥控器，Playstation Move 控制器和 Google Daydream 控制器。

惯性跟踪系统可与其他跟踪系统相结合，以提供最佳的补充方法。例如，在使用 HBD 的虚拟现实系统中，低延迟跟踪对于增加沉浸感并减少模拟器疾病的可能性尤为重要。惯性跟踪可以为 HBD 的方向提供这种低延迟跟踪信息，允许系统快速更新视图方向。其他跟踪方法，例如磁力跟踪，可以以稍慢的速度提供位置运动，也可以用于校正惯性系统中的漂移。

测距技术跟踪

我们将认为测距技术是指这样的技术：通过发射和接收一个信号（通常是发射信号，尽管可能有时是响应信号），并使用时间和信号修改来确定信号发生器和信号方向上的物体之间的距离。由于这些系统的本质是一个组件同时进行信号的发射和接收（尽管每个组件可能具有不同的传感器），因此系统不需要同时连接到环境和用户——它只需要与一个或另一个连接（或相关联）。当从环境中进行跟踪时，它是外向内跟踪，当对用户或对象进行跟踪时，它是内向外跟踪。对于增强现实系统，内向外跟踪方法更为常见。

在本章中，我们重点关注技术如何用于跟踪用户和用户可以交互的对象。我们将在第 8 章中讨论捕获真实对象时再次讨论其中的一些技术。

符合测距定义的技术包括雷达、激光雷达、结构光深度映射、基于图像的深度映射和其他测距技术。

雷达： 使用雷达作为一种技术来帮助跟踪人机交互的对象是一个相对较新的发展。Google Project Soli 使用雷达提供附近区域精细运动的高分辨率跟踪信息。例如，这可以用于允许一个人做精细级别的手势来转动虚拟旋钮或滑动虚拟滑块（图 4-22）［Lien et al. 2016］。

激光雷达： 激光雷达技术虽然对捕捉世界非常有用，但却不能很好地匹配现实世界中用户或物体的实时跟踪。扫描场景可能需要几分钟的时间，甚至用旋转鼓扫描的非传统激光雷达系统仍然更适合捕捉世界而不是实时用户跟踪。

结构光深度映射：结构光是一种机制，通过该机制从具有投射到空间中的已知（结构化）光图案的场景计算深度信息。产生的模式由摄像机捕获，并由计算机视觉算法解释，这些算法利用这些模式的扭曲来解释场景的深度信息（通常这都是在红外中完成的，避免参与者发现）。该技术经常被用作位置跟踪系统，通过将其与关于人体运动的信息相结合来重建人体或手指、手臂等部位的骨架表示。

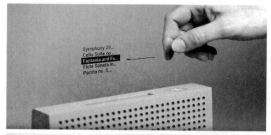

图 4-22　Google Soli 项目使用短程雷达来感知精细的手部动作，允许用户模仿转动旋钮和其他交互，而不需要实际的旋钮（图片由 Jamie Lien 提供 [Lien et al. 2016]）

这种低成本版本主要通过一些设备，例如通过 Microsoft Kinect，Primesense Carmine 和 Nimble Sense 手持跟踪器等（图 4-23）为计算机游戏行业生产的。这些技术也被用于 VR 身体跟踪。在其他情况下，结构光传感器与投影系统相结合，以增强或"改变"现实世界空间的真实性，例如使用 Illumiroom 项目（图 4-24）。

图 4-23　Microsoft XBOX Kinect 深度摄像机在前面内置一个光图案发射器和两个光传感器（一个用于颜色，一个用于深度图案）（照片由 William Sherman 拍摄）

结构光跟踪方法还与许多其他传感器集成在一起，其组合输出可通过开放空间实现 6-DOF 跟踪。Google Project Tango 设备就是这种传感器融合技术的一个例子，它可以使用结构光以及其他传感器和技术，包括视频跟踪。

基于图像的深度映射： 使用标准摄像机传感器捕获的图像也可以不修改环境来分析场

景。有几种方法可以做到这一点。通常这是通过使用从稍微不同的视角拍摄的多个场景图像来实现的。例如，一对摄像机传感器可以捕获一个立体图像对，图像之间的差异可以用来确定场景的各个子区域之间的距离，从而创建一个深度图。

另一种方法是使用从不同视点拍摄的多个图像，可能是以非系统的方式。通常被称为运动恢复结构（Structure from Motion, SfM）［Longuet-Higgins 1981］［Snavely et al. 2006］［Özyeşil et al. 2017］，这些算法可以利用图像的差异来确定图像像素（或体素）的位置，以及照片拍摄的位置。

最后，甚至可以从单个图像中提取一些深度信息。这是通过分析场景内的纹理梯度来实现的，例如，对一片豆子区域的图像进行成像，并根据距离增加时图像质量的变化来判断该区域有多远［Jarvis 1983］。

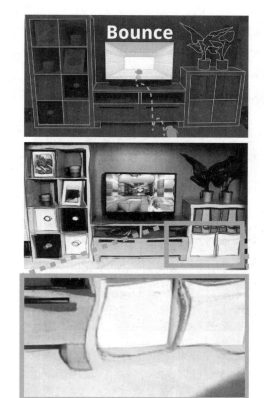

图 4-24　Illumiroom 项目使用结构光捕获设备（如 Kinect）扫描房间的形状，然后可用于各种视觉效果，如扭曲房间，或让物体从虚拟世界过渡到现实世界（图片由 Brett Jones 提供）

其他测距技术： 有一些其他的技术被用于各种不同的目的来确定距离，尽管它们中的许多将很难适用于 VR 体验的用户跟踪。这些技术包括超声波（不是上面讨论的类型，而是反射声音）、磁测距、脉冲测距技术（Pulse Ranging Technology，PRT）和 LED 探测与测距（LED Detection And Ranging，LEDDAR）。其中许多技术基于飞行时间原理。

肌肉 / 神经跟踪

肌肉或神经跟踪是一种感知个体身体部位运动的方法。它不利于跟踪用户在空间中的位置，但它可以用于手指或其他肢体的自我中心运动跟踪。小型传感器通过黏合剂或魔术贴固定在手指或四肢上（图 4-25）。传感器测量神经信号变化或肌肉收缩，计算被跟踪的肢体或手指的姿势，并向虚拟现实系统报告数值。

这种类型的跟踪测量皮肤电反应以确定某一区域的神经和肌肉活动。当然，这并不意味着像科幻小说中描述的那样，通过脑电图传感器收集脑电波信息进行一些实验，但这些信息并不用于跟踪用户身体的位置。

通过监测皮肤特定区域的电脉冲，可以确定控制手指弯曲和类似动作的肌肉的触发。这项技术最近有了重大的发展，可以与假肢装置一起使用，通过监测上肢的神经刺激来控制假肢的运动（图 4-26）。

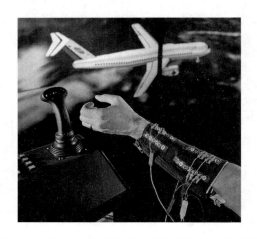 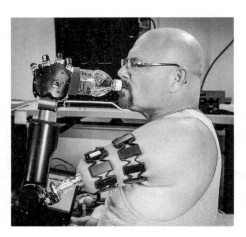

图 4-25　这个早期的 NASA 原型显示了一种测量手臂肌肉收缩的装置，可以确定手指的大致运动（图片由 NASA 提供）

图 4-26　一名患者学习如何使用 Myo 臂带控制高级假肢（照片由 Thalmic Labs 提供）

因此，这种形式的 VR 系统跟踪还没有得到深入的探索。这个领域的开发人员可以从当前的研究热潮中获益，以及神经和肌肉信号与用户所需动作之间的关系。

注意除了身体跟踪之外的生理输入也是可能的，4.2.1 节将讨论这一问题。

改进位置跟踪

每种跟踪方法都有其局限性，但所有这些局限性都可以减少、消除或避免。克服这些限制的一些方法包括使用预测分析和其他滤波技术、系统校准、自校准以及综合跟踪方法。

预测分析是一个计算过程，可以有效地提高精度，同时减少延迟。通过分析跟踪单元的运动，可以确定可能的近期路径，从而为下一帧显示时单元的预期位置提供值。预测跟踪器的位置允许渲染系统有一个合理的估计值。它的有效性依赖于被跟踪对象以可预测的方式移动。在物体运动不可预测的时候，系统将无法做出准确和及时的预测。

在特定环境中执行的系统校准有助于减少错误。例如，磁性跟踪系统附近的金属引起的误差可以最小化［Ghazisaedy et al. 1995］［Kindratenko 2000］。无论环境如何，你都必须以某种方式校准所有跟踪系统，然后才能使用它们。在某些情况下，校准仅仅是通知系统该单元处于某个确定的初始位置——通常由惯性跟踪系统完成。其他系统需要（或允许）随意校准。还有一些做实时校准。不管什么类型的跟踪系统，它发出的信号总是可以在计算机代码中改变的。

一种对电磁系统特别有用的校准形式是创建一个校正（查询）表。跟踪传感器被放置在一个非常特殊的位置。通过比较跟踪器报告的内容和已知位置，计算偏移量。通过系统地移动跟踪传感器并进行测量，建立了一个查询表，系统可以用它来纠正跟踪器报告的值。换句话说，一旦构建了查询表，系统总是可以将这些更正应用到报告的值。此外，它还可以在查询表中的引用位置之间插入位置。例如，已知位于 $[x, y, z] = [30, 40, 50]$ 位置的传感器生成一个系统报告，该传感器位于 $[31, 40, 49]$；然后，软件将任何传感器报告 $[31, 40, 49]$ 映射到重新校准的位置 $[30, 40, 50]$，然后将其作为最终值。

综合跟踪方法有时可以利用每种方法的优点来克服另一种方法的局限性，从而提供良好的结果。例如，在使用视频透视式头戴式显示器的应用程序中（在第 5 章中描述），系统可以根据 HBD 摄像机所看到的内容使用视频跟踪。如果一个跟踪器将另一种跟踪形式附加到 HBD 上，例如电磁跟踪器，则来自每个跟踪器的信息可以帮助校准其他跟踪器。更常见的情况是，IMU 跟踪器通常与能够确定绝对位置的跟踪器技术相结合，这样实际上实现了自校准。快速的响应时间和接近零的成本使得 IMU 跟踪器几乎无处不在，包括所有现代消费级 HBD。IMU 与某种形式的绝对跟踪相结合，可以提供快速响应和精确定位。

SLAM 跟踪：SLAM 技术实时收集现实世界的数据，创建周围环境的几何模型。当收集到新的数据时，系统计算传感器相对于以前收集的数据的当前位置，本质上是跟踪系统在被捕获时在世界中的位置。谷歌的 Tango 项目提供了一个 android 平台，用于使用 SLAM 开发应用程序，比如测量现实世界中的距离和面积的工具，或者将虚拟物体引入世界模型的工具。微软的 HoloLens 头戴 AR 显示使用 SLAM 来帮助跟踪和建立一个模型世界（图 4-27）。

SLAM 系统通常由深度图重构技术与 IMU 传感器相结合来创建，以确定数据相对于世界的方向。

SLAM 跟踪作为一个内向外的位置跟踪系统是很有用的，但也可以用来将现实世界融入虚拟现实体验中，这将在第 8 章中讨论。（例如，当用户在现实世界中遇到障碍物时，SLAM 构建的现实世界模型也可以作为一种方法在闭塞的 HBD 中

图 4-27　HoloLens SLAM 跟踪机制创建了一个多边形网格，代表周围空间的表面

警告用户。)

广域跟踪：跟踪技术还有很大改进空间的另一个领域是**广域跟踪**。最常用的广域跟踪工具是全球卫星定位系统（GPS）。GPS 是一种非常有用的广域（事实上是全球性的）系统，用于在全球定位一个接收器位置。然而，它当然对虚拟现实有严重的限制，因为它的精度比透视渲染所需的位置精度差一个或两个数量级，而且 GPS 不提供方向。此外，GPS 只有在有足够数量的卫星处于视场范围内时才会工作，这使得它无法在室内工作，而且当它被高楼或树木包围时更难工作。同样，可以通过结合技术来改进跟踪。GPS 可以与 SLAM 技术相结合，让系统大致知道它在哪里，然后 SLAM 系统生成一个可以跟踪用户的本地区域模型。

4.2　在虚拟现实系统中使用输入

有了从用户的运动和动作中收集输入数据的方法，现在，我们将探讨如何将这些技术与参与者结合起来，提供给参与者可以与虚拟世界进行物理交互的工具。我们从参与者自己如何被跟踪开始——通常是头部，也可能是双手，还可能是身体的其他部位；可能是直接的，也可能是间接的。接下来，我们将讨论用户可以交互的其他物理对象（道具和平台）的输入。最后，我们将讨论非常具体的使用麦克风输入数据作为语音识别的手段。

4.2.1　跟踪身体位置

位置跟踪的主要用途是跟踪身体的姿态或位置。身体跟踪则是应用原始的位置跟踪技术来感知参与者的位置和动作。被跟踪的特定运动组件依赖于身体部位和系统的实现。例如，跟踪头部运动可能只包含 3-DOF 位置、3-DOF 方向或完整的 6-DOF 位置信息。或者，例如，手指的运动可以用手套装置来跟踪，它可能测量手指弯曲的多个关节，也可能仅仅是简单地测量指尖之间的接触。或者，一个小型的深度输入设备，如体感控制器，可以通过提供手部姿态的每个关节角度来估计手部的基本骨骼位置。因此，一个特定身体部位的自由度（数据量）可能为 1 ～ 22（一只手的运动）不等。

虚拟现实体验的需求和权衡决定了需要进行多少身体跟踪。设备的限制可能会导致应用程序设计师做出权衡，可能会用其他形式的交互替代对身体某个部位的跟踪。例如，设计师可能会选择一种替代的运动技术，而不是跟踪脚部，或者他们可能会跟踪膝盖或脚踝，并预测脚部的运动。用户的身体可以分为许多层次。有时候虚拟现实系统可能只是通过 VR 来监控用户的头部，其他的系统会跟踪用户的头部和一只手或者两只手与躯干，或者去跟踪整个身体。

在某些情况下，参与者身体的某些部位会被间接跟踪，而不是被直接跟踪。间接跟踪则是指利用身体部位以外的实物来估计参与者的位置。这些实物通常是道具和平台。例如，跟踪手持设备的运动，比如安装在平台上的手杖或方向盘，是一个很好的指示参与者手的位置的指示器。

在虚拟现实应用中身体部位和身体跟踪技术包括跟踪头部、跟踪手和手指、跟踪眼睛、跟踪躯干和跟踪脚部。

跟踪头部

几乎在所有虚拟现实系统中都可以跟踪头部，尽管并不总是跟踪完整的 6-DOF 信息。典型的虚拟现实系统需要了解用户的头部方向和位置，才能从用户的角度正确呈现世界。但究竟是位置还是方向更重要则取决于显示的类型。当然，透视渲染是基于感觉器官（眼睛、耳朵、鼻子等）的位置，当方向已知时，可以在头部坐标系中计算出偏移量。

基于头部的显示设备要求至少跟踪头部的方向，因为当用户旋转头部时，必须根据视图的方向调整和渲染场景，否则用户将很难沉浸在物理环境中。虽然位置跟踪并不总是必不可少的，但它提高了这些虚拟现实体验的沉浸感。当用户移动头部时，位置跟踪有助于提供运动视差（基于不同位置的感官来感知物体在三维空间中的位置）。对于靠近观察者的物体，运动线索尤其重要。一些虚拟现实体验通过鼓励或要求用户在环境中持续（虚拟）旅行来避免位置跟踪的需求。这种穿越空间的运动也提供了来自运动视差的空间信息。一些界面交互受益于头部位置跟踪，因此，缺少头部位置跟踪的应用程序可能更难使用。

固定式虚拟现实视觉显示器，如计算机显示器、投影屏幕或拼接显示，需要用户的眼睛与屏幕之间的相对位置来计算透视渲染。对于单眼图像的显示，可以使用鼻梁来近似视图位置，但是对于合适的立体图像的显示，系统必须有每只眼睛的位置，才能呈现出适合每只眼睛的视图。这就是跟踪头的位置对于固定式显示很重要的地方——除非在每只眼睛附近都有一个单独的跟踪器。有些系统会做出妥协，假定所有的观看者都保持水平视线，从而根据最适合群体的视角，在显示器的大范围内呈现立体图像。但这种妥协将导致视图的边界上可能出现微小的不连续［Febretti et al. 2014］。

基于手的虚拟现实显示器，即那些可以用手拿着的显示器，比如智能手机或平板电脑（远离脸部），类似于固定式显示器，因为用户头部的位置比其方向更重要。理想情况下，为了正确的透视渲染，需要屏幕和眼睛之间的相对位置。然而，这经常是权衡的，特别是在魔术镜头风格的 AR 显示中，一般假设眼睛在屏幕前有一定的距离。

跟踪手和手指

跟踪手，无论是否跟踪手指，通常是为了给用户提供一种与世界交互的方法（图 4-28）。此外，在多参与者空间中，手势可以提供参与者之间的交流。一只手可以通过在手腕附近安装一个跟踪器来跟踪，也可以通过使用一个带跟踪器的手持设备来跟踪，或者使用一种非接触传感技术来跟踪。

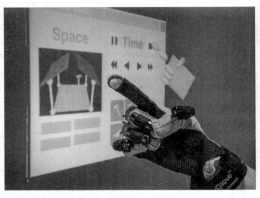

图 4-28 通过跟踪用户的手获得的信息也可以用来控制虚拟世界中的手化身。这种表示给用户一种在虚拟世界中的临场感。用户可以指向选项（图 a）或者握拳抓取和搬运对象（图 b）（照片由 William Sherman 拍摄）

　　当需要有关手的形状和运动的详细信息时，手套输入设备可以用来跟踪用户的手指和手部其他屈曲的位置。在这种情况下，手部位置跟踪器通常直接安装在手套上。此外，还可以使用诸如 Leap Motion Controller 之类的设备来确定用户的手和手指的位置和姿态。通过软件，可以将计算骨骼系统的位置和姿态合并到应用程序中。这样做的好处是不需要用户佩戴手套。在虚拟现实环境中，该传感器通常连接到 HMD 的前端（图 4-29）。第三种方法是采用谷歌的 Soli，该技术探索如何利用雷达跟踪精细运动，以提供精确的用户输入。

图 4-29 将手指形状识别设备安装在 HMD 前端，可以将手的交互集成到虚拟现实体验中，而不需要物理控制装置（照片由 William Sherman 拍摄）

　　虽然手套输入设备提供了大量关于用户身体关键交互部位的信息，但它们也存在明显的缺点。首先，它们需要时间来穿上和脱下，这对于那些鼓励共享交互式控制世界的应用程序来说尤其是个问题。在用户群体很大时，不太可能为每一位参与者配备单独的手套，因此每一次轮换意味着都要经过一个烦琐的脱下 / 穿上和重新校准的过程。手套通常也很难校准，但更糟的是，手套必须要校准，以便系统对用户当前的手部姿势有一个准确的测量。校准程序包括完成许多手部动作，并让计算机记录每个新动作的数据。

　　非接触式手指跟踪技术（如 Leap Motion 和 Soli）也存在困难。具体地说，由于这些技术是基于视觉感知的，任何自遮挡（例如手指重叠）都会妨碍系统准确地知道"看不见"的手指的结构。另一个缺点是，进行手的形状估计需要一定的计算能力。最终的结果是，有时手的姿势是远远不够准确的，如果这种情况发生得太频繁，试图使用形状来控制会变得困难。

对于手套输入和非接触式输入（如 Leap Motion），许多应用程序对数据输入手套的使用实际上并没有利用手部形状的全部信息。报告手部每个关节的数据允许应用程序呈现手部的真实表示，但如果最终只使用少量的姿态来表示有限的命令选择，那么这种努力可能不值得。使用有限的输入手套或手持设备（见本节后面的"道具"）通常比测量手指的完整相对运动更有效。例如，手套只能感知一只手或两只手的指尖接触，它提供了一组离散事件的信息，这些事件更容易被感知，不需要校准，也更容易被虚拟现实系统处理［Mapes and Moshell 1995］。

另外，在手持设备上使用按钮或操纵杆更方便、更有效地触发动作，也可以被认为是一种有限的手指跟踪形式（手指要么在按按钮，要么没有按）。总的来说，手套的侵扰性，以及（目前）跟踪手指的不准确性，与直接使用一个手持输入设备的简单性相比，根本不值得。Oculus Touch 设备有一个功能，即当用户的手指仅仅停留在设备上时，手持设备就会报告，这样即使没有扣动扳机，系统仍然可以知道手指是否触碰了扳机，或者拇指是否放在了操纵杆上。虚拟现实系统可以根据这些信息做出基本的推断，比如当用户没有触碰扳机时，他可能在指着屏幕；当拇指没有放下时，他可能在竖起大拇指。

手部跟踪另一个重要的选择是要决定是同时跟踪两只手还是只跟踪一只手。当然，有了手套，为一只手提供硬件更容易也更便宜，不管有没有手指跟踪功能。对于其他技术，将双手放在传感器的范围内可能是困难的（或者会限制用户）。接下来的问题是，单手跟踪是否能达到预期的效果。手持控制器的形状也在实现双手操作方面发挥了作用——设计成两只手握着的控制器将双手连接在一起，使得双手交互变得困难，而为单手设计的控制器提供了更多的灵活性（图 4-30）。在第 7 章，我们将讨论特定的交互，使用双输入可能更好。

跟踪眼睛

眼睛的位置通常由跟踪头部的位置和方向来确定。但是，要知道用户正在看哪个方向，还需要进一步的信息。跟踪用户眼睛相对于头部的方向的技术直到最近才在虚拟现实中变得实用，因此，还没有在许多应用中进行过尝试。目前许多消费级 HMD 都包含

图 4-30　手持控制器可设计成双手界面，使用户有更多的自然交互。这里的 Razer Hydra 系统包括每只手的手持控制器以及用于跟踪控制器 6-DOF 位置的基座（照片由 William Sherman 拍摄）

眼球跟踪，下一代 HMD 很可能将眼球跟踪作为一个标准功能。基本的眼球跟踪是通过分析每个眼球的视频来完成的（图 4-31）。

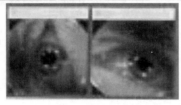

图 4-31 通过将眼球跟踪直接集成到 HMD 中，用户可以使用额外的输入通道进行直接控制，也可以通过虚拟现实系统观察用户在看什么。在该系统中，一个额外的眼球跟踪器已集成到 Oculus DK-2 HMD。插图特写显示了每只眼睛的相机视图，因为瞳孔的位置是计算出来的，用来确定每只眼睛正在看的方向（照片由英伟达公司提供）

眼睛跟踪在两个基本领域是有用的。一种是根据用户直接看到的虚拟世界的部分来分配渲染资源。这个场景在被跟踪的眼睛注视的方向上显示了更高程度的细节，或者增加了景深效果。另一个有用的领域是将眼睛跟踪作为与世界交互的一部分。例如，可以根据眼睛的移动来选择或移动对象。后一种技术通常用于智能手机的 VR 系统和其他输入有限的系统。但在这些情况下，不会跟踪瞳孔方向，因此在凝视界面中，系统假设用户直视前方。

跟踪躯干

很少有虚拟现实应用程序真正跟踪参与者的躯干，尽管当用户的虚拟化身被显示时，它通常包括一个躯干，并根据头部和手部的位置对其位置做出一定的假设。然而，躯干实际上比头部或双手更能指示身体所面对的方向。躯干的方位可能是比头部或手部位置更好的定位元素（例如，参见 Placeholder 程序［Laurel et al. 1994］，也参见 Sherman 和 Craig ［2002］，附录 D）。

使用躯干的轴承作为旅行方向的好处与用户在沉浸式虚拟世界中移动的体验水平有关。新手用户可能会更好地适应头部的运动方向（例如，鼻子方向）。然而，限制头部运动的方向会限制它们环顾四周的能力。使用头朝向的旅行方向要求用户总是看向他们旅行的方向。

在一些应用程序中，躯干跟踪在用户与世界交互的能力中起着至关重要的作用。如果跳跃或倾斜是与世界交互的重要部分，那么对身体（尤其是躯干）更完整的跟踪是确定这些身体动作所必需的。例如，滑雪或其他与运动相关的应用程序可能需要躯干运动的信息，这些信息可能来自躯干的直接跟踪，也可能间接来自基于摄像机的系统（如 Kinect-v1）或体重分配系统（如 Wii 平衡板）。

跟踪脚部

脚部跟踪虽然还没有普及，但是已经做了一些工作来提供跟踪用户脚部的方法。跟踪脚部增加了用户界面的逼真性，因为它提供了一种明显的方法，来确定用户期望旅行的速度和方向，并且要求用户为旅行付出体力（请参阅图 5-76）。

脚部跟踪基本上可以使用前面章节中描述的从电磁到光学的任何一种位置跟踪技术来实现（包括基于深度的骨骼跟踪，如 Kinect-v1）。在所有虚拟现实系统中，通过与地面或其他支撑结构的接触，有一些功能很容易实现。脚部跟踪技术可以直接集成到我们所谓的系统"平台"中（稍后将详细介绍）。例如，压力传感器可以在平台上用来确定一只脚是否抬起，或者它在平台上的什么地方施加压力，或者通过半透明地板下的摄像头可以确定脚的位置［Zielinski et al. 2011］。

有些平台可以通过知道脚在哪里（或应该在哪里）与平台接触，来隐式地跟踪脚部，例如固定自行车和楼梯。脚部跟踪也与跑步机平台同步——既包括传统的跑步机，也包括全方位和减摩系统，如 Virtuix Omni（图 4-32）。另外一些隐式跟踪脚部的方法，例如，Ryan McMahon 和他的学生研究的方法，将 IMU 传感器安装在脚上（也许还有膝盖）来测量腿部的相对运动和用户的意图［Eubanks et al. 2015］（图 4-33），Virtuix Omni 也采用这种方法。

图 4-32 Virtuix Omni 平台提供了一个低摩擦的底座，当与特殊的鞋子搭配时，有助于给人一个合理的步行印象（照片由 Virtuix 提供）

图 4-33 几个 IMU 跟踪单元，加上对地板位置和人体运动能力的先验知识，可以结合起来确定用户在房间内移动时脚和腿的运动（照片由 J. Coleman Eubanks 提供）

生物和医学传感器技术

除了位置跟踪，还可以监控其他生理身体属性，并将其用作控制虚拟世界各个方面的输入。这些方面包括身体功能，如体温、流汗（皮肤电反应）、心率、呼吸速率、情绪状态和脑电波（图 4-34）。这些功能可以被简单地测量来监测参与者体验世界时的状态，也可以被用来改变世界——例如，确定什么体验是最放松的，或者使用反馈引导用户平静下来［Addison et al. 1995］，或利用呼吸速率来控制潜水体验时的垂直运动［Davies and Harrison 1996］（参见 Craig et al.，第 8 章，案例研究 8.1［Craig et al. 2009］）。

传感用户生物特征的技术正日益成为医疗工具、个人健身（如 Fitbit 跑步机）和娱乐用途（如 Myo 手势控制臂带）。通过简单的脑电图测量来操纵玩具的物理属性（驾驶直升机或移动球）的玩具已经被用于一些 DIY 界面（图 4-35）。

图 4-34　这里，用户穿着一件紧身衣，这为计算机系统提供了一种手段来监测穿戴者的生理属性，如呼吸率、心率、血压和血氧饱和度。来自紧身衣的数据可以用来修改用户的虚拟现实体验（图片由 Vivometrics, Inc. 提供）

图 4-35　通过使用一个低成本的脑电图传感器，这个人能够通过凝视在三盏台灯中切换所需要的灯，并思考一个指令来打开和关闭灯。一个 Google 眼镜向用户反馈他们的大脑状态（照片由 Alan B. Craig 提供。应用程序由 Daqri 公司提供）

4.2.2　物理输入设备

除了标准的位置跟踪之外，物理设备还为用户和虚拟世界之间的界面增加了另一个方面。物理设备的实例化范围从简单的手持对象到大型驾驶舱样式的平台，用户可以坐在其中或站在其中。通常，这些设备是专门为特定的应用程序设计的，尽管有些设备是专门为许多不同应用程序设计的通用标准接口。或者它们可能是为一类特殊的应用程序而设计的，例如游戏。一个单独的设备通常会有多个特定的输入作为一个单元集成在一起。

虽然我们目前关注的是设备的输入方面，但它们的物理特性肯定也有输出方面。与物理设备交互的人可以感知物理特性，如重量、表面纹理等。因此，它为用户提供了一种触觉反馈。当设备被抓住或移动时，用户感觉到与固体、质量、重心的交互作用，可能还有一些移动方式的限制（例如，平台方向盘只会围绕中心做圆周运动）。在本节中，我们将"物理控件""道具"和"平台"的功能描述为向系统提供输入的手段，或者从系统的角度描述为跟踪用户输入的手段。

物理控件

物理控件是单独的按钮、开关和定值器（滑块、刻度盘和操纵杆），允许用户主动向虚拟现实系统提供直接输入。通用设计的设备（如游戏控制器）允许在多个应用程序中使用。物理输入也可以被设计为具有主要用途的特定接口，例如用于音乐或木偶戏表演。物理控件可以安装在虚拟现实系统使用的平台上（例如安装在汽车变速箱上），安装在由系统跟踪的手持道具上，或者位于场地内的其他地方。物理控件的虚拟表示也用于一些虚拟现实体验，正如我们在第 7 章的操作方法部分中讨论的那样。

回到基本控件类型枚举列表，我们从最简单的设备开始，该设备具有少量离散位置或状态。基本按钮是具有两个位置（按下或释放）的设备。开关（n 元输入）可以具有两个或多个可以设置的位置。手持道具上通常安装多个按钮。通过考虑道具的位置，触发事件可以与道具的方位或位置相关联。

定值器是简单的控件，具有一系列连续值，可以设置它们。用于灯具的亮度控制器是这种常见的家庭示例。可以单独使用定值器，例如滑块或刻度盘，也可以组合使用，以便可以一次操作几个相关的控制，例如使用操纵杆（2-DOF）。

多个输入可以合并到单个输入设备中。该设备可以是通用输入控制器，例如典型的 CAVE 式魔杖，可能具有三个或更多按钮和操纵杆，或 HTC Vive 和 Oculus Touch 控制器（参见图 4-14、图 4-18、图 4-30 和图 4-37）。输入控制器（由各种按钮、开关和定值器组成）专为特定任务而设计，例如字母数字输入（如输入键盘）、控制游戏角色（如游戏手柄）、乐器界面（如钢琴键盘、管乐器）、角色表演（如木偶 Waldo——一种用来控制木偶的嘴巴、眉毛、眼睑等的手持装置）（图 4-36）。

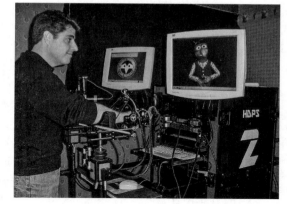

图 4-36　需要学习普通木偶技能才能成为有效的木偶操作者，但也需要掌握专业工具。在这里，木偶操作者使用 Waldo 手动输入设备来控制 Gonzo the Great 的计算机图形表示（Henson Digital Performance Studio 和 Gonzo 图片由 The Jim Henson Company 提供。©The Jim Henson Company。The Jim Henson Company、Henson Digital Performance Studio 以及 Gonzo 角色和元素是 The Jim Henson Company 的商标。版权所有）

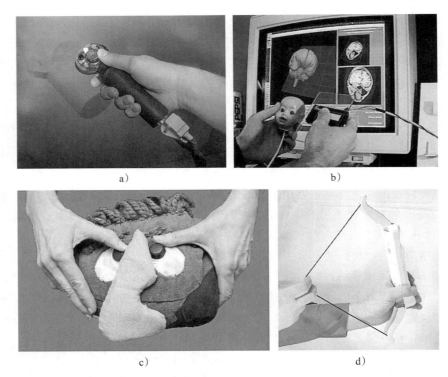

图 4-37 某些虚拟现实系统使用能同时提供按钮、操纵杆和跟踪信息的通用控制设备。a）这种设备的早期例子是原始的 CAVE 式魔杖。该设备具有 6-DOF 电磁跟踪，外加三个按钮和一个压力操纵杆。b）其他系统使用定制的道具设备，通过在日常物品中添加跟踪器、按钮等来创建。这里，玩偶头部和塑料板的位置被跟踪。系统根据塑料板与玩偶头部的相对位置确定要在屏幕上显示大脑的哪个部分。c）在 Figuratively Speaking 应用中，艺术家 Margaret Dolinsky 使用一个柔软的雕塑隐藏了一个操纵杆控制器，作为用户与虚拟现实世界之间的手持连接。雕像的脸与 VR 作品中的脸很像，而雕像的眼睛实际上是操纵杆。通过移动操纵杆（"眼球"），用户能够导航，"观看"周围，与其他角色交互。d）许多游戏界面都设计了道具来模拟它们所代表的真实设备，比如这个射箭弓（图 a 由 William Sherman 拍摄，图 b 由 Ken Hinckley 提供，图 c 由 Margaret Dolinsky 提供，图 d 由 William Sherman 拍摄）

也许现在广泛使用的最常见的多输入控制类型是类似于 Xbox 或 PlayStation 的游戏手柄式控制器。游戏控制器设备通常有多个按钮、操纵杆和其他定值器，在某些情况下，比如 Wii 控制器，还包含位置跟踪的技术（见下面方框中的内容）。

Xbox 控制器的外形与许多双手控制器相似，每个拇指都有一个双操纵杆布局，以控制不同的运动参数。标准的 Wii 控制器（又名"wiimote"）很方便，因为它使用单手形式，尽管它缺少类似的操纵杆。PlayStation 3 系统引入了两个单手控制器，其中一个

（"移动控制器"）有一个用于简单位置跟踪的基准球，另一个（"导航控制器"）有一个类似的操纵杆。将位置跟踪与"导航"控制器相结合，可以实现一种方便的单手操作系统。用于智能手机 VR 的 Google Daydream 控制器借鉴了 Wii 控制器，在一个简单的手持设备中加入了 3-DOF 方向跟踪功能。

道具

与电影中的道具一样，用户界面道具是用于表示虚拟世界中的某个对象的物理对象。在虚拟现实体验中，小的具有重量的圆柱体可能代表轻剑，或者玩偶的头部可能代表患者的头部。同时，道具通常充当虚拟世界用户界面的化身。

我们对道具的定义包括通用输入设备，如 CAVE 式魔杖和跟踪游戏控制器。有些道具只是简单的形状（球体、圆锥体、平面等），可以粗略地近似任意数量的物体［Hinckley et al. 1994］，而另一些则是为了容易用于特定类型的任务，比如玩游戏，还有一些则代表在虚拟世界中的特定对象，如前面提到的木偶的头部。

道具： 作为虚拟世界界面的物理对象；道具可以由虚拟对象具身，并且可以在上面安装物理输入控件，可以被跟踪，并且可以提供主动的触觉反馈。

道具的物理特性可以暗示它在虚拟现实体验中的使用。这些特性包括形状、重量、纹理、重心和坚固性——所有这些都为用户提供了一些触觉信息。例如，使用一个真正的高尔夫推杆作为道具，可以提供握把的纹理和适当的质量和重心，从而提供操作虚拟推杆所需的现实动力。这些相同的特性并不是手套或魔杖装置所固有的。可以在应用程序中为特定目的定制道具［Hinckley et al. 1994］［Fitzmaurice et al. 1995］。图 4-37 显示了通用道具和定制道具的示例。

用物理形式表示虚拟对象还增强了用户执行简单物理操作的能力。将设备从一只手切换到另一只手（甚至在用户之间）变得相当简单——每个用户都能很自然地做到。相反，即使是为虚拟对象创建一个简单的转移交互，而不使用可跟踪的手持道具，也会成为一个复杂的、多阶段的任务，需要专门为这种交互设计界面。对于用户来说，使非自然交互变得自然，这需要大量的设计分析。

道具允许与虚拟世界进行更灵活、更直观的交互。简单地确定两个道具或道具与用户之间的相对空间关系的能力，提供了强大的感知线索，用户可以利用这些线索更好地理解虚拟世界。弗吉尼亚大学进行了在神经外科可视化应用中定制道具的早期研究［Hinckley et al. 1994 年］。最近的娱乐应用方面的例子是 Kenzan 公司和 Artanim 基金会的"真实虚拟"体验，道具包括一个火炬和一个小宝箱（图 4-38）。实际上，任何可以携带的物体都可以通过添加位置跟踪手段来成为道具。3D 打印现在提供了一种相对简单且低成本的方法来为虚拟现实应用程序创建定制道具。

图 4-38 在 Kenzan 公司的 Pharaoh's Tomb 体验中，参与者持有物理火把，并在遇到宝箱或石棺时触摸真正的"盒子"（图片版权由 ArtAnim / Kenzan 所有）

总的来说，道具的物理特性（形状、纹理等）为用户提供"可供性"，提示如何使用该设备与世界交互。如果道具是圆柱形的，它可以是指向器，或剑柄，或网球拍的手柄。如果道具是枪形的，那么这也告诉用户它是如何使用的。Hinckley 玩偶和塑料板同样提供了即时线索，告诉人们如何使用它来检查 3D 患者头部扫描。Wii 控制器的简单外形使得它有了许多附件，这些附件可以使控制器具有一些真实世界中相应的形状，比如球拍、方向盘或弓。虽然没有提供新的输入功能，但是这种模拟真实世界的功能仍然是控制器的一个有用的附加功能，可以帮助用户了解如何使用控制器。

为了检查道具的操作效果，我们首先讨论作为被动输入设备的道具。换句话说，与计算机的界面既不包含用户必须主动参与的任何物理输入（如按钮或滑块），也不提供主动的触觉反馈。

Hinckley 及其同事［1994］在他们的题为"Props for Neurosurgical Visualization"的论文中，列出了被动界面道具的以下好处：

❑ 熟悉；
❑ 操作直接；
❑ 使用简单；
❑ 可触知性；
❑ 无切换模式（例如，单一的界面对于不同的操作没有不同的"模式"，因此每个道具只有一个功能）；
❑ 反馈；
❑ 双手交互；
❑ 实用的设计（即提供道具作为熟悉的工具，其使用和物理限制对用户来说是直观的）；
❑ 工具的新用法（即参与者所展示的使用工具的创新和不可预见的方法）。

使用道具的目的是创建用户以自然方式操作的界面。这种无缝界面（以我们在第 2 章中介绍的"终极界面"为特征）实际上是虚拟现实的总体目标，也就是说，虚拟现实体验的终极目标是让一个界面如此自然，以至于用户感觉他们是直接与一些虚拟世界交互，几乎没有注意到中间界面的存在。一个具有局限的例子是通过跟踪计算机键盘让熟练用户输入文本数据。

道具的另一个好处是，通过将虚拟世界中的特定对象与现实世界中的物理对象联系起来，可以使虚拟世界中的特定对象看起来更真实，从而提供真实的触觉属性（如光滑或模糊的表面）。当一两个物体被赋予如此的实体性时，虚拟世界的其余部分也显得更加真实。这被称为客体永久性转移，在之前的第 3 章 "沉浸感" 章节中已经在中讨论过了。一个治疗蜘蛛恐惧症的 VR 应用程序提供了一个有趣的转移示例：用户伸出手去触摸一只虚拟蜘蛛，他们实际上会感到一个失真的蜘蛛道具 "增强" 了他们的体验 ［Carlin et al. 1997］。

平台

平台为虚拟现实体验奠定了基础。顾名思义，平台是一个更大的、更少移动的物理结构，用作虚拟世界的接口。与道具一样，平台也可以通过现实世界对象来表示虚拟世界的某些部分，参与者可以与现实世界的物体进行物理交互。通常，虚拟现实体验的平台是参与者在体验期间坐或站立的地方。平台的范围可以从通用空间到特定的控制接口（图 4-39）。

平台：参与者所在的虚拟现实系统的一部分；平台可以设计为模仿虚拟世界中的现实设备，或者只是提供一个坐着或站立的通用位置。

图 4-39　某些虚拟现实系统使用精心设计的平台为虚拟世界提供逼真的感觉。例如，Cutty Sark 平台提供实际船轮作为虚拟世界的输入设备，用户在其中驾驶飞船。在 DisneyQuest Virtual Jungle Cruise 中，参与者坐在充气的木筏上，并使用履带式桨来提升体验（Cutty Sark 的照片显示由 Randy Sprout 提供，Virtual Jungle Cruise 的照片版权归迪士尼公司所有）

现实世界越来越多地充当智能设备（"头戴式"或"智能手机 VR"）或头戴式显示体验的平台，包括行走或只是坐在你的计算机前的空间——也许还配有放在地板或椅子上的仪器，如压力传感器或基准地标。但仍有许多大型虚拟现实系统为用户提供了特定的参与场所。在某些情况下，当需要额外的真实感时，平台通过在运动基座上结合它们来提供平衡（前庭）反馈（输出）。运动基座系统由液压、气动或其他高推动力技术驱动来移动地板或驾驶舱。

以下部分描述了许多虚拟现实平台，最常见的类型是：

❑ 受限制的空间；
❑ 展示亭；
❑ 移动平台（例如跑步机，自行车，轮椅）；
❑ 交通工具（驾驶舱、汽车、机械、动物驱动）；
❑ 专用房间；
❑ 固定式虚拟现实显示器（大屏幕房间、绘图板）。

此列表中不包括只是坐在办公桌前，或在房间的空地或定制的房间里走动。因为没有为增强用户体验而创建的物理对象（可能只是通过增强安全性），这些情况并不完全属于平台的定义。为了完整起见，人们可以将这种类型视为"零平台"的情况。

还应该指出，运动基座可以基本上附加到上述列表中的任何平台上，这当然会显著地改变可以组成的体验。运动基座用于输出前庭感知，将在第 5 章讨论。

受限制的空间。 受限制的空间是指物理上限制用户的任何空间。这通常表现为某种类型的环形平台，但也可以简单地是用户在体验期间坐在其中的椅子。环形平台是一种通用平台，通常用于闭塞式 HBD 体验，以防止参与者被环境中他们看不到的电缆缠绕或其他物体绊倒。一个典型的环形平台有一个围绕参与者的腰部高轨，他们可以抓住并靠在上面以帮助保持平衡（图 4-40）。当然，这条栏杆限制了参与者的行动自由。手持式道具和控制器是与环形平台相关联的最常见的用户输入设备形式。在某些情况下，环形平台可能具有集成在其中的其他特征，例如 Virtuix Omni 的无摩擦地板——下面进一步讨论。

图 4-40　简单的环形平台为参与者在佩戴头戴式显示器时提供安全感。这种环提供了一些东西来保持平衡，限制了参与者的身体自由，防止他们绊倒或与真实的物体碰撞（照片由 Virtuality 公司提供）

另一种特殊类型的受限制空间是用户被物理捆绑在其中的乘坐，乘坐者可以猛烈地移动它们。游乐园行业最近的一个趋势是将 HMD 添加到一些现实世界的过山车中，为乘客提供视觉感

受，以取代现实世界的露天视场。随着视觉效果与过山车运动同步，乘客可能会觉得他们正
在云中飞行，或者和超人一起在城市摩天大楼之间飞行。在很大程度上，这是对主题公园"黑暗骑乘"风格体验的延伸，用户可以在一个带有视觉、声音和其他效果的平台上完成体验，比如环球影城主题公园的"The Amazing Adventures of Spider-Man"。使用过山车作为平台，允许运动平台走得更远、更快，并做扭转和转弯，传统的黑暗骑乘并不能做到。

展示亭平台。展示亭平台是一个类似于展位的结构，参与者可以在其旁边访问虚拟现实体验。展示亭平台通常与固定的视觉显示器相关联，参与者可以看到屏幕并且有时操作被集成到展示亭中的控件。展示亭通常设计为可移动的（图 4-41）。

移动平台。移动平台旨在通过虚拟世界提供看似逼真的旅行，通过身体运动（行走）转换其自然的推进方法。示例包括允许参与者自然行走、骑自行车或推动轮椅的设备。

图 4-41　Intuitive Surgical 公司的达芬奇展示亭专为遥控手术而设计。外科医生使用展示亭操作比通过直接操作仪器获得的精确度更高（照片由 Intuitive Surgical 公司提供）

跑步机或踏步机给用户一种错觉，以为自己的运动正在推动他们通过虚拟世界。这种效果是通过动觉反馈来实现的，动觉反馈来自肌肉和肌腱中的神经末梢，这些神经末梢告诉身体它的位置和作用于它的力。一种选择是把用户放在一个大的球体中，当他们行走时，球体会旋转，以保持他们直立（图 4-42）。

图 4-42　一种特殊的"平台"，它是一个球体，参与者在里面走动时使用无线 HMD 和控制器。他们的行走使球体围绕他们旋转，类似于仓鼠的轮子（照片由 William Sherman 拍摄）

　　类似的方法是，在参与者的脚和地面之间创建无摩擦的界面。在这种类型的系统中，跟踪脚的运动，同时用约束装置固定使用者的位置［Iwata and Fujii 1996］（图 4-43）。Virtuix Omni 平台是一种非常类似于 Iwata 和 Fujii 所描述的系统——它具有无摩擦表面，其中物理行走将使脚滑回到中心位置，并且脚移动的速率被映射到虚拟世界的运动（图 4-32）。

　　全方位跑步机是一种复杂的装置，允许用户在任何方向上进行物理行走，跑步机将它们主动移回空间的中心区域（图 4-44）。用户的动量可能与跑步机的运动相结合，从而导致用户的不平衡。这种情况既存在破坏性，也存在潜在的安全隐患。目前通过让使用者佩戴安全带以防止它们掉落来解决安全问题。

图 4-43　Iwata 和 Fujii［1996］设计的这种原型式低摩擦步行界面提供了一个带环形平台的受限空间，但具有集成的脚部跟踪和步行界面（图片由 Hiroo Iwata 提供）

图 4-44　全向跑步机（ODT）允许参与者在任何方向上进行物理移动，当移动设备时，设备会将其带回平台中心（图片由 Max Planck 生物控制论研究所的 Berthold Steinhilber 提供）

　　轮椅输入装置描绘轮椅上的人如何在虚拟世界中行动（图 4-45）。然而，轮椅受到环境因素的影响，如倾斜度和动量，因此真实的轮椅模拟必须能够根据虚拟世界的物理原理自动旋转或减速。

　　交通工具平台（驾驶舱）。在交通工具平台中，你可以坐着或站着控制或驾驶虚拟车辆。大多数情况下，当驾驶舱周围显示虚拟世界时，用户会看到逼真的控件和装备。大多数人都熟悉飞行模拟中交通工具平台的使用；事实上，我们有时会将它们用作驾驶舱虚拟现实范例。在飞行模拟器中，平台包括用户驾驶虚拟飞机所需的所有控制和显示。

　　在其他情况下，用户可能进入设计为类似于船舶控制室的房间。因为平台影响着参与者如何看待虚拟世界，如何与虚拟世界交互，所以它对体验的感知方式，以及应用程序的成本和所需空间都有很大的影响。

　　驾驶模拟器可以将用户放在实际的汽车中，而控制器提供虚拟现实系统的输入而不是实际移动汽车。对于人体工程学分析，Caterpillar 公司从实际拖拉机的部件（例如座椅、方向盘、踏板和控制杆）创建平台（图 4-46）。

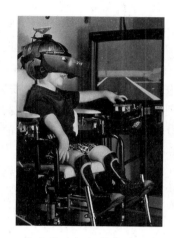

图 4-45　儿童学习如何借助虚拟现实系统控制轮椅（图片由 Applied Computer Simulation Labs 提供）

图 4-46　Caterpillar 公司通过提供由实际的机器组件组成的虚拟世界的界面，将现实世界与虚拟世界结合起来（照片由 Kem Ahlers 提供）

　　主题公园或基于位置的娱乐虚拟现实系统通常使用驾驶舱或任务桥作为输入平台。有时他们很大，比如精心设计的驾驶舱看起来像船的桥梁。每个用户在体验中被分配一个特定的角色和一个执行其职责的座位。扮演船长角色的用户可以在中心获得一个带有某种地图显示形式的座位。驾驶员将坐在操纵装置旁。利用这个平台来强化参与者的角色，有助于让体验顺利进行。在某些情况下，虚拟现实应用可能配备液压运动装置（图 4-47）。请注意，虽然交通工具平台通常用于完全虚拟的体验，但它们也可以连接到真实世界的设备，这样在虚拟世界中执行的操作就会反映在真实世界中，比如控制一个真实世

图 4-47　一些虚拟现实应用程序提供驾驶舱，参与者坐在其中通过使用诸如方向盘、操纵杆、踏板等装置来"驾驶"虚拟车辆。安装在运动平台上的 X-21 大黄蜂驾驶舱给了参与者一种坐在战斗机驾驶舱的真实感觉（照片由 Fightertown USA 提供）

界的飞行无人机。

我们把动物驱动的交通工具，如狗拉的雪橇或公共马车，也包括在交通工具的范畴之内。此外，我们扩大了分类范围，包括骑乘动物（真实的或想象的），如大象或巨鸟。驾驭和骑乘动物的界面包括参与者通过一个中介装置（如缰绳）间接地控制他们的旅行，就像控制汽车、船或魔毯一样（参见图 7-79）。

专用房间平台。一个由物理空间和虚拟空间相结合的特殊平台就是专用房间平台。在这种类型的平台中，体验参与者与被动触觉表面进行交互，被动触觉表面可能包括实际的坐的地方和真实的铰链门，这些铰链门增加了一些机械装置，使得虚拟世界能够准确地反映这些"被动触觉"对象。

这些特殊空间的参与者通过物理移动来旅行，尽管重定向的步行技术可能会被应用，以允许体验设计师模仿带有圆形走廊的长走廊，同样的物理空间被用来代表许多单独的虚拟房间。北卡罗来纳大学的 The Pit 体验利用聚苯乙烯泡沫塑料块来创建这样一个被动的触觉室。Void 娱乐中心同样利用这种"平台"风格来增强其体验的真实性。

请注意，如果空间中存在物理实体，则在虚拟世界中反映这一点至关重要。否则，沉浸其中的参与者将不知道它的存在，他们可能会与现实世界的物体发生碰撞，而他们在虚拟世界中看不到它。

固定式虚拟现实显示平台。固定虚拟现实显示也可以被认为是一种通用平台。对于包围参与者的显示器，例如 CAVE（由大型投影或平板屏幕围绕的 10 英尺 × 10 英尺的房间显示空间），用户被显示设备包围并通过手持道具与虚拟世界交互或语音控制；在某些情况下，这与交通工具平台混合，车辆控制器位于显示设备中。

对于安装在桌子或支架上的较小的固定式显示器，例如 GMD 的 Responsive Workbench[Krüger and Fröhlich 1994]，Fakespace Systems 公司的 ImmersaDesk，或者最近的 IQ-station[Sherman et al. 2010]（图 4-48），参与者站在或坐在显示器前面。与较大的固定式显示器一样，手持道具通常用于交互。然而，在这里，应用程序有时使用桌面或有角度的表面作为界面的一个组成部分，通过在屏幕上定位菜单和其他虚拟控件，并允许通过触摸技术进行交互。

平台小结。虚拟现实系统输入平台的使用并不局限于特定的视觉显示范例。头戴式

图 4-48　固定式显示器并不总是大房间，也可以是类似信息亭的站点，其中一个或两个用户站在小屏幕之前，例如这个 IQ-Station 显示器由两个消费级 3D 电视组成（照片由 Mike Boyles 提供）

显示和固定式屏幕（投影）显示中都有使用平台的范例。但是，某些平台可能在设计时考虑了特定类型的视觉显示。街机风格的虚拟现实体验通常使用平台和头戴式显示的组合系统。Caterpillar 公司的虚拟原型系统已经与驾驶舱式平台的头戴式显示和 CAVE 式显示一起使用。涉及在天空中翱翔的应用程序使用悬挂式滑翔机界面（图 4-49）以及巨型飞鸟 Birdly 界面（图 4-50）。

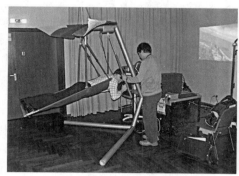

图 4-49　巴西圣保罗大学开发的应用程序采用悬挂式滑翔机的界面，允许参与者在里约热内卢上空滑翔（照片由 Marcelo Zuffo 提供）

图 4-50　计算机图形学先驱 Jim Blinn 使用 Birdly 界面像一只巨大的鸟在城市中翱翔（照片由 William Sherman 拍摄）

4.2.3　身体姿势和手势识别

在监控用户时，系统测量用户或其身体某些部分的当前位置。某个身体部位或一组身体部位的静态位置，如伸出的食指或紧握的拳头，被称为姿势。回想一下，手势是随时间发生的特定的用户运动。例如，当手处于抓取姿势时转动它，表示想要转动虚拟门把手。也许不那么直观的是如何使用人体来激活穿越世界的飞行，因为我们在现实世界中没有经验来建立这样的动作。一种飞行控制的例子是手指指向的姿势。伸出右手食指可启动飞行模式，手指方向指示飞行方向。挥动手臂是旅行控制的一个例子，它使用一个主动的手势来表达飞行的愿望（图 4-51）。

手势长期以来一直是人类交流的重要手段，并且还具有应用于人机界面的历史。我们已经提到在虚拟现实体验中使用手势，以及它们可能被使用的基本方式。

姿势：身体或身体的一部分（例如拳头外形的手指）的稳定外形。

手势：身体或身体的一部分（例如拍打手臂）的动作序列。

我们考虑通过时间来区分手势或姿势，但是当用户被要求保持静止一段时间时，这样的区别就变得很模糊了，因为他们保持某个"姿势"3 秒钟，然而这个动作可以被认为是一种手势。因此，我们将主要从手势的角度来讨论这些概念。

图 4-51 在 Placeholder 虚拟现实体验中，扮演乌鸦角色的用户使用手臂拍打手势在世界各地旅行（照片由 Dorota Blaszczak 提供，Placeholder 项目由 Brenda Laurel 和 Rachel Strickland 开发）

姿势和手势提供了一个扩展的指令库，可以从中派生输入命令。然而，它们的直观性在不同用户之间存在很大差异，用户可能需要在手势识别系统中进行训练。疲劳等因素可能会压倒直觉。也就是说，如果最直观的手势在参与者完成任务之前就已经让他们精疲力尽，那么发明一种更容易执行的手势可能更合适，即使它不如那种消耗体力的手势那么直观。

手势的一个独特之处在于它们是一种"隐形界面"。在没有明确说明的情况下，用户不会知道他们的存在，而没有加强使用，用户也可能会忘记他们的存在。但是，隐形，意味着它们不会混淆用户的工作空间，为它们提供大量可能的操作，也许所有这些操作都通过一个简单的 6-DOF 手部跟踪进行交互。但更多的时候，人们会更谨慎地使用手势，并将其用于与世界行为相匹配的特定目的——比如拉开弓弦或拍打手臂。

如前所述，在 4.1.6 节中，手势可用于模仿所有其他基本输入类型，如按钮、定值器等。执行手势（或不执行）的操作可视为布尔按钮操作，或者手臂拍动的速度可以是一个定值器输入的一部分。

手势也可以根据它们提供的交流方式来分类。HCI 将手势分为不同的使用类别："指令手势""手语"和"协同语言手势"［Marcel 2002］。其中，虚拟现实界面最感兴趣的是协同语言手势。指令手势属于桌面式拖放操作，手语则显然对不同的用户输入具有不同的特定解析。协同语言手势的一个简化列表是：

❑ 象征性——例如向上拇指表示赞成；

❑ 隐喻性——如拳头表示愤怒（但实际上不表示打拳）；

> ❑ 节奏性——例如用力挥动表示紧急；
> ❑ 指示性——例如指向感兴趣的物体；
> ❑ 标志性——例如拍打手臂表示飞行。

（在第 6 章中讨论表示时，我们将使用类似的分类。）根据跟踪的身体部位，虚拟现实体验可能会使用这些手势中的任意一种。

因为手势发生在用户身体周围，所以他们的身体本身可以用来区分手势。例如，在一臂距离范围内做出倾倒手势可以表示翻倒物体，但是当在脸部前方附近做出倾倒手势时可能会被解释为饮酒。身体周围的空间可以被认为是"身体参照区"（或"本体感知盒"）[Turk 2014]。因此，在射箭体验中，用户可能会把手伸到背后，进行抓握激活，以获取弓箭。参照区也可以设置为相对于虚拟或甚至现实世界，这样你也可以获取弓箭，或者可能将物体丢弃到容器中。然而，对于大多数手势，使用身体参照区将更有意义。

许多手势将被用作激活机制。当可用的物理输入有限时，手势是一个很好的工具，因此智能手机 VR 系统通常会使用"停留"手势（或"熔断按钮"）作为激活按钮的方法。这里，用户可以盯着虚拟世界中的按钮，然后在指定的时间量之后按钮被"按下"——用倒计时指示器（"熔断"）指示需要多长的停留时间。与智能手机虚拟现实配合使用的另一个简单手势是"轻拍"手机侧面，这会产生可识别的加速度计事件，可以将其解释为瞬时按钮按下。

其他手势可以将激活与其他参数组合来调整动作。例如，von Kapri 等人 [2011] 开发的 PenguFly 体验中，当用户将手臂置于腰部以下、头部后方时，就会激活旅行。旅行方向和速度可以通过双手之间的距离和手举的高度来调整（图 4-52）。

总的来说，手势输入提供了一种输入方法，它适用于许多 VR 体验，要么因为它们提供了添加新输入的能力，而不需要额外的技术，要么因为它们与体验很好地结合，吸引用户进一步进入虚拟世界。当然，在使用手势时需要考虑一些因素，比如如何训练用户执行这些手势，以及无法在需要时提供即时响应。

图 4-52　PenguFly 体验的导航界面使用由头部和双手位置构成的三角形来确定方向和速度（照片由 von Kapri、Rick 和 Feiner 提供）

4.2.4　语音识别（音频输入）

语音是另一种虚拟世界的输入形式。随着语音识别系统变得越来越实用，它们为与计算机系统的自然通信提供了极好的机会。特别是虚拟现实应用程序中，其目标是提供最自然的界面形式。最终的语音识别系统将理解上下文并用它来解释语音，并且它能够处理来自任何说话者的稳定语音流。尽管许多识别系统具有这些特征中的一些，但是这种终极系统还没有被开发出来。因此，应用程序设计师必须选择最重要的功能，并在当前技术的限制下做出选择。

一般来说，语音识别系统在由特定的说话者进行"训练"并将每个单词解释为离散的话语而不是连续的话语时，工作得最好。显然，正确类型的语音输入系统必须与应用程序的目标相结合。如果应用程序是为许多用户设计的，而且他们将没有时间训练系统来理解他们的声音，则有必要使用不依赖于用户训练的系统。利用云计算系统的深度学习算法使 Siri 等工具能够执行基本的语音识别任务，尤其是在上下文已知的情况——例如设置闹钟或提问。基于云的应用程序（如 Siri）需要对重要的计算和数据库检索操作进行访问，所有这些操作对用户来说是透明的。如果应用程序具有大而复杂的词汇表但仅由少数专家使用，那么一个由说话人训练的系统可能会更好，但也可以本地计算。

具有特定选项集的应用程序可以使用语音识别系统将音频声音映射到特定的命令字符串。然后将这些字符串与一组预编程的可能响应进行匹配。

激活语音识别系统。 在任何语音控制的应用程序中，必须解决的一个设计问题是决定识别系统何时应该注意用户所说的内容。最简单的解决方案可能是始终让系统监听用户。但是，当用户可能还在与附近的人交谈时，持续监听系统可能会导致问题。如果系统继续尝试将会话解析为命令，可能导致不必要的操作。选择性地关注用户的声音通常是更明智的做法。

语音识别系统激活选择性监听的三种方法是 push to talk、name to talk、look to talk。

push to talk 方法通过使用手持设备上的按钮或麦克风开关来激活语音软件。有许多非虚拟现实情况需要使用 push to talk（例如 LG 的 Magic Remote，图 4-53）。这种方法适用于复制传统 push to talk 的场景，例如，指挥员通过对引航员的口头命令来控制一艘船的情景［Zeltzer and Pioch 1996］。Siri 智能手机工具是一种 push to talk 系统，可以很好地处理电话拨号或预约。

在 name to talk 方法中，用户说出一个激活字，后面跟着一条指令。就好像用户按名称呼叫计算机（或虚拟世界中一个看不见的、无所不在的代理）。一个例子可能是："计算机，退出应用程序"或"计算机，请计算一条到 Ford Galaxy 的路径"。因为虚拟现实系统一直在监听激活词，所以它在虚拟世界中实际上是无所不在的。例如，使用谷歌眼镜，佩戴者会通过说"Glass"来激活系统。

图 4-53　此电视遥控器仅在按下按键通话按钮（右上角）时才能识别语音命令（照片由 William Sherman 拍摄）

　　look to talk 方法的工作原理是通过呼叫虚拟世界中的可见代理。这要求虚拟世界中有一个对象来表示代理（或多个计算机代理）。用户通过查看代理的可视化表示来表示他们何时希望代理执行操作，就像人类可以根据注视的方向辨别对方是谁一样（"我在看着你，但是和她在说话"）。该对象实际上是识别系统的化身，并且必须在用户附近，以便用户发出命令（图 4-54）。

　　说话者相关与说话者无关的识别。 一般语音识别系统仍然是很大程度上依赖于说话者或情境。通常看似微妙的变化会影响系统识别命令的能力。诸如麦克风的选择或房间中的人数等差异可能会干扰某些语音系统。虚拟现实体验的运行环境很难创建，甚至难以预测，使得难以在需要执行的相同环境下训练语音系统。

图 4-54　在此方案中，当用户对计算机生成的具身进行寻址时，将启用语音识别。请注意参与者嘴巴附近的小型吊杆麦克风。其他系统使用永久安装的顶置麦克风或手持麦克风（NICE 应用程序由 Maria Roussos 提供，照片由 William Sherman 拍摄）

　　但是，如果对语音命令施加一些限制，就可以实现与说话者无关的良好识别。这种限制可以是较小的词汇量，也可以是有限的、定义明确的语法。后者通常是为模拟军事通信而设计的应用程序中的一种选择，而军事通信通常是"按规定"进行的。大规模的语音识别项目（如 Siri）使用位于远程计算服务器上的大型语音数据库，能够更好地解释语音，让说话者以更自然的方式进行交流。然而，它们也会从它们的使用上下文中受益——例如，从联系人列表中呼叫某人或创建提醒闹钟。

　　语音识别的优缺点。 语音通信的优点是它是一种自然的、无阻碍的通信形式。语音识别技术不断改进，在越来越多的情况下越来越可行。然而，由于语音的性质，在许多任务和情况下，语音识别系统并不是最佳解决方案。

　　作为听觉交流渠道，语音输入需要一定时间。用于控制的语音输入不像使用按钮和定值器等设备那样瞬时。需要精确定时输入的任务（包括与其他身体移动相关的输入）最适合使用物理控制设备。

　　语音控制的另一个缺点是，说出一个命令可能会干扰正在执行的任务。当这个任务需要倾听或保持头部绝对静止时尤其如此。另一方面，在手需要保持静止和不要求实时（次秒级）的情况下，语音识别是有利的，因为用户可以在保持手不动的情况下触发命令。

　　此外，由于人们习惯于与智能生物交谈，所以他们可能会假设自己在与虚拟世界中的人工实体交流时也是这样，即使这并不像自然语言理解过程那样——先评估传入的通信流，然后解析请求的语义。或者，他们可能认为计算机可以很容易地理解我们的语言，就像在科幻小说中描述的那样，或者当处理实际发生在大型远程计算机上，专门用于这项任务时。

语音可以是非常有益的交互形式，因为在许多虚拟现实系统中通常没有可用于输入命令的键盘。当使用头戴式显示器时，如果看不到键盘，使用键盘通常是不现实的（尽管不是不可能，比如可以通过使用世界捕捉技术，如 Leap Motion 或 Microsoft Kinect，可以将手和真实键盘的表示带入虚拟中，可以实现从 HMD 内部查看键盘）。

语音识别小结。总的来说，语音识别系统可以在使虚拟现实体验更加身临其境和自然使用方面发挥重要作用。然而，在系统能够完美识别连续语音之前，系统的选择需要根据特定任务进行调整。而且，无论识别系统变得有多好，仍有一些不适合语音输入界面的任务。事实上，有些时候我们不希望附近的其他人听到我们与虚拟世界的对话。

4.3 本章小结

参与者与虚拟现实系统交互的方式极大地影响了他们在虚拟世界中的体验。交互模式影响系统的易用性、参与者的精神沉浸感以及可能的用户操作范围。

我们可以分别考虑用户的被动输入（跟踪 / 监视）和主动输入（由用户主动发起）。对被动跟踪技术的需求意味着位置跟踪技术是系统的一个关键组成部分，它用于跟踪参与者的身体位置和动作，以及他们可以访问的其他物理对象（道具）。有各种各样的技术可以用来进行位置跟踪。每种技术都有其自身的优点和缺点。综合技术可以通过利用一种技术的优势来减少另一种技术的缺点，从而提高跟踪性能。

被被动监视的用户的数量在各个系统之间可能存在差异。基本的虚拟现实系统一般跟踪参与者的头部和一只手。用户输入的其他方法包括按钮、操纵杆、可跟踪位置的道具以及帮助定义用户在体验期间将占据的空间的平台，同时也提供了一种输入方式。有时，虚拟现实系统可能包括一种语音输入方法，以提供与虚拟世界交流的自然手段。

为任何给定的应用程序选择的输入设备都为参与者如何与系统交互设置了条件，因此应该谨慎选择。许多输入设备通常可用于多种用途，有些是专用的定制设备。一些输入设备同时提供输出机制。例如，跟踪的高尔夫推杆虽然主要是输入设备，但也用于向参与者提供触觉反馈并帮助他们感受真实的推杆动作。

输入只是虚拟现实系统如何与人类参与者交互的一半。为了让参与者知道他们的输入如何影响虚拟世界，他们必须能够感知世界的外观、声音，也许还有感觉。第 5 章详细介绍了许多显示选项，不同技术的相对优缺点，显示设备如何相互作用，以及在为给定虚拟现实应用选择最合适的输出设备时要考虑的其他重要因素。

输出：连接虚拟世界与参与者

对虚拟世界的感知很大程度上受到参与者感知能力的影响，但另一方面是参与者对虚拟世界本身的物理感知源于计算机显示的内容（回想一下"显示"可以应用于任何感官）以及他们的内在感官（本体感觉、运动感觉和前庭感觉）。本体感觉和运动感觉是感知身体位置和运动的内部感觉，可以通过力觉显示进行交互，但更重要的是，它们与其他感官的联系有助于揭示空间关系。在 5 种经典感官（视觉、听觉、味觉、触觉、嗅觉）中，通常由虚拟现实体验合成的感觉是视觉、听觉和触觉。向用户传达计算机生成的刺激涉及许多技术方面。当然，一个显示系统的实现方式会影响体验的质量，甚至影响其投射出来的影像是否令人信服。

我们不会将个人感官的重要性与虚拟现实体验的质量相提并论，然而，我们会说增加额外的感官几乎总能提高沉浸感。另一方面，通常更容易实现具有较少感官显示的系统。在本章中，我们主要关注虚拟现实系统中针对视觉、听觉和触觉的输出显示设备，尽管我们也会涉及其他设备。我们将讨论视觉、听觉和触觉显示的定性属性和后勤属性，并探讨每种显示的不同模式，包括其组件、功能和界面问题。

在讨论显示选择的差异和相似之处时，我们会注意这些选择将如何影响应用程序的开发决策。例如，如果有必要让参与者在应用程序中看到诸如手部这样的附件，那么设计者必须选择不遮挡（隐藏）用户手部的显示器，或者必须跟踪他们的手部并将其表示为一个化身。视觉显示的选择取决于应用程序最需要的功能以及虚拟现实系统所布置的环境。

第 1 章介绍了所有感官显示的三种基本部署：固定式、头戴式和手持式。固定式显示器固定在背投屏幕、平板显示器或落地式音频扬声器等类似设备中。在虚拟现实系统中，输出的结果反映了用户输入感官的位置变化。头戴式显示器佩戴在使用者头上或以某种方式附着在使用者头上，与其一起移动。因此，无论用户朝哪个方向看，显示器都会移动，相对于身体的感官输入（在这种情况下是眼睛和耳朵）保持在一个固定的位置。因此，视觉屏幕或其他光源保持在用户的眼睛前面，而耳机则在用户的耳朵上或者耳朵里。显然，对于位于头部的感官，HBD 提供了一种自然的联系，但这不是唯一的选择。手持式显示器（例如平板电脑和手套设备）与用户的手一起移动。一些触觉显示器将更适合被描述为"基于身体的显示器"，例如在胸部的"重击"显示器。

在第 3 章中，我们考虑了感知模拟刺激的人类因素，着眼于人类感知的特点和局限。在本章中，我们将讨论如何基于这些人类感知的特点和局限，使用特定的技术将计算机生成的刺激传递给参与者。

5.1　视觉显示

虚拟现实系统包括某种类型的物理沉浸式视觉显示（图 5-1），即一个与用户位置相连接的显示输出，这样用户的本体感知会使他们将刺激视为一个他们感觉存在的空间。头戴式显示器系统是最常见的，但并不一定是所有应用程序的最佳视觉显示。每一种视觉显示的具体实现都有其独特的特点。

我们描述了 7 种视觉显示类型，来源于三种部署范式：

1）固定式显示器：鱼缸式 VR 显示器和环绕式 VR 显示器。

2）头戴式显示器：封闭式 HBD、非封闭式 HBD（光学透视和视频透视）、头戴式投影显示器和智能手机 VR 显示器。

3）手持式显示器：手持式 VR/AR。

对于每种显示模式，我们将讨论系统之间常见且唯一的属性。具体来说，我们将讨论每种显示类型的组件、功能（主要是好的），以及显示配置导致的界面问题（好的和坏的）。

5.1.1　视觉显示的属性

所有视觉显示设备都具有视觉表示和后勤属性。当然，这些属性因系统而异。也许所有视觉显示的唯一共同点是，每个视觉显示都有一种将视觉图像传输给参与者的方法。显示方法之间的优缺点将影响视觉效果本身的质量以及硬件的人体工程学后勤，正如我们在以下两个列表中总结的那样。

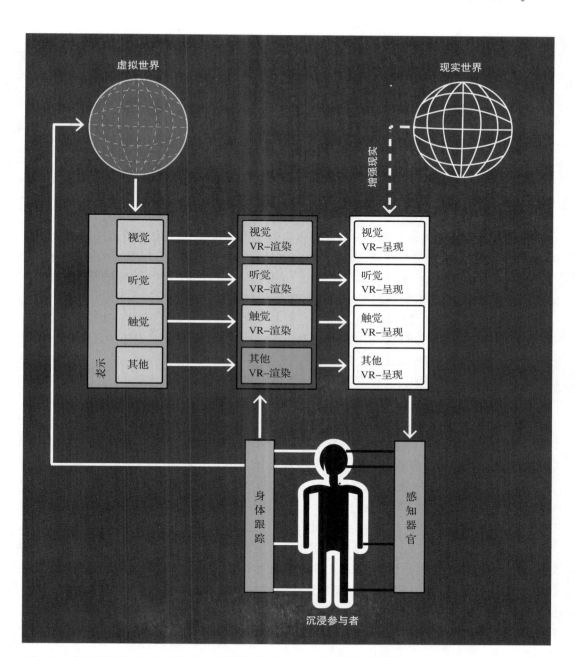

图 5-1 虚拟现实系统中的信息流。虚拟世界的元素被映射成适合视觉、听觉和触觉显示的表示形式。身体跟踪信息与虚拟世界信息集成，从参与者的角度呈现。通常情况下，身体跟踪信息（包括按下按钮、抓取手势等）直接输入系统，系统会呈现各种感官显示。跟踪信息也提供给虚拟世界，以帮助确定碰撞、选择以及和世界的其他方面的交互，这些取决于参与者的姿态

视觉表示属性		后勤属性	
❑ 接地	❑ 光学器件	❑ 穿戴设备	❑ 便携性
❑ 发射技术	❑ 透明性	❑ 用户可移动性	❑ 吞吐量
❑ 颜色	❑ 屏蔽	❑ 跟踪方法界面	❑ 累赘
❑ 空间分辨率	❑ 视场（FOV）	❑ 光污染	❑ 安全性
❑ 对比度	❑ 能视域（FOR）	❑ 环境要求	❑ 成本
❑ 亮度	❑ 头部位置信息	❑ 与其他感官显示器的关联性	
❑ 显示通道数	❑ 延迟容限		
❑ 焦距	❑ 时间分辨率（帧率）		

视觉表示属性

显示设备的视觉属性是影响虚拟现实体验整体质量的一个重要因素。必须根据预期应用的要求仔细考虑这些光学特性。通常来说，这些属性都是连续的，然而，一般需要根据参与者的体验质量需求来权衡资金成本。例如，在医学应用程序中，能够看到手臂上的静脉等细节可能非常重要，但在游戏世界中就不那么重要了。

接地。显示器接地是指显示屏和世界或参与者之间的接触点。例如，HBD 是头部接地的（与头部一起移动），而 CAVE 式显示器是世界接地的（例如，安装在墙壁或地板上）。也就是说，无论参与者的行为如何，它在世界的位置是固定的。其他选择包括手部接地、身体接地和机器人接地（例如，连接到一个在计算机控制下移动的机器人上）。这是 VR 显示器的一个显著特征，实际上也是命名依据。

发射技术。光源是用于照射构成图像的像素的技术，例如阴极射线管（CRT）、发光二极管（LED）、有机发光二极管（OLED）、屏障（例如，液晶显示器（LCD）），或者反射（数字光处理器（DLP））。像素点亮的方式因技术而异。几十年来，CRT 一直是主流技术，用于台式机显示器、HMD 和投影仪。然而，它们的厚度或多或少与屏幕尺寸成比例，因此对于台式机和 HMD，它们被平板技术取代，而投影仪则由 LCD、DLP 和现在的激光所取代。顾名思义，数字光投影仪是用于大屏幕的投影技术，曾经包括大屏幕电视。DLP 由数千 / 数百万个微镜组成，这些微镜反射（或不反射）投影仪上的彩色光。液晶显示器使用 LED 进行照明，但是光线透过一层（液晶）能够阻挡光线，因此像素的负值会激活阻光晶体。LCD 材料的闪烁速率太慢而无法适应主动快门立体眼镜，因此 LCD 投影仪通常与偏振光滤镜成对使用，以将每个投影仪引导到不同的眼睛（请参阅下面的多路复用属性）。硅基液晶（LCOS）是投影仪的另一项技术，它还使用反射光，然后被阻挡或打开，让光通过。OLED 直接为每个单独的像素发射像素光，这极大地增强了黑电平（低至零照度或纯黑）。

颜色。显示颜色的选项因显示系统的不同而不同。大多数显示器提供三原色（三原色混合以产生一系列颜色），通常通过组合红色、绿色和蓝色光源。但也可以使用单色显示器，虽然它们不常见。与三原色系统相比，单色显示器可以更亮并且提供更多对比度，因此对于一些增强现实应用可能是优先选项。更高的亮度允许用户更好地查看增强现实世界的数据，尤其是当增强对象是文本或标注（如箭头）时。

对于三原色显示器，除了红、绿、蓝外，还可以通过非常接近的三原色组合来产生特定的颜色。另一种方法是将三原色重叠在同一位置，并在单独的时间显示每种颜色，通常使用色轮（彩色滤光片的旋转轮）。这种方法被称为场序彩色显示（field-sequential color display）。当从非常近的范围观看时，场序显示提供更清晰的图像。最新的进展是使用第四种颜色（黄色 LCD 或白色 OLED）来扩展可再现颜色的范围（四原色显示）。（但是，大多数软件只处理 RGB 三种颜色。）

空间分辨率。视觉显示器的空间分辨率通常由在水平和垂直方向上呈现的像素或点的数量给出，其中一个"点"可以具有用于单独颜色元素的子点。测量分辨率的一种方法是每英寸点数（dpi）。屏幕的大小也会影响像素混合在一起的程度，即各个点的可辨别程度。具有给定像素数的较小屏幕看起来比具有相同像素数的较大屏幕更加清晰（图 5-2）。

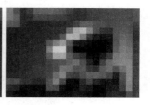

图 5-2　此图显示了不同级别的空间分辨率对图像的影响。通常，更高的分辨率传达更多信息，但需要更多的计算能力，具有更高空间分辨率的显示器以及从计算机到显示器的更高带宽连接（照片由 Tony Baylis 拍摄）

从眼睛到屏幕的距离也会影响感知的分辨率。在 HBD 中，屏幕通常非常靠近眼睛，因此像素必须非常密集才能变得难以区分。在固定式显示器中，当观察者改变位置和距离时，表观分辨率将变化。更精确的分辨率测量是像素相对于眼睛的分离角度。但在生理学研究之外，通常不提供这种测量。

特定显示器中使用的技术类型也会影响分辨率。例如，场序彩色显示显示器可以具有比原色显示器更密集的像素，通常会增加成本（场序 CRT 还通过重叠原色来提供更清晰的图像）。过去，对于相同的像素密度，诸如 LCD 和等离子显示器等薄板显示器比 CRT 显示器更昂贵。薄板显示器向消费市场的普及使得 LCD 等的成本现在非常低廉，并且很难找到等离子显示器和 CRT。

对比度。对比度是衡量明暗之间相对差异的量度。高对比度范围更容易区分显示信息的各个组成部分（即它们更加突出）。不同的显示技术和设备之间的对比度是不同的。传统的液晶显示器（由 LED 背光照明）对比度较低，而 CRT 显示器可以提供更高的对比度。还有一些其他的特性需要对比，包括 FOV、成本、重量和安全性。像场序阴极射线管这样像素密度较高的显示器，通过允许相邻像素之间的颜色快速变化，也有助于增加明显的对比度。显示的动态范围是指显示所能产生的最大和最小亮度，以及在较小程度上，亮度变化的快慢程度。例如，显示器能提供完全的黑暗吗？（对于某些显示器，这可能取决于设备所在位置的环境光。）它能提供一个类似阳光灿烂的日子那样的亮度吗？显示屏在全亮和全暗之间的变化有多快？有残像（afterimage）吗？最近液晶显示器的对比度有所改善，即单独调制的 LED 阵列。由于 OLED 具有关闭状态，因此能够"产生"真正的黑色像素，因此基本上是无限的对比度（图 5-3）。

图 5-3　当渲染明亮的实体（如火）时，重要的是火本身要比周围的图像明亮。高动态范围的显示使得在火焰辐射亮度周围的景物中更容易保持良好的对比度（照片由 William Sherman 拍摄）

　　亮度。亮度是显示光源总光输出的度量。任何视觉显示器都需要高亮度，但有些技术的亮度是一个特别关键的因素。例如，投影到屏幕上的图像会随着屏幕大小的增加而变暗，并且光线会分散到更大的表面上。透明增强现实显示器需要更亮的显示器，这样信息与现实世界的视图相比就更突出。

　　显示通道数。一个 VR 视觉显示的同时通道（或信息路径）的数量通常是两个。视觉显示通道是单眼显示的视觉信息的表示。为了实现立体视觉（又称三维，或"3D"），需要两个不同视角的视图（图 5-4）。大脑将这对图像融合成一个单一的立体感知。有许多方法来实现"3D"立体视觉显示。"多路复用"是指通过同一信道同时传输两个或多个信号。不同的视觉多路复用方法可以同时传输两个图像信号来创建立体显示。有 4 种常见的方式来实现两路（有时更多）的视觉通道，分别为空间上、时间上、偏振和光谱（即有颜色）。

图 5-4 这里有两个独立的视觉通道，为观众提供了一个立体的图像。左边的图像呈现给观众的左眼，右边的图像呈现给观众的右眼（照片由 William Sherman 拍摄）

空间多路复用包括在每只眼睛前面定位单独的图像，通过使用两个独立的小屏幕或使用分隔器分隔视图（图 5-5）。或者，有几个"分隔器"，允许图像只能从一个特定的方向被看到——被称为"透镜显示"或"障碍显示"。这项技术被用于一些 3D 电影的包装和其他噱头，但它也被应用在计算机显示器上，以提供一个"自由立体"观看器。在这种情况下，小的屏障或透镜允许从左边的视点和从右边的视点看到一些像素。自由立体是指你可以看到立体图像，而不需要任何其他技术，包括眼镜。任天堂 3DS 游戏系统和富士 W1、W3 3D 摄像机都用这种方法提供立体视图。飞利浦的"WOWvx"系列显示器提供了 9 个独立的观看角度，允许观看者移动看到更多的视点。自由立体显示的另一个高级解决方案是设置一个可以更改的视图屏障。Sandin 和他的同事创建了"Varrier"显示器，其中屏障本身是一个液晶面板，因此可以根据观看者的位置进行渲染，而不需要佩戴眼镜并且可以自由走动［Sandin et al. 2005］。

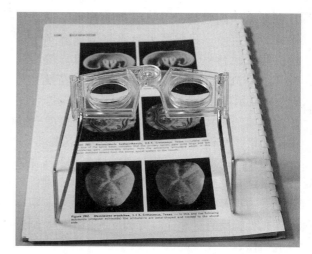

图 5-5 在书中显示立体图像 / 照片的一种相对低成本的方法是并排打印左眼图像和右眼图像。在这幅图中，站在图像上方 4 英寸的观察者有一对镜头，以确保每只眼睛都能聚焦在正确的图像上。这允许观看者看到图像对的 3D 渲染，但只能从单个透视图（照片由 William Sherman 拍摄）

时间多路复用，或时间交错，使用主动快门眼镜为每只眼睛呈现不同的图像（图 5-6）。主动式眼镜会以一种协调的、定时的顺序来关闭一只眼睛的视场，以防止它看到另一只眼睛的视场。通常不透明的透镜快门在其适当的视角出现时对一只眼睛来说变得透明。通常，这是为两个单独的视图完成的，每个注视屏幕的人都接收到相同的立体图像对（即使视图是为一个特定的个体计算的）。有一些研究系统允许 4 ～ 6 个视图，允许 2 ～ 3 个人独立地获得正确渲染的视图——通常在一个类似 CAVE 的系统中［Kulik et al. 2011］，现在已经商业化。（此技术将在多用户多路复用部分进一步讨论。）

偏振复用是通过提供两个经过相对偏振滤光器过滤的独立图像源来实现的，例如，通过水平偏振滤光器显示一个通道，通过垂直偏振滤光器显示另一个通道。参与者戴着一副眼镜，一只眼睛上有水平偏振滤光片，另一只眼睛上有垂直偏振滤光片；每只眼睛只看到为它准备的信息。偏振是影院 3D 电影中常用的一种技术。在投影 VR 显示器（或公共影院）中，两幅偏振

图 5-6　主动式快门眼镜提供了一种更高质量，但更昂贵的 3D 立体技术（照片由 William Sherman 拍摄）

图像通过一种特殊的偏振保护材料重叠在一块屏幕上。在平板显示器（电视或电脑显示器）上，交错线有相反的偏振滤光片穿过它们。

对于有一些显示，用户可能倾斜头部远离主观察轴（水平），例如大多数 CAVE 式系统，线偏振是有缺陷的，因为用户偏离主观察轴，一只眼睛看到的景物逐渐消失，另一只眼睛看到的景物逐渐混入错误的眼睛中——产生"重影"效果。解决方法是使用圆偏振光，因为圆偏振光具有顺时针和逆时针相反的偏振性。圆偏振光不依赖于视角，因此即使用户倾斜头部也能工作。

光谱多路复用（或互补色立体）以不同的颜色显示每只眼睛的视图。特殊的眼镜对不匹配的眼睛起到了中和作用，因为每一个镜片都与一个彩色视图相关联，并将其洗掉（图 5-7）。一种更高级的光谱多路复用技术将三种原色分别分为两种不同的色度，并使用梳状滤镜将一种色度直接投射到每只眼睛上［Jorke and Fritz 2006］。所以对于红色，左眼看到的是洋红色阴影，右眼看到的是橘红色阴影，绿色和蓝色的区分是相似的。该技术以"Infitec"品牌销售，并获得了杜比实验室（即杜比 3D）的许可。杜比 3D 是一种在公共场所剧院中流行的技术（图 5-8）。

如果有不止一个观看者需要独立的立体显示，那么实际上你可以拥有两个以上的通道，但是正如我们所说，大多数系统只有两个通道。更重要的是，两个通道的存在并不总是意味着一个立体图像正在呈现。立体图像由两个不同的虚拟世界视图组成，每一个视图都是特定于一个特殊的眼睛。有些系统向双眼显示单一（单视或二维）视图，称为双目单视显示器。需要注意的是，通过使用光学和图像偏移，双目单视显示器仍然可以控制焦距和景深线索。

图 5-7　一种早期（且廉价）的 3D 图像观看形式，利用红 / 绿（互补色）立体眼镜提供 3D 观看体验（照片由 William Sherman 拍摄）

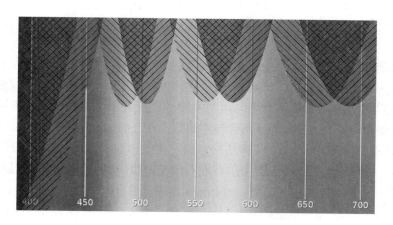

图 5-8　Infitec 系统提供了一种更复杂的颜色多路复用（互补色立体）形式，它将光谱分为几个波段，并将哪只眼睛接收到的颜色范围分开。这张图给出了两种晶状体（左眼和右眼各一种）分别过滤了哪种波长的光的近似值。图中的曲率表示随着光源强度的增加，每个滤光片抑制光穿透能力的衰减

　　创建良好的立体显示是困难的，而且如果制作不当，可能会导致观看者的不适（通常会导致头痛或恶心）。使用标准技术，渲染立体图像需要大约两倍的计算资源，需要两倍的图形硬件，降低帧速率或降低图像复杂性。现代的 VR 管线现在有专门的硬件来一起处理左眼和右眼的渲染，直到视点改变为止。因此，像剔除这样的操作只需要做一次。

　　立体视觉对当前任务的作用是决定图像是否立体显示的另一个主要因素。对于需要

特写镜头和动手操作的任务，立体视觉是有益的，有时也是必需的。对于从 5 米或 5 米以上的距离观察虚拟世界的任务来说，立体视觉的重要性要小得多［Cutting and Vishton 1995］。

多用户多路复用是环绕式虚拟现实系统的理想选择，它允许协作者在同一物理空间工作时更好地进行交互。对于头戴式的多用户多路复用没有什么可说的，因为向多个用户提供他们自己对世界的视图是很简单的——给每个人他们自己的显示，然后把每个人都表示成化身。然而，对于环绕式显示，从划分屏幕空间到增加时间上的多路复用数量，以及结合技术来提高多路复用能力等选择都是有限的。

一些投影 VR 显示器（两个用户可以同时观看同一个屏幕）提供四通道（或更多）视觉显示（例如，EVL/Fakespace DuoView 原型［DeFanti et al. 1998］和 Bauhaus-Universitat Weimar 及其合作者的 C1-6［Kulik et al. 2011］）。这通常是通过多路复用四个或更多单独的视图来完成的——每只眼睛一个（每一个参与者）。在 C1-6 的例子中，不是用三种不同颜色投射像素，而是按顺序投射三种不同的视角。然后通过将不同的原色分配给三个投影仪中的一个来获得全色，然后将这些投影仪重叠以混合这些颜色。通过对每个图像使用双重刷新代替用户划分，三个投影仪可以显示六个独立的（全色）视图。这种投影仪直到最近（2018 年）才从 Digital Projection International 公司和 Christie Digital 公司获得商用。

另一种创建四通道的技术结合了光谱和时间多路复用，例如，参与者 A 双眼都戴着一副带绿色滤光片的快门眼镜，参与者 B 则戴着带红色滤光片的活动眼镜。这种结合时间和光谱多路复用产生四个通道：两个参与者的左眼和右眼视图。这使得两个人可以在一个固定的 VR 系统中被跟踪，以便每个人都能接收到他们自己的 3D 世界视图［Sherman 1999］。当然，它的缺点是每个用户的色盘都是单色的。将投影仪的数量增加一倍，左眼滤光一半，右眼滤光一半，再将其与快门眼镜（或左右眼使用快门眼镜，两个单独使用者使用偏光镜）结合使用，可以得到更好的效果。Fröehlich 为两个用户探索了这种方法［Fröhlich et al. 2005］，后来他的实验室使用上述 C1-6 系统，实现了总共 6 种不同的立体视图［Kulik et al. 2011］。

在一个共享的固定式显示器上为多个用户提供独立视图的一个有趣的方法是在用户之间划分屏幕空间。这种技术的一个早期例子，被称为 PIT（Protein Interactive Theater），是在北卡罗来纳大学实施的，并由 Arthur 等人记录［1998］。在 PIT 系统中，两个用户相互垂直（90 度）坐着，每个人都可以看到他们面前的一个屏幕，不是在屏幕之间呈现一个无缝的图像，而是为坐在每个屏幕对面的一个观看者提供一个单独的视图（图 5-9）。这样，当相同的信息呈现给每个用户时，一个人可以指向一个 3D 位置，这个手势将与另一个用户的视图对齐。

另一个空间划分的例子忽略了屏幕边界，而不是为特定用户呈现特定对象。这项技术有其怪异之处，而且确实有一些特殊的情况可以成功地应用。其中一个例子就是沙漠研究所（Desert Research Institute）为两名国民警卫队士兵设计的 Radiological Immersive Survey Trainer 系统 ［Koepnick et al. 2010］。在这种情况下，士兵将成对行动，由领航士兵负责地形导航，由一名辅助士兵在监测仪器后面行走，并在测量特定放射性水平的地方发出信号。两名士兵的头部都被跟踪，并拥有一个跟踪输入控制器。辅助士兵的仪器是从他们的角度呈现的，而世界其他地方则是从领航士兵的角度来呈现的。

最后，从极端的角度来看，对于不同视角，没有任何理由认为多路复用就是最好的，可以设想在一个环绕式虚拟现实系统中多路复用不同的应用程序，从而允许多个人同时在完全不同的虚拟世界中使用该设备（有相互碰撞的风险！）事实上，一些被动 3D 电视系

图 5-9　UNC 的 PIT 项目探索了一种方法，让多人都能从自己的角度看世界，方法是将画面呈现在各自对面的屏幕上。通过交叉查看，用户可以简单地在三维空间中自由地指向虚拟世界中的对象（照片由北卡罗来纳大学教堂山的计算机科学系提供）

统提供在两只眼睛上都有相同滤镜的偏光眼镜版本，允许两个玩家的分屏图像被拉伸，并且每个玩家都可以从自己的角度单独观看（单镜）。

焦距。显示器的焦距是图像与观察者眼睛之间的视在光学距离。使用最新的显示技术，场景中的所有图像都在同一个焦平面上，而不管它们与观众的虚拟距离如何。眼睛肌肉通过改变眼睛的晶体来调整物体的焦距。利用眼肌来决定焦距被称为调节（accommodation）。

一般来说，我们判断深度的能力在远处比在近处弱得多。超过 3 米，使用聚焦调节只能获得很少的相对深度信息，深度感知变成是许多不同线索的产物。当你远远地看到一个东西从一个位置移动到另一个位置时，你的眼部肌肉几乎没有移动来适应变化。另一方面，如果你在近距离看某样东西，你移动它，你的眼部肌肉会有一定程度的运动，从而重新聚焦在这个物体上。之前我们在视觉深度线索中列出的所有其他线索——介入、色差、尺寸、直线透视等——对远处的深度感知更为重要。想象一下，你在远处看着一群热气球，很难说哪一个离你最近，只有当一个气球从另一个气球前面经过时，你才能获得相对位置的感觉。

深度感知线索之间的不协调导致视觉感知中的冲突。这种冲突会导致观众头痛和恶心。深度感知线索的混淆会导致物体有一种缥缈的外观，这就会导致一些人伸出手试图触摸这个物体（也许是为了弄清楚哪个确实更近，或者这个物体是否就在那里）。

有时，调节（眼睛的聚焦能力）将匹配虚拟对象的距离，因此对于位于固定式 VR 显示屏表面或附近的虚拟对象，深度感知线索将匹配，因为对象的焦距与屏幕的距离匹配。如果

屏幕离你 4 英尺远，焦距是 4 英尺（图 5-10）。你的大脑会告诉你，直接出现在屏幕上的物体的焦距确实是 4 英尺。立体视觉、透视和其他视觉线索都证实了这一感知，因此是一致的。这就产生了一种更强烈的感觉，即这些物体确实存在。

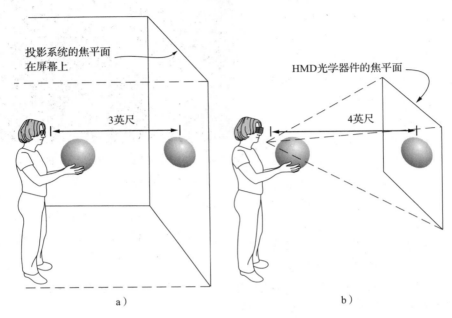

投影系统的焦平面
在屏幕上

HMD光学器件的焦平面

3英尺

4英尺

a)

b)

图 5-10　焦距是参与者眼睛与虚拟图像之间的量度。在投影显示器（图 a）中，焦距通常是到显示屏的距离。图 b 为在一定距离之外创建一个虚拟图像

另一方面，如果物体在你和屏幕之间（比如说，离你 2 英尺），焦距线索（调节）仍然告诉你物体在 4 英尺处。但是，立体视觉、透视和其他视觉感知告诉你物体在 2 英尺处，这就导致视觉冲突。在 HBD/HMD 中，焦距由光学装置设定。可调焦（称为"变焦"）显示器是可能的，而且对 HBD 来说，确实正在开发中。不同的技术正在被开发中，现在才刚刚开始进入市场，但功能有限。例如，当用户在虚拟世界中观看不同深度的物体时，可以制造一种光学系统来改变镜头的焦点——当然，这一功能也需要强大的眼球跟踪。另一个例子是全光显示（又名"光场"显示），简单地说，图像光线投射，不同的光线来自不同的方向 / 深度，因此不需要眼球跟踪。

　　光学器件（传送技术）。光学器件是一种途径，通过这种途径，佩戴在眼睛附近的显示器可以显示出更远的（和更合理的）距离。正如前面关于焦距的部分所讨论的，光学器件对于 HMD 显示器的使用至关重要——即使是最简单的谷歌 Cardboard 显示器，每只眼睛都有一个基本的凸透镜。但是，光学器件对 VR 显示还有其他很重要的特性。

　　其中一个重要的透镜特性是球面像差与色彩像差。正如这些"特性"的名称所揭示的

那样，它们通常是不受欢迎的。球面像差是那些使合成像的形状扭曲的像差，最明显的结果是，当通过透镜观看时，呈现为直线的线出现了弯曲。色彩像差是指通过不同角度扭曲不同色调的色差，因此物体的边缘会产生一种幽灵般的效果，一种颜色会持续穿过物体的边缘。在这两种情况下，边缘处的像差最大，而中心处的可能难以察觉。

透镜越好，变形就越少。但是，在这方面，通常使透镜更好的是保持透镜表面有适当（球形）曲率，但这通常意味着透镜更厚，因此更重。当光学器件由头部和颈部携带和移动时，更大的重量是不利的。然后，另一种解决方案是使用与透镜效果相反的效果预扭曲渲染图像。因此，在稍微复杂的渲染和较重的镜头之间存在着一种权衡，而大多数现代消费者的 HMD 选择较轻的重量。由于大多数虚拟现实软件现在提供了"不扭曲"图像的能力，因此开发人员没有真正的成本。唯一的代价是图像的边缘可能会失去有效的分辨率，因此如果把文本或其他细节移到边上，可能就很难看清了。

另一种缩小透镜尺寸的方法是将曲面分割成离散的片段，并将这些片段转换成更平坦的（但参差不齐的）排列。这项技术被称为菲涅耳透镜，由奥古斯丁·简·菲涅耳（Augustin-Jean Fresnel）发明，用于将灯塔发出的光线投射到很远的地方。菲涅耳透镜在 HMD 内部提供了一个更窄的光学结构，重量更轻。

在虚拟现实中，菲涅耳透镜的缺点是，离散跳变的环会使一些光线在内部反射，因此明亮的物体会在跳变之间模糊，使跳变环变得明显并分散注意力。消费级 HTC Vive HMD 使用菲涅耳透镜。

透镜不是影响光通过的唯一手段。目前正在进入虚拟现实光学设计的其他光学技术，包括全光（亦称光场），这是一种来自不同方向的光子流，能够实现多焦特性（等等）；光波导是一种材料通道，通过几何布局，允许光在通道内部反弹，直到它重新到达。它是一个使光被发射（可能进入眼睛）的镜子；全息光学元件，它可以结合全息图像的一些光学效果。未来一种可能用于虚拟现实显示的光学技术可能是折射率可变的材料，可能允许焦距的非机械变化［Krueger et al. 2016］。

最后一个关于光学器件的想法是，用户经常随身携带他们自己的一套光学器件（即眼镜），这些光学器件可能会干扰他们对虚拟世界的观察（图 5-11），尽管这一问题可能更多地与 HMD 的后勤设计有关，而不是视觉特性。

透明性。视觉显示器的透明性有两个基本选项。显示可以隐藏或遮挡物理世界，使其不可见，也可以包括物理世界。固定屏幕和桌面显示器无法掩盖现实世界，因

图 5-11　取决于眼镜的大小和形状，一些使用者可能会有佩戴 HMD 的困难（照片由 William Sherman 拍摄）

此是透明的，也就是说，仍然可以看到世界的其他地方。大多数（但不是全部）头戴式显示器是不透明的，因此屏蔽了外部世界对用户的影响。

显示器的透明性既影响了虚拟现实系统的安全性，也影响了虚拟现实系统的协作能力。封闭式显示，因为它们对用户隐藏了现实世界，在用户走动时会导致绊倒和其他安全问题。因此，在安排场地时必须采取预防措施。参与者和附近的围观者之间的交流也减少了，因为显示器的作用是将参与者与现实世界隔离开来。这种隔离导致沉浸式参与者和小组其他成员之间的对话减少，这可能不利于开放讨论很重要的应用程序。

一些 HMD 提供了现实世界与虚拟世界相结合的视图。通常被称为透明 HMD，这种类型的显示器通常用于 AR［Rolland et. al. 1994］，如爱普生 Moverio。（其他 HMD，如 HTC Vive，提供了一个摄像头，可以用来模拟透明显示器的半透明效果。）

屏蔽。在固定式显示中，物理对象（如用户的手）会遮挡或屏蔽虚拟对象。当手比虚拟物体更靠近时，这种方法很好，在这种情况下，手会自然地阻挡物体的视线。另一方面，当一个虚拟物体出现在观察者的眼睛和一个物理物体之间时，屏蔽是一个问题。在这种情况下，虚拟物体应该遮挡住手，但不能。这可以通过具有屏蔽真实世界能力的显示器来解决。

真实世界的屏蔽部分可以通过透明的 HBD 来实现。当一个观察者看到一个虚拟对象遮挡了一个物理对象时，系统只渲染完整的虚拟对象，物理对象就看不到了。另一方面，一个物理对象的位置应该能够屏蔽一些虚拟对象，也可以解决：一个简单的方法就是不在物理对象应该可见的区域中呈现虚拟对象。但是，这假设物理对象的位置是已知的计算机渲染系统。对于这种解决方案，计算机需要跟踪物理对象，这些物理对象可能位于它们可以屏蔽虚拟对象的位置。在这些情况下，深度摄像机，特别是安装在 HMD 上的深度摄像机，可用于一般的目标跟踪。随着 SLAM（即时定位与地图构建）跟踪的改进，包含 SLAM 跟踪的系统将确定真实物体的位置，从而可以使用信息正确地计算遮挡。

在封闭式 HBD 中，这些都不是问题，因为所有可见物体都是由计算机系统渲染的，即使它们代表了周围虚拟现实场地中的一些现实世界的物理对象（同样，这些对象可能是单独跟踪和建模的，也可能是用 Kinect 或类似的深度照相机捕捉到的三维场）。

视场。人的正常水平视场场（Field of View，FOV）约为 200 度，双目重叠 120 度［Klymento and Rash 1995］。显示器的 FOV 是在任何给定时刻显示器覆盖的用户视觉角度宽度的度量（图 5-12）。基于头部的显示器的 FOV 是恒定的，但是对于诸如 CAVE 的固定显示器，FOV 随着用户移动而改变。在三面 CAVE 中，当用户面向前方时，FOV 为 100%（约 200 度）；当用户转动并且 CAVE 的开口侧不显示图像时，显示器的有效 FOV 会降低。度量单位可以是用户视场的百分比或显示器的水平和垂直覆盖角度。具有 60 度水平 FOV 的显示提供相当于隧道视觉。HMD 设计师需要在更高分辨率（高像素密度）和更宽 FOV 之间进行权衡。大多数现代封闭式 HMD 设计用于更宽的 FOV，而用于增强现实的透视 HMD 通常具有更小的 FOV，并且更密集（并且因此看起来更亮）像素。很快就会进入消费市场，Star

虚拟现实 HMD 使用其每眼为 2560×1440 的分辨率来提供几乎完整的 FOV 和最大的立体重叠。

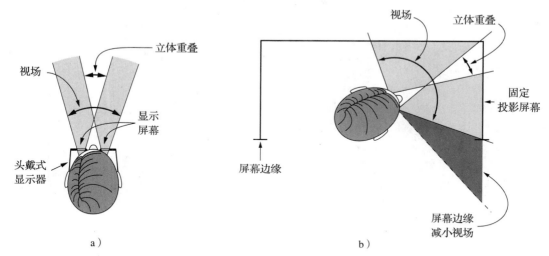

图 5-12　显示器的视场是指显示器所覆盖的观众视野的大小。头戴式显示（图 a）相比于投影式显示（图 b）具有更小的、固定的视场。虽然，当观众在投影式显示中转动他们的头，他们可能会失去部分的屏幕，从而减少他们的视场。在绘制立体视觉图像时，要注意和利用立体重叠区域

能视域。一个显示器的能视域（Field of Regard，FOR）是虚拟世界围绕用户的空间量，换句话说，是指观众被视觉所包围的程度（图 5-13）。当他们环顾四周时，观众看到的虚拟世界和现实世界的对比是多少？例如，在运动范围不受限制的 HBD 中，FOR 是 100%，因为屏幕总是在用户眼前。不管观众朝哪个方向看，他们都能看到虚拟世界。然而，对于固定式显示器，FOR 通常小于 100%，因为虚拟世界不能在没有屏幕的空间中显示。

FOR 与 FOV 无关。在 HBD 中，可以有一个非常狭窄的视窗，但仍然有 100% 的 FOR，因为你可以从各个方向查看虚拟世界（尽管是通过一个狭窄的 FOV）。另一方面，你可以有一个 1000 英尺 × 1000 英尺的显示屏（这给你一个非常宽的 FOV），但 FOR 却非常有限（除非屏幕包围你），因为如果你背对屏幕，你就不能再看到虚拟世界。区分 FOV 和 FOR 的一个好方法是判断是瞬时的还是融合的——FOV 是你在一瞬间看到的世界的数量，而 FOR 是你通过花时间改变你的视角（旋转你的头）在心理上塑造的世界的数量。

在基于投影的系统中获得 100% FOR 的唯一方法是用屏幕完全包围用户。这产生了后勤问题，即必须创建参与者可以站立的屏幕或者以某种方式为用户提供"悬浮"在显示屏内的手段。目前已经建造了几个这样的设施，第一个是瑞典斯德哥尔摩皇家技术学院的六面CAVE 系统。空间中的"悬浮"线是 Allosphere，它涉及两个半球上的投影，用户"悬浮"在中心的 T 台上。

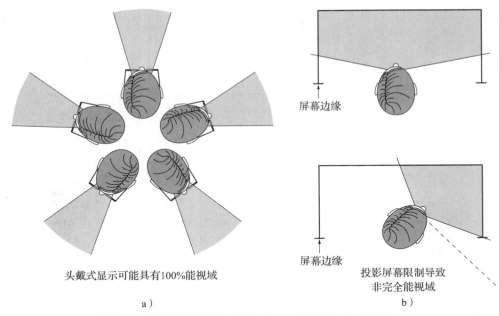

头戴式显示可能具有100%能视域

a）

屏幕边缘

屏幕边缘

投影屏幕限制导致
非完全能视域

b）

图 5-13 能视域（FOR）是在考虑头部运动和其他因素时，对给定显示所提供的覆盖范围的度量。基于头部的显示器（图 a）可以很容易地提供 100% 的显示，而固定式显示器（图 b）局限于屏幕的面积

在非完全能视域的显示器中，当附近的对象仅部分位于显示器中时，立体视觉可能会丢失。对于在屏幕后面只能看到部分的对象不是问题，因为它们自然会被屏幕的边缘（作为舞台）遮挡。当位于屏幕和观看者之间的虚拟对象被屏幕边缘遮挡时会出现问题（比较图 5-14 和图 5-15）。当这种情况发生时，指示对象必须在屏幕后面，这时遮挡的深度线索，会与立体视觉和运动视差的深度线索冲突。这个问题被称为破坏框架（break the frame）。破

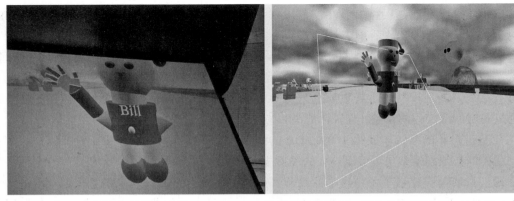

图 5-14 这个男孩看起来比屏幕更接近用户的效果被破坏了，因为他跨越了 VR 显示设备的结构所创造的边界（照片由 William Sherman 拍摄）

坏框架也是其他 3D 媒介的关注点，例如 3D 电影、GAF Viewmaster，甚至是随机点立体图，这些媒介的静态特性允许内容创作者谨慎地避免线索冲突，而在虚拟现实，因为用户可以控制视点，所以可能发生冲突的情况，特别是当虚拟世界中包含许多触手可及的对象时。

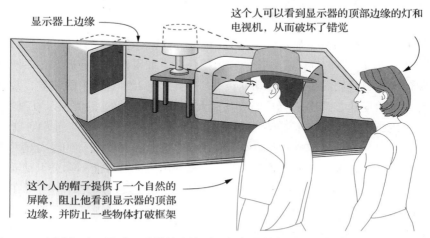

图 5-15　当用户可以看到显示器的边缘时，框架就被打破了，被虚拟世界包围的错觉就会减少。一个解决办法是让用户戴上帽子，这自然限制了他们的上视线。他们看不到屏幕的顶部，也不会注意到在顶部的虚拟物体（如电视和灯），而不戴帽子的用户则没有那么身临其境的体验

　　一般的遮挡问题可以通过虚拟世界模拟避免这种情况的发生来解决。由于系统能够定位观察者的位置，最有可能的是控制设备的位置以及屏幕的框架，因此虚拟世界的模拟首先使虚拟对象不会首先出现在物理对象和观察者之间。破坏框架的问题也可以通过先定位可能出现问题的对象来减少，这样使它自然地隐藏了框架（或框架的一部分）。

　　头部位置信息。正如我们在第 4 章中位置跟踪部分所讨论的，一些跟踪方法只能确定一个对象在世界上的完整 6-DOF 位置的一个子集。在这些情况下，子集通常是对象的 3-DOF 位置或方向。虽然完整的位置信息有助于生成虚拟世界的准确视图，但不同的视觉显示更依赖于不同的位置信息。

　　对于固定式视觉显示器（投影式、平铺式和鱼缸式），产生准确视图的计算是基于眼睛相对于屏幕的位置。事实上，眼睛看的方向对这个计算并不重要，眼睛的位置才是最重要的。因为眼睛的位置可以从头部的位置来近似，所以固定式显示器中用户头部的 3-DOF 位置比方向更重要。

　　然而，对于固定式显示，为了正确地观察到立体显示，要么必须单独跟踪每只眼睛的位置，要么需要完整的 6-DOF 跟踪信息来根据头部的位置和方向计算每只眼睛的位置。一个小显示器（鱼缸）显示可以通过对观众头部方向进行一些假设来提供一个可接受的渲染。

也就是说，系统可以假设观众的脸朝向屏幕，因为当他们不看屏幕时，渲染的内容并不重要。我们也可以假设他们的头是直立的，通常情况下是这样，但是当用户倾斜头部时，会体验到错误的立体视觉。另一个关于立体视觉的问题出现在多屏显示器上，因为立体视觉是根据跟踪一个特定的人来计算的，当这个人的头旋转时，其他戴着无跟踪立体眼镜（头不同时跟随）的参与者将体验到不正确的立体视觉线索，这可能导致眼睛疲劳和视觉扭曲。

考虑到目前基于头部的视觉显示，头部方向是正确场景渲染最重要的位置线索。例如，当我们把头转向左边时，我们期望看到我们左边是什么。如果没有方向跟踪，系统就不知道我们什么时候转头。当我们的头仅能移动几英寸（1 英寸 = 2.54 厘米）的时候，我们对世界的视图并没有太大的变化，特别是当我们看到的大多数物体都很远的时候。在某些情况下，特别是对于坐着的虚拟现实体验，或者当用户被一个环形平台限制时，他们可能只能移动头部几英寸。而且，由于通过各种输入设备增强用户在虚拟世界中旅行的能力是一个很好的方法，许多用户都很满意保持在一个固定位置（天真的用户甚至可能不会意识到需要移动身体）。在未来，越来越多的虚拟现实系统（和应用程序）将被设计成允许参与者在没有电线和跟踪限制的情况下漫游——AR 示器（如微软的 HoloLens）已经提供了这种功能。在这些情况下，完整的 6-DOF 位置跟踪以及眼睛位置是必需的。

最后，手持式显示器使用头部位置数据在很大程度上与固定式显示器相同。同样，用户的头部与屏幕并没有固定的关系。与鱼缸式显示器一样，手持式显示器可以通过假设用户的头部方向来提供可接受的呈现。与较大的固定式显示器一样，计算从头部到手持屏幕的方向需要了解屏幕位置。由于其便携性，手持式屏幕需要被跟踪，以监测其位置与头部的关系。用户位置是最重要的因素，但基于头部位置的输入有助于图像显示的方向与它被观看的角度。对于简单的基于手机的增强现实应用程序，通常假定观众与屏幕之间有一个特定的距离，而且由于很少有手机显示具有立体功能，眼睛的方向并不重要。（不过，由于手机确实有前置摄像头，它们可以进行基于图像的面部跟踪，从而提供更精确的透视效果。）

很容易判断旋转头戴式显示器是否会导致渲染场景的正确旋转。然而，当测试固定式显示器的跟踪眼镜时，物体的移动会根据它们是在屏幕的近端还是远端而不同。更重要的是，如果它们实际上位于屏幕上（即与屏幕同步），它们根本不移动。头部运动对固定式显示图像的影响似乎违反直觉。这为大型固定式显示器提供了特殊的挑战。

虚拟世界中的对象根据其相对于用户和屏幕之间的位置，可以有三种方式在屏幕上进行更改（图 5-16）：

1）如果虚拟对象出现在一个物理屏幕上，则无论被跟踪的头部移动多少，它都不会相对于屏幕移动。

2）如果虚拟对象出现在屏幕的近端（在负视差空间中），则它将沿着屏幕朝与被跟踪头部相反的方向移动。

3）如果虚拟对象出现在屏幕的另一端（在正视差空间中），它将朝着相同的方向移动。

如果虚拟对象在屏幕的另一端很远的地方，那么它看起来会与被跟踪的头部精确地对应移动。

图 5-16　固定式显示器上呈现的对象对用户的移动有不同的反应，这取决于物体在屏幕的哪一侧出现。在这里，当参与者从左边窗格的前面移动到右边时，落地灯（一个近距离的物体）在摄像机看来是向相反的方向移动；然而，月球（代表一个遥远的物体）似乎在跟随用户，而与CAVE 式屏幕同时出现的窗口则完全没有移动。当然，对于被跟踪的用户来说，所有的对象在虚拟世界中看起来都是静止的（照片由 William Sherman 拍摄）

我们称之为月球效应，因为对象距离观察者越远，它就越像月球一样跟随观察者。这是因为当观察者移动时，观察者和对象之间的关系没有明显改变，因为两者之间相隔很远。

延迟容限。大多数虚拟现实系统在用户移动和显示器更新之间会有一定的延迟（滞后时间）（又称"动显延迟"）。在不同的显示器上，表面上的滞后时间或延迟的量是不同的。延迟是观众感知系统压力的另一个原因，通常表现为恶心或头痛。恶心通常发生在用户转动头的时候，他们眼前的景象会滞后于头部的运动。

虽然我们总是努力降低延迟，但它在某些显示范例中比在其他范例中更明显。在固定式显示中，渲染不会像头部旋转那样剧烈地改变，因此在头部旋转之后，当前的渲染已经非常接近下一个渲染（帧）。这甚至对观察者一侧墙上的图像也是如此，例如在一个 CAVE 式多壁固定显示中，系统计算并显示可能永远不会被看到的场景的重要部分。这样做的好处是，当用户转过头时，图像已经在侧面屏幕上可见了。

另一方面，在 HBD 系统中，没有预先存在的侧面图像，因此用户无法从现有（近似）图像中获益，必须等待计算机在他们转动头部时绘制新的视图。只计算和绘制实际看到的东西节省了计算机和显示资源，但以更大的感知延迟为代价。因此，成本和即时性之间存在着权衡。（在第 6 章中，我们将更多地讨论特定的延迟需求，但是 HBD 的现代经验法则是 20 毫秒或更少。）

延迟容限对于增强现实系统来说更为重要和明显（容限更低），因为高延迟会导致现实世界的视图与虚拟世界的渲染失去同步。（注：在本书的第 1 版中，我们将此属性称为"图形延迟容忍度"，它仍然是准确的，但不能跨越感官模式。）

时间分辨率（帧速率）。图像显示的速率称为帧速率，并报告为每秒帧数（FPS）。术语"帧"是指电影胶片中的图像是如何被引用的。同样的测量值可以用赫兹（Hz）表示，赫兹是一个频率单位，通常表示每秒发生的次数。帧速率通常与所使用的视觉显示类型无关，而是与图形渲染硬件和软件的性能以及虚拟世界的视觉复杂性有关。

帧速率对精神沉浸感有很大影响。一定的帧速率可以作为标准，当然，速度越快越好。现代电影捕捉 24 帧或 24 Hz。只是它们通过交错半帧使表面速率增加了一倍；PAL 标准视频的半帧频率为 50 Hz，NTSC 的频率约为 60 Hz。（使用半帧时，奇数线和偶数线随着时间交错是一种减少闪烁的方法，同时保持恒定的带宽。）随着数字视频标准和压缩方法的出现，广播信号仍然约为 60i（60 Hz 交错），但来自存储文件（在蓝光光盘或硬盘上，甚至流上）的视频可以是 60p（60 Hz 的渐进式，又名非交错）帧。电影标准也在不断发展，一般都是 48 Hz 的速率。在大多数情况下，一部电影 24 Hz 频率是足够的，但要真实地捕捉一些非常快的东西（如蜂鸟飞行），你需要更高的时间分辨率。在消费级虚拟现实时代之前，30 Hz 被认为是非常好的，但即便如此，对于广泛（消费者）受众的大吞吐量体验，60 Hz 被 Walt Disney Imagineering 研究团队视为目标速率［Pausch et al. 1996］。15 Hz 的频率一度被认为是可以接受的，15 Hz 及以下的频率往往会引起一些观众的恶心。低于 10 Hz 时，大脑开始将图像流视为单个图像的序列，而不是连续运动。

一旦 HMD 开始面向大众销售，即使 60 Hz 也被认为是不可接受的，甚至可能令人作呕，因此 90 Hz 成为事实上的新标准。（同样，正如上一节所述，相对于固定屏幕显示，HMD 的渲染速率可能更重要。）

基本上所有现代显示器的一个特点是，显示器发出的光不是光子的持续撞击，而是光子脉冲，当速度足够快时，我们的大脑将其视为世界的运动图像，但这与现实世界不同，在现实世界中，光子确实在不断地撞击我们的视网膜［Abrash 2012］（尽管反应缓慢的视杆细胞会等到光子达到阈值后再向大脑发出信号）。观看视频显示的结果是，我们看到的不是快速移动物体的模糊，而是它在我们的视场中断断续续地移动——这种现象被称为"抖动"。

视觉显示的后勤属性

显示器除了视觉质量指标外，还有许多与虚拟现实体验显示相关的后勤因素。例如，基于投影仪的固定显示器可能需要大量的物理空间来容纳投影仪、镜子和其他设备。这种占地面积的要求对于小型场馆来说是一个限制。相比之下（取决于使用情况），典型的 HBD 可以在非常小的空间内工作。然而，在不同的情况下，重量、透明性、连接电缆的数量和其他细节可能会被证明或多或少地具有吸引力。这些后勤问题与显示器的实际视觉输出无关，但仍然会影响用户的体验。本节讨论了不同类型视觉显示的许多常见的实际问题。不出所料，随着各种技术的改进，许多后勤问题可以更容易地减少或消除。

穿戴设备。参与者如何穿戴或使用装备从一开始就影响体验。这就是他们第一次接触虚拟现实硬件的方式，它为他们与体验的关系如何继续保持设定了一些规则，例如，他们的头部需要承受多少重量，他们会体验多大惯性，他们的手臂会变得多累。

如何将参与者与虚拟现实视觉显示器结合起来有不同的选择，除了一些例外，下面给出一个相当全面的列表（连接和费劲程度从高到低排列，除了最后一个）：

- 爬入模式；
- 佩戴头盔模式；
- HMD 模式；
- 眼镜模式；
- 头顶模式；
- 手持模式；
- 电影放映机模式；
- 自由观看模式；
- 外科手术模式。

在很大程度上，特定类型的装备将与特定的视觉显示范式相关联，但可能存在一些重叠和交叉。事实上，眼镜模式已经由鱼缸式显示和环绕式固定显示来实现，但这是基于头部的显示范式的目标（至少是临时目标）。

爬入模式：一个驾驶舱式的系统（平台），参与者被绑在座位上，然后舱室关闭，屏幕上显示的视觉图像代替了窗户的位置（或者在大型飞行模拟器的情况下，图像投射在驾驶舱窗户外面）。因此，这种模式包括经典的飞行模拟器、街机体验、登上 Kuka 机器人手臂末端的吊舱，以及过山车，在那里图像显示器本身仍然需要戴上。因为走进一个环绕式虚拟现实系统或鱼缸式系统不需要任何程度的安全保护，所以固定式显示范式本身不属于这类模式。

佩戴头盔模式：佩戴头盔本身是为了保护头部，并通过虚拟现实的视觉显示进行增强。类似于战斗机飞行员头盔、消防员安全帽或建筑安全帽的东西。每一个都被设计成安全地固定在头部，并且通常可以为穿戴者量身定做。头盔本身也可能为增加计算、通信或其他虚拟现实需求的电子设备提供空间。

HMD 模式：视觉显示（和跟踪技术等）需要佩戴模压塑料外壳。可以把这一类看作"头盔灯"。你仍然需要佩戴 HMD，但在这种情况下，是为了要保持它的位置，这样它就不会掉下来，而不是保护你的头部。它基本上是一个挂在用户头上的屏幕，由可调节的绑带和把手固定在那里，这些绑带和把手可能或不足以将屏幕精确地固定在正确的位置上。这是 HTC Vive、Oculus Rift CV1，甚至 HoloLens 采用的模式，还有一些高端智能手机 VR 支架，包括三星 GearVR。

眼镜模式：一副配有可以让佩戴者完全体验 VR 系统的技术的眼镜，这甚至比 HMD 模式的外壳更容易佩戴。至少就目前而言，这可能是头戴式虚拟现实显示器的客户和制造商想要达到的主要目标。当他们到达那里的时候，他们会发现自从 1992 年推出 CAVE 系统以来，固定式 VR 显示范式一直使用带有位置跟踪器的主动或被动式立体眼镜。当然，在 CAVE 显示和其他环绕式系统的情况下，每个人通常都有相同的视图，并且系统的成本会更高一些。事实上，一些接近眼镜基本外观的 VR/AR 眼镜已经上市或即将上市，例如 Osterhout Design Group（ODG）公司的 R-8 和 R-9 眼镜（图 5-17）。当然，在将来我们也可以期待看到隐形眼镜显示器。

图 5-17　这些 ODG 公司的显示眼镜具有方便的外观，并且可以用作 VR 显示（图 a）
　　　　或通过消除遮挡来实现 AR 显示（图 b）。（目前）他们的视场有限，但展示
　　　　了头戴式 VR 显示的趋势（照片由 John Stone 拍摄）

头顶模式：这种模式是用手抓住并举到眼睛的 VR 显示器。事实上，自从 1838 年 Wheatstone 发明这个概念以来，立体虚拟世界就一直通过手持装备来观察。在 GAF 三维魔景机（ViewMaster）流行起来之前，1961 年的带有抓握棒的福尔摩斯立体影像可能是更熟悉的版本。就虚拟现实而言，我们现在发现它最常见的表现形式是将智能手机"转换"成虚拟现实显示器。由于这种显示模式不需要与参与者进行真正的连接，因此很容易穿戴和脱下，而且很少有设备接触到用户，因此对健康的影响较小，这两个因素都方便应用于公共场所体验，尤其是那些顾客可能只想快速体验虚拟现实的概念的情况。当高质量的显示器太重而无法长时间使用时，这种模式也显得很好，因此，Fakespace BOOM 显示器是一种有成本效益

且能有效地提供高分辨率图像的好方法（请参阅图 5-40）。它也被更巧妙地用于虚拟双筒望远镜，对于学习一项新的户外任务的人，或坐在剧院阳台上的虚拟现实体验，可以把双筒望远镜带到他们的眼睛，以获得更好的视场。当然，这只在他们还没有戴上 HMD 的时候才有效，但是它可以与一个固定式显示范式相结合。

手持模式：手持移动设备（智能手机或平板电脑）并看到与现实世界同步的虚拟对象是一种常见的增强现实形式，通过这种形式，用户可以通过用手移动屏幕来控制虚拟对象的视图。

电影放映机模式：电影放映机（通常被误称为"nickelodeon"）是一种单镜头电影放映机，每个观众都可以靠近并将他们的眼睛放在窥视孔上。最好的例子是 Fakespace 公司的 PUSH 显示器，这可能是因为它是唯一一个在 VR 领域（并绕过了我们对 VR 的定义）的例子，它也通过让参与者走到显示器前并窥视其内部来发挥作用。Fakespace PUSH 还提供了输入。有关详细信息请参阅 5.1.2 节第 16 点方框中的内容。

自由观看模式：自由观看立体图像是这样做的，无须任何装置，或者至少没有任何装置连接到用户。自由立体显示器使用光栅技术允许从一个方向看到一个图像而从另一个方向看到另一个图像，并且当一切正确对准时，用户可以在左眼和右眼中看到正确的左 / 右图像对。Varrier 显示器被设计成具有可变屏障的虚拟现实系统，不断地改变屏障以匹配用户眼睛的位置。

外科手术模式：增强人类神经系统直接对进入大脑的神经产生虚拟刺激的能力，而不是通过位于眼睛和其他感觉器官的感受器。对于许多人而言，这是一个相当不舒服的概念，出于完整性考虑，将其包含在这个列表中，因为很难排除将来可能发生的事情。

用户可移动性。可移动性可以影响用户虚拟现实体验的沉浸感和实用性。大多数可视化显示对用户都有一定的限制。这些限制包括将用户捆绑到系统的电缆、范围有限的跟踪系统以及不允许用户移动到超出显示器位置的固定显示器。移动计算技术（手机和平板电脑）已经增强了可接受的不那么复杂的渲染的移动性。此外，Smart Helmet 和 HoloLens 展示了广域跟踪和设备内模拟和渲染的可能性。

跟踪方法界面。视觉显示的类型也会影响跟踪方法的选择。显示器固有的运动限制可能与特定位置跟踪技术的局限性相关——只要跟踪的限制小于视觉显示的限制，那么它就是一个很好的匹配。例如，操作范围仅为几英尺且需要使用电缆的跟踪系统限制了用户的移动。然而，移动虚拟现实显示器受益于具有非常大的操作范围的移动跟踪系统。

消费级 HBD 现在直接集成了跟踪技术，无须将它们与第三方解决方案结合起来（图 5-18）。实际上，一些面向消费者的 HBD 在显示器本身内置了一种或多种跟踪技术，例如，某些系统具有内置加速度计，可提供仅定向跟踪。一些显示器，例如 Oculus Rift CV-1 包括由摄像机跟踪的红外基准标记。

立体眼镜通常没有内部跟踪系统，但是许多基于摄像头的跟踪系统都具有模压或 3D 打印的基准星群，用于安装在特定的立体眼镜上。很久以前，有一些带有内置麦克风的快门眼

镜可用于超声波跟踪，当时这种快门眼镜适用于台式虚拟现实显示器（回顾图 1-31）。使用
附加跟踪器，例如 Vive "冰球"（或 DIY 版本），甚至可以为智能手机虚拟现实显示器添加 6-DOF 跟踪，并可能为固定式虚拟现实系统添加立体眼镜。许多工业市场上的 VR 追踪器（先于消费市场而存在，并将继续存在）都是为固定式 VR 的 HMD 和立体眼镜设计的。超声波跟踪系统提供了易于安装到眼镜上的接收棒，大多数基于摄像头的系统提供夹上的星群附件（图 5-19）。对于电磁跟踪系统，接收器应固定在 HBD 或一副快门眼镜上，以避免电子器件造成的干扰。

图 5-18　HTC Vive 上的凹坑是集成跟踪系统的一部分。每个凹坑都有一个光传感器，用于测量红外光扫描穿过表面时的时间差（照片由 William Sherman 拍摄）

　　在基于智能手机的虚拟现实显示器中，"显示器"包括加速度计、陀螺仪和指南针——还包括可用于进行视频跟踪的摄像头。（在某些情况下，它们还可能包括 SLAM 跟踪，例如 Google Tango 项目。）

　　光污染。VR 环境中的光污染通常是指来自外部或内部光源的过量光干扰虚拟世界的视觉呈现。这通常会发生在投影的视觉显示中，其中外部光线会导致投影仪屏幕上的图像被抵消（太亮，失去对比度）。

图 5-19　这些主动立体眼镜的框架上有一群反射球。反射球与视频跟踪协作，通过三角测量计算眼镜的位置（照片由 William Sherman 拍摄）

对于环绕式虚拟现实（例如 CAVE），来自一台投影仪的光线越过另一个屏幕也是一个问题——就像参与者站在前面投射的系统中投射出的阴影一样。

　　大多数消费级 HMD 紧贴脸部，因此来自外部光线的干扰是最小的。然而，在单元本身内可能存在杂散光，可能来自 LED 信号，或者来自菲涅耳透镜段所携带的屏幕上或屏幕外的明亮区域的外来折射。

　　与固定式 VR 系统相关的光污染的另一个问题是 IR 信号之间的串扰。通常，左眼与右眼立体信号通过 IR 通信信道发送到佩戴的眼镜。当与 IR 波段视觉跟踪系统结合使用时，IR 的两种用途会产生干扰——通常会导致立体眼镜无法工作。随着虚拟现实的发展和市场份额的增长，使用红外跟踪的公司开始提供一种机制来同步这些信号，并将它们分开。

　　环境要求。使用虚拟现实系统的环境会影响视觉显示的选择。例如，基于投影的显示

器通常需要限制外部光线，以保持投影图像的良好对比度（即环境光可以抵消投影屏幕上的颜色）。一个不透明的头戴式系统遮住了用户的头部，因此，背景照明不太重要。当然，环境需要充足照明，以便人们可以安全自由地在房间内移动。场地的大小也可以限制哪些显示是合适的。举一个极端的例子，潜艇上使用的训练系统显然需要安装在一个狭小的封闭空间内。另一方面，许多投影式显示器需要更大的空间来适应投影机镜头的投射距离。然而，现在有许多超短焦镜头技术可以在很大程度上缓解这种情况——甚至可以使前方投影不被空间中的参与者遮挡。

与其他感官显示器的关联性。虽然我们将显示后勤的讨论划分到每一种感官，但在实际应用中，多种感官与显示之间存在关联性问题。例如，基于头部的视觉显示器使得使用基于头部的听觉显示器成为容易的扩展。对于固定式视觉显示器，使用固定式扬声器系统更为常见，尽管使用耳机肯定也是可以的。使用扬声器系统，真正的 3D 空间化（参见 6.9.2 节第 9 点）的音质更难实现，特别是当我们考虑到固定式视觉显示系统在声学上的后勤问题时。（当然，仍然可以使用近似的空间化效应，如距离衰减。）触觉显示系统的复杂性可能给视觉显示带来限制，对于具有有限操作区域的固定式触觉显示器来说尤其如此（图 5-20 ）。

图 5-20　通常将力显示类型的触觉显示器放入大尺寸系统（如 CAVE 式系统）中会导致工作体积大小的差异。在这里，Haption 公司已经创造了一个大体积的力显示，使得用户在一定范围内的运动更适合在 CAVE 式系统（照片由 © Haption，2016 提供）

便携性。便携性的重要性取决于谁将使用虚拟现实系统以及系统将要被携带多远。较小的头戴式和手持式显示器显然易于运输，并且只需连接几根电缆即可轻松安装。智能手机 VR 显示器只需带一个小外壳就可以装我们随身携带的手机。有些手机支架足够小，可放入口袋（图 5-21 ）。大型投影显示器需要剧院式的制作工作才能上路。组装 CAVE、校准投影仪并验证整个系统是否正常运行需要数天时间（图 5-22 ）。需要另一天来备份所有东西。当考虑到本地拆卸和重新组装的时间加上运输时间时，移动 CAVE 可能意味着将会发生数周的中断。

图 5-21 从手机上拆下来后，这个 Vuze 手机支架可以折叠起来放进口袋里（照片由 William Sherman 拍摄）

图 5-22 组装 CAVE 是一项复杂的任务，需要几个人在几天的时间内进行建造、校准和配置（照片由 William Sherman 拍摄）

　　这种潜在的中断是 CAVE 的几个小型化版本开发的一个激励因素，包括 ImmersaDesk 和 ImmersaDesk II（基于投影的虚拟现实显示器，将前者折叠成一个适合通过门口的轮式结构，后者甚至建造在一个可以装进商业航空公司货舱的飞行箱内）。最近的一些进展，包括几乎是一个盒子大小的 CAVE，如 Barco 可移动 CAVE，可以折叠，便于装运和部署（图 5-23）。在较小规模上建立的系统采用立体声电视面板，如 IQ-station（图 5-24）[Sherman et al. 2010]。

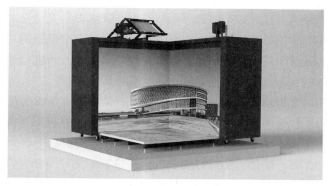

图 5-23　Barco 公司的这种便携式 CAVE 系统模型提供了一种可运输的版本，可以在几个小时而不是几天内部署到位（图片由 Barco 公司提供）

　　即使是使用 HMD 的特殊体验也可能需要专门的移动展示亭来为体验"搭建舞台"。最近的一个例子是 Marriott 公司的 Vroom Service 体验。但 VR 作为广告吸引力的使用要追溯到 20 世纪 90 年代初，为 Hiram Walker Distillers 创造的 Cutty Sark 体验，为了提高其 Cutty Sark 威士忌的产品知名度（见图 4-39）。

　　吞吐量。显示器对吞吐量的影响（在给定的时间内能够参与某一体验的人数）应根据使用 VR 系统的场地类型来考虑。例如，与大多数其他视觉显示器相比，它需要更长的时间来穿脱 HMD。在公共场所，吞吐量是一个特别关注的问题，在选择显示设备时，适不适应所需的时间可能是一个重要因素。有关适合和不合适的许多选项的详细信息可以在上面

图 5-24　这款双屏鱼缸式 VR 显示器（IQ-station）安装在一对滚动屏幕支架上，使系统可以方便地从一个房间移动到另一个房间（照片由 Mike Boyles 提供）

的"穿戴设备"部分找到。

累赘。传统类型的 HBD 往往比其他视觉显示具有更多的累赘。固定式显示系统通常较少累赘。一台 HMD 比一副眼镜更重。重型设备使用的时间越长，用户就会越疲劳。电线通常是与 HMD 相关的累赘。通信技术的进步和计算单元的缩小等因素将很快淘汰大多数有线系统。许多跟踪技术已经发展到摆脱电线。尤其是基于视频的跟踪，由于使用了被动标记，已经不需要电线，而超声波系统已经大量采用无线电（RF）通信（它本身需要充电的电池组）。显然，电线限制了用户的运动，使他们只能走很短的距离或旋转，直到他们被缠在一起。

进一步需要考虑的可能是用户头部大小的范围。虽然设计适合大多数成年人的头部，但是 HMD 和与大多数固定式显示器相关的快门眼镜都不适合全部范围，而考虑到年轻参与者则不太适合。当主要受众是儿童时，这些设备存在特定问题。可能很难找到适合孩子头部的 HMD 或快门眼镜，尽管较轻的被动式眼镜往往不那么成问题。

尤其是智能手机 VR 显示器和微软的 HoloLens，因为它们直接在设备上包含了计算功能，允许用户享受无累赘的 VR 体验。然而，在某种程度上，它可能不能完全摆脱累赘。具体来说，无论智能手机 VR 显示器的支架（又名"耳机"）是系在用户头上，还是用一只手将其固定，都会产生影响。显然，手持智能手机设备将利用用户潜在操作能力的一半。另一方面，快速穿戴的能力可能对某些虚拟现实体验有益。上一代具备这种功能的 VR 显示器的例子包括 Fakespace 公司的 BOOM，还有一些显示器使用机械连接，避免穿戴沉重的装备，同时提供良好的分辨率和亮度，并允许用户轻松地加入或退出。

即使是需要大量计算的应用程序，无线传输图像到显示器的能力在未来都会使大多数 HBD 的电线消失。基于头部的设备，包括集成到穿戴设备中的计算系统，必须考虑设备的额外重量和功耗。一些基于头部的系统提供腰带包或背包计算系统以允许用户自由移动，代价是携带装置的负担（可能至少穿戴在身体上比头部更好）（图 5-25）。

图 5-25　一些 HMD 将计算单元放置在头戴的头盔中，而其他设备，如 Daqri 智能眼镜（用于增强现实）将计算单元附加到一个带包中，以减少眼镜式显示器的重量和形状因素（照片由 Daqri 公司提供）

安全性。视觉显示涉及许多安全问题。穿戴 HBD 最明显的问题是会被现实世界的物体绊倒。眼睛疲劳也是一个问题，你盯着屏幕不休息的时间越长，不良影响就越大。对于 HBD 而言，眼睛疲劳可能更严重，因为他们没有太多机会让佩戴者休息。较重的显示器也会导致颈部疲劳和拉伤。

很难对可能有危险的设备的长期使用情况进行分析。

恶心是观看 VR 显示器（特别是使用 HBD）的潜在短期效应。除了深度感知线索的差异之外，恶心可以由头部运动和场景更新之间的滞后引起。但事实上，大脑可以适应奇怪的视觉环境，这可能不会很快减弱，可能会导致运动或控制能力受损。因此，另一个安全问题是对视力和平衡的短期影响，可能会暂时损害参与者的驾驶能力，包括头晕、视力模糊和眩晕。当你的身体适应了系统的滞后或使用视频透视系统时视觉输入的偏移，一个有趣的现象就会发生。当你离开 VR 环境时，你的身体仍然会在一段时间内弥补这个延迟。这可能会损害你的时间 / 空间判断能力。美国海军有一项测试，可以用来验证用户暴露于这种影响后是否有能力操作车辆［Kennedy et al. 1993］。

我们不再关注的一个因素是戴在头部附近的 CRT 显示器的影响，因为该技术实际上已经被淘汰了。

关于安全的另一个问题是，在共用头部（可能还有手部）装备时的卫生考虑。即使是使用立体眼镜，也会有问题。对于偏光眼镜，最典型的解决方法是在使用后让顾客自己保留眼镜。对于更昂贵的 Infitec/Dolby 3D 或主动式快门眼镜，解决方案是使用防水眼镜，并在每次使用后将它们放入工业洗碗机中。对于 HBD 而言，用这种方案更难以实施，虽然在阿拉丁虚拟现实体验中，Disney Imaginering 发明了一种可拆卸的头盔，用户可以戴上头盔，并与头盔连接以获得体验。头盔单独与客人接触后，可以在两次使用之间进行清洗。

成本。消费技术极大地改变了成本方程。虽然不能直接降低投影仪的成本，但对于小型显示器而言，3D 电视等消费技术可以创建一个完全可用的虚拟现实系统，其位置跟踪适用于小型实验室。缩小一点，3D 电视的拥有者可以为基本的虚拟现实系统添加一个 DIY 跟踪系统，其成本几乎不会超出他们可以负担的范围。事实上，基于智能手机的虚拟现实系统已经有了很大的优势。许多人已经拥有一部智能手机（或小型平板电脑），只需支付少量额外费用（例如使用 Google Cardboard 或类似的智能手机支架）就可以将其转换为虚拟现实显示器。（顺便说一句，消费级 HMD 的兴起，以及之前的 Google Cardboard，使得人们现在可以在每个学生都有自己的 VR 显示器的情况下教授虚拟现实课程——至少可以用智能手机加上 Google Cardboard，再加上一个 HMD 的实验室（图 5-26）。）

从历史上看，HBD 的成本和质量的跨度很广。显示器之间的大部分权衡取决于可用分辨率、视场、对比度和耐久性。这种情况仍然存在，但游戏玩家级 HBD 的出现导致成本急剧下降，而配置也得到了极大的提高。即使对于非智能手机的 HBD 来说，智能手机技术的进步，尤其是显示技术的进步，以及每台手机中嵌入的跟踪、计算和通信技术的进步，使得新一代低成本高质量的 HBD 成为可能。

图 5-26 印第安纳大学的这个教室有 10 个 HMD 工作站，学生们可以在这里分别探
索不同的虚拟现实体验，甚至开发自己的体验（照片由 Andrew Koke 提供）

虽然消费级 HMD 可能会从市场上淘汰除军用级之外的所有 HMD，但仍有较大尺寸的固定显示器的市场。固定显示器通常是最昂贵的，因为它们需要多个投影仪或多个平板电视来创建环绕屏幕显示器或产生左右眼视图，以便使用立体眼镜进行立体显示。对于投影仪来说，将图像投射到屏幕上所需的巨大空间也增加了成本。对于一些组织来说，获得足够的空间比获得足够的金钱更困难。根据屏幕的数量（对于房间大小的平铺平板电视屏幕来说更多），由此产生的图形输出需求也会增加成本——可能来自额外的集群计算机，也可能来自分屏硬件。

5.1.2 视觉显示范式

在第 1 章中，我们简要介绍了三种总体虚拟现实范式：固定式、头戴式和手持式，其中两个总体范式有一些子类别，我们将单独讨论这些子类别，因为子类别之间存在相当大的差异。

既然我们已经说过了区分视觉显示设备的技能，我们可以看看三种主要的视觉显示类型及其子类型：

1）固定式显示器：鱼缸式（水族馆）VR 显示器和环绕式 VR 显示器。

2）头戴式显示器：封闭式 HBD、非封闭式 HBD（光学透视和视频透视）、智能手机 VR 显示器和基于头部的（穿戴的）投影式显示器（HBPD）。

3）手持式显示器：手持式 VR/AR 显示器。

固定式显示器

在第 1 章中，我们指出"固定虚拟现实"是指那些"参与者没有佩戴或携带硬件"的显示器。这意味着屏幕是在参与者周围的空间里，而且它们不会被参与者移动，因此是静止的，或者固定在一个地方。这并不是说屏幕不能重新配置，许多 CAVE 风格的系统可以对不同的停靠点打开和关闭侧壁，以适应不同的目的和不同规模的观众。通常，可重构性仅存在于应用程序之间，尽管可以在应用程序中移动显示器的"翅膀"，而且实际上，通过使用仪器，应用程序可以根据移动进行调整。

鱼缸式（水族馆）VR 显示器

最简单的 VR 视觉显示器采用标准计算机显示器（可能是单个 3D 电视面板，甚至可能是 4K 分辨率），称为基于监视器的虚拟现实，或者更常见的称为鱼缸式虚拟现实。对于较大的平面 VR 显示器，我们可能会认为它们更像是一个大型（海洋水族馆）水族箱而不是一个约 50 加仑（1 加仑 = 3.79 升）的鱼缸，它更接近于大型监视器的范围，但除了影响 FOV 和 FOR 之外，没有太大的区别。因此，存在一种趋势，将更大的平面屏幕称为鱼缸式显示器。

Fishtank（鱼缸）这个名字来自通过小型水族馆玻璃观察内部 3D 世界的相似性（图 5-27）。观众可以将他们的头部从一侧移动到另一侧，或上下移动以查看周围、上方和下方的物体，但实际上并不能进入空间里面。

将屏幕视为屏障是鱼缸式虚拟现实的常态，但是，由于这是虚拟现实，体验创建者不需要遵守这种约束——对象也可以显示在屏幕的近（外）侧！但当显示在外侧时，必须注意避免屏幕边缘阻挡这些对象和打破框架。（回想一下"能视域"部分，打破框架会破坏我们对立体深度线索的错觉，因为它打破了自然世界的封闭规则。）

图 5-27　Z-space 产品是一种鱼缸式 VR 显示器的商业产品，具有立体视图、头部跟踪、手持控制器跟踪。参与者能够看到似乎在监视器范围内的 3D 世界（照片由 Simon Su 提供）

鱼缸式虚拟现实与显示器上显示的一般交互式 3D 图形不同，因为虚拟现实系统跟踪用户的头部，并且渲染的场景会随着跟踪的头部运动而变化。鱼缸模式被归类为固定式显示器虚拟现实，因为即使计算机显示器可能有些便携性，但显示器本身也不太可能在使用过程中移动。

鱼缸式 VR 显示器的组件

除了计算机之外，鱼缸式虚拟现实显示器仅需要几个组件。标准计算机显示器通常就足够了，但是可以选择更高分辨率的立体图像显示屏，或者添加一个或多个平铺在一起的屏幕（最多 32 个并不是闻所未闻）。屏幕尺寸的增加可能需要更多的计算机性能，但可以肯定它需要驱动更多像素的能力。渲染到更大分辨率的多屏拼接显示器可以通过运行计算机集群来完成，每个计算机驱动一个或两个显示屏，或者能够从单个图形处理单元（GPU）卡，甚至在单个计算机上的多个 GPU 卡可以与视频分离器组合，视频分离器可以将单个视频图像分成多个信号，从而驱动 4 个显示屏。通过这种方式，我们发现甚至可以从一台计算机上驱动 32 个显示屏的系统（图 5-28）。

图 5-28　这个 32 个显示屏的墙面显示器由单个系统驱动，允许全分辨率应用程序轻松
扩展到 15 360 × 4320 单像素图像（2160 用于无源立体显示）（图片由印第安
纳大学 Advanced Visualization Lab 的 Chris Eller 提供）

跟踪是任何 VR 显示器的重要组成部分。单屏幕固定显示器的一个好处是，对于适当的场景渲染来说，观看者头部的方向不如其位置重要。因为我们可以假设用户正在鱼缸式虚拟现实系统中看着屏幕，安装在显示器上或显示器附近的摄像机可以用来执行用户头部跟踪。计算机视觉图像处理用于确定用户头部的位置和倾斜。其他跟踪技术也可用于鱼缸式系统，但光学跟踪允许使用更便宜、更笨重的跟踪设备，如摄像机，通常已经是计算机系统的一部分。

鱼缸式虚拟现实的另一个重要组成部分是使用双目立体显示器。在显示器上产生立体视图的两种常用方法是：1）使用快门眼镜，使用同步左右交替视觉输出的 LCD 镜头；2）使用与显示器覆盖相匹配的偏光滤镜来划分左右视图。另一种方法是在屏幕上使用一种特殊的滤镜来创建一种自动立体效果，不需要戴眼镜。然而，目前大多数自动立体显示器要求用户直接待在屏幕前面，从而限制了用户的活动范围，丢失了 VR 的关键元素。消费级电视显示器已经包括了主动或被动立体观看的能力，尽管这项技术的可用性如同任何一种时尚一样，日新月异。

鱼缸式 VR 显示器的特点

由于它只需要一台基本的能够显示三维交互计算机图形的计算机，因此鱼缸式 VR 是视觉 VR 显示范式中最便宜的一种。它的大部分技术都是批量生产的，使得它既便宜又容易获得。然而，不幸的是，必要的立体显示硬件（3D 电视）正变得稀缺。其次，它也很容易适用于鱼缸式虚拟现实。典型的立体眼镜并不会比标准眼镜更难戴上。如果使用摄像机或者嵌入眼镜进行跟踪，这一点尤其正确。

这种视觉显示方法的缺点有两方面：用户必须面向特定的方向才能看到虚拟世界，而且系统通常比大多数其他虚拟现实系统更缺乏沉浸感。特别是，对于只有一个或两个屏幕的系统，由于现实世界占据了观看者的大部分，而虚拟世界只占据了一小部分区域，所以沉浸感降低了。当然，它可以准确地描绘出一个像真正的鱼缸一样的世界，然后，同样，人们可能会专注于观看一个真正的鱼缸，但他们可能很少会感到沉浸其中（可以这么说）。

当屏幕非垂直排列（即倾斜远离观察者）时，会产生一种有趣的效果，例如 ImmersaDesk 和 Responsive Workbench 系统。这些屏幕的倾斜使焦点从眼睛移向屏幕上方。因此，一个同样向屏幕上方的距离延伸的场景产生了焦距变化与物体距离变化之间的自然对应（图 5-29）。

鱼缸式 VR 显示器的界面问题

由于鱼缸式虚拟现实通常是一个简单的桌面计算机设置的扩展，它拥有许多相同的接口设备，用户仍然可以看到现实世界，因此键盘仍然实用。同样，标准鼠标、轨迹球或 6-DOF 压力棒（3Dconnexion SpaceMouse 和 SpaceNavigator）也仍然可用。其他的物理控制也很容易看到和交互，但是沉浸性又是一种折中，因为用户总是知道虚拟世界的"框架"，这使得这些设备看起来像是作用于世界的外部控制，而不是世界上的工具。

图 5-29　在某些产品的虚拟现实显示器中，整个屏幕的焦距不是恒定的。当物体后退到地平线时，它们会出现在屏幕的另一部分，与观察者不断变化的焦距相匹配。在这里，当用户从房子往山上看时，随着她的视线从下至上移动，她的焦点会随着屏幕的距离而调整

我们讨论了立体深度线索的重要性，这些线索和鱼缸式虚拟现实匹配。其他重要的 3D 线索来自我们移动头部时观察场景的变化（运动视差线索）。虽然鱼缸式虚拟现实中存在运动视差线索，但它们肯定比让用户在虚拟物体周围行走的显示模型有更多的限制。对于那些

以感受空间为目标的应用程序来说，无法在空间中"走动"使得鱼缸式虚拟现实成为一种不太被接受的选择。从积极的一面来说，对于数据分析应用程序，其目标不是停留在数据内部，而是在数据内部找到关系，主要需要的是外部视图，这种情形就与鱼缸式显示器很匹配。

鱼缸式 VR 显示器小结

鱼缸式虚拟现实提供了一种通常廉价、低调的方法，可以在工作站屏幕、墙壁或其间的某个位置创建相当引人注目的虚拟世界。对于适合通过窗口观看的应用程序，这种范式可以提供有效的体验。它也是测试正在开发中的虚拟现实应用程序的一种好方法。它比较便宜，而且容易使用。视觉分辨率与现代消费市场的 HMD 相当。缺点是，它可能比大多数其他虚拟现实视觉显示器更缺乏（精神上的）沉浸感，只提供有限的功能。

环绕式 VR 显示器

环绕视觉显示器是另一类固定式装备。屏幕可能比典型的鱼缸式虚拟现实显示器要大得多，因此可以填满更多的参与者的视场和能视域，让他们可以更加自由地漫游。显示器的大小当然会影响到虚拟世界的界面。然而，鱼缸（或大型水族馆）显示屏的主要区别在于，参与者的多个侧面都有显示屏，通常包括地板和三面墙，有时是后墙，有时也包括天花板。

在平板显示器出现之前，环绕式显示器完全依赖投影系统来提供图像显示，因此常常被称为"基于投影的虚拟现实"。虽然现在的大型显示墙通常是通过并排设置多个平板显示器来创建的，但投影系统可以创建无框的相邻显示，使场景更加无缝。在平铺平板和投影之间的选择提出了三个折中方案：1）平板（目前）有边框，在视图中产生竖框效果（不好）；2）平板通常更方便安装在较小的空间（好）；3）通常需要更多的平板来覆盖相同的表面积，这也提供了更高的分辨率（差 / 好）。

在设计环绕虚拟现实系统时，另一个需要考虑的权衡是，在考虑投影方法时，是从屏幕后面投影（后置投影），还是使用前置投影（投影仪与参与者在屏幕的同一侧）。大多数环绕VR 系统都是后置投影，避免参与者在屏幕上投下阴影。然而，超短焦投影仪可以用于前置投影，并且只有当用户非常接近屏幕表面时才会投射阴影。有时，只要把投影仪安装在离地面足够高的地方，前置投影就能工作得相当好。事实上，在大多数环绕系统中，地板是从上面投射出来的。（当涉及天花板时，那么地板就会从下面投射出来，这就导致了多种后勤问题。）事实上，由 Walt Disney Imagineering 公司设计的 DISH 系统在平滑的曲面上使用较高安装的前置投影，通过投影重叠和混合技术来完全消除接缝，从而产生极高的沉浸感（图 5-30）。

现在有一种趋势，即从后置投影屏幕和投影仪转向大型的平板显示器。平板显示器具有更高的分辨率，需要较少的维护（校准和灯泡更换），并且比典型的后置投影系统占用更少的空间。并且在投影仪和屏幕之间不需要额外的距离，而这个对于后置投影来说是必需的。然而，除非平板面板足够大，可以跨越墙壁大小的空间，或者有零空间的支座，否则平铺面板生产的系统将会有打破框架的问题，并使负视差图像难以观看。

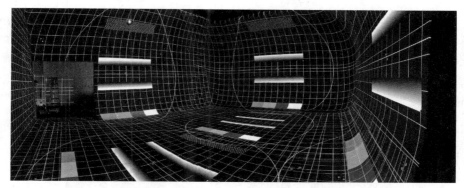

图 5-30 迪士尼设计的 DISH 系统是一个大型的固定式虚拟现实显示器，正面将图像投射到所有的四面墙上和一个非常大的房间的地板上，可以 360 度看到虚拟世界。在这里，配置模式显示墙的角是如何弯曲的，以避免任何明显的不连续（照片版权归迪士尼所有）

固定式 VR 显示器并不是大多数人在讨论 VR 时脑海中闪现的那种显示器范式，而现在 HMD 的价格还不到平铺显示器中的一块面板，这就加剧了这种情况。正如第 1 章中虚拟现实简史部分所述，HBD 是第一种将观众带入另一个世界的技术方法［Sutherland 1968］，而 HMD 在大众媒介中描绘得更为频繁。最近，低成本 HBD 再一次让公众意识到虚拟现实。然而，投影式显示器在虚拟现实中的应用是非常广泛的。Myron Krueger 几十年来一直在他的虚拟环境中使用投影式显示器［Krueger 1982］，但它们的广泛使用始于 1992 年，当时在芝加哥举行的 1992 年 SIGGRAPH 计算机图形会议上演示了 EVL CAVE 系统和 Sun Microsystems 公司的 Virtual Portal 应用。（当然，飞行模拟器已经使用投影仪技术几十年了，但当时还没有被视为 VR 显示器。）此后，引入了几种单屏幕固定式显示器：1）桌上式配置：Responsive Workbench；2）绘图桌风格：Immersadesk；3）高分辨率、单屏幕、多投影仪系统：Infinity Wall。所有这些都将被归类为鱼缸式虚拟现实。

同样，各种固定式显示器的尺寸要求会影响到通常体验它们的场地。我们将在第 8 章进一步讨论场地，这里可以充分说明，鱼缸式显示器通常可以放置在办公环境中，允许在白天不受时间限制地访问。更大的单屏幕显示进入了调度资源的领域，导致使用频率降低。尽管如此，这些显示器并不过分突兀，而且可以毫不费力地添加到研究环境、博物馆展品和类似场所中。

大型的环绕式投影显示器，如 EVL CAVE，往往更倾向于一种架构声明，正如共同创建者 Tom DeFanti 指出的那样，经常需要对场地进行架构更改以适应它们。因此，环绕式投影显示器更多的是一种受限接入设备，至少在大规模平板显示器可用之前是这样。然而，许多大学和企业研究中心习惯于提供最先进的实验室，他们已经证明，为他们的研究人员提供这样的高端投影显示器有足够的好处。类似地，其他大型生产中心的设计中心也发现了这些大型的、步入式的沉浸式系统，可以帮助降低成本和改进产品设计。

如果最终还没有完美的解决方案，使用尺寸较小的平板屏幕也被证明是一种可接受的替代方案。但是除了不能在平板上行走之外，使用矩形单元在水平和垂直方向上包围用户也是一个几何难题。创建原始 CAVE 系统的团队已经探索了不同的平铺平板配置，包括 NexCave——它在深度上覆盖了面板，以减少那个年代的大边框（这种效果比人们可能预期的更好）［DeFanti et al. 2011］（图 5-31）；CAVE-2——采用水平弯曲面板包围观察者（图 5-32）；WAVE（Wide-Angle Virtual Environment）——垂直方向上弯曲面板（图 5-33）；SunCAVE——提出了在两个维度上弯曲面板的设计（图 5-34）。

图 5-31　高通研究所的 NexCAVE 使用多个镶嵌的被动式立体屏幕创建曲面（照片由 William Sherman 拍摄）

图 5-32　EVL CAVE2 混合现实环境创建了一个圆形空间，参与者可以在 72 块被动式立体镶嵌面板上观看虚拟世界。在这里，参与者飞越一个三维模型玻璃裂缝，这是在 500 万原子分子动力学纳米级模拟中计算出来的（Lance Long 拍摄；由伊利诺伊大学芝加哥分校的电子可视化实验室（EVL）、Argonne 国家实验室的领先计算设备（ALCF）和南加州大学提供）

图 5-33　高通研究所的 WAVE 通过水平方向弯曲面板，使其能在虚拟世界中上下查看（照片由 William Sherman 拍摄）

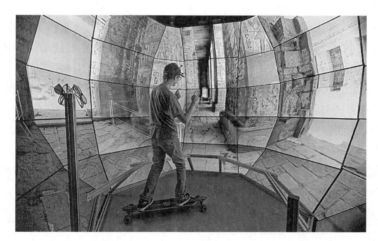

图 5-34　高通研究所的 SunCAVE（照片由加利福尼亚大学圣地亚哥分校高通研究所的 Tom DeFanti 提供）

环绕式虚拟现实的组成部分

鱼缸和步行固定显示器所需组件的主要区别在于跟踪系统的选择。桌面鱼缸系统的优点是不需要太多的方位信息。步行系统需要更大范围的跟踪，加上头部方向数据（对于在非垂直表面上正确显示立体视觉尤为重要）。

使用投影仪的系统通常需要校准。这在具有多个投影仪的系统中尤其重要，这些投影仪也需要相互对齐。另一种选择——使用大型或平铺平板显示器——不需要复杂的空间对齐，但通常很难保持整个显示器的一致颜色。

多个投影仪或平板也需要多个图像渲染。因此，多屏幕显示的另一个组件是一台能够提供多个图形输出的计算机，每个输出都可以从正确的角度进行，或者具有可以保持同步的多台计算机。与大型平铺屏幕墙一样，技术上可以使用多个 GPU 卡（4 个）的组合从单个计算机中驱动多达 64 个屏幕，每个 GPU 卡具有多个视频输出（4 个），每个输出可以分割成信号，用于多达 4 个单独的显示器（4 个）。（然而，在实践中，跨越 4 个 GPU 卡可能是困难的，所以 32 块可能是合理的限制。）

当屏幕以接近 90 度的角度排列时，其反射率开始出现问题。通常一个屏幕边缘的明亮图像会反射到附近的屏幕上。较暗的屏幕材料有助于降低这种效果，但通常会导致屏幕颜色不均匀。平板显示器（如 LCD 或等离子显示器）由于其表面玻璃属性而加剧了这种情况。

在环绕虚拟现实显示器上观看立体图像的两种常见方法是使用快门眼镜或偏光眼镜。快门眼镜的使用更容易实现，因为大多数高端图形显示已经包括了必要的硬件，除了信号发送器和眼镜本身。在投影系统上，偏光眼镜需要一台专门的投影仪，或两台配备偏光滤镜的普通投影仪来偏振每个显示表面的左右图像。参与者戴着一副同样装有偏光滤镜的眼镜。在平板系统上，一些制造商销售有源立体屏幕，另一些则销售隔行扫描无源立体屏幕。

使用两个重叠的投影仪能提供了一个更亮、更高分辨率的图像，因为它们是对一个单一屏幕的组合效果。偏振眼镜比快门眼镜更便宜，维护也少，但需要为每个屏幕配备第二个投影仪，或使用将偏光转换分时立体显示的设备。典型的偏光眼镜有一对线性偏光滤镜，彼此呈 90 度（正交），一个滤镜片用于左眼，另一个滤镜片用于右眼。这对于在屏幕上观看 3D 电影是令人满意的，因为可以安全地假设观众的头部总是垂直于屏幕。然而，在虚拟现实系统中，这不是一个有效的假设，因为观众的头部可以朝向屏幕的任何方向，特别是屏幕在地板或天花板上使用的情况。因此，在虚拟现实系统中，更适合使用圆偏振，其中一个图像是顺时针偏振，另一个图像是逆时针偏振。然后观众戴着类似的偏光眼镜。对于平板无源偏振系统，可能无法选择偏振方式，因此要求用户将他们的头与显示器保持在同一水平位置，而当用户向下看他们的左边或右边时，显示器就无法工作了。

环绕式虚拟现实的特点

也许当前大屏幕虚拟现实显示的主要特点是容纳虚拟现实系统所需的占地面积。多屏后置投影场馆需要耗费最大的空间，例如需要大约 30 英尺 ×30 英尺的房间来容纳 10 英尺 ×10 英尺的沉浸式空间。配有超短焦镜头和反射镜的投影仪可以大大减少房间尺寸的要求，例如 Visbox VisCube M4 系统（12.2 英尺 ×8.2 英尺的房间容纳 10 英尺 ×7.5 英尺的沉浸式空间）。（超短焦镜头的更大成本可以通过消除反光镜和更低成本的屏幕材料来抵消。）与鱼缸式系统相比：基于平板的 IQ-station 占据了更小的建筑空间，当完全部署时，仅占 5 英尺 ×4 英尺的空间，但以牺牲图像大小和行走空间为代价，并且能视域有限。

环绕式虚拟现实的一个很好的特点是，它通常比鱼缸式虚拟现实或大多数 HBD 具有更大的视场。然而，除了"六面"或其他完整的环绕式投影，即使是简单的基于智能手机的虚拟现实体验，能视域也无法达到 100% 的效果。

尽管低端图形渲染硬件的价格接近零，但基于投影仪（或基于平铺平板）固定式系统需要多个视频源，因此需要多个图形显卡，或者更强大的可以生成多个视频输出的系统。

在多个屏幕上显示显然需要更多的图形渲染能力。在多个屏幕上渲染图像增强体验的一种方法是，当参与者改变其视觉视角时，减少明显的图形渲染延迟。这种好处以及增加的视场和能视域必须与多屏显示所需的额外成本和空间进行权衡。

拥有一个更大的观察屏幕的一个显著好处是，其他参与者可以与被跟踪的观看者一起观看世界。缺点是，如果有一些开玩笑的人没有站在被跟踪的观看者附近，他们可能会注意到奇怪的扭曲，特别是在环绕式显示器的角落（因为图像是针对主要参与者的特定视场来计算的）。越接近被跟踪观看者的移动，失真就越少。一些系统（例如，Fakespace 公司的 DuoView 原型［DeFanti et al. 1998］，以及 Bauhaus-Universitat Weimar 及合作者开发的 C1-6［Kulik et al. 2011］）使用额外的硬件可以在单一屏幕上显示两个以上的视觉通道。这使得多个被跟踪的观看者可以获得独立的三维世界视图，付出的代价是降低亮度和额外硬件的成本。亮度降低是因为增加了第二个观察者，快门眼镜的数量增加了一倍。一种更昂贵的解决方案是将主动式快门和偏振系统结合起来，提供 4 个独立的视图，这足以满足两个人的立体观看。当然，这是以需要两倍于投影仪的成本为代价的。

与大多数 HBD 不同的是，在环绕式系统中，观看者并不是与现实世界隔离的。这样做有优点也有缺点，其中许多与应用程序的类型有关。对于与同事协作有益的应用程序，能够看到他们在你身边是一个很大的优势。不脱离现实世界也意味着，观众可以看到自己和他们操纵的任何控制设备，从而减轻了对虚拟人物的渲染需求，因为虚拟人物的注册可能与真实世界的位置存在差异。

看到现实世界的一个潜在的负面影响是遮挡错误的发生。当虚拟世界中的某个对象比某个现实世界的对象（例如，它们的手或控制设备）更靠近观看者时，真实物体对虚拟物体的遮挡就会覆盖其他呈现的深度线索。这可能会让用户的视觉系统非常混乱，应该尽可能避免。

与鱼缸式固定显示器一样，通过环绕式系统进入虚拟世界不需要佩戴太多的物理装备。典型的要求是一副有助于观看立体视图的眼镜和一个跟踪装置，它可以很容易地安装在眼镜的框架上。手持控制和手套通常用于交互，但严格来说，这些并不是视觉显示范式的一部分。

环绕式虚拟现实的界面问题

大多数虚拟现实系统的一个基本功能是移动我们的头，改变我们对虚拟世界的视角。在更大的环绕式系统中，观众可以在空间的某个区域内走动，增强他们对环境的视觉感知。这种能力受到用户不能安全地通过屏幕表面的限制。然而，对于非固定式显示（如 HMD），用户可以在跟踪和视频电线允许的范围内移动。另一个更难在固定式系统中实现的问题是重定向行走。事实上，难点在于，当现实世界的一部分仍然可见时，很难欺骗用户，用户可以判断他们实际上转向了多少。

在环境中看到物理世界的能力并不是使用物理设备来控制虚拟世界所必需的，但是它可以使控制变得更容易。复杂的设备，如传统的（QWERTY）键盘，在可以看到和感觉到的时候更有用。人们不太可能把自己的键盘带到 CAVE 式或其他显示器中，但在虚拟现实环境中，有一些常用的设备，如果没有设备的物理表示，许多按钮和其他控制装置很难操作，而智能手机或平板电脑可以提供这些设备（图 5-35；另请参见图 7-12）。另一个考虑因素是，给定应用程序中的参与者是否需要在多个设备之间切换，例如，木工在使用虚拟培训体验时可能需要不同的工具。如果是这样，可能需要一个工具架来模拟控制设备。

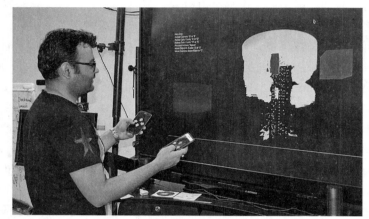

图 5-35　手持设备，如智能手机和平板电脑，可以用作投影式虚拟现实系统中的界面设备。这里有一对手机用来在虚拟世界中旅行。它们比 CAVE 式的键盘和大型鱼缸式显示器更适合使用（图片由怀俄明大学 3D Interaction and Agents Research Lab 的主任 Amy Banic 提供）

必须决定环绕式虚拟现实使用的屏幕数量。要用平面屏幕将用户完全包围起来，需要至少 6 个屏幕排成一个立方体。使用 6 个屏幕是昂贵的，也存在一个后勤问题，因为要么显示屏幕必须高于房间的地板，为投影仪创造一个空间（到目前为止，这只在少数研究机构完成），要么必须有一种方式走在通常易碎的平板显示器上。

对于某些应用，单屏鱼缸式显示器就足够了，而其他有些应用则需要更多。许多应用都使用地板或天花板。如果需要地板投影，而不是天花板投影，可以将投影仪放置在环境上方，直接投影到地板上。有趣的是，大多数 CAVE 式系统都是从上方突出地面（而不是天花板）。由于投影是垂直向下的，用户通常是站着的，所以他们的脚周围只有一个小阴影，大多数人甚至都不会注意到它。因为你的身体的"足迹"，当从正上方看是如此的小，阴影直接投射在你的脚，用户遮挡不是一个大问题。对于位置漫游，在地板上显示可以大大增强沉浸感。天文学应用程序可能会从参与者上方的屏幕中获益更多。每个应用程序都保证考虑到每个屏幕的数量和最佳使用。

在第 7.3.2 节第 10 点中，我们讨论了如何将虚拟世界中存在的控制小部件和菜单放在与用户相关的位置上。一种方法将（虚拟）控件放置在相对于现实世界的固定位置，使控件的外观正好位于屏幕上。这个位置匹配给屏幕上出现的东西一个调节深度线索，不会与汇聚和立体线索冲突。另一个好处是，这些东西对任何不戴眼镜的旁观者来说都很清楚。通过位置匹配，虚拟控件将始终显示在屏幕上的同一位置。如果控件是平面的，则左眼和右眼的视图将相同，从而能够在没有立体眼镜的情况下看到控件。这消除了头部跟踪引起的任何错误、延迟或抖动，使小部件的控制更加容易。（然而，渲染任何可能用于操纵虚拟控件的手持设备仍然是必要的。）

第二人称投影现实

虚拟现实系统通常以第一人称视角——通过参与者自己的眼睛——向参与者呈现虚拟世界。然而，一些伪虚拟现实系统从第二人称视角来呈现世界——从视距来观察。基于投影的显示从第二人称视角呈现虚拟世界有特定的界面问题。

历史上有两个这样的例子，包括 Myron Krueger 的 Video Place（及其随后版本）和面向各种各样的娱乐场所销售的 Mandala 设备（图 5-36）。这些显示器使用光学镜头（比如摄像机）在一个恒定的（至少是一致的）背景下通过观察参与者的轮廓来跟踪参与者，允许参与者在空间中自由移动，没有任何阻碍。

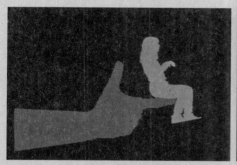

a)

b)

c)

图 5-36　a）Myron Krueger 的开创性工作使用视频跟踪创建了一个第二人称视角虚拟现实体验。这张图片展示的是一个人举起另一个参与者的视频图像，每个参与者都可以看到合成显示。b）Mandala 显示器将参与者的视频图像叠加到计算机生成的虚拟世界中。参与者通过与显示屏上的虚拟世界互动，从第二人称视角观察自己的行为。c）在第二人称视角 VR 系统中，蓝屏和绿屏背景通常与摄像机一起使用，作为捕捉用户手势的一种手段（图 a 由 Myron Krueger 提供，图 b 由 The Vivid Group 提供，图 c 由 William Sherman 拍摄）

在为这些显示编写的体验中进行交互的一种常见方式是让参与者的图像边缘通过在屏幕上移动来触发环境中的事件。例如，Mandala 的一个应用程序显示了一组鼓，可以通过将手放在屏幕上显示的其中一个鼓来演奏，从而使计算机发出相关的声音。或者，屏幕向上移动可能是由参与者的手臂拍动引起的。因为界面是基于用户的 2D 图像的，所以环境在本质上通常只是 2D 的。

一个现代的例子是 Appshaker（现在是 INDE 的一部分），它产生了许多公共场所的第二人称体验［INDE 2011］（图 5-37）。在这些体验中，一个大屏幕显示了一个公共空间的视图，在这个视图中，人们看到自己似乎在与动物或物体的增强内容交互。

图 5-37　由 INDE 实现的 BroadcastAR 体验，通过将虚拟世界覆盖到旁边显示的二人视频图像上，让观众似乎与虚拟实体进行了互动（图片由 INDE 提供）

这些基于视频的系统仍然可以在各种博物馆中找到，但是在使用 Kinect 深度摄像机的微软 Xbox 游戏中可以找到一个现代版本。在这种情况下，玩家看到的将不是自己的视频副本，而是根据 Xbox-Kinect 系统计算出的骨骼重建的化身。另一个现代的例子，类似于第二人称，但不完全是第二人称，是 Valo Motion 公司开发的 Climball AR 游戏，一个人工制造的攀岩墙的表面为一个或两个攀爬在墙上的玩家提供视频增强，以进行互动，类似于一种用身体的 Pong 游戏［Kajastila et al. 2016］（图 5-38）。（Pong 是一种早期的计算机游戏，人们通过控制屏幕上球拍（一个长方形）的高度与对手进行乒乓球游戏。）

图 5-38　Climball 攀岩游戏通过突出攀岩者的手和脚，并使用它们与一个虚拟的球互
动，提高了攀岩体验（照片由 Valo Motion 公司提供）

环绕式虚拟现实小结

简言之，环绕式虚拟现实范式扩大了鱼缸式显示器，不仅使它们更大，从而增加了视场，而且通过在参与者周围设置多个屏幕来增加能视域！因为环绕式 VR 显示器允许用户一起工作，并知道彼此（基本上）看到了什么，而且眼睛疲劳的问题更少，允许参与者长时间停留在虚拟环境中，因此它们更适合协作。但缺点是，它们通常比其他范式需要更多的设备和维护。

这种范式的许多特点（分辨率、视场等）的有效结合可以创造非常身临其境的体验。尽管如此，很多虚拟现实领域的人将环绕式显示归类为非沉浸式虚拟现实。我们已经证明这根本不是真的，事实上，对我们来说，这种限定创造了一种矛盾。对我们来说，一种体验首先必须具有一定程度的身临其境感，才能被称为 VR。诚然，不恰当的遮挡线索或不完整的场景会阻碍沉浸感，但这些情况是可以避免的，结果是用户发现他们不再考虑虚拟物体或投影场景，而是简单地与他们体验的世界互动。

头戴式显示器

与鱼缸和环绕式视觉显示范式不同，头戴式显示器中的屏幕不是固定的；相反，顾名思义，它们与用户的头部一起移动（图 5-39）。头戴式显示器的样式包括 HMD、平衡吊杆式显示器（如 BOOM）、用于显示几英尺外的虚拟图像的小屏幕。Ay（例如，Private Eye 和 Google Glass）、实验性视网膜显示器（使用激光将图像直接呈现在你的眼睛视网膜上）和稍微可移动的电影放映机式（Kinetoscope-type）显示器，用户可以把头伸到上面（例如，在下面讨论的 Fakespace 公司的 PUSH）。最后，事实上，这种类型的显示正在向硬件转移，更恰当的说法是头戴式——在重量和大小上近似于一副眼镜的设备，但却具有高分辨率和宽视场。

同样，我们将讨论的 4 个子类别是：1）将现实世界与参与者隔离的 HBD；2）将现实世界呈现给参与者，从而通过虚拟对象或标注来增强现实世界的 HBD；3）利用移动计算技术（如智能手机或平板电脑）的 HBD；4）头戴式系统，图像从头部投射并反射回来（HMPD）。

图 5-39　通过将显示器连接到头部，屏幕相对于用户的眼睛保持固定（照片由 William Sherman 拍摄）

封闭头戴式显示器（HMD）

正如我们所讨论的，基于头部的虚拟现实视觉显示器可能是大多数人与虚拟现实相关联的设备。在本节中，我们将讨论封闭式虚拟现实显示器——它可以遮挡现实世界，而有利于虚拟世界。

封闭头戴式显示器的组件

基于头部的虚拟现实显示器的屏幕通常体积小、重量轻，因为它们是由用户佩戴或持有的。当然，平衡吊杆式系统允许稍重的显示器，但重量仍然是控制支撑臂运动的一个因素。大多数 HBD 都支持立体图像深度线索。与固定式显示器使用的滤镜不同，基于头部的系统使用双视觉输出（每只眼睛一个），或在一个显示器（如智能手机屏幕）上显示两半的图像（左右眼视图）。

HBD 可使用多种跟踪系统。大多数消费级产品都在显示单元中内置了跟踪系统。其他一些没有配备任何类型的跟踪，但大多数至少包括基于加速度的跟踪，系统开发人员必须从许多可能的位置跟踪方法中选择。虽然 Fakespace 公司的 DOOM 和类似的"Window into Virtuality"系统不再是实用的商业产品，但这些系统的有趣之处在于它们如何结合机械连杆来支持每个显示器（参见图 4-12），因此这样就很自然地通过简单测量连杆的关节角来确定屏幕的位置（图 5-40）。这种方法提供了快速和精确的测量，但通常不用于其他类型的 HBD，因为需要物理连接。也有 HBD 与机械跟踪系统相结合的例子——在这种系统中，用户坐在驾驶舱中，活动范围有限。

　　HBD 主要依靠方位线索来响应用户的动作。如果应用程序开发人员认为体验不会因缺乏定位跟踪而受损，那么仅使用自参考跟踪器（如惯性设备）就成为一种合理的可能性。这使得基于 VR 的智能手机显示器可以使用自己的内部跟踪机制，因此只要不需要完整的 6-DOF 信息，就不需要额外的跟踪硬件。

封闭头戴式显示器的特点

　　头戴式显示器的一个显著缺点是跟踪和图像生成系统中的任何延迟都会给观众带来明显的影响。当场景的视图滞后于用户头部的移动时，会导致视觉混乱，经常导致用户头部摆动。在虚拟现实中，这种滞后是导致晕动症的主要原因之一。

　　另一方面，典型的头戴式显示器的视场是有局限的，虽然现代的消费级 HMD 已经大大提高了标准。分辨率和视场之间存在一些权衡，一些系统可能选择更高的分辨率。分辨率本身可以从早期系统提供的相对较少的像素（1080×960）到相当高的分辨率（StarVR HMD 拥有 2560×1440，水平视场为 210 度），像素密度相当高，但仍有改进空间。许多消费

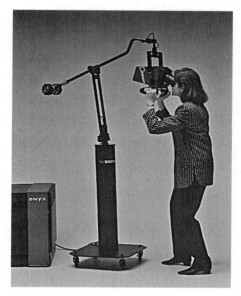

图 5-40　Fakespace 公司的 Boom3C 使用一个配重来平衡屏幕的重量，从而减少用户的负担。机械跟踪用于报告头部位置（照片来自 Fakespace 公司）

级高清显示器在视场中心有很好的清晰度，但是边缘处的清晰度降低——当眼睛直直地看的时候还好，因为它们周围的接收分辨率不是很好，但是当我们移动眼睛的时候，我们可以看到模糊，因此必须转动我们的头来弥补。有时作为一种折中，会降低像素密度来增加视场，通过在视域中扩展像素。

　　HMD 还可能有点累赘。它们很难穿，穿起来也很不舒服。HMD 不能很好地适应所有的眼镜，而且即使只是短暂的佩戴，HMD 的重量会导致疲劳和颈部扭伤。通常连接到 HMD 的电线会限制用户的移动自由。当然，随着 HBD 逐渐向无线眼镜的方向发展，许多物理约束都会减弱。

　　虽然面向消费者的 HMD 取得了很大进展，但由于立体视觉、调节和汇聚的深度线索之间存在冲突，一些 HMD 仍然难以长时间使用。这些冲突会导致眼睛疲劳和其他负面影响。由于大多数 HMD 都有一个固定的焦点，调节线索告诉你的大脑所有的物体都处于那个距离。然而，立体视觉、视差、透视和其他线索可能与调节线索相冲突，告诉你的大脑物体的

距离与焦距不同。一些最新的变焦技术（如光场）可以用来缓解调节不匹配。

HBD 也有许多积极的特点，最值得注意的是，它的视场覆盖了观察者周围的整个范围。与大多数固定式显示器不同，无论用户朝哪个方向看，图像都没有缝隙。HBD 很容易携带，而且它们只需要很少的地面空间。事实上，一个简单的智能手机虚拟现实支架可以放在口袋里，随时与手机结合，体验基于手机的应用程序。然而，使用便携式游戏笔记本电脑，即使是像 HTC Vive 或 Oculus Rift 这样的 HMD 也可以打包在一个便携箱中，并在几分钟内完成设置（图 5-41）。

在某些应用中，向用户屏蔽现实世界的能力非常重要。由于封闭式 HBD 将物理世界隐藏在视场之外，因此与基于投影的固定式系统相比，它们可以在更大范围的场馆中运行，而投影式固定系统需要特定的照明条件才能正常工作。当然，封闭头戴式显示器的使用必须限制在受保护的区域，因为戴着这些显示器的人在现实世界中看不到潜在的危险——尽管出于对消费者安全的认识，HMD 软件可以保护用户。保护用户安全的一个很好的例子是 HTC Vive 的"Chaperone"系统，当用户接近安全可玩区域（由他们定义）的边缘时，它会在用户周围显示一个彩色的盒子。这种安全视图可以通过 Vive 上的前置摄像头获得真实世界的对比增强视图来扩展（图 5-42）。

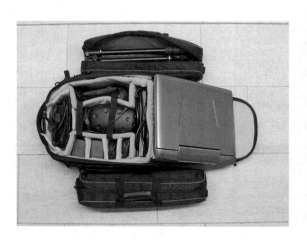

图 5-41 消费级 HMD 和功能强大的笔记本电脑使整个虚拟现实系统很容易打包在一个便携箱，从而轻松携带（照片由 William Sherman 拍摄）

图 5-42 HTC Vive 使用"chaperone"系统既可提供一个网格轮廓，也可选择地（如图所示）提供一个风格化的现实世界视图，以确保参与者的安全

封闭头戴式显示器的界面问题

基于头部的虚拟现实视觉显示器主要适用于第一人称视角。它们通过用户的眼睛直接呈现世界。这种方式提供了一个非常直观的界面："指哪看哪"，而且，当跟踪了头部位置和方向时，只要走到物体的另一边去看，就能看到物体的另一边，这提供了一个非常自然的界面。为了简单和经济，一些虚拟现实系统（主要是智能手机虚拟现实类产品）不跟踪头部的位置，因此需要一些其他类型的界面，以允许用户在空间中虚拟移动。

由于 HBD 从视觉上将用户与现实世界隔离，用户看到的任何东西都必须由计算机生成，包括他们自己的身体。即使是在单人应用程序中，也必须呈现用户的化身，或者至少呈现用户看到的重要部分。事实上，许多道具和控制器需要渲染化身，以便在封闭式 HBD 系统中正确使用。这一要求并不都是坏的，因为实际的设备是看不见的，所以它可以被表示为任何对象。通常，设备和虚拟物体的形状、质量和重心都相似。一个真实的手电筒可能会变成一个虚拟的星球大战光剑，或者一个小的塑料板可能会变成一个虚拟的写字板或者一个能揭示物体内部的切割工具。

更多的复杂对象，比如计算机键盘，依赖于用户在他们所看到的和他们接触的地方进行精确配准的能力。在封闭式 HBD 中很难实现这种配准，因此，当用户只能看到他们的化身时，带有几个按钮或其他复杂的设备就很难使用了。这个问题可以通过捕获现实世界并将其反射回虚拟世界来克服，或者至少减轻（图 5-43 ）。

图 5-43　在开发虚拟现实体验时，或者仅仅使用需要字母数字输入的体验时，可以方便地访问键盘。Logitech 公司设计了解决方案，它可以跟踪一个实体键盘，然后让前面的摄像头看到用户的手放在键盘上。或者，由于已知键盘的物理形式，计算机渲染的版本可以准确地放置在虚拟世界中（图片由 Logitech 公司提供）

历史记录：PUSH 显示屏

Fakespace 公司的 PUSH 显示器在很多方面都是那个时代典型的 HBD，但有一个惊人的不同之处——它不会随头部移动太多。跟踪功能内置在设备中，但功能非常受限。观看装置可以稍微向前或向后推，但不能旋转。在这方面，它有一些固定式显示器的特点，但它不允许头部左右移动。

有了 PUSH 显示器，用户就可以走到观看装置前，它类似于电影放映机（图 5-44）。设备内部有两张高分辨率图像，提供了引人注目的双目视图。显示器安装在三根半柔性的柱子上，允许用户扭转、拉动和推动显示器朝向或远离柱子。在观看装置的两侧都有手柄和按钮，提供给世界的用户界面。参与者在虚拟世界中旅行的方法是开放的，由系统设计师创建。只有有限的几种方法是有意义的。通常的方法是基于这样的概念：在虚拟世界中，推动设备让用户向前移动，拉动设备让用户向后移动。这些按钮用来旋转偏航（左右）和俯仰（上下）轴。然而，由于两只手都被显示器占据了，没有多少与世界互动的余地。PUSH 显示器的概念可能最适合漫游形式的应用程序。

图 5-44　Fakespace 公司的 PUSH 装置类似于电影放映机。观众将头抬到设备前，通过按不同的按钮和用手"操控"来与虚拟世界交互。这种设备只需要很少的时间来"安装"，在公共场所尤其有用（照片由 Fakespace 公司提供）

这并不是说，PUSH 的高分辨率和其他特点不能创建一个非常沉浸的精神体验。结合坚固性和易于使用的导航功能，它很适合在公共场所使用，在那里很多人都会使用这个系统，并且空间的移动是主要的故事元素。

封闭头戴式显示器小结

封闭头戴式显示器是 VR 中更为广泛认可的视觉显示范式。智能手机的虚拟现实方法让许多人可以体验虚拟现实——几乎没有任何费用。当然，智能手机的计算能力更为有限，因此对于更大的任务，这些体验可能无法准确计算出更深入需求的质量。

尽管封闭式 HBD 提供了完整的能视域，但是有限的视场，以及目前仅仅够用的分辨率，加上累赘的限制，导致许多可视化和产品设计应用程序的设计师继续维护环绕式 VR 系统，同时也探索低成本消费级 HMD 的好处。虽然 HMD 的改进将继续推动许多 VR 的商业和研究用途向游戏市场的方向发展，但仍有可能需要更大的共享屏幕，而这些是固定环绕式 VR 系统能够提供的。

5.1.3　非封闭（透视）头戴式显示器

透视头戴式显示器主要设计用于增强现实的应用程序。有两种方法用来实现这些显示的"透视"效果——通过光学或视频（包括深度摄像机捕捉）。光学方法使用透镜、镜子和半镀银的镜子将计算机图像叠加到现实世界的视图上（图 5-45）。视频方法使用电子混合将计算机图像添加到现实世界的视频图像中，这是由安装在 HBD 上的摄像机生成的［Rolland et al. 1994］。深度摄像机方法将现实世界的实时三维点云混合到虚拟世界的适当区域中，这样参与者可以看到混合的世界。这样做可能是为了用户安全，或者使参与者能够在沉浸其中的同时进行真实世界的操作。

图 5-46 展示了一种常见的增强现实应用的例子，将 Magic Lens 效应的概念应用到现实世界中［Bier et al. 1993］，通过这种方法，用户可以看到正常观看中看不到的物体的特征（例如，相对表面温度、内部是什么、背面是什么）。

图 5-45　Daqri 智能头盔提供了一种增强现实工具，使用光学实现增强现实（照片由 Daqri 公司提供）

图 5-46　Magic Lens 使观看者能够获得关于 "Lens" 下对象的额外信息。在这幅图中，Magic Lens 被用来可视化房间内的声波

标注现实世界是增强现实应用程序的另一种类型。标注可以是带有指向对象特定部分的指针的简单文本框、解释任务下一步的更详细的说明、箭头或显示部件应该放置在何处的其他图形，等等。这些效果可以用于培训或实际执行过程（图 5-47）。例如，在工厂中执行操作程序，比如将阀门操作到适当的位置，可以通过智能头盔来指示阀门的正确位置，并确保正确的值出现在视野中。

使用透视 HBD 的另一个原因是为了向用户展示真实世界的各个方面，以确保用户的安全，或者仅仅是为了能够在沉浸其中时与真实世界的对象进行交互。例如，HTC Vive 的摄像头视图可以用来向沉浸在虚拟世界中的参与者展示真实的物理危险。

非封闭头戴式显示器的组件

透视 HBD 的组件包括那些封闭 HBD 所需要的部件，加上额外的设备，通过视频或光学捕捉或穿越真实世界，并将虚拟世界注册到真实世界的视图。固定式跟踪系统需要实现与真实世界和系统将运行的真实世界模型或部分模型的精确配准（图 5-48）。通常，这两个需求是相互关联的。改进跟踪的一种方法是使用已知的现实世界，并将其与在视频输入中看到的世界相匹配。可以在现实世界中添加特殊的基准标记（地标或参考标记），以提高跟踪的准确性［State et al. 1996］。当计算能力和计算机视觉算法受到限制时，为计算机视觉算法专门设计了基准标记，以便于找到它们并计算它们相对于摄像机的位置。现在，任何具有适当纹理的静态图像都可以用作基准。因此，现在，环境的一部分图像可以用作基准标记。

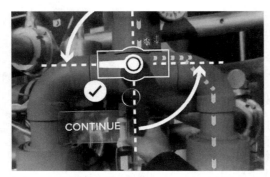 

图 5-47 该图展示了通过 AR 显示器的视图，指示用户调整管道流量的正确步骤（图片由 Daqri 公司提供）

图 5-48 透视视频显示器允许计算机生成的图像被注册并叠加在真实世界的视图上。在这个例子中，超声波图像被叠加在病人的真实视图上，让医生能看到传感器数据和病人身体之间的关系。内视图右侧的圆形图案是一个基准标记，用于提供更好的跟踪配准（图片由北卡罗来纳大学教堂山分校提供）

近场增强现实唯一的主要附加要求是完成头部的 6-DOF 位置跟踪。这源于这样一个事实：在虚拟世界和现实世界之间进行注册需要准确地知道眼睛在现实世界中的位置。在某些情况下（当被增强的世界要素相对较远时），精确跟踪并不重要，但是，这些情况有时也不需要头戴式 AR 显示器，因此更常见的是手持式 AR 应用，所以将在该范式下讨论。

当然，对于计算机来说，要创建一个用户肉眼看不到的现实世界信息视图，它必须具有该信息的内部模型。这个模型可以预先存储。例如，如果应用程序是查看建筑物基础设施中的电气、管道和管道工作的辅助工具，则可以从该建筑物的 CAD 数据库中获取信息。真实世界的模型也可以实时创建。北卡罗来纳大学教堂山分校开发了一项 AR 应用程序，称为 Ultrasound Visualization 项目［Bajura et al. 1992］［State et al. 1996］，通过医学超声波扫描仪收集的数据构建了患者内部器官的模型。在另一个例子中，图 5-49 说明使用 3rd Tech 公司开发的激光图像测距系统来捕捉现实世界的空间。激光雷达系统已经成为捕获各种真实世界数据的热门方法。地面单元通常用于捕捉历史遗迹，包括考古挖掘、CAVE 系统、"已建成"的建筑物（即不只是计划中所说的建造方式）和工厂楼层布局。航拍设备可以覆盖更大的区域，但通常细节较低，如国家公园或高尔夫球场等。

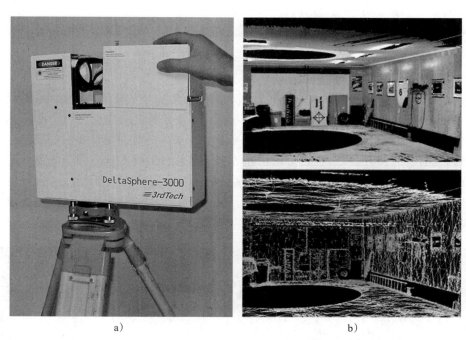

　　　　　　a)　　　　　　　　　　　　　　　　　　b)

　　图 5-49　虽然还不是实时处理，但是激光图像测距系统（图 a）——一种"观察"世界、创建图像并提供物体距离数据的设备——现在已经适用于捕捉真实空间，比如这个车库场景（图 b 和 c）（图片由 3rd Tech 公司提供）

　　谷歌 Tango 和微软 HoloLens 等系统也可以实现实时的真实世界捕捉，这些系统使用 SLAM 跟踪来创建飞行环境的模型（如图 4-27 所示），并可以使用相同的信息实时记录当时的现实世界状态。

非封闭头戴式显示器的特点

　　在透视 HBD 中，现实世界是环境的一部分这一事实意味着现实世界的约束将影响虚拟世界中可以做什么。虚拟世界的某些方面可以被操作，其他方面则不能。重力等物理定律不能失效。时间不能停止、放慢或逆转。另一方面，通过对现实世界的足够了解和适当的渲染技术，不透明对象可以变得透明。（比例和距离可以作为远程呈现操作的参数进行操作；有关详细信息，请参阅本章后面。）

在增强现实系统中，精确地遮挡物体可能是很困难的。有时，位于组合世界中的虚拟对象位于真实对象的后面。确定对象在渲染场景中的正确介入不是一个小问题，特别是在移动现实世界中未跟踪的对象（也就是说，不通过图像摄像机、深度摄像机和与透视显示本身集成的其他传感器以外的任何其他方式跟踪的对象）。

当使用透视显示器时，通常只有少数对象与虚拟对象存在潜在的介入问题。一种解决方案是跟踪这些对象，并根据它们的位置信息绘制阴影蒙版。真实的物体将被遮挡物体的化身所取代，并在场景中适当地渲染。因为化身是虚拟世界的一部分，他们的介入将在场景中正确地配准。

非封闭头戴式显示器的界面问题

使用 AR 与传统 VR 相比，唯一出现的新界面问题是与现实世界的界面。除此之外，大多数界面的可能性和关注点与封闭式 HBD 类似，尽管容限可能会更严格一些，尤其是在配准近场真实和虚拟世界时。当然，使用透视 HBD/AR，任何现实世界的对象都可以用作界面元素。同样，任何虚拟对象也可以用作界面元素。使用现实世界作为界面一部分的一个很早的例子可以追溯到第一个头戴式显示器（萨瑟兰的达摩克利斯之剑），在他的博士论文中，Don Vickers 使用墙上的黑板"渲染"菜单选项，用户可以激活 point-to-select 交互（图 5-50）[Vickers 1974]。

图 5-50　Don Vickers 在他 1974 年的论文中，演示了一种使用现实世界作为虚拟世界界面的一部分的技术。由于绘制菜单要求的性能超过了那个时代的计算机所能提供的，所以它是通过将菜单放在墙上，然后将菜单的位置校准到手持控制器来绘制的。注意，单词"MOTATE"（中间的图像）左边的虚线是计算机渲染的 3D 光标（图片由犹他大学提供）

当使用光学透视方法创建 AR 视图时，用户可以通过透镜和镜子直接看到现实世界。因此，在用户的移动和他们对现实世界的视图之间没有时间延迟。然而，虚拟世界仍然依赖于跟踪和计算机图形技术，这些技术会在用户的移动和显示的响应之间造成至少一段时间的延迟。因此，在移动的过程中，真实世界和虚拟世界之间的配准并不完美。

当使用视频透视方法时，来自视频输入的延迟可以与虚拟世界显示的延迟相匹配。视频方法也可以更容易地利用现实世界输入的线索来更精确地将虚拟世界记录到现实世界中。然而，保持较低的延迟变得更加关键——因为显示系统的延迟甚至会增加现实世界（我们期望的正常行为）的延迟。

除了系统响应延迟之外，现实世界视图和计算机生成视图之间的延迟（延迟差异）也会导致用户界面问题。延迟差异本身就是配准问题的根源。当增强显示延迟于现实世界时，重叠的虚拟和真实视图将在空间上移位。然而，延迟差异一般可以归结为基本延迟问题。在光学透视显示中，用户直接看到现实世界，因此增强显示中只存在延迟。在视频透视显示中，延迟可以添加到真实图像中，以便与增强信息的延迟相匹配。这样，即使整个视图现在落后于用户的移动，延迟差异也会减少到零。与位置配准一样，使用距离较远的物体（远场）时，延迟差异的结果也会减小。

视频透视方法的另一个负面影响是，如果没有额外的光学补偿，用于捕捉现实世界的摄像机将会偏离用户眼睛的实际位置，从而扭曲他们对世界的视图。这种偏移使得在环境中操作变得困难。用户通常可以适应这种情况，但在离开显示器后，需要重新适应非沉浸式观看方式。（用户适应也是光学透视显示中的一个因素，当现实世界的视图经过一系列镜子时发生移动，参见 3.2.1 节。）

在透视系统中使用道具会引发一些额外的问题。从积极的方面来说，能够看到道具有一个界面上的好处。在增强现实中，实现多道具界面更简单，因为用户可以看到控件的位置。另一方面，当体验设计师想要隐藏真实世界的道具时，这就很难做到了。

要隐藏道具，需要显示被观看的图像，而不是道具，毕竟，AR 显示的目的是渲染图形，至少取代观众看到的部分内容。例如，除非计算机图形化身被遮挡，否则用来代表光剑的棍子将会显示为棍子。在光学透视显示中，完全遮挡是比较困难的，因为计算机生成的图像必须用强大的图像遮挡真实世界的物体。

非封闭头戴式显示器小结

增强现实是物理沉浸式媒介的一个重要子类。在增强现实技术中，用户可以在不借助 VR 的情况下操作和看到真实世界。改进后的头戴式和手持式显示器被用来创建增强的显示效果，但由于虚拟信息映射到现实世界视图的重要性，跟踪注册变得比传统虚拟现实更加重要。

透视范式还允许一些其他有趣的可能性。可以实现将一个虚拟世界映射到另一个虚拟世界的增强现实显示。这样一个系统可以通过输入一个环绕式虚拟现实显示器，然后在该环境中使用基于头部（或手部）的增强现实显示器来创建。这项技术已被 MichelleYeh 和 Chris Wickens 用于伊利诺伊大学的人为因素研究（图 5-51）。在他们评估透视 HMD 可能带来的好处的实验中，外部地形被投影到 CAVE 式显示屏上［Yeh et al. 1999］。

5.1.4 智能手机虚拟现实头戴式显示器

智能手机技术已经成为虚拟现实领域复苏的主要催化剂。以极低的成本生产数以百万计的小型高清平板屏幕，成为生产面向消费者的高清显示器的手段，起源于众筹资助的 Oculus DK-1。此外，集成到所有移动计算平台（手机和平板电脑）的惯性 /MEMS（微电子机械系统）跟踪装置的激增对 VR 来说是至关重要的。鉴于这些设备也是可以像几年前的台式计算机一样出色地渲染 3D 计算机图形，因此，手机本身（或平板电脑）可以用作虚拟现实显示器的主要组件。对许多人来说，智能手机虚拟现实将是他们第一次接触虚拟现实体验；而对其他人来说，这可能是他们最经常体验虚拟现实的方式。

许多 VR 显示器都与智能手机 VR 有相似之处，其中一些可能直接激发了这一概念。在虚拟现实（和增强现实）中，将视觉显示器对着脸部（"固定在头上"的装置）的想法可以追溯到 nVis 虚拟双筒望远镜和华盛顿大学人机界面技术实验室（HitLab）的观看装置。在 VR 出现之前，我们可以追溯到 Wheatstone 在 1938 年 的 发明（图 5-52）。第一个商业化的智能手机虚拟现实设备可能是孩之宝（Hasbro）公司的 My3D 设备，它可以与那个时代的苹果 iPhone 和 iPod（2010 年：iPhone 4s 和更早的版本）兼容，并提供一些简单的虚拟现实游戏体验。南加州大学创新技术研究所的 MxR 实验室将这一想法引入 "Maker" 概念，创造了带有廉价镜片的泡沫塑料板可折叠支架，从而

图 5-51 增强现实可以是两个虚拟现实显示器相组合，增强虚拟世界而不是现实世界。Michelle Yeh 在一项人为因素实验中，增强现实军事装备测试使用 CAVE 式显示器提供的周围环境（应用程序由伊利诺伊大学 Chris Wickens 教授提供，照片由 William Sherman 拍摄）

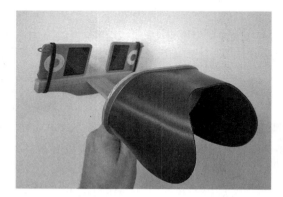

图 5-52 这个 "经典" 的 Wheatstone 立体镜模型安装了两个小 iPod 显示器，同步显示立体图像（iPod Wheatstone viewer 的作者是 Albert William、Chauncey Frend、Jeff Rogers 和 Michael Boyles）

创造出一种 DIY 智能手机 VR 支架（图 5-53）。此后不久，谷歌发布了他们非常流行的谷歌 Cardboard 智能手机支架，以及磁性"按钮"和一些演示应用程序，这一概念迅速传播开来（图 5-54）。后来，三星与 OculusVR 合作，在这方面创造了一个更先进的概念：GearVR，它有一个更坚固的外壳，并加入了额外的电子设备以改进跟踪，以及一个 2D 触摸界面和一些按钮（如图 4-10 所示）。

图 5-53　带有惯性跟踪设备的智能手机（比如 FOV2GO）的出现，提供了一种低成本的 3-DOF 头部跟踪的 VR 体验（图片由创意技术研究所 MxR 实验室提供）

图 5-54　非常受欢迎的谷歌 Cardboard，它是作为一个硬纸板包装来展开和重建成一个手机支架（William Sherman 拍摄）

智能手机虚拟现实头戴式显示器的组件

智能手机 VR 显示的主要组件显然是智能手机！接下来你需要一个手机支架，它可以非常简单和小型，也可以很大并有一些扩展的电子设备。但支架最重要的部分是它必须有一对镜头，在观看距离眼睛只有几英寸（或几厘米）的设备时，它能将观众的调节转移到舒适的东西上。第三个可选组件是一个外部控制器，提供可能扩展的输入。

智能手机虚拟现实的手机组件包含许多关键子组件，这些子组件通常在其他系统中是独立的组件。特别是，手机提供了显示屏，分辨率非常重要，要求比在一臂距离外阅读手机时更高的分辨率。手机提供的另一个关键要素是位置跟踪，在大多数情况下，只有基于独立加速度计 /MEMS 单元的 3-DOF 方向跟踪。手机也是该系统的计算设备——它可以作为一个可下载的应用程序在内部完全包含内容，也可以用作流媒体内容的渠道。手机提供的第四个组件是通信，特别是通过 Wi-Fi 和蜂窝网络通道访问互联网。最后，增强现实和一些虚拟现实体验可能会利用相机，这是任何现代智能手机的标准设备。

当然，支架必须能够安全地握住智能手机，有时用塑料外壳，有时用简单的硬纸板。支架的另一项重要任务是安装光学器件，让使用者可以对着离眼睛很近的屏幕进行聚焦。有些支架（如 GearVR）的一个可选特性是附加输入用于与应用程序交互。在 Hasbro My3D 的例子中，支架上的切口可以让用户的拇指轻敲屏幕，而 Google Cardboard 的第一个版本提供了一个滑动磁铁，通过对指南针的剧烈干扰，软件可以使用异常来产生一个"按钮事件"。Cardboard 的第二个版本提供了一种方法，用户可以通过按下导电带来模拟屏幕上的点击。请注意，许多支架是特定于某一类智能手机的。因此，重要的是要选择你感兴趣的手机外形的支架。

另一种增强智能手机虚拟现实输入能力的方法是通过蓝牙设备。第三方蓝牙通信游戏控制器为智能手机游戏提供标准游戏输入，同样也可用于虚拟现实体验。谷歌紧跟 Cardboard 的成功，推出了他们的 Daydream 系统，除了提供了一个更大的支架外，还包括一个 3-DOF 的位置跟踪器（仅通过加速度计定向）（提供指向头部以外的物体的功能）和激活按钮。

最后，智能手机虚拟现实系统中有一个"缺失"的组件，这是头戴式显示器依旧在努力寻求摆脱的，那就是电线。能够体验虚拟现实体验而不用担心电线限制行走距离或绊倒用户是一个很大的好处。当然，只有当系统具有跟踪直线运动的手段，从而提供完整的 6-DOF 位置跟踪时，才能实现步行距离的好处。手机的另一个实际组件是一个电池，它可以在很长一段时间内为手机供电。

智能手机虚拟现实头戴式显示器的特点

也许智能手机虚拟现实的最重要特点是几乎每个人都配备了他们需要的大部分组件。他们只需添加智能手机虚拟现实支架并下载应用程序即可开始使用。而且，廉价的和昂贵的支架在本质上是一样工作的。因此，设计用于在智能手机虚拟现实平台上运行的应用程序立即拥有大量可用的消费者群。

虽然智能手机具有惊人的计算能力（从 1985 年起，iPhone-2 就已经可以与 Cray-2 超级计算机相媲美了，但它的功耗大大降低），但与同一时代的手机相比，台式计算机还是具有更多的计算能力和图形处理能力。因此，在智能手机虚拟现实系统上的虚拟现实体验将在模拟和渲染方面受到更大的限制。

智能手机虚拟现实的另一个重要特点是，手机内置的通信功能不仅允许流媒体，还允许从互联网上采集数据，可以在有 Wi-Fi 的情况下使用，也可以在没有 Wi-Fi 的情况下使用蜂窝基站信道。

智能手机虚拟现实头戴式显示器的界面问题

智能手机虚拟现实的第二大缺点（第一个缺点是缺少 6-DOF 跟踪）是减少了输入选项——或者至少减少了许多应用程序的共同点。为此，尽管 Google Cardboard 始终提供至少一个按钮输入，但有一些更简单的支架甚至没有做到这一点。因此，很大程度上依赖于"熔断"类型的输入激活，即显示菜单或其他可激活对象，要激活一个选择，用户需要盯着一个设定的选项一段时间，在这段时间内，通常会有一个倒计时指示器显示"熔断"何时熄灭以及所采取的动作。

智能手机虚拟现实系统很适合用于 360 度的视频，除了标准的回放控制和选择下一个视频的功能之外，它几乎不需要用户界面交互，所以在这方面做得很好。

对于更高级的交互，有各种带标准游戏输入的蓝牙游戏控制器，它们既提供操纵杆风格的执行器，也提供多个输入按钮。谷歌 Daydream 控制器在此基础上扩展了一个圆形触摸板，或许更重要的是，3-DOF 方向跟踪，这为用户提供了更好的指向方式（如图 4-9 所示）。

智能手机虚拟现实头戴式显示器小结

虽然在很大程度上，智能手机虚拟现实系统共享标准 HBD 的大部分品质，但小巧的外形和便携性使其成为许多体验类型的不错选择。而且，因为几乎每个人都有智能手机，它拥有巨大的市场渗透率，或者至少是潜在的消费者基础，因为它的切入点是低成本的。

智能手机虚拟现实系统的缺点是计算能力降低，标准输入控制减少，缺乏完整的6-DOF 位置跟踪，通常情况下，很多手机外壳都要举到头顶才能看到。

5.1.5　头戴式投影显示器

一类较为少见的虚拟现实显示器具有许多有趣的功能——一种将虚拟世界投影到用户周围表面的系统，这种系统看起来也不是在屏幕上而是在三维空间中。到目前为止，这种风格的主要实现是使用反光材料作为投影虚拟世界的表面，并将投影仪与用户的眼睛对齐。因此，这种对齐要求意味着投影仪"安装"在用户头上，而头戴式投影显示器（Head-Mounted Projective Displays，HMPD）也是如此。它们也可能被称为基于头部的反光显示器。

1994 年，James Fergason 提交了一项可能是第一次使用 HMPD 的专利（1997 年发布）。HMPD 的另一个早期实现是在伊利诺伊大学贝克曼研究所创建的"SCAPE"系统，该研究所探索了应用领域和改进的光学技术（图 5-55）。2013 年，Technical Illusions 公司成功地在Kickstarter 众筹了"CastAR"HMPD 系统。然而，尽管有众筹资金以及额外的风险投资资金，但该项目还是无法交付产品，该公司在 2017 年被清算。

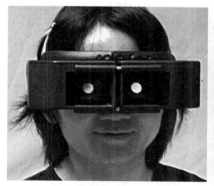

图 5-55　从用户的视线使用光学来映射投影仪输出，虚拟现实或增强现实可以使用
　　　　　反光材料来创建，这种材料可以准确地将所需的图像弹回给用户。多个用
　　　　　户将从他们自己的投影仪上看到图像。在这里，一个立方体由反光材料覆
　　　　　盖，因此对象可以出现在立方体内（SCAPE 系统的图片由 Hong Hua 提供）

头部投影式显示器组件

HMPD 虚拟现实系统有几个关键的（和独特的）组件，从反光屏材料到轻量的投影仪，这些投影仪实际上是随身携带在用户的头上的，还有一些特殊的光学器件，以使投影仪与每个用户的眼睛对齐。其余的组件与任何其他视觉显示器一样，你需要一台图像生成计算机、一个 6-DOF 位置跟踪器来知道用户在哪里，如何计算透视图，以及一种将图像传送到投影仪（通常是电线）的方法。

反光屏幕使投影仪几乎所有的光线都能照射到用户，因为它基本上是直接照射在用户的眼睛上。这种特殊的屏幕的本质是光不会像普通屏幕那样漫反射，而是直接反弹到它来的方向，几乎没有衰减。

接下来，你需要一副可以戴在头上的投影仪。由于有许多品牌的"袖珍投影仪"可供选择，因此这种技术的成本相对较低。当然，为了创造一个适合头部的外形，可能需要一个定制的投影仪。投影仪的另一个关键要素是，投影的图像需要直接反弹到用户的眼睛中，因此使用反光屏的结果投影仪会从用户的眼睛发出（虚拟的）光。为了最好地满足这个需要，一个分束器被用来合并眼睛的光路和投影仪的光路——因此投影仪可能被安装在每只眼睛的上方，然后从分束器向屏幕反射，再反弹回相应的眼睛。投影图像的另一个选择是将投影仪放置在离每只眼睛非常近的地方（例如，就在上面），这样可以提供更合适的形状因素，并且不用在用户的眼睛前面放置任何光学器件，但会导致反射图像的亮度稍有损失。

最后，和其他 HBD 一样，需要一个镜头。但在这种情况下，镜头位于投影仪上，用于聚焦图像，以便在反射回用户后可以看到。镜头的设计会影响用户的视场宽度。在 Scape 项目中，他们的系统提供了 52 度视场 ［Hua et al. 2004］。

头戴式投影显示器的特点

在很多情况下，头戴式投影显示器可以作为增强现实显示器使用，因为佩戴显示器时，仍然可以看到现实世界。当然，如果整个现实世界中的显示屏都是由反光屏组成的，那么它就是纯粹作为虚拟现实系统使用的。但是，不管屏幕覆盖了多少表面，附近的其他人仍然可见，就像在固定式虚拟现实系统中一样，因此与其他人的自然交互是可能的。

对于 HMPD 来说，最大的优势在于，几乎所有来自用户"头盔"的光都会返回到他们自己身上，只有他们自己才能看到。因此，当多人在同一个房间中佩戴 HMPD 时，他们可以看到彼此，但只能看到为他们呈现的虚拟世界。因此，当指向虚拟对象时，每个用户都会在指尖的末端看到相同的对象，这只是从他们自己的角度来看的。因此，它将环绕式系统（方便人与人之间的交互）与头戴式系统（每个人都有自己的视角）的功能融合在一起。

头戴式投影显示器的界面问题

HMPD 重要的（麻烦的）界面问题是在虚拟世界出现的任何地方都需要反光屏。当在一个 CAVE 式的系统中进行模拟时，这个系统主要是一个侧面带有屏幕材料的盒子，那么这基本上是相同的，因此不是问题。当人们希望在日常空间（例如办公桌）使用反光材料时，问题就出现了，在那里很难定位反光材料。（而对于鱼缸式虚拟现实，桌上的显示器可以用作固定屏幕；对于标准的 HMD，只需坐在办公椅上佩戴即可。）

从积极的方面来说，由于现实世界仍然可以看到，任何标准的接口对象（如计算机键盘）都可以在用户的全视图中访问。而且，如前所述，其他人仍然可以被看到，尽管他们也戴着一个 HMPD，他们的眼睛看起来会发光！此外，如果空间中的其他对象（或人）在屏幕和其他用户之间行走，可能会导致不匹配的遮挡问题，距离较远的虚拟对象将被遮挡，但应在两个用户之间的对象也会被遮挡。因此，与协作者交谈时，必须注意站在哪里。

当然，最大的优点是能够对虚拟世界进行个性化的观察。

头戴式投影显示器小结

同样，HMPD 将固定式和头戴式显示器的组件、特性和界面问题混合在一起——就像固定式显示器一样，有屏幕，你可以看到对方，还有遮挡问题；有了 HMD，每个人对虚拟世界都有自己的视图，但你必须在头上戴上一个重要的装置。当然，并不仅仅只是"多人"都可以有自己的视图，而是在这个空间里能容纳多少佩戴设备的人。

5.1.6　手持式虚拟现实

另一种与 AR 显示器一样工作良好的视觉显示范式是手持式虚拟现实（或掌上 VR）显示器。顾名思义，手持虚拟现实显示器由一个屏幕组成，但这个屏幕足够小，用户可以握住它。当然，要将其视为虚拟现实，屏幕上的图像必须对它与观察者之间的观察方向的变化做出反应，也就是说，它必须具有空间感知能力 [Fitzmaurice 1993]。

手持式显示器范式在最近的一段时间里发展迅速。随着计算机设备越来越小型化，以及人们继续在路上使用他们的设备，手持式 VR 显示器变得越来越普遍，尤其是在增强现实应用中。一个早期的原型（早于移动计算技术），多伦多大学的 Chameleon 项目，使用便携式电视制作了一个系统的原型 [Buxton and Fitzmaurice 1998]。他们的工作重点是使用物理对象作为信息空间中的标记，帮助用户定位感兴趣的数据——一个简单的例子是使用加拿大地图查看天气或人口数据，方法是将手持设备放在地图的特定区域上。

十年后，所有这些都可以在第一批智能手机上实现，这些智能手机包括摄像头，并且有相当快的 CPU 来进行计算机视觉处理。例如，格拉茨理工大学的 Studierstube Tracker 开发出来，用于将基准标记跟踪技术添加到配备摄像头的智能手机中 [Wagner et al. 2008]。随着手机摄像头和计算技术的不断提升，加上惯性跟踪的加入，再加上以 2010 年苹果 iPad 发布开始的大尺寸平板显示器的主流化，移动平台上可以完成的工作越来越多。

现在，有太多的手持"魔术镜头"AR 应用程序，近几年变得越来越流行。事实上，即使在 *Understanding Augmented Reality* [Craig 2013] 第 1 版出版之后，此类应用也变得相对普遍。可以用 3D 指令增强图，带有动画的玩具盒和蜡笔画可以变得栩栩如生（图 5-56）。

a)　　　　　　　　　　　　　　　　b)

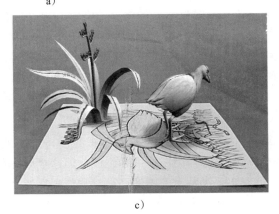

c)

图 5-56　这些图像显示了基于视频的增强现实的不同用途。a）增强视图显示了单活塞发动机的爆炸
　　　　视图和装配步骤。b）以盒子作为基准标记，虚拟地将玩具模型连同动画放置在盒子的顶部。
　　　　c）色盘是基准标记，也提供了纹理，用于为 3D 版本的场景着色，使其通过显示变得栩栩如
　　　　生（照片 a 由 Chauncey Frend 提供，照片 b 和 c 由 William Sherman 拍摄）

　　手持式显示器的另一个用途是增强用户周围的地形。田间的农民可以使用该显示器来
覆盖有关田间特定地点的土壤信息的可视化。士兵可以被赋予"X 光视觉"，使他们能够看
到下一个山脊以外的建筑物。

手持式虚拟现实组件

　　手持虚拟现实有一个主要组件，即移动计算单元（平板电脑或智能手机）。当然，与智
能手机虚拟现实一样，该设备本身包含几个必要的子组件，如屏幕、跟踪（IMU、摄像头和
最近的 SLAM）、触摸输入、计算和通信。屏幕的分辨率没有智能手机虚拟现实那么重要，
因为屏幕不再被放大，也不再被举到眼睛上，而是像正常使用手机一样。使用加速度计 /
MEMS 系统的内部 3-DOF 跟踪效果良好，结合 GPS 进行粗定位跟踪，可以为远场 AR 提供
多种用途。

然而，对于基于标记的跟踪，内部的跟踪组件都不需要，相反，面向世界的摄像头可以用于跟踪环境中的特征。最初，使用人工（和明显的）基准标记进行跟踪。随着计算机视觉算法的改进（以及更快的 CPU），基准可以通过使用任何非对称模式（通过检测图像本身的特征）作为标记而隐藏在显而易见的地方。渐渐地，图像识别系统正在使用世界上实际存在的物体取代这些隐藏的人工标记。

随着苹果的 ARKit 软件和谷歌的 ARCore 软件的发布，现在的趋势是为手持式 AR 应用程序提供基于 SLAM 的跟踪。

尽管不适用于典型的手持式 VR/AR 应用，GPS 系统也可以改进。当基于卫星的 GPS 无法渗透到用户可能需要跟踪的所有区域时，可使用差分 GPS 替代或补充 GPS 系统。在差分 GPS 系统中，额外的地面发射器可以发送一个能够穿透偏远地区的信标，例如一个采矿坑。

手持式虚拟现实的特点

手持式显示器的主要特点是，它通常可以被带到任何地方，因此，对现实世界的增强功能在任何地方都可以使用。与智能手机 VR 不同的是，甚至不需要带镜头的支架等。

一个有趣的特点是它的可见功能；通过这种方式，用户可以查看显示器提供的信息，也可以通过直接看物理世界而忽略它。因此，它将适合许多潜在的 AR 应用的需要。

现实世界的增强功能，以及其他 VR 显示器的功能，特别是非封闭 VR 显示器，提出了一个有趣的前景。可以想象在 CAVE 环境中的建筑设计应用中使用这样的显示器。当 CAVE 屏幕投射出一个新建筑的规划布局的真实表现，手持式 VR 显示器可以显示电子和虚拟墙后面的电气和暖通空调系统。这种技术可能比简单地将图像投影到一个普通的平板电脑道具上更引人注目。

手持式虚拟现实的界面问题

由于用户可以看到移动平台的整个屏幕，该平台还配有触摸元件，因此用户界面可以直接放置在手机或平板电脑的屏幕上。另一种可能的交互方式是用一只手或手指（可能是另一只手，而不是拿着显示器）在虚拟世界中进行交互。一个有趣的交互方式是使用计算机视觉软件来识别目标图像上的界面元素，并且通过用手或手指覆盖和发现这些热点，可以触发虚拟世界中的事件。

一些手持式 AR 应用程序非常复杂，因此需要仔细考虑如何在设备本身或现实世界中创建用户界面。例如，对于具有数百个选项的应用程序，AR 应用程序开发人员面临的挑战（甚至更多）与智能手机应用程序的创建者相同，智能手机应用程序有数百个选项，但屏幕只有 3 英寸。

手持 VR 显示器的一种常见模式是在与显示器操纵的物理（或虚拟）世界相关的空间中安装一个"魔镜"。这种隐喻既可以作为实现透视功能的手段，也可以作为使用物理空间作为对存储在数据库中的信息的导航工具的手段。

在物理世界或虚拟世界中，魔镜隐喻可以扩展到虚拟双筒望远镜等工具，为用户提供对物体的近距离观察。在虚拟世界中，该工具可以简单地用于复制虚拟环境，但是通过按下按钮，用户可以拍摄虚拟世界的数字快照。

对于增强现实任务，世界上所有被增强的元素都相对较远（10 米），精确跟踪就显得不那么重要了，例如，在被增强的对象很大的城市甚至乡村环境中标记建筑物或其他特征，以及有关它们的信息（如名称、业务类型等），不必精确匹配对象的特定组件。在这种情况下，GPS 和加速度计单元提供了一个 6-DOF 的位置，足以完成这项任务。此外，用户的眼睛和屏幕之间的关系虽然可能定义不清，仍然可以提供足够的增强渲染。

手持式虚拟现实小结

特别适用于 AR 应用，手持式显示器既可以作为一个魔镜进入现实世界，也可以作为一种覆盖 3D 虚拟物体的方法。魔镜界面方法甚至可以应用于其他虚拟现实应用中。在过去的十年里，用于 AR 技术的手持式虚拟现实显示器的使用飞速增长。这种增长在很大程度上归因于智能手机和移动平板电脑的激增，这些设备集成了增强现实和某些虚拟现实所需的所有组件，允许用户简单地安装增强现实应用程序并开始使用它，而无须购买任何其他硬件。

5.1.7　视觉显示小结

对于大多数应用程序来说，视觉是将参与者沉浸在虚拟世界中的主要感觉。理想情况下，视觉显示范式的选择受应用程序目标的影响。视觉显示的主要类别有固定式（包括鱼缸式和环绕式 VR）、头戴式（封闭、非封闭、智能手机或投影的）和手持式显示器。

有许多因素会影响应用程序使用哪种类型的视觉显示。通常，这种选择只是用户已经拥有的，例如，一个研究实验室可能已经有一个可供任何科学家使用的 CAVE。或者校园里可能有一个实验室，让学生可以进入一个装满 HMD 的房间。或者他们的口袋里已经有了显示器！

许多较老的 HBD，尤其是 HMD，不易穿戴，使得它们在许多应用中不实用。然而，随着技术发展到更现代、更轻、更高分辨率的屏幕，使用率开始快速增长。随着我们继续朝着像一副眼镜一样轻量和易用的显示器发展，使用量将增长得更快。经验表明，当显示系统不那么累人时，人们更愿意创建 VR 应用程序来重复使用。

以下是三种视觉显示的主要类别中每一种所提供的优势的清单。VR 体验设计师在选择视觉显示时，必须考虑到这些因素，并根据其他因素进行修改，如当前可用性、场地需求、体验类型等。

固定式显示器的优点（鱼缸式和环绕式）

❑ 良好的分辨率（仍然比大多数 HMD 更好）；

❑ 更宽的视场；

❑ 更长的用户耐力（即可以长时间浸入水中）；

❑ 更高的显示延迟容限；

❑ 更大的用户移动性（更少的电缆）；

❑ 减少阻碍；

❑ 降低安全风险；

❑ 更适合群体观看；

❑ 更好的吞吐量。

头戴式显示器的优点（封闭、非封闭、智能手机和投影）

❑ 较低成本；

❑ 完全视场；

❑ 更大的便携性；

❑ 可用于增强现实；

❑ 能够遮挡现实世界（在某些情况下需要，例如，当使用触觉显示器时，参与者不应该看到触觉硬件）；

❑ 需要的物理空间更少（与多屏固定式显示器相比）；

❑ 减少对室内照明和其他环境因素的关注；

❑ Unity 和虚幻引擎等内容开发工具。

手持式显示器的优点

❑ 更好的用户移动性；

❑ 更大的便携性；

❑ 已广泛用作智能手机和平板电脑；

❑ 非常适合"魔镜"AR；

❑ 价格便宜；

❑ 可与固定式虚拟现实显示器结合使用。

5.2　听觉显示

与前面的视觉显示部分一样，在这一部分中，我们将首先讨论听觉显示的常见属性——它们的表示和后勤属性，然后继续讨论听觉显示系统的具体类别。与视觉显示一样，听觉显示系统通常分为我们讨论过的两个类别：固定式和头戴式（实际上，还有至少一个手持式听觉显示的例子，如 Wiimote）。

耳机（通常采用耳塞形式）类似于头戴式视觉显示器。耳机可以隔离参与者与自然世界的声音或允许真实世界的声音与虚拟的声音重叠。扬声器允许多个参与者听到声音。

高保真音频设备比视频显示设备便宜得多，这一点可以在创建 VR 系统时加以利用。通常，高质量声音的添加可以帮助创造一个引人注目的体验，即使可能视觉显示的质量较差。

5.2.1　听觉显示的属性

与视觉显示相比，听觉显示的选择很少。然而，在决定使用扬声器还是耳机时，仍然存在许多问题。听觉显示的几个属性会影响特定的虚拟现实体验。只有少数表示属性特定于听觉显示，而后勤属性与视觉显示大致相同，如下面的汇总表所示。

听觉表示属性	后勤属性	
☐ 声场（接地）	☐ 噪声污染	☐ 便携性
☐ 定位	☐ 用户可移动性	☐ 吞吐量
☐ 显示通道数量	☐ 跟踪方法界面	☐ 累赘
☐ 屏蔽	☐ 环境要求	☐ 安全性
☐ 扩音器	☐ 与其他感官显示器的关联性	☐ 成本
☐ 延迟容限		

听觉表示属性

一般来说，创建和处理基本的声音比三维计算机图形的计算要少得多。因此，对于 VR 显示器的音频组件，延迟和滞后就不那么突出了。但另一方面，我们的耳朵对于微小的丢失（中断）和同步中的微小不一致比我们的眼睛更敏感。因此，快速计算声音，并且精确地与相关的视觉信息同步传递仍然很重要。由于制作高保真声音的成本较低，通常可以直接在适当的时间和动态分辨率水平上提供高质量的声音。

在选择合适的声音显示时，声音还有其他必须考虑的特性。VR 系统附近的噪声可能会很突兀，而来自 VR 系统的声音可能会干扰系统周围的区域。对于一个 VR 系统来说，有几个非常重要的表示属性（我们将在下面的章节中进行描述）。这些包括声音显示通道的数量、声场、定位、屏蔽和放大器。

声场。声场是相对于听众而言发出声音的参考点（图 5-57）。如果不进行调整以适应固定扬声器的用户移动，在固定扬声器显示器中，声场似乎保持固定在扬声器之间的平面上（世界参考系）。相比之下，通过头戴式耳机发出的声音，声场是随用户自然移动的（头部参考系）。当声音被修改以补偿用户的移动时，耳机还可以产生世界参考系下的声场。对于环境声音或非沉浸式聆听来说，世界参考或头部参考的声场都很好，但是对于嵌入在沉浸式环境中的声音，用户通常希望声场在虚拟世界中有一个固定的位置，而不是随着用户移动。

例如，如果你在客厅听录音，音乐的声音会在立体音域中扩散开来（歌手似乎在扬声器之间，小提琴可能在右边，等等）。如果你在房间里走一圈，这些乐器听起来就像是固定在同一个地方（如果小提琴的声音在你的右边，例如在你的躺椅旁边，当你转过身来，小提琴听起来好像还在躺椅旁边的那个地方）。然而，如果你戴着耳机转过头，小提琴总是在你的右边。如果你面朝前，它就在躺椅旁边，但如果你转身，它就在房间躺椅的另一边。所以，为了在戴着耳机时让它看起来总是像在躺椅上一样，你需要跟踪头部并利用这些信息对声音进行计算，使它停留在一个绝对的位置，而不是相对于你的头部的位置。

世界参考系声场

a）在世界参考系的声场中，声源相对于世界是固定的

头部参考系声场

b）在头部参考系的声场中，当参与者移动他们的头部时，声源也跟随移动

图　5-57

定位。 在现实世界中，我们能够通过各种方式来感知声音的位置：各种声音特征，来自世界本身的线索，以及我们自己的听觉系统。一般来说，我们的大脑能够通过编译一些线索来感知声音的位置，包括耳间延迟（声音到达我们的每个耳朵的时间差），双耳之间振幅（音量）的差异，回声和混响，根据声音传播介质的差异来过滤声音，身体对某些频率的屏蔽，以及我们的耳郭（外耳）对声音的过滤。这种感知能力，能够找出声音的来源，被称为定位。

在一个有家具和电视的房间里，听众闭上眼睛仍然可以确定电视相对于他们的位置在哪里。当他们听到声音时，他们不仅直接听到来自电视的声音，还听到许多反射的声音，这些声音在被他们的耳朵接收之前从家具和房间的墙壁反射回来。声音反射的不同表面也以特定的方式过滤声音。毕竟，声音会受到听者自身身体的影响。他们的躯干和头部将作为额外的过滤器，其次是外耳的褶皱。最后，声音到达每个鼓膜的时间略有不同。听众的大脑可以整合过滤声音的时间和特征来确定电视的位置。

让声音听起来是从某个特定的位置发出来的过程称为空间化。使用听众头部的位置跟踪数据，过滤算法可以应用于单个声音，并且使声音似乎从适当的位置发出来。空间化的声音也可以直接通过在一个假人的耳道放置麦克风来记录。如果没有进一步处理，当通过耳机聆听以这种方式录制的声音时，这个 3D 声场将有一个头部参考系的声场，就像任何其他未经处理的声音。

迪士尼交互虚拟现实体验 Aladdin（基于同名电影）的创作者发现，一个以头部为参照的 3D 声场可以有效地覆盖单声道声音［Pausch et al. 1996］。例如，对于 Aladdin 体验中的市场场景（图 5-58），记录了市场噪声的 3D 声场，并将其与场景中重要人物的空间化声音结合起来［Snoddy 1996］。

使用带有混响和延迟效果的音效处理器也可以伪造 3D 效果。混响效应可以用来创建一个感知线索，表明参与者所在空间的大小，混响的时间越长，空间的声音就越大。这在第 6 章中有更详细的讨论。

耳机向耳朵呈现直接声音，而扬声器则呈现直接和反射声音的组合。因此，在耳机中，更容易控制到底什么声音呈现给每只耳朵，也更容易确定显示器和耳朵之间的相对位置。耳机显示器更接近，通过耳机比通过扬声器更容易创建 3D 声场。通过扬声器发出的声音不能确保每只耳朵只听到它应该听到的信息。扬声器发出的声音会反射环境中的其他东西，比如参与者的身体、投影屏幕等。戴上耳机，参与者只能听到直接呈现给他们的声音，信息可以按照特定的效果被准确呈现。某些效果，如使声音看起来来自听众的头部，只有使用耳机才是可行的。

图 5-58　环境立体声声音提供背景氛围，如市场的声音，可以结合空间化声音，如人物的声音，似乎是从一个特定的位置发出的（图片由 Walt Disney Imagineering 提供）

微软 HoloLens 提供了一种独特的解决方案，它将小型扬声器安装在靠近每只耳朵的 HMD 上，这样用户就不用戴耳机，但声音会随着头部自然移动。Bose 还开始试验一种安装在耳机上的微型扬声器的眼镜形状（见图 5-61）。

显示通道数量。因为我们有两只耳朵，所以有可能向每只耳朵呈现相同的信息（单音）或不同的信息（立体声）。由于两耳之间的距离，每只耳朵通常接收到的信息略有不同。这些信号在到达耳朵之前通过不同的途径传播。这些信号的差异帮助大脑确定声音的来源。

立体声耳机可以用来传递声音信号，这会复制这些线索，然而，一个不是根据用户在环境中的位置产生的立体声声源可能会产生误导，因为这些立体声信号将提供与虚拟世界的视觉不相关的空间线索。

电影音频通常以 5.1 或 7.1 声道格式录制或创建，也就是说有 6 或 8 个声道，其中 1 个声道用于低音，这通常是由低音炮系统提供的。其他 5 个或 7 个频道是高频声音，通过使用扬声器的位置（左前、中前、右前和来自听众旁边或后面的一对或两对左右扬声器）划分声场来提供空间感。通过适当的处理，这样的设置可以影响空间化。

屏蔽。 声音的屏蔽有两种方式。响亮的声音可以掩盖柔和的声音。耳机和扬声器都可能出现这种屏蔽。当枕头或投影屏幕阻挡了从扬声器到耳朵的声音通路时产生另一种类型的屏蔽。

因为声音可能在角落里传播，或者通过一些介质传播，这些障碍物不会完全阻挡声音，然而，它们确实会过滤了声音。例如，在扬声器前放一个枕头，就能以一种特定方式消音。在这个例子中，高频（音调）的声音会比低频的声音更低沉。在 VR 系统中，更可能出现的情况是，一个投影屏幕可能位于扬声器和参与者之间。

实际环境中的声音不能总是被扬声器系统完全屏蔽。然而，耳机可以用来故意屏蔽现实世界中的声音。特别是，闭耳耳机（覆盖整个耳朵的那种）的设计是为了防止声音从外部世界传到参与者的耳朵。同样，耳机发出的声音也会被阻挡，不会传到外面。还有开耳式耳机，允许外界声音进入。只要耳机的声音不太大，戴着耳机的人也能听到外界的声音。微软 HoloLens 在佩戴者耳边安装了一个开放式的扬声器。请注意，HoloLens（或 Bose 公司的 Glasses）扬声器随用户的头部移动，因此具有与耳机类似的声场。

在一些虚拟现实体验中，参与者通过麦克风相互交流，有时每个声音都经过特定的过滤器处理，以改变他们声音的声音特征（例如，可能使他们的声音听起来像一个孩子或虚拟世界中的某个角色）。如果使用麦克风语音输入的应用程序使用开耳式耳机，可能会产生响亮的反馈。反馈噪声是由于声音从扬声器或耳机通过麦克风返回造成的。

当参与者使用耳机时，附近的旁观者应该可以使用耳机或扬声器进入系统。如果在虚拟世界中使用扬声器，旁观者可以收听同一个扬声器。但对于更多的观众来说，可能需要为旁观者提供更多的扬声器，以便为参与者和旁观者提供最佳的声音。

扩音器。 无论使用耳机还是扬声器，都需要一个扩音器将音频信号提升到适当的水平（图 5-59）。对于耳机来说，扩音器的功率不需要像扬声器那样大。使用更多扬声器的系统可能需要多个扩音器。此外，房间的大小和体积要求可能需要更多的扩音器功率。多扩音器主要是一个扩音器分配到多个扬声器的问题。将越来越多的扬声器连接到一个扩音器可能会导致功率降低、阻抗不匹配，并最终对扩音器造成损害。有些扩音器本来就能做到这一点，有些则不然。

延迟容限。 与延迟有关的最重要的问题是：1）音频流连续（即它是不间断的），

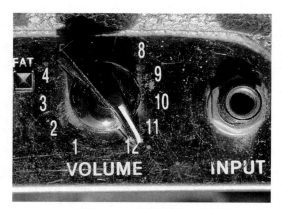

图 5-59　扩音器将声音信号提升到适当的水平。在这种情况下，当需要最大音量时，一直旋转到 12 刻度（照片由 Alan Craig 拍摄）

以避免恼人的停顿或毛刺。为了保持音频流恒定，音频的生成和传输必须没有中断或延迟；2）音频信号必须与相关的其他视觉元素保持完美的同步。也就是说，如果锤子击中了钉子，那么锤子的声音要恰好在锤子击中的时间发出。同样，说话也必须与嘴唇的动作完全一致。

后勤特性

就像视觉显示器一样，后勤和人类工程学的因素，会影响显示单元的选择，音频显示具有类似的后勤特性。本节介绍一些更重要的注意事项。

噪声污染。重要的是要考虑音频显示的环境。在 VR 体验中，来自现实世界的噪声会污染 VR 体验，反之亦然。对于那些在将声音呈现给其他参与者之前改变参与者声音的体验来说，真正的参与者的声音是不想要的声音，因此也是噪声污染的来源。

扬声器发出的声音可能会让该区域内没有参与该体验的其他人感到反感。相比之下，封闭式耳机可以让人在不被别人听到的情况下听音乐。使用扬声器的系统需要一个相当安静和无回声的环境。使用放映机的系统通常必须减轻放映机冷却风扇产生的声音。

用户可移动性。耳机通常有一根电缆连接到放大器。这会限制参与者的动作。耳机通常有一根电缆连接到放大器上。这可能会限制参与者的动作。现在可以采用无线版本，例如使用无线电或红外传输音频信号。扬声器不会限制参与者的移动，但当距离参与者较远时，声音会显得较微弱，因此必须保持在他们可听到的范围内（尽管这可以通过根据用户位置自动调节扬声器的放大程度来克服）。消费级 HMD 倾向于通过一组电缆连接音频通道、视频通道和跟踪设备。

跟踪方法界面。耳机和扬声器都使用磁铁，这会干扰电磁跟踪传感器。耳机通常具有较小的磁铁，但通常靠近头部跟踪传感器的位置（这个磁力问题只涉及电磁跟踪系统）。扬声器会对某些声波跟踪系统产生不利影响，因为它会压倒（屏蔽）跟踪系统用来测量距离的声音脉冲，这对于高频声音信号来说是一个特殊的问题。通常，相同的跟踪技术可以提供位置信息，用来创建音频和视觉显示。也就是说，如果已经为视觉显示提供了一个额外的跟踪单元，则不需要为音频提供跟踪单元。只有当需要在听觉显示中生成世界参考系的声场，或当需要创建空间化的声音以及任何其他依赖于参与者位置的声音（例如，当声音要随参与者的移动而改变）时，音频渲染需要采用额外跟踪系统。

环境要求。房间本身可以反射声波并产生可能不适合虚拟现实体验的线索。系统所在的房间对扬声器的影响比对耳机的影响更大。像 CAVE 或类似的平铺投影系统，其平面（屏幕）垂直对齐，会给音频显示带来问题。其中一个问题是 CAVE 式空间中声音反射会产生回声。在立方体的房间环境中，所有声学的常见现象（驻波、相消干涉、颤振回声等）都存在问题。这些会产生意想不到或无法控制的结果。其他的房间噪声，例如来自计算系统或空调系统的噪声，也会对扬声器和开耳式耳机的音质产生不利影响。

与其他感官显示器的关联性。一般来说，耳机与基于头部的视觉显示器相关联，而扬声器与基于投影的显示器相关联。耳机很容易与基于头部的视觉显示器（特别是 HMD）结合在一起，因此视觉和听觉都由一个设备处理。此外，HMD 和耳机都与私人观看和收听相关，而投影显示器和扬声器在小组演示中效果良好。在基于投影的视觉显示器中带有耳机或带有 HMD 的扬声器可能会有一些特殊的应用。一般来说，任何时候想要空间化音频，耳机都是最好的选择（近耳扬声器是第二选择）。

由于视觉和听觉屏蔽，很难将扬声器放置在环绕式视觉显示系统中。如果扬声器放在环绕式屏幕前面，它们可能会遮挡视觉显示。如果扬声器放在屏幕后面，屏幕将阻止声音传递给参与者。

便携性。当然，耳机比扬声器更便于携带。如果能够频繁地移动整个系统很重要（就像在路演中那样），那么从后勤上讲，耳机可以更容易地从一个场所运输到另一个场所。它们不需要架子，而且通常更容易安装和打包。尽管如果你移动的是环绕式 VR 系统，基于扬声器的音频显示也会增加一点移动的成本。

吞吐量。头戴式耳机要花时间才能戴上。在吞吐量要求比较高的场馆，这一时间可能非常重要。每个需要听的人都需要一副耳机。如果有更多的人需要用耳机，那么耳机将需要在听众之间共享。有了扬声器，每个人都可以立刻收听。因此，对于大量的人群，扬声器可以有更快的吞吐量。

累赘。与耳机相比，长时间听扬声器通常更为舒适，因为耳机的重量会让人感到不舒服和疲劳。

安全性。虽然扬声器或耳机都可能导致听力损伤，但如果音量意外调得过高，耳机紧紧地贴在耳朵上会导致听力损伤的可能性更大。此外，将耳机连接到放大器的电缆也可能有绊倒的危险。而且，任何设备在人与人之间传递时，都存在卫生问题。另一个安全问题是，戴耳机（或大音量听扬声器）的人可能听不到其他重要声音，如火警、口头警告等。

成本。一般来说，高品质耳机的成本比同等质量的扬声器要低。扬声器需要功率更大、价格更贵的放大器。如果多个参与者正在听同一个虚拟世界，则可以在耳机和基于扬声器的系统之间进行选择。权衡的是每个参与者都需要一副耳机。一副耳机可能比一副扬声器便宜，但十几副耳机可能比扬声器系统的价格贵。

5.2.2　听觉显示范式

与视觉显示范式一样，三种主要的虚拟现实范式也有音频范式因素：固定式、头戴式和手持式。相对于视觉显示，听觉显示没有那么多子类别，事实上，也许唯一的细分是头戴式系统中开耳式与闭耳式耳机。

1）固定式听觉显示器：扬声器。

2）头戴式听觉显示器：闭耳式耳机、开耳式耳机和近耳扬声器。

3）手持式听觉显示器：交互控制装置、智能手机 / 平板移动 AR。

固定式听觉显示——扬声器

扬声器是固定式听觉显示系统。虽然扬声器通常与投影式视觉显示器更为接近，但两者都能很好地工作，并且可以将扬声器与基于头部的视觉显示器结合使用。

扬声器和投影屏幕组合出现的一个问题是，一个显示器通常会屏蔽另一个显示器。如果扬声器放在投影屏幕后面，则声音将被抑制；但是，如果扬声器放在屏幕前面，则视觉效果将被阻挡。如果系统的视觉显示不是100%，那么扬声器可以移动到没有视觉显示的区域，但这可能会使创建空间化声音变得困难（例如，安装在屏幕上方的扬声器会使所有声音看起来都来自用户上方）。

扬声器的固定特性使其产生的声音具有世界参考系的特性，这是有利的，因为在虚拟现实系统中，世界参考系的声音通常是首选的。然而，使用扬声器技术创建空间化声音可能比使用耳机更困难。

高保真度立体声响复制是使用多个固定扬声器呈现三维空间化声音的方法［Gerzon 1992］。关于这种技术的研究目前正继续向前发展，可能会在未来产生一个可用的系统，但事实上，两只耳朵都能听到每个扬声器发出的声音，这使得这一技术很难完成。

头戴式听觉显示——耳机

与头戴式视觉显示类似，头戴式听觉显示（耳机）随着参与者的头部移动，这仅适用于一个人，并提供一个隔离的环境。与头戴式显示一样，人们可以使用闭耳式耳机隔绝现实世界，或者使用开耳式耳机（图5-60）让现实世界的声音与合成声音一起被听到。由于耳机通常是双通道，位于每个耳朵附近，因此使用耳机比使用扬声器更容易实现立体声和三维空间化声音的呈现。在现代虚拟现实系统中，耳机的一个选择是立体声耳塞，例如用于智能手机和其他个人监听设备。事实上，利用耳塞和HoloLens，我们可以想到三个不同的距离范围：入耳式、平耳式和近耳式（图5-61）。

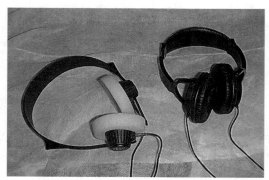

图 5-60 闭耳式耳机（右）将声音与现实世界隔绝，而开耳式耳机（左）则允许听到现实世界的声音（照片由 William Sherman 拍摄）

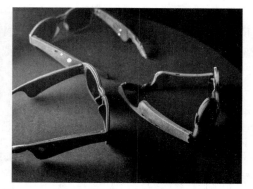

图 5-61 每个耳朵附近都有微型扬声器的眼镜是一种新的形状设计，通过头上的设备发出声音，也可以听到外部声音（照片由 William Sherman 拍摄）

耳机默认呈现头部参考系的声音。当 3D 虚拟世界中的声音似乎来自某个特定的位置时，跟踪参与者的头部位置是很重要的，这样空间化信息就可以反映出听众耳朵位置的变化。与戴着耳机听立体声音乐不同，在虚拟现实体验中，声场应该在虚拟世界中注册。这需要跟踪参与者的头部并用空间化滤波器处理声音。

手持式听觉显示

把扬声器握在手里似乎是一个奇怪的概念，但在特定情况下，这很有意义。这种情况是，当所持有的道具（或通用游戏控制器）代表一个虚拟物体，与虚拟世界中的另一个物体接触，那么声音应该从哪里发出？当然，从手持设备所在的位置。因此，如果该设备包含扬声器，它将提供实时、无损的空间化声音。因此，一个用球棒、木槌或球拍击球的球员可以在实际的（虚拟的）接触点附近发出接触声。

任天堂 Wii 遥控器（又名 Wiimote）就有这样的功能，并在上面的例子中使用了它，以及其他任何时候，虚拟手或它所持的工具都会与物体产生硬接触。

基于头部的虚拟现实系统存在一个问题，即如果玩家佩戴头戴式手机，它会屏蔽控制器发出的声音。因此，声音也应该显示在耳机中。

另一个手持式听觉显示的应用场景是在现实世界中使用智能手机或平板电脑作为魔镜的移动 AR。除了提供图形元素的叠加，手持设备上的扬声器还可以增强世界。请注意，音频可以通过设备的扬声器以真正的手持方式呈现，或者可以通过连接到它的一对耳塞传播。

组合听觉显示系统

也可以组合不同类型的听觉显示系统。例如，耳机和扬声器可以组合在一起。例如，低音是无方向性的，不需要向每个耳朵发送单独的信息，可以直接发送到低音炮扬声器，而更高频率的信息可以通过耳机发送到所需的耳朵。低频声波足够长，我们无法从高频声音中获得相同的信号。研究表明，人们在定位声音方面比人们想象的要差得多，尤其是低频。我们最擅长的是定位高频脉冲。低音也经常发出很大的声音，产生隆隆的感觉。

正如手持式听觉显示部分所指出的，手持式扬声器（控制器）不能很好地与闭耳式耳机配合使用（尽管开耳式和近耳式很好），但它们与扬声器配合得很好，这当然是任天堂希望它们与电视音频系统配合使用的方式。

听觉显示范式小结

听觉显示可以很方便添加到虚拟现实系统中，而且成本低廉。与视觉显示相比，耳机和扬声器系统的成本都不高。考虑到声音增加的信息和身临其境的好处，增加听觉显示是非常划算的。

固定式听觉显示器（扬声器）的优点

❑ 适用于固定式视觉显示。

❑ 不需要处理声音来创建世界参考系声场（例如，虚拟世界保持稳定的声场）。

❑ 更大的用户可移动性。

❑ 更小的负重。

❑ 更快的吞吐量。

头戴式听觉显示器（耳机）的优点

❑ 与头戴式视觉显示器配合良好。

❑ 更容易实现空间化三维声场。

❑ 屏蔽现实世界的噪声。

❑ 更大的可移植性。

❑ 更好的私密性。

手持式听觉显示器（控制器）的优点

❑ 即时空间化的世界参考系声场。

❑ 与固定式或头戴式听觉显示器结合使用效果很好。

❑ 已经出现在手持设备上，如智能手机和平板电脑。

在现实世界中，我们通过声音获取大量的信息。声音经常告诉我们的眼睛看哪里。因为我们的耳朵是开放的，我们用听觉来保持我们对周围世界的持续感知。考虑到声音在现实世界中的重要性以及在虚拟世界中实现它相对较低的成本，VR 应用程序设计师有必要考虑如何在他们构建的应用程序中使用声音来产生积极的效果。

5.3 触觉显示

当谈到相信某件事是"真实的"时候，触觉感知（我们的触觉和本体感觉）是相当强大的。通过与一个物体的物理接触，它的存在就得到了证实。我们的触觉是很难被欺骗的，这意味着创造一个令人满意的显示设备是困难的。但通常，任何可以添加的触觉都是非常有效的，就像物理道具的简单展示所发现的那样（见 3.3.5 节）。

如前所述，单词 Haptic，来源于希腊语，意思是与身体接触或触摸有关。因此，许多触觉接口的本质要求在显示输出的同时有一个输入方面。触觉的讨论（在第 3 章的知觉部分）描绘了皮肤（皮肤表面）知觉来源于内部或运动知觉和本体感觉（肌肉骨骼）。总的来说，我们可以把它们看作触觉的整体，尽管实际上它所涵盖的远不止触觉所能暗示的。

Okamura 描述了一种通过工具显示的触觉界面［Okamura 2004］，也就是说，参与者通过手持触摸虚拟世界的工具与虚拟世界进行交互。有时我们可以用身体来操作工具，比如铲子或棒球棒；有时我们会用这些工具来进行精细的操作，比如勺子或者手术刀。

由于这些差异，触觉显示通常按所针对的刺激类型分类。所以"触觉"显示是针对皮肤感知的，而"力"显示（或"力反馈"）是针对肌肉骨骼系统的。因此，在实践中，触觉的计算机显示一般分为单独的触觉显示和力显示。与所有的技术限制一样，我们可以期待这种分歧将被弥合——特别是我们可能会看到力显示中添加触觉元素变得普遍。

　　除了手持控制器中的振动触觉反馈已经变得普遍外，VR 应用程序使用触觉显示的频率比视觉和听觉显示的频率要低。历史上，触觉反馈被用来改进遥控装置，甚至可能通过直接连接到一些保护室，从而使操作者能够更自然地操作。同样，对于某些任务，虚拟现实设计师希望使灵巧的操作更加自然。因此，在虚拟现实中，触觉显示的应用越来越多，涉及人工任务的培训或评估，如医疗操作或机械设备的可用性测试。后者的一个例子是一个虚拟扳手，它受触觉显示系统的约束，只允许进行现实世界中可能出现的运动。

　　有时触觉显示非常有效。Ouh-Young 及其同事［1989］发现，通过在模拟环境中加入触觉显示，科学家可以更好地分析参与分子对接的力。相互作用的分子之间有许多吸引和排斥的力量。有了感知引力和斥力的能力，科学家们就能够理解分子对的不同构型。这项研究表明，触觉显示的增加以一种具有统计学意义的方式提高了这项任务的表现。

　　触觉显示比视觉或听觉显示更难创建，因为我们的触觉系统是双向的。它不仅感知世界，还影响世界。如果我碰到什么东西，它也会移动。这与听东西或看东西形成了鲜明的对比，听东西或看东西对物体本身没有影响。触摸是唯一的双向感觉通道（尽管在某种程度上，我们既能感知声音，又能创造声音），而且，除了味觉，它是唯一不能从远处刺激的感觉。这里的难点在于：需要与人体直接接触（除了 4D 效果，如风、热、喷雾——那些空气、水会与身体接触）。

　　尽管困难重重，触觉反馈对任何虚拟现实应用都是非常有益的。例如，如果触觉显示器只涉及一种运动或在一个小区域内的运动，那就比考虑触觉反馈的整体感觉要容易得多。例如，在微创手术中，外科医生在控制手术器械时所能做的动作受到工作性质的限制。这些限制使得使用触觉 VR 显示器的外科模拟作为训练设备非常有用。

　　由于用户大多数通过手与触觉显示进行交互，因此根据固定、头戴和手持三种显示类别来区分触觉显示更为困难。一般来说，人的头部不会受到太多的触觉（除非他们比门框高，或者试图穿过墙）。大多数触觉输入都是通过手和胳膊，以及腿和脚（尤其是运动时）进行的。因此，当前大多数的触觉显示器在某种程度上是基于手的，极少数属于基于双脚的显示类别。被动触觉表征的物体，即代表墙壁或壁架的静态材料，可以被认为是固定的 VR显示器。这些对象通常是平台设备的一部分，当用户沉浸在体验中时，它们就在那里。在某些方面，显示器如何接地可以被作为一种描绘手段。

　　在虚拟现实体验中使用和研究的触觉界面的主要方法可分为 5 个主要类别（以及一个不太准确的附加类别）：

　　1）触觉显示（包括可穿戴的皮肤设备）向用户提供信息，以响应触摸、抓握、感觉表面纹理或感知物体的温度——皮肤感觉。

　　2）末端执行器显示（包括运动显示）提供模拟抓取和探测对象的方法。这些显示提供了实现这些效果的阻力和压力。

3）机器人形显示（Robotically Operated Shape Display，ROSD）使用机器人将物理对象呈现给用户的指尖或指尖代理。这些显示向用户提供有关形状、纹理和位置的信息。

4）被动触觉"显示"使用真实物体的物理形态来描绘虚拟世界中的物理特征。

5）混合显示将多个触觉显示技术结合在一起。

X 类。3D 硬拷贝是在计算机模型的基础上自动创建物理模型，它提供了一个对象的触觉和视觉表征。由于模型是一个静态对象，它只能作为输出系统运行。

大多数触觉显示的焦点都集中在指尖上。大多数力显示都集中在四肢上，如操作臂、楼梯踏板或独轮车装置。

5.3.1 触觉显示的属性

与视觉和听觉显示范式一样，影响触觉显示质量的因素有很多，我们将在下面的列表中进行概述。

触觉表示属性		后勤属性	
❑ 接地	❑ 保真度	❑ 用户可移动性	❑ 吞吐量
❑ 动觉和本体感觉线索	❑ 空间分辨率	❑ 跟踪方法界面	❑ 累赘
❑ 触觉 / 皮肤线索	❑ 时间分辨率	❑ 环境要求	❑ 安全性
❑ 显示通道数	❑ 延迟容限	❑ 与其他感官显示器的关联性	❑ 成本
❑ 自由度	❑ 尺寸	❑ 便携性	
❑ 形式			

触觉表示属性

触觉设备在提供什么样的线索、它们的反应程度以及它们与身体的连接方式上各不相同。本节介绍了一些触觉显示特性，并说明了这些特性对于不同的应用是多么重要。

接地。力 / 阻力显示器需要一个锚或接地点来提供可以施加压力的基础。接地可以分为自我接地和世界接地两类。自我接地系统会产生或限制运动，比如阻止手臂完全伸展。想象一下在你的手和胸部之间有一个计算机控制的连接装置。这个系统可以影响你移动手臂的方式。你的手臂只能做一些动作，但你仍然可以四处走动。所有的力都来自你自己的身体，没有绝对意义上的力来自这个世界。它是自我接地系统，因为它不直接与你的身体以外的任何东西相连。自我接地系统方便携带，但只能显示有限的力的类型。

现在把这个连杆想象成固定在你的手和墙之间。现在它限制你的手臂运动到一组绝对的位置。这被称为世界接地。世界接地系统产生阻力，限制用户和外部物体（如地板或天花板上的一个点）之间的运动，或对用户施加力。

许多触觉显示器都戴在身体上，因此是自我接地的。例如，手指上带振动器的手套、手腕上绑着的触觉器、装备有振动触觉器的背心，以及握在手上的游戏控制器。背心可能更容易在公共场所系统中找到，特别是那些把计算机背在背后的，所以增加触觉反馈只会增加很小的代价——例如，VOID 公司的 *Rapture Vest*（图 5-62）。现在面向普通消费者的背心也已经上市，比如为任天堂 64 游戏机设计的 *Reality Vest 64*。

动觉和本体感觉线索。这些运动和身体相关的线索是神经输入提供的本体感觉线索和动觉线索的组合，本体感觉线索包括关节角度、肌肉长度，动觉线索包括紧张、肌肉阻力。大脑利用动觉和本体感觉线索来确定有关世界的信息，比如物体的牢固程度和大致形状，以及世界施加在参与者身上的强风和重力等物理力量。整个身体有 75 个关节（44 个在手上），所有这些都能够接收本体感受器以及所有在肌腱中的动觉应力感受器，这使得单个显示器很难对使用者施加每个可能的受力点。

触觉 / 皮肤线索。触觉 / 皮肤线索利用皮肤上的感觉感受器来收集关于世界的信息。皮肤中的机械感受器用于获取

图 5-62　VOID 公司的"Rapture Vest"包括致动器，可以提供到胸部的触觉反馈，以模拟对身体的打击（照片由 VOID 公司提供）

物体形状和表面纹理的详细信息。热感受器可以感知物体与皮肤之间的热量传递速率。电感受器可以感应电流流过皮肤。组织损伤的疼痛是由痛觉感受器感觉到的。

显示通道数。触觉显示器可以由一个到一只手或关节的单一反馈通道组成，具体取决于设备，或者可能需要两个通道串联以完成需要两个手的任务，或 10 个通道直接与所有 10 个手指连接，或者几十个通道用于手上的加压气囊。

自由度。在不受约束的自由运动中有 6 个自由度。因此，最终，触觉显示器中的自由度可以从 1 到 6 不等。（尽管在工程术语中，每个运动执行器都被称为 1-DOF，因此装置可以被视为具有 7 个或更多自由度，但当应用所有运动约束时，最终结果将为 6 个或更少。）一种常见的力显示方法在三个空间维度中提供 3 个运动度。一个 3-DOF 的设备允许用户像用一根棍子或一个指尖（他们"接触"世界的"工具"）一样探测一个空间。限制在一条直线上的 2-DOF 运动对于将设备插入管中并扭曲的系统很有用。配有力显示的鼠标或操纵杆可以提供二维运动。结合旋转反馈的空间运动提供高达 6-DOF 的运动，如图 5-63 中的 JPL/Salisbury 力反馈手持控制器所示［Bejczy and Salisbury 1983］。

形式。触觉显示装置的形式是与参与者交互的物理单元的形状。触觉显示器的形式可以是：1）用于表示特定形状的道具，例如棍子、球或平面；2）真实物体形状的道具，例如

手枪；3）根据显示的需要而改变的无定形物体，例如手套或别针，甚至是改变某种特性的道具，例如重心。

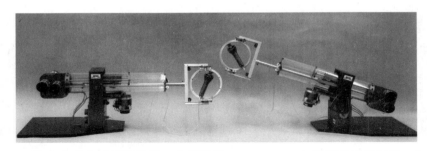

图 5-63　多自由度力反馈装置的一个例子是 JPL/Salisbury 力反馈手持控制器。它是由
Kenneth Salisbury 和 John Hill 在 20 世纪 70 年代中期在加州门洛帕克的斯坦福
研究所设计的，由 NASA JPL 资助。这是一个 6-DOF 的力反馈设备，已经在
远程机器人和虚拟现实研究中使用（照片由 NASA 和 Kenneth Salisbury 提供）

对于需要专门仪器的训练任务，通过使用装有位置跟踪传感器的实际仪器，可以增强模拟任务的 VR 体验的真实感。因此，在医学训练应用中，使用实际的针、关节镜检查器械和缝合线有助于重复操作的感觉，而触觉设备显示力的感觉。第二个好处是，更容易实现使用机械化和装有传感器的仪器的应用。控制仪器的约束和细微差别被内置到仪器本身中，并且需要较少的软件模拟。

输入设备的道具样式（在第 4 章中讨论）可以被用户用手感知，因此可以被认为是一种有限的触觉显示器，因为它采用了一种用户交互的形式。由于被动道具的触觉特性，我们将其称为被动触觉。你唯一感觉到的是客体的形式，没有主动力元素。

保真度。在确定触觉显示的保真度时，有许多权衡因素。首先最重要的是安全。对于一种 VR 体验来说，准确地复制从五层楼跳下的力量通常是不可取的。高保真度系统通常所需要的电源强度是不安全的，如果编程错误，可能会非常危险。显示器的大小也会影响保真度，因为设备本身的惯性使其难以精细地控制力。对于温度设备，保真度的衡量标准是它从一种温度变化到另一种温度的速度，以及它能显示的温度范围。在使用温度装置时，还必须考虑安全问题，以避免烧伤用户。

测力装置可通过最大刚度测量（单位 Nt/m）来确定。（Nt 是力的度量单位，Nt/m 是刚度的度量单位）。Tan 及其同事［1994］报告说，大多数用户将接受 20 Nt/cm 的刚度作为实心墙。人类手指所能施加的最大力约为 40 Nt；然而，执行精细操作很少超过 10 Nt。

空间分辨率。大脑辨别距离很近的触觉刺激的能力（即最小可觉差）因身体区域而异。在背部，距离超过 70 毫米的刺激会感觉发生在一个地方；在前臂，这个距离下降到 30 毫米；在指尖，它下降到 2 毫米。这些信息告诉我们，高分辨率设备对于指尖来说是必需的，但前臂所需的分辨率较低。这些空间分辨率的差异决定了纹理渲染的精细程度，无论是作为直接的触觉，还是通过触笔显示的尖端（例如 3D Systems Touch Haptic Device 和 Phantom Premium）。

时间分辨率。在力显示系统中，低时间分辨率（帧率）会对模拟对象的感觉产生不利影响。例如，一个物体可能感觉比预期的要柔软，或者当用户"触摸"物体时，可能会体验到振动。如果力显示器上的帧速率太低，它会感到"糊状"或"摇晃"，或振动不稳定。Shimoga［1992］提供了一个图表，表明我们的身体能够感知和对各种刺激作出反应的速率。在开发最初的 Phantom 设备时，Thomas Massey 发现，以 1000 Hz 的帧速率运行会产生感觉正确的触觉效果，在更高的帧速率下也只有极小的改进［Massie 1993］。

延迟容限。行动与系统反应之间较长的滞后时间会降低所显示世界的稳固性的错觉。由于触觉显示器通常涉及手眼协调任务，减少视觉显示系统的延迟变得越来越重要。在多个参与者共享虚拟世界并通过触觉显示共同交互的应用程序中，系统之间的延迟对于模拟来说可能是灾难性的。如果参与者不需要同时与彼此或单一的对象交互，这是可以避免的。例如，在网球比赛中，在任何给定时间，只有一个用户在球和虚拟球拍之间有触觉交互，但是，如果两个参与者都试图挑选一个大对象，那么最小的延迟是至关重要的。

由于触觉显示器需要与参与者进行身体接触，因此可以利用这种物理连接机械地跟踪参与者的运动。这种类型的跟踪比许多其他身体跟踪系统具有更低的延迟和更高的精度。

尺寸。力显示装置的大小在模拟何种类型的交互作用中起着很大的作用。较大的显示屏通常允许较大的运动范围，从而实现更多的任务。然而，更大的系统可能会有更大的安全问题。较小的桌面显示适用于模拟在小工作区域（如手术或模型雕刻）的应用程序。

后勤属性

触觉显示装置的范围很广泛，小到放在桌面上或戴在手上的小型装置，大到能够将人抬离地面的大型机器人装置。因为触觉反馈有很多不同的方面（触觉、本体感觉、热感受器、电感受器等），以及许多不同的身体部位，使得显示器可以与之结合，所以触觉显示器具有非常广泛的后勤特性。与视觉和听觉设备相比，触觉设备往往更具体地与特定的应用联系在一起。本节介绍了触觉设备的一些后勤特性。

用户可移动性。世界接地触觉显示器要求用户保持在显示设备附近，这限制了用户的移动。对于参与者相对静止的应用程序（如进行手术），这并没有什么坏处。用户可以佩戴自我接地系统，因此更具移动性，但是，必要的连接和电缆会带来额外的阻碍。

跟踪方法界面。由于触觉显示器的低延迟、高帧率要求，相关跟踪方法必须具有同等的响应能力，才能实现逼真的显示。幸运的是，对于力的显示系统，跟踪通常是内置在显示中，使用快速和准确的设备。

对于需要高质量跟踪的系统，可以使用某个对象在用户和虚拟世界之间进行协调。例如，用户可以使用类似棍子的设备探测模拟世界。这个装置基本上就是一个代理手指。使用一种精确、高速的方法跟踪代理，使虚拟世界看起来更加真实。安装在手套上的触觉显示器可能效率较低,因为手部跟踪可能通过较慢、较不准确的跟踪来完成。

环境要求。大型显示器一般需要一个特殊的房间,用于操作。这间房间可以配备液压或气压泵。小型显示器可以建在一个自助平台上,适合在任何房间内操作。图 5-64 显示了用于外科手术培训的自助平台示例。

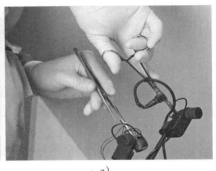

a)   b)   c)

图 5-64   图 a 和 b 显示了一个外科医生使用一个虚拟现实外科手术培训器。图 c 是一个特写,显示使用实际医疗器械耦合力反馈装置(图片由波士顿动力公司提供)

与其他感官显示器的关联性。大多数力显示系统的缺点是它们可以被看到。除非显示设备本身也是虚拟世界的一部分(比如外科手术培训器),否则就需要花些工夫来屏蔽它。最简单的解决方案是使用一个封闭头戴式视觉系统。另一种方法是将视觉显示器定位在力显示器和眼睛之间。这种技术的早期例子包括波士顿动力公司的缝合训练器,它使用镜子隐藏了力显示系统;科罗拉多大学的 Celias Plexus Block(一种医疗程序)模拟器[Reinig et al. 1996],它将整个机器人显示器隐藏在模拟的人体中。镜像技术可以用于更大的基于投影的触觉系统,如 EVL PARIS(个人增强现实沉浸系统)[Johnson et al. 2000],以及更小的基于 CRT 的系统,如商业电话接入系统。现代的系统可以不用镜子,只需要在用户和触觉手界面之间安装一个薄显示屏(图 5-65)。

便携性。小型触觉显示器可以在不同地点之间轻松运输。如果更大的力显示器需要重要的设备来产生液压或气动压力,那么它们运输可能会更困难。物理安装在地板或天花板的系统具有明显的便携性限制。

吞吐量。手套等可穿戴设备和其他自我接地显示器会减慢参与者之间

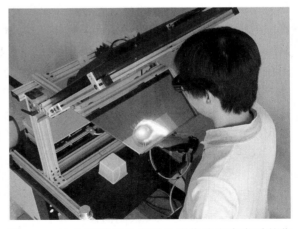

图 5-65   这个装置将化身手的图像放在真实手的位置。通过将真实与虚拟相结合,虚拟就显得更加真实(照片由 Christoph Borst 提供)

的交换速度。一些显示器需要背着类似背包的设备来支持力显示，这需要花费大量的时间来穿戴和脱下设备，而在高吞吐量的公共场所，你通常不希望这样做。尽管如此，通过安排参与者——当有些人在体验的时候，另一些人在等待期间开始穿戴设备，比如在 VOID 体验中，用户等待时可以穿上嵌入了振动器和振动触觉执行器的背心。

　　累赘。大型外骨骼式设备显然会给用户带来很多负担。小型力显示器和手套设备通常是较少的累赘，尽管电缆和其他连接可能增加障碍。

　　安全性。在使用大型机械力显示器时，安全显然是一个重要问题。大型机器人可以对人类造成致命打击，而外骨骼装置则会陷住人体。为了在使用此类系统时提高安全水平，通常在回路中放置一个"drop-dead"开关。通常，这些开关必须用脚按压，机器才能工作。一旦脚松开开关，系统就会切断电源。因此，如果用户感觉到系统正在做或即将做一些有害的事情，或者如果用户被撞倒，系统会立即停止。如果出现故障，在小型显示器中加入一个"drop-dead"开关通常是一个明智的决定，因为即使力不够大，不足以伤害人，设备也可能损坏自身。触觉显示器通常不构成安全问题，但温度显示器可能会产生极端输出。

　　成本。力显示设备成本很高。部分原因是它们没有被广泛使用，因此没有从大众市场定价中受益。此外，力显示器的制造比虚拟现实系统的其他元件复杂，因为它们包含多个运动部件。阻力显示器的成本可能更低，事实上，DIY 风格的力反馈，售价低于 100 美元 [Morimoto et al. 2014]。此外，许多基本的触觉显示器，如触觉和其他振动发生器，都是非常低成本的组件，可以添加到许多基本的力显示中，实际上大多数现代游戏控制器都包含这样的设备。

5.3.2　触觉显示范式

　　现在，我们将进一步研究 5 种触觉显示类别和本节开始简要解释的一个伪类别，并考虑各种属性如何影响每种类型：

　　1）触觉显示；

　　2）末端执行器显示；

　　3）机器人形显示；

　　4）被动触觉显示；

　　5）混合显示；

　　6）三维硬拷贝。

5.3.3　触觉显示器

　　触觉显示注重皮肤对刺激的理解能力。振动、压力、切力、温度和疼痛都是皮肤刺激的种类。将用户"附加"到力显示器上最常用的两种方法是将致动器附加到参与者的手、躯干等（又称"可穿戴皮肤设备"）。或者让用户抓住一根棒子、操纵杆或方向盘装置。即使没有主动的力反馈，你仍然可以感觉到物体，这构成了某种（被动的）触觉反馈——没有力反馈的方向盘仍然感觉比虚拟方向盘更真实，更容易操纵。装备触觉刺激器的背心也在一些系统中使用，如 VOID 公司的"Rapture Vest"。

触觉显示器组件

在本节中，我们将讨论触觉显示器可用的致动器，包括囊状装置、振动触觉执行器、针形装置、温度调节装置和特殊的压力装置，如胸部按压器（佩戴在胸部的低频扬声器，可提供砰砰和隆隆声效果）。我们也考虑环境（4D）效应（例如，风、温度）以及像道具一样的手持输入设备作为简单的触觉显示器。

囊状装置是一种可以通过控制空气（气动）或液体（液压）进出口袋的流动来扩大和收缩的容器。装置有目的摆放可以给参与者的手和身体的不同部位带来压力的感觉。虽然现在已经找不到它的踪影了，不过高级机器人研究实验室（ARRL）的 Teletact Glove 还有 30 个囊状装置分布在手掌和手指的前后（如图 5-66 所示）。

图 5-66 Teletact Glove（不再供应，显示正反面视图）在计算机控制下提供触觉反馈，用了 30 个囊状装置扩张或者收缩。图为当囊状装置膨胀时佩戴手套感觉到压力（照片由 Bob Stone 提供）

囊状装置技术有其固有的困难。首先，就像制作数据输入手套一样，很难设计出用户友好的设备。其次，硬件使用不便，维护困难，而且相当容易损坏。囊状装置的安装时间可能比较慢，特别是在基于气动的系统中。虽然还没有做好上市的准备，但是一些研究团队正在继续探索这个想法。微流体显示器等技术可以制造出可变形的触觉表面，这些技术正在被应用到下一代的触觉显示器中。

振动触觉执行器可以与手套输入设备集成，通过手持设备集成到 HMD 中，或者简单地绑在手掌 / 手腕 / 手臂上，等等（图 5-67）。通常，只有几个触觉器集成到显示器中——每个手指一个触觉器，放在一个道具上，或者位于一两个不同的位置。振动触觉执行器比囊状装置更稳健，更容易控制，所以它们经常被用作一种感官替代来显示压力感。虚拟网球的压力可以用指尖的振动来体现，当球被挤压时，随着振动量增加，手指受到的压力也会增加。

低频扬声器（低音炮）也可以用作振动显示器。这样的扬声器可以放在地板下，附在椅子上，隐藏在衣服里，或者简单地和使用者一起放在房间里。早期的一个例子是休斯敦大学为 ScienceSpace 的 NewtonWorld 程序所使用的"胸部振动器"（图 5-68）[Craig et al. 2009]。

这个应用程序使用非常低频的声音来产生对胸部的重击效果。在 NewtonWorld 的例子中，参与者在与一个粒子碰撞时受到重击。撞击的大小取决于物体的质量和速度。

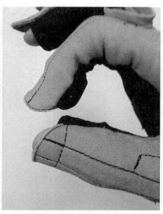

图 5-67　一些手套使用振动触觉执行器进行触觉显示。在虚拟现实应用中，振动常常被用作与固体接触产生的压力的感官替代品。Cyberglove 的指尖装有振动器（照片由 Cyberglove Systems 公司提供）

图 5-68　ScienceSpace（由休斯敦和乔治梅森大学开发）教授儿童物理概念。在这里显示的 NewtonWorld 应用程序中，参与者与其他对象发生了碰撞。为了增强这种感觉，参与者穿上了一件带有胸部振动器的背心，当他们遭遇碰撞时，振动器会提供身体上的反馈（图片由 Bowen Loftin 提供）

　　针形致动技术目前仍处于研究阶段，尚未得到广泛的应用。一个基于针形致动的系统用于显示表面纹理。许多针排列成阵列，可以与皮肤接触或脱离皮肤（图 5-69）。有一些新的系统正在研究，例如每个手指上都有小的方形排列的系统，或者就像在旋转圆筒上排列的大头针一样的系统。表面纹理是通过指尖随时间变化的压力来检测的。这是微流体技术在不久的将来可能提供的另一个形式。

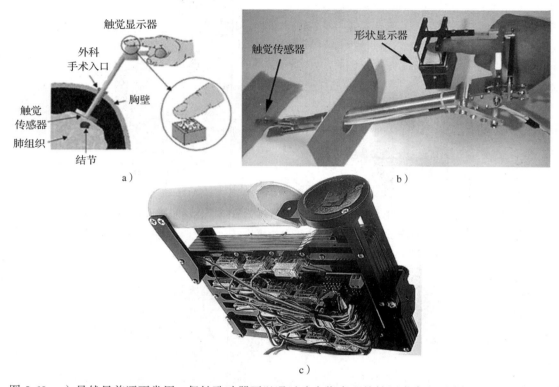

图 5-69　a）虽然目前还不常用，但针致动器可以通过改变指尖上的针压力来显示表面纹理。b）在这个原型装置中，医生可以在微创外科手术过程中触摸病人的身体内部。c）"TextureTouch"装置的原型提供一个 4×4 的针阵列，该针阵列安装在一个单元上，使食指的尖端位于该阵列上。该装置的位置可以被跟踪，以确定用户在虚拟世界中触摸的位置［Benko et al. 2016］（图片 a 和 b 由哈佛大学生物机器人实验室的 William Peine 提供，照片 c 由微软研究院自然用户界面组提供）

　　温度致动器（热致动器）可以非常迅速地呈现温度波动，特别是到指尖。这些设备可以变得足够热或足够冷，从而损害人体组织。因此，安全是一个很大的问题。一种解决方案是只向手指显示温度的相对变化，表明物品是热的还是冷的，而不是真实世界的确切温度。这种解决方案在许多情况下都是足够的。在任何一种情况下，我们把热能的运动称为传热，当它被传递给用户时，他们感到热，当它离开用户时，他们感到冷。

　　一种传递热量的特殊技术（在这种情况下远离参与者）是 Peltier 传感器。虽然热显示可以很容易地集成到应用，而且虚拟对象的温度是重要的，但这种技术仍然很少在 VR 系统中使用。

环境致动器经常出现在电影特效中——例如"Muppet* Vision 3D"，它包含了额外的元素，如空气爆炸、雾和气泡。1956 年，Morton Heilig 在他的 Sensorama 显示器上实现了这一概念，这是一个观看者的"4D 电影"实例，也被用于主题公园的景点，比如 Muppet* Vision，以及"Terminator 2 3D：Battle Across Time"等。4D 效果偶尔也会用虚拟现实来实现，比如 PIPES 显示器（图 5-70）[Frend and Boyles 2015]通过风、热和味道来增强对罗马帝国时代别墅的游览效果[Frend 2016]。

a)　　　　　　　　　　　　　b)

图 5-70　所示的管道系统等环境致动器可以产生一些触觉。a) 从左至右：气动（非触觉）、热量和风效应发生器。b) 放置在用户周围以提供环绕体验的效果设备（照片 a 由 William Sherma 拍摄，照片 b 由 Chauncey Frend 提供）

通常由 4D 效果呈现触觉信息，包括灯管、风扇、压气爆破筒和水表，以及上面讨论的振动发生器。另外，其他 4D 效果设备包括气味释放器和烟雾发生器，虽然不是触觉刺激。

在剧场（非虚拟现实场所）中，效果设备一般安装在观众席上。而对于虚拟现实来说，设备可以被安装在用户周边的任何地方，甚至可以作为 HMD 本身的附件，例如 Ambiotherm 设备[Ranasinghe et al. 2017]（图 5-71）。

触觉显示器的特点

皮肤是人体最大的单一器官。因此，完全的感官覆盖或 100% 的触觉是不可行的。许多触觉显示器集中在指尖上，那里是大多数触觉神经末梢的位置，我们依赖它来完成需要灵巧的手的任务。另一种选择是背心（或其他穿在身上的衣服），其中包括触动器，甚至螺线管，可以呈现身

图 5-71　Ambiotherm 设备提供头戴式环境效果器，将风和热的显示（颈部）附加到 HMD 本身（照片由 Nimesha Ranasinghe 提供）

体某个特定区域的航向感觉。最后，4D 环境效应可以提供一种身体的任何部分都在设备的范围内的感觉。

触觉显示器的界面问题

大多数的触觉显示器的目的是提供信息，以响应参与者触摸或抓东西或感觉其表面纹理或温度。通常用来产生这些感觉的显示技术是全局压力、多个局部压力、振动和传热。

当我们触摸或抓住一个物体时，我们会感觉到物体在我们手上的压力。一个简单的触觉显示器也能产生类似的效果。当抓住一个虚拟物体时，囊状装置就会充满空气或其他液体，其数量与物体的阻力成一定比例。囊状系统的后勤限制了它们的效用，因此使它们不能广泛使用——所以其他技术被普遍使用。一种技术是将振动器安装在指尖上（通常是在数据输入手套上），然后根据压力调整振动量。这是感官替代的一个例子，因为它告诉参与者他们触摸了什么，但并不能复制真实的感觉。随着新技术变得实用（如微流体），可以提供更现实的刺激。

复现物体的表面纹理更为复杂。感应表面纹理依赖于指尖上高密度的压力传感器（机械感受器）和手指在表面上的运动。生成虚拟纹理需要快速准确地感知参与者的手指动作，并从许多压力传感元件（如针）得到快速反馈。

一种原始的低分辨率的表面纹理显示方法可以通过在虚拟表面移动手指代理并感觉凸起来实现。这种方法比直接向手指显示纹理更容易实现，因为在表面和探针之间只有一个接触点。此外，纹理感觉主要来自动觉反馈（市面上有这种设备），而不是通过指尖显示。

触觉显示器小结

许多触觉显示器专注于呈现对手部的刺激，特别是手指。这是因为我们通常用手和手指来操作世界。此外，我们大部分的触觉神经传感器都位于指尖。但嵌入式服装，如背心和环境（4D）设备，提供了很好的机会，使用常见的设备增加触觉。最后，在所有的手控和游戏控制器中至少包含一个振动设备，这为体验设计师提供了他们可以在大多数虚拟现实系统中依赖的输出。

与大多数视觉和听觉显示系统相比，触觉显示并不十分先进。具有特殊用途的触觉设备市场很小，因此对它们的研究较少。因此，一个常见的用途是简单的振动执行器，用来代替其他类型的触觉，如抓地力。

5.3.4 末端执行器显示器

根据 Webster 字典［1989］，执行器（effector）是"对刺激产生积极反应的器官"。因此，末端执行器是安装在机器人手臂末端的一种装置，可以用来对刺激做出反应。末端执行器显示是一种力显示，在这种显示中，用户的四肢（手或脚）可以抓住或以其他方式接触他们可以操作的设备。反过来，这个设备可以变得主动，并对用户的行为作出抵抗和力量的反应。这个术语通常用于系统中用户用来操作界面的部分，称为操作台。

末端执行器显示的例子包括多关节手套，如 Argonne Remote Manipulator（ARM）（图 5-72）；桌面点控制器，如 Phantom Premium（图 5-73）、Geomagic Touch（图 5-74）；阻力推动踏板和阻力旋转踏板，如 Sarcos Uniport 系统（图 5-75），以及最初由 Rutgers Masters Ⅰ 和 Ⅱ 展示的手势限制器（图 5-76）。

图 5-72 使用机器人提供力反馈的早期例子是 UNC GRIP 项目中使用的 Argonne Remote Manipulator（ARM）装置。ARM 装置为分子对接等应用提供 6-DOF 反馈（图片由北卡罗来纳大学教堂山分校提供）

图 5-73 3D Systems 公司的 Phantom Premium 提供了一个桌面大小的工作空间，带有 3-DOF 或 6-DOF 跟踪和 3-DOF 力反馈（图片由 3D Systems 公司提供）

末端执行器显示器的组件

末端执行器显示器既需要一种感应用户运动的装置，也需要一种在与用户接触时提供阻力或支撑力的装置。由于这些显示器安装在机械设备上，通常可以将机械用户跟踪直接集成到设备中，提供快速、准确的响应。影响用户运动的方法通常通过以下两种机械系统提供：电动机或液压/气动系统。电动机能产生或抵制旋转运动。通常一台电动机可使显示器有一个自由度。通过电机与力学的结合，这些旋转运动可以转化为平移运动（即来回、上下、左右）。电动马达也可以用来控制连接在顶针或另一个终端设备上的绳子的运动。通过在装置上附加多条绳子，顶针在工作区域内的位置可以通过电动机的编配来控制。相反，液压和气动压力系统通常提供平移力，可通过机械方式转化为旋转力。

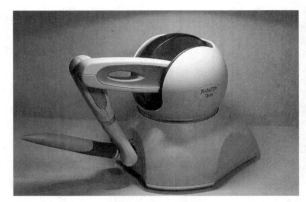

图 5-74　Phantom Omni（现在是 3D Systems 的 Touch）显示器提供了一个更经济的力反馈显示器，工作空间更小（照片由 William Sherman 拍摄）

图 5-75　Sarcos Uniport 设备测量足部活动，并根据踏板在模拟地形上旋转的难度提供反馈：踏板在上坡时提供的阻力比下坡时更大（照片由 Naval Postgraduate School 和 Sarcos 公司提供）

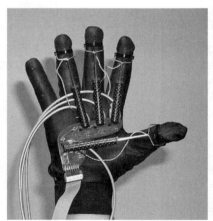

图 5-76　Rutgers Dextrous Master（此处显示的是 RMII-ND 模型）在抓取虚拟对象时，阻止用户的手闭合（照片由 Grigore Burdea 提供）

末端执行器显示器的特点

本质上来说，末端执行器显示器是一个机械装置，为用户的四肢（手指、手臂、腿）提供一个力。通常，它也作为输入设备运行，潜在地提供对输入控制的阻力。事实上，大多数末端执行器装置既是输入装置又是输出装置。让我们以 Phantom Premium 为例。触控笔是用来探索世界的，所以这支笔就像一个输入设备：它告诉系统你想触摸哪里。它也可以作为一个输出系统：它提供的力可以模拟你用笔触碰那个点时所得到的力。你可以拖动笔（输入）和感受表面的感觉（输出）。系统的阻力和运动可以被参与者用来解释虚拟世界的某些方面。例如，如果一个踏板装置对使用者的用力变得更有抵抗性，那就意味着他们正在爬坡或者使用了更高的齿轮比。

一些末端执行器显示器是世界接地的。这些显示器包括安装在天花板上的 ARM，以及要么放在桌面上，要么装在自助台或固定的视觉显示器上的 Phantom Premium 或 Touch。自我接地的力显示设备是由用户佩戴，以限制和创造有关他们的身体的某些部分的运动。一个自我接地限制性手指设备的早期例子是 Rutgers Dextrous Master（图 5-76），它防止用户的手在抓取虚拟物体时关闭，然而，该设备不能阻止用户将手移动到任何位置。最近的一个例子是 CyberGlove 系统的 CyberGrasp 装置，它限制手指可以接近的距离（图 5-77）。

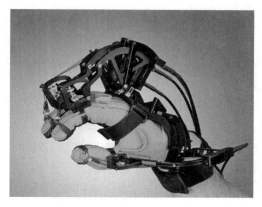

图 5-77　将 Cybergrasp 设备添加到 CyberGlove 中，提供了一种动作受限的触觉显示，可以给人一种手握物体的感觉（照片由 Cyberglove Systems 公司提供）

机械运动传感器通常直接集成到系统中。这是一个有益的特性，因为机械跟踪通常是非常快速和准确的，而这正是触觉显示系统所需要的。

这里给出的示例以不同的方式利用了这些特性。第一个例子是在 GRIP 项目中，用户探索了两个分子之间的相互作用［Brooks et al. 1990］。首先用 Argonne Remote Manipulator（ARM）抓取一个分子并移动它，然后，ARM 显示器会对用户的移动做出响应，让用户感受到不同方向的分子之间的吸引和排斥。ARM 的响应是基于一个实时的分子模型，该模型计算了作用在两个分子之间的力。

在海军研究生院（Naval Postgraduate School，NPS）开发的用于步兵演习虚拟现实训练应用程序中，士兵们通过对他们将要走的路线做出几个决定来练习执行任务。决策基于所需的体力、速度和安全性。应用中使用的关键设备是 Sarcos Uniport 系统（图 5-75），该系统使用单轮踏板来测量脚的活动和阻力，以适应所模拟的地形。

在没有触觉反馈的模拟中，士兵可能会选择较短的路线，或者危险最小的路线。然而，这一过程可能会使士兵在几座山上上上下下，而在现实世界中，这需要相当多的体力劳动。在触觉反馈的模拟中，反馈可能会选择一条路线来绕过陡峭的山坡，即使这条路线需要更长的、更危险的路线。

末端执行器显示器的界面问题

末端执行器显示器通常在虚拟世界中相对于一个点进行操作。末端执行器显示器的自由度可以从 1 到 6 不等。1-DOF 系统的一个例子可能是插入设备（例如，摄像机或其他用于微创手术的工具）或一个触觉教育设备。该系统可以添加第二个自由度，允许操作员在插入工具时进行旋转。对于在 3D 空间操作对象，使用 3-DOF 或 6-DOF 显示器，根据参与者需要确定他们的抓握方向或力的方向。ARM 是一个 6-DOF 的装置。小型 Phantom Premium 只影响其接触点的位置（3-DOF），虽然它确实跟踪用户的 6-DOF 信息。Immersion 公司的 Laparoscopic Engine 是一个 5-DOF 的输入 / 输出设备。在被 CAE Healthcare 公司收购后，新的 LapVR 系统在已经集成到更真实的部署上（图 5-78）。

正如在我们的示例中所演示的，末端执行器 / 机械手可以连接虚拟世界中的对象，从而探索该对象的属性如何影响该对象。末端执行器可以模拟阻力，促使用户努力完成任务。

抓取动作要求用户身体的至少两部分与触觉显示器有隔离的接口。两根或两根以上的手指可以佩戴单独的世界接地的末端执行器，或可以用外骨骼式装置限制手指之间的运动。当一个物体是手持的（例如网球），自我接地和世界接地的方法没有区别。然而，身体参考系统不太适合抓取或推动在世界上不是自由漂浮的物体（例如，一辆抛锚的汽车）。在这种情况下可以使用外骨骼式装置（例如，抓住或推动固定在世界上的物体），然而，如果用户不依附于现实世界中的某个固定物体，他们仍然能够自由行走，即使虚拟现实系统显示他们在推动一个固定的物体。用户通过保持身体相对于世界的固定位置，有效地使外骨骼系统以世界为基础。如果用户不将外骨骼显示器保持在一个固定的世界位置，他们就可能创造出一个不可能的环境，例如抓住一个固定的虚拟对象，

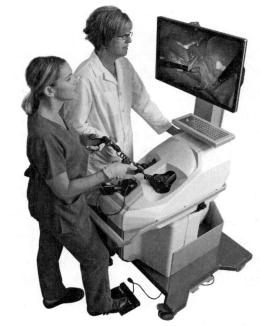

图 5-78　这个输入 / 输出设备是专门为模仿腹腔镜手术的界面而构建的。每个控制器为用户提供 5 个自由度：x 和 y 平移，插入深度（即 z 移动），围绕插入点旋转，设备开口宽度。视觉显示本身不是透视的，而是使用内部摄像机的视图显示执行的实际过程。触觉控制是为了模拟实际操作过程而创建的（图片由 CAE Healthcare 公司提供）

同时将他们的手从该对象的固定位置移开。

末端执行器显示器也可以与触觉显示器相关联或提供简单的触觉刺激。触觉显示器，如温度执行器和触觉传感器，可以安装在用户和操作系统的接触点。相反，末端执行器本身可以产生一些触觉效应。例如，末端执行器可以产生振动效应；或者，当用户沿着一个虚拟表面移动执行器时，它可以生成模拟表面纹理的运动。

末端执行器显示器小结

末端执行器显示器基本上为参与者提供了在虚拟世界中物理地抓取或探测对象的方法。根据使用的机制，这些显示器可以提供大量的阻力，产生与物体接触的感觉。末端执行器显示器的主要特征是它们是世界接地的还是身体接地的系统。以世界接地的系统被物理地安装在现实世界的可以施加力的特定位置。在身体接地的系统中，力和阻力只能产生于身体部位之间，如两根手指之间或从肩膀到手之间。

5.3.5 机器人形显示器

机器人形显示器（Robotically Operated Shape Display，ROSD）是一种触觉显示设备，它使用机器人将物理物体放置在用户可触及的前方。这种显示类型仅包括用户的手指或手指代理。手指代理是一个类似于顶针或棍子的对象（用作操作手），用户可以使用它来探测虚拟世界。ROSD 的一个重要例子是波音公司的一个实验系统，向用户的手指展示了一个可重构的带有开关的虚拟控制面板。William McNeely［1993］在他描述这项工作的论文中，将这种类型的显示称为"机器人图形"（图 5-79）。

图 5-79 逼真触觉反馈的一种技术是让机器人在适当的时间、适当的位置向参与者呈现真实的物体。这种技术只有在以下情况下才有效：物体的数量有限，参与者无法看到真实的世界。该系统具有不同类型的开关，当用户接触到特定的开关时，这些开关被放置在插槽中（照片由波音公司提供）

东京大学的控制论系统实验室提出了另一个非常有创意的想法，该实验室使用一个包含多种凸凹边角的物体，将表面呈现给手指代理［Tachi et al. 1994］。Cybernetic Systems 设备（图 5-80 a 和 b）可以通过各种各样的表面来模拟多种形状，而波音公司的显示器仅限于实际的设备。一种更直接的方法是通过移动带有针或棒的薄膜来改变呈现给用户的物体表面［Hirota and Hirose 1995］。

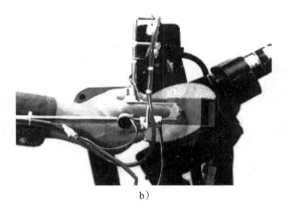

a)　　　　　　　　　　　　　　　　　b)

图 5-80　图像 a 和 b 展示了一个使用末端执行器的系统，末端执行器具有各种凹面和凸面连接，当用户在虚拟世界中接触到相关边缘时，可以将其呈现给用户（照片由 Susumu Tachi 博士提供）

最近的两个 ROSD 系统已经原型化，以探索如何将这些系统集成到实验世界中。Araujo 及其同事开发的"Snake Charmer"显示器展示使用一个小型铰接臂商品机器人，将不同形状的物体放置在佩戴 HMD 的参与者面前，HMD 会遮挡他们对机器人的视觉感知［Araujo et al.］（图 5-81）。这个项目集合了波音公司和东京大学的思想，通过在机械臂中附加不同的端点，从而创建不同的形状（立方体、六边形等），更进一步，有一些特殊的

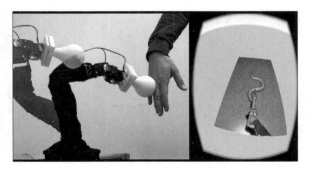

图 5-81　这个 ROSD 项目使用一个小型机器人来移动可能具有不同纹理和其他效果的可互换的末端部件。在这里，一个球的形状附在末端，以模仿蛇的头部（图片由 Bruno De Araujo 提供）

端点附加由开关（DJ 板）、Peltier 板（温度）和风扇（风），甚至有一个智能手机。同样，当用户抓取时进入被动触觉模式，跟踪用户如何移动对象，并在释放时再次激活——允许用户在物理上堆叠虚拟块。

Vonach 及其同事描述的其他示例也具有改变端点的能力，但是通过使用具有更大范围的机器人，可以允许用户使用他们的手臂的整个移动范围进行交互［ Vonach et al. 2017 ］。他们测试的两个例子包括一个可以代表墙壁或桌子的大平面（取决于方向），或者一个拳击手套，用于测试在街上行走时撞到人的真实性。

机器人形显示器的组件

机器人形显示器的组成部分很简单：机器人、良好的跟踪设备和探测虚拟世界的方法。机器人还需要配备合适的对象呈现给用户。为用户提供安全的方法是 ROSD 的一个关键要素。特别是，安全机制可以通过用户的被动移动（被动按下开关）来触发，也可以通过用户主动地按下开关，或者由某个随时准备按下开关的监控交互来触发。

机器人形显示器的特点

机器人形显示器的主要优势是真实性。这种真实性来自用户的真实感受。在波音公司的控制面板和 Snake Charmer 的示例中，当用户伸手去拿开关时，机器人将实际的开关放在控制面板的适当位置。因此，不需要用许多不同模式的控件来构建控制面板，而是可以在计算机上设计不同的模式，机器人可以在正确的时间将正确的设备放在正确的位置。一个系统可以向参与者提供许多不同的控制面板选项，以帮助他们评估不同的布局。

触觉感知，如纹理、温度，甚至 4D 效果，如空气运动，都可以通过一个 ROSD 来呈现。"Snake Charmer"示例中，每一个附加物的表面都提供不同纹理的模块，甚至一个封闭的风扇或 Peltier 板的热流。Hirota 和 Hirose 开发的可移动薄膜显示器允许用户直接触摸虚拟物［ Hirota and Hirose 1995 ］。物体的表面纹理不能改变，所以物体的形状不同但表面纹理保持不变。薄膜显示器也可以作为输入设备，并提供一种坚实的感觉。

机器人形显示器的界面问题

为了使机器人形显示器发挥作用，机器人必须在手指或代理到达之前将物体呈现在适当的位置。只有当用户的手指移动缓慢或机器人移动非常快时，机器人才会先到达。

机器人形显示器在用户触及范围内快速移动可能是危险的，因此，为了机器人计算显示，手指跟踪必须快速和准确。带有磁跟踪的手套输入设备（在波音的实验中使用）不符合这些要求，迫使用户以不自然的缓慢速度移动。Tachi 和他的同事［1994］利用一种可以被机械跟踪的代手指，创造了一个反应速度可接受的系统。而且，通过使用代理，用户的真实手指远离移动的机器人，从而增加了安全性。"Snake Charmer"装置使用了快速惯性跟踪器和体感控制器跟踪手和手指。

这种显示方式不能有效地与固定式视觉显示器或光学透视显示器结合。因为机器人只是一种（触觉上）呈现虚拟世界的手段，它本身并不是虚拟世界的一部分，视觉显示的方法必须可以将机器人本身隐藏起来。使用完全封闭的 HMD 隐藏机器人是最简单的，因为在 HMD 中，用户只能看到虚拟世界。透视 HMD 的视频方法可以改变现实世界的视觉效果，将机器人从场景中移除，并用虚拟物体代替［Yokokohji et al. 1996］。

同样，机器人形显示器的安全性也是一个值得关注的问题。波音公司通过在用户和机器人之间放置有机玻璃屏障来解决这个问题。在护罩上开了几个孔，使开关可以突出到用户的侧面。然而，用户还是可能不小心将手指插入洞中，被机器人打伤。"Snake Charmer"和 VRRobot 系统使用的机器人惯性小，因此它们不太可能压倒成年人。在 VRRobot 系统的报告中，研究人员询问了受试者对该设备的威胁感知，他们报告称，该设备并不构成威胁，而且看起来非常安全［Vonach et al. 2017］。此外，一个实验监控器（或者是人）在需要时可以快速禁用该设备。

机器人形显示器小结

机器人形显示器的有趣之处在于，它们可以提供虚拟世界的高度逼真的触觉表示。他们通过在适当的位置放置一个真实的设备或平面来模拟虚拟世界中的物体（如果注册正确并且显示足够快）来呈现真实的再现。

由于机器人本身不是虚拟世界的一部分，这种触觉显示方法必须与视觉显示系统（即机器人）相结合，视觉显示系统将部分或全部真实世界（即机器人）封闭起来，同时还必须有一个音频系统来屏蔽机器人的噪声。

与机器人一起工作需要一些安全防范措施，特别是当使用速度更快的机器人与触觉显示器结合使用时，因为用户无法看到机器人。使用机器人形显示器作为实际控制面板的中介的主要优势是，触觉显示可以很容易地针对不同场景进行重新配置。

5.3.6　被动触觉显示

道具提供了一种基本的触觉显示方法。作为一种手持设备，道具会自动为使用者提供触感。用户不仅能感受到它的形状，还能感受到它的重量、表面纹理和重心，所有这些都增强了应用程序的真实感，尤其是将道具与具有类似特征的虚拟设备连接起来的应用程序。这就是客体永存性转移的概念，我们在第 3 章中详细描述过。

当这样一个道具被跟踪，并且虚拟世界包含一个视觉表示，能与道具的物理形状相匹配，我们称之为被动触觉（passive haptics）。正如在 3.3.5 节所讨论的，被动触觉是使虚拟世界看起来更真实的有效方法。在某些情况下，世界上大多数地方都可以用被动触觉来表示，包括座位、带窗户的墙壁或其他物件，无论用户在哪里触摸一个物体，都有一个实体物体在那里提供真实的触觉感受——制作一个舒适的虚拟椅子。北卡罗来纳大学的 PIT 体验（图 3-22）和 VOID 公司的公共场所 VR 体验（图 3-23）是两种广泛使用被动触觉的体验。在 PIT 体验中，包含一个似乎有显著下降的突出边缘［Insko 2001］。在其他情况下，被动触觉道具更明智的使用方式是，在设计中只有少数对象有被动触觉的对应物，使得用户探索这些对象时，虚拟世界的其余部分变得更加真实，就像 Hunter Hoffman 的恐惧症脱敏体验（图 5-82）[Hoffman 1998]。

图 5-82　研究人员 Hunter Hoffman 使用被动触觉来增强现实世界和参与者体验到的临场感。专为治疗恐惧症或疼痛分散注意力而设计的世界，采用被动触觉的效果更加真实。在这里，一只玩具蜘蛛被连接到一个位置跟踪器上，所以当用户伸手去触摸所看到的虚拟蜘蛛时，他们实际上是有物理接触的触觉感知（照片由 Hunter Hoffman 提供）

一般情况下，被动触觉使用的道具只是提供一种感知形式和表面纹理的触觉展示。对于可移动的小道具，跟踪其位置以实现视觉与触觉的同步是非常重要的。对于不可移动的物体，确保它们不会移动并与视觉效果保持一致就足够了。当然，道具的被动触觉的使用需要进一步开发，并且添加更多积极的元素——我们将在下一节中讨论这个主题。

5.3.7　混合显示器

我们已经将触觉显示设备的主要类型划分为几种类型，虽然在目前大多数情况下还没有很多组合方法的例子，但是这种情况已经开始改变了。因此，混合显示器结合了多种触觉显示技术，变成一个无缝的、协同的整体。

也许被动触觉道具可以通过添加振动触觉传感器或温度变化的 Peltier 设备变得有些活跃，或者在未来，微流体平面可以改变道具的实际纹理。或者，就像在 " Snake Charmer " 的机器人形显示设备中，纹理表面可以添加到端点，甚至是活动的平面，如 Peltier 板、风扇等。

任何时候，更多的有代表性的刺激可以提供给参与者，体验将可能看起来更真实。特别是，现实生活中包含动觉和皮肤元素的行为，如敲门，或用球棒击球，当这些线索中只有一种被提供时，看起来是错误的。

5.3.8　3D 硬拷贝

一种可以被视为准触觉显示的显示方式，尽管它并不是特别具有互动性，它被称为 3D

打印。立体光刻是基于计算机模型自动创建物理模型的早期形式（图 5-83）。它是通过一次凝固一部分液体塑料材料，形成一个完整的物体。其他 3D 打印技术也采用了类似的方法，即在黏接纸上分层，并使用激光对每一层进行刻划，一旦工艺完成，多余的部分就会脱落。最近，新的 3D 打印技术已经脱颖而出。一种较新的技术是使用喷墨打印机头将黏合剂注入粉末混合物中，然后一层一层地建立起来。此方法还能够包括实际的墨水，创建多颜色的对象。另一种低成本的新技术也受到了制造者的青睐，它是另一种添加过程，即把一卷卷的 ABS 塑料放入一个打印头，这个打印头可以融化塑料，并将其一层一层地黏在一个底板上，从而制造出一个物体。在某些情况下，第二个 ABS 塑料可能包含第二种颜色，允许双色"打印"。

a)   b)

图 5-83 立体平版印刷机、铣床和其他 3D 打印设备可以创建一个真实的、静态的虚拟对象的物理表示（3D 硬拷贝）。在这里，我们看到一个复杂的分子结构模型（图 a）和一部分猴子的大脑（图 b）。物理模型使研究人员可以更容易地通过物理操作来研究一个系统的组成部分是如何组合在一起的（模型由伊利诺伊大学的 Klaus Schulten 和 Joseph Malpeli 教授提供，照片由 William Sherman 拍摄）

因此，这些 3D 打印的模型提供了对象的触觉和视觉表示，尽管严格来说，模型是一个静态对象，功能只是作为一个输出系统。或许虚拟现实设计师更感兴趣的是，3D 模型可以快速创建新的特定形状的被动触觉对象，或者为手持控制器或头部设备（如 3D 眼镜）创建附件（参见图 5-19）。

5.3.9 触觉显示小结

触觉显示器通过与触觉显示设备的物理接触向用户提供触觉和力刺激，从而模拟虚拟世界中物体引起的皮肤和动觉刺激。大多数商业上可用的触觉显示器可提供触觉或力的刺激，但不是两者都提供。研究人员已经证明了两者可以结合的一些方法。然而，由于将触觉显示器与虚拟现实系统集成的难度和成本，它们通常不会被集成，除非应用程序从中特别受益。

给定应用程序的要求决定了所选择的触觉显示器的类型。下面的列表总结了三类触觉显示的主要优点，以帮助我们进行选择。

触觉显示器的优点

❑ 便于对虚拟对象进行精细操作。

❑ 在某些应用中可与末端执行器显示器组合使用。

❑ 身体接地方式可移动。

❑ 通常比其他触觉显示器便宜。

❑ 便携性一般。

❑ 有些感觉可以在没有接触的情况下通过 4D 效果表现出来。

末端执行器显示器的优点

❑ 可以世界接地或身体接地（外骨骼类型为身体接地）。

❑ 外骨骼方式可移动。

❑ 世界接地的方法不那么累赘（不需要穿戴任何东西）。

❑ 显示器通常内置快速、准确的跟踪系统。

机器人形显示器的优点

❑ 提供非常逼真的触觉显示。

❑ 通常内置快速、准确的跟踪系统。

❑ 触觉与 4D 效果轻松融合。

❑ 主要用于基于头部的视觉显示器。

被动触觉的优点

❑ 一般更便宜。

❑ 一般更容易实现。

❑ 为虚拟世界的其余部分提供客体持久性转移。

❑ 方便用户之间传递对象。

由于在实际应用中触觉显示器（振动触觉测定仪除外）的使用有限，关于它们在执行各种任务时的优点并没有太多的数据支持。Fred Brooks 长期致力于研究终极界面的触觉方面，我们已经将其确定为虚拟现实研究的主要目标：一个无缝的界面，能够提供在现实世界中自然交互的效果。在一项基于我们前面讨论的 GRIP 应用程序的研究中（使用 6-DOF 的力反馈设备进行分子建模模拟），研究人员发现，触觉显示器的使用提高了用户快速执行简化任务的能力——将两个分子的对接速度提高了约两倍［Ouh-Young et al. 1989］。

5.4　前庭和其他感官显示

在我们还没有讨论过的感官中，前庭（平衡）显示是唯一有重要实际用途的感官，尽管人们已经在嗅觉显示系统方面做了一些努力。

5.4.1 前庭显示

前庭显示是指那些影响内耳的显示器，其目的是为用户提供刺激，让他们知道自己的移动方式以及重力的方向。虽然提供这种感知的人体器官位于内耳，但它对听觉刺激没有反应。具体来说，它帮助人类感知平衡、加速度和相对于重力的方向。然而，前庭神经系统和视觉系统之间有很强的关系。不一致的线索（如地平线和平衡）可能导致恶心和其他症状的模拟器晕动症。

最好的前庭显示方式可能是通过移动用户的身体来实现的。除了干扰神经通路外，实际的运动是唯一能准确刺激前庭系统的方法。当然，在大多数情况下，呈现给用户的动作不会与他们在虚拟世界中的动作精确匹配（尽管在某些情况下是这样），但应该提供足够的线索，使大脑能够接受这些信息。这里我们将主要讨论移动平台，然后探索其他选项。

运动基座（平台）

运动基座系统或运动平台可以移动用户所在的地板或座位（图 5-84）。运动基座系统在军事和商业运输飞行员使用的大型飞行模拟器系统中很常见。在这些系统中，一个包含飞行员座位的驾驶舱平台由一个大型液压系统驱动，周围环绕着所有的仪表。目前也有一些更小、更便宜的系统。运动基座系统的其他例子可以在娱乐场所找到，如飞行和驾驶街机系统以及多人游乐设施。

经典运动基座平台（Stewart 六足平台）使用 6 个线性滑块（又称棱柱致动器）以混合方式成对安装在基座和平台上，其中一个致动器与底部（基座）的一个相邻的致动器配对，另一个与顶部（平台）的相邻的致动器配对。（注意：虽然有 6 个致动器，但它们的布局受到一定的限制，很难产生显著的横向运动，因此大部分运动都是旋转、上升和下降。）同样的概念也可以用角致动器（马达）来创建，其连杆可以将大部分运动转换成直线运动。这是传统飞行模拟器最常用的样式。

许多研究团体和众筹企业家也创造了他们自己的小型运动平台，通常配备一个座位。其中许多采用六致动器设计（六足），以提供高达 6-DOF 的座椅运动。

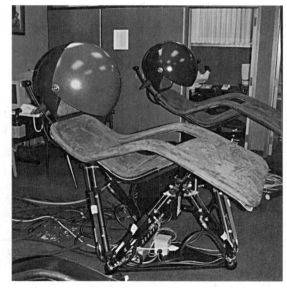

图 5-84 运动平台是向用户提供虚拟世界前庭信息的常用方法。在这里，参与者斜靠在一个六足式运动平台的椅子上（照片由 Brian Park 提供）

在图 5-85 所示的原型中，一些运动是通过围绕房间滚动基座来产生的，以提供更精确的平移运动和偏转。

图 5-85　这个原型运动平台有安装在移动平台上的致动器，所以倾斜效应来自致动器，平移效应来自空间周围的实际运动（照片由 FaseTech 提供）

将物理运动作为前庭刺激时，诀窍通常是提供事件的开始和取消信息，这样设备不需要持续偏转或滚动。此外，有时轻微的向上倾斜可能被用来表示向前加速，因为倾斜会给驾驶员的后背造成更大的压力，以模拟用户可能在现实中经历的主要线索。

另一种类型的运动平台是通过在大型机器人的末端放置一个吊舱（或平台）来实现的，该吊舱以多个自由度移动，有时机器人在提供更多横向运动的轨道上移动（图 5-86）。这已经成为许多主题公园"黑暗骑乘"中的一种流行技术，骑乘者可以从一个场景到另一个场景，并且经常在屏幕之间看到匹配的音频 / 视频。

图 5-86　Kuka Robot 配备了一个 VR 显示器，允许用户通过空间看到和感受运动。用户坐在吊舱内时佩戴 HMD，通过吊舱由机器人臂移动以匹配虚拟世界中的行为（照片由德国马克斯 – 普朗克研究所的 Berthold Steinhilber 提供）

图 5-86 （续）

　　另一种不同的风格——但仍然是一个运动平台——使用可充气的平台和分离的口袋，让空气可以流入或流出，从而产生运动。最好的例子就是迪士尼的 Virtual Jungle Cruise——不幸的是，现在已经全部关闭了。在漂流过程中，当木筏在激流中被推入急流时，木筏的一侧或另一侧可能会膨胀，使乘客向某个方向倾斜，或者在瀑布上漂流时使他们向前倾斜（图 5-87）。

移动平台

　　移动平台是一个新的名称，以前只包括跑步机，没有其他东西。但最近，在低成本的 HMD（包括智能手机 VR 风格的系统）的推动下，一项创新带来了过山车的虚拟现实体验。但这个概念可以很容易地推广到所有的游乐设施，甚至包括旋转木马。我们甚至可以考虑作为乘客在乘坐飞机、火车或汽车时考虑交通工具的运动。

　　在过山车体验的前庭显示中，参与者乘坐的是真实的过山车，但他们体验的不是周围真实的景色，而是计算机生成的虚拟世界。我们已经在第 4 章中将其作为一种"虚拟现实平台"进行了探讨，并将在第 6 章讨论一些注意事项。目前，需要注意的重要事实是过山车的轨迹不会改变，体验必须与之配合，所以叙事往往是线性的，除了看哪个方向之外别无选择。此外，

图 5-87　迪士尼的 Virtual Jungle Cruise 使用了一个由充气囊袋创建的移动平台，可以使充气筏子倾斜和晃动（照片由 William Sherman 拍摄）

由于整个 VR 系统将需要与乘客一起旅行，硬件设计师将不得不考虑他们将在车上驻留的位置——当然计算机将包括在显示器中。在虚拟现实的特定情况下使用过山车是一个未来的趋势。

另一种主要的移动平台是跑步机，包括自动扶梯。回想一下，我们讨论过大型跑步机作为 VR 平台的概念。虚拟体验在跑步机上进行，但它也提供给用户运动的功能。在某些情况下，跑步机（或楼梯）可能会持续移动，或与叙事联系在一起，或它可能只会响应用户的自我运动，并重新引导用户，以便他们可以继续朝任何方向行走。

其他前庭选项

还有其他一些技术在不同程度上提供了参与者感知与视觉相匹配的前庭感觉（至少他们认为）。前庭显示的另一种方法是一个简单的装置，让参与者摇一摇帽子，或者发出隆隆声。这个动作本身可能不足以传达你想要的体验，比如在崎岖不平的道路上骑行，但是当它与暗示崎岖骑行原因的视觉信息结合在一起时，会非常有效。

在一些虚拟现实应用中，唯一需要的前庭感觉是参与者对重力的感知。这种效果对于模拟低重力是可取的。虽然完全消除重力是不可能的，但有一些方法可以帮助我们。在太空旅行训练中使用了多年的一项技术是使用水下环境。显然，对于像虚拟现实这样严重依赖电子设备的媒介来说，这带来了一些严重的问题。另一种适合虚拟现实的方法是将用户放置在三个以正交轴旋转的中心环中，或者将参与者悬浮在空中（图 5-88）。另一种更简单、效果未知的方法是让参与者站在一个密集的泡沫垫上，慢慢地沉入其中。

a)　　　　b)

图 5-88　降低重力感觉的技术包括：a）将用户悬浮在同心独立可移动的圆环中，b）将用户悬浮在空中（照片分别由 David Polinchock 和 Sheryl Sherman 拍摄）

5.4.2 嗅觉、味觉和其他感官

自 Morton Heilig 的 Sensorama［Rheingold 1991］以来，除了我们已经讨论过的视觉、听觉、触觉甚至前庭分类之外，对感官显示的探索要少得多。Heilig 对气味进行了实验，让参与者在模拟的摩托车上接触几种气味，包括"开车"经过一家餐厅时的食物气味和较大车辆排放的废气。参与者能够感知到的可识别气味被称为气味剂。

Cater［1992］和 Robinett［1992］假设了几种虚拟现实和远程呈现应用程序将受益于嗅觉显示。例如，一个培训应用程序可以显示出对有害物质发出警告的特定气味。嗅觉的另一个重要应用领域是外科。在手术过程中，外科医生使用他们的嗅觉来检测特定的物质，比如体内坏死的组织［Krueger 1994］。

Barfield 和 Danas［1995］进行了一些早期的工作，他们讨论了嗅觉显示的基础，包括化学受体、心理影响以及虚拟现实体验中显示的各种参数。他们还讨论了我们对嗅觉理解的局限，包括我们无法描述可能存在的连续气味。

一般来说，在虚拟现实体验中，气味呈现给参与者的方式很简单，就是将特定"香水"的气味释放到参与者的位置（可能是通过空气）（当气味释放器被放入饮水机时，很容易做到这一点，见图 5-89）。当参与者的动作有限时，香水会更快地进入嗅觉感受器的区域，但即使在更大的空间里，气味也会扩散。Rizzo 和他的同事将气味融入了他们用于士兵创伤应激障碍治疗的 Bravemind 虚拟现实应用程序，使用的是一个商业单元（来自 Environdine Studios），带有"气味调色板"，其中包括"燃烧的橡胶、无烟火药、垃圾、体味、烟雾、柴油燃料、伊拉克香料和火药"［Rizzo et al. 2006］。类似的系统是 PIPES 环境效果系统，它提供了气味和其他 4D 效果（参见图 5-70）［Frend and Boyles 2015］。通过打开一个电磁阀，液化的气味被释放到一个针对参与者的气流室。

当然，人们关心的是，一旦气味不再与虚拟世界的事件和位置匹配，如何驱散它们。在现实中，挥之不去的气味不是问题，因为我们无法从一个位置传送到另一个位置，但在虚拟现实中，这可能会发生。最明显的解决方案是保持恒定的空气流量，一旦气味释放器关闭，那么空气流量将是中性的，或者当气味不再起作用时激活中性气流。另一种解决方案是主动消除以前的气味——类似于主动噪声消除。这仍然是一个新兴的研究领域，并不一定是针对虚拟现实系统的，而是研究人员 Varshney 和 Varshney 研究了这个概念［Varshney and Varshney 2014］。

对感官的显示，如味觉和磁感受器的研究甚至更少。味觉显示有一个明显的健康问题，以及有限的几个有用的应用领域。Ranasinghe 使用电极为嘴唇和舌头提供微小的电刺激，作为味觉感官替代的手段。磁接收是感知地球磁场的能力。理论上说，这种感觉是鸟类在迁徙过程中使用的。一些实验也表明，人类的磁接收能力有限［Baker 1989］。人们对磁接收的了解如此之少，以至于对这种感觉显示的思考完全没有进行过。

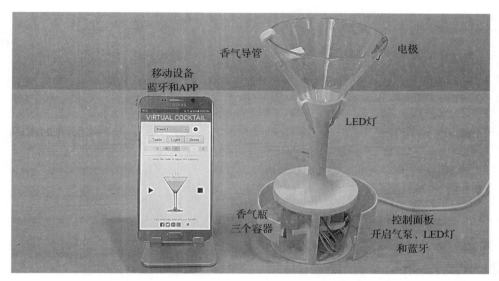

图 5-89　在这种专门的饮酒装置中，视觉、嗅觉和味觉显示被组合成单一的装置。存储在底座中的香水的气味被释放到玻璃室中。味觉是通过向嘴唇和舌头提供非常小的电刺激来近似的。颜色用来增强这些感觉（照片由 Nimesha Ranasinghe 提供）

5.5　本章小结

　　VR 显示器是一种让参与者沉浸在虚拟世界中的手段，用计算机生成的刺激代替或增强他们的感官输入。实现精神沉浸不像物理沉浸那么简单，但虚拟世界对多种感官的显示可以极大地帮助精神沉浸。了解人类感知的基础知识可以让 VR 设计师在选择一种技术时更好地考虑其中的权衡因素，并让他们在了解这些权衡因素的情况下做出明智的决定。单个显示系统表现出各种各样的品质和特点。这些差异导致感官之间的权衡。对于特定应用程序应该使用哪种类型的显示，并没有明确的规则。虚拟现实体验的设计者必须根据可用资源、观众、场地限制和需求以及成功体验所必需的互动范围做出选择。一般来说，在现有技术能力的限制下，感官显示器需要满足人类参与者的需求。

虚拟世界的表示

　　创建虚拟现实的感官图像可以分为两个阶段。第一个阶段涉及对参与者来说虚拟世界看起来、听起来和感觉起来是怎样的。这是创造虚拟世界中的表示（representation）阶段。第二个阶段是如何在软件和硬件渲染系统中实现所选择的表示（即由软件和硬件渲染系统执行）。当然，这两个阶段是相互关联的，因为硬件和软件系统的性能会影响可以实时渲染的材质的类型和数量。

　　我们对虚拟现实的定义之一是，它是一种交互式计算机模拟（第 1 章）。为了实现交互，计算机必须对参与者的行为做出快速反应。在第 3 章中，我们讨论了获得物理沉浸体验所需的因素，包括低延迟和高分辨率（包括时间分辨率）——事实上，较差的时间分辨率会增加延迟。简而言之，实时渲染是实现真实"错觉"的一个主要因素。

　　最终，虚拟现实系统的目标是产生令人信服的或至少引人入胜的体验。因此，可以在精细渲染和快速渲染之间进行权衡。对于许多体验来说，实现虚拟世界的所有复杂细节是很好的，并且是需要努力达到的，但是这取决于渲染速度。然而，对于有一些体验，如数据分析，准确性成为一个更高的关注点，因此这时速度可能不是最重要的。渲染一个精致的场景与快速渲染一个有意义的场景之间需要权衡。

　　在大多数情况下，足够快的渲染速度更重要。做一个类比，人们可能准备了一顿美食，但如果它放在那里太久，可能会令人反胃，而不是令人满意。在某些情况下，人们可以存放一些食物，然后在需要的时候用微波炉处理一下，就像 VR 系统可以用更新的跟踪数据对图像进行后处理一样。我们可以进一步扩展这个类比，考虑到固定式 VR 显示器有一定的延迟容忍度，这就像把饭放在冰箱里，它可以持续更长时间，尽管可能不像吃新鲜烹制的食物那么美味。如果食物在做好后过长时间食用，结果可能会令人反胃。

除了感官表示，还要考虑如何在计算机中表示虚拟体验（图 6-1）。"表示"的这一方面应该称为"编码"更准确，因为它描述了虚拟世界的数据是如何在计算机内部存储的。例如，游戏 Portal 的数据在计算机中采用十六进制编码。如何对虚拟世界进行编码与如何以最大的效率渲染场景有着更紧密的联系。

```
0000000 457f 464c 0102 0001 0000 0000 0000 0000
0000020 0002 003e 0001 0000 6b58 0040 0000 0000
0000040 0040 0000 0000 0000 86d0 0003 0000 0000
0000060 0000 0000 0040 0038 0009 0040 001f 001c
0000100 0006 0000 0005 0000 0040 0000 0000 0000
0000120 0040 0040 0000 0000 0040 0040 0000 0000
0000140 01f8 0000 0000 0000 01f8 0000 0000 0000
0000160 0008 0000 0000 0003 0000 0004 0000
0000200 0238 0000 0000 0000 0238 0040 0000 0000
0000220 0238 0040 0000 0000 001c 0000 0000 0000
```

图 6-1　计算机游戏的这种（部分）表示方式并不能代表游戏体验，只能称之为游戏的"编码"

6.1　虚拟世界的表示问题

创建虚拟现实体验的一个重要组成部分是如何将思想、想法和数据映射到参与者的视觉、听觉、触觉等形式中（图 6-2）。如何选择虚拟世界的特性以及如何表示虚拟世界对整体体验的有效性有重大影响。简单地说，表示是对渲染内容的选择。

表示：1）事物如何被描绘成任意一种感官形式。2）渲染内容的选择。

我们从表示的概念开始讨论如何表示世界，因为一个人必须首先决定虚拟世界应该如何显示，然后决定需要传达什么信息以及如何最好地达到这个目的。一旦做出了这些决定，虚拟现实体验的创作者能够评估系统需求。

与 VR 的所有元素一样，表示的概念在这里也不能详细介绍。然而，本书的主题——理解虚拟现实——很大程度上依赖于信息的表示，因此提供一个简要概述是很重要的。

我们可以把"表示"这个词理解为"重新描述"，也就是说，以不同于原始的形式或方式再次描述某物。交流行为是一个重新描述的过程。想想用口语作为交流媒介，把一个简单的想法从一个人传达给另一个人的行为。这条信息的发起者心中有一个想法。这种想法不能直接转移到接受者的头脑中，而必须通过某种媒介来传递。因此，有必要以一种适合所选媒介的形式来表示这个想法——发送者通过一系列的声音来表达他们的想法。接受者听到这些声音，并把听觉表示转化为他们自己的想象中的想法。接收到的信息可能并不总是被解释为所要传输的信息。通过任何媒介（包括口头语言）进行交流都需要双方共同的表示和理解。必须注意避免出现各方对同一表示有不同解释的情况。（我们在第 2 章中对此进行了更详细的讨论。）

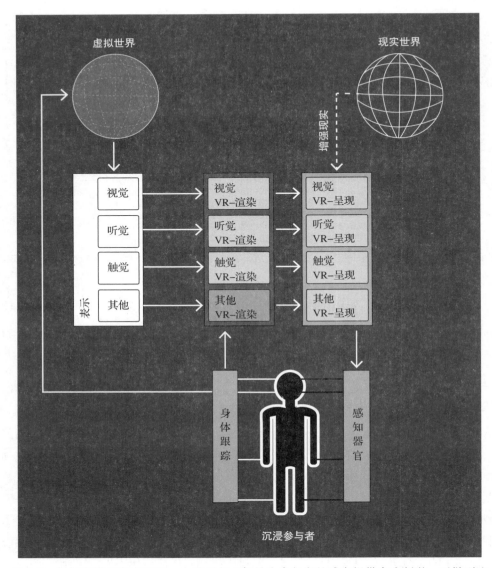

图 6-2 任何虚拟现实应用的一个重要方面都是为参与者的感官提供合成刺激。要做到这一点，必须决定如何向参与者表示虚拟世界（选择显示什么）以及如何呈现虚拟世界（选择如何将概念虚拟世界转换为显示设备所呈现的信号）。在这本书的这一部分，我们探索与特殊的感官知觉有关的表示问题

人们必须记住，思想、概念或物理实体可以用各种各样的方式来表示，虽然有些选择会比其他选择更适合，但并不一定存在最佳的表示方式。根据应用的目标不同，哪一种是合适的表示可能会有所不同。例如，考虑用一种戏剧性的叙事和科学的可视化方式来表示一场严重的雷暴。戏剧性的叙事需要一种表现形式来达到传达情感体验的目的，而科学的可视化

可以阐明复杂的数据。

对于戏剧性的体验，雷暴将表示为大量逼真的视觉和听觉。只要观众带着适当的情绪离开——也许是对悲剧事件的预感——创作者的目标就达到了。然而，对于试图将他们的研究形象化的科学家来说，逼真性并不重要，重要的是对这一现象的洞察力。因此，科学家可以选择用成千上万的飘浮在空中的球体来表示风暴，箭头表示气流，而横贯风暴的彩色平面表示特定高度的温度——这看起来一点也不像一场真正的风暴，但却能为科学家提供信息（图 6-3）。另一方面，科学家可能希望把他们的数据看成是雷暴的逼真版。这可以帮助他们理解他们的模拟是否"看起来"像一个真正的风暴，并帮助理解风暴的光学特性。

　　a)　　　　　　　　　　　　　　　　　　　　b)

图 6-3　a）模拟雷暴的数据可以通过非真实的表示来更好地理解和解释风暴内部的过程。b）也可以利用模拟数据绘制逼真的效果图，以产生戏剧性的效果，或证实基本模拟模型的真实感（图片由国家超级计算应用中心（NCSA）和伊利诺伊大学董事会提供）

无论主题是什么，表示最重要的是要一致性。例如，对于科学数据的可视化和声音化（通过声音来表达信息），重点在于不同的表示技术如何帮助研究人员获得关于他们工作的见解，以及如何与他人交流这些见解。制图学是另一个相当重视表示问题的研究领域。不同用途的地理地图（如航空、地质、驾驶）在设计时都有特定的目标。事实上，长期以来，人类因素研究人员一直在研究阅读地图的最佳方位等特征。

艺术家努力运用视觉、听觉、触觉和其他感官属性来创作激发情感和表达想法。对于培训和教育应用，开发人员必须专注于最能帮助参与者学习他们的任务的表示形式。特别是，VR 培训体验的开发者必须小心，不要包含可能提供错误培训的表示形式，即在现实世界中不起作用的学习习惯。

失实陈述的意义因不同的应用而不同。对于具有娱乐或艺术目的的应用，失实陈述可能被有意地用作一种叙事手段（如电影 *The Conversation* 或互动小说 *Spider & Web*），或者作为一种诱导观众思考媒介本身的手段。在交流的其他方面，失实陈述可能造成极大的伤害。无论他们是在地图上规划路线，还是在模拟器上学习飞行，或者是根据事件的重现来审判案件，接收者通常都希望相信呈现给他们的是准确的。在每一种情况下，受众都受到创作者的知识、完整性和技能的支配（或者缺乏这些）。失实陈述可能是对虚拟世界如何运作的认识不足的结果，也可能是故意误导的结果。它也可能是缺乏对人类感知或者对有效地表示信息所必需的其他问题的理解。

6.1.1 逼真性

逼真（verisimilitude）是具有真实的外表或描绘现实主义的性质。并不是所有的应用程序都力求看起来逼真，有些应用程序可能只在非常具体的情况下会偏离逼真，甚至有一些故意避免逼真。一般来说，逼真性有助于创造一个可信的世界，从而提高参与者的精神沉浸能力。然而，偏离逼真性并不一定会阻止暂停怀疑；如果以一种与其他体验相适应的方式呈现非现实的方面，参与者仍然可以在精神上沉浸其中。

逼真性： 1）"具有真实的外表"；2）"描绘现实主义（如在文学艺术中）"［Webster 1983］。

体验可以分为两类，一类是超出我们所知的物理可能性的（"魔幻"世界），另一类是试图在各方面都逼真的（真实世界）。这些魔幻世界中的一些可能直接出自魔幻类作家的想象。其他的可能是在表示上的转换，允许参与者与其他物理上无法接触的概念进行交互，例如分子之间的力。还有一些可能为用户提供魔法能力，比如与超出他们物理能力范围的物体互动（图 6-4）。

图 6-4 在"I Expect You to Die"体验中，玩家可以使用遥距感应界面到达遥远的世界（图片由 Schell Games 提供）

对真实世界的艺术表现被认为是模仿的（即它们模拟物理现实）。模拟世界的模仿是模拟现实世界或至少以参与者（观众）可以接受的合理方式模拟现实。

模仿（mimetic）： 1）"模仿的"；2）"与模仿有关的、具有模仿特征的或表现出模仿性的"［Webster 1983］。即在艺术中，人们试图尽可能精确地模仿现实世界——试图让艺术看起来"真实"。"模拟世界是以参与者（观众）能够接受的方式，在其他世界的范围内做出合理的反应。"

　　模仿（mimesis）：1）一个模拟的世界对真实世界的模仿程度。2）文学作品中对现实的表示。3）创造一个令人信服的真实的虚拟世界。

　　一般来说，我们期望我们互动的任何世界都是一致的。叙事（diegesis）意指在一个特定的世界中隐含的一致性。在一部互动小说作品中，会不会觉得遇到的每件事都与世界相符，还是有些元素显得格格不入或过于做作？此外，叙事是体验的整个世界，包括接受者看到和看不见的、遇到和没有遇到的那些元素。也就是说，叙事包括那些被认为已经发生的事件以及没有显示在屏幕上的动作和空间［Bordwell and Thompson 2010］。

　　叙事：1）在一部叙事电影中，电影故事的世界。叙事包括被认为已经发生的事件和行为以及被认为存在的地点（改编自 Bordwell 和 Thompson［2010］）。例如，在 *Zork* 这样的互动小说作品中，是否感觉遇到的一切都与世界契合，还是有些元素显得格格不入，或过于做作？
　　2）世界上所有的事件和地点，包括被假定为发生的事件。已经发生，并且推测存在的地方没有直接显示出来，但是如果世界要保持一致就必须存在。

　　对精神沉浸来说，确立叙事是很重要的。参与者必须相信世界是一致的。因此，在一个一致的世界中，如果参与者遇到一个阴燃的建筑，其周围有消防车，他们可以合理地推测，在前一天，这个地方有一个完全直立的建筑。建筑和大火的细节就这样留给了参与者的想象。这被称为闭环。McCloud［1993］在媒介中解释了闭环的一般概念："闭环让我们连接这些时刻，并在心理上构建一个连续的、统一的现实。"

　　关于漫画的媒介，McCloud 举例说明了闭环用来让读者参与到故事中来。也就是说，给他们代理权（图 6-5）。这种参与是通过让他们使用自己的想象力来"填补空白"来实现的。因此，读者参与了他们所经历的世界的创造和其中的行动。McCloud 把这些发生在"屏幕外"的行为称为"天沟"（漫画版面之间的空间）的事件："在版面之间杀死一个人就等于判处他一千种（不同的）死亡。"

真实度坐标轴

　　真实度有一个从高度写实到高度抽象的连续体。这个概念可以被映射成现实和抽象之间沿着这个轴的任何位置的表示（图 6-6）。这个连续体可以分为五类：

- ❑ 写实（verisimilar）表示努力呈现现实的世界；
- ❑ 索引（indexed）表示将一些现象的值映射到一个新的连续体上，这个连续体更容易被理解为一个广义概念；
- ❑ 图标（iconic）表示使用简化的形式来表示对象的类；

图 6-5 在 *Understanding Comics* 这本书中，Scott McCloud 指出，场景中遗漏的内容会极大地影响接受者的沉浸感（图片由 Scott McCloud 提供）

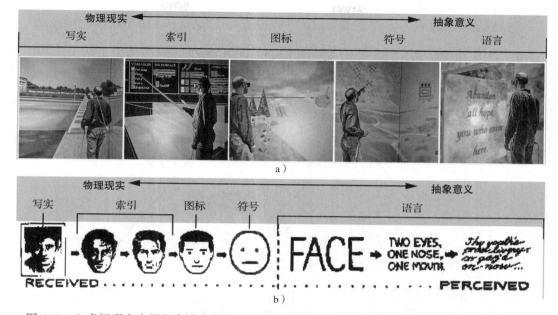

图 6-6　a）虚拟现实应用程序沿着真实度坐标轴连续下降。从左到右，StreetCrossing 应用描述了一个真正的街，MultiPhase Fluid Flow 应用显示数据索引颜色值，NICE 应用显示代表阳光和雨水的标志，BattleView 应用把军事符号整合到虚拟世界表示，Mitologies 应用利用语言营造气氛。b）这里我们将从图 a 映射到 McCloud 的表示连续体（见图 6-7）。我们越接近物理现实，我们得到的就越具体。逼真的表示是一个特定的人或人物的脸。索引表示映射到一类人（在本例中为白种人男性）。图像表示用半通用脸，符号表示脸的概念（图 a 中的应用分别由 NCSA、UIUC、EVL、NCSA 和 EVL 提供，William Sherman 摄影。图 b 改编自 Scott McCloud 提供的图片）

❑ 符号（symbolic）表示将信息映射成表示但不类似于原始现实的形式，如字形符号或交通标志；

❑ 语言（language）表示将编码符号映射为显式概念。

我们越接近抽象，就越容易使用类比来进行推论。然而，我们也在逐渐转向基于文化的表示，例如货币符号 $、£、¥。

McCloud［1993］认为从图片到文字的转换是接收信息到感知信息的转换（图 6-7）。

接收到的信息是可以直接吸收的，而感知的信息必须经过加工处理。收到的表示对于观察者来说是及时和显然的。另一方面，感知信息需要对观察者进行训练，使其能够被理解。这是我们在学习阅读时都经历过的训练（图 6-8）。在一些抽象表示（例如数据可视化）中，可能同时出现许多变量（例如将不同的信息编码为不同形状、颜色和方向的符号）。就像语言一样，感知到的表示在一开始是陌生的，因此对新手观察者来说是迷惑的，但可以学习。

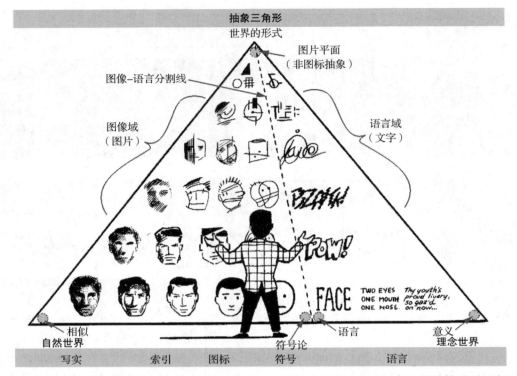

图 6-7　在这个图（也是由 McCloud 绘制的）中，抽象三角形在表示从对象的符号转移到语言的
　　　　符号（即如基于语音或语义的符号）。在右边的三角形中表示的世界将是来自诸如书籍或
　　　　交互式小说等媒体的世界，尽管这并不是唯一的情况（图片改编自 Scott McCloud）

图 6-8　当我们开始了解字母个体和字母组的含义时，我们就可以从图形理解转变为纯粹的符号理解

　　例如，字形可以用来表示流入模具的熔融塑料。当观众第一次看到这样的符号的动
画（图 6-9）时，他们经常被大量不熟悉的信息所淹没。然而，在多次观看电影后，趋势
开始出现（现在已经有经验的）观众可以开始理解。因此，一种最初由于需要处理（感
知）大量信息而令人难以接受的表现，可以通过训练变成一个更自动的（接收）过程。设
计良好的符号将使这一过程发生得更快。未来遇到同样的字形表示将会被观察者更快地
理解。

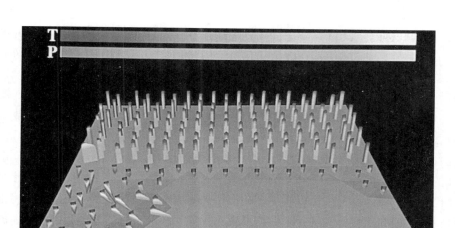

图 6-9　这个可视化的注塑成型过程帮助研究者快速看到材料的压力、温度和速度的
整体关系（图片由 Donna Cox 提供）

6.1.2　人类的理解能力

由于所有表示形式最终都经过人类的感知和解释进行过滤，因此应用程序设计师必须从生理的、心理的、情感的方向考虑。我们在第 3 章中谈到了这些的每一个方面。然而，任何想要创建引人注目的表现、可视化、虚拟世界和虚拟现实应用程序的人都应该好好阅读描述人类感知和认知方面的研究和观点的材料。的确，人类的理解不仅仅是感官上的。还有一些认知过程正在发生，对于这些认知过程，科学还没有足够的理解，但艺术和设计团体仍在继续探索和完善在人与人之间传递意念的方法。

概括能力

人类感知和认知的一个特别有趣的方面是我们的概括能力。这是一个值得研究和开发的特点。我们可以看到一款以前没有见过的电话和型号，但仍然知道它是电话（图 6-10）。在没有见过这种特殊型号的情况下，有哪些显著特征可以让人知道这是一部电话？如果我们能够利用人类的

图 6-10　尽管这个物体的形状不同寻常，但它很容易被识别为电话——尽管对于年轻的读者来说，4×3 的键盘才是主要的识别特征（照片由 Jerry Juhl 提供）

概括能力，我们就能呈现出观众广泛都能理解的图像，而不需要训练参与者了解每个符号的各个方面。此外，通过使用仍可识别的简化对象模型，可以利用泛化的能力来节省计算复杂度。

然而，当一个人不正确地进行概括，或者确实是针对特定实例进行概括时，概括就会对我们不利。（同样，我们成熟的文化会给我们提供不同的概括。也许未来的一代将无法识别甚至是 20 世纪末的电话。）

概括能力允许我们将具有相似特征的对象和概念组合在一起。类比扩展了分组对象或概念之间的关系，从而得出一个对象的其他特征对另一个对象也适用的结论。类比可以被认为是一个已理解的概念和另一个具有许多相似特征的概念之间的关系。人类善于将他们关于一个物体或概念的知识转移到另一个物体或概念。如果在新表述的概念和已经理解的概念之间指出一个直接的类比，则可以加速这种转移。当类似关系的模式变得明显时，共享的概念通常可以概括为一类操作（例如，对某些科学现象的数学表示）。

符号是一个例子，说明我们的概括能力是如何有益的。创建一般化表示的一种方法是利用熟悉的东西。如果选择一个大多数人都熟悉的符号，很多人就会明白它的意思。例如，如果一个人试图创造一个标志来象征"进入这里"，他可能会利用一扇部分打开的门。通常，我们希望使用可用对象的最通用实例，因为它可能具有最少的文化偏见和误解的机会。但即使是门也会因文化而存在差异。

再说一次，符号可能会失去它们所代表事物的内涵。考虑"保存文件"图标，它在 Microsoft Office 套件中仍然显示滑动的金属盖，表示打开后允许访问可擦写的旋转磁盘（图 6-11）。现在符号本身就拥有了意义，因为表示形式在真实度连续体中从图标表示变为符号表示。该图标不再代表写入到软盘，甚至旋转磁盘，而是长期（"次要"）存储介质。

图 6-11　用来表示保存文件动作的图标不再看起来像要写入文件的媒体，而仍然是存储文件的图标符号

符号学

人类的大脑最擅长识别模式。标志和符号利用了这种能力以及我们的概括能力。有些符号与它们所代表的内容密切相关，而另一些符号的结构则相当抽象。标志是代表另一个东西的东西。符号是某些内容的表达。当我们在创造表象时，我们实际上是在选择用来传达信息内容的符号和符号。专门研究符号和符号使用的领域叫作符号学。

标志（sign）：2）一种具有常规意义的标记，用来代替文字或代表复杂的概念［Webster 1983］。

符号（symbol）：2）由于关系、联想、惯例或偶然的相似而代表或暗示另一事物的事物；"狮子是勇气的象征"；3）书写或印刷中用于表示某一特定字段的运算、数量、元素、

关系或质量的任意或约定符号；5）一种行为、声音或物体，具有文化意义并有能力激发或物化反应［Webster 1983］。

符号学（semiotics）：研究标志和符号的学科。

标志和符号是方便快捷的表示法。在创造这些缩略词的过程中，表示形式往往是连续的，变得更加抽象。例如，索引或图标表示的图像可以转换为一个跨越图像 / 语言的速记标注，并成为一个符号。图 6-12 显示了这类演变的两个例子，展示了马从古汉字到现代汉字的演变，以及牛到现代字母 A 的演变。

一个符号越抽象，接受者需要付出越大的努力去理解它的意思。当然，如果设计是直观的，一些抽象符号是很容易理解的（图 6-13）。另一方面，如果接受者错误地认为他们理解了意思，误解就会继续传播。

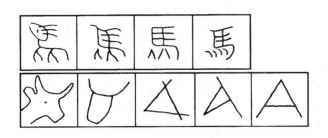 

图 6-12　书面语言已经从图形演变为更抽象的符号。在这两个例子中，在中国，马的符号由古代走向现代，而字母 A 则由牛的符号演变而来（*Signs and Symbols*: *Their Design and Meaning*，A. Frutiger 著，Ebury 出版，英国）

图 6-13　创造引人注目的标志是重要的和具有实用价值的。这个标志证明了有必要很好地理解视觉表示，这超越了语言和文化的差异。它是由 Hazard Communication Systems 公司使用由 FMC 为图像显示开发的设计原则（图片由 HCS 公司提供）

在开发互动体验时，标志和符号可以作为虚拟世界中界面的一部分。具体标志和符号的选择是设计过程中的一个重要部分。在选择标志和符号时，必须了解目标受众的需求和经历。

想法的表示

随着表示从现实到符号的转变，它们变得越来越普遍，越来越多的对象的表示。McCloud［1993］讨论了如何在漫画媒介中有效地使用这种方法，即为主人公选择一种不那么真实、更多符号的表示。这样做可以让更多人认同这个角色。

对于某些概念来说，并没有对应的物理实体来构建表示。John Ganter［1989］区分了与一些物理（或想象的物理）实体（P-reps）相关的表示和那些我们只能概念化的观念（C-reps）

相关的表示，如情感、风险、潜力、危险等。P-reps 和 C-reps 对于虚拟现实来说都很重要，因为虚拟现实的目标通常是呈现一种其他地方看不到的体验（例如，与他人产生共鸣或操纵重力），并将其与我们熟悉的物理现实放在一起。

P-reps 体现了物理世界的某些方面，一些可以被测量的、被触摸的或被体验的东西。雷暴的可视化就是 P-reps 的一个例子。C-reps 客体化了某些概念，这些概念的物理表征并不存在，但可以在头脑中概念化。艺术家通常在 C-reps 领域工作，创作诗歌、歌曲和绘画，这些都是一些感觉、情感或原始的思想或想法的表示。当然，一些艺术作品也包含 P-reps。事实上，许多艺术品都包含了这两者的元素。

符号学研究者和评论员 Roland Barthes 在关于摄影的媒介中通过外延（denotation）和内涵（connotation）的二分法，表达了 P-reps 和 C-reps 的概念［Barthes 2000］。对于 Roland Barthes 来说，外延是场景中物体的字面意义。内涵是指场景中没有明确呈现的暗示。Roland Barthes 也将其称为一级意义（外延）和二级意义（内涵）。

Barthes［2000］在他的作品"The Photographic Message"中探索了摄影师用 6 种方式来赋予照片内涵：

- ❏ 摄影技巧——（或摄影处理）换句话说，处理图像。
- ❏ 姿势——当受试者在画面中表现出明显的意义，或创造出显著的并置 / 姿势，暗示他们的想法或潜在的行动。
- ❏ 物体——故意在场景中放置一些物体，以暗示空间或居住者的性质，很像舞台布置（Mise-en-scene）电影技术。
- ❏ 上镜——对场景使用灯光和其他装饰来引导观察者的视场，就像电影在其历史进程中有自己的语言一样。（1994 年 6 月 27 日《时代》杂志封面上改变的 O. J. Simpson 形象就是一个很好的例子。）
- ❏ 美学——运用传统的创作规则来传达和谐、美和美感。
- ❏ 有秩序的排列——由集合产生的含义，通常是经过深思熟虑的图像序列。用顺序并置或产生叙事。

当然，内涵和外延并不局限于意象。例如，数学表达式 $e = mc^2$ 经常被用于泛指科学，而不仅仅是爱因斯坦的广义相对论。

形式：知觉的格式塔方法

除了对知觉的刺激 / 反应方法，也有一些学派采用更高层次的方法来探索知觉是如何发生的。心理学早期的一种研究方法考察了对形式的感知，即德语中的"格式塔"（gestalt）。虽然现代研究者现在认为格式塔方法在科学上不够严谨，但是格式塔理论的原则仍然可以作为设计原则使用［Koffka 1935］。

格式塔理论的首要概念是由运动的建立者之一 Kurt Koffka 陈述的"整体不是部分的总和"的概念（经常被错误引用）。换句话说，某些物体（在整体语境中）各部分之间的关系会导致某种涌现模式。

在此基础上，形成了 4 个性质（图 6-14）：

❑ 浮现——"先有整体，后有部分"；

❑ 具体化——"我们的大脑填补了空白"；

❑ 多重稳定性——"头脑试图避免不确定性"；

❑ 不变性——"我们善于识别相似点和不同点"。

图 6-14 这些图片代表了格式塔设计原则的特殊方面。a）的确，如果你看到的只是一堆黑色的斑点，你会看到一堵墙和一对消防车，最终会注意到达尔马提亚人。b）隐含形状的暗示，如三角形和球体，会被当作这些形状确实存在来解释。c）可以多种方式同等解释的图像，往往会在不同的解释之间有明显的波动。d）我们都很快地意识到，在左上角和右下角的物体都代表着相同的形状，而在相反的角落的物体也不一样（图 a 和 c 由 William Sherman 拍摄，图 b 和 d 来自维基百科）

在这 4 种性质中，已经确定了格式塔知觉的 13 个原则。了解这些原则也可以为设计提供良好的基础。请注意，我们经常从视觉感知的角度来考虑这些，但至少其中一些是与其他感官模式有关的：

- ❑ 实用法则——"人们会将模糊或复杂的形象理解为可能的最简单的形式。"
- ❑ 封闭性——"当我们看到一个复杂的元素排列时，我们倾向于寻找一个单一的、可识别的模式。"
- ❑ 对称与秩序——"人们倾向于认为物体是围绕着它们中心对称的形状。"
- ❑ 图形与地面——"元素可以被理解为图形（焦点中的元素）或地面（图形所依托的背景）。"
- ❑ 统一连通性——"视觉上相连的元素被认为比没有连接的元素更相关。"
- ❑ 共同区域——"如果元素位于同一封闭区域内，则被视为一组元素的一部分。"
- ❑ 接近度——"物体越靠近，越会被认为有关联。"
- ❑ 连续——"排列在直线或曲线上的元素被认为比不在直线或曲线上的元素更相关。"
- ❑ 共同命运（同步性）——"朝同一方向运动的元素被认为比静止的或朝不同方向运动的元素更相关。"
- ❑ 并行性——"相互平行的元素被认为比相互不平行的元素更相关。"
- ❑ 相似度——"具有相似特征的元素被认为比不具有（同样多的）这些特征的元素相关性更强"（即具有较少特征）。
- ❑ 焦点——"有兴趣的、强调的或不同之处的元素会吸引并抓住观众的注意力。"
- ❑ 过去的经验——"元素往往是根据观察者过去的经验而被感知的。"

6.1.3　选择一个映射

创建一种表示的很大一部分是选择和设计合适的形式、颜色、声音、纹理和权重，然后将信息映射到这些表示上。信息映射最直接的例子来自制图领域。毕竟，这是单词的起源（"mappa mundi"）——布上的世界［Etymonline 2017］。制图师的工作是收集关于土地的物理分布的信息，并将其映射到纸上（或者现在是数字存储文件）。

考虑创建这样一个表示的问题，让游客在第一次访问时能够有效地在伊利诺伊州的道路上导航。为此，路线图设计者必须选择一组符号，然后将物理世界映射到 P-rep。为了在纸上创造一种视觉表现形式，设计师可能会用特定的色调给线条上色来代表（并区分）公路、高速公路和州际公路。收费公路可以用颜色或与钱有关的符号"$"来表示。然后，这些线可以被布置或绘制成与现实世界中道路的空间布局直接对应的配置。

相反，表示可能与通常认为的路线图完全不同。可以将该信息表示为该州道路沿线许多点的经纬度图，以及每条道路相交点的坐标。同样能提供相同的信息，但是接受者可能会发现这是一个很难使用的工具，因为这种表示方法不方便道路系统的导航。

甚至为不同目的设计的导航图（汽车导航和飞机导航）也会根据手头的具体任务进行调

整（图 6-15）。为航空使用而设计的地图基于相同的物理数据（伊利诺伊州的物理布局），但突出了不同的特征，比如机场、无线电发射塔、空域控制、导航信标和道路。当然，在航空地图上划分道路有不同的用途，因为道路的细节并没有被区分出来。这条路起到了寻路的作用，因此，它是否是一条收费公路，对飞行员来说并不重要。最后，对于旅行仅限于线路和连接点（火车和地铁）的情况，实际的地理位置并不重要，重要的是线路如何连接，以及在停车点附近有什么地标。

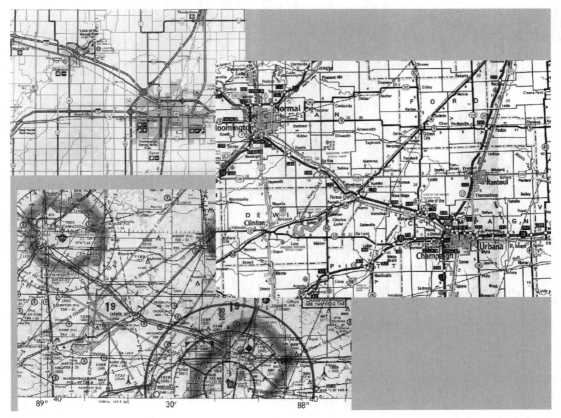

图 6-15　理想情况下，创建的地图和图像要适应它们的目的。在本例中，为驾驶员设计的地图与为飞行员或骑自行车者设计的地图传递的信息不同，尽管这些地图以相同的地理区域为中心。显然，如何缩放表示取决于预期的用途（驾驶和骑自行车地图由伊利诺伊州交通部提供。航空地图由国家航空制图办公室提供）

　　地图不仅可以用于导航，也可以用于传递空间的其他信息。例如，一个地区的地图可以传达其地质信息（图 6-16）。或者，零售商可以跟踪顾客的移动模式，绘制出一张热图，顾客在某个特定地点待的时间越长，该区域的温度就越高（颜色越亮，或者有其他颜色区分）。

图 6-16　地图不仅用于寻路，还可以作为显示不同陆地区域质量的可视化
　　　　工具（图片来自印第安纳州地质调查局）

当然，人们也可以绘制非地理性质的信息。在数学中，映射将一个集合的元素链接到另一个集合的元素。因此，我们可以将数据"映射"到可感知的形式。所以，为了"可视化"温度数据（随时间或空间变化），非常热的温度可以映射成红色，非常冷的温度可以映射成蓝色。或者，风速可以用红色表示快，蓝色表示慢。显然，必须有一个将颜色应用到其上的形状（形式）；而且形状的形式也可以是来自数据的映射。因此，显示流体流动的箭头或色带的长度可以根据流量而变化。图 6-17 举例说明了其中的许多技术。我们也可以绘制定性信息。人们可以把"我有多喜欢某一特定食物的味道"这一概念，映射到每样食物旁边一张微笑的脸或一张皱眉的脸。

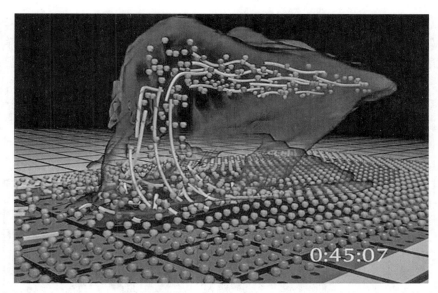

图 6-17　除土地面积以外的数据值也可以"映射"到表示中。在这里，风流被映射
　　　　 成流线以及漂浮的球的运动。颜色被映射到球上，以显示它们流动的直接
　　　　 方向（图片由国家超级计算应用中心（NCSA）和伊利诺伊大学董事会提供）

回过头来看真实度坐标轴，映射通常属于索引表示，但它们也可能进一步向图标或符号表示的抽象方向倾斜。此外，并非所有映射都需要是可视化的。声音可以根据一系列的数据被触发或改变。一个熟悉的触发事件是大卡车发出的哔哔声，当他们在倒车时，有关卡车方向的信息由声音提供。

在对数据做映射时，选择大小、颜色或其他特征时必须谨慎。尽管形状和颜色也应该以有意义的方式与数据联系起来，但数据的含义应该有一致性，尤其是物体的大小。当映射有点随意时，就像通常的颜色一样，传统的颜色映射将适用于特定的应用。毫无疑问，这导致了特定科学领域在如何给数据着色方面的差异。例如，在天体物理学中，温度的升高用红色表示，而在地质学中，密度的降低用红色表示。

6.1.4　定量和定性表示

选择合适的表示方式很大程度上取决于任务的目标。一个主要的选择是关注定性表示还是定量表示。在某些情况下，能够从数据中准确地感知定量信息是很重要的。定量表示信息允许用户从表示中直接（从数字表）或间接（如从图形）检索数值。对于其他目的，获得信息的总体感觉可能更重要，因此可能需要高级的定性表示。最好的情况是，相同的表示可能适用于两个应用程序，但实际上，设计师通常会针对一个目标或另一个目标优化表示（在这种情况下，提供表示的选择很重要）。

通常，定量图的接受者只能感知图像中整体可用信息的一个相对较小的百分比。定性显示提供了一种快速获得全局感觉的方法。通常，定性显示是通过从完整的信息池中导出摘要信息来创建的，从而给出一个具有代表性的总体视图。可以使用统计方法或选择关注信息的某些方面的表示来创建此聚合。例如，纽约证券交易所的道琼斯工业股票平均指数的图表提供了某一特定行业的总体表现（图 6-18）。虽然可以从道琼斯平均指数的每日波动中收集定性信息（比如市场整体是在上涨还是下跌），但更详细的信息可以通过查看用于计算平均指数的个股图来收集。

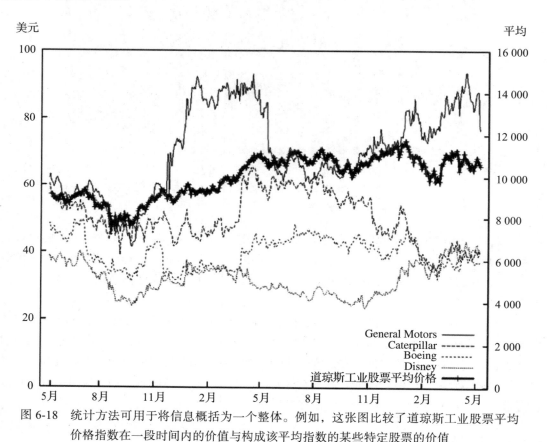

图 6-18 统计方法可用于将信息概括为一个整体。例如，这张图比较了道琼斯工业股票平均价格指数在一段时间内的价值与构成该平均指数的某些特定股票的价值

另一个熟悉的例子是在报纸、电视新闻报道和天气应用程序无处不在的天气图（图 6-19）。突出显示锋面和气压波峰和波谷。我们可以从这些定性的信息中做出一些基本的判断：在高空附近将会有更少的云，而且当某些锋面经过时，我们预计会有风和阵雨，等等。当然，这些格式中所呈现的符号来自详细的大气信息。在同一地区显示等高线的定量表示也可以用来对明天是否会是高尔夫运动的好日子做出同样广泛的决定，但不会那么快。如果目的只是为了对第二天的天气有一个大致的印象，那么象征性的定性表示就达到了目的，也是所有必要的手段。

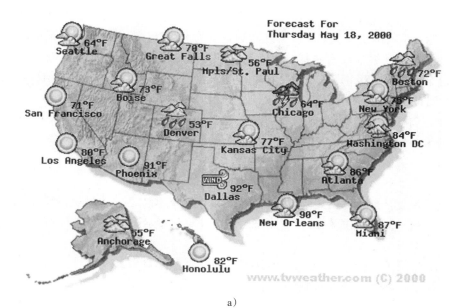

a)

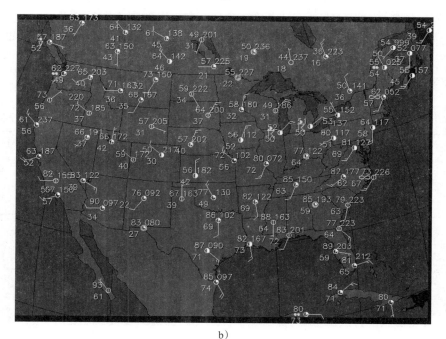

b)

图 6-19　与专家使用的更详细的定量图相比，通常为一般观众制作出更偏向定性的图。a) 这个网页提供一般观众普遍满意的定性天气图（www.tvweather.com）。b) 然而，气象学家和飞行员需要这张更复杂的地图上的符号提供的额外信息（图片由伊利诺伊大学香槟分校大气科学系提供）

科学家、经济学家，甚至任何依赖于某些系统的数字表示的人，通常都需要将他们的数据定量表示，但同时也希望以某种方式看到整体的大图景。这两种表现形式都很重要。

值得注意的是，并非所有数据都具有明确的定量值。特定的数据集合可以有定量和非定量信息混合的不同"级别"。统计分析中排列定量数据的一个共同的层次结构是从无（标称或类别）到有几分（序数），到更多（区间），到大多数（比例）[Stevens 1946]。（另一些可以进一步细分和扩展级别列表，但这些代表了核心原型。）在天气示例中，将一天报告为晴天、部分晴天、部分多云或多云是有序数据的示例——有一个顺序，但不能对其执行算术操作。然而，一天的高温和低温可以用区间标度（摄氏或华氏度）或比例标度（开尔文）来测量。

通过测量尺度从最小到最大的定量渐进分析，可以增加对每一类数据的操作（图6-20）：

❑ 标称：元素的名称或标识。统计上，可以计算元素的计数或频率分布，并找到数据的模式。

❑ 序数：元素的顺序可以排列，但元素之间的增量不一致。在计算方面，可以比较和排序元素。统计上，可以找到数据的众数和中位数。

❑ 区间：具有可测量单位的元素。在计算方面，可以添加和减去元素——可以确定值之间的差异。统计上，除了众数和中位数，还可以确定均值和标准差。

❑ 比例：具有绝对零值和可测量单位的元素。在计算上，元素也可以被乘和除。所有的统计评估都可以执行。比例度量是唯一一种可以表示一个值是另一个值的两倍的类型。

操作	标称	序数	区间	比例
频率分布（计数）	√	√	√	√
模式	√	√	√	√
排序		√	√	√
中值		√	√	√
加、减			√	√
差值			√	√
均值、方差			√	√
乘、除				√
绝对零值				√

图6-20　这个图表显示了对4种数据分类（标称、序数、区间和比例）有效的操作

为了阐明间隔和比例度量类型之间的差异，两者的相似之处在于值之间的度量单位是一致的。例如，9 和 10 之间的差异与 63 和 64 之间的差异是相同的。然而，比例有一些值是绝对零，也就是说，值不能低于零。例如，一个人的身高不能是负数，因此一个人的身高可以是另一个人的两倍。

一些量划分为区间或比例数据，取决于测量单位的定义。例如，温度测量摄氏温标是一个区间，因为摄氏温标上可以有负值，但开尔文温标上的 0 是绝对零度，因此用开尔文表示的温度是一个比值。

有些量看起来似乎具有区间值，但实际上它们是序数。例如，Likert 量表中，受试者给出了"非常同意"（1）、"同意"（2）、"不知道"（3）、"不同意"（4）、"非常不同意"（5）的指标，这些数值之间存在任意的差异，将它们相加没有意义，因此计算它们的平均值也没有意义。它们是序数，因此可以计算频率分布或中值。

6.1.5　与 VR 相关的表示问题

除了表示的全局问题之外，还有一些关于虚拟现实媒介的特殊问题。对于 VR 来说，体验设计师必须考虑到实时渲染、良好的交互性、用户安全以及整体体验方面，比如引导注意力、在互动空间中提供叙事性，以及多感官显示的额外好处和注意事项。

建立资源预算有助于确保场景的复杂性将保持在可以实时可靠渲染的范围内。在实时系统中，每帧处理的视觉、听觉或触觉元素的数量和复杂性都是有限的。对于视觉场景，设计师可以明确房间、人物、对象和界面分别需要"花费"多少多边形。如果不同的人对场景的不同方面进行建模，资源预算就显得尤为重要。还有一些裁剪和其他渲染技术可以被用来以更少的实际复杂性来提供更"丰富"的世界呈现。

这些资源限制适用于每个感官输出。有多少声音可以被实时合成、组合或空间化？空气通过圆号的过程模型有多复杂？一块模型黏土能被精确地感觉到和操纵吗？应用程序设计师必须挑选对体验重要的东西，或者增加计算资源的预算。

作为一个多感官（又名多模态）显示和交互的媒介，虚拟现实可以探索组合感官显示所产生的冲突和协同作用。在日常生活中，人们用他们所有的感官去解读周围的世界。婴儿对新玩具的探索就是一个例证。一开始他们看到一个物体，但为了更多地了解它，他们抓住并弄清楚它是什么感觉，他们摇晃它看看它是什么声音，他们把它拿到他们的脸上去嗅和品尝它。

成年人不太会去摇晃、闻和品尝他们遇到的所有东西。然而，多模态感官输入仍然非常重要。想想走进一家餐馆的经历。除了就餐区域的视觉效果，信息还可以通过其他感官来收集——可能是厨房的声音，音乐的播放，食物的摆放，当然还有气味。在这种情况下，无法闻气味所产生的体验（我们希望如此）就不那么吸引人了。

我们的多模态感官输入不仅仅是使世界更丰富，而是当事情出错时，它给大脑提供了一种判断的方法。举一个特别有说服力的例子，这是一种推测［Vince 1995］，如果平衡感（前庭神经）与眼睛输入的信息（即地平线的方向）不匹配，就可以推断出中毒的可能性，而这个人就会感到恶心。也就是说，呕吐反射被诱导排出体内可能的毒素。

对虚拟现实媒介进一步关注的是，在虚拟现实体验结束时，参与者的感官系统是否需要重新适应在现实世界中的操作——尤其是当他们将驾驶一辆车时。航空和航天机构以及军方都研究过这类问题。许多飞行模拟和其他 VR 设备要求用户在允许他们离开和开车回家之前通过一项测试，以验证他们对现实世界的重新适应能力［Kennedy et al. 1993］。另一个重要的问题是，从安全的角度可以合理地表示多少。视觉显示器是否有可能太明亮而损害眼睛？音量会不会太大而不舒服或更糟？力反馈会造成身体伤害吗？也许感官替代可以用来代替危险的触觉运动（"哎哟!"）。

感官替代

由于感官显示的数量和质量在技术上有局限，使得虚拟现实体验的感官并不能像现实世界那样充足和丰富。（这并不是说虚拟现实体验在情感影响上是有限的，或者不能是幻想的，反而甚至是比现实更离奇，而是说目前的物理感觉是有限的。）为了部分弥补这一点，VR 体验通常使用感官替代。感官替代用一种感官显示代替另一种——例如，显示声音来代替接触物体时的触觉反馈。

感官替代也用于其他媒介。例如，书中把嗅觉和触觉的意象描述为文字：他感到一把冰冷的钢铁匕首抵住了他的喉咙……然而，由于许多 VR 体验声称是模拟真实世界，因此在这种媒介中使用有效的感官替代就显得更为重要。

感官替代可用于将感知从一种感官替换为另一种。当用户的虚拟形象与现实世界中的物体碰撞时，可能会发出撞击声来表示触觉信息。嗅觉可以用物体的许多图标来表示，这些图标显示从物体源头散发出的气味在"空气"飘浮——比如汉堡的香味从烤架上飘向受试者。或者，一只金丝雀——现实世界中一个熟悉的物体——用来指示人类嗅觉感知范围之外的危险气体的存在（看到你的金丝雀死亡，会告诉你有一些你鼻子不能察觉的气味存在）。

有些替换是在密切相关的感官之间进行的，比如在参与者的手指上放置振动器（触觉器），以告知他们何时触摸到某物（一种触觉对另一种触觉）。Valve 软件公司的 The Lab 体验通过绘制拉回长弓弦所需的力以产生间歇性的振动触觉来实现这一点（图 6-21）。另一个与之密切相关的替代例子是使用触觉反馈（在本例中是皮肤上的压力）来代表前庭信息。其中一种方法是在椅子上安装气囊，通过充气和放气来提供由于重力的增加或减少而产生的压力感。

一般来说，当技术无法以可接受的成本或安全水平以其固有的感知形式呈现重要信息时，就会使用感官替代。

在讨论了所有感觉的共同问题之后，我们可以继续讨论具体的表示问题，这些问题按感官模态进一步分解为：视觉、听觉和触觉。

6.2 VR 中的视觉表示

视觉感知通常被认为是获取物理空间和物体表象信息的主要手段。在第 3 章中总结的人类视觉感知和视觉显示的特性决定了哪些内容可以合理地呈现给参与者。特别地，视场（FOV）的限制、分辨率的质量，以及用户运动和世界视图之间的延迟程度等因素，会影响哪种表示才是有效的。

我们的视觉系统使我们能够感知很

图 6-21　在 Valve 软件公司的 *The Lab* 体验中，当弓弦被拉回时，自然的动觉体验被触觉振动（另一种触觉感觉）所取代

远很远的世界或专注于附近物体的细节。然而，我们看得越远，细节就会衰减得越多，这样就可以应用诸如 LOD（Level-Of-Detail，LOD）裁剪这样的技术（将在 6.8.2 节进一步讨论）。一个物体在视网膜上占据的面积越大，可以感知的细节就越多。

6.2.1　如何在 VR 体验中使用视觉

视觉在虚拟世界中的一个主要功能是确定我们相对于各种实体的位置。这对帮助我们在空间中找到自己的路，以及与世界上的物体、生物和人互动都很有用。多种深度线索帮助我们确定场景中物体的距离和方向。除了看到实体的位置，我们还可以看到它们的形式、颜色和其他属性，这有助于我们更多地了解它们。关于对象性质的其他信息可以通过推断得知——它们的可供性。一个对象可能是用于运输的汽车、遮风挡雨的建筑、可以与之互动的人物，或者可以按下的按钮。

视觉可以被归类为一种长距离的感知，因为我们可以感知我们眼前无法触及的物体。我们可以寻找与我们身体没有接触的东西，当我们看到它们时，我们可以评估它们的大小、形状、方向等。我们也可以利用我们看到的物体的视觉线索来确定它们与我们的距离。

视觉对于参与者访问许多可用的用户界面工具也是至关重要的（图 6-22）。参与者使用视线来定位和识别按钮、刻度盘和方向盘。

一个虚拟世界可能包含多个呈现不同真实度的对象（见图 6-6 和图 6-7）。例如，在越野机器的虚拟现实体验中，虚拟对象（在这种情况下，一辆拖拉机）将呈现的真实感非常强，但在同一个应用程序中，含有更多的抽象呈现的信息，例如描述操作状态参数，包括发动机转速、风量、装载机的压力和牵引力等。

图 6-22　当虚拟世界的界面被自然地整合到世界本身时，参与者可以看到并解释所需要的动作，从而在虚拟世界中产生一些效果——以一种类似于真实世界交互的方式。在佐治亚理工学院和埃默里大学的恐高症应用程序中 ［Hodges et al.1995］，参与者可以使用指向上下的箭头来控制虚拟世界中的电梯（图片由佐治亚理工学院的 Rob Kooper 提供）

即使在现实世界中，我们也依赖于表现抽象概念的对象。一个常见的例子（在美国）是一个带有白色符号的红色八边形，形状像 S、T、O 和 P。我们也使用符号（字母或其他）来指示如何操作门、电梯、电器和许多其他日常用品。同样的技术也被用于虚拟世界中，让参与者解释用户界面是如何工作的，或者找到他们想要的位置（图 6-23）。

我们还可以通过物体移动或变化的方式来推断物体。并不是所有的虚拟世界都由动态对象组成，但是包含不断变化的对象可以使世界更加有趣，并且更适合解释世界中对象之间的关系。在一个充满树木和花朵的幻想世界里，蜜蜂不是漫无目的地飞来飞去，而是从花丛飞到蜂房，或者当蜂房受到攻击时，它们会变得具有攻击性。

通过肢体动作也经常用于人（以及动物和虚拟生物）之间的交流。在一个共享的虚拟世界中，参与者可以通过他们的化身来指示简单的交流手势（图 6-24）。更复杂的交流也可以通过一系列的身体手势或手语来完成。当然，化身的动作范围限制了可以做出的手势的范围，追踪的身体部位越多，化身的表现力就越强。

图 6-23　与现实世界一样，标识提供了线索，帮助我们了解在虚拟世界中有哪些选项（这是由芝加哥伊利诺伊大学电子可视化实验室提供的漂亮应用程序，由 William Sherman 拍摄）

图 6-24　就像在现实世界中一样，我们的言语和行动可以帮助我们在虚拟世界中进行交流。NICE 应用程序中的化身使用一个简单的手势来传递消息（NICE 应用程序由伊利诺伊大学芝加哥分校的电子可视化实验室提供）

视觉显示也非常适合显示数值信息。数值显示可以集成到视觉显示中，例如虚拟温度计的温度读数，或虚拟车辆仪表上显示的速度值等（图 6-25）。许多科学和工程应用程序使用 3D 探针来查询虚拟世界中的特定数值。当然，在游戏体验中，数值是显示资源、伤害、分数和剩余生命数量的重要方式。

通过视觉通道显示信息的一个限制是视场和能视域。世界中的实体必须在参与者的视场范围内，这样他们才能接收到信息。对于世界之外的信息（即没有 3D 位置的信息——故事外的），一个解决方案是将这些数据投射到平视显示器（HUD）上，它会跟踪用户头部的运动；或者投射到仪表盘上，它会跟踪用户在世界各地的移动。

 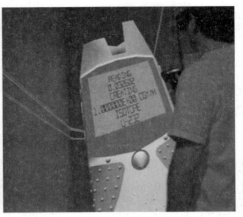

a)   b)

图 6-25　a）Sandbox 应用程序（CAVE 式体验）研究了在虚拟世界中显示数值的不同技术。为了读取给定位置的当前温度值，放置在该位置的温度计显示上升和下降的"水银"和一个数字输出。可以通过在地形上放置虚拟雨量计来查看降雨量。场景中的图表还绘制了温度和降雨随时间的变化。b）在这一辐射任务培训工具中，参与者携带虚拟剂量计以发现当地辐射读数（Sandbox 应用程序由 Andrew Johnson 提供，William Sherman 拍摄。图片由 William Sherman 提供）

6.2.2　融入现实世界

通常，我们认为把现实世界和虚拟世界混合在一起的体验就是增强现实体验。但在某些情况下，这种分类并不适用。对于"增强现实"，人们期望现实世界和虚拟世界是同步的，现实世界可以通过光路直接观看，也可以通过安装在观众头上或手上的实时摄像机（标准或深度测量）观看。对于那些在远程现实世界捕捉的体验，特别是在虚拟世界中的另一个参与者，这可以被看作创造一个更真实的化身。同样，当附近的真实世界为了安全（显示桌子或楼梯下的位置）或用户界面（例如看到附近的计算机键盘）而融合时，我们通常不会考虑增强现实。

这样，混合世界就会呈现出一种与真实世界的其他部分不同的质量。化身可能比地形更不真实或更真实，或者它们可能是基于视频重构的合作者的脸的视图，或者甚至是来自深度摄像机的点云（图 6-26）。

图 6-26　从深度摄像机创建的化身被混合到虚拟世界的视图中（图片由魏玛包豪斯大学虚拟现实和可视化研究小组提供）

6.3　VR 中的听觉表示

尽管虚拟世界的视觉表示很重要，但听觉表示也很重要。声音极大地提高了参与者的能力，使他们在精神上融入这个世界。声音是引人注目的。从提供关于大小、自然和场景气氛的环境声音，到与附近特定对象或角色相关的声音，甚至向用户输入提供反馈的声音，听觉表示是用户理解和享受的关键。

声音可以吸引注意力。在虚拟世界中，人们可以用噪声或声音（比如他们的名字）来唤起人们对某个物体或位置的注意。声音也有助于表明物体相对于听者的位置。值得注意的是，与 VR 中使用的其他显示模式相比，基本声音的制作成本较低，因此声音的好处可以添加到 VR 体验中，而无须大幅增加成本。

声音也提供了空间大小和性质的定位和线索。这些特性中的许多都源自声音如何在环境中传播，这是声音渲染过程的一个方面，这将在本章后面介绍。与视觉效果一样，体验创建者越是逼真地制作声音表示，所需的计算周期就越多，尤其是在尝试基于物理的声音生成和传播时。

6.3.1　声音的特性

声音的重要特性包括远距离感知（有些声音可以传到几英里远），不受视场的限制（无论朝哪个方向都可以听到声音），以及感知通道持续开启的优势（我们没有耳朵的"盖子"，所以不能关闭）。后一项功能对 VR 体验开发者很有用，因为它确保参与者能够感知到信号。

另一方面，这也意味着参与者无法避免不愉快甚至有害的声音。

声音的时间和空间方面不同于视觉感知。虽然我们看到的东西存在于时间和空间中，但我们主要反映视觉特性的空间方面。另一方面，我们所听到的主要存在于时间中（尽管我们能够在一定程度上确定声音的来源），所以我们经常使用声音来关注世界上与时间流逝有关的各个方面。因为声音主要存在于时间中，所以声音的分辨率比视觉系统更加关键。

我们可以听到高频声波信息的变化。因此，我们能够注意到时间序列的细微变化。因此，声音可以通过将实例转换为相应的声波图像来识别两种高频现象之间的关系。例如，如果两个事件产生音调不变的声音，我们可以很容易地辨别其中一个的音调何时开始偏离原来的频率。同时，我们可以非常精确地告诉两个声音事件是同时发生还是依次发生。

作为一种主要的时间模态，表示离散值信息将有一个固有的延迟——说一个数字或命名一个实体需要时间。当计时至关重要时，则使用短的图标声音，如开始比赛的枪声，或使用节拍器来同步声音和视觉。

声音的传播速度也比光慢，这意味着通过延迟感知，距离信息比其他感觉更容易被感知。这也意味着声音渲染系统在渲染声音时必须模拟延迟。关于声音，一个有趣的现象是，虽然它的速度相对较慢，但声源和接收器之间的相对运动改变了对声音的感知频率。如果声源和接收器互相靠近，音高就会更高（声波压缩）。如果它们彼此分开，音高会显得较低（稀疏）。这就是多普勒效应。

声音存在于时间中这一事实意味着它们有开头、中间和结尾。如果声音的开头改变了，而中间和结尾保持不变，就会对所听到的声音产生影响。一个视觉图像可以在任何时候开始，但声音通常必须在开始时开始，并随着时间以适当的顺序播放出来。

6.3.2　如何在 VR 体验中使用声音

正如我们在本章开始时一般讨论的那样，为了增强虚拟现实体验，声音信息可以被表示成一个范围。声音可以用来增加体验的真实感，提供增强信息，帮助设定一种情绪或指示一种情况，或这些的任何组合。

每一个声音都落在真实度连续体的某个地方。有一般的环境声音，标志一个事件的声音，不断提供有关某物状态的信息的声音，以及增强或替代其他感官的声音。

逼真声音

真实的声音有助于精神沉浸，但它们也提供有关环境的实用信息。这对于许多培训应用来说尤其如此，当然对于游戏和一些艺术体验也同样重要。有时候，声音的物理模拟对于评估环境的声音质量是很重要的，无论是室内空间，还是城市规划。

例如，卡特彼勒公司的 VR work（见图 4-46）包括利用声音通知驾驶员关于机器的运行状况。机器在空转吗？产生了多少液压压力？这台机器的倒挡装置成功了吗？这些都是对司机的重要提示。事实上，装备重型设备的驾驶室具有屏蔽室外噪声和音乐的能力，这一趋势可能会对驾驶员的性能造成不利影响。在未来，也许这些户外的线索可以重新整合到这个环境中，成为更悦耳的声音，这样实际的数据就不会丢失。

　　采样声音。制作逼真声音最简单的方法是记录来自真实世界的声音样本。类似于视觉表示中的纹理映射，声音样本可以作为环境声、图标或其他方式播放。对于一些声音，可以以一种方式产生不断循环播放，而不需要注意结束和开始之间的不连续。声音可以在虚拟世界中有一个固定的位置，也可以随着世界中的物体移动——例如，Crayoland 应用中的蜜蜂在花和蜂巢之间移动时，会播放一个循环采样的嗡嗡声（图 6-27）。当然，采样的声音不一定是完全逼真的，因为两个物体的碰撞可能会发出一种特定的声音，但忽略了碰撞的细节，比如碰撞是在中间接触还是在边缘接触，这在现实世界中会产生不同的声波。

图 6-27　当受到刺激时，正在采集花蜜的蜜蜂的声音表现会发生变化，从一种温和的嗡嗡声变成一种更大的、威胁性的嗡嗡声，因为它们会蜂群询问干扰的原因。——这两种声音都是通过采样录音呈现的（Crayoland 由 Dave Pape 提供，由 William Sherman 拍摄）

　　模拟声音。通常，即使环境参数发生变化，声音也必须保持真实性。与其试图改变真实世界的录音，不如通过模拟在真实世界中产生声音所涉及的物理过程来产生逼真的声音。在虚拟世界中，声音可以通过实时模拟真实世界的物理，或者一些关于相互作用的物体如何产生声音的伪物理学来创建。

　　可以模拟的声音有很多例子。我们已经提到了引擎的声音，但也可以模拟乐器——琴弦在鼓上的振动（班卓琴），薄膜上的脉冲，或空气穿过管道的运动。游戏环境可能包括球杆或球棒击中球，球落入杯子，或击中网，或穿透玻璃窗。或许，一堆建筑积木倒塌的声音也可以被模拟出来。任何时候在虚拟世界中物体之间的互动——无论是直接（或间接）引起的，还是作为参与者叙事的一部分——声音都可以基于这种互动进行计算。虚拟世界中的物理运动产生声音的主要方式有：物体碰撞、物体之间的摩擦、物体破裂、干扰空气的物体（如风扇），或者为按需产生声音而设计的特殊物体（如乐器）。

虚拟世界的参数如何影响声音的另一个方面是环境引起的声学效应，例如，在一个大的洞穴或大教堂，声音将有较长的混响时间。这些效果在渲染过程中经常被应用到虚拟世界的声音中，因此我们将在本章稍后的 6.9.1 节第 2 点中讨论它们。

数据可听化

在真实坐标轴的符号区域中存在着可听化——特别是用声音来表示科学数据。数据可听化是以抽象的声音形式来表示信息。例如，根据物体（可能是机器发动机）温度的变化而变化的声音，以及用于表示模拟或收集的低层大气数据中二氧化碳或臭氧水平的声音。

环境声音

环境声音（或背景声音）通常被用于营造一种体验的气氛，剧作家和电影制作人都很了解这种技术，并使用它来产生巨大的效果。环境声音可以使体验更吸引人，增加精神沉浸感。它们可以用来引导参与者体验。例如，一个充满敌意的空间可能会发出一种不祥的、威胁性的声音来阻挡参与者。当然，这可能会吸引好奇的参与者，所以为了让他们远离，可能会使用一种完全令人讨厌的声音。

情绪设置的环境声音通常是音乐性的，趋向于真实度连续体的抽象部分，但它们也可以是逼真的。即使它们与附近的虚拟世界有关，只要它们对模拟世界中的事件没有反应，它们就被归类为环境声音，而不是交互式声音。例如，当一个参与者在小溪边行走时，他可能会听到流水的真实声音，但这并不是回应他们溅水的互动声音，它只是继续播放一个不变的样本循环。这种声音属于环境声。因此，周围的水声不是互动的，它们的变化只反映用户移动到虚拟环境的另一个区域。另一个区域可能会在夜间听到蟋蟀、鸟和青蛙的叫声。

有些声音并不直接与虚拟世界联系在一起，而是用来传达情绪或激发情感，通常是通过音乐，这称为故事外声音。也就是说，感觉不到这些声音是来自虚拟世界中的某些东西（这个概念在 Mel Brooks 的电影中被反复模仿，如图 6-28 所示）

图标声音

图标（marker）是离散的（虽然并不是绝对）声音，用于标记某些事件的发生。可以标记的事件类型包括世界事件、用户界面事件、可听化事件或感官替代事件。世界事件的声音图标可能是关门的声音、爆炸的声音或摘花的声音。界面事件是人们熟悉的从计算机桌面界面带来的 bloops 和 beeps 隐喻，按下一个虚拟按钮会导致单击，以确认用户输入已被处理。

当某一温度超过某一阈值时，可以使用可听化图标。代表用户与世界中的对象碰撞的撞击声音的感官替代也是一个图标。

图 6-28　Mel Brooks 在他的电影 *Blazing Saddles* 中，通过将音乐的来源置于电影的世界中，来模仿电影中背景音乐的概念。在这里，当 Bart 警长骑马穿过沙漠时，遇到 Count Basie 和他的乐队（图片由华纳兄弟提供）

除了使用特定的声音来标记一个事件，环境声音的变化也可以达到这个目的。例如，一群蜜蜂发出的嗡嗡声可能会从采集花蜜时的轻微的嗡嗡声变成一种当蜂巢被破坏，蜜蜂开始成群结队时大声且愤怒的嗡嗡声（见图 6-27）。或者图标声音可以只是一个进入建筑的指示器，或者甚至是一个钟表上时刻的指示器，如谷歌 Earth VR，在这里夜晚的环境声音（蟋蟀和青蛙）与白天的声音（鸟）是不同的。环境声音的情绪设定特性本身就可以作为一个图标，表明故事情节或地点的过渡。

索引声音

索引声音直接将连续的值（如温度）映射到某些音频参数（如音高）。不同于图标声音表示离散的、短暂的事件，索引声音是连续的，并且声音的变化反映了它所代表的值的变化，无论是温度、二氧化碳水平还是其他特征。

在现实世界中，我们可以通过听发动机的声音来确定发动机的转速是增加还是减少。我们从经验中知道，它旋转得越快，呼呼声的频率就越高。另一个简单的例子是 Google Earth VR 如何将海拔映射为风声——振幅随着海拔的增加而增加，当参与者通过平流层时，最终会发出低沉的隆隆声。

声音信息

通过视觉通道，在虚拟世界中通过文字和其他标识传达特定的信息。同样，对于声音通道来说，这样的信息也可以通过语音来传递。信息可用于指示特定的定量值——特别是在压力或温度值上升时，在限定的时间间隔内发出呼叫。

声音可以以无形体的形式出现（作为声音的一部分）或作为代理人（世界中的角色）的声音。通过为不同的代理分配不同的角色，并为每个代理赋予不同的声音特性，用户可以仅通过声音对传入的消息进行定量评估。例如，MUSE 系统有一个单独的代理用于系统报告和应用程序报告。代理的声音可能会根据信息的紧急程度而改变语调和幅度。这类似于使用文本的颜色来表示有关内容的信息，例如红色文本表示紧急消息。

6.4 VR 中的触觉表示

我们从触觉中获得很多关于物理现实的信息。这不是目前大多数虚拟现实世界的情况。在许多应用领域中，触觉自然起着次要的作用，所以现代触觉显示系统有限的实用性和表达性通常不是主要问题。但在某些情况下，比如执行精细操作时，我们需要一个高保真的触觉渲染设备。练习灵活的手指操作是一个明显的案例，其中触觉反馈至关重要，例如在腹腔镜（微创）手术模拟中，甚至在机器人手术工具的远程操作中。

除了模拟一个介导界面，如腹腔镜手术，获得任何类型的逼真触觉显示都是困难的，也许另一个例外是通过特殊用途的机器人形显示，如在其上安装了一排座舱开关。通常，通过触觉显示器，人们希望尽可能真实地表示世界。抽象的触觉表示很少被使用，除了用于与尺度世界的互动、感官替代和减少危险。当与一个尺度世界交互时，应用程序设计者通常使用日常的力反馈来表示可能在分子或天体尺度上体验到的交互。例如，在分子对接中，根据我们对磁力的日常经验，可以显示分子内静电力。感官替代触觉表示的一个例子是使用振动来代替力感知。

正如在第 3 章所讨论的，触觉的概念是广泛的，包括内部和外部的感觉接收器。触觉系统表示的信息类型包括表面属性，如纹理、温度、形状、黏度、摩擦、变形，以及肌肉骨骼系统内部的感知，如惯性和重量。虽然可行，但结合触觉和力显示（不考虑使用振动力来产生振动）的触觉产品很少。这可能只是反映了触觉技术对市场的渗透程度很低。

6.4.1 触觉的特点

也许触觉表示最重要的特征是我们对触觉的置信度。如果我们推一个物体，感觉到阻力，然后我们感觉它是固体的，很难移动。显而易见的是，当感知到令人困惑或矛盾的信息时，感知系统最信任触觉线索。事实上，Thomas Fuller 在 *Gnomolgia: Adagies and Proverbs* [1732] 中的格言 "眼见为实，但感觉是真理"（Seeing's Believing, but Feeling's the Truth）直截了当地表明了这一点——尽管随着时间的推移，我们现在经常只听到前半部分，而改变了整个概念。

然而，从许多实验中我们发现，人类的感知系统一般是由视觉支配的特征所控制的 [Wickens and Hollands 2000]。在感知上，我们首先关注并相信自己的眼睛。但我们仍然通过触摸来寻求确认——在 CAVE 式环境中，人们试图触摸他们看到的物体来确定它们是否是真实的。例如，你可能看到墙上有个洞，但一旦你不能把手伸进去，你就会意识到这是墙上画的一个洞。正如第 3 章所讨论的，我们知道，当现实世界被视觉隐藏时，我们的本体感觉可能被欺骗——我们可能被欺骗，认为我们的肢体没有在我们感觉的地方，而是在我们的视觉告诉我们的位置。当一种感觉与另一种感觉发生冲突时，我们信任它们的限度就会显现出来。最终，在每种情况下，我们都必须决定接受哪一种——哪一种感觉更有可能被愚弄。虽然用户可以被骗到他们的手臂的精确位置，但他们肯定知道他们的手臂的运动是否受到限制，因此他们可以合理地判断物理障碍的存在，而不相信视觉线索。（当然，利用这种体验防止他们检查物理屏障的存在可能是一种更优雅的解决方案。）可以肯定的是，在这个主题上还有更多的研究可以做。

触觉显示器的另一个关键特征是，感知只发生在使用者的局部范围（例如，在皮肤或皮肤附近或身体内部）。因此，只有在使用者触手可及的范围内，才需要以感知的方式呈现。力反馈显示器尤其如此，与视觉和声音相比，触觉显示器是独一无二的，因为视觉和声音可以感知触及不到的物体。接近性对触觉也很重要，一些环境条件的简单表现（如温度和风）可以通过"非接触"显示（如热灯和风扇）来控制（见图 5-71）。即使这样，皮肤上的热和风效应也会局限于用户在虚拟世界中的位置。

按照真实度坐标轴的概念，触觉表示更趋向于真实性，立方体应该感觉像一个立方体，温暖的物体应该向皮肤传递热量，等等。但是，触觉表现也可以像索引或图标渲染一样沿着轴线向下移动。一个典型的例子是在接触某些表面或硬地着陆时提供一个短的震动冲击（图标）。但是我们也可以用振动的数量（索引）来表示表面的相对光滑性。

其他时候，当触觉表示由于趋于真实而遇到潜在的有害情况时，应该要放弃追求真实性。实际上，所有的感官显示器都有这样的安全要求（光线不应该眩目，声音不应该震耳欲聋，气味不应该有毒），但由于要求身体接触，这通常是触觉显示器更关心的问题。

当显示到达已知的损害点时，渲染如何改变表示可以用不同的方式处理。力显示器可以仅仅在最后一个被认为是安全的位置停止，或者转向对环境中危险部分的抽象表示。能够产生能够伤害人的力量的触觉显示器通常配备一个安全开关。这是一个按钮、脚踏板或其他触发器，它只允许设备在按下按钮时运行。一旦用户被从开关旁推开，或者只是对显示器感到不安，他们就会松开开关，切断设备的电源。

6.4.2　如何在 VR 体验中使用触觉

触觉互动在日常人际交流中并不常用，除了一些明显的例外，如握手、击打、亲吻、掌掴等，以及一些运动。更多时候，人类使用触觉信息来研究世界上的物体。触觉信息帮助我们确定诸如重量、密度、弹性和表面纹理等特征。当我们在现实世界中施加一种力时，我们也会收到触觉信息。收到的数据帮助我们确定我们努力的效果，并调整我们所施加的力度，以实现预期的效果。

力表示（动觉线索）

力感知对于与对象交互、控制或以其他方式操纵对象是非常有益的，对于精细和小型的操作尤其有用。力显示器在虚拟现实中用于描绘物体的形状，推动物体（例如，移动它们，按下按钮），以及变形物体（例如，用足够的力推动静止的物体以改变它们的形状）。世界模拟算法决定施加的力是否会导致位移或变形。

由于在 VR 系统中添加动态触觉设备的成本和复杂性，大多数 VR 应用程序开发人员只在应用程序确实需要时才添加这些设备。最需要触觉显示的两类应用是用于训练物理操作（如外科手术）的应用，以及用于探索复杂形状或力的应用。

两种早期的实验性医学训练应用使用了力显示，分别是 BDI Surgical Simulator（见图 5-65）和科罗拉多大学丹佛分校的腹腔神经丛阻滞模拟器（Celiac Plexus Block Simulator）（见图 7-54）。在这些应用程序中（图 6-29），执行过程使用的工具附加在力显示器上，允许操作者以模仿实际程序的方式操作工具。实际上，训练的医学模拟可能是力反馈显示设备探索最多的应用领域，通常有定制的末端执行器，以更好地代表要训练的任务。练习肌肉记忆是操作任务的一个重要方面。Coles 等人报告了 6 种可以从触觉强化训练中获益的具体医疗程序，其实施难度依次递增：触诊（皮肤下的感觉特征）；插针；腹腔镜（微创手术）；内窥镜检查（使摄像机通过体内的路径）；血管内操作（在血管解剖结构中操纵导丝和导管以导航到感兴趣的位置）；关节镜（使用内置摄像机和插入器械进行膝关节和肩关节手术）[Coles et al. 2011]。

触觉表示（皮肤线索）

当物体的细节和表面特征比整体形状更重要时，触觉感知是有益的。温度显示（一种触觉）可能是体验的一个重要部分，当你需要

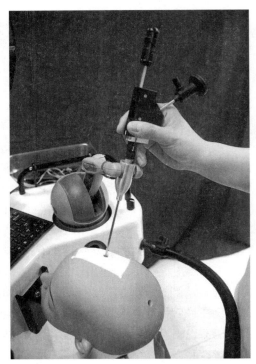

图 6-29　一个力显示装置用于提供在医疗手术中体验到真实的力（图片由 CAE Healthcare 公司提供）

训练某人诊断一件设备的问题，或教孩子们在烟雾从下面流出时感觉门的重要性。在设备诊断的情况下，当只有少部分温度是正常的，而其他部分持续发热时，可能表明存在问题。在烟雾的例子中，如果孩子们正确地避免打开热门，我们可以向他们表示祝贺，如果孩子们打开了热门我们可以向他们提供更好的行动建议。

压力或皮肤变形是另一种类型的触觉。一组应用于手掌和手指上的压力感应传感器可以用来表示使用者手中物体的形状。

通过使用适当的触觉显示，盲文可以包括在 VR 体验。用于木材加工指导的应用程序可以让学生评估他们的车床工作效果或他们的雕刻进度。同样，对于学习评估或仅仅区分各种纺织品的人，或者是评估现代时尚，甚至是体验一个遥远的时尚或历史文化，使用触觉表示都可以带来很多益处。

皮肤感受器接收到的另一种感觉是振动。在第 3 章中，我们区分了使用触觉感受器来确定平滑度和检测振动，前者需要皮肤和表面的相对运动，后者则不需要。振动感觉主要优势体现在它显示简单、成本低和体积小，因此可以方便集成到其他显示或输入 / 输出控制器（作为游戏控制器的标准）。当允许采用不同的振动频率时，那么许多不同的感觉可以被呈现。

虽然经常用于感觉替代表征，如振动信号对皮肤的压力，从被抓或推，也有些情况振动的目的是准确描绘与现实世界的互动。然而，我们感知振动的典型经验是它们会伴随着一些其他的触觉感觉，比如敲打，这提供了一种动觉刺激。从肌肉运动的角度来说，当我们的手或手指接触到表面时，我们会感觉到它停下来，但从按顺序来说，我们通过从皮肤内部接收到的振动来感知表面的特征。这样我们就可以区分是敲打在木材、金属或橡胶上。同样的道理也适用于用锤子或剑击打一个物体。另一方面，用棒球或板球棒击打一个球通常只有当球员能够完全跟随他们的挥拍时才会有振动感。

在迪士尼研究中心，立体触觉团队已经探索了通过使用振动触觉显示器可以获得的感知类型［Israr et al. 2014］。通过改变频率、振幅和非同步开始（即攻击）这三个参数，受试者报告了他们对每种感觉的感受，识别从雨到箭的感知。Israr 的研究小组确定了 9 个主要的分类，每个分类都有子类型（如倾盆大雨和小雨）：雨、发动机、击打、刷、心跳、移动、爆炸、箭和骑马。

皮肤中断感知是另一种皮肤感知，经常伴随着某种类型的动觉反馈，无法进一步推动物体向前。Schorr 等人发现，给手指提供一种中断感知是一个很好的感官替代线索，可以用来提供一个适当的动觉中断感知替代，让远程操作人员知道他们开始对远程设备施加不适当的压力［Schorr et al. 2013］。

另一种提供触觉线索的技术是通过环境或 4D 效应。这些感觉是通过特定设备改变环境，改变用户周围的真实世界而产生的。风扇、热灯甚至是水雾器等设备添加了可以在参与者皮肤上感受到的真实元素。甚至一些基于位置的虚拟现实系统也加入了非技术显示，比如在 VOID 公司的 Curse of the Serpent's Eye 体验中，悬挂的绳子代表了走廊里的蜘蛛网（图 6-30）。

被动触觉表示
除了主动的触觉显示器，道具和平台还提供了一种被动的触觉反馈。也就是说，用户只需手持或触摸与 VR 系统相连的物理对象，就能感受到某种东西。通过这样做，有关表面纹理、重量和方向的信息被传递给用户，并且以较低的计算成本传递给 VR 系统。对于按钮之类的控制，用户还可以直接感受到物理开关的接触。

图 6-30　VOID 公司的 Curse of the Serpent's Eye 体验中，悬垂的绳子提供了引人注目的 4D 效果，模拟在蛛网中行走（这是被动触觉的一种触觉形式）（图片由 VOID 公司提供）

在桑迪亚国家实验室（Sandia National Laboratory）的救援计划和训练应用中 [Stansfield and Shawver 1996]，参与者用枪道具瞄准环境中的目标，以提供一种逼真的感觉。道具代表武器的重量和纹理，并指示发射它所需要的力量。另一种情况下，参赛者正在进行推杆练习高尔夫球，一个被动的道具可以提供重要的触觉信息，当参与者挥杆时，使用实际的推杆可以给人更好的动力感。事实上，许多游戏道具都是为各种运动设备设计的，比如网球、射箭，甚至是飞盘（图 6-31 ）。

VOID 公司的 Curse of the Serpent's Eye 体验充分利用了被动触觉技术，通过可触摸的墙壁、可坐的椅子和可携带并在玩家之间传递的火把，扩展了虚拟世界的真实感（图 6-32 ）。

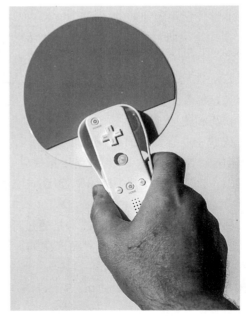

图 6-31　即使是便宜的道具也能提高触觉逼真度，比如这个 Wii 遥控器上的乒乓球拍（照片由 William Sherman 拍摄）

图 6-32　除了提高体验的触觉真实感，被动触觉对象也可以提高界面真实感，例如火把或其他物体可以自然地从一个参与者手中传递给另一个参与者（照片由 VOID 公司提供）

6.5　其他感官表示

　　用剩余的感官来真实地呈现虚拟世界，主要是在一些研究设施中考虑嗅觉和味觉感官，或大型飞行训练设施，采用运动基座表示前庭效应。

6.5.1　前庭表示

　　逼真地前庭表示字面上是指移动使用者的身体，使内耳中的液体触发内部的机械感受器。运动平台（运动基座）的使用已经有很长的历史了，用户坐在座舱里，通过倾斜和升降平台给予感官线索。最近使用的一种提供真实前庭线索的方法是使用过山车，通过让使用者在真实世界中移动，也提供了在虚拟世界中移动他们的机会。过山车和传统运动平台之间的主要折中是增加了直线运动和上下颠倒的能力，但代价是要有固定的运动路径。

　　人们想要渲染不现实的前庭感觉是很难想象的。然而，当前庭显示的真实表示是不可用的，或被限制在很小的运动平台，感官替代可以实现。例如，对坐着的受试者背部施加或释放压力可能意味着线性加速或减速。也许一个相应的触觉振动输出暗示了大型火箭刚刚被使用，进一步增强了加速向前运动的感知。

　　有时，特别是当一种体验被设计成提供一种自由飞行甚至失重的感觉时，技术被设计成剥离参与者实际的前庭感觉。其中一种方法是将用户插入一组三心环中，每个三心环围绕一个单独的轴旋转，使用户与地面脱离，理想情况下，用户的质心与环旋转的中心重合。另一个已经测试过的想法是把使用者放在泡沫表面上，这种泡沫表面可以减轻站立时脚的压力，或者坐着时背部和腿的压力。当然，这两种情况都不能消除使用者的实际前庭感觉。

正如第 3 章所讨论的，人类的前庭感觉也与我们的视觉密切相关，尤其是我们的周边视觉。比较有代表性的技术已经应用到视觉感知，并与场景中的快速运动相结合——这已经减少了在这些高运动事件中呈现给外围的视觉信息的数量［Bolas et al. 2014］［Fernandes and Feiner 2016］。这种视觉上的减少主要是为了减少由感官冲突引起的恶心。

6.5.2 嗅觉和味觉表示

最后，我们来谈谈交互创造最困难的感官：嗅觉和味觉。在很大程度上，嗅觉在许多社会中的应用都减少了，甚至像诊断疾病这样的实用用途也在很大程度上被视觉线索所取代。事实上，一般地方的除臭已经导致许多地方（特别是商店）人为地重新添加气味到环境中［Watkins 2008］。

在第 5 章中我们已经讨论了创建嗅觉显示硬件的尝试，最主要的解决方案是简单直接地将特定的气味释放到环境中，作为 4D 效应。气味的释放可以通过视觉或触觉的表示来增强（或者在大多数情况下被取代），比如盘子上鸟腿散发出的烟（图 6-33），或在 VOID 公司的 Ghostbusters: Dimension 的体验中，当棉花糖人被摧毁时，伴随着棉花糖的味道水雾会升起。

图 6-33　气味（或味道）的表示常常通过另一种意义上的感官表示而得到增强。在这里，在 Pizza d'Oro 的体验中，当熏肉的香味呈现给参与者时，从鸟身上升起的蒸汽增强了感知（图片版权归印第安纳大学虚拟世界遗产实验室）

6.6　表示小结

虚拟世界如何被感知取决于它是如何被表现的。但是感知是生活经验的结果。对图标和其他符号的解读依赖于文化偏见。力求逼真的虚拟现实体验得益于尽可能直接地呈现世界，而不带有文化偏见。如果一个没有虚拟现实创作者所期望的偏见的人参与了一种依赖于抽象的体验，那么表示和体验就会失败。一个人越接近抽象三角中的现实角，被误解的可能性就越小。然而，这种方法确实忽略了许多信息交流的方式。由于没有在图像或想法上走得太远，体验开发人员会错过许多潜在的想法。

所选择的 VR 媒介本身往往会产生偏见。随着特定媒介的发展，形成了特定的表示，为表达思想提供了捷径。这些捷径就是媒介的语言元素。通过使用这些捷径，我们可以更容易地通过抽象的表达来解释一个想法。例如，展示一个骷髅和交叉的骨头，可以迅速告诉人们它是有毒的或其他危险的意思。最终，通过使用，用户会适应新的媒介的具象习语（或媒介的一种类型），而非现实的表现形式会增加其意义和价值。

大众一直在接受如何通过观看电视和电影来观察视觉现象的训练。电影制作者仅仅通过电影的摄影技术就能传达丰富的信息，因为观众已经习惯了理解导演提供的线索。人们能够消费越来越多的信息，因为他们变得越来越习惯同时接受更多的信息。相比之下，在电视早期，一个广告通常有三个不同的剪辑或场景。这大概是观众能容忍的程度，而不会觉得广告脱节。与之相比，现在的快速剪辑广告都是每隔三分之一秒甚至更快。类似的捷径（语言元素）也在演变为虚拟现实媒介，现在 VR 已经进入消费者市场，代表语言将变得更加普遍。

在 VR 中表示信息的约束和自由都超越了其他媒介。主要的约束是渲染难度的增加。特别是，渲染必须是实时的，还可能会增加立体视觉、空间化听觉和任何类型的触觉感官（这是电视 / 电影制作者不需要担心的事情，部分 3D 电影除外）。作为回报，VR 提供了在空间中互动移动的自由，以及以类似于日常生活的方式操纵物体的可能性。更多的感官输出是可能的，并且感官可以有替代的感知模式。

再一次，VR 体验开发者需要牢记表示是渲染内容的选择。

6.7　渲染系统

渲染（rendering）是创建描述虚拟世界的感官图像的过程（图 6-34）。对于虚拟现实和其他交互式的、计算机生成的媒介来说，新的感官图像的生成速度必须快到足以让人感觉到它是连续的，而不是离散的。以真实的速度创建和显示图像的能力被称为实时渲染。对于虚拟现实，渲染必须快速（不知不觉地）响应用户在虚拟世界中的移动和动作。

每个人的感官系统都以不同的方式对输入的数据做出反应，并且对"接受"（感知）的刺激有不同的容忍度。在第 5 章中描述的显示设备的规格或多或少地接近这些容忍度。呈现系统为这些显示设备生成信号，并且可能会也可能不会产生可接受的结果。硬件和软件系统被用来把虚拟世界的计算机编码转换成信号发送到显示设备，这样它们就可以被人类的感官所感知。因为每种感觉（视觉、听觉和触觉）都有不同的显示和渲染要求，它们通常由不同的硬件和软件系统创建。对于创造连续存在的可接受的错觉所需的时间分辨率，每种感官在很大程度上有所不同。现在常见的视觉显示频率是 90 Hz（远远超过了典型电影的 24 Hz）。触觉显示需要大约 1000 Hz 的频率进行更新［Massie 1993］。听觉显示的声音信号由约 8000 Hz（电话品质的声音）、44 100 Hz（CD 品质的音乐）和 96 000 Hz（专业录音和高品质录音）不等。

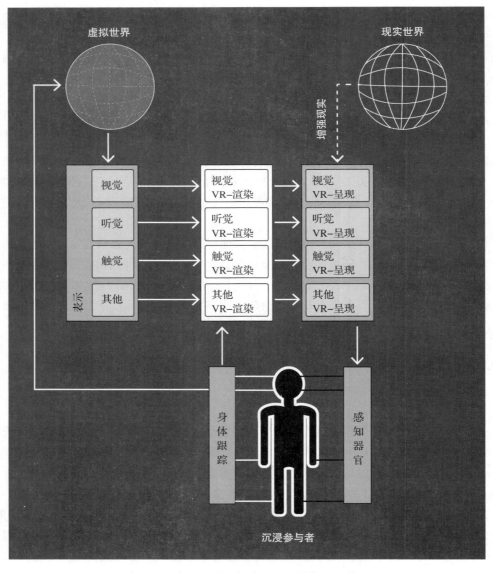

图 6-34　在本章的其余部分，我们将探索创建沉浸式体验的渲染操作

虽然我们的目标是为所有可获得的感官创建一个统一融合的环境，但实现细节差异很大，因此我们将分别讨论视觉、听觉和触觉渲染。然而，首先，我们将对渲染系统做一个一般性的概述。在接下来的部分中，我们从简单到复杂的渲染方法开始讨论，以便读者能够理解术语并深入了解硬件和软件的需求。然后我们将讨论各种渲染方法的硬件、文件格式和软件需求。

渲染系统硬件（计算）

每一种感知都要呈现给虚拟世界的参与者，针对每一种感知或者在感知之间共享的渲染单元需要集成到完整的虚拟现实系统中。一些渲染单元还可能与输入系统、世界模拟或用户交互计算共享——在某些情况下，所有操作都将由同一个计算系统执行。

对于一个有用的虚拟现实渲染系统，它必须满足每一种感知模态的实时渲染要求，以及每一种的最小延迟阈值——所有的刺激都必须以尽可能快的速度和尽可能低的延迟呈现给用户。

在现代虚拟现实系统中，默认所有的渲染都是由计算机处理的。但在历史的早期，虚拟现实并非总是如此，即使在现代体系中，情况也并非总是如此——至少就被动触觉和 4D 效应而言——可以感知到的代表蜘蛛网的悬挂的绳子是非实时计算的，而是模拟的。事实上，在计算机图像生成技术之前，飞行模拟器（以及阿波罗月球轨道着陆模拟器）的视觉显示功能由预先飞行的动画和地形建模来实现（图 6-35）。同样，声音渲染仅仅是指示和警告声音，以及操作员模仿的无线电通信。

在计算机图像生成技术的黎明阶段，一些公司（例如 Evans & Sutherland）专门从事视觉模拟系统的研究，并在渲染方面取得了巨大的进展，主要体现在视觉和声音渲染。随着大型机技术让位于工作站系统，经济也推动了视觉计算的发展，通常由新成立的初创公司引领。在硅谷图形公司的图形引擎的引领下，实时视觉渲染进入了大学和企业研究中心。在声学领域，数字信号处理器芯片（DSP）已经被开发出来，可以用来实时处理声音信号。

类似的转变再次发生在将实时渲染引入个人计算机的驱动上。最终，整板图形引擎变成了单芯片图形处理单元（GPU），进入了台式机和移动计算机。GPU 的能力后来被扩展，允许它们内部编程，从而使它们成为大规模并行处理器，不仅适用于视觉渲染，而且适用于触觉，甚至碰撞检测和物理模拟（有时也包括音频，虽然 GPU 架构的固有延迟——很短，但通常与声音渲染不兼容）。注：虽然可编程图形单元在 2005 年左右开始出现在消费类 GPU 上，但这一概念可以追溯到 Ikonas（20 世纪 70 年代末）和 Pixel Planes 系统（20 世纪 80 年代）。虽然硬件的发展已经取得了很大的进步，并且在某种程度上已经发展到相同的硬件可以用于许多感官模式的渲染，但是软件也在继续发展，尽管在许多方面软件渲染算法仍然通常是特定的感觉领域。因此，每个章节的主要关注点将是软件渲染方法。

图 6-35 在计算机图像生成技术之前，使用了模拟方法，如摄像机通过地形板。a）摄影师
Stefan Sargent 近距离拍摄模拟地形板，用飞行员视角摄像机拍摄了模型跑道上方
的画面。b）显示了从摄影师的摄像机看到的飞行员摄像机的近距离视图。c）由
飞行员摄像机输出的将向受训飞行员介绍的内容（照片 a 由 Paul Spence 拍摄，图
片由 Stefan Sargent 提供）

场景在哪里渲染

最终，用户体验应该像戴上一副眼镜一样自然——轻便，没有电线，容易穿戴和脱下。
理想情况下，将图像传送给用户的感受器时，应避免连杆结构或电线，以免造成不自然的惯
性，或出现绊倒的危险等。当然，现实情况是，渲染一个模拟场景（视觉或多模态）需要专
门的系统。从摄像机硬件系统开始，到专门用于图像生成的多机架大型计算机，再到单机架
计算机，以及现在使用单个芯片专门用于视觉、声音甚至触觉"图像"生成的单个计算机。
然而，总是有一些或更多的线路将渲染硬件连接到用户。

不过，传递感官信息并不是虚拟现实体验被"栓住"的唯一原因。是的，声音信息甚
至高清电视图像的传输都得到了解决，但该行业还在追求更高的视觉分辨率，更不用说对电
源的需求了。在某些情况下，位置跟踪依赖于物理连接，这也会排除无线 VR 体验。

现代虚拟现实系统已经开始打破束缚，尽管对于更高质量的体验来说，束缚系统仍然
是标准（尽管可能不会持续太久）。事实上，随着手机和平板电脑作为 VR 和 AR 显示器的

出现，渲染直接集成到显示器和输入机制中，创造了一种无拘束的 VR 体验。同样的概念也出现在专门制造的 VR/AR 系统中，如 Daqri 智能头盔（已不再销售）和微软 HoloLens。

其他选择包括佩戴计算机，但与显示器分离，例如背包计算机专为无线 VR 设计。或者如果有足够的网络带宽和低延迟，渲染可以在云计算平台上远程进行。对于涉及大量显示屏或 GPU 处理器的体验，最后的选择是采用本地计算机，以产生无缝的输出。

在哪里渲染场景并不需要单独选择。事实上也可以在一个位置（可能是云服务器）渲染一些场景，以及其他更接近用户的位置（可能直接在显示器上）渲染另一些场景。例如，通过光线跟踪在专门的云服务器（如 NVIDIA 视觉计算设备（VCA））上进行远程渲染，然后从远程生成的图像中提取特定的视图用于本地渲染［Stone et al. 2016］。

场景是如何传送到显示器的

因此，有三种基本的传递机制来将生成的图像传递给显示器，从而传递给用户：绑定、包含和传输。

在许多情况下，不受束缚的系统将成为常态。解决方案通常是使用一体化的 AR/VR 系统，或更进一步，渲染器变成身体的一部分；或者当无线传输带宽达到所需的阈值和延迟需要时，其余的 VR 系统将过渡到一个单独的渲染工作站。当然，对于大型固定显示器，没有必要移除有线连接，他们将继续依赖于更快的没有传输延迟的计算机。（由许多显示屏组成的大型固定显示器也可以利用计算机集群来处理多个显示器。）一个阻碍无线化趋势的最大障碍是有些系统需要消耗更大的功耗，如触觉显示器，以及超高清视觉显示器。

6.8　视觉渲染系统

计算机生成视觉图像的工艺称为计算机图形学。这是一个成熟的领域，有许多出版物可以让读者彻底了解可以做什么以及如何做。在这里，我们将给出渲染方法、系统和数据表示的基本概述，以及实时渲染对 VR 体验的具体要求。

6.8.1　视觉渲染的方法

软件渲染系统不是指实际的应用程序，而是指应用程序访问（调用）图形渲染例程和格式，以从检索到的颜色创建信息数据集，并将其发送到显示缓冲区。这是 VR 系统的一个组件，它可以解析包含预先构建的图形造型的文件，并按照代码的指令生成组成视觉图像的造型。

有许多不同的编程方案用来描述一个环境，这样 VR 系统将代码转换为视觉输出。在接下来的章节中，我们将描述一些基于几何的图形方案（多边形、非均匀有理 B 样条［NURBS］、构造立体几何［CSG］）以及基于非几何的方案，如体渲染和粒子系统。

基于对象的渲染与基于像素的渲染

Shirley 等人明确指出，基于计算机的视觉图像渲染是以一组对象作为输入，产生一组像素作为输出的过程［Shirley et al. 2009］。一个简单的概念，但是有不同的方法来表示这些对象集，然后有两种方法来从对象到像素。此外，这些像素可能以中间格式存储，例如用于 360 度视频或全光（光场）后处理。

当然，对象是所有渲染方法的关键输入。区别在于渲染算法是遍历对象来创建图像缓冲区，还是遍历图像缓冲区来访问对象数据库。遍历对象的一个好处是，不需要将整个场景一直保存在内存中，而遍历缓冲区（基于像素）方法要跟踪光线在场景中所有路径，而路径可能是反射和折射（反弹），并且可能达到场景中的任何对象，所以要求访问每一个对象。但是另一方面，许多高级渲染技术需要来自多个对象的信息来获得正确的外观，因此所有对象保存在内存中是有好处的。因此，在基于像素的方法中，诸如环境遮挡光照（封闭的 / 被覆盖的空间接收较少的环境光）、透明度和反射率等技术更容易实现，而在基于对象的技术中完成这些渲染技术也需要将所有对象保存在内存中。

在过去，渲染的方式并不是唯一的，如何从对象转换到像素是基于哪个更重要：实时渲染和高质量渲染。实时渲染在交互式计算机图形学中更为重要，高质量渲染在计算机动画渲染中更为重要。这两种方法可以松散地描述为基于对象的渲染和基于像素的渲染。

在基于对象的渲染中，首要的算法是遍历场景中的对象列表，确定它们是否在可能的视图中，如果在可能的视图中，则确定对象在屏幕上占据的像素。还有更多的细节，比如这些像素离观察者（摄像机）有多远，以及物体覆盖的每个像素上可能存在的光照和纹理效果。当一个对象在视图范围内时，它占用的像素将在输出缓冲区的光栅（二维数组）上迭代。因此，基于对象的渲染通常使用光栅化（rasterization）来执行。

在基于像素的渲染中，算法过程是反过来的。现在对于每个像素，想象光线从图像平面上的每个像素投射出来，当它们遇到一个对象时，就开始计算该像素的颜色。与基于对象的渲染相比，这个过程并没有就此结束。事实上，还要计算纹理和光线将影响被击中的物体如何将颜色反射回像素，对于闪亮的物体，光线将反弹，下一个被击中的物体将添加如何给像素着色的信息。对于透明和半透明的物体，光线也会折射并穿过物体。

基于跟随光线进入虚拟世界看它们产生什么颜色的概念；最杰出的基于像素的绘制方法被称为光线追踪（ray-tracing）。除了反射，折射光也可以正确处理，适当弯曲光线，就像他们穿透半透明的材料。在有许多反射和折射材质的场景中，光线可以在撞击哑光（吸收性）材质之前继续在场景中反弹——通常，渲染器会人为地限制光线的反射次数。

基本光栅化（没有环境遮挡、阴影、景深等）的计算量与场景中所有对象的三角面片数量总和呈线性关系，通过控制场景中三角面片的数量（可以使用下面的一些技巧），可以在保持实时渲染的性能规范中满足计算需求。光线追踪的计算成本较高，主要是因为确定光线首先相交的对象需要根据它们与光线开始的距离来评估场景中的所有对象（使用空间划分算法可以避免所有对象排序）。然后，当射线击中一个物体时，必须进行计算来确定是场景中的哪些光线会经过这个交点，所以光线的数量也增加了计算成本。

当然，当应用近似基于像素的渲染技术时，光栅化的成本（在时间上）也会增加。光线追踪添加诸如景深、环境遮挡、阴影、高动态范围（HDR）或非矩形相机镜头（非传统相机，如全景或鱼眼镜头）等效果所需的额外编程工作非常少。使用光线跟踪，这些技术在额外的渲染时间方面的成本通常比较低或增加很少，而在光栅化渲染中添加这些特性需要大量的时间。例如，为了给场景添加阴影，光栅化将使用阴影贴图，这需要为场景中的每一个光线提供一个额外的渲染通道。此外，光线追踪在曲面几何上也做得很好，比如 NURBS 曲面、四次曲面（最简单的例子是球面）。

虽然在可预见的未来，光栅化将是虚拟现实实时渲染的主要手段，但光线追踪渲染已经实现了适合现代虚拟现实显示的帧率 [Stone et al. 2016]。当然，目前存在一些折中，但出于某些目的，这可能是一个可以接受的折中，即通过光栅化方法可以呈现什么效果。采用光线追踪而非光栅化，很自然的一个特性是对视图的不同区域应用不同级别的计算能力。这在适应镜头畸变、眼球跟踪和焦点渲染时特别有用（见后面的部分）。

归根结底，这是两种互补的方法，各有不同的优缺点。光栅化需要更小的内存，算法简单，速度也非常快。光线追踪渲染效果更好，但需要快速访问整个场景数据。

不同几何图形的渲染

三种常见的基于几何（曲面）的图形表示是多边形、NURBS 和 CSG 方案。多边形方法也许是最简单的，它可以用来表示另外两种方法所描述的形状，尽管会丢失一些信息。它可能需要数以百万计的多边形来表示可以简单地用 NURBS、CSG 或其他基于块的表示的表面，但是大多数硬件渲染使用基于三角形（最简单的多边形）的光栅化过程。着色器代码（直接在图形硬件上运行的程序）可以用来动态地将其他表示方法转换为像素大小的片段。

如何表示一个场景的几何形状取决于对象的来源和渲染需要。在渲染方面，光栅化可以很好地处理多边形，而光线跟踪可以很容易地处理简单的造型和图形块（当需要维护对整个场景的访问时，这可以减轻一些内存消耗问题）。在数据源方面，许多建模包提供了设计造型的接口，可以使用简单几何图形组合为光滑的曲面。从这些造型到多边形的转换必须小心进行，以免产生大量的三角形，撑爆渲染器。

多边形。多边形是由一系列线段定义的平面形状。任意数量的线段都可以用来勾勒出一个多边形的轮廓，尽管为了提高效率，它们通常被分成三边形状（三角形）或四边形状（四边形）——通常只用三角形。许多用于加速多边形渲染的算法已经集成到硬件几何引擎中，因此，硬件图形渲染系统几乎完全使用多边形方法。

非均匀有理 B 样条。NURBS 是参数化定义的形状，可以用于描述曲面物体，如汽车。NURBS 曲面的参数由沿其方向"拉"曲面的控制点定义（图 6-36）。

构造立体几何。CSG 对象是通过对基本的三维体素（球体、圆柱体、立方体、平行六面体等）进行布尔加减法创建的（图 6-37）。例如，一个桌子可以通过添加五个平行六面体来创建，四个作为腿，一个作为桌面。桌子的设计可以通过用平行六面体减去一个圆环而变得更美观，就像木工使用一个槽刨机那样做。一个高尔夫球，上面有数百个凹槽，可以很容易地用 CSG 来完成（也许用一个球体和另外 392 个球体来去除凹槽），但可能需要数百万个三角形才能看起来比较逼真。三角形的具体数量取决于球面的细分（分割成多个三角形）程度。

图 6-36　NURBS 几何表示依赖于控制点，能渲染一个平滑的曲面

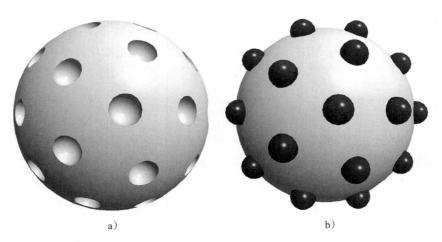

a)　　　　　　　　　　　　　　b)

图 6-37　构造立体几何（CSG）是构造形状的一种方法。a）从一个较大的白色球体中减去许多较小的球体，以近似一个高尔夫球的外观。b）那些较小的球体被添加到较大的球体上

多边形、NURBS 和 CSG 表示都有特定的形式，它们更适合定义对象的造型。多边形适用于来自自然来源的数据。例如，如果我们有月球表面某一区域高度的数据，NURBS 模型将使渲染变得平滑，而多边形模型将保留地形的急剧变化。NURBS 更适合有数学基础的形状，比如结。CSG 模型适用于从隐式曲面的分段建模对象（隐式曲面是指三元方程为零时的曲面，如平面、球面、环面、旋转面等）。

非几何渲染系统

基于曲面的方法适用于实体、非透明的对象。当表面是透明的，几何渲染技术可能不是最好的选择；尤其是当一个空间被不同密度的半透明物质（例如，斑片状的雾或通过 X

射线、MRI 扫描或 CT 扫描看到的人体）所占据时。在这种情况下，非几何方法可能提供某些优势。

在计算机虚拟世界中表示物体的非几何（非曲面）方法包括体素和粒子系统。体素渲染（volume rendering）非常适合于渲染半透明的物体，并且经常被用作数据集的可视化工具，通过将材质的三维体素映射为密度和颜色值，使得观察者能够识别不透明材料内部图案的形状和颜色［Drebin et al. 1988］。这种技术经常应用于医学、地震、大气和其他来自模拟（如计算流体动力学模拟）或测量（如层析成像技术）来源的科学数据。

体素渲染。体素渲染通常使用光线追踪（或光线投射）技术完成。光线追踪和光线投射技术的原理是从相机视图定义光线。光线的行为符合与光和光学有关的物理定律。具体地说，在光线追踪中，考虑到模拟材料的模拟性质，光线在经过已定义的虚拟物体表面反射和折射时发生改变。

基于粒子和点的渲染。基于粒子和点的渲染常用于渲染视觉场景中复杂的流。顾名思义，随着时间的推移，许多小粒子被渲染，产生的视觉特征揭示了一个更大现象的过程［Reeves 1983］。燃烧过程如火焰、爆炸和烟雾（图 6-38）非常适合于粒子渲染技术，液体和气体流动也是如此。

图 6-38　在这幅图中，使用粒子系统渲染烟雾（图片由 Chris Landreth 和 Dave Bock 提供）

类似于粒子渲染的是点云渲染。点云具有粒子的共同特征，因为它们都是单个数据点的集合，通过这些数据点的巨大数量的聚集来揭示其结构。两者之间的主要区别是点云在本质上趋向于静态，但是也包含了大量的要渲染的点。点云通常是由激光雷达扫描仪生成的。一个激光雷达扫描可以产生数十亿个点。当这些点一起观看，一个场景可以呈现出照片一样的效果（图 6-39）。

图 6-39　用激光雷达激光扫描仪捕获的渲染点云可以提供一个高度逼真的场景。a）用户探索爱达荷州
　　　　麋鹿草地的扭叶松。b）对溶洞的扫描提供了几乎像照片一样的岩层表现（图 a 由博伊西州立
　　　　大学提供，图 b 由爱达荷大学提供，照片由 Eric Whiting 拍摄）

6.8.2　渲染复合视觉场景

　　视觉场景的复合性可以通过使用专门的硬件或软件技术来增强。复合场景可以为观众
提供更丰富的视觉体验，包括更精确的真实性或更多细节的呈现。实时交互式计算机图形学
的历史一直围绕着三角形的光栅化展开。还有一些技术通过渲染更精确的细节（也许是更小
和更多的三角形）来增强场景，而其他技术可能被认为是描绘比编码实际封装的更多信息的
"把戏"——也就是一种有用的近似，以较低的成本提供更高水平的性能（和真实性），视觉
质量超出观众的预期。例如，纹理贴图和可编程着色器是两个例子，说明渲染的精度和细节
可以在给定的几何分辨率（多边形的数量）下得到改善。

　　虽然光栅化仍然是实时渲染的主要方法，但是使光线追踪渲染的速度尽可能达到实时
也投入了大量的研究。快速光线追踪的关键是使用"空间加速数据结构"，正如术语所暗示
的那样，根据空间重新组织数据，使算法策略能够避免计算浪费——因为没有时间可以浪
费。对于简单的结构，时间支出可以与对象的数量呈线性关系。基本的算法过程是对一个边
界元素层次结构进行射线交集测试，然后在节点树中进行更深入的搜索，直到找到一列用于
实际射线交集的候选对象，然后交集的结果可以应用到射线上（发送一些颜色信息回相机或
通过弹回/折射来收集更多关于表面应该如何着色的信息）。

　　加速数据结构的主要问题是，对于实时处理来说，确定它们的组织通常太慢，因此它
们是在尝试实时渲染之前创建的。预先组织的结果是场景的大变化不能实时处理，因此场景
只能有有限的对象操作。某些折中方案可用于适应特定的环境。更稀疏的数据结构更容易更
新，但会降低渲染性能。更有可能移动的对象可以作为特殊情况处理。例如，在场景中移动
的化身可以位于空间数据结构的外部，因此可以通过更复杂的算法来处理。

　　与普通场景的光线追踪不同，通过体数据的光线追踪不仅可以通过已知的数据组织，

而且因为光线传播不受反射和折射的影响（图 6-40）。因此，通过确定性计算，射线在已知的时间内通过数据，减轻了实时执行操作的负担。同样，对于使用光线追踪的体素渲染，光线不会反弹（反射），只是继续穿过，或者被它们到达的第一个完全不透明的材质"吸收"。另一方面，光线追踪是一种递归操作，其中反射、折射、阴影、环境光、景深等产生新的光线，作为单独的光线与场景中的物体交互（图 6-41）。

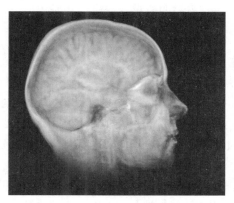

图 6-40　光线追踪用于生成模拟数据的体素渲染，使得能够探索对象的内部结构（图片由 John Stone 提供）

图 6-41　光线追踪通过包括诸如环境光遮蔽、景深、阴影以及反射和折射等视觉属性来增加渲染的逼真性（图片由 John Stone 提供）

现代的 GPU 系统现在已经能够在实时的情况下对一些场景进行光线跟踪。对于 VR 体验，能够以足够快的速度渲染的场景类型还是有一些限制。（当然，使用固定式 VR 显示器得益于更高的延迟容限。）

影响渲染速度的两个重要因素是屏幕的像素分辨率和场景中的多边形数量。屏幕的分辨率在过去的十年里有了相当大的提高，但是还没有一个典型场景中包含的多边形数增长快，比如屏幕分辨率为 10 个数量级，而多边形数为 100 个数量级。当屏幕分辨率达到人眼的分辨率时，改进可能会停止，而多边形数可能会继续增加。这种关系与渲染方法的选择有关，因为光线追踪时间与要渲染的像素数成比例，而光栅化则与多边形的数量紧密相关。因此光线追踪最终可能成为更快的渲染解决方案。

目前，虽然实时光线追踪在某些情况下是可行的，而且可能最终是成功的解决方案，但主要的问题不是场景中整体多边形的数量，而是变化多边形的数量。对于光栅化，所有的多边形都可以移动。

光栅化渲染管线（基于对象）

由于光栅化渲染仍然是虚拟现实实时渲染的主要方法，我们将简要介绍一下高级（简化）方法。光栅化作为实时渲染的标准，这是 GPU 最初设计的方法（它们现在更加灵活了），并由主要的图形渲染 API（如 OpenGL、DirectX）和 OpenGL 分支（如 GLES（用于嵌入式系统）和 WebGL（用于基于浏览器的渲染））以及 Vulkan（这是一个流线型的 OpenGL API 家族的后裔）来实现。

用基于对象的方法处理一个场景，首先考虑所有的对象（"循环遍历每一个对象"），然后每个对象的每个三角形决定它们在视图中出现的位置，以及为视图中的每个像素分配什么颜色。以下是这些步骤的简化列表：

❑ 遍历场景中的每个对象。
- 遍历给定对象的每个三角形。
- 确定三角形顶点在屏幕空间中的位置（并裁剪剩余的）。
- 将三角形光栅化——确定三角形覆盖的像素。在栅格化过程中，通过在三角形顶点之间插入值（使用质心坐标——本质上是跨三角形的标准化坐标）来确定每个像素点上三角形的属性：
  - 颜色；
  - 深度（在标准空间中）；
  - 表面法线；
  - 纹理坐标。
- 结合属性和光照计算来计算每个像素的最终颜色。
- 对现有的像素值进行深度测试，当新的数据更接近时，替换这些值。

注意：使用一个单独的"深度"缓冲区来存储当前所有的像素距离值，这使得整个算法避免了花费时间排序，而只消耗少量内存。但是，这只适用于不透明三角形。半透明的表面还是需要排序，并稍后渲染从最远到最近的视图平面。

一旦所有对象被处理，像素缓冲区中的颜色可能被调整以适应显示硬件（参见下面的扭曲），然后发送到显示硬件。以下部分中描述的许多技术都在这个总体流程中工作，以加速该流程，或以更少的三角形实现更高的真实感。

着色

在虚拟世界中数学仿真着色有很多组成部分。最简单的着色方法是仅仅用在每个三角形顶点指定的值着色像素。这个基本的方法叫作"平面着色"（flat shading）。有一些场景仅仅使用平面着色，例如文本信息或平视显示器，或者作为平面卡通世界的艺术表达。更复杂的着色方法是在多边形中进行插值确定颜色值的模型，如 Gouraud 着色［Gouraud 1971］和 Phong 着色［Phong 1975］，这种方法可以通过反射模型进一步增强，反射模型越来越多地利用场景中观察者、表面和光线之间的关系。

根据着色模型使用光照效果的规格级别来分类，从最基本的开始：

❑ 多边形（三角形）着色——也叫平面着色；

❑ 顶点着色——即 Gouraud 着色；

❑ 像素着色——又称 Phong 着色。

每一种着色方法都进一步受到所应用的反射模型的影响：漫反射模型（如 Lamertian 模型）、镜面反射模型（如 Phong 反射模型）和次表面散射模型（如 Hanrahan-Krueger 模型）。

着色算法也可以利用表面的纹理属性。虽然这可能是基本的颜色信息，它也可以是表面法线的扰动（凹凸贴图），或反射、次表面散射，或任何属性（图 6-42）。编写着色器算法的一个用途是使渲染技术更接近于模拟自然。例如，着色器可以利用三维参数来自动地在木制品中生成纹理贴图。这些纹理不仅显现在物体表面，而且在木制品雕刻或切割时也一样可以看到。

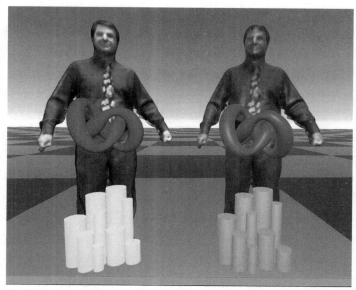

图 6-42　图形着色算法可以用来模拟光如何与材质相互作用，如次表面散射效果。在这里，左边的图形有一个次表面渲染效果，而右边的图形有一个标准的漫反射渲染模型。注意标准模型是如何反射的，使得对象具有塑料外观

GPU 编程现在已经用开放式的架构取代了传统的光栅化管线，允许程序员编写自己的着色程序应用于场景中的每个像素。这一突破使得计算机图形工程师可以在软件中重新实现图形渲染管线，而不需要随着新技术的出现而改变硬件，也可以试验他们自己的非标准着色方法，这通常允许更多样的光栅化渲染风格。

减少多边形数量

减少多边形数是另一种提高软件系统渲染性能的方法。减少多边形数量一种方法是有一些 3D 对象只从一个方向观看；背面的多边形是看不见的，也不是必需的，绘制它们是浪费精力（因此也浪费了宝贵的时间）。还有就是那些被其他对象遮挡的多边形和那些在不透明对象内部的多边形。另一种方法是使用更大（因此更少）的多边形通过添加视觉特性来掩盖多边形的简单性。所有这些技巧的主要目的是减少渲染多边形的数量，同时又能产生丰富的视觉图像。这些技术包括纹理映射、视角剔除、LOD 剔除和大气效应。

纹理映射。 纹理映射（texture mapping）是"一种从点到点改变表面属性的方法（在一个多边形上），以给出表面细节的外观，而不是实际出现在表面的几何形状"［Peachey 1994］。传统上映射到表面上的属性包括颜色、透明度和因为表面法线的扰动引起的光反射（凹凸贴图）。光线从凹凸不平的表面反射的方向在视觉上揭示了表面的纹理，或者表面的凹凸不平。通过改变光线从表面反射的方式，可以使表面看起来凹凸不平。（稍微更技术性一点，Blinn 的凹凸贴图实际上映射了一组用来影响光线如何从表面反射的数值，所以使用表面和光线之间的角度来确定反射颜色的渲染技术将导致表面看起来"凹凸不平"。）

因此，一个单一的多边形看起来可能包含许多详细的特征，如粗糙纹理的砖墙（图 6-43a）。因为，根据定义，一个多边形是平的，这个粗糙的外观当然是假的，表面实际上是不变的，而是通过轮廓、阴影和立体视觉显露出来。对于大多数情况，这是一个可以接受的折中，特别是对于较小或不那么重要的对象。一个更高级的形式的表面扰动映射实际上是调整表面法线的方向。当一个对象的多边形数量减少时，通常会生成这些贴图，表面细节是重要的。

纹理可以映射到由许多单独多边形组成的复合形状，每个多边形都是整体纹理的一部分。例如，树干可以被建模为一个由几个平面多边形组成的基本圆柱体，但是通过在它周围包裹类似树皮的纹理，使它看起来更真实。

现代可编程 GPU 的纹理可以是任何东西，可以是一、二或三维。它们可以由任何物理性质、非物理性质，甚至是想象性质形成。现代着色器可以自由使用任何数据，并以任何方式改变渲染。在动态过程中，可以使用诸如压力、张力或静电势等物理量来影响多边形在每个像素处的形状和颜色。双向反射分布函数（BRDF——光线如何从一个特定的反射角度反射给观察者）可以用来建模各向异性表面的外观（那些属性的变化基于入射角，例如，拉丝铝）。本质上，纹理映射是一个巨大的查找表，索引沿着一个多边形的表面变化。因此，除了使用纹理映射来添加人造细节外，它还可以用于向多边形添加科学表示（图 6-43b）。实时绘制的具体纹理映射技术将在下面第 4 点进行讨论。

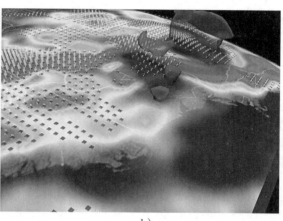

a)　　　　　　　　　　　　　　　　　　　b)

图 6-43　纹理映射可以向多边形表面添加细节以增加真实感，例如墙壁上的砖块外观（图 a），或者传递额外的信息，例如给定地形上的纹理映射降雨数据（图 b）（图片分别由 William Sherman 和 Dave Bock 提供）

剔除。基于视角的剔除利用了虚拟世界中并非所有多边形都是始终可见的这一事实。处理能力不需要浪费在看不见的多边形上，比如那些在观察者侧面或背后的物体。此外，如果用户在一个封闭的虚拟位置，封闭的墙壁可以启用额外的剔除。窗户、镜子和其他反射、透明和透射表面的存在使得精确的剔除成为一项困难的任务。使用复杂的着色器，比如允许纹理调整透明度（窗户或墙上的其他洞，或彩色玻璃效果），进一步复杂化了有效剔除的算法。在有些情况下，基于视角的剔除是无效的，因为场景是完全呈现在观众的范围内（通常在科学可视化中就是这样）。一个不适合进行剔除的例子是由单个分子组成的场景，整个分子都直接在观察者面前。

另一种剔除是 LOD 剔除。这种技术通过根据物体相对于观察者的大小在不同的模型之间进行选择来减少渲染多边形的数量。当观众站在建筑物附近或里面时，建筑物可能由几千个多边形组成，但如果从地平线上看，则只有少数几个多边形。

大气效应，如雾、烟和霾，可以使得更快地剔除对象，从而减少多边形数量。此外，那些透过薄雾而看得不太清晰的对象，更容易伪装，因此可以使用更激进的 LOD 剔除，当然，完全被模糊的对象根本不需要渲染。

摄像机景深模拟提供了类似的简化机会，所有不在焦距范围内的物体都可以简化其几何形状和细节。

多边形抽取。通过"多边形抽取"来简化一个物体的形状可能是在一个场景中削减多边形数量的有效方法。有一些算法可以减少网格中的多边形（当然通常是三角形）的数量，同时保留物体的大部分形状。一个网格（或多边形网格）是顶点、顶点之间的边和被边包围的面（又名多边形）的集合。（在指定一个多边形网格时，可以直接从顶点列表定义面，并推断边。）多边形数量较少的 LOD 版本可以与全分辨率对象同时创建。

正如上面提到的，一些抽取工具也会产生一个法线贴图纹理，能重现一些形状细节，这些细节是在大多边形取代小多边形集合时几何上丢失的。因此，细节以一种仍然可以快速呈现的形式"保存"。

减少多边形数量的另一个好处是方便计算两个对象是否碰撞。简化的碰撞检测使得一个场景移动的物体可以与其周围的物体做更多的比较。事实上，游戏引擎通常会存储一个对象的第二个已经被进一步减少网格，专门用于碰撞检测。

高级纹理映射技术

我们已经讨论了纹理映射一种减少多边形数量的方法，通过"伪造细节"创建一个丰富的场景。纹理也可以用来减少每帧所需的光照计算量，通过预先计算和合并光照效果到纹理中——称为"烘烤"光照到纹理中。使用纹理来伪造表面细节的一个负面影响是，当近距离观察时，特别是当立体观察时，带有简单颜色纹理的物体开始显露出它们的秘密，就像剪纸或戏剧布景的幕墙一样。

有专门的纹理贴图技术用来克服光照计算所带来的开销，同时隐藏纸板切割外观。这些技巧包括烘焙光照、旋转纹理（公告板）、多视角纹理、立体纹理和动画纹理。后三种方法都基于使用多个位图，这些位图随观看者的方向、位置和时间的变化而变化。

烘焙光照是另一种使用纹理映射以最小的计算成本（至少在运行时成本）丰富场景的技术。事实上，在运行时计算和预先生成图像纹理（烘焙）的时间之间是需要权衡的。与多边形渲染相比，虚拟世界中的光照计算需要巨大的成本。对于每个渲染的多边形，场景中的所有灯光都必须被考虑进去，以获得所有像素的最终颜色。因此，大多数交互式图形渲染（甚至是非交互式的）都努力减少场景中的灯光数量——或者至少减少影响场景中可移动物体的灯光数量。

对于那些被设计为为场景提供"氛围"的光照，例如沿着城堡的墙壁，每个火炬投射的光只影响墙壁的一小部分区域，所以为了避免计算每一帧对整个场景的影响，该区域的效果被放置在一个纹理贴图中着色墙壁的表面。现代的建模软件和游戏引擎将这个"烘焙"步骤作为编译的一部分。在某些情况下，"烘焙"甚至可能是手工完成的，就像迪士尼的阿拉丁虚拟现实体验一样，所有表面都是手工绘制的，包括灯光。

基于图像的渲染（Image-Based Rendering，IBR）是使用图像来改进场景渲染时间和复杂度的总称。IBR 的主要特点是使用捕获的或之前渲染的图像，通过避免或减少渲染场景的几何复杂度来减少渲染图像的时间。符合观察参数的图像材料越多，需要的几何表示就越少。因此，拥有一个场景的许多图像，从多个有利位置和在多个光照条件下，减少了所需的几何渲染工作。IBR 需要大量的前期努力来捕捉和存储世界。

另一种 IBR 技术是利用之前渲染的场景图像并在每个像素上使用深度值，基于新的观察参数对之前的图像进行校准，使用标准的几何渲染来填充所有空白。

拍一张真实物体的照片，并把它放在一个多边形或一组多边形是最简单的 IBR 形式。因此，以下我们所讨论的纹理映射的高级技术实际上代表了当前 VR 开发者可用的 IBR 的最简单形式！

多通道渲染利用纹理贴图内存，通过添加计算阴影、镜面反射、产生镜头效果、执行反锯齿、创建艺术渲染，如卡通或铅笔草图，以及其他功能来提高渲染质量。例如，阴影计算是从光照的角度渲染场景，将渲染结果保存到纹理内存中，然后在摄像机的渲染通道上，使用阴影纹理使光源不可见的区域变暗。或者，渲染通道可用于以高于显示器的分辨率进行渲染，然后在最终的相机渲染时将其处理为反锯齿视图。同样，初始的摄像机渲染可以根据镜头效果进行扭曲，或者执行即将在后面章节中描述的区域定向渲染。

公告板是一种对对称对象有用的技术。远处复杂的物体，比如树，当用部分透明的纹理贴图渲染成一个平面多边形时看起来非常真实（用树的裁剪照片进行贴图）。然而，当观察者接近这样的树时，可以明显发现这棵树是放置在 3D 世界中的平面 2D 对象。减少此类对象的平面性的一个简单的技巧是旋转平坦的多边形，使其始终面向观众——称为公告板技术。这些旋转的"公告板"使物体看起来是对称的（也就是说，从各个方向看都一样）。这种技术的局限性包括：要求物体存在（接近）对称的轴，并且观众只能注视与该对称轴正交的物体。因此，从上往下看 2D 树会打破这种错觉。（当然，如果观众注意到树从各个方向看都是一样的，这种错觉也会减少。）

这个旋转技术可以扩展到多视角纹理。正如我们在图 6-44 中看到的，当从不同角度观看时，不仅多边形旋转到面向观众，而且映射到多边形上的图像的选择也发生了变化［Pausch 1995］。因此，猫的渲染方式可以和前面例子中的树一样，但是从前面看时，猫的脸是完全可见的，从后面看时，尾巴是最突出的特征。根据观察对象所受的约束条件，图像可能只在单个维度或从任何球面角度变化。要包含

图 6-44　三维对象可以使用纹理贴图来模拟，根据物体被观察的方向来改变纹理贴图。因此，一个复杂的对象，如这里描绘的雕像，可以通过从多个视角捕捉少量图像，并根据用户不断变化的视角选择 / 混合这些图像来模拟（照片由 William Sherman 拍摄）

所有观察角度的纹理则需要消耗更多的内存资源。

使用多视角纹理映射是渲染物理对象的理想方法，这些对象具有一些仍难以用实时渲染技术生成的特征，例如羽毛或辐照度。Mark Bolas 和他的团队将这一过程发挥到了极致，他们从 72 个不同的角度拍摄了一只孔雀，孔雀身上布满了羽毛［Bolas 2015］（图 6-45）。Bolas 等人在多视角纹理中添加的另一个小技巧是，当一个人靠近物体时，添加的图层会暴露出来，这样可以看到更多的细节，或者剥离物体的外层（例如发动机块）。

图 6-45　模糊对象和边缘模糊的对象很难建模，几乎不可能用扫描仪或摄影测量技术扫描。因此，对于像图中的孔雀这样的对象，一个好的解决方案是使用一组捕获的纹理映射并在它们之间进行转换（图片由南加州大学创新技术研究所 MxR 实验室提供）

立体纹理对于近距离观察物体是很有用的，因为这些物体太过精细以至于无法完全渲染成无数的单独多边形。在立体视觉显示中，立体视觉通常会告诉用户一个法线的、单位图纹理的多边形是一个平面，而不管多边形的详细外观如何。这个缺点可以通过为每只眼睛使用单独的纹理贴图来减轻，提供关于多边形表面的立体视觉线索。然而，立体图像有一个最佳的观看位置，使图像看起来最好——立体纹理也是如此。因此，当用户只能从靠近最佳点的位置看到纹理时，或者当此技术可以与旋转纹理技术结合时，从而可以根据视图的方向选择不同的立体纹理对时，使用立体纹理效果最好。

动画纹理贴图适用于随时间快速变化的对象。像火或瀑布这样的自然过程，当它们看起来是流动的时候，会显得更真实。动画纹理贴图的另一个适当的用途是当虚拟世界中的角色给出一个预定的语言或动作时。在一个培训人们如何操作太阳能设施的体验中（图 6-46）。这个图像被渲染成一个动画纹理贴图，它是由一个演员扮演讲师的角色的视频录制而成的。

图 6-46　这个讲师被呈现为一个动画纹理放置在 3D 虚拟世界。这里他解释了太阳能
　　　　发电厂的工作原理（图片由 Christoph Borst 提供）

区域定向渲染

另一种提高渲染速度的技术是把更多的精力放在渲染用户需要更多细节的视图区域上。两种方式是有利的，一种是为观看者的中央凹渲染更多的细节，另一种是在镜头的光学扭曲压缩眼睛所看到的东西时渲染较少的细节。

因此，凹点渲染将更多的渲染精力集中在视觉区域，因为用户的中心凹位于该区域，因此他们在物理上能够感知到更多的细节。当然，知道眼睛注视的方向是必要的，以便知道在哪里产生更高质量的渲染，所以眼睛跟踪必须是使用这种技术的 VR 系统的一部分。第一代消费者头戴式显示器通常不包括眼球追踪功能，尽管有针对流行的 HMD 的售后附加产品，也有定制修改 HMD 的公司。其他的 HMD 制造商也开始将眼球追踪直接集成到标准机型中。在均匀网格像素阵列上渲染更高细节的特性使得这种技术在光线追踪风格的渲染中更加有用，在这种情况下可以从感兴趣的区域发送更多光线。事实上，在快速移动时，视觉边缘的低分辨率也有助于减少不适。

多分辨率着色也通过在需要更多细节的区域投入更多渲染努力而发挥作用。然而，在这种情况下，机会出现了，因为标准 HMD 的镜头光学变形压缩了渲染视图的某些区域。因此，这是焦点渲染的反面，在焦点渲染中，在视图边缘的渲染工作量会减少，因为这些细节无论如何都会丢失。nVidia GameWorksVR 团队将这一功能引入他们的 VR 渲染系统中，方法是将视图划分为 9 个部分，中间部分保持全分辨率，其余部分压缩视图［Cebenoyan 2016］。使用压缩视口技术允许区域定位渲染与光栅化渲染算法联合使用。

绘制 360 度球形视图

有一种"折中"的渲染技术，能够渲染细节丰富的场景，并通过 HMD 来观看。这种技术将场景渲染为 360 度的球形视图，然后将其作为静态或动画场景处理。观众只能在头部旋转的情况下环顾四周，不能改变头部位置。换句话说，这涉及使用计算机动画技术来产生一个场景，仿佛它是一个 360 度的球形摄像机捕捉的视频。然后，与捕获的视频一样，观看者只有通过旋转头部来改变视图。

当渲染仍然需要花费一些时间来产生更高质量的渲染时，这种技术在实时光线追踪中工作得很好，因此固定位置可以提供日益增强的世界视图。John Stone 将该技术集成到VMD（Visual Molecular Dynamics，可视分子动力学）可视化工具中，通过该工具，光线追踪甚至可以远程完成，将 360 度的球形视图传输为球形快照，然后可以从任何方向观看[Stone et al. 2016]。对于 VMD，用户可以选择故意转换他们的位置，尽管在每次这样的移动之后，光线跟踪器将不得不重置场景，因此在最初的几分钟场景将粗略渲染。

如果 360 度的球形视图也包含深度信息，那么其他 IBR 技术（可以用于微小的平移扭曲）也可以应用于此技术，因此除了旋转视图之外还允许用户有一定的平移范围。事实上，用有限的平移范围渲染一个光场是可能的。

6.8.3 视觉渲染延迟

当对用户输入的响应变慢时，虚拟世界的真实感就会降低。在 VR 中，卡顿以毫秒（ms）为单位进行测量。在一个比较好的头戴式显示器（回想一下，固定式显示器的延迟容限更高）的 VR 体验中，如果我们接受 90 Hz 的渲染速率，那么每一帧渲染时间是 11.1 ms，但渲染并不是唯一需要时间的操作，还有跟踪、模拟和数据通信。

通俗地说，从用户采取一个动作（包括转动他们的头）到他们看到相应响应的时间被称为"动显延迟"。Michael Abrash（后来成为 OculusVR 的首席科学家）在为 Valve 游戏公司开发 VR 体验时，将延迟时间设定在 20 ms 或更短[Abrash 2012]。事实上，他甚至假设7 ms 可能是真正需要的。在 Jason Jerald 的博士论文中，他建议延迟应该只有 3 ms[Jerald 2009]。虽然对于绝对的延迟目标是什么没有普遍的共识，但很明显，随着延迟的减少，体验的整体质量会提高——尤其可以在一定程度上减轻晕动病。事实上，一种体验的"动作"类型可以影响延迟所带来的冲击，比如快速的运动体验和在安静的散步中随意探索的区别。

用户输入和显示器响应之间的延迟是 VR 系统的多种组件的产物，包括跟踪、计算世界物理（虚拟世界的"自然法则"）、渲染世界以及将表示发送到显示设备。我们可以通过将用户输入导致对世界的感知发生某些变化所需的时间加起来来度量总的延迟。然而，一幅图像出现之后，它就会继续"老化"，在下一幅图像出现之前，用户感知到的内容和输入内容之间的延迟可能会超过可接受的阈值。例如，如果一个参与者正在凝视一个虚拟的物体，并且他们会移动头部从不同的角度看这个物体，旧的角度将继续保持直到新的图像被显示出来。如果图像更新不够快，会导致用户感知到的信息和输入信息（移动头部）之间的延迟超过可接受的阈值。这个问题对于视觉渲染系统来说更是如此，因为帧速率是以几十赫兹为单位测量的。(使视觉渲染与其他感官同步也很重要,这些感官通常具有快得多的显示速率,例如,听觉大于 44 KHz,触觉大于 1 KHz,如"唇同步")。

减少用户界面输入和图像渲染之间的延迟时间(动显延迟)显著影响用户体验的质量。简单地说,减少延迟的两种基本方法是:1)尽可能快地将信息从输入设备发送到计算机;2)减少生成计算机图形图像所需的时间。还可以使用一些高级技术来寻求最低可能的延迟。使用高端图形引擎的一个主要好处是,它们可以在几毫秒内渲染复合视觉场景!

多路复用渲染(分解)

在具有多 CPU/GPU 计算环境(集群或内置)的计算系统中,加快图像渲染速度的一种方法是在不同的处理器之间按对象或像素(取决于渲染方法)划分场景,然后在每个处理器完成子任务后将它们重新组合成一个整体。只要因为分解而额外增加的通信和复杂性没有压倒并行性,这项技术将减少每一帧的渲染时间。因此,可以减少系统的最小延迟。

但是,最小延迟可能不是最好的度量方法。当图像持续在屏幕上时,它会"老化",所以整体延迟会增加。因此,平均或最大延迟可能更重要。使用多个 GPU 渲染交替帧,这种技术(原来称为 DPLEX 分解,来源于 SGI 数字多路复用硬件)会随着时间而不是对象或像素执行多路复用渲染,因此它不会减少系统的最小延迟,但会显著减少总体平均延迟。

DPLEX 分解并没有减少跟踪、计算、渲染或显示滞后所带来的延迟,但它确实减少了图像老化所导致的延迟(图 6-47)。与使用性能更强大的图形引擎来快速生成图像的直接(而且更昂贵)路线不同,通过使用一个由临时偏移场景渲染器(在单独的 GPU 上)组成的并行管线来生成更频繁更新的视图,用户感知到的平均延迟被减少了。其结果是,随着时间的推移,用户看到图像的平均延迟会降低。

请注意,使用多个 GPU 渲染交替帧要比在单个 GPU 上使用交换链(又称多重或三重缓冲)来更新图像和避免显示卡顿复杂得多。

时间扭曲

另一种减少因老化渲染所导致的延迟的方法是根据最近的跟踪数据重新调整渲染图像[Smit et al. 2008]。因为已经渲染的图像会根据以后的信息进行调整,这种技术称为时间扭曲(或异步时间扭曲)[Van Waveren 2016]。当扭曲最初渲染图像时,可能会因为用户把视线从一边转向另一边或转动头部,而导致结果可能会出现不一致。因此实现时间扭曲时,系统一般会渲染一个比所需要的更大的视图,然后利用额外的信息来适应视角切换和头部转动。

对于头部是非滚动旋转的情况,只需要轻微的过度渲染就可以了。当涉及头部平移时,由于对象不再遮挡其他对象,视图中会出现空白。这些空白可以使用标准的局部 IBR 算法来填补。深度缓冲区中的值可以增强这些算法。如果大多数需要调整的运动是用户头部的偏航旋转,那么与其将预扭曲的图像作为一个平面来渲染,不如使用一定的曲率来渲染它——假设这不会在渲染的其他阶段花费时间。

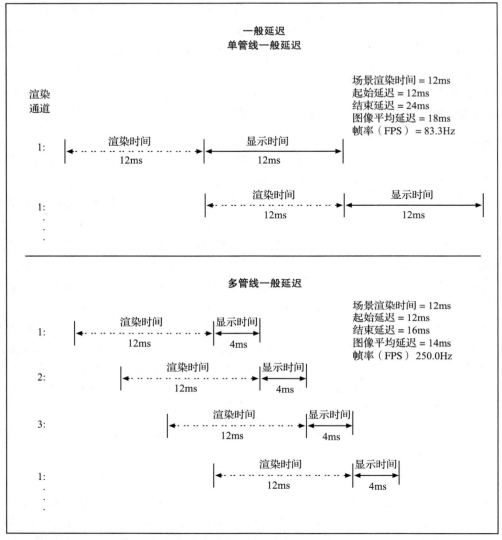

a) 这里，我们看到了 DPLEX 渲染对用户输入和图像渲染之间的延迟时间的影响。从动作到显示的最小延迟与起始延迟相同。最大延迟是偏移延迟（图像在消失之前达到的最大时间）

图 6-47 DPLEX 分解降低了每帧图像的平均延迟。在这两张图（图 a 和 b）中，将单管线渲染系统与多管道（在本例中是三管线）DPLEX 系统进行比较。所有的时间值都基于 12ms 的场景渲染时间。单管线系统必须在渲染下一个图像所需要的时间内显示上一个图像；因此，在下一张图像出现之前，屏幕上的信息出现的时间几乎是渲染时间的两倍。在三管线系统中，一个图像只在渲染场景所需的三分之一时间内保持可见，因为另外两个渲染过程始终在进行。

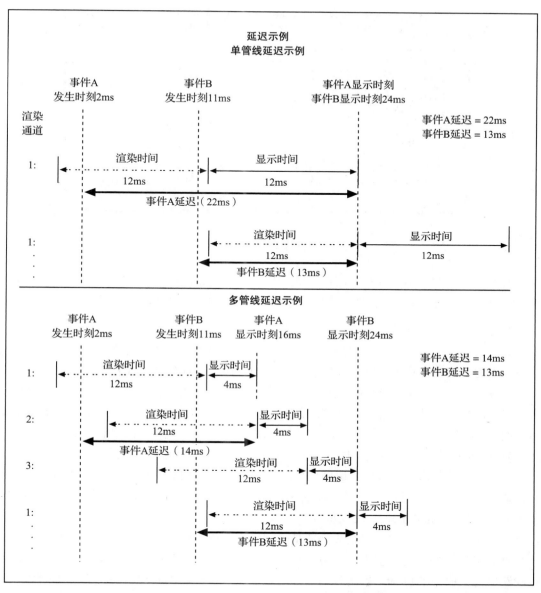

b) 这里, 两个事件 A 和 B 发生在第一个渲染周期的早期和晚期。因为在一次渲染中事件 B 发生晚了, 所以延迟
只比渲染时间稍微长一点; 因此, DPLEX 方法在延迟方面没有任何改进。但是, 因为在三管线系统中, 事件
A 发生在第二个渲染周期之前, 所以它的结果可以比单管线系统更早看到。这个图表显示了多路复用渲染额
外的管道到一个屏幕如何影响屏幕上的东西的平均年龄和帧率。在这个例子中, 同样, 渲染时间是 12ms,
因此每个图像的启动延迟总是 12ms。但是, 最大延迟偏移量和平均延迟时间可以明显减少。表格中显示的
通用公式说明了如何根据场景的渲染时间计算起始时间和偏移延迟时间

图 6-47 （续）

管线数量	起始延迟 （ms）	结束延迟 （ms）	平均延迟 （ms）	帧率 （Hz）
1	12.0	24.0	18.0	83.3
2（DPlex）	12.0	18.0	15.0	166.6
3（DPlex）	12.0	16.0	14.0	250.0
4（DPlex）	12.0	15.0	13.5	333.3
5（DPlex）	12.0	14.4	13.2	416.6
计算：SRT = 场景渲染时间（ms） p = 多路复用管线数量		起始延迟 = SRT 结束延迟 = SRT+SRT/p 平均延迟 = (2SRT + SRT/p) / 2 帧率 = p/SRT × 1000		

c）

图 6-47 （续）

当然，每个渲染帧中并没有限制只能应用一次时间扭曲操作。实际上可以持续地扭曲现有的图像，直到生成了替代图像。这实际上非常类似于上面描述的 360 度球形视图技术。

立体相机

如上所述，渲染不仅仅是将颜色放入像素中，还要花费一些精力来避免最终不必要的处理。因此，渲染通道通常会有基于用户视角的排序和其他处理，或者是阴影的多通道渲染。当渲染一个立体像对时，两只眼睛（对人来说）的视点几乎是一样的，就像灯光投射阴影的位置，等等。因此，只需执行一次排序、剔除等类似操作，就可以节省计算。游戏引擎和其他 VR 渲染系统现在可能包括一个专门的渲染路径，它一次性完成所有的非着色工作，然后为左右眼睛做轻微的调整，以便正确地渲染它们。

一个类似的技术是渲染两只眼睛的中心（独眼巨人），然后使用 IBR 算法适当地调整每只眼睛的图像。换句话说，不是简单地左右移动单一图像，而是重新投影图像，然后用 IBR 技术填补空白 ［Schollmeyer et al. 2017］。

无论是对每只眼睛进行完全渲染还是分割渲染，或者使用 IBR 技术来分离视图，都应该对每只眼睛根据它的位置专门计算相应的显示。一般 VR 系统会追踪头部的运动，并由此推断出每只眼睛的位置。虽然我们头部的特征有一个标准的布局，但距离是不同的。对于立体渲染来说，最重要的距离是眼睛之间的距离，称为眼间距离（InterOcular Distance，IOD），也称为瞳孔间距（InterPupillary Distance，IPD）。

减少临时场景

在交互过程中，当用户响应延迟特别严重时，体验设计师可能会采取"极端"的步骤，在关键或微妙的操作过程中选择消除或降低虚拟世界的某一部分质量。为了保证所需的刷新率，快速动作视频游戏可能会控制渲染质量。降低质量的一个简单方法是将纹理映射的分辨率（"mipmap 级别"）降低一层，也就是将发送到系统总线的数据减少到原来的 1/8，同时也将耗费时间的内存访问减少相同的比例。一些游戏提供了用户控制降级的选项，可能是在渲染关键的交互元素时，让场景的背景元素变得陈旧。在渲染用于分析的科学数据时，这可能不是一个理想的选择，但在极端情况下，为了实现平滑的用户界面交互（如与菜单交互），这可能是必要的。

即使在现代 GPU 中，对渲染复合场景的渴望也超过了其性能提升的速度。对于移动平台，包括独立的便携式 VR/AR 显示器，如 HoloLens 和 Oculus Go，其渲染能力将远远低于拥有高性能 GPU 的台式机甚至笔记本电脑。

一个早期的沉浸式科学可视化工具 Crumbs 就是利用了这一点技术［Brady et al. 1995］。当时的体素渲染技术在计算上是昂贵的，所以当需要与菜单交互时，体素渲染被暂时禁用，使得用户有一个可接受的渲染速率和交互延迟。

6.8.4　视觉渲染过程

现在我们将讨论为 VR 系统生成计算机图形图像的基本过程。我们提到了两种类型的计算机图形渲染：1）在批处理模式渲染下，计算机动画的系列帧采用非实时渲染；2）交互式工作采用实时渲染。虽然计算机动画也可以实时生成，但由于不需要这样做，计算机动画师可以使用技术来生成更精细的图像——那些由于要达到相当的视觉复杂度需要大量的计算时间而无法实时生成的图像。实时图像通常使用更简单的模型和算法进行渲染，这些模型和算法每秒可以渲染很多次，无论是用特殊用途的硬件，还是用通用 CPU 上的高级软件（现在不常见了）进行渲染。

软件系统和硬件加速器是渲染系统运行的基础。在此基础上，我们可以渲染对象模型，并控制它们在虚拟世界中的显示位置和方式。计算机图形技术能增加视觉渲染效果的丰富性，其包括先进的阴影方法、光照、纹理映射、半透明和大气效果（例如，雾和霾）。

图形引擎（又名 GPU）

图形渲染引擎（图形引擎）是由计算机硬件组成，为 3D 计算机图形操作执行必要的优化计算。图形引擎曾经只在昂贵的飞行模拟器中提供，只有军方和大型航空公司才能负担得起，现在有许多不同的价格。价格适中的图形硬件的趋势始于 1981 年，当时 SGI 公司成立，以许多学术和商业研究组织都能负担得起的性价比来生产图形硬件。

虽然一些交互式计算机图形可以在标准的 CPU 上由软件渲染，但大多数复杂的交互式图形技术只能使用为实时渲染而专门设计的硬件来完成。随着时间的推移，许多软件渲染特性已经被集成到标准的硬件渲染器中。与此同时，特殊用途的渲染器的使用方式发生了根本的转变，将它们转变为大规模并行处理器，它仍然可以有效地进行光栅化渲染，但现在也可以执行任何可以从小型数据并行任务中受益的任务，包括光线跟踪，但也可以执行非图形渲染任务。一些非图形任务包括碰撞检测计算和物理模拟［Stone et al. 2007］。

从固定函数图形渲染器到通用 GPU 的转变始于 2007 年［Owens et al. 2008］。事实上，现在所有的 GPU 都是通用的，也就是流处理单元。此外，随着通用 CPU 速度的提高，更复杂的实时渲染可以通过软件来完成。随着集群多个廉价个人计算机的能力变得越来越广泛，渲染场景的整体计算能力可以在适度预算的限制下得到提高，尽管要以增加复杂性为代价。在另一方面，许多现代 CPU 都有集成了 GPU。无论采用何种方法，虚拟现实视觉渲染系统的两个主要目标是细节丰富的图像且尽可能快。

在家庭计算机游戏市场的推动下，许多高端系统转化为大众市场的计算机显卡。性价比快速提高，使得许多复杂的图形技术被包含在低成本系统中——甚至包括在智能手机中。一些 VR 所需要的特性（例如四缓冲区立体渲染）虽然没有包含在低价显卡中，但是很多可以在中档的计算机图形硬件中找到（并且任何显卡都可以渲染立体图像）。

当然，并不是所有的 VR 应用程序都需要复杂的视觉渲染（这样就可以使用功能更弱、成本更低的硬件）。除了像 Raspberry-Pi 这样的微型计算机，很难找到一个不包含图形渲染硬件的计算平台。需要简单图像处理或线条渲染的应用程序，比如帮助法律盲人的 AR 应用程序［Hicks et al. 2013］或指导组装线束的应用程序，甚至不需要专门的图形硬件［Caudell and Mizell 1992］。

视觉资源编码（计算机内部表示）

要生成一个视觉场景，计算机必须有某种内在的方式来表示世界中物体的形状和位置。最基本的表示是数据和机器指令的二进制数字——可以看作十六进制转储。除此之外，最常见的方法是将对象表示为多边形的集合（多边形网格），因为大多数硬件渲染引擎都针对多边形表示进行了优化。从基于多边形的固定函数渲染开始，GPU 作为通用并行处理器的开放为其他形状表示（NURBS，CSG）的实时渲染打开了大门，但多边形的历史仍然根深蒂固。用于存储表示的文件也反映了对多边形表示的偏爱。

在虚拟现实应用程序中，通过指令算法定义多边形对象，可以避免在虚拟世界中存储多边形对象。然而，对于图形世界中的许多（如果不是全部）对象来说，使用建模软件预先创建或从物理对象中捕获是很常见的。建模软件是用来定义一个对象的三维几何以及它的材质。创建对象模型的其他方法包括，通过使用 3D 数字化设备（例如，机械轨道探测器或卫星测量地形高程），对于非常简单的对象甚至手工输入数据，或通过摄影测量算法，拍摄一组照片，生成一个点云，然后形成一个三角形网格［Snavely et al. 2006］。许多预先制作的各种格式的对象模型（资源）通过互联网可以获得（通常是免费的），或者可以从创建和维护各种格式和分辨率的大型对象集合的第三方公司购买，或者从与游戏引擎相关的资源商店购买。

多边形形状的文件存储格式可以方便地从建模软件移植到渲染应用程序。许多文件格式都是以创建它们的软件命名的：Wavefront（又名 obj）、Filmbox（FBX）和 AutoCAD。还有开源文件 NFF（Neutral File Format）、Collada Digital Asset Exchange（DAE）和 X3D

（VRML 的后续版本）。幸运的是，有转换工具实现格式之间的转换，而且许多软件可以读写非本机对象的描述。

除了多边形顶点的位置、颜色和纹理，表面参数也必须与每个多边形相关联。一些格式允许基于简单的几何形状（如立方体、球体和锥）为多边形组建立参数。在由渲染器处理之前，这些形状被转换成一个真正的多边形表示。

许多文件格式都允许将多边形分组到相关的集合中。一组可以是由桌子组成的所有多边形，另一组可以是椅子的多边形。分组允许将对象轻松组合为一个完整的实体。完整的实体组合允许作为一个整体移动对象，而不是单独移动桌子的每条腿和它的顶部。场景图的概念为图形虚拟世界提供了更完整、更灵活的表示（图 6-48）。场景图是一种数学（关系）图，它允许对象和对象属性以层次结构的方式相互关联。场景图指定虚拟世界中对象之间的相对位置和方向（包括几何对象和位置跟踪器）。其他属性，例如对象的颜色和纹理，也可以包含在场景图中。因此，虚拟世界的整个部分都可能受到场景图结构的单一变化的影响。请注意一些软件，如 Unity 游戏引擎，通过类似于场景图的层次结构将物体相互关联起来，但是有一个限制，即层次结构的任何部分都不能重复。在关系图中，这样的层次结构是树（每个节点只能有一个父节点）。

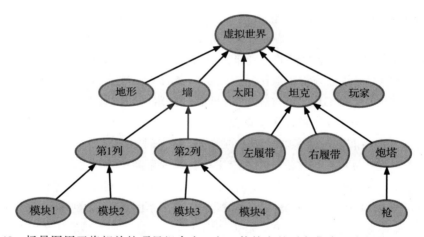

图 6-48　场景图用于将相关的项目组合在一起，使特定的对象集合更容易作为一个整体移动。在这个例子中，可以通过改变一个坐标系统来移动整个容器及其内容。炮塔可以相对于坦克的其他部分移动，或者一个物品，例如乘坐者，可以从坦克上断开连接并连接到地形物体上

令人惊讶的是，绝大部分对象格式只能够存储对象的可视特征（例如，形状和材料的反射率）。类似声音、行为和脚本化的动作等特性通常包含在单独的文件中，或者在应用软件（如游戏引擎）中实现。

X3D 文件格式是一个例外，它可以包含关于对象或整个场景（声音、脚本操作等）的非

可视信息。在 20 世纪 90 年代中期的虚拟现实鼎盛时期，随着万维网协议的兴起（那时互联网还很年轻），VRML，也就是所谓的虚拟现实建模语言，被创造出来是为了通过 WWW 在互联网上共享三维图形虚拟世界。最初的版本是基于层次结构的 SGI 格式。

视觉渲染软件的作用

软件系统用于将虚拟世界的描述传达给 VR 硬件，通常使用各种应用程序库和工具包来创建、渲染和交互。这些不同的实用程序都有助于控制虚拟世界的视觉渲染。这本书的重点是在具体实现细节的过程和可能性，所以我们的讨论将是视觉渲染适用于哪些方案，以及一个经验设计者应该知道的基本操作。为此，我们将接触到视觉渲染的关键成分：基本渲染库、模型编码的渲染、将虚拟世界与用户的视角耦合，并将其全部连接到 VR 系统。

图形渲染库是一个软件例程的集合，它使程序员能够通过进行相对简单的子程序和函数调用来执行相当复杂的操作。例如，程序员不必编写代码来绘制一个三角形（这是相当多的代码！），而只需从图形库中调用一个三角形函数，并指定三个顶点以及其他属性（如颜色、权重等）。

Vulkan［Singh 2016］、OpenGL［Neider et al. 1993］和 DirectX 3D［Sanchez and Canton 2000］是三种图形渲染算法的集合，通过这些算法，底层编程可以指定图形操作生成图片。DirectX 3D 可以在微软平台上运行，但 Vulkan 和 OpenGL 是更广泛的标准。虽然Vulkan 是一个更新的、表达性更强的标准，但 OpenGL 仍然是一个高度稳固的接口——由硅图形公司（SGI）专门创建的跨平台接口，最初主要应用于 SGI 公司的产品线上，后来也可以运行在 IBM PC，各种 UNIX 工作站，以及后来的 Web 浏览器（通过 WebGL），智能手机及嵌入式计算机（通过 GLES）。在图形处理器的固定函数时代，每个图形 API 都提供了对图形加速器硬件中经常使用的许多烦琐复杂的函数的简单、方便的访问。然而，由于现代GPU 的灵活性，现在需要对许多以前固定的操作进行专门的编程。

当然，许多程序员将在这些渲染库之上工作，或者直接在游戏引擎框架中工作，或者可能介于两者之间，通过使用场景图界面来工作，如 OpenSceneGraph（它填补了 SGI 公司的Performer 库的空白）［Burns and Osfield 2001］。除了关系图模型，这些场景图库通常添加其他功能，如模型加载、交集测试、高效渲染和内存管理，这些功能是底层 API 所不提供的。

坐标系统转换

在计算机图形学中，物体与某个"原点"之间的空间关系称为物体所在的"坐标系统"。从数学上讲，物体可以在一个坐标系内移动，或者通过一种被称为"变换"的数学操作使物体与另一个坐标系建立关系。坐标系的另一个名称是"参考系"，我们已经在第 4 章讨论了输入的概念，并将在第 7 章再次讨论它。

坐标系统可以任意指定，但是当它们被指定为空间的显著特征时，它们更容易被想象出来，例如房间的角落、房间的中心、地板的中心、手腕或左眼。坐标系可以是外中心的（与世界相关），也可以是自我中心的（与我相关）。在计算机图形学中，使用的是笛卡儿坐标系统，其位置由 X、Y 和 Z 到原点的距离决定，以及可以指定（虽然不排除）围绕这三个基本轴旋转的方向（也不排除）。

关于如何定义坐标系，一个经常令人困惑的方面是对"哪个轴是上的"这个问题的回答。不同的社区用不同的方式回答了这个问题。因为 2D 图形使用 X 和 Y，当这些图形在纸上（桌子上或书中）时，Z 从书中"出现"似乎很自然。但是如果 X/Y 图是在垂直的计算机屏幕上，现在 Y 是向上的，而 Z 是朝向或远离观众。飞行模拟器社区开始考虑以 X 和 Y 表示的区域地图，因此 Z 是向上（Z-up），但 OpenGL 的开发者选择了" Y-up"坐标系统。关键是，体验开发人员需要知道哪个轴是向上的，他们所在的坐标系是什么，以及如何从一个坐标系变换到另一个坐标系。

在 3D 世界渲染中，应用于对象和层次结构的主要变换是平移、旋转和缩放操作。这些就是所谓的"仿射"变换，也就是那些在最终的坐标系中保持平行性的变换。在应用了所有这些转换之后，3D 世界将以这样一种方式渲染，以便从用户的有利位置正确显示。这被称为透视投影变换的非仿射操作，这就是为什么平行线可以看到在透视渲染中收敛。在透视变换后，三维就消失了：三维世界存在于二维平面上（一幅图像）。最后，对于在人眼中显示时发生光学弯曲的 2D 图像的显示器，执行反弯曲。

除了弯曲操作之外，所有的变换都是线性操作，其结果意味着它们可以通过矩阵乘法操作来执行。具体来说，它们都可以在 4×1 个向量上进行 4×4 次矩阵乘法，其中三维坐标（点位置）表示为齐次向量，简写为 [X, Y, Z, 1]。（注：在三维空间中没有位置的数学向量可以表示为 [X, Y, Z, 0]）。这样做的一个结果是，GPU 特别设计用来有效地处理点和向量的 4×4 矩阵操作。

矩阵运算的另一个方便的特性是，它们可以被连接起来，将一个操作链合并成一个单独的操作，然后可以应用到所有的点。因此，在给定的时间，眼睛的视角和虚拟世界之间的关系一旦计算出来了，产生的矩阵可以应用到场景中的每个顶点（点）。因此场景渲染可以做得非常高效。

鉴于能够轻松地将变换链接在一起，因此，虚拟现实场景可以通过特定的流程步骤进行渲染 [Robinett and Holloway 1992][Taylor 2019]。有些步骤对于传统的（非 VR）计算机图形来说是常见的，而这些步骤在关键时刻被集成到虚拟现实系统中。

渲染操作的具体顺序可能会有所不同，并且效率也或多或少有所不同，这取决于 VR 系统的配置。总体的要求是在给定的系统上处理给定的对象列表。因此，我们需要渲染系统中所有屏幕的所有透视图（即眼睛）中所有对象的所有多边形的所有顶点内的所有像素。此外，还有一些特殊的任务需要克服，或者至少在 VR 系统的限制内适应，比如减轻从运动到像素缓冲的渲染延迟（时间弯曲），减轻光学变形，以及用于立体视角多工的颜色过滤。

在第一个（最外层）循环中迭代哪个渲染步骤的选择决定了具体的好处。在屏幕上循环使其易于跨屏幕进行并行化。对象循环允许对多个视点的对象进行一次排序和筛选。然而，排序和筛选的好处主要是在视图非常相似的情况下产生的，比如一个立体对，它并不适用于面向相反方向的 CAVE 屏幕。

因此，对于单个 HMD 或单屏幕固定显示，通常更有效的方法是循环对象，然后利用立体对渲染的好处来避免冗余处理。而对于 CAVE，特别是在每个屏幕上都可以分配一个单独的 GPU 的地方，对象处理冗余被减轻，因此可以在完全不同的视角上执行。首先在对象上进行循环的方法可能遵循以下算法：

❑ 遍历虚拟世界对象数据库（如场景图、层次结构或列表）。
  ● 维持当前的变换矩阵（"世界空间"）
  ● 对虚拟世界中的每一个对象：
    ■ 将对象的"本地空间"转换到"世界空间"——此时虚拟世界被固定在一些真实世界的坐标上。
    ■ 应用"旅行"变换——现在虚拟物体根据用户在世界各地的移动而移动。注意：一些用户界面对象可能会跳过这个转换，以保持相对于真实世界的固定。
    ■ 对于对象的每个顶点：
      ○ 对于系统中的每个屏幕：
        ▲ 对于当前屏幕上的每只眼睛——通过位置跟踪使眼睛相对于现实世界：
          △ 进行屏幕上的视口变换（"屏幕 – 空间"）——在静止的 VR 显示器上，这将需要一个离轴透视变换。
          △ 进行时间弯曲调整。
          △ 光学弯曲——一种对渲染图像的非线性修改，可应用于 HMD 透镜光学，或投影表面位移，如迪士尼幻想工程的 DISH 显示器。

在第 8 章中，我们将探索更广泛的范围，虚拟现实集成库或系统做什么来展现 VR 体验；但是对于视觉渲染过程来说，关键的元素是这些库在哪里告知渲染过程。为虚拟现实绘制然后吸收如何配置虚拟现实系统的信息。VR 配置必须包括所有屏幕的位置（对于 HMD 来说，屏幕的位置与位置跟踪器一起移动）；眼睛相对于屏幕的位置，对于 HMD 来说可能是固定的，但对于固定式显示器，眼睛相对于屏幕移动，必须被跟踪；VR 集成的另一个主要细节是虚拟世界和现实世界之间的关系，以及现实世界中的每个位置跟踪器。

在第 8 章的虚拟现实软件集成部分提供了一些虚拟现实集成和其他虚拟现实工具的概述。这类工具最近的趋势是将它们直接集成到流行的游戏引擎中，这些引擎拥有比以前任何系统都大得多的用户基础。

6.9　听觉渲染系统

虚拟现实中用计算机生成声音是一个不断发展的研究领域。虽然声音是 VR 体验的一个重要特征，但关于如何通过计算机交互创建声音的信息远不如计算机图形渲染技术广泛传播。在某种程度上，听觉渲染的研究还比较少，其中很多都是在计算机音乐领域，还有一些专家分散在其他几个领域（包括计算机图形学、科学可视化和虚拟现实）。游戏社区再一次通过提高听觉渲染的知名度和重要性服务于 VR 媒介。

既然声音和光都可以被认为是通过媒介的波，我们可能会认为这两者的渲染方式有一些相似之处。在某些情况下会有重叠，特别是当使用射线追踪技术来模拟声波传播时。然而，声波和光波的性质是完全不同的。事实上，声和光通过不同的媒介传播；光的传播速度几乎比声音快一百万倍；光波的长度是纳米量级，而声音是厘米。光是电磁辐射，而声音实际上是传输媒介压力的变化。

对于虚拟现实来说，重要的是声音的瞬变性要大得多——视觉图像可以停留在我们的感知中，但声音不断引起新的声音感知。声音的其他重要特性是：衍射是明显的（声音可以绕过角落）；声音很容易穿过大多数固体；声音需要一个显著较高的渲染率（尽管数据量较少）。

6.9.1　声音渲染方法

声音是以波的形式通过空气（或其他媒介）传播的振动。声波的频率（声波在单位时间内出现的周期数）决定了声音的音调是高还是低。声波的振幅是声音的另一个重要特征，它决定了声音的响度。渲染声音首先创建波形，波形可以存储在字节缓冲区中，然后传输一个数字到模拟转换器（DAC），在 DAC 中转换的信号将呈现给听众。基本波形可以经过滤波和叠加，从而产生一个整体波形。

声音渲染有三个不同的阶段，它们在如何感知声音和如何听起来更自然中起着重要的作用——重要性递减：

1）声音合成——产生声波波形（表面上基于物体相互作用如何引起空气振动）；

2）声音传播——声音如何在空间中移动，从而提供空间质量的线索（和氛围）；

3）声音空间化——用户最终如何感知声音的方向。

声音渲染的每一个方面都与视觉渲染并行。声波波形的初始合成对应于对象的三角形列表，可能在上面添加纹理映射，也可能程序化地生成。声音传播产生的效果，如混响和其他因素，给人一种空间感知，这类似于在一个房间中光源如何在表面反射，能营造一个特定的氛围。最后，声音的三维空间化向用户提供声音发出的距离和方向的线索，这与视觉渲染系统提供的立体视觉和其他深度线索是平行的。

研究员 Tony Scudiero 在介绍英伟达的 VRWorks 的声音渲染特性时［Scudiero 2017］，将声音渲染的这些方面作为对三个感知问题的回答：

❑ 合成回答了：它是什么？（例如，丛林中的老虎？）

❑ 空间化回答了：它在哪里？（例如，我应该往哪边转头才能看到它？）

❑ 传播回答了：我在哪里？（特别是声音传播的后期反射部分。例如，我是在一个大的空间还是开阔的田野？）

当然，对于虚拟现实，当用户在虚拟世界中移动时，我们需要所有这些声音的特性实时渲染。就像视觉渲染一样，对于声音的特定方面，可以进行一些预处理，比如创建一个房间或空间声学特性的声学模型，类似于烘焙一个房间的光照纹理映射，一个房间或其他空间的声音品质可以预先计算为脉冲响应。如果目标是模拟一个特定的房间，脉冲响应是可以测量的，然后在声音的回放或执行期间使用。

对于视觉渲染，循环遍历场景中的对象或者循环遍历图像的像素之间存在二分法。然而，在这两种情况下，渲染计算都是从眼睛（人类受体）的角度开始的。但是，在声音渲染中，更常见的方法是从声源本身开始计算。

声音生成

理想情况下，虚拟环境的声音将会通过模拟世界的计算自动产生——作为虚拟世界的物理属性，可以包括当物体相互作用时空气（和其他材料）产生的振动。当然，虽然在从模拟物理生成模拟声音方面已经取得了很大的进展，但即使是更高端的"虚拟现实"或"游戏"机器，处理能力仍然不足以执行所有需要完全物理模拟的任务。

在光谱的另一边是简单地播放预先录制（"取样"）的声音，以回应世界上某些已测量的事件。回放采样后的声音可以是一种非常有用的技术，以实现与真实世界的高度逼真，但也可能是一个重大的妥协。如果仅仅是完全相同的声音被重复多次，而没有根据环境的变化而变化，听者会很容易识别出来。因此，合成声音能产生动态的声音，可以提供一个可能更有趣的声音场景，但也许是以牺牲特定自然声音的逼真性为代价。

采样。产生声源的一种常见方法是通过播放录制的物理世界声音样本。录音是通过一个转换器将麦克风的输出从模拟值转换为数字值（A/D 转换器）（图 6-49），并在固定的时间间隔（采样率）测量电压。采样率和用于编码电压的数字比特数是对声音样本分辨率的度量。电压测量的频率范围从 8000 Hz（电话质量音频）到 96 000 Hz（高质音频）。CD 音质为44 100Hz。每次测量可用的比特数决定了记录信号的动态范围。这个范围通常为 8 ~ 48 位。标准立体声 CD 每个通道使用 16 位。产生的数字流由计算机处理，可以存储、编辑或在任何需要的时候作为声音播放。这个过程称为采样，数字的收集称为波形采样和采样阵列。

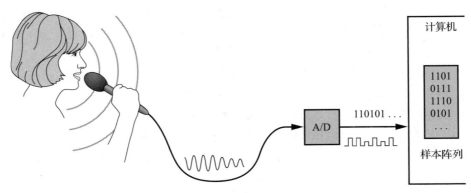

图 6-49　通过模拟 – 数字（A/D）转换可以录制真实世界的声音（例如语音）。由此产生的数字信号可以由计算机系统进行处理、存储或其他操作

采样技术类似于使用数字化照片来创建纹理贴图（可视位图）。当需要真实的听觉表示时，它特别有用。添加"纹理"增强了听觉环境，但设计师必须注意避免明显的重复声音，否则听者会感到无聊或烦恼。参与者可以很容易地感知到声音重复（就像视觉纹理图所引起的模式重复一样）。可以对多个数字化的声音样本进行修改和组合，以创建更丰富、重复性更少的环境。它们还可以与其他算法生成的声音相结合。

虽然为虚拟世界中的特定事件录制少量的声音可能是合理的，但试图记录所有可能的事件，特别是微妙的交互差异，是耗时的，而且当它涉及捕捉没有物理存在的物体的声音质量时，那是不可能录到声音的。

录制声音样本时要考虑的另一个问题是，录音将包括录制录音的空间元素。因此，除非录音是在一个消声室里录制的，消声室的设计可以消除房间里所有的环境声音和响应，否则录音中至少还有空间元素。包含这些元素的声音（任何自然或人为添加到声音中的响应）被称为"湿"声。没有任何改动的原始环境中性声源被认为是"干的"。

合成。合成声音是通过运行程序算法，或由 VR 中的其他组件计算波形所产生的声音（图 6-50）。这种技术为体验开发人员提供了极大的灵活性，因为可以创建任何声音，但可能需要一个重要的计算机引擎或专门的合成器来实时渲染高度复杂的样本。

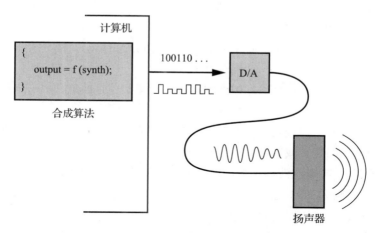

图 6-50　合成声音使用算法产生波形

合成丰富的、现实的、宽频（即相对纯粹的正弦波音调）的声音是复杂的。声音生成算法的复杂程度从产生像正弦波一样的简单声音到通过对声音生成对象的属性建模而产生的声音。声音合成的方法可以分为三个子类：频谱方法、物理模型和抽象合成。

频谱合成方法。声音合成的频谱方法包括观察声波的频谱（组成声音的每个成分的频率和数量），然后重新创造频谱来模仿原始的声音。我们在现实世界中听到的大多数声音都是宽频的；也就是说，它们覆盖了各种各样的频率，因此要实时创建这些声音的整个频谱通常是不可行的。然而，音乐的声音只使用频率的一小部分。因此，许多基于频谱的合成方法可以产生具有音乐品质的声音。频谱合成声音的方法包括正弦波、频率调制（FM）（根据一种正弦波调制到另一种频率）和叠加合成（将不同频率的正弦波叠加产生复合声音）。其他频谱方法将在 6.9.2 节进行讨论。

物理合成模型。 物理模型是通过基于产生声音的物体的物理特性来生成声音。例如，长笛的物理声音模型依赖于计算当空气流经特定尺寸的管道时发生的振动。也就是说，底层的物理现象（空气流动、振动等）被建模，这些计算的结果被直接用于创建相应的真实世界的声音。

有了物理模型，声音就能显得更加真实，与环境融为一体。建模可以是连续的，就像我们的长笛示例中的空气流一样，也可以是离散的事件，比如乒乓球拍撞击一个球。给管子的参数和通过它的气流，就可以模拟一个真实的笛声。给定球拍和球的物理参数（如硬度、接触力、接触位置），就能听到一场真实的乒乓球比赛。

如果目标是在体验种增加真实的汽车引擎的声音，那么可能要建模发动机的形状和排气系统，并确定气缸内部快速爆炸时产生的空气压力波，以及其他明显影响所产生的声音的因素。当然，在计算成本和渲染效果之间存在一个权衡。如果想要合成声音更逼真，发动机输入参数也要折中，如油门和负载。

抽象合成。 声音的抽象合成从一些系统产生的数字流中产生声音，并通过给定的函数将数值映射到声音波形中。这种技术不是用来重建声音，而是用来创建没有自然模拟的声音。例如，风险分析公式可以反映商品市场工具随时间的变化，并使分析师通过倾听它们的波动来熟悉风险模式。

这些合成的声音——无论是通过频谱方法、物理模型还是抽象合成——都可以通过组合或过滤来产生更有趣的效果。声音组合可以通过脚本或者算法来实现。

声音滤波。 滤波器广泛应用于音频处理中。一般来说，滤波器是一种降低（或增加）声音中某些频率的振幅的装置或算法。一些比较常见的滤波器类型包括低通滤波器（让低频通过而抑制高频振幅）、高通滤波器（让高频通过而抑制低频）、带通滤波器（允许一定范围的频率通过，同时抑制该频带以上和以下的频率）和梳状滤波器（抑制特定的频率）。各种各样的参数可以描述这些滤波器类型的特征。

这类滤波器的一些常见应用包括在声波深度线索中使用低通滤波器。例如，为了模拟声音越远，高频就会衰减的效果。声音的这种特性就是为什么当行进的乐队远离时，你会听到低沉的鼓声，而当乐队靠近时，你只会听到较高的频率。因此，对于一个合适的声音深度线索，低通滤波器的阈值随着到声源距离的减小而增大。

在 VR 系统中，使用高通滤波器可能是为了消除地板上脚步的低频隆隆声，因为它可能会干扰对系统的语音指令。

这些滤波器可以用来影响声音的特性。例如，滤波器可以用来改变声音的特征，使它听起来更像是通过电话或扩音器发出的声音。很多滤波器都可以用卷积来实现，事实上，卷积已经成为处理声音的一种非常重要的技术，我们将对此进行深入的讨论。

卷积滤波器。卷积是一种数学运算，可以应用于波形，以有趣的方式对其进行滤波，如添加混响或使声音听起来来自特定位置。在每种情况下，脉冲响应通过卷积应用到声音输入，根据 IR 的性质过滤声音。本质上，脉冲响应是一种作用到声音的描述。

添加混响是卷积在声音处理中的常见应用。虽然从数学的角度看，简单地添加一个延迟的声音副本到它自身上就可以完成一个"混响"的效果，使用脉冲响应可以很容易捕获在一个特定的空间（混响，扩散，散射，吸收）的本质。因此，这些滤波器使声音听起来好像是在一个有不同声学特性的房间里，如爵士大厅或教堂。这些脉冲响应是通过在声音发出的地方（如教堂唱诗班的阁楼或管弦乐队的演奏池）播放脉冲声（如枪声或节拍声）并从听众可能在的不同地方记录下来而产生的。在一个短暂的宽频声音的情况下，捕获的房间中的声音本身就是脉冲响应。另外，也可以使用更复杂的方法，比如扫过一系列的纯音调，通过数学分析产生具有更高信噪比的脉冲响应。无论在哪种情况下，脉冲响应本质上是一种数学描述，可以用来改变任何声音图像，仿佛它是在那个空间被听到。这种技术用于电影和录音的特效。

脉冲响应还可以用来模拟各种物体甚至音频硬件如何改变声音。例如，为了模拟声音沿着一条线从一个罐子传到另一个罐子，那么可以通过在一个罐子中产生宽频噪声并在另一个罐子中记录下来，然后，与这个声音做卷积可以产生声音传输的相同效果。

同样的概念也可以用来再现声音的接收是如何被听者的头部和身体改变的。为了使声音看起来来自相对于头部的一个特定位置，脉冲声在源位置产生，然后通过放置在目标用户耳道内的麦克风记录响应。为了处理来自任意方向的声音，从一个采样的极坐标网格中测量一组脉冲响应。任意一个方向的响应可以通过插值获得。给定头部的响应集合称为头部相关传递函数（Head-Related Transfer Function，HRTF）。HRTF 的脉冲响应最好在消声室中收集，只记录头部和耳朵的影响。

声音传播算法

声音一旦产生，振动就会在整个环境中扩散——它们在空间中移动——称为传播。其中一条路径可能会将振动直接传到听者的耳朵里（虽然可能只直接传到一个耳朵里，而不是两个耳朵里），其他的路径则会在墙壁和家具上反弹，穿过墙壁，绕过角落。所有这些路径都是一个特定空间如何响应声音的一部分。他们给出的答案是：我在哪？我在什么样的空间里？一个大教堂吗？一个厨房吗？一片空旷的田野？峡谷吗？计算声音传播就像给视觉景观添加光照效果。因此，在听觉景观中包括这方面的声音是非常重要的真实体验。

因为声波的长度与空间中物体大小在同一个尺度，也许是空间本身，而且对于人类听众来说，声音的折射、扩散和干涉是在创造真实声音的重要因素。事实上，声音是如何在听者的身体周围（耳郭、头、肩）传播的，对我们定位声音的来源起着重要的作用。

由室内效应和空间化效应产生的声音传播可以通过对"干声"与相应的脉冲响应进行

卷积来实现。这些脉冲响应可以在真实空间中或与真实的人一起测量（至少对于虚拟空间而言），或者可以通过算法进行计算。

计算室内声学包括声波在世界中所经历的所有交互作用：表面上的反射（和扩散），遮挡和传播，角落里的衍射，以及距离上的衰减。声音传播的计算可以从数值上或几何上进行[Raghuvanshi et al. 2010]。

数值计算方法通常将声音视为一种波，对于波长更接近一个房间或大厅大小的低频更实用。然而，数值计算还不够快，还不能达到实时渲染，因此它们通常用于预先计算一个静态空间的室内声学。基于数值的方法通过在数学上求解波动方程来实现。这适用于所谓的声音的后期反射阶段，这将在 6.9.2 节第 6 点中进行讨论。

声音传播的几何计算方法把声音当作粒子而不是波来处理，更多的是声音在空间内如何表示的近似。因此，声音的运动是通过"光线追踪"方法（或者有时是"光束追踪"）来计算的。这些方法对高频声音更有效，而且速度快到足以在动态场景中进行交互渲染。

6.9.2　渲染复合声音

与视觉渲染一样，有许多有用的听觉渲染技术可以增强声音环境。在下面的章节中，我们将描述诸如频率调制、算法加 / 减技术、粒子合成和模态分析等技术。此外，通过使用各种过滤技术，声音可以变得更加复杂。在虚拟现实系统中，滤波器经常用于空间化声音，并提供一个房间的声音氛围。总之，一个复合声音环境是由周围声音、界面声音、音响、空间化声音等各种元素组合而成的连贯的表示形式。

声音的复合方法是动态的，这使得很难开发有效的方法渲染真实的声音。这不仅仅是重新建立一个简单的波动方程的问题。正弦波是频谱声音合成的基本结构。它们是计算机生成声音图像的基本构件，就像视觉领域中的多边形一样。就像观察一个单一的多边形可能会很无聊一样，单个正弦波会产生一种让听者感到厌烦的声音。声音是瞬时的，所以声音的方程必须随时间而改变。由于耳朵和大脑能够分辨出声音波形的细微变化，所以渲染过程必须以非常快的速度进行，因为这些细微差别是如此短暂。

在可以快速计算的简单渲染方程和以牺牲更多处理资源为代价创建更复杂（因而更令人满意或更真实）声音的方法之间存在权衡。这类似于复合视觉渲染技术（如纹理映射、LOD剔除和大气效果）中的权衡。

频率调制

频率调制（FM）是另一种较为丰富的频谱声音合成方法。像正弦波一样，FM 声音也很容易计算。然而，除了正弦波的频率和振幅这两个参数外，FM 声音还有其他参数，例如载频（主声的频率）、载频 / 调制器的频率比（C/M，或调制频率与载频的差异）和调制指数（频率偏差与调制频率的比率）。由此产生的声音比简单的正弦波更复杂，在某种程度上更令人满意，但也会在一段时间后由于听者的疲劳而引起参与者的痛苦。许多声音都有钟声一样的品质和高频成分，会让听众感到厌烦。

加法和减法技术

加法和减法技术是频谱声音创造方法，允许通过组合或减去不同频率的信号来创造声音。由此产生的声音包含了所选频率的丰富组合。加法合成本质上是不同频率和相位偏移（信号位置与时间的差异）的许多正弦波的总和。减法合成是从已经很复杂的声音（如"白噪声"）中过滤出频率。

傅里叶分析是一种数学技术，用来识别组成复杂波形的正弦波分量。这种技术可以分析一个真实的声音，并确定正弦波的频率、振幅和相位。然后，这些正弦波可以被重新合成或重建以模拟原始波形。有益的是，在重建期间，程序员可以控制这些波如何组合，从而可以在 VR 程序中灵活地改变声音。

粒子合成

粒子合成（granular synthesis）是从声音贴图片段（FM 声音、正弦波和其他声源）中合成复杂的声音，以创建更丰富、更动态的声音源。当组合的片段在相位或时间上发生偏移时，原始片段就不一定还能被识别。例如，如果我们有一滴水落在岩石上的声音，那么把这个声音多次结合就会产生瀑布声或流水声［Scaletti 1997］。或者一种纺织（布）模型，当材料被压到断裂点时，每一次线的撕裂都会产生一种撕裂的声音。

合唱

合唱（chorusing）是另一种处理现有信号的算法，它可以产生一种音效，提供虚拟世界的听觉线索。合唱将这种声音与在频率和相位上发生变化的声音副本混合在一起，创造出一种音效。

模态分析

相互作用产生的声音是当物体之间的接触产生力量，导致振动从物体转移到周围的空气（或水或其他介质）。每一个固体物体都有共振频率或模式，可以用来知道当以特定的方式撞击时会发出什么声音。这被 van den Doel 和 Pai［1998］描述为"当一个物体被击中时，撞击产生的能量会导致变形在体内传播，导致其外表面振动并发出声波。"然而，虚拟世界实时物理模拟将物体视为"刚体"，换句话说，即固体不会变形，因此不会产生声音的轻微振动。因此，就像通常的情况一样，为了达到快速近似真实的目的，计算机表示违背了底层的真实——我们欺骗。

视觉上，我们经常通过添加纹理来描述细节（颜色、表面粗糙度等），这些在内部表示中不存在。在这里，我们通过将物体撞击产生的振动与使物体通过在世界上移动和旋转来对撞击做出反应的力分离，从而达到欺骗的目的。因此刚体模拟仍然可以用来告知声音模拟接触发生的时间和地点，可以二次模拟计算这些撞击引起的振动。

知道（或近似知道）振动是由什么撞击（或其他变形，如拨弦）引起的，使得模拟可以创建一个波形，在渲染中用作声源。对于简单的形状，如弦、圆形振动膜或圆柱管，这些值可以直接计算出来。然而，对于更复杂的形状，一种更可行的方法是将物体模拟成可变形的形状，并确定物体中存在何种振动模式。O'Brien 和他的同事［2002］使用被称为有限元方法的计算技术来创建一个虚拟物体的简化声音模型。具体来说，"我们的技术通过对对象的有限元模型进行系统矩阵的特征分解来数值计算对象的变形模式"。这样，"振动响应就可以直接用来计算相应的音频"。

模态分析（modal analysis）就是计算物体的变形模态。这些计算是在世界实时模拟之外完成的——它们是预先计算的。从刚体模拟可以看出，从分析得到的值可以作为实时声音模拟的参数。

传播与环境效应

我们已经谈到了声音是如何在一个空间中移动（在空间中反射），为听众提供关于他们所在空间的线索。当渲染时间不受限制时，可以计算数百次反射，以及声音路径上的折射、扩散和散射效应。这样就可以计算出相当真实的声音，尽管不是实时的。然而，声学分析长期以来遵循的经验法则是，在前 80 ms 之后，所有其他的相互作用基本上都是差不多的——即声源的位置不再重要。因此，从一个声音事件感知的声音有三个不同的组成部分，对应到三个渲染阶段：

❏ 直接从声源到达耳朵（"干声"）；
❏ 早期反射（Early Reflection，ER）（大约小于 80 ms）；
❏ 后期反射（Late Reflection，LR）（大约 80 ms 之后）。

直接路径的实时计算很简单，后期反射的脉冲响应（又名后期混响脉冲响应）可以包装成一个不变的房间脉冲响应（只需要一个卷积滤波器），这样就只有早期反射脉冲响应需要计算。早期脉冲响应会随着空间内源和侦听器位置的移动而变化。因此，目前对声波渲染的研究主要集中在对早期反射信号的有效实时渲染上。

事实上，人们已经对 80 ms 经验法则的有效性进行了研究，当然，这个数值也会根据房间的大小而变化——大一点的房间，比如音乐厅，其早期反射时间大约有 200 ms［Hidaka et al. 2007］，而小一点的房间可能只有 70 ms。Raghuvanshi［2010］解释道："早期反射在环境中根据声源和听者的位置表现出显著的感知变化，而后期反射可以近似为房间本身的属性，因为它的统计数值在房间内变化不大。"并且，"在感知上，早期反射传达位置感，例如遮挡信息，而后期反射则传达场景的全局感——它的大小、装饰水平和整体吸收性。"将室内传播声学应用于声波波形的另一个效果是帮助"外化"（externalize）声音，使它看起来不像是在听者的头脑里。

早期反射的影响，基于声源和听者可能变化的位置，预先计算"源 – 听者"的脉冲响应，并在运行时使用最近的位置来选择最佳的预计算脉冲响应，通过插值后应用于一个声音。通常，脉冲响应网格会在空间中分布，以覆盖可能的"源 – 听者"位置。为了避免大量的数据，网格可能被限制在发出和听到声音的区域——或低于参与者的头部高度，但高于桌子高度，或者可能在地板上。

自适应矩形分解

数值波动方程提供了声音传播的最精确结果，它是一种特别好的计算早期反射脉冲响应的方法，可以用来计算在一个位置发出的"干声"在另一个给定位置的收听者如何听到。当然，计算任意形状的波动方程并非易事。然而，计算一个矩形空间（实际上是平行六面体）的波动方程是容易的。

因此，Raghuvanshi 等人［2009］设计了一种自适应矩形分解（Adaptive Rectangular Decomposition，ARD）方案，其中体积空间分为完美平行六面体，每一个六面体的波动方程可以完美地解决，然后区域之间的边界作为相邻单元波动方程的边界条件。他们的方案的"自适应"部分是在可能的情况下使用较大的区域，然后在边缘处划分成越来越小的"矩形"区域，这些区域的精度损失被认为是可以接受的（图 6-51）。

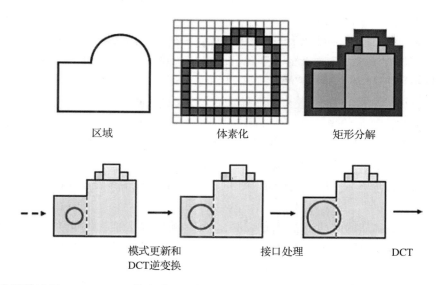

区域　　　　　　　体素化　　　　　　　矩形分解

模式更新和　　　　接口处理　　　　　　DCT
DCT逆变换

图 6-51　此图描述了 Raghuvanshi 等人［2009］的自适应矩形分解方法的各个阶段，该方法通过对声音的空间建模来增加声音的真实性。这个二维切片显示了空间是如何划分的（基于期望的最高频率），然后集中到更大的矩形空间中，这样声音传播的数学运算就更简单了。然后对分区之间的转换进行边界计算（图片由 Nikunj Raghuvanshi、Ming Lin 和 IEEE 提供）

定位和空间化

在第 3 章中，我们讨论了人类如何利用声音的特性来估计声音发出的方向。

当然，主要的因素与声音无关，而是来自视觉——腹语效应。然而，真实的声音属性也会影响声音的定位感知，将声音与视觉效果相匹配会产生更强的效果。

用来帮助感知声音发出的方向和距离的基本效果是：

❑ 声音的衰减——听起来有多大声与我们知道它实际有多大声；

❑ 双耳声级差（Interaural Level Difference，ILD）——哪只耳朵听到的声音更大；

❑ 双耳时差（Interaural Time Difference，ITD）——哪只耳朵先听到声音。

ILD 和 ITD 都能提供声音来自哪个方向（仅限于头部的侧面）的线索，哪个优先取决于声音的波长——波长小于头部则 ITD 优先，而波长大于头部，则 ILD 优先，当波长约为头部大小时，两者都起作用。由于频率是波长的函数，线索可以分类为：

频率（Hz）	线索
20 ～ 800	ITD
800 ～ 1600	ITD 和 ILD
1600 ～ 22K	ILD

因此，提供空间化声音线索的一个简单方法是根据物体相对于头部的左右位置调整音量，然后根据距离声源较远的耳朵对声音添加一个小的延迟。将它与基于距离的衰减因子结合，就得到了一个简单的空间化方案。许多游戏引擎在过去都依赖于这种方法。

然而，正如在第 3 章和本章的卷积部分中提到的那样，听者的身体是任何传入声音的滤波器，根据声音如何受到耳郭（外耳）、头和肩膀的影响，听者甚至可以在很小的程度上辨别声音发出的高度。为了产生这种类型的空间化，通过一系列脉冲响应来测量听者头部的影响。当然，通常的做法是使用一般的头形和耳形来进行录音，但是测量的形状与实际听者的形状越不相似，这一方法的效率就越低。现在有一些数据库，可用于使听者与数据库中的 HRTF 进行最佳匹配。随着声音计算和物体形状捕获技术的进步，对听者进行扫描并使用波动方程计算其 HRTF 的研究正在进行中［Huttunen et al. 2014］［Meshram et al. 2014］。

HRTF 由许多独立的脉冲响应组成，每一个脉冲响应都是通过在耳道中放置麦克风来测量左右耳的，宽频声音（如枪声）在头部周围的一系列方向上偏移（包括不同的高度）。然后，HRTF 通过为每只耳朵选择合适的方向的脉冲响应（或者可能由几个近似方向脉冲响应插值）来对声音进行空间化，然后根据该响应对声波波形进行卷积。

空间化的另一个重要因素是在第 5 章中提出的声场。如果听者转动他们的头，声音就会跟着移动而不是固定在虚拟世界里，那么错觉就被打破了。声场需要与虚拟世界保持一致。对于简单的空间化方法（平移和衰减），可以使用扬声器近似呈现。为了得到最好的结果，声音需要计算，因为它们应该被每只耳朵直接听到，而不应该出现串音，因此需要耳机，以及头部位置跟踪来进行适当的计算。

混合效果

在 VR 系统中，许多声源渲染成为一个干的、单声道的声音图像。然后使用卷积和混响等渲染技术从这些来源创建立体声图像。环境声有时是一个例外，开始就是以立体声呈现给听者的双耳。在现实世界中，声音是在空气中自然"混合"的；然而，迪士尼 Aladdin 虚拟现实体验的开发者发现，不同形式的电子声音图像（单声、固定声场空间化的立体声；基于头部的移动声场空间化的立体声；非空间化立体声）可以直接混合，为参与者创造一个真实和引人注目的声音体验［Pausch et al. 1996］［Snoddy 1996］。

6.9.3　声音渲染过程

虚拟世界的声音部分的渲染过程将涉及硬件的某些方面，尽管在现代系统中，可能只是整个系统计算机的一部分。通常会有包含预先录制的声音的文件，或真实或想象空间的脉冲响应，以及个人用户的脉冲响应集合（HRTF）。随着 VR 的兴起和游戏引擎的整合，声音渲染软件有了很大的改进。最后，我们将看看它们是如何结合在一起的。

声音专用硬件

有相当数量的消费者软件和硬件可用来辅助音乐合成和专业音频制作。这种对基于计算机的音频制作的兴趣使大量的硬件设备可提供给消费者使用，而大规模生产使得价格下降到一个非常有吸引力的性价比的位置。

大多数消费级声音制作设备专注于创作带有特定音高的声音的音乐。现实世界中大多数（非音乐性的）声音都是宽频声音——沙滩上的海浪声、狂风的呼啸声或者引擎的隆隆声。虚拟现实系统利用音乐和宽频声音。

为了在 VR 体验中创造不同的声音形式，需要产生电信号，这些电信号最终将被转换成气压变化，并通过听觉显示设备——耳机或扬声器——传递给听者。为虚拟环境生成高质量音频的硬件是相对低成本和容易获得的。除了个人或工作站计算机的直接音频输出外，声音渲染和滤波硬件还包括合成器、通用音效处理器和可编程的数字信号处理器（DSP）。

VR 体验的受众已经转向家庭和办公室计算机用户。专业的外部声音硬件市场将主要面向 VR 体验。其中 VR 体验的重点是空间声学设计，或对于高端训练体验来说，声音的真实感决定了体验的成败。因此，由于现代计算机有足够的能力完成大多数声音渲染任务，大多数终端用户体验并不需要任何外部声音处理硬件。因此，定制音频制作硬件的领域几乎是专门针对专业的声音设计师，包括那些预算高或有特定科学目的的设计师。

由于广播、电影、广告和音乐行业推动着市场，大多数听觉渲染硬件都是针对它们的特定需求进行优化的。通用的音频引擎并不多。通用音频引擎就像通用计算机。你可以编程做任何你想做的，从混响（使用自定义混响算法）到立体声合唱；本质上，如果你能写出算法，你就能获得某种音效。由于大众市场的声音硬件无法满足需求，VR 听觉渲染系统往往是基于软件的。

在可用的硬件系统中，有三种类型用于为虚拟环境创建声音：1）专用声音渲染器（通常称为合成器）；2）通用声音渲染器；3）声音后期处理器（或音效库）。将这些系统作为用户体验的一部分的需求很可能出现在基于位置的或使用要求更高、停机成本更高的高端培训场所。同样，对于在家里或办公室的终端用户，一台标准计算机通常会被用作声音渲染器。

声音合成器使用特殊用途的硬件来创建基于一个或多个算法的声音。合成的声音可以根据不同的参数进行微调，比如音高、音量和音色。许多合成器都有一个乐器输入界面（图 6-52）。换句话说，合成器的用户界面被设计成模仿一种乐器的界面，最常见的是钢琴 / 风琴键盘。许多合成器的另一个特点是它们可以由计算机（或其他设备）通过一系列命令来控制。使用命令界面，VR 应用程序可以生成环境音乐或触发数字存储的声音样本播放。

图 6-52　许多设备可以控制合成声音。在这里，作曲家 Camille Goudeseune 在演奏小提琴，并把数据发送到软件合成器［Garnett and Goudeseune 1999］。Goudeseune 的系统通过背景中显示的天线和安装在小提琴上的传感器来跟踪小提琴的位置；软件跟踪从小提琴的琴桥传递来的信号的音高和幅度。通过所有这些数据，表演者实时控制合成的参数（照片由 William Sherman 拍摄）

合成的声音可以表示许多不同种类的乐器和以前从未听到过的声音。录制的声音样本（数字化的声音图像）的集合可以被存储并从许多声音合成器中回放（图 6-53）。这种数字化的声音图像是声音贴图的一种形式，类似于视觉纹理图。

可编程的声音处理器可以用来计算声音（而不是回放存储的声音）。这些通常是由数字信号处理器（DSP）引擎构建的。Symbolic Sound Kyma/Pacarana 系统由 Kyma 软件和 Pacarana 硬件组成，前者允许用户可视化设计算法来计算声音波形，后者由多个 DSP 芯片并行计算实时渲染多种复合声音（图 6-54）。（我们将在下面第 3 点中更详细地讨论 Kyma/

Pacarana 系统。）使用专用硬件处理器系统的另一个好处是它的健壮性，特别是对于舞台表演，因此也适用于需要稳定性的高吞吐量场所。

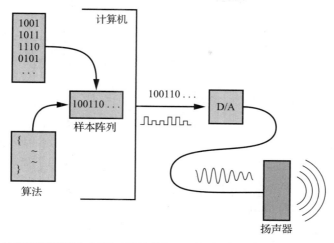

图 6-53 这张图说明了如何通过播放最初通过录制真实世界信号创建的声音文件或使用计算机算法创建声音来制作数字声音。数字信息通过数模（D/A）转换器产生信号，通过扬声器或耳机传递

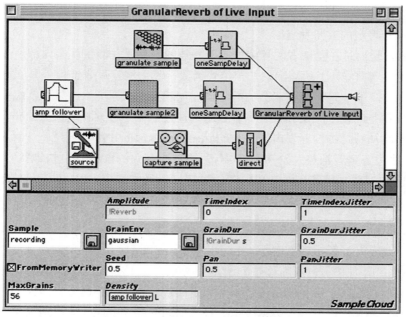

图 6-54 Kyma 软件系统为构建和处理复杂的声音提供了一个可视化界面（图像由 Symbolic Sound 公司提供）

后处理器提供了各种特殊效果来模拟不同的聆听环境或 3D 声音。这些效果可以使用 DSP 软件系统或使用商业数字信号处理库来创建（图 6-55）。许多这样的处理器价格低廉，通常可以通过乐器数字接口（MIDI）和其他通信方式来控制效果的参数。

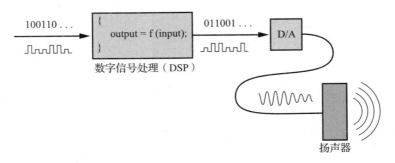

图 6-55　这个图说明了如何使用数字信号处理技术处理数字声音。DSP 是一个黑盒子，它对信号执行计算机程序，在输出端产生一个修改过的信号。这里，数字信号 100110 进入 DSP，由 DSP 单元执行计算（例如，复杂混响模拟）。结果信号从另一端输出为 011001。输出信号通过数模（D/A）转换器发送，最后通过扬声器显示

在过去有一种专门用来生成三维空间化声音的设备被称为卷积器。卷积器是由水晶河工程公司开发的，旨在通过卷积将脉冲响应应用于任何声音，以某种方式过滤声音。最常见的传递函数模拟了单个听者头部形状的影响。头部相关传递函数（HRTF）使声音显示看起来好像是从一个特定的方向发出的。

HRTF 通常是通过在受试者的耳朵中放置特殊的麦克风并测量耳朵内部声音的波形来产生的。宽频声音（白噪声）从周围的几个位置播放，然后测量声音经过外耳、身体和头部阴影的滤波结果。下一步是将滤波函数的数学描述加载到卷积器中。结果是，虚拟世界的声音对听者来说变得空间化了。实际上，声音显示是通过这样一种方式被操纵的——对于听者来说，声音似乎是从特定的位置发出的［Wightman and Kistler 1989］。

GPU 也适用于声音渲染。许多处理声音的算法可以使用 GPU 更快地执行，GPU 也可以被认为是流处理器，尽管声音生成的时间敏感性，通常要求 GPU 不能与其他任务（如视觉渲染）共享。同样，针对高端音频设计的计算机工作站拥有高保真的声音 I/O，并且作为系统规格的一部分。

声音资源编码（计算机内部表示）

人们可能会认为产生声音的理想方法是在所有情况下都进行物理模拟。由于这是不实际的，所以有些情况下，会录制声音样本并用于回放。事实上，声波波形样本并不是唯一可能被编码并存储在文件中的声波数据类型。特定房间的脉冲响应，无论是预先计算的还是实时测量的，也需要存储（尽管实际上脉冲响应是带有特定含义的声音样本）。但是也可能有脉冲响应的集合（例如 HRTF），或者存储为 MIDI 文件的声音命令。

就像视觉图像一样，在传输到显示器之前，声音波形（听觉图像）由一组数字组成。视觉图像存储在一个随时间变化的二维数组中。听觉图像每个通道有一个随时间变化的单一值。音频数据的帧率通常被称为采样率。

正如我们已经讨论过的，一张光盘的采样率是 44 100 Hz，为两个通道（立体声）存储信息。这可能会迅速耗尽内存和磁盘空间，因此大多数音频格式采用一定范围的采样率（同样，从 8000 Hz 的电话质量到 96 000 Hz 的 DVD 的高保真质量），这基于期望的质量和可用内存之间的平衡。用于表示每个数字的位数也会影响质量。16 位提供了足够的动态范围（96 dB）来覆盖在交响乐大厅演奏的管弦乐队的振幅范围。低质量的音频通常每个数字只使用 8 位；20 位或 24 位存储可用于高端解决方案。

在现代计算系统中，用不同的音频格式来存储声音，主要区别在于采样率、每个采样的位数、通道数和压缩算法。有些格式被设计成只支持特定的参数值。在 Microsoft Windows 系统中，WAVE 音频文件格式（.wav）很流行。WAVE 格式使用很灵活，可以自定义采样率、通道数量和压缩方法。另一种选择是音频交换文件格式（AIFF），它也非常灵活，允许各种采样率、每个采样的位数和编码。这种格式是苹果计算机的标准格式。当然，对于包括智能手机在内的便携式音乐设备，MP3 和 OGG 格式提供了有损的压缩比，因此压缩比高得多。压缩算法的设计是为了隐藏损失的声学信息，使得大多数听众几乎无法察觉。

为最终用户直接回放而设计的声音（如歌曲），会包含设计师设计的音效和立体声混音，它将是湿的。对于要集成到交互式虚拟环境中的声音波形，首选的是所谓的干声，除了声音片段之外，它有尽可能少的不相干的声音特性。

对于简单的事件驱动组合的声音，MIDI 协议提供了另一种文件格式选项。MIDI 是用于电子乐器和计算机之间通信的标准协议。MIDI 格式在乐谱中指定一系列动作或事件。

通常，MIDI 信号被发送到商业音乐合成器和特效盒。合成器播放的音符听起来像是来自各种乐器，但也可以播放预加载的声音样本阵列（声音贴图）。使用 MIDI，实际的声音产生发生在合成器上。发送到特效盒的 MIDI 命令还控制混响等功能，或选择预设配置，如合唱、各种失真、音量和其他各种功能。

VR 声音渲染软件

游戏引擎在虚拟现实界面中渲染虚拟世界的使用越来越多，这也影响了大多数声音渲染在展现体验时的实现方式。在 VR 体验开发的早期，通常局限于使用简单的 API 来回放声音或从头编写音频渲染软件。少数情况下使用 Vanilla Sound Server（VSS）［Bargar et al. 1994］或专用工具，如 Kyma［Scaletti 1989］［Scaletti 2004］。

随着游戏世界努力提高逼真度，游戏制作行业提供了在视觉之外也加入声音的手段。然而可选择的手段还相当少，主要集中在使用声音剪辑，可以用高或低通滤波器进行滤波、合唱、变形或混响，加上一些有限的"3D"音效，例如基于听者的距离来减弱声音，以及使用左 / 右平移来空间化声音。当然，游戏程序员也可以编写自己的滤波器，包括充当声音生成器的滤波器。

最近，专门为虚拟现实设计的音频渲染器（包括空间化和传播效果）已经发布，这推动了听觉渲染的发展，包括使用 VR 特有的头部跟踪信息。这些工具的例子包括 nVidia VRWorks-Audio 套件［Scudiero 2017］和 Valve Steam-Audio 套件（收购自 Impulse Sonic）［Valve Corporation 2018］。这两个套件都提供了独立的 API 库，允许外部工具访问它们的功能，同时也提供了软件包，将它们集成到流行的游戏引擎中，如 Unreal Tournament 和 Unity。事实上，大多数新的声音渲染 API 都是针对游戏引擎的，因为这是主要用户所在的地方，也是对逼真声音高度渴望的地方。

其他现代声音工具不一定是实时渲染工具，但可以作为声音设计过程的一部分，也许可以应用于制作环境声音，或一些特殊效果，如 Max/MSP［Puckette and Zicarelli 1990］，PureData（pd）［Puckette 1996］，甚至 ChucK［Wang and Cook 2003］［Wang 2008］。在 Max MSP 和 PureData 中，声音是通过组合声音发生器和声音滤波器模块来产生声音输出。这个输出可以作为干声由实时渲染器过滤和播放。在 ChucK 的例子中，它作为一个虚拟机运行，带有驱动声音生成的编程命令。虚拟机可以嵌入 VR 渲染系统中，用来渲染世界的声音部分。

过去使用过的一些工具，虽然它们的使用可能会减少，但仍然是可用的解决方案。最简单的解决方案是使用一个基本 API，它接受一个包含声波波形的缓冲区，并将其播放到计算机的音频输出。一种选择是跨平台的 SDL API［Lantinga et al. 2001］，它包含播放音频的基本功能。另一个有用的 API 是声音合成工具包（STK），它由研究员 Perry Cook 开发［Cook and Scavone 1999］，它提供了一套音频生成器和滤波器，主要用于音乐创作。

介于两者之间的是 VSS 工具［Bargar et al. 1994］。VSS 是通用软件音频渲染系统的一个例子。在最初的设计中，VSS 经常用于 CAVE VR 系统中，通常与一台单独的计算机一起驱动音频。因此，跨平台 VSS 在客户机/服务器模型中运行，其中世界渲染系统将发送音频到位于另一台机器上的声音服务器。为了扩大 VSS 的声音范围，Cook STK 被整合进来，带来了许多乐器的音效。虽然 VSS 已经使用了 20 年，但它一直在持续维护，并且是开源的［Goudeseune 2018］。

VSS 使用了我们讨论过的各种声音生成方法，包括采样阵列回放、向合成器发送 MIDI 命令、生成正弦波或 FM 声音、粒子组合和基于物理的声音模型。除了这些产生声音的方法，VSS 还具有修改特定声音或控制整体输出参数的功能，即单个声源的音量或整个输出的音量。VSS 还可以通过应用滤波器和混响等效果来改变波形本身。

最后，还有可以通过世界模拟系统的命令来控制的外部声音渲染系统。如前所述，在需要高吞吐量但停机时间昂贵的情况下，例如基于位置的娱乐或高端培训环境，就会出现这种情况。这些系统包括发送到一个声音合成器设备的 MIDI 协议，Kyma 可视化编程通用声音创造语言控制一个 Pacarana DSP 系统。

Kyma/Pacarana 软件包含了各种方法，如样本回放，傅里叶分析/再合成，波表合成，减法合成和滤波、粒子合成、基于身体的声音模型和其他各种处理算法。由于 Pacarana 包含多个 DSP 单元，因此相比于大多数通用计算机，该系统可以实时产生更同步和更复杂的声音。

声音开发人员可以结合现有模块构建新的算法，也可以用 DSP 的汇编语言编写新的算法。

最后，还有卷积器和来自 Crystal River Engineering 公司的系列产品（例如 Beachtron）［Wenzel et al. 1988］［Foster et al. 1991］，也是基于外置 DSP 处理单元。在这种情况下，DSP 处理单元专门设计用于声音流与脉冲响应的快速卷积。特别是，通过串行协议将 HRTF 和头部定位信息发送到处理单元。在这种情况下，市场规模不足以维持持续的生产和支持，因此使用外置卷积滤波器实现声音空间化不是一个长远的选择，尽管 Pacarana 系统是一个可行的替代。

连接虚拟和现实

在虚拟世界中，展示声音的方法也在不断发展中，最近为声音设计师提供了许多改进的和新颖的方法。也许声音渲染没有改变的一个方面是，有些元素将被预先计算（或预先录制），而其他元素将被实时计算，理想情况下，与 VR 系统的数据一起控制声音发生器和效果（图 6-56）。

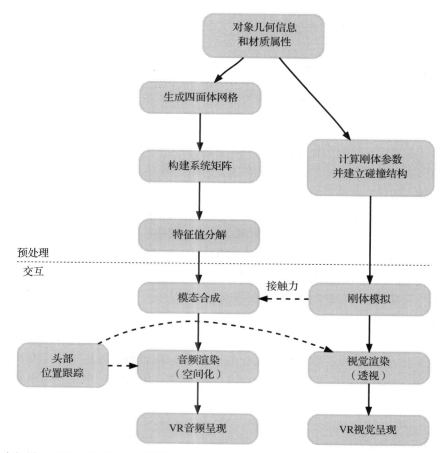

图 6-56　虚拟世界中对象的模拟不仅提供了视觉渲染所需的信息，而且还可以用于模拟声音，因为这些信息来自于模拟过程中发生的碰撞（改编自 O'Brien et al.［2002］，由 James O'Brien 提供）

当体验被"构建"到要运行的应用程序中时，可以预先计算或烘焙的体验元素将被完成。因此，独立标定的空间后期反射和材料的声波特性被用来产生后期脉冲响应（LRIR）。烘焙过程也会为交互区域（例如，听众将会在的区域，以及声音将会发出的地方）预先计算脉冲响应。最后，对个别对象进行模态分析。

以用户为基础，当要应用身体阴影空间化时，必须选择或创建 HRTF。使用白噪声和麦克风创建 HRTF 既费时又麻烦，因此，除了极少数情况外，更可能的情况是测量或扫描用户的耳朵，并从数据库中选择最接近的近似值，或者随着技术的改进，通过算法构建 HRTF。至少，将使用通用的 HRTF。

交互地，干音样本、参数化声音，或从一个模态分析的对象碰撞声音作为初始化，然后通过过滤再整合到空间中。利用 ERIR 计算听者和声源对每个声音的效果，然后理想化地使用 HRTF 方法计算所有空间化效果，尽管也可能是使用衰减和左右平移的廉价空间化方法。在每种情况下，用户的位置都由 VR 系统提供。最后，将整个房间效应应用于每一个具有后期反射脉冲响应（LRIR）的声音。然后声音被发送到显示器。

6.10 触觉渲染系统

在 VR 系统中使用的主要感官中，触觉通常是最难以整合的。造成这种挑战的原因之一是，大多数触觉感知来自与环境的直接接触，而有些则涉及参与者与世界的直接双向互动。触觉力显示设备是唯一接收和提供刺激的人机界面。一个可塑对象被渲染，这样用户就可以感受到它的形状、纹理和温度；此外，如果有足够的力推动，物体的形状会根据它的弹性而改变。有些形式的触觉渲染更容易产生，但不一定是真实的感知。总的来说，创造和保持触觉感官的错觉显示是一个挑战，因为需要直接接触来刺激感受器。

触觉显示面临的另一个挑战是，人类触觉系统包括皮肤（基于皮肤的）和动觉（基于肌肉/关节的）感受器。这两种感觉是密切相关的，但目前的 VR 系统通常只能解决其中一个。因此，出于实际目的，我们对触觉渲染的讨论分为两种基本技术：基于皮肤的渲染（如温度和表面纹理）和基于肌肉/关节的渲染（如表面形态和力）。

在力显示系统中，滞后帧率会导致世界的"感觉"降低，甚至会导致显示本身变得不稳定。这与视觉系统形成了直接的对比，在视觉系统中，缓慢的帧率只会影响图像被感知为一个连续的移动场景还是一系列独立的图像。无论如何，每幅图像都是当时世界的精确视觉呈现。一块砖看起来仍然像一块砖，但在滞后的力显示中，它可能感觉像一块黏土。

6.10.1 触觉渲染方法

在第 5 章的介绍中，我们讨论了三种常见的主动触觉显示器：1）触觉设备（附着在皮肤上）；2）操纵器／末端执行器显示（用于触控笔、手握等的机械力）；3）机器人形显示（将物理物体放置在适当位置的机制）。如果应用程序设计者没有动机去设计新的触觉显示形式，他们必须使用这些设备所适应的渲染方法。

如前所述，触觉感知包括皮肤和动觉（肌肉和关节）感知。皮肤刺激如温度、压力、滑动、电流、振动、表面纹理都可以通过触觉显示设备显示。潜在的表面纹理也可以通过末端执行器（机械力）显示的小扰动来呈现。动觉使人们能够确定物体表面形状、表面刚性、表面弹性、物体重量、物体位置和物体移动性等特征。动觉感知信息可以使用带有末端执行器的机械手（图 6-57）或机器人形显示器来呈现。以下各节提供可能遇到的基本触觉渲染方法的概述。

图 6-57　Sarcos 公司的 Dextrous Arm Master 通过对使用者手持的手柄施加力来提供动觉反馈（图片由 Sarcos 公司提供）

振动触觉（皮肤）

使用简单的不平衡电机（振动马达）就可以很容易地产生（呈现）振动，就像每个手机上安装的那种。然而，对于更真实的振动，如感觉弓弦不断上升的张力，或者雨滴落在手上，都需要某种更复杂的东西——一种随着时间改变感知的方法。因此，渲染这些更复杂的感觉需要一个可以随时间变化的信号和显示。触控器显示器是一种类似于扬声器驱动的电子装置，它可以接收时变信号，从而产生随波形变化的振动。事实上，提供给传感器的信号与声波信号具有相同的特性。

为了渲染下雨的感觉，该系统会产生一种波形，模拟雨打到皮肤上或附近的感应器。同样，对于弓弦的张力，当弓弦被拉动时，张力就建立起来，然后以振动的形式释放出来，这种振动有一种特殊的感觉，这种感觉可以被存储为一种波，并通过触觉传播。与视觉和声音信息一样，这些振动可以捕捉到，或试图通过合成产生，或通过精确的物理模拟产生。

与所有的触觉效应一样，一个单一的感知器只会向参与者的特定区域呈现信息。因此，如果感官分布更多，则需要多个感受器。已经尝试过的布局是把它们放在每只手的手背上，或沿着手臂，或放在后背，或放在椅子的座位上，甚至连在地板上。Israr 等人发现，如果信号的振幅从一个信号转移到另一个信号，探针可以感知到感知器之间的感觉［Israr et al. 2016］。

也可以使用力显示来渲染振动（操纵器）。这种技术包括在高频下短距离前后移动末端执行器。这样做的困难在于，在足够精确的运动距离下，电机驱动器可能不能以足够高的频率做出反应。在末端执行器上安装振动触觉调节器可能要容易得多。

皮肤压力（皮肤）

两种主要的渲染压力的方法是充气囊袋和针阵列。显然，在每种情况下，显示设备必须与皮肤接触。

基于针阵列的压力渲染。触觉反馈针阵列将小的针以一种模式进出（朝向皮肤并从皮肤上收回），以模拟被抓或被触摸物体的一般表面形状。对于压力显示器，显示器和皮肤之间有一个稳定的关系。针显示器的使用并不局限于指尖。例如，可以在手掌上使用较大的针来提供抓握的感觉，或在背面使用较大的针来提供加速的感觉。

基于囊袋的压力渲染。可以填充和抽空空气或其他液体的囊袋也可以用来引起皮肤的压力感觉。提高囊袋分辨率的技术还没有出现，所以囊袋更有可能用于渲染感知如手是否握住或推一个对象（囊袋在手掌或手指），或背面和躯干的整个身体上呈现加速度的表示。

表面纹理（皮肤）

与皮肤压力渲染一样，表面纹理也可以使用不同的技术进行渲染。针阵列也是一种可能的技术。另一种可能的技术是对用户持有的末端执行器进行阻尼控制，或者使用摩擦可控的材料。

基于针阵列的纹理渲染。触觉反馈阵列显示器渲染触觉信息，通过手指在针阵列上移动来再现纹理感知。针的运动是根据手指的运动而变化的，以便给人一种摩擦表面的感觉去感知纹理。有一种渲染方法使用放置在平面上的针阵列，随着手指在显示器上移动而上升和下降。另一种方法是将针阵列固定在圆筒上。在这种情况下，针阵列随着圆筒的旋转而上升和下降。

基于摩擦的纹理渲染。感知表面纹理的一个组成部分来自手指移动时所感受到的摩擦力。使用可以改变摩擦力的材料提供了一种方法，通过跟踪手指的运动来渲染表面纹理，然后在手指穿过表面时引起间歇性的摩擦。表面纹理可以以一种类似于视觉"凹凸贴图"的方式存储，也许同样的贴图可以同时在视觉和皮肤上应用。

基于运动阻尼的纹理渲染。与摩擦显示类似，渲染表面纹理的另一种方法是通过显示引起一种移动摩擦，这种显示可以停止用户的实际移动。在这种情况下，用户手持带有末端执行器的力反馈显示器（操纵器）可以在虚拟表面上间歇性地"刹车"，从而为该表面的粗糙程度提供线索。在这种情况下，也可以传达物体的整体形状。例如，当触控笔以某种方式移动来限定对象时，虚拟的橙色会感觉既是球形的，又是凹凸不平的。

热渲染（皮肤）

渲染温度比较简单。所有需要的是传递热量的接触元件或末端执行器是接近或接触皮肤。指尖 Peltier 传感器是一种用于提供虚拟物体冷热感觉的设备。当然，当指尖受热或极冷时，安全是一个问题。环境空气温度也可以通过激活热灯或其他温度控制装置来控制，这是一种反映参与者是否步入了阳光下的实际方法。

环境（4D）效应（皮肤）

许多环境（4D）效应以二元形式运作——刺激是呈现出来了，还是没有呈现出来。一种特殊的气味是否被释放出来，加热灯是否打开。也许有一些方法可以减弱某些效应，比如在灯泡上使用调光器，但不是所有的设备，特别是消费级设备都能够通过计算机控制减弱，除了白炽灯光源，不能使用可变电压来减弱。通常情况下，为了实现不同级别的效果，需要使用多个"显示"，而激活显示的数量提供了变化。

在渲染系统中，模拟必须决定何时、多少以及哪些设备需要激活。例如，使用多个风扇，模拟确定风是从哪个方向吹来的，并激活相应的风扇。对于短期体验来说，模拟太阳可以很容易——相对于时间参考系它不会移动太多，而且如果用户不需要相对于现实世界进行旋转时，那么只需要一个头顶上的热源。

因此，将激活信号集成到模拟中就相当于在虚拟世界中添加激活区，这样当用户接近悬崖边缘时，风就会吹到悬崖表面，风扇"显示"就会被激活。当在房间靠近壁炉的某个区域时，加热灯被激活并释放出烟味。稍微复杂一点的是，可以使用一个跟随用户的代理对象来查看该对象何时处于阴影中，何时不在阴影中，何时激活热灯。

力觉渲染（动觉）

形状通常使用动觉显示技术来渲染，如力显示。用户通过感知到无法穿透表面来"感觉"物体的存在，通过相关的操纵器阻止所握住的末端执行器朝特定方向移动。其他的特性，如物体的弹性和表面纹理，可以与表面一起渲染。如上所述，对于表面纹理，通过在表面上运行触针所感受到的触觉，在如图6-58所示的力显示器中使用小扰动来渲染。

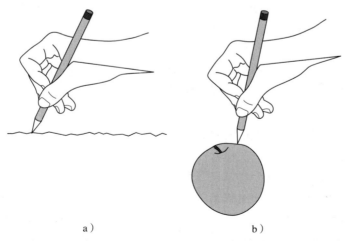

a)   b)

图6-58　a）当用户拖动触控笔穿过虚拟表面时，触控笔会根据虚拟表面纹理移动，从而产生纹理表面的感觉。b）触控笔可用于探测虚拟物体的表面特性

单点接触（3-DOF 输出）。在 VR 体验中，力界面的主要形式是在与物体接触的单点上。力显示器提供对指尖或手持式笔尖的刺激，但不提供扭矩（旋转）信息。这种类型的显示通常由基本的末端执行器（图 6-59）或 ROSD 提供。

转矩的单点接触（6-DOF 输出）有时需要感受到扭矩和平动力。当扭矩渲染需要感受两个分子之间的所有力时，阻力设计是其中一种惯常手段。在单点上使用 3D 运动和 3D 扭矩渲染这些复杂的交互作用需要一个 6-DOF 的力输出。这种情况通常在力显示中需要一组更复杂的连杆。

图 6-59　一些触觉显示器，比如这个 Phantom 设备，使用通用触针（在某些设备中是顶针）作为操作工具，用于与各种应用程序进行界面操作（照片由 Willian Sherman 拍摄）

使用力显示简化形状渲染模型

实际上，触觉交互的计算机模拟，就像其他渲染系统一样，只能提供有限的细节。因此，需要简化计算机表示。从根本上来说，只有表示足够简单，才能达到实时渲染，但同时也要包含足够的信息，使得能够满足应用程序的感官反馈。

对于需要控制一个大约 1000Hz 的机器人的力显示来说，这一要求尤为重要。以这种速度模拟整个世界是理想的，但这通常是不可能的，因此需要采用一种中间表示。类似于计算机图形学的操作，多边形被用作高级描述（如"链"的概念）和单个颜色像素级别的最终描述之间的一个中间步骤。类似地，一个中间力（或其他触觉）表示可能包括对探针和少量附近表面之间的力的描述。然后渲染系统将其转换成信号，可以迅速发送到力显示。

有几种方法可以简化从世界模拟中传递要渲染到力显示的"图像"所需的信息量。高级的渲染 API 可以对应用程序程序员隐藏这些简化：弹簧和阻尼器模型、点与平面模型、多平面模型、点对点模型和多弹簧模型。

下面将对每个模型进行简要的解释，但与我们处理计算机图形和听觉渲染一样，细节留给触觉编程指导。

弹簧和阻尼器模型。弹簧和阻尼模型允许系统在虚拟世界中控制探头和表面之间的方向、张力和阻尼。物理阻尼器的组成是气缸中的活塞，在气缸的末端有一个小孔。当活塞在气缸内前后移动时，它通过孔口将空气推入和推出。这导致黏滞阻尼正比于活塞的运动速度。阻尼器的作用类似于汽车的减震器，是一种黏性阻尼装置。因此，在虚拟世界中，可以使用描述弹簧和阻尼器在物理世界中如何相互作用的方程来近似地描述一些物理交互作用。

点与平面和多平面模型。点平面模型通过放置一个与探针尖端（最近表面）相切的虚拟平面来表示探针与表面之间的相互作用。当探针跟踪表面形状时，平面沿表面的切线运动来模拟虚拟物体的形状（图 6-60）。然而，使用这个模型很难模拟物体的角落和在高黏性流体中的运动。

多平面模型是点与平面模型的扩展。随着虚拟平面曲面的增加，该模型提供了一种简化的虚拟世界中不连续角的绘制方法。当探针移动到一个角落，添加额外的平面来表示被描绘的形状的复杂性（图 6-61）。

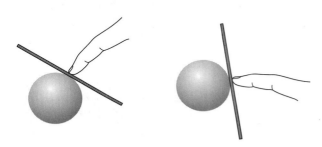

图 6-60　点和面模型使用了一种隐喻，即在探针的交点处提供一个平面。例如，当指尖或手指替代物在一个触觉渲染的虚拟球体上移动时，触觉计算模型会不断地移动平面，使其在触点处与球体相切，从而产生触摸实际球体的感觉

图 6-61　多平面表示允许渲染不连续的表面

点对点模型。点对点模型使用一个基本的弹簧模型，该模型由描述弹簧在两点之间被拉伸和压缩时的力的方程组成。点对点通常不用作一般模型，而是作为一个过渡模型，在复杂计算产生的高度波动力中维持稳定。对于可能提供广泛分散的力（可能过于剧烈而无法精确渲染）的模拟，可以模拟弹簧在模拟探针点和物理探针尖端之间活动。打个比方，如果你紧紧抓住一根松紧带的一端，另一端被一个人以一种非常不稳定的方式拉着，你只会感受到另一端的不稳定运动。

多弹簧模型。多弹簧模型提供了扭矩渲染的方法。如果仅在一点发生接触，则无法模拟扭矩旋转。通过将多个弹簧按一定模式排列在显示器的尖端，可以在尖端的每一边改变力，从而产生旋转模拟（图 6-62）。当然，一个力显示必须能够有效地渲染这个模型的扭矩。

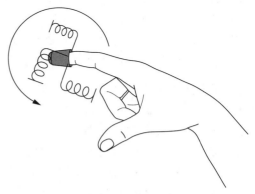

图 6-62　多弹簧模型可用于向任何其他触觉表示添加扭矩（改编自 Mark 等人 [1996]）

使用机器人形显示渲染形状（动觉）

正如我们在第 5 章中看到的那样，物体表面也可以使用机器人显示来渲染。将一个具有适当边缘或表面角度的物理表面放置在用户的手指或手指代理（通常是一支笔）的前面，用于模拟虚拟对象。当用户移动探针时，显示的表面将被定位并移动到与虚拟世界相匹配的位置。

一些特定的对象也可以通过专门的机器人形显示器来渲染，这些机器人形显示器配备了用于代表在虚拟世界中遇到的对象的样件，例如波音公司［McNeely 1993］在虚拟现实训练应用中实现的飞机驾驶舱中的许多开关。同样，在用户的手指或手写笔到达该位置之前，机器人将实际的物体放置在适当的位置，从而实现这些显示。例如，机器人可以将一个实际的拨动开关放置在虚拟世界中表示虚拟开关的位置。

惯性和抗力效应（动觉）

惯性和抗力效应的模型在显示器上增加了摩擦和黏性（包括阻力）和动量（惯性力）的特性。摩擦力是由表面（如笔尖与物体）之间的摩擦所产生的阻力。黏性是流体（如水、空气）中运动的阻力，不一定是在表面上。对象表面构成一个形状，但当触摸到它时，我们也会感受到平滑度、顺从性（它如何与我们的手保持一致）和摩擦力等特征。这些特征是正交的。例如，一个光滑的表面根据组成它的材料的不同会有非常不同的感觉。抛光大理石摸起来很光滑，表面摩擦小，因此与橡胶等高摩擦、柔顺材料制成的表面有着不同的触感。一些仿真世界模拟惯性效应。当用户接触到一个大质量的物体时，用户会感受到阻力，无法让它减速或移动。

错误纠正（运动）

错误纠正是在当触觉显示器违反了虚拟世界的规律时开始发挥作用。之所以会出现这种情况，是因为仿真的帧速率比触觉显示的帧速率和用户的速度都要慢得多，这使得他们能够穿透一个不可拉伸的表面。发生这样的错误是很常见的。错误纠正模型可以用于调和这些差异。通常，一个强大的方向力会把用户拉到离地面最近的点上。通常，可视化代理将表示活动点，就像已经在外部表面上一样。

物理对象渲染（3D 硬拷贝）（皮肤和动觉）

另一种选择是"用塑料渲染"。这是一种直观的技术，虽然不可改变，但它实际上创建了一个虚拟对象的物理模型，把它带入现实世界，使它可以拿在手中，直接体验。3D 打印技术有很多，其中立体光刻是最早的技术（见 5.3.8 节的讨论；参见图 5-83）。作为一个固定对象，该技术不提供交互反馈，但可以作为一种手段，提供定制的被动触觉对象。

Azmandian 和他的同事在人类感知实验中使用了这种"触感渲染"的系统，这就是所谓的"触感重定位"实验［Azmandian et al. 2016］。在这个实验中，一个单独的物理块放在桌子上，当使用者（佩戴着封闭式 HMD）伸手去拿虚拟世界中的任何一个块时，视觉渲染被改变，使他们真正拿起桌子上那一块。当然，在实验中，只有 3 个虚拟块，但有可能扩展这项技术。

6.10.2　使用力显示渲染复杂的触觉场景

随着计算机图形学领域的发展，许多提高复杂场景渲染速度的技术得到了发展。这些软硬件技术使得复杂场景的实时生成成为现实。计算机触觉领域还没有达到这个成熟的水平。对于力渲染的 1000 Hz 帧率目标，用力显示渲染刺激仍然是一个挑战。

渲染实时、复杂的触觉场景的难度因为需要高帧率来维持渲染对象的一致性而加剧。如果帧速率太慢，系统响应和调整以提供适当的阻力所需要的时间是显而易见的。一个坚硬的虚拟表面可能会在一段时间内感觉柔软。这种潜在的低帧率，再加上缺乏像纹理映射这样的视觉增强技术，限制了大多数触觉显示的沉浸感。

力信息的真实渲染所需的复杂性，反过来又受虚拟现实体验中允许的模拟物理接触类型的影响（图 6-63）。如果只需要呈现一个对象的形状，那么在虚拟世界中使用一支简单的触控笔就足够了。要想抓住一个物体，拿起它，感受它的重量、弹性和纹理，就必须将相当多的动觉信息传递给用户。

这些交互作用中哪一个可以被一个特定的力显示所呈现，是与力显示所能支持的自由度数相关联的。我们用 hold（或clutch）这个术语来表示，我们对一个物体有足够的控制，可以同时在多个轴上重新定位它，而不仅仅是推这个物体。在现实世界中，用户和对象之间至少需要两个独立的接触点来保持它。

在虚拟世界中，可以通过 1）一个3-DOF（或更多）机械手来实现抓取物体；2）两个 3-DOF（或更多）末端执行器实现手指捏住物体；3）自我接地装置实现测量和阻碍手指间运动（如图 5-77 所示的 RutglarsDextrous Master）。

自我接地力显示只能反映被抓物体的弹性所产生的力；也就是说，你可以挤压一个球，感觉一个由软橡胶制成的虚拟球

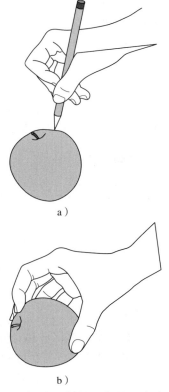

a）

b）

图 6-63　VR 应用程序所要求的逼真度会影响必须复制的接触的类型，因此也会影响本体感知渲染的复杂性。比较图 a 和 b 所要求的刺激水平

比一个由混凝土制成的虚拟球更容易挤压。然而，关于物体特征的信息，比如整体重量，是无法传递的，所以你无法感觉到这些球有多重。

限制运动

限制用户的移动意味着限制可能的触觉交互。例如，腹腔镜摄像机仅允许在导管上或下的方向做一维平移运动（图 6-64）。对于这个运动，一个简单的 1-DOF 显示就足够了。如果，除了平移之外，感受到来自摄像机扭转的力也很重要，那么就需要一个 2-DOF 的设备来适应二维的移动。

力交换扭矩

另一种向系统添加约束的有用方法是使用力学将力的运动转化为扭矩。例如，通过附加一个针头代理器作为 3-DOF 力显示（机械手）的末端执行器，限制针通过人体模型上的一个特定点，机械手的左/右和上/下运动使得针围绕插入点（枢轴点）旋转，从而为针提供扭矩。入/出动作用一个 1-DOF 力显示渲染，表示针插入的深度。

图 6-64　显示器是为特定应用而设计的，例如 Immersion 公司的腹腔镜手术界面。一个配套设备模拟了腹腔镜摄像机，只允许在管道内上下移动（图片由 Immersion 公司提供）

两个接触点的 5-DOF（捏住）

通过集成多个力显示，可以提高力的有效相互作用程度。一个特别有用的交互作用是允许两点捏住。在这种情况下，两个 3-DOF 平移（力）显示器组合在一起（图 6-65）。用这两个装置作为钳子，可以捏住一个物体，扭矩作用在两个接触点的中点上。再次用力交换扭矩。然而，扭矩只可能在三个轴中的两个渲染——不能在从一个接触点到另一个接触点的线上驱动扭矩。这本质上是一个 5-DOF 的显示，尽管人们可能会认为挤压对象的动作是第 6 个自由度。

多点接触（抓取）

抓取一个对象意味着用户和对象有多个接触点（如图 6-63 所示）。在模拟世界中没有附加的物体允许用户在移动它们时拥有 6-DOF。为了给用户提供足够的触觉反馈，通常使用一个包含整只手的设备（如手套或手柄）作为抓取界面。

6.10.3　触觉渲染过程

由于需要大量的信息来充分表现表面和对象的特征，触觉显示（特别是力显示）需要一个比只渲染视觉或听觉世界更完整的世界模型。只使用简单形状和波形的视觉和声音通常足以产生一个像样的虚拟世界。触觉显示的某些方面可能以类似的方式实现。例如，可以将一个物体设置为恒定温度，当虚拟触摸时，在指尖再现这种刺激。然而，用于渲染动觉信息和表面纹理的力显示需要某种类型的物理模型来不断更新参与者的刺激。

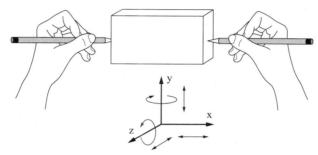

仅使用两个3-DOF触针是不可能使物体绕X轴旋转

a）

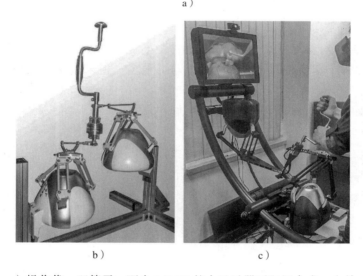

b）　　　　　　　　　　c）

图 6-65　a）操作像一双筷子，两个 3-DOF 的力显示器可以组合成一个单一的 5 自由度显示器。早期原型（图 b）和更新原型（图 c）医学模拟器利用这种技术提供必要的力来模拟一个钻孔工具（照片由 SimQuest 提供）

换句话说，我们更容易伪造出像样的视觉和音频输出。对于触觉学来说，不仅世界模型必须被更充分地描述，而且必须了解世界中的物体的额外信息。例如硬度、弹性、表面纹理和温度等特性也可能是必要组成部分。

此外，就像将图像渲染到显示器上会导致空间混叠（锯齿状边缘）一样，力显示也会受到世界模拟和力显示之间的滞后影响。例如一个探测器在虚拟世界模拟向渲染引擎发出停止探测器的信号之前在一个表面内移动。渲染系统必须能够处理这样的情况，而不会向参与者提示哪里出错了。

　　触觉渲染通常迫使世界模拟执行更多的计算，世界描述包含更多的信息。例如，一个纯视觉模拟可以计算出两个物体何时相交的估计，以防止用户穿过墙壁。在一个具有触觉显示的 VR 系统中，系统必须确定墙壁碰撞产生的力的大小，也许还包括墙壁的温度和表面纹理。触觉交互主要围绕参与者何时、如何以及以何种方式与物体进行接触而展开。

　　许多触觉显示器需要简单的二元激活，或一个效果波形，或可能只是一个温度值。力显示稍微复杂一些，它提供输出，但也接收用户的输入操作，因此形成一个封闭的反馈循环。对于一个标准的带有末端执行器的操纵器，如触控笔，力渲染闭环涉及以下这些阶段（图 6-66）：

- ❑ 用户移动末端执行器到一个新的位置，显示硬件报告合成的电枢角度；
- ❑ 力模拟器根据报告的角度值（又名"正向运动方程"）计算新位置；
- ❑ 力模拟确定是否与虚拟物体接触；
- ❑ 如果存在接触，并且末端执行器被移动到一个虚拟物体中，力模拟确定了该物体表面最近的点；
- ❑ 计算将末端执行器的虚拟位置从虚拟物体中推出所需的力；
- ❑ 进行运动学计算以确定如何激活执行器（马达），使末端执行器按计算的力的方向移动；
- ❑ 根据要求的末端执行器运动比例提供电机电流。

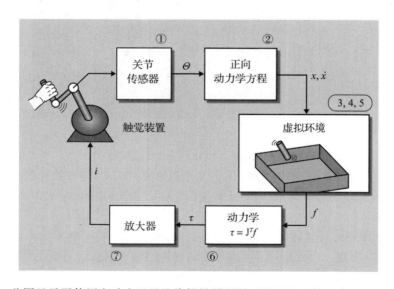

图 6-66　此图显示了使用主动力显示渲染操纵器所需的封闭反馈回路。回路需要以至少 500 Hz 的频率循环，也可能要 1000 Hz（经 Springer 许可转载，*Handbook of Robotics* 第 42 章 "Haptics" [Hannaford and Okamura，2016]）

触觉渲染硬件

目前触觉渲染引擎并不多。事实上，已经开发出来的基于触觉的显示器也并不多，仅仅只有振动器、温度、可充气囊袋和基于探针的显示器。除了振动触觉显示之外，力显示和渲染系统也取得了一些进展。

为了保证所需的帧率，力显示可以在专门用于力计算的单独计算机上渲染。CPU 可以专注于更高层次的操作，并向力渲染系统发送指令。在这方面，致力于触觉渲染的计算机系统成为触觉加速器，类似于图形渲染引擎。

对于振动显示器和其他一维显示器，只要有 CPU 周期可用来处理相当于声音片段的波形，就可以在主计算机上处理。

触觉资产编码（计算机内部表示）

创建用于存储和传输触觉信息的通用格式方面没有很大进展。但在某些情况下，触觉信息可以被存储起来，方便渲染刺激。一个明显的例子是用于振动显示器的波形。事实上，震动的"感觉"甚至可以被记录下来。记录振动的一种方法是将一个加速度计附在一个物体上，然后轻击该物体或执行虚拟世界中模拟的任何操作，然后使用加速度计的运动来驱动振动触觉传感器。

另一种可以使用的编码是简单地依靠视觉表示。触觉模拟可能与颜色无关，但动觉渲染也需要视觉渲染世界所需的其他一些属性：特别是表面位置和凹凸纹理。因此，从一些原始的力反馈渲染 API 开始，比如来自 SensAble Technologies 的 GHOST 库，用于他们的 Phantom 系列显示。GHOST 使用了虚拟世界的触感场景图描述，这并没有延续到后续的 OpenHaptics API 中。但是，开源的 H3D 触觉渲染 API 使用了 X3D 场景图编码。场景图由描述触觉场景结构的节点组成。节点可以指示物体的位置、形状和表面特征。它们还可以描述特定的效果，如惯性、振动或运动约束，或者它们可以用来对其他节点进行分组。使用与图形场景图非常类似的触觉场景图，可以使两种感官显示更容易融合，并且在 H3D 的情况下，可以在视觉上和触觉上使用完全相同的场景图。

触觉贴图。表面特征的数字采样（触觉贴图），如纹理和温度，目前还没有普遍使用，但随着触觉渲染系统的进展，可能会被采纳。与视觉贴图非常相似，触觉贴图可以将复杂的特征映射到一个表面上，以增加渲染的真实感。同样像视觉贴图一样，纹理可以用来影响多个特征。视觉上，纹理可以用来改变颜色、透明度和光的反射率；触觉上，纹理可以用来影响表面温度变化、纹理、摩擦、延展性和形状。

触觉位图可以作为一个温度网格，映射到厨房模型的炉灶顶部，这样用户可以感觉燃烧器是开还是关。当手指沿着织物移动时，可以使用表示特定纺织品组织的贴图来使表面感觉像织物一样。摩擦贴图可能会阻碍手指或触控笔在表面上的移动，让物体感觉像砂纸、浮石或抛光的大理石。最后，贴图实际上可以向表面添加特定的形状细节，例如盲文中的小凸点。

VR 触觉渲染软件

到目前为止，只有少量的触觉渲染界面软件已经被制作出来。这些示例中的大多数是用于控制力显示的，cy.PIPES API 是一个用于控制环境影响的非力显示的示例［Frend and Boyles 2015］。目前还没有广泛应用的用于温度、触觉阵列、囊状装置和其他触觉显示器的通用软件库。

触觉程序员仍然要面对的一个问题是触觉渲染软件接口不断变化。虽然对于视觉和声音渲染来说也是如此，但是对于触觉来说，似乎没有一个能够明显经受住时间考验的出色API，因此在特定的时间点选择使用哪个 API 是很困难的。的确，在这本书的第 1 版中，我们提到了来自北卡罗来纳大学的 Armlib［Mark et al. 1996］，但后来被 SensAble［1997］中的 GHOST 取代，现在被 Geomagic 的 OpenHaptics 取代。

然后，OpenHaptics 提供了多个层次来进行构建［Itkowitz et al. 2005］。顶层是 Quick-Haptics API，是整个 OpenHaptics 的 HDAPI（与设备更紧密地接口）中力交互的子集，还有HLAPI（具有更多特性的高级 API）。相反，QuickHaptics API 使程序员能够快速进入触觉编程，而不需要学习所有的底层细节。他们可以指定形状和材质，并立即渲染。

与 GHOST 一样，OpenHaptics 主要用于 3DSystems 的 Phantom（以前的 SensAble Phantom）和 Touch（以前的 SensAble Omni）力显示系统。可以输入 OpenHaptics 库的信息包括对象的位置、表面属性、连接到空间中某个位置的弹簧和阻尼器、抵抗媒介运动的黏性模型和振动模型。力显示和场景中物体之间的碰撞被简化为特定的刚性弹簧模型。

OpenHaptics 库还处理仿真计算机和触觉渲染计算机之间的接口。实际的力渲染是在 1000 Hz下完成的，但是世界模拟很少达到那个规格。因此，OpenHaptics 软件中的世界仿真改变了整个世界模型。OpenHaptics 反过来又指定了一个模型来说明在下一次更新之前渲染器的行为。

尽管有这个名字，OpenHaptics API 并不是开源的。开源的触觉 API 有 H3DAPI。正如在触觉编码部分中提到的，H3DAPI 使用场景图来描述 VR 模拟的触觉环境。场景图的使用（在图形和触觉学上）是方便的，因为高级结构可以用常见的场景来描述。它还提供了一种便于场景存储和检索的机制。H3DAPI 的一个重要特性是它的场景图是 X3D 场景图。视觉和触觉渲染之间的对应关系为应用设计者提供了一个机会，通过在一个单一的 VR 系统中结合这两种感觉，可以更容易地将模拟、内部描述和渲染世界联系起来。另一个搭载现有视觉场景图渲染系统的是 osgHaptics，它扩展了 OpenSceneGraph API 以与力显示交互。

触觉渲染的其他例子来自医学训练模拟领域。与一般用途的触觉渲染 API 一样，在过去的 20 年里，工具也经历了繁荣和衰落的历史。在撰写本书时，仍在使用的两个 API 是OpenSurgSim［Kelliher et al. 2014］，最初由美国国家卫生研究院（NIH）资助，但继续由SimQuest 维护；Chai3D 是斯坦福大学的一个项目［Conti et al. 2003］，目前仍在医学模拟以及其他领域使用。

连接虚拟和现实

与其他感知渲染的主要形式一样，触觉渲染可以通过以下三种方式之一来完成［Okamura

et al. 2008]：

- ❑ 记录数据（Okamura 称之为"数据库"）——也就是以允许重复播放的方式记录波形、纹理或力刺激；
- ❑ 经验性——这是"实验（调整）直到它看起来正确"的另一种说法；
- ❑ 物理模拟——这意味着用数学表达自然世界是如何运行的，然后在这些参数下运行。

记录数据首先需要找到一种记录的方法。我们前面提到过振动触觉可以用加速度计记录，但力反馈显示可能更困难。在医学模拟实验中如何正确渲染剪刀的打开和关闭，Okamura 和他的同事测量了剪刀切割各种类型的材料的力反馈，然后记录切割材料需要什么类型的力，当然，有些材料可能切割时需要一种力，继续切割时需要另一种力。

使用经验方法是确定多大的力来模拟才是有效的。尽管有人认为，这仅仅是对力的感觉进行有根据的猜测，但可以与参与模拟操作的专家一起进行人为因素实验，也可以进行盲测，以进行正式分析，判断哪种感觉更接近自然的、真实的互动。

最后，物理模拟的优点在于它们可以覆盖操作员可能遇到的所有可能的情况，而不是一些预期的情况。物理模拟的困难在于，首先，要知道该现象是否得到了正确的数学表达，其次，要对该表达进行实时计算，让用户无法分辨真实和虚拟之间的区别。

6.11　其他感官的渲染

视觉、听觉和触觉之外的感官又一次被忽视了，但是这些感官需要更多的研究和实际的应用，那样就有更多的知识可以利用。同样，当构建一个新的虚拟现实系统或应用程序时，这些通常是第一个感觉。但仍有一些信息可以传递。

6.11.1　渲染前庭感知

在不把电极连接到颅骨的情况下，要让使用者感受到真正的前庭刺激，就需要让使用者的头部移动，通常还需要让身体跟着移动。现在的两种方法都是把用户放在一个平台上，让他们的身体和头部在空间中移动。传统的方法是使用一个运动平台来移动和定向用户，通常也使用模拟驾驶舱。这种技术在飞行模拟领域中得到了很好的理解，并且工作得很好，但是运动平台通常不能执行所有的操作——特别是战斗机。

最近开发的一种方法（就连接虚拟世界而言）是使用过山车作为移动用户的手段。但是同步用户在过山车轨道上的位置，可以开发出新的更准确的方向感体验。过山车实际上是这种体验的前庭渲染器。

6.11.2　渲染嗅觉和味觉

最后是嗅觉和味觉。同样，除了实际准备食物和喂给用户之外，没有太多要说的。然而，嗅觉至少有一两个选择。"渲染"气味的主要方法是简单地控制从瓶子中释放气味"香水"并向用户吹，就像 cy.PIPES 系统所做的那样 [Frend and Boyles 2015]。

6.12 本章小结

渲染的任务是将虚拟世界的表示转换为适合显示系统的信号。在虚拟现实中，渲染必须是实时进行的——也就是说，以人脑感知为连续的速度进行。

在表示方面，有许多选择和概念必须加以考虑。这些问题的范围从逼真程度（虚拟世界与现实世界有多接近）到信息是通过定性还是定量的方式传达，再到如何最好地将信息映射到感官形式。熟悉符号学的思想和其他表示技术是有益的。在所有这些过程中，确保人类参与者能够理解和解释这些表示以及体验是至关重要的。我们可以从其他媒介中寻找想法，以及如何将一些技术应用到 VR 中。

在为虚拟世界渲染图像时，可以采用许多方法来达到相同的效果。一个桌子可以在软件或硬件中渲染，使用诸如多边形、NURBS、CSG 或者一个基于视点改变纹理的平面。从听觉上来说，鸟的啁啾可以作为一个存储的样本渲染，或作为鸟类声带振动和头部内部回声的物理模型。在每个例子中，都有渲染速度和表现形式的丰富性之间的权衡。在某些情况下，可以使用不同的技术来实现相同的结果（没有任何重大的折中）。在后一种情况下，设计师可以选择他们喜欢的技术。更常见的情况是，特定的目标需要特定的渲染技术。

因为如果渲染不好，整个虚拟现实体验的效果就会失败，所以保持适当的帧率是很重要的。实时渲染一个简化场景表示比缓慢渲染一个复杂的场景更好。然而，在 VR 体验的开发过程中，人们可能会期望硬件和软件的渲染技术将继续快速发展（就像计算机技术一般），并准备展示一个比现有技术所能处理的更复杂的世界。

第 7 章　*Chapter 7*

与虚拟世界交互

与虚拟世界的交互是虚拟现实体验的关键要素。事实上，如果虚拟世界的呈现对用户的身体移动没有反应，那么就不是虚拟现实。

Webster［1989］认为，交互是"相互作用或影响"。因此，当用户输入得到计算机相应动作的响应时，就会与计算机生成的环境进行交互。我们如何与计算机交互显然取决于用户界面（UI）的设计。事实上，我们通过用户界面与计算机的交流是如此重要，用户界面就是我们通常想象的计算机本身。Buxton［1996］分析了多年来人们对计算机外观的印象是如何变化的，发现他们的印象始终反映了当时输入和输出的主要方式（图 7-1）。

交互：相互作用或影响。

用户界面：参与者与媒介交互的机制。

有时系统设计师没有注意到用户的需求。由于人类不适合与机器交互，所以大多

图 7-1　用户与计算机交互的界面通常被看作计算机的外观，即使在外观后面有芯片和电路板等——可能被认为是真正的计算机，因为这是进行计算的部分。因此，随着计算机用户界面的发展，计算机的形象发生了变化，我们对计算机未来的看法也发生了变化

数交互界面对于未经训练的用户来说都是不自然的。幸运的是，人类可以接受训练，适应与环境交互的新方式。即使是在无处不在的数字通信时代长大的几代人，如果将人类

因素心理学和人机交互（Human-Computer Interaction，HCI）领域的经验教训融入界面设计中，许多痛苦仍然可以减轻。

人类不仅可以适应和学习新的用户界面，而且随着时间的推移，用户界面也会融入人类文化中，从而变得更自然。例如，大多数汽车的基本界面都是相同的：方向盘用来控制汽车，脚踏板用来控制速度，还有两种方法用来操作变速箱。这个界面非常普遍，它已经变得无处不在——用户使用每一辆车都不需要额外的培训（图 7-2）。大多数人可能会认为有不同类型界面的汽车是不自然的。

图 7-2 汽车用户界面已经变得如此普遍，以至于把它改成其他东西会让有经验的司机感到不自然（照片由 Willian Sherman 拍摄）

7.1 交互设计基础知识

在所有情况下，界面的设计都应该适应人类用户的需要。本章所述的隐喻和方法只是描述了一种可能性，但不一定适合特定的体验。作为一个新兴的媒介，虚拟现实界面设计的世界是开放的。在虚拟现实体验中，虽然已经有许多对虚拟现实体验中的感知和交互任务的研究，但这些研究一般都是针对小目标团体，针对大目标团体的研究（如迪士尼的 Aladdin 体验）［Pausch et al. 1996］主要面向一些不熟悉虚拟现实的人群。随着消费级虚拟现实的出现，现在有更大、更多样化的用户基础。

在第 2 章中，我们讨论了虚拟现实的转变：从作为吸引力媒介的虚拟现实的有限受众，到作为制度化媒介的虚拟现实将如何影响媒介本身。用户基础大大扩展的结果是，基本上已经没有任何固定的语言了。整个虚拟现实研究社区中常见的界面风格可能会被一种成功的商业体验所压倒。例如，在 2016 年之前，一种常见的移动方式是用手杖控制器指向一个方向，然后按下一个按钮，就能朝指定方向移动（"指向飞行"，point-to-fly）。在购买消费级头戴式显示器（如 HTC Vive）后，许多用户体验中的第一种漫游方法将是指向一个圆弧，以便立即传送到圆弧与地面接触的位置，简称"远程传送"（图 7-3）。对用户来说，这一点是正常的。然而，这并不意味着过去使用过的技术没有任何优点或作用。在虚拟现实设计师的工具集中，有大量的想法是有用的，并将长期有用。

图 7-3　TeleHop Travel 应用程序的界面（"将我放在那里"的一个特殊情况）允许用户跳到他
　　　　们可以指向的位置。在一些实现中，用户可以指定他们的目标方向（带有扭转的远程
　　　　跳转）。在这些图片中，只要按下控制器上的一个按钮，就会显示出一个弧，可以通
　　　　过操纵来将目的地放置在地面上

　　虚拟现实的广泛商业化带来的另一个转变是如何进行用户能力研究。几十年来，虚拟
现实用户界面设计一直由计算机科学家和心理学家主导进行显式用户分析实验。当然，这些
研究对商业虚拟现实体验的开发非常有益，但并不仅限于此。对于商业发行版，开发团队既
要检查现有的体验，也要与游戏测试人员一起测试他们的体验，这些测试人员的级别从新手
到专家不等。

　　正式的用户分析研究对于根据人类能力调整用户界面非常重要。这类研究既涉及媒介
的一般知识，也涉及关于特定接口和表示的效率的具体知识。然而，研究其他体验如何被市
场采用，以及在更具代表性的用户中进行更多专门的测试，也具有相当大的价值。

　　事实上，虚拟现实体验设计的一些"规则"来自消费级体验开发者。例如，在商业化
之前，一些虚拟现实社区的人认为远程传送除了能在虚拟世界中跳来跳去之外，并没有太大
作用。但是 Valve 公司的 *The Lab* 游戏经过用户测试之后，大量使用了远程传送。一些商业
开发人员的另一个与移动相关的设计经验法则是，虚拟移动应该减少加速［Yao et al. 2014］。
只有时间才能证明这种趋势是否会长期持续下去。

　　虽然我们将在后面的章节中讨论虚拟现实体验设计的更多方面，但本书并没有深入研
究人机交互和用户界面设计中的所有复杂问题。然而，在构建或评估虚拟现实体验时，了
解基本概念是很重要的。先来看看 Joshua Porter 在他的文章 "Principles of User Interface
Design"［Porter 2013］中列举的 19 条原则：

　　1）清晰是首要任务；

　　2）界面是为了交互；

　　3）注意所有的成本；

　　4）控制用户；

　　5）直接操作是最好的（如两个手指拉伸图片）；

6）每个屏幕只有一个主要动作（或在虚拟现实情况下的直觉动作）；

7）把次要的动作放在次要地位；

8）提供自然的下一步；

9）外观取决于行为；

10）一致性问题；

11）强大的视觉层次结构效果最好；

12）巧妙的组织可减少认知负荷；

13）用颜色强调不确定的内容；

14）渐进呈现；

15）帮助人们建立内联；

16）关键时刻：零状态；

17）最好的设计是无形的；

18）基于其他设计规范；

19）已有的界面。

在本章的其余部分，以及本书的其余部分，我们将列举各种从简单到复杂的可用的交互方法，并提供一些例子，说明它们在什么时候是有用的，或者对虚拟现实体验可能是有益的。

简而言之，虚拟现实体验（或任何以计算机为媒介的体验）的交互设计应该是让交互看起来自然而不突兀（除非为了艺术／戏剧效果故意使其不自然和突兀）。在虚拟世界中的行为应该尽可能直观且毫无痕迹。回想一下第 3 章中关于可供性的一节，以及虚拟世界中对象的外观（以及现实世界中的物理控件）应该如何传达使用这些对象的方式，以及它们将如何影响用户。

在协同工作领域的研究中产生的一个相关概念是动作决定意图。顾名思义，交互设计师的一个重要目标是让系统响应用户的动作是基于用户正在试图完成的内容，也就是说，系统响应不是根据用户命令的字面意思的解释，而是根据动作去推断参与者的目的。Anthony Steed［Steed 2016］描述了这一模式的两个例子。第一个例子是一种隐式的"go-go"技术，当用户在虚拟世界中伸手去拿一个对象时，但即使是手臂完全伸直不能接触到对象，这时让手的化身朝前飞，直到能接触到对象。第二个例子是来自 Schell Games 公司的游戏 *I Expect You to Die*。在这个游戏中，当用户拿起虚拟对象时，他的手的化身就会从视线中消失（图 7-4）。这里的概念是，在握住一个对象之前，用户将关注他们的手在做什么，但是一旦这个对象在手里，用户关心的是这个对象，而不是手的精确位置。（这对于游戏设计师来说，有另一个好处是，他们不需要实现手和对象之间的物理模拟。）注意，在实现这些装置时，考虑应用程序的特殊性和目标总是很重要的。

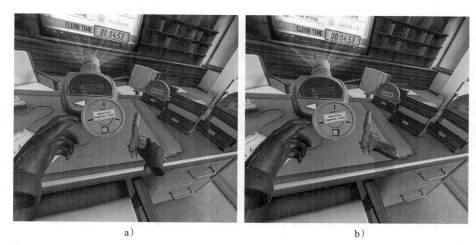

a)　　　　　　　　　　b)

图 7-4　在 *I Expect You To Die* 中，用户界面决定将手的角色从一只黑色手套转变为一只看不见的手，因此只有持有的对象对参与者可见。这能够让玩家专注于对象本身，并避免手模型和对象之间的物理作用。从用户的角度来看，它还可以防止手遮挡模型的关键部位。a）玩家伸手去拿枪，当他们启动抓枪动作时。b）手套从视野中消失，枪跟随参与者的手的移动

7.2　用户界面的隐喻

正如第 6 章所讨论的，隐喻的使用是为用户提供学习新技术的环境的一种非常重要的方法。通过将新的界面技术与他们已经熟悉的东西联系起来，用户可以开始掌握如何操作。

隐喻利用用户的知识，使抽象的概念更加具体。如果设计师可以假设用户已经熟悉媒介播放器应用程序的播放、停止、后退、快进等控制按钮（基于收音机、录像机、磁带播放器和录音机等的真实按钮设计的），他们就可以实现用户界面使得用户在虚拟现实体验中使用虚拟按钮控制时间（图 7-5）。

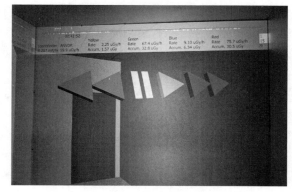

图 7-5　现实世界的界面隐喻通常在虚拟环境中很有用。在这里，在一个事后回顾应用程序中，一个类似于媒体播放器界面的表示被用于 CAVE 显示来控制任务回放中的时间（照片由 William Sherman 拍摄）

在许多计算机系统中流行的桌面隐喻提供了一组熟悉的实体，比如文件、文件夹，甚至垃圾桶。有了这组熟悉的对象，用户可以利用他们在办公室工作的经验来辅助使用计算机。要组织相关文件，只需要将它们放在一个文件夹

中。要丢弃文档、文件夹或工具，只需将其放入垃圾桶即可。

与表示隐喻一样，使用交互隐喻也存在一些陷阱。其中一个陷阱来自对初始概念到实例化界面的错误映射。如果开发人员和用户对基于隐喻的界面的功能有不同的期望，则会出现另一个陷阱。不幸的是，用户可能只学会使用隐喻很明显的界面，可能会错过隐喻没有立即提示的其他可用交互。例如，桌面隐喻的用户可能会感到受限于真实桌面上允许的活动。他们可能会花时间在单个文件夹中查找特定的文档，而没有意识到界面提供了在所有文件夹中搜索的选项。

终极界面的概念使用真实的交互作为隐喻，用户通过这个隐喻与虚拟世界交互。如何在物理世界中移动一个小物体的知识使参与者能够在虚拟世界中移动一个小的虚拟物体——伸出手，抓住它，拿起它，并把它放在新的位置。然而，有时使用虚拟现实的理由是，物理世界的规律不需要应用，所以为了方便起见，这个隐喻被延伸了。例如，在设计房间布局时，用户可能不希望为了重新放置而"移动"到房间中的每一件家具或物体的前面。他们宁愿"捡起它"，从他们站着的任何地方把它移开，不管距离有多远。而且，他们也不愿意等待朋友加入进来帮助他们移动更大的物体。

如果旧媒介的隐喻已经在社会中广泛使用，那么新媒介采用旧媒介的隐喻是有益的。尽管将旧界面转换为新媒介的初始尝试通常很笨拙，但它们至少提供了一个熟悉的起点。当然，对于媒介来说，这可能会导致次优界面变得根深蒂固，减缓向更高效、更自然的虚拟现实界面发展的速度。新设备，如智能手机，需要新的界面来适应其外形的限制和可供性。然而，当人们习惯了这个设备的界面时，就想要将这个界面迁移到具有不同形状的其他设备上。这可能会对用户体验产生积极或消极的影响（例如，在桌面系统上使用基于智能手机的界面可能有意义，也可能没有意义）。

随着从业人员在新媒介中积累经验，开发出新的、更合适的、更有效的技术，虚拟现实将变得更加强大和有用。本章中描述的技术反映了迄今为止虚拟现实界面的演变，尽管我们确信仍有许多现有媒介的隐喻需要为虚拟现实找到和优化。

关键交互：操作、导航和通信

本章的其余部分分为三个主要部分，每个部分都关注用户通过虚拟现实媒介与虚拟世界交互的关键方式之一：操作、导航和通信。操作允许用户修改虚拟世界和其中的对象。导航允许用户在虚拟世界中行走。在一些虚拟现实体验中，唯一可用的交互是在虚拟世界中导航。在这种体验中，虚拟世界是静态的，或者遵循预先设置的事件序列。最后一种关键的交互类型是通信，要么与其他用户通信，要么与虚拟世界中的代理通信。

用户的每一次交互都涉及一个主要任务（例如，抓取、推动和交谈），该任务通常由子任务组成，例如选择（项目、方向、通信者），然后是一种激活方式。我们将探索各种可能的选择。

7.3　操作虚拟世界

处于交互式虚拟空间的一个主要好处是能够与该空间中的对象进行交互或操作它们。在真实或虚拟的新环境中进行实验，有助于人们了解这个世界是如何运作的。在现实世界中，操作是对物体施加一个力。在虚拟世界中，我们有更多的自由。

在熟悉的桌面计算机界面隐喻中，用户能够通过使用视窗、图标、菜单和指向设备（称为 WIMP 接口）来操作机器的文件和操作系统。同样，常见的操作习惯也在向虚拟现实发展。许多新的界面形式都是基于跨媒介的真实原则。

在虚拟现实中，大多数操作分为两个阶段：首先进行选择，然后执行操作。有时这两个操作可以同时执行，也就是说，选择是初始化操作所固有的。用户"触摸"的对象是被操作的对象，就像在现实世界中一样；然而，在虚拟现实中，操作虚拟对象的方法有很多种。

7.3.1　操作方法

Mark Mine［1995a］深入研究了虚拟现实体验中大多数操作形式的三种方式：

1）直接用户控件：界面手势模拟现实世界交互；

2）物理控件：用户能物理接触的设备；

3）虚拟控件：用户能虚拟接触的设备。

我们在此列表中添加第四个类别（图 7-6）：

4）代理控件：发送给虚拟世界中的实体的命令。

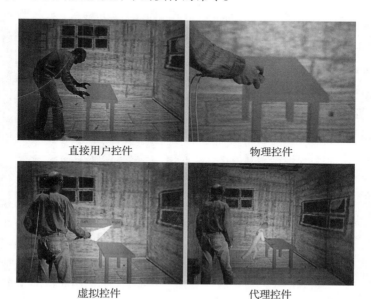

直接用户控件　　　　　　　物理控件

虚拟控件　　　　　　　代理控件

图 7-6　诸如"将桌子向右移动一点"之类的操作可以通过这里演示的 4 种操作
形式来完成（照片由 William Sherman 拍摄）

直接用户控件

直接用户控件是一种操作方法，参与者在虚拟世界中与对象交互，就像在现实世界中一样。许多直接用户交互将对象选择过程与实际操作结合起来。其中一个例子是握拳交互，将参与者的手握拳解释为握拳操作，只要保持握拳姿势，与手并列的虚拟物体就会跟随手的运动。大多数直接用户控件交互使用手势或凝视进行选择。握拳是手势选择的一个例子。有人可能还会想象一种直接用户控件方法，即使用凝视来选择对象，然后一个眨眼或按钮按下的动作，对象开始在你的凝视下被"携带"到一个新的位置，最后一个眨眼或再次按下按钮，把对象释放。

良好界面设计的规则之一是，直接操作是首选。然而，在某些情况下，用户更愿意偷懒，让技术来完成一些困难的任务，比如精准排列对象，或者远程更换电视频道。

此外，可以将"完整物理模拟"视为控件界面——换句话说，"界面"不需要特定的操作动作，而是通过模拟使得用户在虚拟世界和现实世界中的操作一样——终极界面。在这种形式下，用户的虚拟手（或手指）的表面是物理模拟的一部分——如果他们对一个物体施加横向力，他们可能会把它推过去，或者滑动它，或者根本不影响它，这取决于它的质量、重心等。虽然直接用户控件仍然涉及一些人工选择的方法，还可能移动受限制，这种"终极"界面风格的不同之处在于，它坚持完整的真实世界物理模拟，而不是使用超越纯粹物理模拟的可用性的设计元素。一个非虚拟现实的类似情况是，如何用键盘输入文档是一种直接的用户界面，但不会真正从物理上模拟如何用笔在纸上手写单词。

物理控件

物理控件是使用现实世界的设备来控制虚拟世界。由于界面的真实存在，参与者按下按钮和执行其他动作后会收到触觉反馈（图 7-7）。常见的物理控件类型包括按钮、具有多个位置设置的开关、滑块和旋钮控件、2-DOF 控件（如操纵杆和轨迹球）和 6-DOF 控件（如 Magellan 和 Spaceball 3D 鼠标）。我们在第 4 章中讨论了许多这样的输入。

对跟踪道具的控制可以独立于该道具的位置工作，也可以伴随该道具的位置工作。一个手杖控件上有三个按钮，其中，单击菜单上的右按钮或左按钮分别控制向前滚动和向后滚动；中间按钮

图 7-7　物理控件机制可以集成为用户界面的一部分，以控制虚拟现实体验的各个方面。在这里，参与者使用物理方向盘和脚踏板控制虚拟汽车（图片由 William Sherman 拍摄）

用于选择所需的菜单选项；这将是独立工作的一个例子。集成道具位置的一个例子是将道具

指向一个对象并按下按钮来选择它。

如果在设计界面时采用物理控件，需要注意它与虚拟对象的关联。也就是说，如果存在
一个现实世界的隐喻，将操纵杆、滑块
或其他物理控件映射到它所执行的操作，
设计将会工作得更好（即更自然）。例
如，在宇航员操作舱外活动（EVA）单元
的任务训练中，虚拟现实系统配备了一
把带有物理控件的椅子，这模拟了实际
舱外活动单元［Homan and Gott 1996］
（图 7-8）。

图 7-8　美国宇航局的宇航员和工程师在配备有类似
于实际车辆中的控制装置的椅子上练习舱外
活动操作（照片由 Bowen Loftin 提供）

虚拟控件

虚拟控件完全显示在虚拟世界中。
许多虚拟控件只是计算机生成的类似物
理控件的表示。按钮、定值器、跟踪球
和方向盘等物理控件有时会在虚拟世界
中模仿成虚拟表示（图 7-9）。当然，在
某个时候，用户必须通过实际的操作来激活虚拟控件——通过直接、物理或代理输入中的任
意一种（图 7-10）。

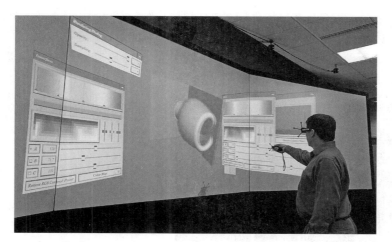

图 7-9　VTK 可视化工具包的 VR 版本提供了虚拟控件，允许用户使用滑块和按
钮控制颜色和等值面值等参数（照片由 William Sherman 拍摄）

使用虚拟控件有很多原因，即使物理控件已经可用。例如，虚拟现实应用程序可以被
设计成允许在虚拟世界中放置一个熟悉的真实世界控制面板。使用虚拟控件的另一个原因

可能是为了减少连接应用程序所需的物理设备的数量；在桌面上，鼠标（或轨迹球）可以很好地工作。鼠标有 2D 移动，一些按钮，也许还有滚动输入，但它可以用来移动滑块，旋转刻度盘，按下按钮，突出显示文本——所有这些都是标准个人计算机桌面上的虚拟控件（图 7-11）。

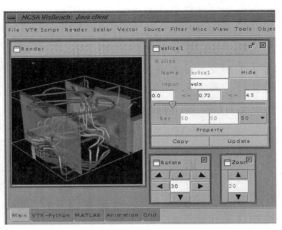

图 7-10　在 Simple VR Player 应用程序中，用户可以操作滑块来调整 360 度视频的显示方式，例如此处执行的伽马颜色处理

图 7-11　虚拟滑块、按钮和旋钮用于许多二维图形用户界面（图片由 Randy Heiland/NCSA 提供）

　　智能手机或平板电脑可以被用作一个物理控件，同时它本身也有多种虚拟控件。例如，智能手机可以提供虚拟键盘、录像机控件、虚拟滑块等。移动设备上的虚拟输入可以根据用户在虚拟现实应用程序中所做的操作进行调整，以提供上下文敏感的输入。当然，大多数输入都需要参与者看到智能手机的显示，因此这种技术通常最适合 AR（增强现实）和固定的虚拟现实系统（图 7-12）。

图 7-12　所跟踪的手持设备可以包括平板电脑和智能手机，在这些设备上，虚拟控件可以向用户反映上下文敏感的输入选项。在这里，左边的手机提供了应该显示哪些可视化特性的切换，而右边的手机提供了一个颜色转换编辑器来调整可视化（照片由 Amy Banic 提供）

我们将讨论如何采用技术来激活虚拟控件——这些技术会在 7.3.3 节中描述。因为控件是虚拟的，所以它们的外观完全由应用程序设计师决定。与物理控件不同，虚拟控件本身的可见性是可以控制的。因此，虚拟控件可以隐藏，直到有特定的调用（通过按钮按下或其他事件）来激活，与桌面隐喻中的弹出式菜单类似。虚拟控件显示的其他选项是，在非激活状态将外观调暗，或一直让它们保持可见（无论是否激活）。

使用虚拟控件的另一个结果是，需要某种方式与它们交互。通常，物理控制设备将用于激活虚拟世界中的虚拟控件。这使得只需少量输入信号的物理设备就可以通过创建具有大量虚拟控件的接口来实现更广泛的用途。这是典型的桌面鼠标的使用方式；鼠标是一种用于控制许多虚拟输入的物理设备。在实现这样的接口时，保持所有虚拟控件之间的物理设备交互一致性是很重要的。因为虚拟控件是与虚拟世界的其他部分一起渲染的，所以它们在虚拟世界中的位置可能有很大的不同。虚拟控件的常见位置可能会出现在虚拟世界中、在手中、在视线前方（头上）、在显示器上（通常用于固定显示器）、通过光圈和在面板上。我们将在 7.3.2 节第 10 点中详细讨论这些。

代理控件

代理控件允许用户通过中介指定命令。也就是说，用户与一个"智能"代理直接通信，该代理将执行请求的操作（图 7-13）。代理可以是人，也可以是计算机控制的实体。人类代理

图 7-13　这里，用户通过向虚拟世界中的代理发出命令来打开灯光（照片由 William Sherman 拍摄）

将通过一种物理沉浸式的方法与之交互。与代理的通信可以采用语音（常规）或手势的形式。手势交流可以是简单的肢体语言，比如示意某人靠近，也可以是更正式的语言，比如海军信号或美国手语（American Sign Language，ASL）。代理控件可以模拟真实世界的通信协议，比如向引航组下达的行动命令，或者电影导演给摄制组和演员的命令。在麻省理工学院的 Officer of the Deck 应用程序（后来，作为 VESUB 计划的一部分部署在几个海军训练中心）中，学员模拟潜艇协议，指挥一个虚拟的引航组执行行动［Zeltzer et al. 1995］。

现代智能手机现在通过基于云的语音分析工具（如苹果的 Siri 或微软的 Cortana）提供代理控件。这些工具可以理解为：通过连接到服务器作为虚拟现实应用程序的控件。特别地，如果这些任务与代理在现实世界中所服务的任务非常相似时，这就尤其有用了。例如，你可以向 Siri（或者类似 Siri 的东西）询问去虚拟世界中某个地方的方向。然

而，在虚拟现实中，类似 Siri 的工具甚至可以更进一步，直接将参与者带到他们想要去的地方。

7.3.2 操作属性

无论是使用直接的、物理的、虚拟的还是代理控件方法，都有许多与操作相关的属性。这些属性是：

- ❏ 激活机制；
- ❏ 反馈；
- ❏ 棘轮操作；
- ❏ 约束条件；
- ❏ 距离；
- ❏ 指示器射线范围；
- ❏ 滞后性；
- ❏ 参考系；
- ❏ 双手界面；
- ❏ 控件位置；
- ❏ 控件可见性；
- ❏ 运动方程（控制阶和增益）。

这些属性选项影响用户与虚拟世界的交互方式。通常，虚拟现实操作将基于现实世界中的类似操作；但是，有些界面是纯虚拟的（例如，远距离操作对象，比如把它握在手中）。在现实世界中，一个人如何与一个物体进行交互，往往是由物体的固有属性决定，但在虚拟世界中，设计师有更多的自由，当然也有更多的责任。对于给定的操作和特定的受众，由设计师选择最有效的属性。

在接下来的章节中，我们将讨论可用的属性选项，重点讨论它们如何影响用户体验。这些属性适用于虚拟世界中的对象操作和导航。稍后将重新调整一些特性，以讨论它们的导航方面。

激活机制

许多操作都需要触发交互，仅仅指向一个对象通常是不够的。用户需要确认这个特定的对象就是他们想要移动、销毁、绘制等的对象。触发可以集成到选择操作中，或者需要选择操作之外的动作。实际上，如何调用一个动作，可以有许多选择。以下是一些重要的选择：

- ❏ 集成与分离；
- ❏ 顺序（之前与之间）；
- ❏ 时间周期（连续与离散）；
- ❏ 开始（即时与阈值）；
- ❏ 范围（接触与远程）；
- ❏ 手势；
- ❏ 语音。

将激活**集成**到选择操作中的例子是，触摸到对象后立即实施操作——例如销毁它。因此，选择和激活都采用同一个方法。另一种方法是将该操作应用于最后一个触摸的对象，或者应用于每个被单独的子任务触摸的对象，例如按下手持控制器上的"X"按钮。

选择和激活的**顺序**可以采用任意适合特定情况的顺序。例如，使用虚拟激光束摧毁虚拟世界的对象可能需要用户指向一个对象（可能使用瞄准线），然后按下按钮（扣动扳机）来激活"激光"并摧毁该对象。或者，用户可以激活激光，然后指向一个或多个物体，当光线交叉（"击中"）时，摧毁每个物体。

激活的**时间周期**可以是瞬时的或持续的（锁存），即离散的或连续的。在上述激光枪的例子中，激光持续执行摧毁操作直到被解除激活，或者被按键激活时，它都会发出瞬时脉冲。或者，在虚拟世界中漫游时，移动可能是一个持续的飞行动作，直到激活器被释放，或者激活可能会产生一个瞬间跳转到指定位置，或者激活可能导致一系列的"跳跃"，直至到达目的地。

动作的**开始**可以是按下按钮之类的瞬时事件，也可以是到达某个临界点，比如将一个定值器（如 HTC Vive 手持控制器上的触发器）移动到特定阈值之上。或者它可能是一个时间阈值，如触摸、用手指着或者盯着对象的持续时间，类似熔断按钮。

激活的**范围**可以通过直接接触，也可以通过远程扩展。一个简单的例子是，用户要删除一个对象，可以通过用手持控制器触摸一个对象，或者用脚踩它，而不是远程发送一条光线或者重新命名对象。在战斗中的例子，人们会想到的是近战和远程武器。

手势是调用动作的另一种机制，动作手势可以采用多种形式。如第 4 章所述，通过执行特定操作，手势可用于按钮（布尔）输入。用户扭动手腕或将头部倾斜 90 度是两个简单的按钮阈值示例。用一个手指轻敲拇指（类似于 HoloLens）是另一种简单的手势（图 7-14）。一个更有活力的手势可能是摆动手臂。眨眼可以被视为一种手势，虽然可能需要夸张 / 刻意的眨眼才有用。在某些方面，驻留时间可以考虑

图 7-14　一个简单的拇指（"轻敲"）手势在 HoloLens 上生成一个按钮输入 (照片由 William Sherman 拍摄)

作为一种手势，或者长时间凝视，或者像上面的激光例子，当光线与物体相交持续一个时间阈值。但是，驻留时间作为输入的一个问题是，只有当激活位置有限时，或者用户只关注他们看向或指向的位置时，效果可能才会最好。

语音是在虚拟世界中触发动作的另一种方式。从概念上讲，语音也可以被认为是一种手势（"go"），但是，对于用户来说，它们可以被看作单独的输入形式。使用语音作为控制输入的一个独特功能是，用户可以在提供命令时完全静止不动。这种能力在某些情况下可能很重要。

反馈

用户交互的反馈在虚拟现实（和其他计算机）界面中非常重要。对于物理设备来说，生成反馈通常不那么重要，因为用户可以感觉到何时按下按钮，或者他们推了操纵杆多远。但是，如果没有物理反馈，就很难判断是否激活了直接、虚拟或代理控件。这种困难可以通过触觉显示设备提供响应，或者用其他代替触觉的反馈来缓解。这种感知替代通常以听觉或视觉提示的形式出现，如哔哔声或闪光，表示已经进行了接触或触发了某个事件。

棘轮操作

棘轮操作是一个重复输入的过程，通过累积许多较小操作来产生更大的总体效果。例如在桌面的隐喻中，用户把鼠标往前移动一点，再拿起鼠标，把它放到原来的位置，然后继续往前移动一点；对于只在按下按钮时才发生的操作，按下按钮、移动鼠标、释放按钮、将鼠标移回原始位置以及重复操作，这样就构成棘轮操作。在虚拟现实界面中，我们可以抓取并旋转一个对象，释放它，重置我们的手臂，然后再抓取并旋转更多。棘轮显然依赖于激活和停用一个动作的能力。

约束条件

在虚拟现实中，尽管移动和对象操作的完全自由运动允许参与者做很多事情，但这是要付出代价的，会给执行操作带来额外的难度。例如，6-DOF 移动的参数空间，加上其他控制装置，非常容易使用户迷失方向。因此，受约束的操作可能更有益于在虚拟世界中执行动作。约束可以提高用户完成任务的熟练程度，或者约束可以让体验创作者更严格地控制他们想要传达的体验。

内置对象和移动约束对于控制对象的位置和用户可以移动到哪里非常有用。对象或用户的移动可能被限制为沿着特定的线或在特定的平面上移动，或围绕预设的或用户指定的轴旋转。另外三个移动限制是 1）采用对齐到网格的方法用于平移或旋转，其允许对象仅被放置在"网格"上的位置，通常有一组均匀间隔的格线（通常看不见）；2）锁定到表面的方法，使对象依附到特定表面；3）通过对齐到彼此的方法，两个对象的顶点一一对齐。在现代建筑设计应用程序中，创建新的建筑设计时，通常将墙壁约束为垂直放置，但允许设计师解除约束，使他们能够在需要时将墙壁放置在一个角度。

距离

距离的属性会影响一个人是否能够操作超出参与者物理能力范围的对象。对远距离物体执行操作的能力有时被称为远距离作用（Action At A Distance，AAAD）［Mine 1995b］。远距离作用的反馈非常重要，因为仅使用视觉线索用户很难确定究竟指向了哪个对象。

指示器射线范围

对于使用指示器接口的操作，指示器远端光束的形状可以扩展、变细或保持平行。两种常见的设计是激光束和聚光灯。激光束本质上是一种从指示器中发射出来的非常细的射线。聚光灯则具有渐变、呈锥体形状且尾端较宽的特点，方便用户选择远距离的对象。远距离的对象在屏幕上占据的面积较小，因此使用越窄的光束越难被选择。尽管使用激光束的难度增加了，但许多应用程序都使用这种方法，因为它更容易实现。

指示器光束的范围受光束长度的限制。在极端情况下，光束长度可以是无限的，能够接触远到用户无法看到的对象。或者，光束也可以具有固定范围，仅能到达附近的对象。

滞后性

滞后性的一种形式——执行和撤销操作之间的效果差异——可以通过在指定的时间或移动范围内将对象作为选择候选对象来辅助选择。即使指示器光束稍微远离目标对象，也可以选择候选对象。这有助于补偿颤抖的手或不稳定的跟踪，给参与者更多的时间来触发一个动作。

参考系

在人为因素研究中，参考系是"地图信息显示的视角"［Wickens and Hollands 2000］。如果我们考虑将地图信息扩展到更一般的世界表示，那么我们可以更普遍地说，参考框架是表示世界（真实或虚拟）的视角。在第 4 章中，我们讨论了输入设备的参考系（FOR）；在这里，我们讨论 FOR 如何与用户体验相关。

参考系以三种方式影响着我们与虚拟世界的关系：感知视角、操作和移动。我们将在本章后面讨论参考系与移动相关的方面，这里讨论其他方面。

参考系影响的第一个方面是：我们对世界的感知受到我们与那个世界的相对关系的影响。我们对这种关系的解释受到我们的视角如何随着我们的移动而改变的影响。我们可以感知这个世界，就好像我们是它的一部分（在世界内部），或者就好像这个世界只是我们可以凝视的一个模型（在世界外部）。远程呈现和远程操作之间的区别在第 1 章讨论过，并以控制模型飞机的示例说明了这点。如上所述，这两个视角通常被称为自我中心（由内而外）和外中心（由外而内）参考系。

在人类因素领域，"自我中心"（egocentric）和"外中心"（exocentric）是指从个人（第一人称）视角（以自我为中心）还是从外部视角（外中心）感知世界。在自我中心参考系中，我们所处视角随着我们在空间中移动而改变。相反，如果我们从一个静止的视角看世界，我们就有了一个外中心参考系。

我们对自己在世界中的位置的感知因参考系的不同而有很大的不同。从一个以自我为中心的视角，我们环顾四周，看看我们周围是什么。要查看我们在一个外中心显示的位置，显示必须包含我们自己的表示，并且我们必须从世界的视角中搜索我们所处位置的表示。我们也可以将参考系与文学视角联系起来。第一人称视角显然是一个以自我为中心的参考系。第二人称视角等同于从外中心参考系来看待这个世界，并在世界中有一个"自我"的表示。第三人称视角也是一种外中心视角，但在世界中没有任何自我的表示。

操作世界上的对象也会受到与对象或操作相联系的参考系的影响。如果参与者旋转所选对象，则必须有如何旋转的参考。在数学和计算机模拟中，我们使用坐标系统表示对象相对于某个根位置的位置。所有坐标值为零的根位置称为原点。计算机图形学和模拟中常用的坐标系是笛卡儿坐标系，它由三维空间中的三个正交轴组成。位置是由每个轴上的距离来描述的，它是由三个数字（x，y，z）组成的有序对。另一种方法是使用球面坐标系，其中位置由原点的距离和角度来参考。世界和世界上的所有实体都将有自己的坐标系（也就是参考系）。因此，任何有一个参与者和一个或多个对象的虚拟世界都至少有三个坐标系（每个坐标系都可以用笛卡儿坐标、球坐标或其他标准）：虚拟世界的坐标系、用户的坐标系和对象的坐标系。事实上，一个用户通常会有多个坐标系统，一个用于他们被跟踪的每个身体部分。

可以定义数学运算，将一个坐标系转换为另一个坐标系。通过改变变换，我们改变了两个实体（或实体和世界）之间的相对位置。三个主要的变换是平移、旋转和缩放。坐标轴和变换类型的名称会根据是相对世界坐标系（外中心）还是对象坐标系（以对象为中心，或者以自我为中心，如果"对象"是参与者）而改变。（坐标变换的名称请参阅第 4 章中的例子。）

每个操作都必须用坐标系表示。如果用户将腕关节绕其纵轴旋转，以指示应该如何旋转对象，则该对象的最终位置取决于是否对该对象的纵轴、用户腕关节的纵轴或世界的 X 轴（经度）进行转换。许多操作都有一个清晰的坐标系轴，可以从操作的执行方式中推断出来。在前面的例子中，用户通常期望手腕的旋转会导致对象的旋转，且旋转轴是手腕坐标系的纵轴。我们将这种与特定坐标系的连接称为标准轴。标准轴是给定情况下的首选参考系。根据任务的不同，地图的标准轴可以是向北的（外中心），也可以旋转到移动的方向（自我中心）。对于如何对齐地图的首选项可以根据任务或人的不同进行更改。有些人在规划路线时可能会做出一种选择（例如，地图向北），而在驾车从一个地点到下一个地点时可能会做出另一种选择（例如，地图旋转到移动的方向）。相对于虚拟世界，移动一个对象或自己本身，可能涉及对象或你本身的位置的改变（翻译），或方向的改变（旋转）。任何一种形式的改变都可以（或者不）以自我为中心进行。

由于输入方式的不同，相同的任务可能具有不同的标准轴。例如，在 LidarViewer 应用程序［Kreylos et al. 2008b］中，用户可以以两种不同的方式旋转数据。他们可以抓住物体然后旋转手杖，或者使用手杖上的操纵杆（图 7-15）。用手杖抓取对象会让用户在心理上将对象连接到手杖的坐标系统，因此用户期望魔棒的旋转会导致对象围绕它旋转。然而，当使用操纵杆时，用户没有在心理上将对象连接到

图 7-15　此处，用户使用手持控制器上的触发器抓取并旋转世界（照片由 William Sherman 拍摄）

操纵杆的坐标系，所以向 X 方向推会导致物体绕原点旋转，并且看起来很自然。不过，请注意，用户仍然可能期望旋转垂直于地平线，而不是垂直于对象的 X 轴。

变换名称

回顾 4.1.4 节，与三个正交轴相关的名称会根据正在执行的变换类型以及是相对世界坐标系还是对象坐标系而变化（图 4-5）。平移轴是指物体在空间中运动的方向。根据参考系的不同，轴有不同的名称（图 7-16）。在三维空间中，以自我为中心的轴是纵向、横向和垂直方向。沿着纵轴的运动是沿着前/后线，这是由主要的运动方向决定的。横向运动是左右运动，垂直方向运动是上下运动。大多数以自我为中心的移动方式允许有纵向移动，而只有少数提供直接的横向和垂直方向移动。在外中心参考系中，经常使用 x、y 和 z 笛卡儿坐标。在球坐标中，我们也可以将这些称为经度、纬度和高度坐标，这可能与以自我为中心的术语混淆。（注意，在计算机图形学中，通常认为 Y 轴或 Z 轴方向是垂直变化的，这取决于上下文。许多系统使用 Y 轴垂直向上的约定，但像飞行模拟器这样的可视化模拟应用程序通常使用 Z 轴垂直向上的约定。）

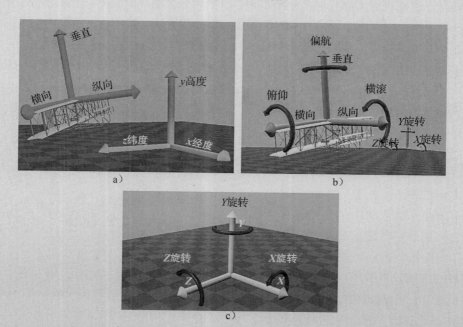

图 7-16 笛卡儿坐标系的三个轴的命名约定会根据是否引用外中心与自我中心关系而改变。a）X、Y 和 Z 轴的通用全局命名约定将它们称为经度、纬度和高度。然而，当参考特定物体（例如飞机）的坐标系时，经常使用术语纵向、横向和垂直。b）对于以自我为中心的旋转，我们使用术语偏航、俯仰和横滚。c）在提到全局（外中心）旋转时，我们使用简单的命名约定来陈述哪个笛卡儿轴绕哪个旋转

旋转轴指明了旋转运动的方向。在以自我为中心的术语中，这些旋转被称为俯仰、横滚和偏航。俯仰是绕物体的横轴旋转；横滚是绕纵轴旋转；偏航是绕垂直轴旋转。根据上下文的不同，这些术语都有在特定情况下常用的同义词。例如，一架飞机有一个很陡的坡度，它可能会绕着纵轴旋转（横滚），但是从地面上看，观众不会把它看作绕着纵轴旋转，而是绕着垂直轴旋转。以自我为中心，偏航也可以称为航向或方位角。俯仰可称为仰角。而横滚有时也被称为扭。用外中心定义的围绕 X、Y 和 Z 轴旋转的术语更一致（也更简单）地称为围绕 X 轴的旋转，或者仅仅是 X 轴的旋转，Y 和 Z 也是类似的。

双手界面

双手界面允许同时指定多个参数。用双手抓住物体的两端意味着旋转轴在两只手之间的中心点。因此，用户可以立即旋转对象。在单手界面中，这样的操作需要三个步骤：指定旋转轴，改变旋转模式，然后给出旋转量。

在早期的虚拟现实应用中，使用双手界面并不常见，但如今它们就比较普遍了。从历史上看，桌面计算机界面大部分都是使用不止一个的指示设备（例如鼠标或轨迹球）来控制屏幕上的对象，因此应用程序设计师不习惯开发双手界面。从经济上讲，跟踪第二个附加物的额外成本通常被视为可以削减的"额外成本"。幸运的是，通过 Razer Hydra、Xbox Kinect、Vive 和 Oculus 虚拟现实手持控制器等输入设备，现代虚拟现实系统已经扭转了这一趋势。

许多双手界面是不对称的，因为这两只手在任务中可用于不同的目的。不对称的双手操作可以充分利用目标参与者通过真实世界的体验养成的习惯。正如 Guiard［1987］所报道的，在大多数手工任务中，副手（off hand）通常首先执行动作，定义参考系——也就是说，设置主手（primary hand）将要操作的内容。副手提供了一个大致的区域，主手可以进一步执行空间和时间上更精细的操作。

加拿大航空电子设备公司的 LapVR 腹腔镜模拟器模拟双手缝合过程，该程序说明了不对称双手操作的 VR 实现（见 图 5-79 和 图 5-80）。ScienceSpace 程序套件的菜单系统使用不对称双手操作作为菜单输入（图 7-17）。菜单由用户

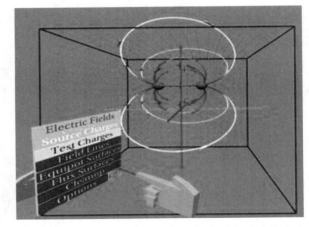

图 7-17　MaxwellWorld 是由休斯敦大学和乔治梅森大学开发的 ScienceSpace 应用程序套件的一个组件，在其中，用户的双手被表示为虚拟化身。在这张图中，用户用左手（副）握紧菜单，同时用右手（主）做出选择。学生用户能够改变电磁场的参数，并与可视化结果进行交互（应用程序由 Bowen Loftin 提供）

的副手握住，并且通过他们的主手选择项目。与标准桌面式界面相比，双手界面通常是更有用的界面。许多任务自然地就是双手操作的，当适应单手界面时，每个任务必须分成多个可以单手执行的子任务。在这种单手界面中，需要一个额外的子任务来指示每个子任务何时完成［Mapes and Moshell 1995］。

Ken Hinckley［1996］通过他的研究报告指出，一个设计良好的双人界面不会给用户带来认知负担，相反，它可以让一个复合任务不被分割地执行，让用户更好地完成任务，且减少对界面的关注。Hinckley 给出了设计合理的双人界面的 5 个好处：

1）相对于另一只手移动一只手比较容易，而相对于一个抽象的三维位置移动一只手比较难。

2）通过让双手相互靠着或放在一个真实的物体上，可以减少疲劳。

3）现实世界交互的双手技能可以转移到计算机交互。

4）复杂的空间关系可以用一个双手交互来表达。

5）用户通过使用副手提供一个动态参考系，主手在相应参考系下操作，可以更容易找到任务的解空间。

通常，双手输入不应该用于同时执行两个任务，而应该用于协调地执行单个任务的子组件。通过协调双手的工作，不需要额外的模式更改任务（图 7-18）。

控件位置

操作控件的位置会影响参与者何时以及如何使用它们。一些控件可能仅在体验的特定阶段出现，或者可能位于虚拟世界的特定区域中，而其他控件可能总是在手边或至少可以随时随地召唤以供使用。在四个操作方式中，虚拟控

图 7-18　这个虚拟卷尺是在虚拟现实环境中使用现有的双手技能的一个例子

件和代理具有最大的自由度，因为它们可以在虚拟世界中的任何位置呈现。

鉴于其性质，直接和物理操作形式的位置被限制在相当明显的位置。根据定义，对象的直接控件必须位于对象本身。体验设计师可以选择所需的关联方式，但必须与对象关联。物理控件安装在某些物理输入设备上，例如道具或平台。设计师可以选择附加输入的道具或平台的类型，并可以选择拥有许多道具，使用户能够选择特定任务所需的物理工具。体验设计师还可以选择虚拟控件和代理在虚拟世界中的位置。这些输入类型为创建者提供更大的灵活性，但在某种程度上，这种选择确实取决于所使用的虚拟现实显示器的类型。某些形式的代理控件不是具身化的，只要求参与者与一个看不见的代理对话。但是在某些表示中，代理必须是具身化的，因此必须放在某个位置。根据第 6 章关于逼真性的讨论，界面对象（包括

代理）在虚拟世界中是具身化的，因此也可以被称叙事界面元素。

虚拟控件和具身化代理可以位于 7 个位置：1）在世界中；2）在手中；3）在视线前（或抬头）；4）在用户身边；5）在显示器上；6）在小孔内；7）在界面对象面板上。这些技术中的每一种都可以应用于几乎任何类型的虚拟控件和具身化代理，尽管某些组合比其他组合更有意义（虚拟方向盘通常出现在世界中）。菜单是虚拟控件的例子，可以出现在上述大多数位置中，因此我们将以菜单为例说明每个相应的方法。

<控件>——"在世界中"。"在世界中"放置选项将控件视为世界中的正常对象。有些控件在虚拟世界中具有自然位置，例如用于激活电梯、激活功能或启动事件的虚拟按钮（见图 7-19）。除了被放置在虚拟世界中的固定位置之外，菜单或其他控件还可以由参与者携带或在需要时由参与者调用。代理人也可以被召集，可以跟随参与者，或者可以驻扎在参与者可以与其交互的地方。

可以使用按钮或手势将控件召唤到用户的手上。因此，可能已经遗留在某处的菜单可以立即传送给用户。如果参与者持续激活"召唤"触发器以便菜单一直在手上。那么这个方法可以作为"手中的菜单"。或者，如果用户仅在需要时召唤菜单，否则将其留在后面，则其功能类似于仅在活动时可见的菜单（除非用户碰巧在离开菜单的地方重新遇到它）。

Caterpillar 公司的 Virtual Prototyping System（图 7-20）就是采用可召唤的"在世界中"风格的虚拟控件的例子。在 Caterpillar 的应用程序中，菜单通常

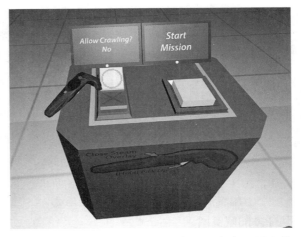

图 7-19　在 Unseen Diplomacy 应用程序中，用户将看到两个叙事化虚拟输入：一个拨动开关（左）选择是否存在需要爬行的情况，然后按下按钮（右）开始下一个任务

图 7-20　正常情况下，图中显示的菜单是隐藏的。当需要时，菜单可以通过按手杖上的按钮来召唤。菜单保持在这个位置，直到它被调用到另一个位置或做出菜单选择（应用程序由 Caterpillar 公司提供）

是隐藏的，并在用户激活时弹到用户面前的位置。如果用户没有进行选择就离开了，那么菜单仍然保留在固定位置，直到选择生效（并且消失），或者用户再次召唤它。在大多数情况下，将召唤控件给用户是一种故事外的方式，其用于在虚拟世界中放置控件。其他控件可能是故事内的，是虚拟世界中自然而然的一部分，例如虚拟世界中电梯的按钮。

<控件>——"在手中"。手内放置，即将控件连接到参与者的一只手的位置，让另一只手可以自由地操作控件。例如，在菜单的情况下，空闲的手用于指向所需的选择。通常情况下，这种双手界面通常是这样设置：菜单是放在副手，而主手是用来做出选择。

在现代世界中，"在手中"风格的界面是一种很常见的交互形式。这种风格就像一只手拿着电视遥控器或智能手机，用另一只手点击按钮。这种界面模式的一个好处是，菜单或其他虚拟控件不会太引人注目，但很容易访问。参与者知道控件在哪里，只要移动他们的手或转动他们的头去看它，就可以把它带入视角中或从视角中移除。使用"在手中"风格的菜单界面的两个应用程序分别是 ScienceSpace（见图 7-16）和谷歌的 Tilt Brush（见图 7-21）。在 ScienceSpace 中，菜单总是附着在用户的副手上，而主手指向可能的选择。物理按钮按下就会触发所需的选择。

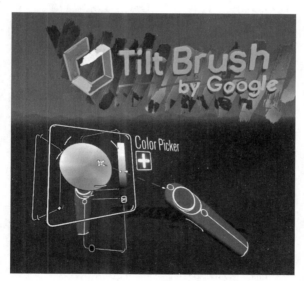

图 7-21　Google 的 Tilt Brush 应用程序通过一只手放置托盘，另一只手放置刷子，使刷子能够选择油漆颜色以及绘画风格，充分利用了双手界面

双手控制的一个缺点是必须跟踪双手的位置。一种技术是使用两个道具的方法——比如，笔和平板电脑的道具分别用来跟踪手的位置和提供一个自然的界面［Angus and Sowizral 1995］。通过综合使用道具提供被动触觉反馈，使得这种隐喻能增强"在手中"控件的交互。当笔接触平板电脑时，用户可以感觉到触碰。例如，在佐治亚州亚特兰大动物园的 Virtual Reality Gorillas Exhibit 虚拟体验（又名 Gorillas in the Bits）中，演示了使用笔和平板电脑的

"在手中"控件，并结合面板上的虚拟控件，映射到真实平板电脑（图 7-22）［Bowman et al. 1999］。

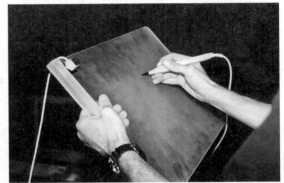

<控件> ——"在视线前"。真实世界的平视显示器（HUD）将数据反射到位于用户和世界之间的屏幕上，通常是头盔或挡风玻璃上。HUD 可以通过创建一个信息显示器来实现，该信息显示器与参与者的头部运动相关联，这样显示器就总是出现在他们面前（即在视线的前面）。Daqri 公司的智能头盔在它的一些增强现实应用中使用了视线定向的菜单系统（图 7-23）。通过 Daqri 智能头盔，在增强现实体验中，用户可以在工作中查看如何操作设备的指导手册。

<控件> ——"在用户身边"。这种控件跟随在用户周围，与"在手中"和"在视线前"控件类似，都是与用户在一起，但区别在于，"在用户身边"控件并不是专门绑在用户身体的某个部位。一个例子可能是工具"皮带"，它围绕着用户，上面的菜单显示用户要执行的任务。另一个例子可能是虚拟箭囊，它放置在用户的肩膀上方，用户可以从中拿到新的箭。

用户周围可能有许多"区域"，每个区域都有一个单独的界面操作。我们可以将这些视为"身体参照区"，或者可能

图 7-22　在 Virtual Reality Gorillas Exhibit 应用程序中，虚拟控制位于一个虚拟面板上。然后，面板被映射到用户手中的可跟踪物理平板输入设备的位置（图片由 Doug Bowman 提供）

将其视为"本体感知箱"，即用户伸手就能拿到［Turk 2001］。

<控件>——在显示器上。虚拟控件放置在显示器上是一种常用于固定式虚拟现实显示器的技术。在基于头戴式或手持式显示器的情况下，这种技术简单地变成了一个 HUD。而对于一些固定显示器如工作台显示器或 CAVE 式显示器等，菜单或其他虚拟控件的位置在虚拟世界中是固定的，并精确匹配物理显示屏的位置。

这种方法的两个好处是，用户始终知道菜单的位置，并且虚拟控件对象的深度信息与物理显示器的深度信息是一致的。具体来说，立体视觉的深度信息和视觉调节是一致的，因为用户的眼睛会聚焦在屏幕上，立体视觉的深度信息表明虚拟控件会在相同的距离上。深度

信息的匹配是有益处的，因为可以使得眼睛的压力和恶心的可能性都更小。这对于经常使用的控件尤其有用。

图 7-23　一个以凝视定向的用户界面可以覆盖在感兴趣的对象上，从而可以做出免提的选择（图片由 Daqri 公司提供）

　　加利福尼亚大学戴维斯分校的 Vrui VR 集成库（许多可视化工具都是基于这个库开发的）允许菜单和控件面板直接放置在 CAVE 式显示器的表面上（图 7-24）［Kreylos 2008a］。这种体验的创建者 Kreylos 实现了一个控件工具包，它借鉴了 2D 桌面隐喻的许多特性，包括菜单、刻度盘和按钮。菜单是下拉式的，通过单击带有菜单名称的框来激活。菜单还具有撕下功能，可以一直保持可见并放置在 CAVE 表面的任何位置。在屏幕上移动菜单和其他虚拟控件的能力允许用户根据需要随时重新放置它们。

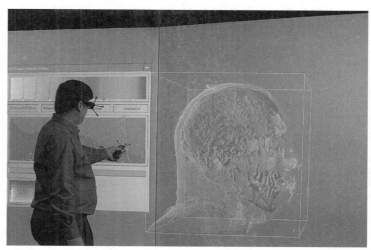

图 7-24　在投影式 VR 系统中，比较方便的控件位置是与一个显示器表面重合的。这具有双重优势，用户容易记住这个位置。即使没有立体眼镜也能清楚地看到菜单的视角（照片由 Danielle Sherman 拍摄）

　　<控件>——"在小孔内"。使用小孔的交互是指使用参与者的眼睛与手指之间的空隙对齐。"小孔"一词通常是指照相机的光圈，即透镜的开口。在虚拟现实中，手指是定义一个"小孔"的一种手段，通过这个小孔，参与者可以看到一个物体。

　　通过小孔进行的操作基于用户在虚拟世界的视角。因此，使用基于小孔的方法移动对象可以通过用手指框住对象然后将手指移动到另一个位置来完成，从而实现在手指的小孔内移动对象［Pierce et al. 1997］。要使用手指指定的小孔，显然必须跟踪手指位置。而且，因为用户只有一只眼睛参与小孔的瞄准，所以用户必须指定他们喜欢使用哪只眼睛。

　　<控件>——"在面板上"。使用"在面板上"的方式将虚拟控件或一组控件视为 2D 计算机屏幕上的 GUI 面板。面板是许多虚拟控件可以组合在一起的地方。几乎可以将这些虚拟控件 GUI 面板放置在所有可以放置独立虚拟控件的地方："在世界中""在手中""在显示器上""在视线前"。

　　将控件放置在位于 3D 世界中的 2D 面板上通常是为了改善使用 6-DOF 物理输入设备操作虚拟控件的难度。用户在体验有限且相互冲突的深度信息时，往往很难确定对象确切的三维位置。一个稍微更有效的方法允许用户简单地指向对象然后与其交互。然而，很难判断三维指向向量与二维控件的交点。

　　虚拟控制面板的主要优点是实现了 2D 光标。就像 2D 屏幕上的光标一样，用户可以清楚地看到该光标何时位于所需的控件选项上。移动 2D 光标有两种方法。第一种是使用 2D 定值器来移动它（例如，像使用桌面鼠标、操纵杆或笔和平板电脑一样）。第二个光标控制方法是使用传统的 6-DOF 虚拟现实输入设备（可能要跟踪手持设备）指向面板。当然，这带来了 6-DOF 控制的一些困难。

　　由莱特帕特森空军基地的空军理工学院开发的 Solar System Modeler（图 7-25），使用面

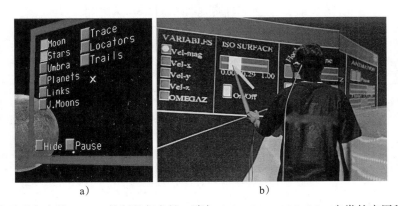

a)　　　　　　　　　　b)

图 7-25　a）为了避免完整 6-DOF 控制的复杂性，诸如 Solar System Modeler 之类的应用程序利用 2D 面板上的菜单来选择虚拟世界中的天体。用户可以移动桌面鼠标，在视图中移动面板上的 X 光标。b）在 Multi-phase Fluid Flow 应用中，使用者将 6-DOF 手杖指向面板，黄色箭头表示手杖化身与 2D 面板的交点。箭头光标被限制为仅在菜单平面的两个维度上移动，就像桌面界面上的鼠标一样（应用程序分别由 Martin Stytz 和 Eric Loth 提供，照片由 William Sherman 拍摄）

板允许用户激活多种控件［Stytz et al. 1997］。4 个控件面板位于虚拟车辆内。事实上，在用户面前漂浮的 2D 面板其实是 HUD（车辆的一部分，在挡风玻璃上显示信息）的"在世界中"风格的表示。Solar System Modeler 是为坐在办公桌前佩戴头戴式显示设备的用户设计的。因此设计师使用了标准的计算机鼠标。只有一个面板一直处于活动状态，其他面板需要通过凝视选择激活。当用户转过头时，他们面前的面板会被激活，并且鼠标移动被映射到视角内的菜单上的光标。

控件可见性

一个虚拟现实体验可能有许多控件表示在虚拟世界中。同时显示它们可能会导致视线过于杂乱，阻碍对虚拟世界的有效探索。一个常见的解决方案是在需要或请求之前隐藏它们中的大部分。当虚拟控件或代理被隐藏时，应用程序设计师必须创建一个简单的方法来召唤它们。这可以通过语音命令、手势或指向与特定控件关联的对象来实现。

使用"不可见"虚拟控件时需要注意的另一个问题是，如果没有控件存在的迹象，参与者可能会忘记或永远不会知道它的存在，那么渲染它就毫无意义了。例如，如果一个漫游应用程序有一个隐藏的控件，可以将用户直接传送到另一个位置，那么参与者可能会忘记这个不可见的传送门在哪里，并被迫在空间中游荡，直到不小心触发它为止。除非这种体验是探索和测试内存容量，否则应该使用某种形式的标记来表示控件的存在位置。

直接和物理控件通常不会带来混乱问题。物理控件经常握在手里，因此可以放在看不见的地方。直接控件甚至很少有视觉表示，因为它们的操作方式往往模仿真实世界。因此，对于直接控件（以及没有虚拟化身的代理控件）来说，主要的可见性问题是参与者没有意识到它们的存在。

运动方程（控制阶和增益）

空间中的运动可以用一个简单的公式来描述，即时间的函数。表达式的一般形式有位移、速度、加速度、脉冲和其他输入参数项，每个输入都可以用乘数因子进一步描述。

每一项的乘数因子（系数）可以看作该项的输入与输出之比——增益。公式中每一项的增益都乘以时间的指数。指数的这个阶（幂）定义了一种运动，如位移（零阶）、速度（一阶）、加速度（二阶）等。这个值称为运动的控制阶（图 7-26）。

虚拟现实应用程序典型的运动控制表达式中，除了一项以外，所有项的系数都为零，只留下一个增益和一个时间指数（控制阶），比如速度。因此，例如，如果用户要控制速度，则位移和加速度的增益系数为零，仅留下：

$$位置_{新} = 增益_{速度} \times 时间^1 + 位置_{旧}$$

运动方程适用于物体运动和移动控制。然而，操作的类型（移动或对象运动）规定了控制阶将获得非零增益的默认期望。对于对象的重新定位，通常假定直接位移（零级控制）。对于移动操作，通常使用一阶（速度）控制，使得参与者可以控制他们的运动速度。

图 7-26 用户移动可以映射到不同控制顺序和增益的物体移动。a）增益为 5 的零阶控制提供了从用户的手移动到立方体的线性映射。放大的手化身代表增益值。b）用户的操纵杆的微小移动映射到圆柱体的速度（一阶增益），让他们可以飞。选中的对象通过线框球体外壳高亮显示

很少使用高于一级的控制命令。这是有充分理由的，因为研究人员发现，在控制系统中，人类可以直接控制加速度（即输入装置的恒定偏转产生恒定的加速度）非常不稳定，并且不容易操作。因此，应该避免这些操作［Wickens and Hollands 2000］。利用控制空间胶囊体的推进功率作为一种控制方向的方法就是这类加速度控制的一个例子。

7.3.3 选择

无论控件位于虚拟世界中的哪个位置或选择了哪种操作方法，都必须有一种方法可以在应用程序中选择所需的对象或选项。两类主要的选择类别是选择方向（例如，指向）或选择项目。可以组合这两个类别，例如通过指向（方向选择）所需的选项（例如，在菜单中，在地图上，在世界中）来选择项目。第三种选择方法是通过直接输入数字或字母值。

方向选择

方向选择对于项目选择（对象或位置）和作为移动控制的方向指示器（我们将在 7.4 节中讨论）非常有用。项目可以选择，无论他们是否触手可及。有 7 种选择方向的方法：指示器定向、凝视定向、瞄准线定向、躯干定向、定值器定向、坐标定向和地标定向。

大多数面向方向的操作使用立即给定的（瞬时）方向。但是，对于正在进行的操作，例如飞行，激活触发器是持续的，用户可以在操作期间继续修正方向。

指示器定向选择方式。 通过指向来选择使用某种形式的姿势或姿势来指示方向。这可以通过直接跟踪手的位置来实现，也可以通过使用一个用来指示用户指向哪个方向的道具来

实现。对于移动操作，用户可能会指向他们想要移动的方向，并使用一个单独的控件来指示移动的速度（或何时停止）。为了从列表中进行选择，当指示器瞄准其方向时，可以突出显示对象，然后用户按下按钮或用其他方式将其表示为他们的选择。指示器定向光束的可视化标示是用于显示包围区域的有用的辅助手段。

凝视定向选择方式。凝视选择取决于参与者的视觉注意力，利用了用户正在观察的方向（图 7-27）。目前，大多数虚拟现实系统尚未真正实现跟踪眼睛的真实运动。因此，对于大多数基于凝视的指示器，实际上考虑的是鼻子所指向的方向。随着实际的眼球跟踪在虚拟现实系统中变得越来越普遍，因此有必要区分鼻子定向和真正凝视定向选择。请注意，许多智能手机虚拟现实显示器使用了面向鼻子的凝视方向选择，有限的输入机会进一步限制了触发选项，所以通常使用停留时间作为激活机制（熔断按钮）。

图 7-27　凝视定向选择利用用户正在看的方向作为选择标准。在这个例子中，参与者仅仅看着他们想要选择的对象。然后由一些离散的触发器来激活操作，如按下按钮，或通过语音命令

瞄准线定向选择方式。瞄准线（其中十字光标是常见示例）定向选择是通过使用指示器定向和凝视定向选择方式的组合来实现（图 7-28）。头部和手持控制指示器之间的矢量创建了一个不可见的选择光束，该光束从参与者的一只眼睛穿过指示器，并指向感兴趣的方向［Mine 1995a］。

对于新手来说，瞄准线选择通常是一种简单的技术，因为他们可以通过手中的光标或十字光标来控制方向。然而，由于手和头都被占用，使用这种方向选择方式可能对于更高级的用户来说会觉得麻烦。前面讨论的小孔操作的选择对象方法本质上是一种瞄准线选择方法。在这种情况下，在拇指和食指之间进行瞄准，而不是用手指或道具的尖端。

图 7-28　瞄准线选择方式使用了通过步枪瞄准镜来选择对象的隐喻。在这张图中，参与者用他们的指尖作为准星。请注意，计算机必须知道（在这种情况下）右眼是首选。选中的对象将仅仅是被箭头击中的第一个对象。还要注意，参与者实际上看不到箭头

躯干定向选择方式。躯干定向选择方式可作为移动中指示定向的首选项（图 7-29）。如第 2 章（2.4.2 节第 3 点）所述，虚拟现实体验 Placeholder 的设计师认为，使用躯干定向是一种更自然的选择移动方向的方式——他们认为这种方式"让用户找回脖子"［Laurel et al. 1994］。然而，它并不经常用于虚拟现实体验，因为需要额外的硬件设备去跟踪参与者的躯干。即使躯干跟踪，使用"躯干定向"选择作为一种项目选择的手段也没有什么意义。

偶尔，躯干的位置可能可以与身体的其他部分相结合，设计出一个全身姿态，可以一次性提供一个方向激活姿态。例如，回顾第 4 章中提到的"PenguFly"技术［von Kapri et al. 2011］，它将躯干与双手的位置结合起来，当双手处于"飞行姿势"时，躯干和双手构成的三角形提供了飞行参数（图 4-52）。

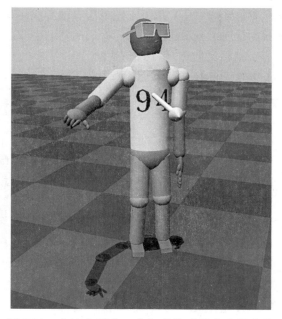

图 7-29　在这个图中，参与者移动的方向是由他们身体的方向决定的，而不是他们看的方式或他们指的方向。使用躯干选择方向需要跟踪躯干、头部、手部和其他特定于应用程序的组件

定值器定向选择方式。定值器定向选择允许用户使用多个定值器来指示方向，例如操纵杆（2-DOF 定值器）或空间球（6-DOF 定值器）。因为可以假设定值器相对于用户的身体（通常是手）保持在某个特定方位，所以手的方向可以用于确定定值器在现实世界空间中的方向。然后，用户可以操作定值器以指示相对于控制位置的方向，选择"光束"可以表示射线的源和方向。

有几种方法可以让参与者使用操纵杆（甚至鼠标）来选择方向（图 7-30）。一种方法是假设：所需的方向必须要在某个平面内，即参考方向，还有方向向量的原点。然后从原点经过 2-DOF 操纵杆或鼠标指示的位置的直线确定方向。另一种方法是使用 2-DOF，即仰角和方位角，表示从原点到所需位置的高度和夹角。可以通过给出仰角（例如，高出地平线 45度）和相对于参与者位置的方位角来指定方向。例如，如果朝北，则指定为东经 90 度，朝南则指定 180 度。对于方向限制在单个平面或地形表面（流形）的方向的体验，一个 1-DOF 的输入装置就足够了，如方向舵或其他转向装置。

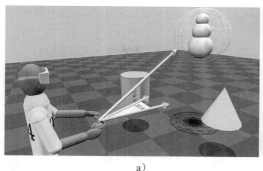

a) b)

图 7-30　a）参与者使用 2-DOF 操纵杆设备选择相对于其身体的方向。两个自由度被映射到方位角
（22.9 度）和高度（19.5 度）。请注意，在此示例中，未跟踪操纵杆本身的位置，因此用户不
能通过瞄准它进行选择。b）安装在 6-DOF 跟踪道具上的 2-DOF 操纵杆（和一些按钮）的组合
可以实现一些有趣的接口技术（照片由 William Sherman 拍摄）

　　在所有情况下，必须确定参考系统。参考向量可以是绝对方向，例如北方，或者它可以
相对于躯干所朝向的方向，例如左侧。当采用相对输入指向所需的移动方向，并且用户继续
输入恒定值时，它们将继续转动，因为它们的参照物（用户）也在转动。因此，如果没有自
动返回中心的设备，输入值会产生特定的转弯速度，而不是转弯的距离。有时候，比如 HTC
Vive 控制器或 CAVE 式显示设备的手杖，2-DOF 设备安装在 6-DOF 跟踪设备上（见图 7-30b）。
6-DOF 的跟踪信息与 2-DOF 设备可以作
为一个有效的接口协同工作。

　　坐标定向选择方式。如果用户有指
定数值坐标的方法（例如通过语音），那
么他们可以给出方位角和仰角值，以指
定相对于某个参考系的方向（图 7-31）。
如果不考虑仰角（例如，在控制地面车
辆时），则方位角足够。例如，用户可以
说"北"，将车辆旋转到该方向。

　　地标定向选择方式。提供一种在虚
拟环境中指定对象的方法（例如，声音或
菜单），参与者可以指向某个地标或对象
作为方向。例如："走向约书亚树公园。"

图 7-31　语音识别（语音输入）可用于通过指示所
需方向的语音坐标来选择方向。在这种情
况下，使用的是基于一天中的小时数的圆
形坐标系统。坐标系统既可以与世界保持
对齐，也可以随着用户的旋转而旋转

项目选择

　　选择单个或一组项目通常是一种方便的通信操作方式（图 7-32）。项目选择的使用通常

适用于所有用途的虚拟现实应用程序，但也可以定制，以满足特定应用程序的需要。在一方

面，项目选择方法是从枚举列表中选择的基本方式，尽管有些枚举列表并不是那么明显，甚至可能涵盖虚拟世界中的所有对象。因此，可选项目的列表可能是对象本身、项目的图标表示，甚至可以表示为位置。后者对于跳跃前进方法特别有用。

对于特定虚拟现实应用，有 7 种典型的有用方法选择项目：

1）接触选择：化身与对象进行接触。

2）指向选择：指示器指向所选对象。

3）3D 光标选择：3D 光标指向所选对象。

4）小孔选择：两个手指之间的空间创建一个小孔，并选择出现在小孔中的对象。

图 7-32　使用身体交互（手势），我们可以选择我们感兴趣的项目（移动、丢弃、吃等）。这里使用指向手势选择项目（照片由 William Sherman 拍摄）

5）菜单选择：显示了一个可供选择的项目列表。

6）在微型世界中选择：在世界的缩略图中通过接触选择方式选择项目，如地图。

7）名称选择：语音识别软件允许用户说出选项的名称。

选择可以根据激活机制立即确定，也可以使用复杂的算法，其中对象的大小和移动方向会影响选择。例如，Anthony Steed 提出的算法，允许指示器随意移动，尤其是对于远距离或小的对象，指示器很难保持一个稳定的选中状态——可能偶尔会错过目标，但是如果它仍然能停留在某个项目附近，那么算法会将这个动作解释成确定选择该项目［Steed 2016］。从某种意义上说，这是一种滞后性。

选择操作可以不限于单个对象。应用程序可以使用多个对象来进行数学分析，例如在 LidarViewer 工具中采用一组激光雷达数据点来确定一堵墙的位置［Kreylos et al. 2008b］（图 7-33）。当然，当选择多个对象时，有时可能需要取消选定一些无意中选中的对象，因此需要切换开关或其他输入设备来显示选定与取消选定。这两个操作可以一起用于精选特定的对象集合。

接触选择。接触选择是通过参与者的化身的一部分去接触对象来实现的（图 7-34）。接触本身可能会自动激活某个操作，或者用户可能需要单独触发激活。自动激活可以来自与身体的特定部位的接触（例如指尖），也可以来自化身身体的任意部位的接触（例如头部）。然后，用户就可以更改对象的属性、移动对象或执行任何可用的操作类型。

图 7-33 在 LidarViewer 虚拟现实工具中，不仅可以查看和移动点云，而且可以通过一个绘画风格的接触选择界面选择一组点（绿色）。然后可以对选择进行分析，以确定它们的数学性质（照片由 Danielle Sherman 拍摄）

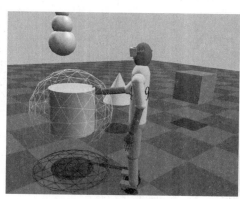 

图 7-34 接触选择方法要求用户虚拟地触摸一个对象，将其指示为他们的选择，就像我们在这里看到的参与者的化身一样。这种选择方法的一个问题是，可能很难或不可能选择参与者无法触及的对象。从好的方面来说，它不需要单独的动作来表明已经做出了选择，尽管在某些情况下，明确选择可能是更适合的

接触选择的一个积极特性是，它有助于将用户吸引到环境中，使他们用身体进行交互。

对象接触反馈可以有多种形式：视觉突出显示、听觉信号或动觉阻力。视觉和听觉反馈的组合通常用作触觉反馈的替代。

在 Placeholder 应用程序中，语音消息可以存储在称为语音持有者（voiceholder）的指定对象中。当参与者的化身与对象接触时，语音持有者将被激活。在 Placeholder 环境中的区域之间移动以及更改用户的化身和角色也通过触摸专门标记的对象来实现。

指向选择。指向选择使用前面章节描述过的方向选择器，通过直接指向虚拟世界中的特定对象（例如，用道具指向或通过用户的注视）来选择特定对象。同样，虚拟世界本身也可以是选项面板。当选择光束与项目相交时，参与者需要某种形式的反馈来知道哪个项目是当前的候选项。这种反馈通常通过将对象包围在一个框中或更改其属性（如颜色）来直观地表示。通常，参与者必须执行一个触发操作来指定候选项作为他们的选择。

NICE 教育应用程序使用指向选择技术，允许参与者拾取花园里的植物或把云或太阳拖到新位置。选择对象用围绕对象的半透明黄色球体表示，类似于图 7-34a 中采用线框模式的高亮球体表示选择对象。

3D 光标选择。3D 光标选择相当于使用鼠标或轨迹球在 2D 表面上选择项目（图 7-35）。在桌面隐喻中，使用鼠标、轨迹球或其他设备在屏幕上移动光标。然后通常通过按下按钮来完成激活。在 3D 环境中，光标可以在空间的所有维度上移动。激活可以通过简单的接触实现，也可以仅通过激活触发器实现。

a)   b)   c)

图 7-35 一些虚拟现实应用程序使用类似于鼠标光标的 3D 光标来进行选择。a）在这里，一个球形无人机由用户通过操纵杆飞行，直到它接触到图 b 中想要的对象。c）BoilerMaker 应用程序允许锅炉内喷油器的交互式放置和可视化。用户通过魔杖移动一个圆锥形物体并按下按钮来选择喷油器。锥体被限制在实际物理锅炉中喷嘴位置可能的地方移动（BoilerMaker 应用程序由 Nalco Fuel Tech 和 Argonne National Lab 提供）

有时，3D 光标可能具有一些移动约束，这些约束可以有效地使 3D 光标选择操作与指向选择或接触选择操作相同。如果 3D 光标被限制在与手持设备的特定距离内，那么操作类似于接触选择（除了扩展了用户可接触的范围）。如果 3D 光标被限制在最近的对象的表面，那么操作简化为一个指向选择技术。

Crumbs 科学可视化应用程序（参见配套网站）使用 3D 光标选择方法在数据空间中抓取（和移动）工具或"面包屑"［Brady et al. 1995］。从手杖发出的虚拟指示器的尖端是 3D 光标。在纳尔科燃料科技公司（Nalco Fuel Technology）的 BoilerMaker 应用中，指示器定向的无人机穿过锅炉外壁的内部，突出显示与其接触的排气口。当所需排气口突出显示时，用户按下按钮以选择它。

3D 光标通常直接附着到手持设备，但不一定非得这样。允许用户将光标扩展到其物理范围之外的一种技术是 Ivan Poupyrev 和他的同事［1996］描述的"go-go"方法。当光标靠近用户身体时，go-go 技术将光标映射到手（或手持道具）。当手臂伸展时，光标无人机（在他们的例子中是手形化身）以指数速度移动。用户也可以从远处进行选择，即使有其他选项位于用户和被选择的对象之间（图 7-36）。

图 7-36　在 Schell Games 的 *I Expect You To Die* 游戏中，参与者使用了一种被开发者称为"心灵遥感"的技术去召唤对象回到自己身边。这是通过手持控制器上的触发器并滑动触控板来实现的。注意，即使你和你想要的物体之间有障碍，这个技巧也可以使用（图片由 Jesse Schell 提供）

小孔选择。小孔选择技术允许用户用手"瞄准"物体（图 7-37）。一个物体可以通过用

拇指和食指在视觉上"捏住"来表示。捏住的手势可以当作选择触发器，也可以通过语音或其他方式进行选择。一旦选择了一个对象，它可以继续使用手指手势进行操作，如前面的操作部分所述。类似的技术在第二人称虚拟现实显示器中很常见，通过跟踪摄像机的实际光圈捕获的视频图像，再利用计算机视觉技术进行处理，以确定正在执行的手势。

"小孔选择"要求 VR 系统能够确定用户正在选择的对象。要确定用户通过小孔看到的内容，必须知道小孔和用户眼睛的位置。在大多数虚拟现实系统中，用户眼睛的位置通常是已经知道

图 7-37　此虚拟现实参与者用手指作为光圈选择一朵花（照片由 William Sherman 拍摄）

的，尽管准确的目标需要具体知道哪只眼睛在瞄准（十字光标定向选择也是如此）。跟踪小孔位置比一般的虚拟现实设置可能更复杂。如果使用手指作为孔，则需要使用一些设备来跟踪手指的位置；也许是数据手套、照相机，或者是专门的传感器，比如 Leap Motion 或 Google Soli。

名称选择。名称选择提供了一种不使用手的项目选择方式，允许参与者将手用于其他用途（或根本不使用手）。由于语音识别系统可能存在歧义，且准确率低于 100%，因此对计

算机"理解"的真正意图的验证方法很重要。例如，可以在采取操作之前突出显示对象，让

用户有机会取消操作（图 7-38）。虚拟键盘也可用于输入对象名称（图 7-39）。

根据其功能，语音识别系统的一个可能局限是，用户需要知道他们想要选择的对象的确切名称。然而，可以将语音和指示器定向选择方法组合起来，指明特定方向上的对象，例如，指着一个特定的房子并说"移动它"，而不需要说"移动那个黄色的房子"。然而，这其实可以归结为"指向选择"方法结合语音命令触发器。

美国国家超级计算机应用中心的 Virtual Director 娱乐制作应用程序，利用声音指令选择关键帧［Thiébaux1997］。当参与者验证了正确的关键帧被理解时（通过说"Enter"），然后参与者沿着摄像机路径被传送到选定的地点和时间。

菜单选择。菜单选择是从桌面 WIMP 界面派生的另一种交互形式。与桌面菜单系统一样，系统会向用户显示从中选择项目的选项列表。

如图 7-40 所示，参与者可以用多种样式来表示他们的选择，其中大多数样式都是采用上述讨论的其他选择方法。另一种方法是浏览整个列表，或使列表滚动，其中一个标记为可供选择的项目。因此，使用方向选择器，用户可以指向一个可用的选项，就像在桌面隐喻中使用光标一样，或者他们也可以滚动（或使用按钮/手势触发器浏览）选择列表，直到所需的选择突出显示。

我们通常将菜单视为选择的文本列表，但有时可能使用图片来显示选择

图 7-38　用户可以通过简单地说出对象的名称来选择对象。注意"雪人"周围的线框球体表示选择

图 7-39　有些信息是通过字母数字输入来传递的。在这些情况下，物理键盘可能是最有效的，但是当沉浸在体验中时，虚拟键盘可以提供一个合适的选择。SteamVR 工具提供了一个虚拟键盘，允许参与者在不离开虚拟现实系统的情况下说出他们正在搜索的内容

（图 7-41）。在虚拟现实中，我们甚至可能使用对象的 3D 表示——许多电子游戏经常会这样

做。这些表示可能是可供选项的微缩副本，甚至可能是虚拟世界中的对象本身——"世界就是我的菜单"。然而，在这一点上，我们基本上已经转移到其他选择方法，即接触选择。因此，菜单选择与接触选择的主要区别特征是，在选择时，选项不需要在用户附近或可见，或者甚至不必是虚拟世界中可见的实体。

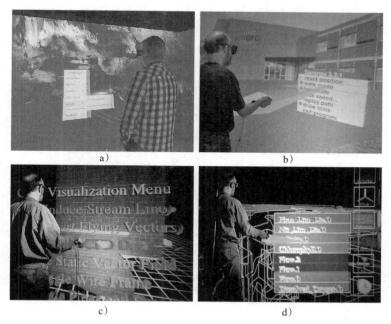

图 7-40　一种模拟 2D 界面技术的常用选择方法是菜单选择技术。在这里，方向选择器用于指向、滚动、突出显示和单击选择 LidarViewer（图 a）SaraNav（图 b）BoilerMaker（图 c）和 BayWalk（图 d）应用程序中的各种项目（应用程序分别由 Oliver Kreylos/UCD、Anton Koning/SARA、William Michels/Nalco Fuel Tech 和 John Shalf/NCSA 提供；照片 a 由 Shane Grover 提供，照片 b 和 d 由 William Sherman 拍摄）

图 7-41　菜单项可以是文本之外的实体。在本例中，用户从照片中选择草图。在 VR 中也有其他的选择，比如三维动画对象

有许多应用程序可以使用菜单选择。例子包括基于 Vrui 库的可视化应用程序，如 Lidarviewer 点云可视化工具。这些应用程序使用一个桌面样式的弹出菜单，当参与者请求时会出现该菜单（参见图 7-40a）。其他菜单选项调用对话框面板，然后保留在三维虚拟世界中。基于 Vrui 库的虚拟现实工具集合都提供了调用菜单和通常工具的功能，其中通用工具可用于任何应用程序，如测量工具。基于 Vrui 库的应用程序的菜单可用于切换、选择器和其他设置等任务，通过手持控制器的位置与虚拟世界进行探测和其他交互。

目前已有一些如何以不同于典型的 2D 桌面隐喻使用菜单的方式的研究。使用指触式数据手套（Fakespace 公司的 Pinch Gloves 数据手套），Bowman 和 Wingrave［2001］，弗吉尼亚理工学院和州立大学的研究人员，评估了用参与者的手指进行选择的有用性（图 7-42）。在他们的实现中，当前可用的选项被呈现为用户的手的化身的一部分。在另一个实现中，Leap Motion 公司的 Hovercast 虚拟现实界面进一步采用这种想法，使用赤裸的双手和径向菜单。亚琛工业大学在各种环境中使用饼图菜单（图 7-43）。Valve 公司的 SteamVR 教程，使用圆形触摸板提供 4 种不同的颜色或形状选择，用来生成气球角色（图 7-44）。在 Cloudlands 中，用户使用游戏的主题和推杆进行选择（图 7-45）。

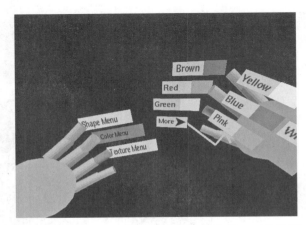

图 7-42 显示菜单不采用传统的桌面菜单，而是使用手指接触来指示选择。用拇指触碰食指、中指或无名指来选择。触碰小指会出现三个新的选择（图片由 Doug Bowman 提供）

图 7-43 亚琛工业大学的这些应用程序使用饼图菜单，它可以在选择时堆叠起来，并且在上面不仅可以选择项目，饼图段还可以包含额外的控件，如滑块和颜色选择器（照片由 Sascha Gebhardt 和 Torsten W. Kuhlen 提供）

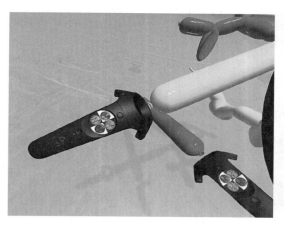

图 7-44　Valve 的 SteamVR 教程提供了一个例子，即使用 Vive 控制器触摸板的象限选择四种物品中的一种（在本例中），即不同颜色和形状的气球

图 7-45　对于 Cloudlands 迷你高尔夫球比赛，通过让一个球穿过一个打开的门（关闭的门表示目前没有可用的选项）来做出选择

　　菜单可以连接到身体的另一种方式是通过身体参照区，该区域是"在手边"界面的一部分。如前所述，围绕用户的工具腰带允许他们通过到达某个特定位置并激活来选择对象或选项。"工具"可以是从背后的虚拟箭囊中选择弓箭。Fantastic Contraption 益智游戏允许用户从身体参照区检索新组件并实例化，然后用它们来构建奇妙的装置（图 7-46）。

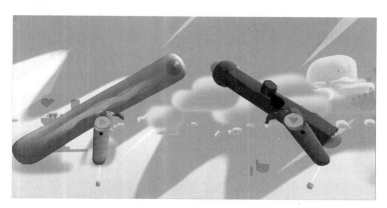

图 7-46　Fantastic Contraption 益智游戏使用身体参考区来实例化新的组件。例如，右侧管从右肩后面拉出，左侧管从左肩后面拉出

　　在微型世界中选择。"在微型世界中选择"可以被视为"菜单选择"方法的特殊情况。与"菜单选择"一样，需要有一些指向选择的方法，因此必须执行选择的辅助操作。菜单上

的项目可以通过接触、指向、命名等方式选择。与直接方法（如接触选择和指向选择）不同，在微型世界中选择提供对象的较小副本，而不是原始的表示形式。较小的世界表示可能采用完全复制原始世界的形式（大小除外），即微型世界（World In Miniature，WIM）（图 7-47）［Stoakley et al. 1995］，或者它也可以作为地图呈现。使用微型世界来呈现选项板的一个优点是可以呈现任何子集，包括虚拟世界的不同区域。

图 7-47　通过提供虚拟世界或微型世界（WIM）的小规模表示，参与者可以在模型上指示他们的选择，并且它将影响实际的虚拟世界

除了为用户提供更全局的环境之外，缩小版本甚至可以允许用户直接在微型世界中操作对象（图 7-48）。因此，可以比在原始的世界中更容易地执行大规模操作——例如，将重型家具从一个房间移动到另一个房间。事实上，他们甚至可以在微型世界和原始世界之间移动物体［Mine 1996］。

字母数字值选择。 大多数虚拟现实交互都避免输入特定的数字或字母信息。但是，在某些情况下，输入这些数据是必要的，并且能增强虚拟现实体验。直接用户输入文本数据的方法是使用类似笔的手持设备，允许手写指定所需的值。字母数字信息也可以通过物理、虚拟设备或语音输入到系统中。

图 7-48　在 Photoportals 工具中，用户可以创建全尺寸世界的微型参考，并且在微型副本中进行的操作将反映在更大的世界中（照片由魏玛包豪大学虚拟现实与可视化研究小组提供）

字母数字信息的物理输入最容易通过标准的计算机键盘实现。另一个可能在某些应用程序中工作良好的选项是带有适当手写识别软件的平板和笔接口。手机和平板电脑等手持计算设备的普及使得这种可能性非常合理。

当操作员可以看到设备时，物理输入设备最有效。触摸打字员可以在不直接观看手指的情况下操作键盘，但他们需要知道键盘的位置。因此，当键盘和笔输入方法与不遮挡现实世界的设备一起使用时，它们的效果最佳。用户使用鱼缸式虚拟现实显示器时能轻易地将视线从沉浸式显示器上移开，可以直接坐在键盘前面；或者在使用倾斜增强现实时，物理设备可以在虚拟世界中查看（见下一章的图 8-22）。智能手机或小型平板电脑可以在站立时轻松使用，因此可以在环绕虚拟现实显示器中正常使用。键盘和类似设备也可以由虚拟现实体验的助理操作员使用，他不是沉浸式参与者，但这本质上是代理控制的一种形式。

虚拟控件可以采用熟悉的形式，例如虚拟世界中的虚拟键盘或键盘（参见图 7-39）。尽

管诸如键盘的虚拟对象可能与虚拟世界更一致，但是它们使用起来可能很麻烦，特别是没有提供触摸反馈的情况下。但是，在某些情况下，必须完全复制现实世界的界面。在这种情况下，虚拟键盘界面是最佳解决方案。摩托罗拉大学亚当斯咨询公司开发的流水线训练器使用非标准键盘向生产线输入命令。在 VR 体验中完全复制了这个键盘，提高了训练效果（图 7-49）。

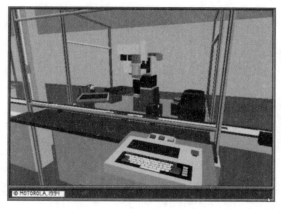

图 7-49　摩托罗拉大学流水线训练师应用程序提供了一个虚拟模型，它是真实设备的精确复制品。参与者将数值输入虚拟键盘，这个键盘与现实世界的键盘类似（图片由摩托罗拉大学提供）

用于指定数值的更常见的输入方法包括物理设备、虚拟刻度盘或滑块控件。然而，这些方法可能难以设定一个精确的值。Mark Mine［1996］开发了一个类似菜单的虚拟控件，用于输入特定的数值。在这个系统中，用户下拉一个数字

菜单，并在每个位置选择一个要输入的数字，直到显示所需的数字为止。这与 20 世纪 60 年代至 70 年代之间生产的机械计算器类似（图 7-50）。一旦以这种方式设置了所有数字，用户就表示该数字已完成，应用程序将使用它的值。

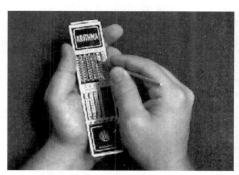

图 7-50　在北卡罗来纳大学，Mark Mine 开发了一些应用程序，可以接受来自老式机械计算器虚拟对应物的数字输入（图片由 Mark Mine 提供）

代理控件（例如语音输入）是在虚拟现实体验中提供特定数字或字母输入的另一种直观方式。现代基于云的语音识别系统可以在声音命令的解析方面做出合理的努力。根据语音识别系统的能力，参与者可以说出短语或数字，或者可能需要拼写出每个字母或数字。使用诸

如"hundred"这样的快捷词，可能会显示多个数字。在美国国家超级计算应用中心的动画创建应用程序 Virtual Director 的语音控制中使用了该技术，其中说"hundred"这个词表示要输入两个零，从而完成该数字。要指定 101，用户说"one zero one enter"。否则，只要说出"one hundred"字样，应用程序就将其解释为 100 并结束数字输入模式。数字输入的代理形式非常适合于模拟声音方向的应用程序，例如为船舶或潜艇的船员提供导航方向。

7.3.4 操作形式

前面几节中描述的许多选择技术提供了一种选择虚拟对象的方法。但是一旦一个对象被选中，参与者会用它做什么呢？如何操作它？

操作是虚拟现实界面的核心。我们将虚拟现实体验中的操作方法分为六类。最常见的两类操作方法是：1）在虚拟世界中定位和缩放对象；2）控制参与者在虚拟世界中的移动方式。

前面描述的 4 种操作方法——直接、物理、虚拟和代理——可以与操作的各种属性组合，如增益、控制阶、棘轮、约束、反馈等。因此，虚拟现实体验的设计者有各种各样的界面实现可供选择。

常见的操作形式包括：

❏ 对象定位和缩放；

❏ 对虚拟对象施加力；

❏ 修改对象属性；

❏ 修改全局属性；

❏ 改变虚拟控件的状态；

❏ 控制移动。

直接、物理、虚拟和代理输入的操作方法用来产生这些形式的操作。这些操作受多种对象属性的调整，导致有大量潜在的界面操作。这些技术构成了一系列技能，可以通过经常参与虚拟现实体验来学习。这里将讨论这些虚拟现实技能中的每一项，除了移动控制将在本章后面的导航中讨论。

对象定位和缩放

在虚拟世界中的对象定位和缩放允许参与者改变虚拟对象的位置、方向和大小。可以使用任何直接、物理、虚拟或代理控制操作方法来影响对象。

对象移动的直接用户控件方法允许用户以他们希望对象移动的方式，通过移动他们的手来重新定位所选对象。有大量的方法可以实现这种交互。握拳抓取是直接控制定位和缩放操作的一种方式。握拳抓取意味着用户的移动与对象的移动是一一映射的，这限制了用户只能将对象移动到他们实际可以到达的距离。

执行旋转和缩放操作时，需要一个轴或点（参考系）来围绕其进行操作。通常，操作的中心是关于对象的某些部分，例如形心（体积的中心），或者它可以由用户的手的位置指定。

有时（尤其是使用单手界面），参考系由用户执行的初始动作设置。通过使用双手界面可以极大地增强直接交互。如果能使用双手交互，那么控制旋转和缩放的操作则更直观，因为双手能方便定义参考系。例如，用户实际上可以用双手抓住物体并围绕他们的手的中心点旋转物体。或者，用户可以通过用双手拉伸（或缩小）来调整对象的大小。这些界面操作方法甚至成为智能手机和平板电脑的 2D 触摸界面的标准做法，不过是使用两个手指（或拇指和手指）而不是双手。

物理或虚拟控件（例如滑块）可用于沿轴移动对象或调整对象的大小。虽然将对象操作限制在一个轴上是一种更严格、更不直观的移动方式，但是如果有必要使事物以有序的方式排列，那么这种交互方法可能会更有效。

有时可能是界面控件本身需要重新定位。例如，用户可以定位脉线（streakline）的释放点。脉线显示所有粒子在矢量场中通过给定位置所采用的路径。在布朗大学对 NASA 的 Virtual Windtunnel 的扩展中［Herndon and Meyer 1994］，脉线释放点可以定位在流体流中（图 7-51）。美国国家可再生能源实验室（National Renewable Energy

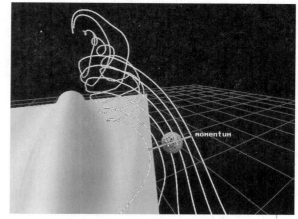

图 7-51 这个可视化工具显示了机翼上的脉线。可以操纵一个虚拟控制条（在中心有一个球）来指示可视化脉线的起始位置。控制条可以移动，也可以拉伸或缩短，以增加或减少脉线的数量（图片由 NASA 艾姆斯研究实验室提供）

Laboratory，NREL）的汽车驾驶舱气流分析仪允许用户在任何他们喜欢的地方交互地释放无重量的粒子（图 7-52）。然后粒子的流动可以表示空气流穿过驾驶舱的运动。另一部分关于重新定位界面的案例是应用程序的菜单——当菜单挡住了某些用户感兴趣的事物时，能够移动菜单就特别有用了。

图 7-52 在这个汽车分析工具中，通过使用一个手持控制器来定位释放到气流中的颗粒并观察它们的运动，可以交互式地分析通过客舱的空气流量（图片由 Nicholas Brunhart-Lupo，NREL/DOE 提供）

涉及小孔操作技术的交互经常用于对象的移动和缩放。实际上在拇指和食指之间抓住对象并通过重新定位手的位置来移动它，或者通过增加或减小手指之间的空间来调整对象尺寸，这就是基于小孔的操作。调整小孔和眼睛之间的距离是缩放对象的另一种方式，或者也可以用来表示对象应该靠近还是远离观察者。使用该技术时对象的精确放置位置可能难以确定，因为小孔是与 3D 虚拟世界交互的 2D 平面。

对虚拟对象施加力

在虚拟世界中施加力包括诸如推动、击打和支撑对象之类的交互。这些操作通常旨在模仿现实世界，因此通常是直接操作的示例。触觉界面通常有利于这种交互，在用户接触并且实际上已经开始施加力时通知用户。

虽然对虚拟对象施加力可以用来重新定位它们，但是力的作用不同于以前的操作。一个不同之处在于，施加一个力可能不是为了移动虚拟物体。相反，它可以用来固定物体，或切割、穿刺或使物体变形。

击打对象的示例包括用手击球或用虚拟推杆击打虚拟高尔夫球。或者，控制可以是物理的，例如，使用真正的推杆（道具），以提供简单的触觉反馈。在现实世界中，对对象的支撑包括诸如将对象从表面抬起或者伸出手的化身（或虚拟棒）让蝴蝶落在其上的情况（图 7-53）。

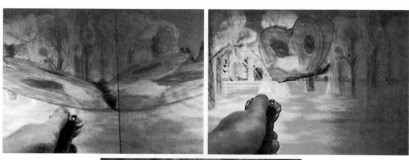

图 7-53　虽然没有实际的支撑存在，但这个虚拟蝴蝶愿意降落，并由参与者放置的虚拟棍子支撑（Crayoland 应用程序由 Dave Pape 提供，照片由 William Sherman 拍摄）

在训练系统中，力的施加是重要的，其中用户要学习的主要部分涉及用手操作对象。训练交互应该模仿真实世界的行为和感觉。这可以通过医疗程序训练应用来体现，如 Celiac

Plexus Block Simulator（图 7-54），波士顿动力公司的 Suture Trainer（见图 5-65）和加拿

大航空电子设备公司的 LapVR（见
图 5-79 和图 5-80）。在 Celiac Plexus
Block Simulator 应用中，使用者需要
感觉到刺穿身体某些内部部位需要多
大的力量。在 Suture Trainer 应用中，
受训者学习如何抓住并操作内部身体
部位，同时将针穿过它。

　　在非训练应用中，在虚拟世界中
施加的力量不需要模仿现实世界。在
休斯敦大学和乔治梅森大学合作开发
的 ScienceSpace 教育应用程序套件的
NewtonWorld 部分就是这种情况［Dede
et al. 1996］。力通过虚拟控制作用于球
上，球的运动和碰撞遵循牛顿力学定
律，而牛顿物理学不适用于用户和虚拟
世界中的其他实体，如虚拟摄像机。

　　在虚拟世界中，一种基于小孔
的操作可以通过抓住虚拟世界中的物
体并消除拇指和食指之间的距离来
摧毁或移走该物体。Pierce 和他的同
事们［1997］将这种方法称为"head
crusher"技术（图 7-55），基于喜剧节
目 *The Kids in the Hall* 中的一个小品。

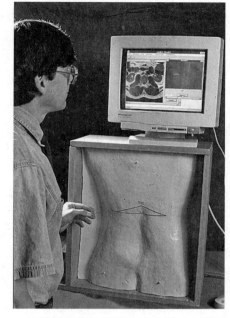

图 7-54　使用者抓住实际针头的末端（由背面内部的
　　　　力反馈装置控制）来练习腹腔丛阻滞手术，
　　　　并可以在附近的虚拟荧光显示器上查看结果
　　　　（照片由 Karl Reinig 提供）

修改对象属性

　　修改对象属性是指更改控制对象
渲染或行为的参数。可以调整透明度、
颜色、光反射系数、声音质量、坚固
度、柔韧度、质量、密度和增长率等
参数。这种类型的操作可能是虚拟世
界设计应用程序的一部分，也可能是
可视化应用程序的一部分，用于查看
不能立即可见的对象的特征——例如，
使对象的外壳透明或半透明。

　　属于这一类的操作通常不模拟真

图 7-55　这幅图说明了在 CAVE Quake II 中参与者
　　　　使用"head crusher"技术，消灭一个对手
　　　　（照片由 William Sherman 拍摄）

实世界的操作，因为在真实世界中，我们显然不能轻易地进行这样的修改。在现实世界中，我们所能做的仅仅是绘制一个篱笆来改变它的颜色，或者绘制一个窗口来修改透明度。质量和密度等基本特性不能在不影响物体的其他特性（如大小、形状或强度）的情况下改变。在虚拟世界中，对象可以以任何方式修改，甚至可以凭空创建。

修改全局属性

与对象属性修改类似，全局属性修改是调整虚拟世界的渲染或模拟参数的方法。但是，参数更改不是影响特定对象，而是作为一个整体应用于虚拟世界。一些基本的全局操作包括调整虚拟世界的整体音量或整体照明，例如，设置一天的时间随着背景变化而变化，如背景从黑暗变化到明亮的蓝天，并在太阳落山时添加橙色阴影。另一个常见的全局渲染更改规定了如何呈现对象——着色、线框、纹理映射、半透明，或者对象是坚固的还是暂时的，从而禁止用户通过或允许用户通过它们。

通常，全局属性更改将同时影响世界中的所有内容。但是，参与者可以将属性修改限制在特定区域。其中一个例子就是 Magic Lens 界面［Bier et al. 1993］。Magic Lens 界面主要应用于 2D 桌面计算机界面的视图。该界面允许操作员在屏幕的指定区域中更改观察参数（例如，线框模式渲染）（图 7-56）。该区域成为"镜头"，可以看到虚拟世界的各种特征。通过使用用户定位的虚拟设备可以将此效果扩展到 3D 虚拟世界，该虚拟设备可以改变通过 Magic Lens 看到的所有物体的观察参数（或其他参数）［Viega et al. 1996］。

改变虚拟控件的状态

由于虚拟控件存在于虚拟世界中，因此当它们用于虚拟现实体验时，必须有一些界面，控件本身可以通过这些界面进行操作。例如，虚拟按钮或开关可以在其被指向时被激活，或者可能要求用户在指向虚拟控件的同时按下物理按钮来激活。类似的技术可以应用于虚拟滑块和其他虚拟控制设备。许多虚拟控件都可以像虚拟世界中的其他对象一样被操作。例如，虚拟滑块可能具有手持控制器，用户可以通过拳头操作直接抓取并且将手持控制器移动

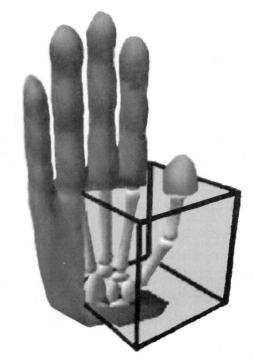

图 7-56 3D Magic Lens 是一种工具，可以修改指定区域空间的渲染参数。在这里，通过皮肤和手的其他组织神奇地看到了手的一部分骨骼（图片由 John Viega 提供）

到滑块上的不同位置。其他虚拟控件可能需要某种形式的对象选择，以及激活虚拟控件的物理输入。当然，修改虚拟控件是为了让用户可以选择、修改或移动到虚拟世界中的某个其他对象 /位置。

控制移动

有各种各样的技术可以操纵参与者在虚拟世界中的位置。这些移动控制方法将在 7.4 节列举和讨论。

7.3.5　操作小结

显然，虚拟现实参与者可以通过多种方式与环境进行交互。无数的选择提供了许多可能性，但也需要仔细考虑，以确保参与者拥有适当的操作机制。良好的界面设计没有简单的公式，而是需要清楚地了解应用程序的媒介、参与者和目标。

通常，设计的选择往往倾向于模仿现实世界。这可能提供更直观、更自然的界面，但不保证是有效的界面。仅仅模仿现实世界的界面没有利用非现实界面可以提供与给定虚拟世界交互的更好手段这一事实。在开发虚拟现实体验时，采用良好的设计实践原则始终是非常重要的。

在可以执行的 6 种类型的操作中，大多数可以使用 4 种操作控制方法（直接、物理、虚拟、代理）中的任何一种来实现，并且涉及各种选择方法和界面属性。但是，对于特定的应用程序，界面设计的选择要适合给定的目标。

7.4　在虚拟世界中导航

导航是指描述我们如何从一个地方移动到另一个地方。在现实世界中，我们在行走、驾驶、滑雪、飞行、滑冰、跳跃和环球航行中导航。在虚拟现实体验中，有无数的方式可以在虚拟环境中导航。空间导航的过程是参与者体验的重要组成部分。参与者如何穿越一个世界，对于这个世界如何被理解起着重要的作用。这里我们将描述导航的关键方面和各种可能的实现。

导航涉及两个独立的组件：寻路和旅行（图 7-57）。在日常会话（以及一些文学作品）中，这些术语并不总是被精确地使用。为了清晰起见，我们将使用 travel（旅行）来讨论用户如何

图 7-57　导航是寻路的组合（知道你在哪里以及如何到达你想去的地方）和旅行（在空间中移动的行为）

在空间（或时间）中移动，使用 wayfinding（寻路）来讨论用户如何知道他们在哪里以及他们要去哪里（和什么时候），使用 navigation（导航）来讨论组合起来的效果。我们也可以把旅行看作导航的物理部分，而寻路则是精神部分。

7.4.1 寻路

寻路是指确定（和保持）一个人的位置（在空间或时间）的意识，并确定穿过一个环境到达目标的路径的方法。要想从体验中获益，知道自己在哪里是至关重要的。当遇到一个新的空间时，你可以漫无目的地闲逛，也可以谨慎地建立一个环境的心智模型。

偶尔，有时候一个人在没有进行任何寻路的情况下四处走动。机动（maneuvering）指的就是不需要寻路的情况，因为当一个区域的地形和其中的对象很容易被快速地扫描和遍历时，人可以在这区域直接移动（而不需要寻路）。当然，为了让用户通过身体运动来实现机动，必须跟踪他们的位置。相反，我们可以把没有寻路的中距离旅行称为漫步（meandering）（暗示没有紧急目的地）或漫游（wandering）。

寻路的目的是帮助旅行者知道他们与目的地的关系，并能够确定到达目的地的路径。实现这一目标的一个主要步骤是开发一个认知地图，或一个人正在遍历或计划遍历的环境的心智模型。在人类因素研究领域中，位置和周围环境的知识被称为情境意识（situational awareness）的一种形式，有时也被称为导航意识（navigational awareness），当只涉及与位置有关的知识时。如果我们不知道自己在哪里，我们就会迷路。迷失（lostness）是指缺乏导航意识。

有许多方法和工具可以在寻路过程中提供帮助。创建一个心智模型是探索者为了以后能够找到他们的方向而做的事情。寻路辅助是指环境中的对象或旅行者携带的工具，用来提供他们在环境中的位置信息。这些辅助工具可用于建立心智模型，或将当前情况与旅行者当前的心智模型联系起来。例如，地图可能提供不同级别的情境意识。静态地图可以给出空间的概述，从而我们可以在其中找到我们的位置。自主定位地图可以显示我的位置。一张能找到我的联系人的地图也能告诉我附近有哪些朋友，以及他们在哪里。并且，一张躲避地图可能会告诉我，我的敌人在哪里，包括交通事故，这些都是我的敌人，因为它们偷走了我的时间。

创建心智模型

人们使用许多方法来帮助他们找到从一个地方到另一个地方的路。一般来说，人们试图创建一个空间的心智模型，以便在遍历该空间时可以参考。有些方法比其他方法更成功。

Stasz［1980］描述了创建空间认知地图的 4 种常见策略。从最成功到最不成功，这 4 种策略分别是：分而治之、全局网络、渐进扩张和叙事扩展。

分而治之的策略是将整个区域划分为子区域，学习各个区域的特征，然后在区域之间学习（较少）路径，以便在区域之间移动。

　　全球网络策略基于地标的使用（图 7-58）。在这种情况，一个人需要记住关键的、容易识别的位置（地标）以及子位置与地标之间的关系。在遍历过程中，此方法要求保持对一个或多个地标的定向。

图 7-58　就像在现实世界中一样，即使有了地图，人们也可能会迷失在复杂的虚拟世界中。通过路标和其他寻路工具的使用，可以提高不熟悉地区的导航能力（Performer Town 数据库由 SGI 提供，Space Needle 模型由华盛顿大学 Bruce Campbell/Human Interface Technology Lab 提供）

　　渐进扩张往往是一种不太成功的策略，人们试图简单地记住空间地图。一个人从一个小区域开始，向外扩张，记住更多的区域。

　　在最后一个（通常是最不成功的）策略——叙事扩展，旅行者使用故事来构建他们的心智模型。当他们穿过一个空间时（或者当你在看地图的时候想象这样的旅行），一个关于事件的故事被创建出来，包括事件之间的路径——例如，"我在地铁站以北一个街区吃午饭，当我找到书店的时候，我已经向东走了两个街区。"

寻路辅助工具

　　用于在环境中导航的界面通常包括用于辅助寻路的工具。提供程序或路径信息的工具（关键地标的位置、距离测量和地图信息）可以极大地帮助用户导航空间，并建立良好的心智模型 [Vilar et al. 2014]。

　　由于不同的人使用不同的策略来帮助他们创建环境的认知地图，一个成功的寻路系统将能够适应不同的偏好，并且可能还包括多种辅助工具。

　　一些寻路辅助工具直接在环境中建立。另一些是旅行者随时可以使用的工具，帮助他们辨别无法直接感知的环境信息。大多数工具提供了可视化表示信息的方法，这些属于环境的一部分。例如，现实世界中的指南针指向南北，将磁性信息转换为视觉刺激（一种感官替代）。

　　以下是一些常见的真实和虚拟世界辅助工具，可以改进寻路：

❑ 路径跟随；
❑ 地图；
❑ 地标（包括标志）；

❑ 难忘的地名；

❑ 面包屑（留下痕迹）；

❑ 指南针；

❑ 仪器指导；

❑ 外中心视角；

❑ 坐标显示和正交网格结构；

❑ 受限制移动。

路径跟随。也许最简单的寻路方案是沿着环境本身的路径或轨迹走（图 7-59）。路径可以用连续彩色线跟踪路径来标记，也可以沿着路径使用离散的标杆来标记，通常带有指向下一个路径点的箭头。事实上，每一个标杆都是一个标志，也是一个地标。在现实世界中，路径跟随作为寻路辅助的例子可以在医院中找到，地板上的彩色线条表示通往大楼内特定目的地的旅行路线，或者在路径交叉口有箭头的徒步小径。

图 7-59 引导人们到达特定目的地的线可以集成到正在穿越的表面（摄影：William Sherman）

地图。地图是一种常见的（并且经过充分研究的）寻路方式。地图是任何空间的图形表示。任何地图的总体目标是（或应该是）提供明智的信息选择，以帮助完成手头的任务；例如，一些地图用于可视化信息，而不是查找从一个地点到另一个地点的路径。无论是作为可视化工具还是导航工具，地图都面临着许多独特的表示挑战，包括如何将信息符号化为图标，以及如何叠加额外的信息。有些书籍详细讨论了地图表示中涉及的问题，如 *How Maps Work*［MacEachren 1995］和 *How to Lie with Maps*［Monmonier 1991］。

UI 中最简单的地图可能是滚动条，它显示文档中的位置，以及你看到的内容。它甚至可以突出显示章节标题或其他格式。另一个（虚构的）地图作为可视化辅助的例子是 Harry Potter and the Prisoner of Azkaban 中的"毛拉德地图"［Rowling 1999］，它在地图上显示了人们的位置。

大多数寻路辅助工具可以以各种形式进行实例化，对于地图来说尤其如此。地图可以是外心中心（例如，北方向上）或自我中心（例如，视角方向向上）的参考系显示。可以通过虚拟控件可用的任何方法（例如，地图"在手中"、地图"在世界中"等）在环境中定位地图。地图甚至可以集成到旅行的方法中：用户可以指向地图上的某个位置并跳转到指定的位置。

　　现实世界中常见的地图样式是"你在这里"地图（图 7-60a）。这种风格的地图通常是以外中心参考系显示，带有箭头或其他符号，用于确定地图（以及地图阅读器）在环境中的位置。游戏公司 The House of Fables 发行的 International Space Station Tour VR 体验以 2D 地图的形式呈现空间站的各个模块，地图下方突出显示了局部模块的名称（图 7-60b）。微型世界显示方法也可以作为一种"你在这里"地图的形式，用世界的缩略表示作为地图，用化身表示作为用户定位器［Pausch et al. 1995］。

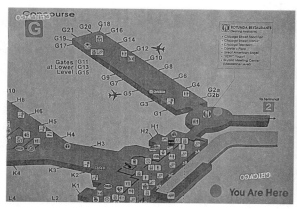

图 7-60　在各种情况下，虚拟和真实空间的旅行者可以使用"身临其境"的地图快速找到穿越陌生地域的路（照片由 William Sherman 拍摄）

　　地标。地标可以是环境中任何明显的、独特的、易于定位的对象。一个好的地标也将有助于用户判断他们与它的距离。在虚拟世界（就像在真实环境中一样）中，对象可以被放置在特定的环境中，以实现它们作为地标的功能。提供方向信息的标志也是一种地标（见图 7-61）。

　　音频信号可以单独或与视觉对象组合作为地标。单独使用时，应该保证同时只能听到有限数量的音频地标，以避免用户的听觉感知承受不住。Officer of the Deck 体验［Zeltzer et al. 1995］使用听觉信息与视觉标志的组合（图 7-62）。场景中的浮标用于指示重要的路径信息，

图 7-61　有方向信息的标志可用作地标（照片由 William Sherman 拍摄）

并且和在现实世界中一样，采用认证号码标记浮标，并发出空间化声音。在这个虚拟现实体验中，声音仅来自两个最近的浮标。

图 7-62 在 MIT 开发的 Officer of the Deck 体验中，参与者学习驾驶潜艇进入港口。模拟现实世界的任务，浮标被用作导航辅助设备。浮标上标有识别号码，以便核实位置。浮标会发出声音，协助警务人员确定浮标的位置（图片由 David Zeltzer 提供）

难忘的地名。通过给虚拟世界中的地点分配令人难忘的地名，这个地方本身就可以成为一个地标。在那个地方放置一个可区分的对象可能会更加有效（见图 7-63），但不是必需的（参见 7.4.2 节第 2 点中的旅行方法）。地名还可以与地图显示结合使用，以帮助参与者确定其当前位置或目的地位置。对于已命名的位置，可以使用项目选择中的名称选择方法来指定旅行目的地。

图 7-63 一个地方本身可以是一个地标，特别是当它与一个显著的物体相联系时（照片由 William Sherman 拍摄）

将难忘的地名与地图结合使用的一个例子是 Rome Reborn 应用程序中的虚拟地图（图 7-64）。地图告知参与者他们指向的是什么建筑物，他们可以从地点列表中选择要前往的建筑物。

面包屑（留下痕迹）。丢下面包屑（或留下任何形式的痕迹标记）可以用作允许用户查看他们已经去过的地方的手段，并且可以使用标记来将他们的"步骤"追溯到先前访问过的位置。希望这些标记比实际的面包屑稍微短暂，尽管擦除痕迹的方法可以帮助避免环境中的过度混乱。

图 7-64　记住你在哪里的一个方法是记住最近的可识别特征的名字。在这个例子中，参与者使用 Rome Reborn 访问一个虚拟平板电脑，可以看到他们在哪里，并跳转到新的位置（版权归 Frischer Consulting 公司所有）

　　使用了"留下痕迹"方法的一个例子是 Virtual Director 应用程序（图 7-65）。在此应用程序中，痕迹有两个目的，除了显示用户在环境中旅行的位置之外，它还显示虚拟计算机图形摄像机的路径。用户可以携带摄像机穿过虚拟世界，在他们旅行时虚拟地拍摄世界。摄像机将观察到的记录为计算机动画。然后可以通过改变摄像机留下的路径来编辑动画。

　　指南针。虚拟世界中的指南针指标可以起到与现实世界相同的作用（图 7-66）。实际上，任何形式的定向指标都可以归类为此类别，例如飞机的人工地平线指示器。在计算机图形虚拟世界中，指南针可能将磁性北指示器的各个方面与那些人造地平线组合。在图

图 7-65　就像 Hansel and Gretel 留下的面包屑一样，VR 应用也可以运用类似的隐喻。在这幅图像中，可以看到摄像机所经过的路径的痕迹（Virtual Director 应用程序由 NCSA、Donna Cox 和 Robert Patterson 提供，照片由 William Sherman 拍摄）

7-66c 所示的 BoilerMaker 可视化中使用了这种表示。在这个应用中，球体的上半部分是白色而下半部分是黑色的。（4 条基本经线中的每一条都标有彩色线条。）

a)   b)

c)   d)

图 7-66 在现实世界和虚拟世界中，固定式和便携式指南针可以帮助旅行者找到他们的路，如图 a
和 b 中两个现实世界的例子，以及虚拟现实应用程序 BoilerMaker（图 c）和 Radiological
Immersive Survey Trainer（图 d）（应用程序分别由 Argonne National Lab/Nalco Fuel Tech 和
Desert Research Institute 提供，照片由 William Sherman 拍摄）

仪器指导。 使用仪器指导作为寻路辅助手段是常见的——在航空和海洋工业中几乎是必需的。在飞机仪表着陆系统中，针或表盘指示飞机是否在航线上或需要进行多少调整以保持在滑行跑道上。当然，仪表寻路系统现在已经广泛用于公路车辆甚至行人，它们可以是专门的 GPS 接收器，也可以是智能手机上无处不在的应用程序。可以在视觉上和听觉上同时显示车辆的位置和路线信息，比如当一个人接近转弯时。

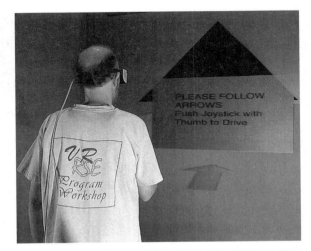

图 7-67 在这个应用程序的开始，参与者通过地板上的箭头指示方向（Thing Growing 应用程序由 Josephine Anstey 提供，照片由 William Sherman 摄影）

在计算机生成的虚拟世界中，实现这样的功能甚至比在现实世界中更容易。如果虚拟现实应用程序知道参与者想要去哪里或被指示去哪里，就可以使用各种导航辅助工具来辅助工作。例如，一个大箭头可能位于参与者的脚上，指示前进的方向（图 7-67）。

使用可听化（sonification）来指导用户的一种方法是由伊利诺伊州厄巴纳大学——香槟分校的数学家 George Francis 实现的。在他命名为 Optiverse 的应用程序中，用户在 CAVE 式显示设备探索 3D 拓扑形状。发出两种声音来帮助引导用户到最佳的查看位置。声音的音色相同，但频率不同，这取决于距离目的地的距离。用户离目的地越远，频率差异越大。当用户接近该位置时，频率开始逐渐变得一致。用户能够听到他们离目的地是越来越近还是越来越远，并做出适当的调整。

外中心视角。从自我中心视角到外中心视角的暂时转变可用于帮助参与者确定他们在环境中的位置。例如，使得被限制在地面上行走的用户拥有临时的外中心视角。他们的视点可以切换到他们后上方的鸟瞰视角，同时有一个化身表示他们在世界上的位置。在娱乐的飞行和驾驶模拟软件中，这通常被称为僚机视图。微型世界显示参与者的迷你化身是这种寻路辅助的另一个例子。

在任何转移到外中心视角的实例中，保持视觉上下文都是很重要的。其中一种方法是从自我中心视角回到外中心视角，从而实现连续的过渡。这使得参与者更容易地辨别他们在全局环境中的位置。当然还有其他方法来保持上下文 [Pausch et al. 1995]。例如，可以显示从用户在外中心视角下的位置到他们在虚拟世界中的实际位置的点，或者可以显示一个楔子来表明用户的视场。

坐标显示和网格结构。位置坐标的显示简单地以文本形式向用户显示位置信息。这也可用于将一个人的位置提供给另一个参与者，或者可以将其存储以供将来参考，以帮助返回到同一位置。NCSA 的 BattleView 军事可视化应用程序提供坐标显示和地图定位器视图（图 7-68）。

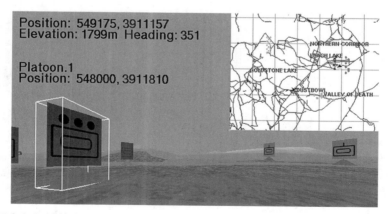

图 7-68　国家超级计算应用中心的研究人员与美国陆军研究实验室开发了 BattleView VR 应用程序。BattleView 结合了战争游戏模拟来显示地形、军事单位、地图和位置信息。在这里，2D 地图和位置坐标叠加在 3D 地形视图上（应用程序由 NCSA 提供）

除了数字坐标之外，另一种帮助旅行者确定其位置的文本显示方法是提供周围区域或附近标记的名称。例如，某个方向上最近城镇的名称可以出现在地平线上，随着用户的位置而变化，或者只是改变某些方向（图 7-69）。

图 7-69　在远处的城市名称可以作为一种坐标，可以用来指导参与者

为了使坐标显示具有任何意义，必须有某种形式的网格结构，例如常见的笛卡儿系统。网格本身通常是不可见的，尽管有可能作为虚拟世界的一种结构的布局出现。然而，在某些情况下，网格可以渲染成可见的，以便用作寻路辅助。例如，Steve Ellis 及其同事［1987］研究了在驾驶舱交通显示器上添加网格的效果，以帮助显示附近飞机的当前位置和预测位置。

受限旅行。 防止或减少参与者迷失的策略之一是限制用户的旅行。在多维空间中自由移动的问题之一是，它可能会让人很容易迷失方向。通过限制用户可以旅行的方式和地点的数量，可以减少迷失方向的情况。一些技术创建了一个 2D 流形，限制了用户在 3D 世界中的旅行——可能使用预定义的视角和高度［Hanson and Wernert 1997］。

图 7-70　有些体验提供了一种自然形式的受限旅行，比如下坡滑雪，参与者可以选择的路线是有限的（照片由 Kalev Leetaru 提供，Let's Ski 应用程序由 Marek Czernuszenko 提供）

一些旅行方法本身就是限制性的，例如身体运动、骑乘和牵引方法，我们将在 7.4.2 节讨论其他旅行限制（图 7-70）。

7.4.2　旅行

对于任何感兴趣区域超出参与者虚拟范围的世界而言，旅行是赋予他们探索空间能力的关键因素。简单的虚拟现实界面将用户限制在小范围的身体运动中，或者只能操作视线内的那些对象，这对于体验大多数非驾驶舱仿真的虚拟世界是不够的。

在许多方面，使用身体运动作为穿越虚拟空间的旅行手段似乎很自然。毕竟，对于许多虚拟现实开发人员来说，目标是一个模拟现实世界的物理交互界面。然而，这种物理交互是多种多样的。一个年幼的孩子可以学习（甚至在爬行、走路或说话之前），通过在婴儿车或肩膀上骑行时指向一个给定的方向，他们可能会被带到那个方向。从那里开始，孩子们通过滑板车、三轮车、自行车和滑板向前或向后移动，前进方向通过手臂和平衡来控制（图 7-71）。随后的生活进一步得到增强，各种机器使我们能够相对轻松地穿越陆地、海洋和天空。一些旅行者学习乘坐机动轮椅，通过操纵杆穿越世界。更多的人学习使用操纵杆、按钮或鼠标在基于计算机的世界中遨游。

人们有能力学习新的界面。因此，虽然身体运动看起来最自然，但不需要将其视为大多数体验的唯一合适界面。然而，虚拟现实界面设计者仍然需要基于良好的设计程序来开发界面。如果界面难以学习或违反直觉，那么它将阻碍而不是帮助用户浏览世界。

设计师面临的一个难点是，具有不同生活经历的人可能对直觉有不同的看法。例如，飞行员会尝试向前推动操纵杆以使他们视角中的物体向上移动，因为他们在心理上将这样的动作映射到飞行中下降。然而，其他人可能期望操纵杆向前移动会使对象下降。如果目标受众有很大比例的飞行员（或玩飞行模拟器游戏的人），那么设计师必须注意目标用户的期望。

图 7-71　人们开发了许多设备来实现虚拟世界的旅行。这些照片显示一个参与者在虚拟世界中使用冲浪板设备控制一个虚拟冲浪板。参与者以模仿冲浪板的方式移动。该装置是通过在缩小的冲浪板的三个角上安装压力传感器来构建的。任天堂 Wii 平衡板的功能与此非常相似，只是平台没有物理倾斜（图片由 Peter Broadwell 提供）

旅行属性界面

操作技术的一些特性也可以应用于各种旅行方法（与操作中讨论的方法相同）：

　　❑ 激活；

　　❑ 反馈；

　　❑ 棘轮操作；

　　❑ 双手界面。

　　其他操作属性具有特定于旅行的组件：

　　❑ 操作方法（直接、物理、虚拟、代理）；

　　❑ 约束；

　　❑ 参考系；

　　❑ 运动方程（控制阶和增益）。

　　即使这 4 个属性对于旅行的行为本质上与其他操作相同，但还是会有一些特殊的地方。例如，飞行时使用带有定值器的操纵杆作为激活方法可以控制速度以及前进 / 不前进；或者可以指向某个位置并按下按钮，或者释放按钮以跳转到指示的位置。旅行的反馈可能包括移动所需的体力消耗——即你自己的身体会反馈你移动了多少。在世界中抓取的界面可能涉及多次抓取和释放——即棘轮操作。两只手可用于创建移动方向（向量）。

　　操作方法。 用于旅行的最常见的操作方法是物理控件和虚拟控件。选择哪种控件方法用于旅行通常取决于体验的目标。当试图如实地复制特定车辆或其他运动工具的界面时，通常使用物理控件，例如飞行器、拖拉机（见图 4-46）、太空漫步（见图 7-5 和图 7-98）或高大的船（见图 4-39）。

　　虚拟控件还可用于模拟物理设备，如方向盘或操纵杆，以模仿车辆界面。更常见的是，虚拟控件用于生成没有现实设备约束的界面，例如指向飞行的界面设计。虚拟控件还可以更容易地重新配置以实现多种设计，而不需要为每种情况构建物理版本。

　　代理控件是对将指令解释为旅行命令的真实或虚拟代理说或做手势的指令。船长对船员的指示是对代理的命令，指示他们转向的方向和前进的速度。Officer of the Deck 应用程序通过使用虚拟驾驶团队来模仿官员的角色，该团队通过语音识别来解释和处理口头命令［Zeltzer et al. 1995］。

　　直接用户控件通常不用于旅行控件。然而，使用这种技术的旅行界面的一个例子是微型世界方法，在该方法中，参与者抓住自己在微型世界中的化身，将其移动到一个新位置，并沿着从当前位置到指定目的地的路径移动。另一个例子可能是在一个环境中沿着绳子拉自己，在绳子上做一个抓握的手势，然后把你的手拉向自己，或者类似地，抓住梯子上的梯级，或者在空间站上的把手（图 7-72）。

　　一些界面范例需要物理控件和虚拟控件的组合。例如，如果使用一个物理的楼梯步进装置来给参与者一种穿越距离的感觉，那么就需要另一种（可能是虚拟的）输入形式来影响行进的方向。

图 7-72　在 Climbey 益智游戏 VR 体验中，有些墙玩家可以使用 "grab-the-world" 的旅行方式爬上去

约束。一些操作方法的约束也可以应用于旅行。约束的使用可以定义所使用的旅行范例。例如，在一个系统中，旅行方向被限制为保持恒定的垂直位置（即用户保持垂直于虚拟地面或重力矢量），感知到的效果是在一个不可见的平面平台上旅行。

将用户约束到特定路径的思想并不局限于在数据空间中遵循特定的线性路径。另一个选项是限制用户只能使用特定的平面。因此，参与者不能在三维空间自由飞行，只能在二维平面上 "行走"。这基本上是地形跟随的最基本类型。

地形跟随是移动约束，将参与者（或其他代理）限制在虚拟世界的地面或地板上方的适当高度。地形跟随的使用是飞行穿越与行走穿越的区别，也是驾驶和飞行的区别。

许多旅行界面限制了参与者横向移动的能力。横向运动是从一侧到另一侧（横向轴线）行进的能力，而不是它们面向的方向（纵向轴线）。横向移动在可视化应用程序中非常重要，其目标是探索未知数据。通用的行走 / 飞行界面通常允许横向移动，但是许多驾驶的车辆没有，就像驾驶实际的车辆一样。

参考系。在虚拟世界中旅行是用户与世界之间的相对运动。用户如何解释这种相对运动取决于旅行界面的实施。在此之前，我们讨论了自我中心与外中心参考系的概念。一般而言，参考系表示一个人是从外部还是内部的角度观察和作用于世界。在讨论旅行时，我们可以将移动定义为用户相对于世界移动，或者当世界相对于用户移动时，用户保持静止（图 7-73）。

大多数旅行范例假设参与者在空间中移动。然而，事实上，用户在现实世界中保持（相对）静止，而现实世界的表示正在超越他们。对于某些应用程序，其目标是创建一种用户在虚拟世界中移动的错觉；对其应用来说，这就不那么重要了。

运动方程（控制阶和增益）。有些形式的旅行控制模仿自我运动（行走、拍打翅膀等）。而有些形式允许旅行者直接跳到指定目的地。然而，最常见的旅行控制形式，像是有车辆推动着旅行者穿越虚拟世界。

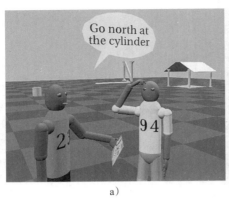

图 7-73　你可以指定一个旋转，要么以外中心为北/南或方向角度（图 a），要么以自
　　　　我中心为左/右或使用时钟隐喻（图 b）

回想一下我们在本章前面的讨论中，控制阶的选择允许不同的运动方式，例如位移、速度或加速度。对于位移（零阶运动），对象的移动与控制运动的动作同时发生，即用户按下按钮（或任何触发事件）可以控制何时开始和结束运动。设置速度（一阶控制）允许用户指定通过空间的运动速率。同样，加速度控制（二阶）允许用户在区域或全局旅行时，开始慢慢行进并逐渐增加前进的速度。

当我们通过激活机制来控制车辆速率、速度或加速度时，我们可能会影响速率或方向。用户控制多快的速率会反映虚拟世界中的对象间距。如果所有对象都聚集在一个位置，则用户希望能够从一个位置缓慢移动到另一个位置。如果物体很远，他们通常会想要以更高的速率行进。在低速和高速之间容易转换的功能也是可取的，特别是在对象分布不均匀的虚拟世界中，例如太阳系。可以使用物理或虚拟控件来设置速率。用于控制速率的物理控件的例子有脚踏板、推力杆、旋转旋钮、操纵杆和计算机键盘。现实世界的设备可用于以与其现实世界功能类似（或故意不同）的方式控制虚拟设备（图 7-74）。虚拟控件可以是充当节流阀的虚拟滑块，菜单上的速度列表，或者手与身体的相对距离（图 7-75）。

图 7-74　模型飞机控制器可以用来在虚拟世界中控制飞机的速度或控制许多其他功能。例如，同样的控制器可以用来控制虚拟气球的高度或咖啡因分子模型的移动（照片由 William Sherman 拍摄）

图 7-75 在这个手动控制的例子中，用户可以通过将手移动到三个区域之一来加速、保持恒定速度或减速［Mine 1995a］。这种方法可以通过让用户的手远离匀速区来加速或减速。为了让用户的手臂休息，并提供一种简单的停止移动的方法，一个单独的开始 / 停止触发机制是有利的。显示区域划分（身体参考系）的线条通常对参与者来说是不可见的，但如果发现有用也可以显示出来

语音也可用于控制旅行速度。命令可以给出特定的速度或表明相对变化："前方曲速 8 级""加速，加速！"或"停止"。前面提到的 Officer of the Deck 训练体验在很大程度上依赖于语音命令界面。在这个应用中，速率（以节为单位）由船长说出并由虚拟舵手执行。

用户很少想直线旅行。因此，有一些控制行进方向的手段是非常有利的。前面描述的任何方向选择方法都可用于指定行进的方向。当用户可以简单地将他们的身体转向行进方向时，这很有效，但是用户并不是总能转身的，如当用户坐着或观看不允许移动身体位置的固定显示器时。有时用户需要相对于虚拟世界来重新定向。就像一个汽车驾驶员是固定在相对的车内空间，他们需要相对于虚拟世界来旋转汽车，才能改变他们的方向。

在完整可视域的显示器中，开发者不需要相对于现实世界改变虚拟世界方向的手段。在这样的显示器中，用户可以自由地旋转他们的身体而不是旋转世界。但是，当不使用具有 100% 可视域的虚拟现实显示设备时，并且在用户的移动自由受限（如坐着时）或当他们想要上下翻转虚拟世界时，可能这有必要允许用户改变他们的虚拟方向，这可作为旅行界面的一部分。即使在没有必要的情况下，用户可能只是觉得虚拟旋转比实际旋转更舒服。

旅行方法的类别

旅行方法的选择和实现方法可能基于体验的类型、开发人员可用的 I/O 设备或用户已知可用的设备。

CAVE 应用程序只使用 CAVE 手杖，Oculus Rift 应用程序使用 Touch 控制器，HTC VIVE 应用程序使用 Vive 控制器，有一些帆船训练应用程序还可能包括帆和舵的物理控件。

一些常见的旅行方法包括：

❑ 物理运动；

❑ 骑乘；

❑ 拖缆（河流隐喻）；

❑ 飞行穿越（和行走穿越）；

❑ 驾驶穿越；

❑ 移动世界；

❑ 缩放世界；

❑ 放我到那里或传送；

❑ 轨道观察。

每种旅行方法可能采用多种界面技术。下面将讨论一些可行的界面以及每个类别的其他可能特征。

物理运动。最简单的旅行方式完全依赖于物理运动（用户移动）。除了跟踪用户的身体位置（特别是头部位置）和正确渲染世界之外，不需要任何界面，这些已经是虚拟现实的默认要求。通过在 6-DOF 跟踪设备的范围内漫游，参与者可以从各种位置观察世界。四处移动的能力还提供本体感觉和动觉反馈，帮助我们感知虚拟世界中对象之间的关系。当然，用户移动的范围通常受到跟踪技术的限制，例如，大面积跟踪器允许探索更大的世界。此外，用户移动可以按比例向上扩展以覆盖更多的区域，也可以向下扩展以获得更好的视角控制。稍后（在第 8 章中），我们将讨论重定向行走，它利用大面积跟踪和感知失真提供了一个有效的无限步行空间的假象。

"物理运动"模式是任何虚拟现实体验的一部分，用户的位置会被跟踪。因此，即使他们的运动受到控制，就像在过山车或其他主题公园里一样，他们仍然可以通过移动头部来改变自己的视角（物理运动有效地添加到体验的主要旅行范例中）。Toirt Samhlaigh 可视化应用程序（以及之前的 Crumbs）是一个示例，该应用程序主要依靠物理运动作为用户的旅行方法，尽管用户确实能够重新定位虚拟世界中的单个对象（例如对话框面板）（参见图 7-24）。

根据距离（以及可能使用的重定向运动），"物理运动"模式可能涉及参与者在虚拟世界中进行的大量体力活动。在某些情况下，例如军事行动训练，这可能是有益的副作用。

在某些情况下，用户可能是坐着的，或者是静止不动的，只允许转动头部来四处张望。如果虚拟世界也是固定的，那么体验就被简化为球面视图旅行界面（图 7-76）。这个名称指的是这样

图 7-76　球形视图是旅行的最简单形式。它将用户的头部置于一个固定虚拟世界的中心，只允许他们通过旋转头部来改变他们的视野。旅行界面的约束条件允许它通过简单地将世界图像映射到球体内来实现。这里球体的一部分被切下来，露出里面的用户

一个前提，即整个虚拟世界可以通过在球体内部显示一个虚拟世界的图像来表示，而用户的头部位于球体的中心。这在将捕捉（或渲染）的媒介呈现为 360°电影时非常常见——许多讲故事讲述者已经开始探索这种格式。

骑乘。另一个简单且同样限制性的旅行模式是"骑乘"。在"骑乘"模式中，用户在由应用程序控制的路径上移动。他们可以自由地移动他们的头部来改变他们的视角，但是不能偏离所提供的路线——就像乘坐传送带参观工厂一样。参与者也可以控制一些操作，比如控制前进速度，或者从选项列表中选择不同的路线。

采用"骑乘"旅行方法的好处是，应用程序开发人员可以控制参与者可以访问的虚拟世界的范围，并可以将虚拟世界建模工作集中在对整体体验更重要的部分。（限制较少的旅行模式可以通过提供障碍或其他技巧来防止旅行者越界，从而达到类似的效果。）"骑乘"旅行方法的另一个好处是，界面比那些更自由的旅行方法简单得多，因此需要较少的虚拟现实技能培训。它还可以确保参与者只访问那些体验创建者希望他们看到的方面。

Virtuality Group PLC 公司开发的一些虚拟现实游戏，如 Zone Hunter，采用"骑乘"模式提供更多的街机游戏体验，允许客户立即开始游戏，而不需要学习技能。云霄飞车和黑暗之旅（如环球影城的 *Amazing Spiderman*）仅限于轨道提供了现实世界的例子，乘客同意让列车引导他们的行动。

拖缆。"拖缆"旅行方法的限制仅略小于"骑乘"旅行。顾名思义，"拖缆"模式的工作原理就像旅行者被拖着穿过环境一样［Pausch et al. 1996］。与滑翔机、船或陆地车辆一样，参与者可以在拖缆长度的限制下远离牵引车辆。根据拖缆的类比，速度通常由拉动实体控制，而不是由用户控制。这种旅行方法为参与者提供了移动的自由，但保留了"骑乘"模式的优势，例如较少的虚拟世界建筑需求和用户技能培训。（请注意，拖缆长度为零的"拖缆"模式将变成"骑乘"模式。）

这种导航方法也被称为河流隐喻［Weber 1997］。类似于"拖缆"方法，河流就意味着是一条必须遵循的宽阔路径，但具有一定的横向运动余地，并能调整行进的速度。然而，虽然参与者可能能够放慢他们前进的速率，但他们无法完全克服水流的速度。上面图 7-70 所示的高山滑雪也属于这一类。

Cutty Sark Virtual Voyage 体验是"拖缆"方法的一个例子（图 7-77）。在该示例中，用户驾驶一艘快船，用船舵来控制方向，但只能以固定的速度移动，而且实际上不能偏离预定的下一个航路点太远。同样，DisneyQuest 的 Virtual Jungle Cruise 允许参与者使用船桨进行有限的移动控制，但水流会让他们沿着一条有几个航路点的宽阔路径前进（见图 5-88）。

飞行穿越（和行走穿越）。"飞行穿越"模式可能是穿越虚拟空间的最普遍的方法，允许在三维空间中移动。行走穿越模式基本上与飞行穿越相同，但是对旅行者应用了地形跟随限制。有许多界面风格可以归入这些类别。飞行穿越（或行走穿越）指的是由方向选择与速度控制相结合的任何行进方法。除了方向和速度，飞行/行走还可以允许旋转。

a)   b)

图 7-77　a）在 Hiram Walker 的 Cutty Sark Virtual Voyage 虚拟航行体验中，参与者能够
在航道中航行船只。然而，它们只能沿航道向下移动，这是拖缆旅行的一个例
子。b）这个水上充气船展示了拖缆隐喻的一个现实例子。船决定了移动的速度
和方向，参与者（充气船）能够在由绳子长度限定的范围内享受一定的运动自由
（图 a 由 GreyStone Technology 公司提供，图 b 由 Theresa Sherman 拍摄）

指示器定向的飞行穿越（也称为 point-to-fly）是虚拟现实旅行的早期的常见方法，其使用
指向的方法确定行进的方向和速率。速率是一个简单的前进 / 不前进控制：当用户指向时以设
定的速率运行，当用户停止指向时停止。

凝视定向的飞行穿越也经常使用，因为它使用简单，只需一个头部跟踪器和一个按钮
就可以实现。凝视定向方法的主要缺点是用户在旅行时不能环顾四周，否则会影响他们的行
进方向。此外，当显示器小于 100% 可视域，并且用户不具有相对于虚拟世界改变其方向的
能力时，有时他们将无法看到他们的行进方向。

"躯干定向"的行走或飞行穿越
可能是一种比注视或指示器定向更
自然的界面风格，尽管它通常对（受
约束的）穿越比飞行穿越模式更有意
义。在 Placeholder VR 体验中特别体
现了这种旅行方法［Laurel et al. 1994］
［Sherman and Craig 2002］。

Mark Mine［1996］描述了"双手
飞行穿越"方法，它允许参与者相当直
观地浏览 3D 空间。在该方法中，用户
指定从一只手中的指尖到另一只手中的
指尖或从一个道具到另一个道具的向量
（图 7-78）。该向量提供了行进的方向和

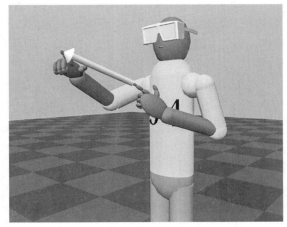

图 7-78　这里展示的旅行方法使用两只手。指尖到
指尖的矢量提供了运动方向和速度

幅度；用两个手指合一起实现停止行进，反转用户手指的位置实现反转行进方向。

　　注意，如上所述，上述"飞行 / 行走穿越"方法都没有为用户提供改变其朝向的手段（即现实世界和虚拟世界之间的相对朝向）。这就好像他们是在一个相对于重力方向和正北方固定的平台上。他们可以向任何方向行进，但仍将保持面向北方。因此，他们可能会横向移动，但他们仍然会面向北方。通过引入朝向控制，允许用户将所需的旅行方向显示在视图中，然后正常运行，这样可以减少在缺少完整可视域的显示器中行进的许多问题。还可能需要另一种输入方法来改变旋转。

　　例如，在许多 CAVE 应用程序中，一种常见的旅行方法是在指示器定向的漫游中，使用手杖道具时添加偏航旋转。手杖上内置的操纵杆可以通过使用者施加的前后压力来控制穿越虚拟世界的速度。操纵杆上的左 / 右压力使虚拟世界围绕着用户旋转。Dave Pape 的 Crayoland 体验是第一个使用这种旅行方法（现在是常用方法）的 CAVE 式应用程序。当然，它同样适用于配备了操纵杆或其他具有两个定值器输入的 HMD 系统。

　　从参考点移动是一种无形的虚拟控制，它利用手（或手持道具）的运动来控制位置和定向运动。它可能是最通用的飞行方式，在平移和旋转方面都可以不受限制。这种旅行方法通常使用手和一些已知参考点之间的相对位置。参考点可以在真实世界中固定，相对于一些被跟踪的真实世界实体（例如用户的副手、躯干或头部），或者在真实空间中的某个点，用户可以在每次移动之前指定。注意，如果副手用作参考点，那么我们已经使用了"双手飞行穿越"模式，但可能还需要方向控制。

　　"从参考点移动"的一种通用实现方式是，当旅行被激活时，将参考点设置在手的位置，然后相对于这个位置移动手。从这个参考点开始，手向前的动作会使参与者以一个成比例的速度向前移动。移动的速度可以直接受到手移动的距离的影响，它可以呈指数级变化，或者包含任何其他类型的映射，例如定义了几个不同"区域"的场景，每个区域对应特定的速度或加速度。NCSA 的 Virtual Director 应用程序［Thiébaux 1997］就是采用这种方式实现旅行，因为它非常灵活，可以用来执行复杂的机动，比如围绕一个感兴趣的点运行，同时保持它在视野内。这是一种完全不受限制的旅行方法，因此需要熟练地进行。

　　"飞行 / 行走穿越"方法有很多种可能的界面。其中很多情况可以用模仿的手势来或者特定的运动方式来实现。也许最简单的旅行手势是在原地行走时连续抬起或放下你的脚来表示向前运动［Usoh et al. 1999］。与原地行走类似的是让你的手指在平板电脑上交替移动，类似用脚行走的方式［Yan et al. 2016］。另一个容易想象的手势是超人飞行姿势，将你的手臂举过头顶，倾斜你的躯干来提供方向。不太直观的方式是，使用双手和头部来创建一个三角形的形状，可以通过倾斜和扩大包围的范围来产生一些参数，用以控制在虚拟世界的旅行，就像在 PenguFly［von Kapri et al. 2011］或 NinjaRun 体验［James 2016］中实现的那样。注意，这些方法需要跟踪头部和双手（直接跟踪或通过跟踪手持式设备）。

　　驾驶穿越。"驾驶穿越"模式涵盖了基于某些（虚拟）车辆控制的任何形式的旅行。尽管它与"飞行穿越"模式有许多相似之处,但这两种模式可以通过控制的即时性来区分。在"驾驶穿越"界面中,控制表面上由某些车辆的模拟来实现,这可以增加运动的控制阶(例如,加速度代替速度),并且通过一些转向控件来改变方向。飞行穿越控制更直接,例如,可以指向所需的方向,并指定速度,然后就可以过去了。

物理平台界面提供了一种车辆驾驶的方法。作为物理对象,平台允许使用真实的、可物理操作的对象(例如,旋钮、方向盘、操纵杆)作为控制装置。如果这些设备是模仿现实世界车辆的控制系统,则这些控制装置特别有益。好处是允许参与者利用现有技能。与现实世界的这种一致性也可以增加体验的精神沉浸感。此外,平台可能会对可能的操作施加现实约束。使用物理平台界面的示例包括迪士尼的 Aladdin VR 体验(图 7-79)、Caterpillar 公司的 Virtual Prototyping System(见图 4-46)和 Allstate Impaired Driver Simulator(见图 7-7)。

图 7-79　a)在迪士尼的 Aladdin Magic Carpet Ride VR 体验中,为客人设计了摩托车形状的平台,让客人在驾驶魔毯的同时可以骑乘。乘客可以舒服地坐在座位上,向前伸出手抓住(感觉像)飞毯的前面。b)在迪士尼电影 *Aladdin* 的幻想世界中旅行,客人可以看到他们的手化身拿着魔毯(图片由华特迪士尼 Imagineering 提供)

驾驶还可以扩展到骑马、骑大象,甚至骑大鸟等动物。同样,控制是通过一些实体来实现的,这些实体必须能翻译"骑手"的输入。

如前所述,虚拟控件还可用于模拟物理控制设备或试验新的控件隐喻。这种选择允许虚拟轮式装载机的操作者使用方向盘和操纵杆对其进行测试驱动,而无须改变虚拟现实系统的物理设置——代价是牺牲触觉保真度或通过添加通用触觉显示系统增加成本和复杂性。

移动世界。在某些方面,"移动世界"模式与"飞行穿越"模式非常相似。用户的视点可以通过环境以非常灵活的(6-DOF)方式进行操作。然而,可以从不同的视角来看待"飞行穿越"模式。相反,现在是世界围绕着用户来飞行。世界被视为用户移动的对象。"移动世界"通常用于可视化应用程序中，其中世界通常更抽象，并且可能比用户的规模相对更小，需要交互，就像世界是微型玩具一样。

尽管实施方式相似，但心智模型的差异很大。"移动世界"是一种以对象为中心的操作方法，其中用户的输入命令应用于某些外部对象相对于用户的位置。这种方法对于飞行员（还有其他人）来说是违反直觉的，他们更倾向于解释用户在世界中飞行时，用户和世界之间的相对位置变化。另一方面，用户不习惯快速飞越世界，通过"想象"自己是静止的，世界绕着他们移动，该用户可能不太容易受到晕动症的影响——因为现在他们的视觉系统并不表示他们正在移动，这与他们的前庭系统相匹配，这也表明他们是静止的。

这种模式的一个常见界面方法是"世界在手中"界面。在这里，通过重新确定手相对于眼睛的位置，用户可以移动世界，就像拿起一个对象近距离观察。这可以通过将世界的运动映射到特定的道具或手本身来实现。通过提供激活和禁用映射的方法，用户可以在空间中进行棘轮操作。增益和控制阶也可以调整，以允许更粗或更细的运动。

另一个"移动世界"界面是将定值器控件映射为位置和方向值。因此，也许可以通过操纵杆使世界绕其两个轴旋转，然后通过激活开关，操纵杆控件可以映射成前 / 后和左 / 右移动。由于后者也可以用作（以用户为中心）飞行穿越界面，因此可以将"飞行穿越"界面和"移动世界"界面组合一起——一个用于旋转，另一个用于平移。然而，这通常会令人困惑，并且不是非常有效的界面设计。

缩放世界。"缩放世界"将世界本身视为一个可以操作的对象，但它在某种程度上比移动世界更加以用户为中心。"缩放世界"通过缩小虚拟世界尺寸（也许以用户的手为参考点）进行操作。然后，用户将参考点（他们的手）移动到缩小后的虚拟世界中的另一个位置，然后将虚拟世界的大小恢复正常。通过以虚拟世界中的一个不同的点为中心将世界扩大，用户实际上已经快速地移动到这个新的位置。这种移动方法可以在任何允许用户在指定的点改变世界大小的应用程序中执行。

放我到那里。"放我到那里"方法是最容易实现的，也可能是最简单的虚拟旅行方法。用户指定一个目的地，然后被带到那个地方。有很多方法可以向参与者展示这一点。"放我到那里"通常在扩展体验中作为一种可供选择的旅行方式，允许用户在遥远的地点之间更快地旅行。它很少单独作为一种旅行方式。

"放我到那里"旅行可以瞬间发生（瞬间传送到），也可以经过一段时间（旅行到）。目的地选择方法可以是操作部分中列出的任何类型的项目选择技术。示例包括地图选择（或微型世界表示）、菜单选择、语音选择、传送门（具有特定目的地），甚至简单地指向地板上的某个位置（参见图 7-3）。

"放我到那里"界面的一个简单示例是对语音选择的目的地作出响应的虚拟电梯。用户进入电梯，发出命令"带我到桥上"，然后离开电梯，就已经到达所需的位置。"传送"模式的另一个非常简单的应用是作为一个导航重置功能，可以将用户重新定位在他们的初始位置。许多应用程序提供了这样一个选项，允许用户在完全迷失方向后恢复，或者允许新用户从相同的起点探索世界。

通过门户界面，"放我到那里"模式是 Placeholder 体验中的主要旅行方式之一［Laurel et al. 1994］。虽然 Placeholder 体验的参与者可以使用物理运动、虚拟飞行和其他旅行方式，但传送旅行是在不同世界之间移动的唯一途径。

许多"放我到那里"界面在到达目的地后可能导致用户短暂迷失方向。微型世界界面使用了弗吉尼亚大学用户界面小组探索的一种"放我到那里"旅行形式。用户可以将他们的化身放在一个微型世界中的新位置，作为指定他们想去的地方的手段［Pausch et al. 1995］。这些研究人员调查了一些问题，例如用户在认知上归属的重要性（指参与者在世界上投入的精神能量——即我们现在所称的"代理"）以及从用户当前位置前进到目的地的不同方法的效果。测试的方法包括即时跳跃、用户和摄像机视图的同时移动、在全尺寸世界中从当前位置移动到目的地的路径，以及在模型缩放到全尺寸时将用户移动到模型中。

另外两个有趣的使用小孔方法来实现"放我到那里"界面的旅行模式分别是"走进一幅图像"［Pierce et al. 1997］和"头击缩放"［Mine et al. 1997］。"走进一幅图像"是一种操作，通过图像的框架来定义一个小孔。当头部穿过小孔时，参与者会体验到自己置身于画面的世界中。注意，这可以通过用户通过相框移动他们的头部来实现，或者通过移动相框来吞没用户的头部来实现。"头击缩放"是一种非常相似的技术。在该方法中，由参与者用他们的双手创建框架并将他们的头部移动到这样定义的框架中，形成一个小孔。当然，后一种技术只能用于靠近已经在视野中的位置。这两种方法都已重新实现。在"The Lab"体验中，"头击缩放"作为跳转到不同"世界"的手段；包豪大学魏玛虚拟现实和可视化研究小组开发的 Photoportals 应用程序"走进一幅图像"［Kunert et al. 2014］。

轨道观察。轨道观察是一种特殊的模式，可以方便地从任何方向查看小物体或模型［Chung 1992］。它被称为轨道观察，这是由于当用户重新定位头部时，物体围绕用户运行的本质（图 7-80）。在这

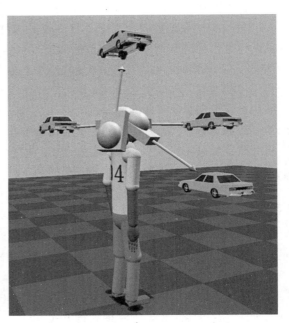

图 7-80 在轨道观察范式中，物体保持其方向，但当用户转动头部时，物体会围绕用户旋转——就像一个轨道一样。这是一个简单的界面，用户可以快速学习如何检查一个对象，只需要跟踪头部的方向。然而，由于位置没有被跟踪，用户不能绕到对象的另一边；要从各个角度观看物体，需要一个完整能视域的 VR 显示器，比如 HMD 或六面 CAVE

个模式中，对象保持其相对于真实世界的方向，用户在旋转头部时看到的是对象的另一侧。因此，要看到一个对象的底部，用户只需要向上看。

轨道观察最适用于头戴式显示器。这种相关性是由于在许多固定显示器中缺乏完整视场而导致的，而视场不完整使得物体的某些侧面无法被看到。轨道观察也适用于相对较小的物体，否则用户需要四处走动。在更大的虚拟世界中查看特定选择对象的选项可以集成到更大的界面中。轨道观察也可以与 WIM 技术结合使用，以提供更直观的寻路辅助。通过使得 WIM 与更大的虚拟世界保持一致，用户不会失去两者之间的关系，而只需转动他们的头就可以从任何方向查看 WIM［Koller et al. 1996］。

这种模式的好处在于它提供了一个非常简单的界面，并且只需要很少的硬件。因此，潜在用户可以戴上 VR 设备，无须太多训练就可以开始快速观察世界。事实上，Google Cardboard 演示系列包括一个博物馆参观者，它使用轨道观察来展示手工制作的文物。另一方面，当在不提供 100% 能视域的虚拟现实系统中使用时，轨道观察确实存在问题。此外，已经发现，当一个物体的轨道观察与未通过该方案观察的世界相结合时，用户可能更容易出现晕动症的迹象［Koller et al. 1996］。

穿越时间

除了在太空中导航外，某些虚拟现实应用程序还允许对时间旅行进行导航控制。在小说中，时间旅行允许作者以诙谐、悲剧或其他形式探索各种哲学问题。然而，大多数虚拟现实体验允许用户在拥有更普通目标时进行控制。

时间控制的两种用途是允许用户预先利用计算机模拟事件，并允许参与者从多个角度重新体验模拟。在科学可视化应用程序中，数据可能包含模拟时间中的数百个步骤（相当于天、微秒或数百万年，具体取决于模拟）。通过允许用户冻结时间，让时间以给定的速率通过，或跳到模拟中的任何时间，他们可以研究感兴趣的特定现象及其与时间的关系。在任务预演体验中，参与者可能先完成任务，然后执行事后评估（After-Action Review，AAR），返回到该片段的存储副本，能够以多个视点和在任何时间点（和以任意速率）观察所有实体的行为。（图 7-81）［Koepnick et al. 2010］。

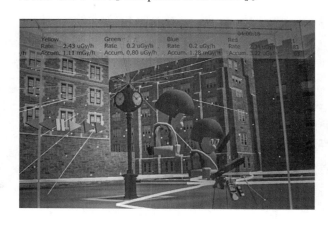

图 7-81　在内华达州国民警卫队沙漠研究所开发的 Radiological Immersive Survey Training 应用程序的事后评估（AAR）工具中，士兵和他们的任务教官可以审查每个模拟任务。在这里，辐射源的辐射线是可见的，伴随着代表士兵的身体和头部位置的化身。时间控制机制允许记录的任务暂停、后退和快进（图片由 William Sherman 提供）

穿越时间的导航控件通常与穿越空间的导航控件不同。这种差异开始于表示当前的时间值（即当你在什么时候）。以模拟或数字格式表示时间的时钟样式可能是大多数用户所熟悉的。模拟格式对于指示时间序列的循环重复是有用的。例如，这不一定是一个单一的地球日，但可以用于表示太阳系的单个地球周期。

另一种形式的时钟表示是时间条。这种表示时间流逝的方法是用一条（通常是水平的）线或横条来表示的。随着时间的推移，标记从左向右移动（至少在西方文化中）。许多科学可视化软件和动画包都使用了这种表示。

与穿越空间导航一样，有各种各样的界面技术可用于穿越时间导航。其中一种界面是模拟标准媒介播放器（在音频和视频播放器出现之前）的控制：播放按钮、暂停按钮、停止按钮、快进和后退。为了使模拟时间向前移动，按下播放按钮。时间控制的另一个用户界面是动画编排包。在计算机动画中，界面往往要跳转到一个特定的时间点（一个关键帧）；设置参数，如摄像机位置、对象位置、可视化值等；然后跳到另一个时间。然后该编排包可以在关键帧之间进行插值。

Virtual Director 应用程序使用了一些计算机动画技术，但将它们扩展到虚拟现实媒介允许的由内而外的视角［Cox et al. 1997］。在 Virtual Director 中，界面通过发出代理命令并随着时间的推移调整手杖的位置和其他物理/虚拟控件来指定模拟（和动画）时间的运动。然后将该控制信息保存为可由动画渲染器使用的编排参数。诸如摄像机路径之类的参数也可以直接在虚拟世界中可视化。对于摄像机路径，可以用留下点的痕迹来表示。随着时间的推移，时间条表示时间位置，标记指示编排的关键帧。时间控制界面还有许多其他可能性（图 7-82）。例如，一个人可能有这样一个虚拟世界，在这个世界中，参与者拿着时钟的指针，旋转它们，让时间后退或前进。

另一种独特的控制时间的方法是非线性的，甚至是零散的。虚拟现实的 Gravity Sketch 工具就是这种情况，它使用类似手表的表盘作为撤销和重做操作的界面（图 7-83）。因此，撤销可以回溯到以前的时间，而重做则在时间上向前移动，但步长是基于改变虚拟世界所花费的时间。

7.4.3 导航小结

在所有虚拟现实体验中都可以使用某种形式的导航。因此，所有虚拟现实应用程序开发人员都应该熟悉媒介中可能的导航概念和方法，并且不同的旅行技术需要不同的集成硬件。特别是，设计师应该知道旅行的方式只是故事的一部分。寻路也同样重要（图 7-84）。对于虚拟现实中寻路的使用，还有很多研究需要做，应用开发者需要像关注交互的其他方面一样关注包括良好的寻路辅助。当然，寻路辅助即使在现实世界中也不能很好地完成，虚拟世界的多样性和频繁出现的陌生环境使得在虚拟现实中寻路更复杂。

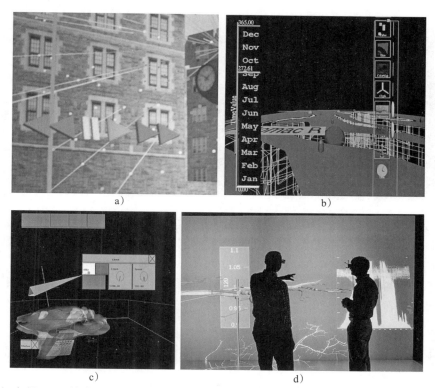

图 7-82 a）虚拟 VCR 控件。b）滑块条。c）虚拟时钟是三种可能的机制，可以用来控制在虚拟世界中的时间旅行，并表示当前位置。d）在这个沉浸式可视化能耗模型中使用了物理控制，用户可以使用操纵杆进行时间的前进和后退（Radiological Immersive Survey Trainer 应用程序由 DRI 提供；BayWalk 应用程序由 John Shalf 和 NCSA 提供；Severe Thunderstorm Visualization 应用程序由 Bob Wilhelmson 和 NCSA 提供；William Sherman 提供照片 a；能量可视化照片由 Kenny Gruchalla，NREL/DOE 提供）

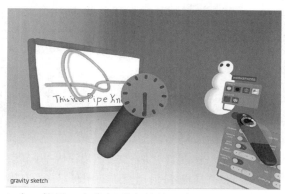

图 7-83 在 Gravity Sketch 中，使用一个类似手表的界面来通过现实世界中执行的操作来前进后退，即撤销和重做动作

图 7-84　美国海军研究生院（NPS）的 Rudy Darken 教授在虚拟现实环境中进行寻路研究 [Darken and Banker 1998]。在这里，Darken 提供了一个虚拟指南针，它模仿真实世界的指南针，以衡量其在虚拟世界导航的有效性。然后将这些数据与现实世界中测量物理指南针有效性的数据进行比较（图片由 Rudy Darken 提供）

　　旅行控制和寻路是一个任务的两个组成部分，有时两者都可以在一个单独的界面中表现出来。例如，地图是一种确定一个人与世界上特定地点之间位置关系的方法。但在虚拟现实中，地图也可以用来指定你想去的地方，并可以立即带你去那里。

　　在实现一种旅行方式时，虚拟现实开发者应该瞄准用户认为自然的界面。然而，这不应该将设计限制在只有现实世界中才可能的方式。

7.5　与他人交互

　　虚拟环境中的协同工作也可以在体验中扮演重要角色。有许多方法可以共享虚拟现实体验。如果分享体验的目的是一起工作来解决问题（即执行任务），那么这就是一种协作体验。其他共享的体验可能是竞争或仅仅是社交交互（图 7-85）。值得注意的是，Facebook 以 20 亿美元的价格收购了 Oculus 虚拟现实，意图将虚拟现实打造成一个社交计算平台。

图 7-85　两个用户在 IrisVR's Prospect Pro 工具中进行交互，以评估一个新空间的建筑设计。用户可以自由地独立移动，但也可以选择跟随另一个用户，或可以将所有用户聚集到一起（由 Alyssa Baumgardt 提供建筑数据）

协作体验需要一种共享虚拟世界的方法。共享体验会产生一些问题：选择处理协作交互的方法；体验必须同步；谁掌握了操作 / 通信操作；世界如何保持同步；也许最重要的是，参与者如何相互交流。

7.5.1　共享体验

任何通信媒介的目的是与他人共享信息和体验，虚拟现实也不例外。在本节中，我们将了解通过虚拟现实共享体验意味着什么。在继续本章后面的协作体验之前，让我们首先看一下更广泛意义上的共享以及如何将其作为体验的一部分。

请注意，共享和协作这两个术语不是同义词——并非所有共享虚拟现实体验都是协作的。非协作共享体验是在同一虚拟世界中具有多个参与者的虚拟现实应用程序，或者包括观看沉浸式参与者的观众。这些参与者与世界交互，通过某些虚拟现实以外的其他媒介讲述过去虚拟现实体验的故事。

每种媒介都有不同的方式让接受者之间共享体验。一部小说通常是单独阅读的，也许稍后会与其他人讨论。电影和电视经常被一群人观看，观众可以共享体验。许多虚拟现实系统一次只允许一个参与者直接体验环境。然而，这些系统中的大多数允许在辅助显示器（如计算机的显示器）上观看。在某些情况下，尤其是在培训和教育体验方面，虚拟现实体验可能会被记录下来以供以后回放或作为事后回顾。有些虚拟现实系统可以让多个参与者共享同一个虚拟世界，并进行交流。一些虚拟现实系统让其他观众能够更接近活跃用户的体验（例如，CAVE 式），从而促进协作讨论（图 7-86）。在投影虚拟现实显示器中，参与者可以很容易地以主动用户的身份轮流操作被跟踪的眼镜和控制器。

可以共享什么

虚拟现实体验的很多方面是可以共享的。让我们从想法开始，可以在体验期间通过与附近或网络社区中的人进行讨论来共享想法。如果体验是跨时间共享的，那么参与者可能能够根据他们经历的事情来发表评论，例如使用 Placeholder 语音标注工具 [Laurel et al. 1994]。用户之间的标注是使用共享经验来帮助协作的一种方法。然而，协作的需求并不是共享经验的必要条件。

图 7-86　两个参与者在一个 CAVE 应用程序中交互，以检查和讨论通过各种表现形式呈现的天气数据（Sandbox 应用程序由 Andrew Johnson 提供，图片由 NCSA 提供）

虚拟世界本身是可以共享的。事实上，这几乎是必需的。即使只是在对话中将经验传递给朋友，也必须描述足够多的世界，以使朋友对这个世界有很好的感觉。更直接的共享世界的方法包括共享视图控制和轮流与虚拟世界交互。允许一个小组一起参与体验的虚拟现实显示器通常可以轻松地使戴眼镜的人和握住输入设备的人更容易轮换。这些控制元素可以组合传递，也可以单独传递。分享得越多，参与者在各自的经历中就会有越多的共性。然而，由于生活经历的差异，这些体验将永远不会完全相同。每个人都会带来不同的关于内容的知识以及对这种和其他类似媒介的了解，还有他们对内容的态度（见图 2-3）。

另一个可以共享的东西是我们自己，或者至少是我们自己的化身。通常这可能是一个铰接式模型，使用每个参与者的位置跟踪信息来表示他们相对于其他参与者的位置和运动。也可以通过深度摄像机来重建远程参与者的"真实"形状，甚至可以用一个简单的摄像机来提供一个窗口，通过这个窗口可以看到参与者的真实位置。

共享方式

根据参与者视角的一致性，虚拟世界的共享技术方式可以分为两类。每个人都可能身临其境地体验它，我们称之为完全多重呈现（full multipresence），或者一些观众可以非身临其境地观察。非沉浸的观众可以被当作越过参与者肩膀观看的观众。

场地中的其他人也会对个人体验和与虚拟环境的互动产生影响，特别是聚集在 VR 系统或附近的人。围观的人可能会为参与者欢呼，提供建议，或说坏话。他人观察事件的能力为讨论提供了话题，也为旁观者进入体验时该做些什么提供了思路。

有不同的方式可以向等待的观众展示物理沉浸的参与者的互动。当然，一种选择是什么都不展示，甚至参与者也不展示。另一种极端是参与者站在观众面前，直接见证身临其境的展示。当 VR 体验也是性能的一部分时，这通常是我们的选择（图 7-87）。在这两个极端之间，可以选择为等待的用户复制正在展示给沉浸其中的用户的内容（图 7-88）。与观众分享只是分享体验的一种方式。

图 7-87　一些 VR 体验是为了公共演出而开发的。在这里，观众在一个大屏幕上观看互动世界，Jaron Lanier（从他的 HMD 解脱出来）通过一个音乐设备互动（图片由 Jaron Lanier 提供）

图 7-88　虚拟现实应用 Osmose 中，画廊里的观众可以被动地观察主动参与者的剪影。在画廊的另一边，主动参与者的视野投射在一个大屏幕上（图片由 Char Davies 提供）

有一些共享视角的组合是比较常见的：

❑ **一个沉浸参与者和旁观者**：例如，一个人戴着一个头戴显示器，并带有外部监视器，其他人可以看到正在发生的事情。

❑ **两个（或更多）沉浸参与者**：每个人都体验相同的虚拟世界，使用相同的模式（头戴式）或不同的模式（头戴式和 CAVE 式）。

❑ **开放式显示**：例如，基于投影的显示器允许多人查看相同的屏幕，同时跟踪一个人，这个人沉浸在物理环境中，并且能够共享跟踪设备。

❑ **多人驾驶座舱**：一个普通的屏幕代表一个窗口，通过这个窗口，座舱内的每个人都可以查看外部虚拟世界。

每种组合都会影响每个参与者之间协作的数量和类型。在开放式显示模式中，主要的观看者仍然可以看到其他人，从而更容易共享想法并表达对虚拟世界特定方面的兴趣。

回顾一下，我们定义的多重呈现是指许多参与者通过虚拟现实同时体验同一个虚拟世界，包括其他沉浸式参与者的表示和动作。在使用虚拟现实进行协作工作时，多重呈现显然非常重要。例如，两个相距数百英里的设计工程师在赛博空间中进行一个设计项目，每个人都可以看到其他人以及相同虚拟对象的表示，包括他们正在设计的对象。

动作的控制也可以由许多方法共享。到目前为止，我们只讨论了视角的控制。另一个方法是共享对虚拟世界的控制。在旁观者可以被主动参与者听到的情况下，他们可以影响参与者执行特定的动作，但也有更直接的方法。许多虚拟现实系统都有物理设备和语音识别输入，这些设备和语音识别输入会对虚拟世界事件产生影响。这使得除了主动沉浸式观看者之外的其他人有可能对虚拟世界有一些控制。当有人正在接受与应用程序交互的培训，或者在沉浸于其中的查看者不熟悉控件的情况下进行演示时，这一点特别有用。

除了开放式显示的共享方法外，其他三种方法都可以平滑地集成多个位置之间的远程共享。在这些情况下，不同位置的参与者可能具有不同的查看技术，有些采用 CAVE 式显示，有些采用头戴式显示，有些仅通过屏幕和键盘参与。从理论上讲，即使是开放式显示方式，也可以让其他位置的参与者通过聚焦在动作上的摄像机观看，但我们可能会说，这不是一个"平滑"的集成。

为什么要共享

如果不需要额外的设备开销，提供一种在虚拟世界中共享体验的方法通常需要额外的编程工作。但也有例外情况，如在计算机屏幕之外观看场景，或者虚拟现实显示模式并不局限于"身临其境"。开放式显示或监视器显示提供给其他等待体验的用户用于娱乐。这也有助于对排队的人进行一些象征性的培训。协作是在虚拟世界中共享视角的一个很好的理由。

如果体验的目标是某种类型的营销，那么对于那些等待参与的人来说，有几个原因可以让他们共享虚拟世界的视角。首先，它有助于吸引人们到虚拟现实系统，并增加更多想尝试的人。其次，当人们排队等候时，他们可以回答一个关于"免费"体验的调查。再次，如果这种体验被视为广告，那么在排队时，观众会多次看到广告。如果某个参与者发生了一些有趣的事情，那么他们可能会与那些正在观看的人进行讨论，即使离开会场之后也是如此。最后，那些对亲身体验不感兴趣的人至少可以了解到这种体验是什么。

增加吞吐量是在 VR 系统中使用共享显示的另一个常见原因。一些场馆的高吞吐量可能会造成没有足够的时间让每个人直接体验虚拟世界的情况。在这些情况下，场地设计的一部分是提供替代性观看。Epcot 中心的迪士尼 *Aladdin's Magic Carpet Ride* VR 体验采用这种方式，进入该设施的人中，只有大约 4% 的人被选中"驾驶魔毯"[Pausch et al. 1996]。当一个大型团体访问虚拟现实研究设施时，也可能发生这种情况。在这种情况下，如果使用基于投影的视觉显示（例如 CAVE），那么至少每个人都可以看到发生了什么。

群组控制

Cinematrix 公司的 Loran Carpenter 和 Rachel Carpenter 设计了一种由一组参与者控制虚拟世界的有趣方法。这个系统在 SIGGRAPH 94 和 91 会议期间被公开演示（和使用）[Carpenter 1993]。在这个系统中，每个用户都有一个控件，通过这个控件，他们可以从两个选择中做出一个选择（如果算上弃权，就是三个）。一大群人能够向单一的虚拟世界提供输入，这为群体行为提供了一个有趣的实验。一些已经实现和测试的虚拟世界包括熟悉的乒乓球电子游戏，简单的飞行模拟器，移动一个简单化身的 2D 迷宫，以及在双雪橇上的"蛋"（小组的化身）。在每一种情况下，团队中的大部分成员都将控制游戏世界的某个特定方面，而每个部分做出选择的比例将用于控制他们所负责的方面（如向上或向下移动乒乓球拍）。这些小组合作玩一款合理的乒乓游戏的能力令人印象深刻（图 7-89）。

图 7-89　成百上千的人参与到一个以群体为导向的互动游戏中，这是一个类似于 Pong 的狗与猫的游戏。参加者通过手持桨板的方向来控制球拍，投票决定队伍的前进方向（图片由 Cinematrix 公司提供）

共享体验小结

当人们想到虚拟现实时，通常会想到与他人一起沉浸在某个世界中。分享经验是人类的一部分。为了完全做到这一点，每个沉浸其中的参与者都应该对虚拟世界有一定的控制，尽管体验中可能会设置一些限制，限制谁可以与世界的某些方面进行交互。

由于虚拟世界存在于我们所说的赛博空间中，一些物理限制（如物理上的接近）被消除了。参与者的地理分隔可以是在同一个隔间里，也可以是在任何地方——或在轨道上——同一颗行星上。有时化身并不代表真实世界的存在。这些计算机生成的实体现在通常被称为代理（或有时被称为智能代理（IA）或人工智能（AI），当给出某种形式的伪智能时）。

归根结底，重要的是思想的共享。当然，开发者和参与者之间总会有一种思想的共享，但除此之外，虚拟现实还允许参与者以多种方式分享体验（图 7-90）。

7.5.2　协作交互

在许多职业中，协作工作对于及时完成任务是至关重要的。除了体力劳动，需要很多人的努力，包括专业人士，如

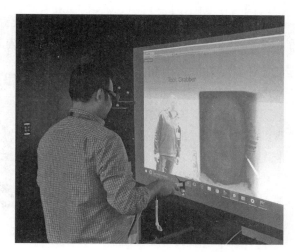

图 7-90　两个用户远距离交互，都能看到和操作这个体素可视化工具。微软 Kinect 深度摄像机用于捕捉每个用户的实时点云，通过 Vrui VR API 在各个系统之间传输（图片由 Rajiv Khadka 提供）

建筑师、科学家和医生，也从事一些项目，需要多个参与者一起工作，以实现一个共同的目标。事实上，有一个研究领域研究一般的计算工具来帮助协作——计算机支持的协作工作（Computer-Supported Cooperative Work，CSCW）。

人们在虚拟空间中协作的程度可以从无到简单地在共享空间中共存，再到使用特殊工具帮助沉浸其中的参与者一起工作。在一个简单的共享空间中，参与者的化身表示仅仅是添加到虚拟世界的场景中，可能会也可能不会为应用程序增加趣味或有用性。与其他滑雪者一起参加比赛时，滑雪体验可能更具竞争性，因此也更有趣，但在其他方面，它与独自滑雪体验并无不同。如果在一个大的信息空间中有足够的参与者，那么群体吸引群体的概念可能为参与者提供一种有用的机制，让他们发现正在发生的有趣的事情，或至少是其他人感兴趣的事情。

人与人之间的交流

协作需要人与人之间的交流。除了握手和偶尔拍拍后背之外，商务交流通常仅限于视觉和听觉上的交流。一般来说，只有在涉及需要多人努力的手工任务的应用中，触觉交流才重要。

大量的交流是通过听觉进行的。信息通过直接对话和语音信息的使用传递，这些信息可以在以后检索到。一些应用可以利用现有的通信技术来保持虚拟现实系统的简单性。为了进行直接的听觉交流，可以使用电话系统或基于互联网的视频会议应用程序将声音从一个地点传递到另一个地点。把音频通信直接集成到计算机系统中，有时是有益的。例如，将给定的通信与特定的操作同步可能很重要，尤其是在该通信存储以供以后回放的情况下。

同样重要的是通过视觉方式传递的信息。当我们说话时，我们可以用肢体语言来加强语言交流。有时候肢体语言就是全部的信息（例如，挥手和指点），或者一个人的存在可能就足以传达信息。这种手势交流需要一种传递视觉再现的方法，这种视觉表示传达了其他参与者的动作。

与低质量的语音相比，简单的肢体语言传输所需的带宽要少得多。因此，即使没有足够的带宽来做其他事情，身体运动也可以合理地整合到一个系统中（图 7-91）。

当协作者看到对方的脸很重要时，视频电话会议设备可以直接使用，也可以集成到虚拟现实系统中。此功能可以

图 7-91 化身可以用来传达视觉信息。在这张图中，一个玩家向他敬礼，表示他愿意执行用户发出的命令。此外，用户还可以通过化身在游戏世界中的位置看到其他玩家的方向和位置（CAVE Quake II 应用程序由 Paul Rajlich 提供，照片由 William Sherman 拍摄）

包括视觉和听觉信息。可视信息可以作为其他参与方的简单窗口显示，或者视频信息可以直接映射到参与方的计算机图形化身上，如 Caterpillar 公司的 Virtual Prototyping System（图 7-92）。

图 7-92　Caterpillar 公司使用映射到盒子上的视频信息纹理，在协作虚拟世界中提供一个用户在远程位置的真实表示（图片由 Caterpillar 公司提供）

　　视觉传达的另一种形式是在虚拟世界中留下标记。这包括沿路径放置标记，放置方向性标志，在对象上涂鸦以标记人的存在，在虚拟纸上书写消息以及留下视觉标注。其他后来遇到标记的参与者可能发现这些信息是有用的（图 7-93）。

图 7-93　这本书的一位作者在 Vandal 虚拟世界中留下了自己的印记，因此另一位作者将能够看到他的位置（应用程序由 Dave Pape 提供，照片分别由 William Sherman 和 Alan Craig 拍摄）

　　当然，最简单的协作方法是在相同的物理空间。最好在较大尺寸的固定式显示器（例如 CAVE）中完成此操作。不止一个人可以占据观看区域，因此这些参与者可以直接看到和听到彼此。多用户跟踪查看机制的集成进一步增强了协作环境。CAVE 式系统可以通过多种方式与多个跟踪查看器一起运行。这些技术在 5.1.1 节中进行了描述。简而言之，不同的屏幕可以用于不同的用户［Arthur et al. 1998］，场景中的不同对象可以为不同的用户呈现［Koepnick et al. 2010］，或者可以使用允许 4 个或更多独立视图的滤光技术［Kulik et al. 2011］（图 7-94）。

同步和异步通信

协作通信的一个重要方面是消息发送和接收之间的时间并发程度。通信的两端可以同时发生（同步），也可以在时间上分离（异步）。在同步通信中，双方共同处于虚拟（赛博）空间。他们可以进行实时交互对话。在同步通信中，发言权控制（即谁有权操纵世界上的对象）是交互将如何进行的主要决定因素。同步通信的另一个重要方面是各个参与者的世界保持一致的程度。虽然这并不是同步通信所独有的，但是与你交谈的人是否与你经历着相同的世界这个想法是非常重要的。

在异步通信中，不同的参与方可

图 7-94　使用特殊的多视角投影技术，几个用户可以从自己独特的视角看到虚拟世界。在这里，三个用户，加上摄像头，都可以看到并指向同一个城堡塔的顶部。物理上引用虚拟世界中相同位置的能力对于协作讨论非常有用（照片由 Thomas Motta（thomasmotta.com）和 Digital Projection 提供）

以进入一个持久的世界，在这个世界中，他们可以感知到其他参与者留下的世界，进而改变世界本身。除了允许协作者之间的通信之外，参与者还可以在世界上留下信息，以便在以后的某个时间点供自己检索。此外，交流不需要是口头的。它可以采取共同努力的形式来重塑世界。伊利诺伊大学芝加哥电子可视化实验室开发的两个应用程序，NICE［Roussos et al. 1999］［Sherman and Craig 2002］和 CALVIN［Leigh and Johnson 1996］都允许参与者修改一个持久的世界——在 NICE 中是一个虚拟花园，在 CALVIN 中是一个建筑布局。这两个例子都允许每个参与者为未来的参与者修改世界。最近的一个例子是 IrisVR Prospect Pro 建筑审查工具，它有一个会议模式，可以维护参与用户创建的标注（图 7-95）。用户还可以在虚拟世界中拍摄标准和 360 度照片，以捕捉他们希望进一步讨论的世界的各个方面。

异步通信的两种方法是世界标注和体验回放。标注（将在本节后面详细讨论）是异步通信的一种关键方法。体验回放的使用较少。体验回放指的是在一段时间内捕捉和存储参与者的动作的能力。这些动作可以被参与者自己或其他人重播。我们将虚拟化身视为镜像，而当前参与者可以在相同的空间中行走，从任何角度观察之前的行动。

图 7-95　在 IrisVR Prospect Pro 建筑可视化工具中，可以创建用户可以异步加入和退出的会议。每个用户都可以创建保留在会议中的标注，这样以后出现的用户就可以读取并可能使用他们自己的标注进行响应（建筑数据由 Conner Crawford 提供）

体验回放的一个有用的领域是训练场景的 AAR。DRI Radiological Immersive Survey Trainer 应用程序使用该技术，对士兵进行特定操作的培训，然后可以分析流程执行情况，以及在哪些地方可以改进操作 [Koepnick et al. 2010]（见图 7-80 ）。

单个虚拟现实应用程序可以提供同步和异步通信的方法。对于同步通信，应用程序必须提供一种让其他参与者实时听到 / 看到 / 感觉到参与者的方法。异步通信需要一个持久的世界和一种参与者可以留下自己印记的方法。这些概念可以追溯到基于文本的 MUD 媒介（多用户副本 / 对话框），它允许两种通信形式。用户可以直接通过文本对话或输入命令进行直接互动，也可以通过将对象从一个地方移动到另一个地方或创建新位置来对游戏世界进行修改。虽然基于文本的游戏和世界界面已经大大减少，但最近还是出现了一些 MUD 系统，比如 God Wars II。

并发性影响信息交换的方式。例如，同步语音通信允许直接对话，并具有即时反馈的能力。语音通信的异步方法允许一种语音消息类型的通信，参与者可以在方便的时候参与其中。

标注

标注虚拟世界的功能允许用户解释它，询问有关内容的问题，或者给出有关内容的一般印象。一个说明是世界上的一个标注，用于解释 / 询问 / 回顾它的某些方面。在虚拟世界中可以显示和使用各种标注。

关于参与者如何使用标注，必须考虑以下事项：

❑ 给谁用的？

参与者——我。

其他参与者——你们。

❑ 什么时候用？

体验中——现在。

体验后——稍后。

❑ 用途是什么？

协作——共同完成任务。

指导——培训师 / 受训者的关系。

文档——提供给参与者的静态信息。

（包括真实博物馆漫游的例子，使用头戴式耳机和位于显示器附近的按钮。）

我们这里的重点是协作中标注的使用。指令和自助服务终端信息都是单向的交流形式，并假设参与者对主题的信息比体验创作者嵌入自助服务终端的内容要少。协作对于参与者更加平等，允许任何人留下标注。

❑ 它是如何呈现的？

语音——在沉浸式环境中易于做出的标注。

文本——更易于浏览 / 编辑 / 处理体验之外的标注。

手势——在沉浸于虚拟世界中时也易于输入（和随后体验）的标注。

绘画——可以轻松记录在体验中并易于在体验之外查看的标注。

也许理想的方法是同时捕获虚拟世界的图像，记录语音标注，然后使用语音识别软件将输入转换为与图像相关联的文本形式，这很容易操作和搜索。

标注可以附加到虚拟世界的不同组件：位置 / 对象、视角、时间，或者它们的组合。

❑ 位置 / 对象——允许对虚拟世界中的特定项目进行评论。

这适用于博物馆或者场地漫游。这也是语音信息在虚拟现实体验中实现的方式。将指定特定类型的对象来执行该任务，例如 Placeholder 应用程序中的 voiceholder。

❑ 视角——允许对虚拟世界的某个视角进行评论。

在试图解决美学问题时，这一点很重要。

❑ 时间——允许对模拟中某个特定时间进行评论。

这在科学可视化应用中尤其重要，其中有趣的现象仅在模拟中的特定时间发生。

❑ 组合——可能的组合可能是在一天的特定时间或从特定角度对某个位置进行标注。

一旦创建，用户需要能够看到标注的存在以及它在虚拟世界中的位置。需要一个表示来提供关于标注本身的信息。标注可以通过附加标注的标记对象来表示（例如，在标注时更改对象的颜色），或者在标注的时间 / 视图或对象中使用图标符号。NCSA 的 BayWalk 协同可视化应用程序使用一个瓶子图标在计算机模拟的切萨皮克湾（Chesapeake Bay）中标注位置（图 7-96a）。Placeholder 应用程序提供特定的标注容器对象。这些对象（称为 voiceholder）具有参与者可以识别的特定外观，对其外观的轻微更改表明标注的状态（图 7-96b）。在诸如自助游（如在博物馆中漫游）等应用程序中，可以假定所有对象都有一个标注，因此不需要对对象的外观进行任何更改。Flyover Zone Productions 公司的 Rome Reborn 虚拟现实应用程序使用声音图标来指示哪里可以使用预先制作的声音标注，这些标注提供了关于马克森提乌斯和君士坦丁教堂的特定方面的信息（图 7-97）。

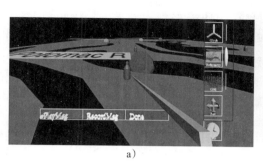
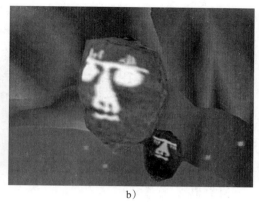

a)   b)

图 7-96　a）NCSA Bay Walk 应用程序使用"瓶中信息"的比喻作为在虚拟世界中留下语音标注的机制。语音标注可以由虚拟世界中的其他人检索，或者也可以稍后由留下消息的人检索。b）Placeholder 应用程序出于类似的目的使用了 voiceholder。voiceholder 会根据内容改变其外观（BayWalk 应用程序由 John Shalf/NCSA 提供，Placeholder 图片由 Brenda Laurel 提供）

图 7-97　在 Rome Reborn VR "Basilica of Maxentius and Constantine" 体验中，参与者被引导到大教堂内的各个区域，在那里可以收听预先录制的音频注释，提供有关该地点的历史信息（图片由 Flyover Zone Productions 公司提供）

  在一个世界中可以使用不同的标注图标来指示标注本身的一些信息。像 Placeholder 应用程序那样，图标可以用来指示标注的状态（例如，voiceholder 已满 / 为空 / 准备接受消息）。标注的类型（对象 / 时间 / 视角）和谁离开标注的指示都可以通过标注图标的外观来表示。有时可能需要在所有可用的标注中搜索特定信息。搜索可能是针对标注的类型、创建者或创建时间，也可能与内容相关。创建一个能够将语音标注转换为可搜索文本的应用程序可能有些麻烦，但是为每个标注指定几个关键字的功能可能是一个不错的折中方案。在他们的论文"The Virtual Annotation System"中，Harmon 和他的同事［1996］描述了一个虚拟现实环境的标注系统，该系统允许用户标注对象或视角，每个用户以及对象和视角都有不同的图标。标注以语音形式显示，每个标注都存储用户名和创建时间。

发言权控制

在计算机支持的系统工作（Computer Supported Cooperative Work，CSCW）中，谁负责协作体验的概念被称为发言权控制（floor control）。谁拥有控制权的问题是提供同步通信功能的应用程序需要考虑的问题。权限问题有点类似于发言权控制。权限控制指定允许谁以某些方式影响虚拟世界（移动对象等）。这是同步和异步通信的问题。

发言权控制的级别可以从无或同时（在平等的伙伴之间进行典型的对话），到主持（每个人想发言时都要举手，轮到他们发言时主持人就会点名），到非常正式的程度（罗伯特议事规则），到按等级划分（谁可以打断谁的等级）。不同的情况可能采用不同的控制方法。对于权限控制，简单的解决方案可能是允许首先到达那里的任何人进行控制，但是在某些情况下，其他方法可能更可取。特别是，设计师应该考虑"撤销意外"（undo surprise）和"意图意外"（intention surprise）哪个更糟糕。在对并发控制的研究中，Linebarger 和 Kessler［2004］描述了每种方法的效果以及每个实施策略。正如他们所阐明的那样："并发控制是在可能冲突的并行事件之间进行仲裁的活动。"

虚拟世界一致性

虚拟世界一致性是指在一个共享体验中，每个参与者看到的世界在多大程度上是相同的。完全一致的虚拟世界是每个参与者都能看到其他参与者看到的一切。尽管一致性对于共享体验很重要，但并不是所有的方面都需要一致。例如，涉及如何处理对象移动时，当一个用户移动一个对象时，其他参与者可能看到整个移动序列，或者可能只看到对象从旧位置"跳转"到新位置。另一个较小的不一致之处是，对象只能被一部分参与者看到。例如，参与者在行进过程中会留下只有他们能看到的标记。

虚拟世界一致性主要关注同步协作，但并不仅限于此。在异步设计体验中，一个用户可以保留其设计的单独副本，以防止其他用户对中间设计做出更改或判断。一旦用户准备好发布设计，他们就可以让所有用户都可以使用它。用户必须一致行动的应用程序必须在虚拟世界之间实现更高程度的一致性。具体地说，需要两个或多个用户来举起一个物体或将一个物体从一个用户传递给另一个用户的操作要求他们的世界保持紧密一致——至少涉及特定对象和用户。例如，哈勃太空望远镜维修应用程序（图 7-98）为宇航员提供了一种方法来练习涉及两人任务的操作，如一人移动一个物体，另一人引导它，部件和工具之间的传递，以及任务所需的其他合作任务。

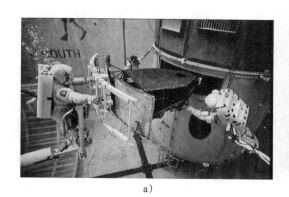

图 7-98　a）宇航员 Story Musgrave 和 Jeffrey Hoffman 在得克萨斯州休斯敦约翰逊航天中心的失重环境训练设施（WETF）练习拆除广角行星照相机（WF/PC）装置。b）同一任务的协作虚拟现实训练应用程序需要仔细注意每个参与者体验的世界的一致性。宇航员 Jerry L. Ross（前面）和他的同事（后面）正在一个配备有触觉显示器的 VR 系统中进行训练，该显示器可以在低重力环境下操控大质量物体。这个系统允许他们练习在轨道上一起移动重物（图片由 NASA 提供）

Fujimoto［1990］解释道："在最高级别上，分布式协作系统面临着一个设计选择：一种乐观的方法是立即对本地操作进行操作，另一种悲观的方法是直到几乎可以保证在本地操作之前发生的远程操作已经被应用才进行操作"。Linebarger 和 Kessler［2004］再次提供了进一步的见解：

❑ 乐观策略 "假设本地动作在全局动作的顺序已经知道，但这实际上是不可能的。因此，在序列化算法发现并纠正错误之前，乐观策略存在与其他进程不一致的风险。"

❑ 悲观策略 "保证了本地动作在全局动作中顺序，但引入了所需的延迟，并以牺牲本地系统的交互性为代价。"

7.6　与虚拟现实系统交互（元命令）

有时，不仅需要与可感知的虚拟世界或世界内的其他人交互，还需要与世界的底层模拟和结构交互。这包括一系列操作，从加载用于可视化的新科学数据到控制世界范围内的代表代理。在虚拟世界表面运行的命令可以称为元命令（metacommand）。

在许多虚拟现实体验中，沉浸式参与者之外的其他人必须以某种方式操纵世界。例如，在一个减少飞行恐惧的治疗体验中，治疗师可能会在一个疗程中调整模拟的飞行颠簸，因为参与者变得能够忍受较不困难的飞行条件。治疗师通过键盘或鼠标进行互动，而不是通过虚拟现实界面。一个更详细的示例是虚拟世界中的代理操作。这种类型的交互被称为代表代理控制或"绿野仙踪"代理控制，参考同名电影［Wilson and Rosenberg 1998］。在佐治亚理工学院的 Virtual Reality Gorilla Exhibit 中，一位熟悉大猩猩社会的动物学家扮演了向导的角色，通过键盘控制来指挥大猩猩（图 7-99）。

通常，作为工具设计的虚拟现实应用程序允许物理沉浸参与者指定元命令——例如，加载其他模型或科学数据集，更改全局参数，撤销最近的操作，重新开始体验，或终止体验程序。以这些方式影响虚拟世界的功能通常被认为会降低体验的精神沉浸感，因此以体验交流为目标的应用程序设计者通常不允许参与者执行这样的操作。

图 7-99　在佐治亚理工学院的 Virtual Reality Gorilla Exhibitt 体验中，大猩猩的行为是根据一系列预先设定好的动作序列。大猩猩行为专家可以在幕后通过键盘触发适当的动作。"绿野仙踪"代理控件向参与者传达了猩猩社会的真实体验（图片由 Don Allison 提供）

NCSA 的 Virtual Director 是一个允许参与者直接向系统发出命令的应用程序，它有数百个可用的命令来帮助创建计算机动画［Thiébaux 1997］。Toirt Samhlaigh（及其 Crumbs 的前身）科学可视化应用程序的一个特性是创建新的调色板来辅助可视化任务。应用程序的用户可以通过菜单界面存储和检索他们使用元命令创建的调色板。

7.7　本章小结

交互作用是指自己和另一个实体之间的相互作用。交互是虚拟现实的一个关键特征，也是它区别于大多数其他媒介的一个特征。当虚拟世界对我们的行为做出反应时，我们就会更多地融入那个世界，增加我们的临场感和能动性。然而，大多数以技术为媒介的交互界面对人类用户来说都不是自然的。糟糕的界面会使交互变得困难，从而影响参与者专注于体验的能力——无论是工作还是娱乐。

　　随着时间的推移，以及人们对新技术的熟悉，界面可能成为文化的一部分，甚至开始显得自然。加速此过程的一种方法是使用用户可能熟悉的隐喻构建新界面。另一个适用于交互的有用策略是使用反馈让参与者知道每个交互事件的当前状态。这些隐喻和反馈策略适用于所有形式的交互：操作、导航、协作和虚拟现实系统命令。

　　虚拟世界中与用户交互有关的一些因素包括场地、视角、沉浸感、世界物理以及世界本身的实体。第 8 章将讨论虚拟世界设计的这些方面，特别是所有这些元素如何共同形成用户的交互体验。

应用虚拟现实

　　全面掌握了虚拟现实系统技术和用户界面之后，我们现在可以讨论如何让虚拟世界变得更吸引人、更富有成效。

　　在第三部分中，我们以第二部分的知识为基础，研究虚拟世界的组成部分及其传递给用户的体验（第 8 章），以及虚拟现实体验的总体设计（第 9 章）。最后，我们将展望虚拟现实的未来（第 10 章）——讨论虚拟现实体验是如何发展的，以及什么事物可能会让这些体验变得更好。

　　回顾第 1 章，我们谈到了精神沉浸，以及技术和合成图像的作用，它们可以欺骗感官，帮助我们达到精神沉浸的状态——"临场感"。第三部分着重于如何构建这些体验，将考虑用户群的需求和硬件系统的性能。设计师如何利用视角、场地和手法来创造一种引人入胜的体验？我们可以做些什么来"欺骗"用户，从而帮助他们突破系统和场地的技术限制？虚拟世界中应该包括哪些组成部分，它们是如何表现的，以及用户将如何与它们交互？什么软件能帮助用户进入虚拟世界，现实世界将如何影响虚拟现实体验？

　　虚拟现实体验建立在第二部分中介绍的那些要素基础上。在第三部分中，我们从探索虚拟现实系统的技术（包括参与者的"技术"）和交互方面，转向讨论虚拟世界的内容，并设计富有成效的体验。我们还将研究虚拟世界如何在其他媒介中表达，并将其引入虚拟现实。对于新的和适合的体验：设计过程中涉及哪些步骤？设计团队可能需要权衡什么？由于我们可以从过去的努力中学到很多东西，我们研究了虚拟现实体验的许多分类——是什么使其获得认可，以及有哪些例子探索了虚拟现实的这个方面。

第 8 章 *Chapter 8*

将虚拟世界带入生活

这一章是关于虚拟现实体验的内容。我们将了解一个成功的虚拟体验所需的要素，包括精神沉浸感、物理沉浸感以及展示场地的效果等。然后，我们调研了那些有助于提升塑造虚拟体验的组成因素：选择什么视角？用户看到这个虚拟世界时是否像草丛中的虫子？还是像天空中的蝙蝠？或者，像是看他们自己的化身与鲸鱼战斗？虚拟世界的本质是要考虑的，它的地理位置、对象、化身以及交互界面。此外，我们必须考虑虚拟世界的物理定律：你能穿过一堵实心墙吗？重物在空中飘浮吗？我们在整本书中都强调媒介的内容在虚拟现实中的重要性。最后，我们将介绍一些将虚拟世界带入生活所需的软件工具。

因此，在本章中，我们将确定虚拟现实内容的元素，并简要讨论它们之间以及与虚拟现实应用程序之间的关系。有许多不同的媒介可以用来呈现虚拟世界；当然，在这本书中，我们关注的是如何设计虚拟世界。

8.1 沉浸感

你可能还记得，在第 1 章中，我们介绍了两种沉浸感。我们把精神沉浸感和物理（感官）沉浸感区分开来。本章的大部分内容着重讨论参与者通过虚拟现实媒介在虚拟世界中的体验，因此这两种类型的沉浸感对创建成功的虚拟体验起着重要作用。关于完整的虚拟体验，我们将讨论这两种类型的沉浸感，首先是物理（感官）沉浸感。

8.1.1 物理 / 感官沉浸感

不可否认，物理沉浸感是虚拟现实体验（和系统）的一个重要方面。事实上，物理沉浸感是我们对虚拟现实定义的一部分，也是将虚拟现实与其他媒介区分开来的要素。

物理沉浸感是根据用户的位置和方向为用户呈现一个虚拟世界，并根据用户的位置和动作向他们的一个或多个感官提供合成刺激来实现的。虚拟现实系统向每只眼睛展现与视角相关的图像，向耳朵同步音频，向身体呈现触觉和前庭信息。计算机通过"跟踪"用户来"知道"用户在哪里。

当用户移动时，视觉、听觉、触觉和其他在场景中建立物理沉浸的特性会随之改变。如果用户走近一个物体，它看起来更大，它听起来声音更大，甚至可以被触摸和感觉到。当用户把头转向右边时，他们可以看到那里有什么，并做出相应的反应。如果他们抓住一个物体，他们可以操作它，例如把它转过来、捡起来，或者更改它。

物理沉浸也有助于引导虚拟世界中的参与者。尤其是在空间上，声音可以用来吸引参与者的注意力。如果用户听到吵闹的噪声（当然，声音不必太大），他们会本能地转过头去探究。有趣的声音还可以通过其他方式引导人们了解正在发生的事情（比如轻柔的声音：嘘……）。

在给身体的感官提供合成刺激时，虚拟现实系统往往会屏蔽现实世界提供的刺激。因此，参与者在现实世界中的精神沉浸就减少了。对于一个特定的虚拟现实体验，用合成刺激取代自然刺激的程度，以及以这种方式欺骗的感官数量，决定了物理沉浸感的程度。这种物理沉浸感的程度确实对精神沉浸感有一定的影响，但还有其他影响精神沉浸感的因素。这些因素与所有虚拟世界的交流有关。

8.1.2　精神沉浸感

对于一个特定的体验来说，精神沉浸感的程度因体验目标的不同而不同。如果这种体验是为娱乐目的而设计的，其成功与否取决于参与者的沉浸程度——因此他们想要更多地参与其中并与朋友分享，这种情况下，精神沉浸感在体验的实现中起着关键作用。其他虚拟世界，如小说中描述的那些，也严重依赖于精神沉浸感。

然而，对于某些应用来说，其主要目标是探索信息，而过高的精神沉浸感可能是不必要的、不合理的，甚至是不可取的。例如，研究蛋白质分子结构的科学家可能不会相信他们站在一个真实的分子旁边；事实上，他们并不需要相信这一点就能让虚拟现实体验变得有用，尽管他们很可能相信自己看到了那个分子的存在。然而，如果体验是坐过山车，参与者可能会忘记他们实际上是站在一个静止的地板上。当然，在这种情况下，参与者在精神上越投入，他们体验的效果也越好。

有效的沉浸感是交流过程中的一个工具。在一部虚构的作品中，缺乏精神沉浸感可以被视为失败。相比之下，在纪录片中，即使作品不是很具有身临其境的感觉，信息仍然可以有效地被传达，尽管它可能不会有效地促使观众改变他们的行为或信念。

因此，虽然精神沉浸感在虚拟现实体验中往往是可取的，有时甚至是关键的，但它也不一定就是不可或缺的。但就上面两个例子而言，重要的是不要让缓慢的系统响应和设备干扰分散了用户的注意力。此外，在分子的例子中，沉浸感包括模型的逼真程度，身临其境的体验仍然是重要的。举一个相反极端的例子，一部纪录片当然可以像任何一部小说一样引人入胜，让人身临其境。精神沉浸表示参与的程度，而参与度则是虚拟世界中交流成功与否的标志。因此，某种形式的沉浸感是交流成功与否的标志。

最后，如第 3 章所述，关于建立足够真实的虚拟世界，这里足够性是由体验的目标，以及用户参与度的意愿决定。而用户在虚拟世界中的"代理"（第 3 章所定义）可以帮助他们相信虚拟世界。

8.1.3　现实主义在沉浸中的作用

在一个环境中包含视觉、声音和触觉的逼真显示可以极大地影响参与者所体验的精神沉浸程度。对于在"现实的"沉浸式环境中能做什么和不能做什么，有两种不同的观点。有一种观点说，体验必须是非常真实的，才能让人身临其境。这就排除了任何不可思议的事情的发生，这意味着，指向飞行或缩小到分子大小的能力将打破感觉存在于其他地方的错觉；也就是说，它排除了任何表明你不在现实世界中的东西［Astheimer et al. 1994］。

另一种观点允许魔法属性作为沉浸式虚拟体验的一部分存在。事实上，它表明这些魔法属性可以帮助用户被带到另一个世界［Slater and Usoh 1994］。体验的魔法元素包括渲染属性（比如卡通外观）和界面属性（比如通过手指指向飞行的能力）。卡通化或其他程式化的表现形式可以让参与者进入一个任何事情都可能发生的梦想或幻想的心理状态。相反，试图以写实的形式呈现一个世界可能会让人难以沉浸其中，因为现实中的任何缺陷都会破坏体验的效果。

在接下来的章节中，我们将着眼于现实主义如何影响用户体验，他们如何沉浸于虚拟世界中，如何让事物看起来更真实，以及虚假现实主义如何帮助虚拟世界变得更有吸引力，从而更具沉浸感。

如何看上去真实

心理学家研究使用虚拟现实作为恐惧症治疗手段，结果发现卡通化（缺乏视觉真实感）并没有阻碍人们融入虚拟世界。他们观察到，当病人在虚拟现实中遇到一个他们害怕的物体的卡通形象时，他们的心率、排汗量和呼吸频率的反应和在现实世界中都是一样的［Rothbaumet al. 1996］。

因此，将虚拟现实技术应用于治疗焦虑症时，真实感的程度并不是"好莱坞"的质量，以至于只能通过非实时渲染实现。当患者受到接近他们的恐惧或压力的刺激时，他们就会被"激活"。另一方面，患者对视觉表示的期望与他们对计算机的熟悉程度有关。因此，如果治疗领域被认为过于笨拙和初级，这可能会引起人们对虚拟世界的有效性和可信性的怀疑。另一方面，视觉元素并不是虚拟世界中向患者呈现的唯一刺激。可以添加相关的声音、振动甚至气味来增强整体的真实感。的确，声音在引起情感反应方面起着重要作用。这一领域的研究人员发现，在虚拟世界中给患者引入更多的虚拟元素比只关注视觉的真实感能有更好的治疗效果。

因此，逼真程度是根据应用领域的不同以及是否需要更多魔法元素来决定。然而，逼真度过高也潜伏着一种危险。这种危险存在于"恐怖谷"的概念中［Mori 1970/2012］。从本质上讲，"恐怖谷"指模仿某个事物（例如人类）的真实程度越来越高，人类的"好感度"通常会增加，但到非常接近真实但不是真实，此时人类会呈现负面反应（无论是动画、物理机器人还是其他东西）。因此，并非所有的进展都是有益的，在采用超现实（但不完全）表示之前，最好避免出现"恐怖谷"。

当然，还有其他因素影响现实主义的程度。例如，立体显示的效果可能增强也可能不增强真实感。如果物体总是在很远的距离才显示，那么立体视觉的效果将很不明显。精准的音效，如混响，可能会增强真实感，也可能不会（例如，如果用户在广阔的草原上）。因此，现实主义的表现方式应该根据具体的应用场景来选择。

沉浸感的要素

在虚拟现实体验中，必须至少有一定程度的感官沉浸感。引起精神沉浸需要多少感官沉浸仍是一个有待研究的问题。需要什么样的要素才能让用户沉浸其中，并相信他们实际上是在与虚拟世界交互？在本节的其余部分中，我们将讨论内容本身、用户的生活经验和态度、交互性，以及显示的技术要求等沉浸感的要素。

我们对精神沉浸的定义是，参与者全身心投入，以至于不再怀疑他们正在经历的事情。一个引人注目的临场感，可能仅仅是由媒介的内容本身所引起的。例如阅读小说时，身体的沉浸感是不必要的，也是不需要的（图 8-1）。

图 8-1　精神上沉浸在虚拟世界中并不是虚拟现实的唯一特性，还可以通过与虚拟世界的物理交互提供物理沉浸感（照片由 Tony Baylis 拍摄）

在创造虚拟现实体验的过程中，有很多因素共同作用。多种因素的某种特定的组合恰好使得参与者相信虚拟世界的存在。第一个因素是这个虚拟世界必须对个人有意义。如果参与者发现内容传达的主题或风格不够吸引人，那么参与的希望就很小。给参与者提供一个特定的视角（例如第一人称）可能比其他的视角更有效。叙事中悬念的数量可能会提高参与者与主人公的交互关系。参与者的心理意愿与其他因素结合在一起，决定了这个人是否参与这个虚拟世界。

有一些技术可以用来提高参与者在虚拟世界中的临场感。一种是通过将他们的身体行为与虚拟世界中的元素联系起来以增加他们的"代理"（见第 3 章的代理部分）。此外，触觉和音效的使用可以作为将对象永久性转移到整个虚拟世界的手段（见 3.3.5 节）。

交互性主要是通过计算机技术引入各种媒介中的一种要素。毕竟，如果内容不是交互式的，那么它通常可以用一些严格线性媒介来呈现。然而，就像一些现实世界的体验一样，交互性在某些方面可能是有限的。过山车的体验是纯粹的感官刺激，乘客除了能够通过移动头部来环顾四周之外，他们与过山车之间没有身体上的交互。在虚拟现实中，创造足够让参与者实现精神沉浸的体验不仅在于应用程序的内容，还在于虚拟现实系统的性能。显示的质量对沉浸感也有重要的影响，包括分辨率、延迟和能视域。

一个或多个显示模式（空间或时间）的低分辨率也可能导致沉浸感的减少或丢失。空间分辨率是指在单个"图像"中显示的信息量。每个感官都有其自己的衡量方式：视觉上我们可以指每英寸像素；听觉上指每样本的位数或声音的通道数。时间分辨率是指显示器的变化速率，称为帧率或采样率。同样，每个感官都有一个特定的可接受的速率范围。每个感官的最低期望速率是指大脑从感知离散的感觉输入到感知连续输入之间的切换点。

对于某些人来说，可能存在一些可接受的失真，例如，对于移动图像，即使 12Hz 也可以被视为变化的图像，甚至可能适合电视或电影。然而，即使在这里规定的最小值是 24Hz 或 30Hz，这是有一个电影摄影师控制摄像机（视点）的运动。当每个人在任何时候都可以改变视角时，这可能导致抖动的效果出现。因此，对于头戴式显示器（HMD）的虚拟现实体验，现代经验法则是显示器可视部分的帧率设置为 90Hz。

提供精神沉浸感的另一个重要因素是感官覆盖的范围。这包括向用户显示了多少种感知模式，以及每种特定感知模式覆盖多大范围。在视觉上，特定虚拟现实系统的能视域和视场可能会因显示硬件的不同而有不同的覆盖范围。

或许，对于精神沉浸来说，必须解决的最重要的技术因素是，从用户的行为到系统的适当反应之间的时间间隔——滞后时间。虚拟现实系统的每一个组成部分都会增加滞后时间，或者在视觉上称为时延（motion to photo）。过高的时延会给用户带来一些问题。最严重的问题是恶心（模拟晕动症的常见症状）。另外，在处理那些需要依赖身体运动与虚拟控件交互的界面时，也可能存在困难。

沉浸度

对于许多虚拟现实体验来说，应用程序的实用性并不一定需要完全的精神沉浸。回想一下前面的例子，一般来说，做数据可视化的科学家们并不会认为他们站在一个分子旁边，也不会相信他们是从外部观察宇宙的。然而，他们常常能够对代表他们数据的虚拟世界进行观察，并将这些感知转化为有用的见解。

虽然目前还没有被广泛接受的衡量精神沉浸感的标准，但为了便于讨论，为沉浸的程度或临场的深度指定一些范围是有用的［Slater and Usoh 1993］。下面给出一些合适的等级：

1）**完全没有**：用户只感觉到他们连接到了一台计算机上。

2）**轻微接受**：用户只相信虚拟环境中的某些方面。也许他们觉得来自虚拟世界的对象飘浮在用户的空间中，但他们并不觉得自己是虚拟世界的一部分。

3）**参与**：用户不考虑现实世界。他们专注于与虚拟世界的交互。然而，如果被要求，他们将能够区分现实世界和虚拟世界，并知道他们在现实世界中。

4）**全神贯注**：用户完全感觉自己是虚拟环境的一部分，甚至可能忘记自己是被绑在计算机上的，当他们筋疲力尽时，会感到震惊。

有一些指标可以帮助我们定性地衡量参与者在体验中的沉浸程度。一个最简单的方法是询问参与者。参与者可以提供一些迹象来表明他们沉浸在虚拟世界中的程度。为了将体验的不同部分分开而设计的调查问卷通常会发给受试者，作为确定他们的精神沉浸程度以及虚拟世界的哪些方面可能对他们的印象有影响的一种手段。当然，调查问卷不能单独使用。当参与者参与虚拟世界时，观察他们的行为反应可能是一种更有用的技术。参与者的某些反射行为也可以表明参与者的沉浸程度。例如，如果一个（虚拟的）物体飞向参与者，而参与者却躲开了，这表明他们比仅仅站在那里让物体"穿过"脑袋的参与者更投入。

有时参与者的行为与他们的口头评估相矛盾。例如，在北卡罗来纳大学的一个非正式场景中，研究人员让一位客人进入一个虚拟厨房。当被问及是否觉得融入了这个世界时，他的回答是"不"。然后，研究人员让他跪下，用手和膝盖判断灶台相对于炉子的高度。在被要求站起来时，他伸手去扶虚拟的柜台帮自己站起来（当然是徒劳的）[Bishop 2002]。

欺骗用户

虚拟现实的整个目标是"欺骗用户"，让他们接受虚拟实体，就好像它们是真实的一样。事实上，虚拟现实体验设计师试图为参与者提供代理，让虚拟世界足够真实，让他们关心——这是一个他们觉得自己属于的世界。然而，有时我们想在现实世界中愚弄用户。这样做，如果用户理解了对他们所做的事情，我们可能会反对维护代理，但是可能需要进行权衡，最终让用户觉得他们处于一个不受现实约束的环境中。

在第 3 章，我们就断言研究人类感知的原因之一是"利用人类感知系统的不精确性"。在这里，我们着眼于在我们能够感知现实世界的裂缝中工作的方法，以增强虚拟世界。这些技术包括"重定向行走""变化盲视"和"重定向触摸"。前两种技术是帮助将一个中等大小的行走空间变成一个巨大的、似乎无限的空间，后一种技术是将最小的触觉显示（可能包括被动触觉物体）变得更加完整。

同样，必须注意不要过度干扰用户的代理，将虚拟世界转移到用户可以注意到差异的程度。当然，个别用户对于他们能够容忍而不会产生负面影响的范围会有不同的阈值。如果我们能够提前知道这一点，系统就可以进行调优，以限制每个用户在定制的基础上感知的变化量。对于耐受性较低的个体，可能更需要对更多干扰物进行强制调整。

重定向行走

重定向行走使可步行的物理空间实际上变得更大。名义上，只使用身体移动的一个限制是，跟踪系统的范围限制了参与者可以探索的空间的大小。北卡罗来纳大学教堂山分校的研究人员［Razzaque et al. 2001］开始探索一种欺骗用户进入相当于在原地行走的技术（图 8-2）。通过改变视觉反馈，参与者可以被巧妙地强迫改变他们的物理方向，从而瞄准跟踪系统最远的边缘。物理步行区域必须足够大，使用户的圆形路径无法被他们察觉，但不能像虚拟空间那么大。从表面上看，这一技巧要求对用户隐藏物理世界，因此通常只适用于完全封闭的基于头部的显示器。但重定向概念的组件也可以应用于其他显示样式。例如，在 CAVE 式虚拟现实系统中，当参与者转动头部时，旋转速度可以改变，以保持他们一般面对前面的屏幕（而不是看到不存在的后壁）［Razzaque et al. 2002］［Freitag et al. 2016］。

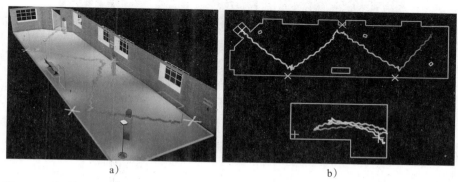

图 8-2 通过视觉渲染技巧，穿着 HBD 的参与者可以确信他们正在一个长的虚拟房间（图 a）中行走，而实际上他们在一个较小的现实空间（图 b）中来回行走
（图片由北卡罗来纳大学教堂山分校提供）

有些时候，用户的头部自然旋转的幅度不够大，不足以改变虚拟世界的旋转，以至于当他们看到面前几乎没有任何空间时，他们可能面临着一个有物理障碍的方向。解决这一问题的方法是［Peck et al. 2010］向用户展示干扰物，让用户转过头，或者明确要求用户重新定向。如果它符合体验的情境，用户可能会被分配一个任务来创建旋转机会——比如要求他们拍一张（虚拟的）全景照片［Bolas 2015］。

当使用重定向行走时，在用户移动时（即转向中心）非相关收益和干扰因素（紧急重置 / 重定向事件）之间存在权衡。对重定向不太敏感的用户可以在他们的移动中获得更高的收益，从而减少中断。对重定向更敏感或易患晕动症的用户应获得接近 1.0 的收益，这通常需要更多的干预，因为用户将更频繁地接近空间边缘。

重定向触摸

重定向触摸采用与重定向行走类似的策略，除了围绕头部的"假"的虚拟世界中的旋转之外，用户的身体化身的位置会被改变。因此，参与者的手的虚拟表示在视觉上从它实际相对于他们头部的位置移动了。Gibson［1933］最初报告了这一点，Kohli［2010］在虚拟现实环境中演示了这一点，通过视觉呈现一个带有离散弯曲的垂直分区，然后在用户触摸该分区时以不同的弯曲角度直观地表示该分区（没有看到它，因为他们戴着头戴式显示器）。

Azmandian 等人［2016］使用重定向触摸用单个物理（被动触觉）块来表示多（三）个虚拟块（图 8-3）。通过使用虚拟世界扭曲和身体位置移动（扭曲），他们能够说服佩戴封闭式 HMD 的用户，觉得在他们面前的桌子上有三个物理块。Azmandian 称之为"触觉重定向"。

图 8-3　Azmandian 等人［2016］演示如何通过操作参与者看到的图像来指导手臂。在这里，一个被动触觉模块可以用来表示多个虚拟块（图片由 Mahdi Azmandian 提供）

变化盲视重定向

利用用户通常无法注意到在视线之外发生的变化（"变化盲视"），是一种替代技术，可以使身体移动行走空间看起来比实际大得多。在这里，不是缓慢地重新定位物理世界中的用户，技巧是简单地以用户不太可能注意到的方式改变虚拟世界的几何结构，从而改变他们在虚拟世界中的行走（或爬行）方向，使得用户有足够的移动空间。例如，当参与者进入一个房间，走到另一边，在他们的背后，他们进入的门可以移动到另一面墙。因此，当他们离开房间时，相对于进入房间的方向，他们将被旋转 90 度。Suma 等人［2011］在将变化盲视作为重定向技术应用的实验评估中发现，在 77 名参与者中，只有一人注意到了虚拟世界中的差异。

当然，使用变化盲视作为一种虚拟空间扩展的重定向技术也存在一些问题。对于初学者来说，这个虚拟世界需要有一个入口可以被以一种基本不引人注意的方式改变的位置——一面墙上的门看起来和另一面墙上的门非常相似。另外，这个虚拟世界必须是一个不代表实际空间的世界，否则受训人员将不会学习空间的布局。

当它可以被使用时，变化盲视重定向对旋转运动翘曲的好处包括避免眼前庭冲突，这种冲突源于头部旋转和世界可见旋转的不匹配。此外，可以减少或消除干扰物的使用，从而避免潜在的破坏临场感的交互［Suma et al. 2011］。

让虚拟世界真实起来

虚拟现实体验可以运用很多技术和小细节，让虚拟世界看起来更真实、更生动。其中许多特征已经被解决了——例如，明智地使用被动触觉将一个物理对象的真实性转移到整个虚拟世界。在可能的情况下，使用直接操作，以类似于现实世界的方式将物理动作映射到虚拟世界的反应。为虚拟世界中的交互提供良好的可供性有助于避免用户过多地考虑界面。再次强调，为用户提供代理将把他们带到虚拟世界，并使他们完全沉浸其中。

　　还有一些功能可以添加到虚拟环境中，这可以增加一点真实感，理想情况下不会分散参与者的注意力。迪士尼动画师经常使用"活空气"技术，即随机飘浮的粒子，偶尔会被光源击中，这有助于让虚拟世界看起来不那么静止。当然，这也适用甚至更适用于水下环境，所以也许"生存环境"是一个更好的术语。谷歌"Tilt Brush"和教育作品"Piazza d'Oro"（图 8-4）都是采用"活空气"技术。水下体验"The Blu"使用"活水"以及各种游过的水生动物。另一个更古老的应用程序是 Dave Pape 的经典作品"Crayoland"，它使用动物来呈现一个更生动的世界，其中蜜蜂在蜂巢和虚拟世界各地的花朵之间忙碌地穿梭（图 8-5）。

图 8-4　虽然很难用静态图像来说明，但图中的白色斑点来自场景中悬浮的空气，即使用户只是四处张望，也能增加游戏世界的动作感。粒子被光线击中，进一步增加了世界的逼真度（图片来自 Piazza d'Oro，由 Chauncey Frend 和 Bernard Frischer 提供。印第安纳大学 The Virtual World Heritage Laboratory 版权所有）

图 8-5　在经典的 Crayoland 体验中，蜜蜂在花丛中忙碌，为虚拟世界的生活增添了色彩（Crayoland 体验由 Dave Pape 提供，照片由 William Sherman 拍摄）

另一种可以提高用户代理能力的技术是给他们提供看起来是他们自己的身体部位，或者至少在他们的控制下。显示用户的手通常是任何位置跟踪手持控制器的直接映射，为了帮助代理，这些手通常会戴上手套或是其他风格化方式，以避免性别和肤色差异。但是没有身体的飘浮的手并不是特别自然。因此，利用头部和手部位置的限制（如果可能，可能是脚），一种称为"逆向运动学"（IK）的技术被用来估计用户的手臂和肩膀，也许还有臀部和腿部。但是如果做得不好，手臂会扭曲成令人痛苦的形状，那么可能会影响效果，所以必须做好。

8.2　提供环境

构建虚拟世界的第二个主要组成部分是用户将与体验接触的情境背景。这种情境背景与视角（POV）和设定（setting）的文学概念有关。POV与相应的文学概念紧密契合。然而，设定的概念有两个方面：虚拟世界中的设定——地形、人工制品等，以及用户体验的外部设定——场地。

8.2.1　视角

所有媒介的内容创作者都有各种各样的文学手段来帮助他们操作创作的体验。其中一个方式是虚拟世界被感知的视角，称为POV。在这种情况下，不是物理上的视角，而是精神上的视角。可以从三个不同的视角将信息转发给接收者。第一人称视角通过自己的眼睛来观察；第二人称视角从动作附近来观察虚拟世界，这样读者／观众／参与者与主角共享相同的空间；第三人称视角从一个完全独立的视角来观察世界，这就是桌面交互图形通常是如何被观察的。

所有的视觉显示模式都可以与任意一种视角一起使用，但有些组合可能更为常见。当然，对于虚拟现实来说，第一人称视角是最常见的，但是有一类固定屏幕的视觉显示经常使用第二人称视角。

第一人称视角

第一人称视角是从你自己的角度参与世界。在英语散文中，代词I代表第一人称的单数表达形式。在电影中采用第一人称视角时，摄像机（以及观众）通过角色的眼睛观看动作。在虚拟现实中，视觉显示跟随参与者的动作；如果他们向左看，他们就会看到虚拟世界在他们左边是什么。这是大多数虚拟现实体验中使用的视角。

在虚拟现实中，可以从另一个实体的角度来呈现世界。例如，我们可能是台球游戏中的主球，或者我们可能是昆虫或小动物，在那里，日常用品呈现出全新的规模（图 8-6）。从一些远程设备的角度来看，远程呈现应用程序也是一种第一人称体验，可以跟踪用户的移动，并相应地改变视角。

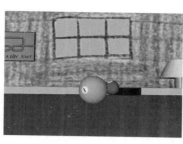
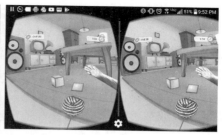

图 8-6　这里有两个通过非人类实体的眼睛看世界的案例。在第一个案例中，参与者通过台球游戏中的母球来体验世界，在第二个案例（Great Gonzo Studio 的 VRaccoon 体验）中，浣熊会在房子里横冲直撞寻找食物

第二人称视角

再次引用 Webster 词典，在散文中，第二人称视角指的是说话者或叙事者正在对你说话，你是故事中的一个角色。在空间信息的展示中，第二人称的使用意味着你，作为一个用户，可以看到你自己或你在虚拟世界中的表示——某种"脱离肉体的体验"。例如，通过向表示当前位置的地图添加用户头像，地图将从第三人称转换为第二人称视角显示。为第一人称视角设计的应用程序可能包括第三人称视角元素，例如普通地图。当参与者从自己的角度看世界时，他们可以查看地图，看到一个图标，表明他们在世界中的位置。

有一类 VR 系统依赖于使用第二人称视角与世界进行互动。这些系统通常使用大屏幕显示器，并用摄像机跟踪用户。然后用户的图像被放置在场景中，当他们移动时，可以看到自己。这种方法的主要例子是第 5 章讨论的 Myron Krueger 的 Video Place 和 Mandala 系统（图 8-7）。INDE 为 National Geographic 等公司提供了以第二人称视角向用户展示的营销体验，通过这种方式，人们可以在路人的视线中看到人物、动物等。

a)　　　　　　　　　　　b)　　　　　　　　　　　c)

图 8-7　图 a 和 b 为 Mandala 第二人称体验允许参与者看到自己在虚拟世界中互动。图 c 为 Myron Krueger 所做的一些开创性工作的一个例子（图片分别由 Vivid Group 和 Myron Krueger 提供）

第二人称视角的另一种方法是将视图"捆绑"到用户所在位置的上面和后面（僚机视

图)。参与者仍然可以在应用程序允许的任何地方移动，他们只是从他们的化身后面看。相对于普通的第一人称视角的优势在于，参与者可以更容易地看到周围发生的事情，也就是说，可以看到更多的虚拟世界。用户知道他们在虚拟世界的什么地方，因为他们可以在周围看到他们的化身。例如一个应用程序，其中的参与者正在受训成为一名赛车手。从第一人称视角，他们只能看到驾驶赛车时的景象。通过采用僚机视角，他们可以在赛车群中看到自己的车。这让他们对这群车有了一种感觉，知道自己在这群车里的位置。当然，他们必须学会从实际比赛的第一人称视角开始了解自己在群体中的位置。

第三人称视角

第三人称视角是指用户不参与发生在虚拟世界中的操作。这是在电影和小说中呈现世界的一种典型方法——从一个遥远甚至全知的视角。如前所述，大多数非沉浸式计算机图形都是从这个角度出发的，即使用户可以通过使用键盘或鼠标改变有利位置来与软件交互。由于第三人称视角与参与者在虚拟环境中的位置完全无关，因此它不是一种物理沉浸式显示形式，也就是说，它不是虚拟现实。

由内向外和由外向内

描述不同视角的另一种方法是由内向外和由外向内。这可以被认为是一个人是否从内部看到世界，或者是否从外部有利位置感知世界 [Wickens and Hollands 2000]。由内向外视角的一个例子是驾驶飞机。飞行员坐在驾驶舱里，透过飞机的窗户看世界。相反，驾驶无线电控制的模型飞机通常是从外向内的角度进行的。改进的技术现在使"第一人称视角"也随时可以为 RC 爱好者所用。选择决定了飞行员的参考坐标系，并影响飞行员感知世界和控制飞机或无人机的方式（见图 1-15）。

选择由内向外或由外向内的视角取决于任务本身，也取决于查看全局图片还是查看感兴趣对象的内部细节。即使在研究科学数据集时，有时使用由外向内的视图来了解整个系统，然后切换到一个由内向外的视角来了解系统的某个特定组件发生了什么。由内而外的视角通常会让你在虚拟世界中有更强的临场感，但是，就像在森林中行走一样，如果没有提供位置线索的东西，人们很容易就会迷路。

即使对于模拟通常由内而外体验的现实世界环境，提供由外而内视角也是有利的。例如，建筑师可以利用建筑的由内而外视角来感受穿过走廊时的情绪影响、灯光的氛围等，但仍然可以从由外而内的视角来参考整体视图提高设计的效率。

当从"由内而外"视角切换到"由外而内"视角时，保持视觉连续性很重要。换句话说，必须有某种线索将内部视角与外部视角关联起来，反之亦然。这个线索可能是一条连接当前视角和普通视角的线，也可能是从普通视角到当前（临时）视角的渐变。

8.2.2 场地

虚拟现实系统所处的场地或环境对体验方式有很大的影响。场地影响虚拟现实应用程序设计的方式有很多，包括那些对技术构成限制的方式，比如抑制光线的能力或影响体验感知的方式。Officer of the Deck 体验提供了一个说明场地特别重要的例子。该应用程序被设计用于潜艇，这种环境限制了可用空间，并包含足够的金属对电磁跟踪系统产生负面影响。以一个非虚拟现实的例子来说，去鬼屋的一部分经历是房子的位置和进入的方式（事实上里面是黑暗的！）。同样，在虚拟现实体验中，设定也会影响体验。例如，在治疗师办公室体验过的虚拟现实应用程序与在街机游戏中呈现的相同应用程序会有不同的感觉。场地也影响着界面的复杂程度，这取决于它将在公共场所还是私人场所使用（以及公共场所是否有讲解员帮助用户体验）。

甚至在 20 世纪 90 年代初，人们就预计到了虚拟现实将在家中实现。但在谷歌推出智能手机虚拟现实，或 Oculus 和 Vive 推出相对廉价的头戴式虚拟现实之前，把虚拟现实放在家里是不现实的。在预制度化（"未同化"）状态下［Rouse 2016］，虚拟现实主要设计为参与者探索机会有限的一次性体验（除了用于产品研究、数据探索或大学研究的地方，但受众有限）。现在，"家"是最广泛传播的场所。

虚拟现实已经出现并将越来越多出现的可能场地包括：
- 家庭；
- 办公室；
- 博物馆 / 动物园；
- 商场；
- 教室；
- 火车、飞机、汽车上的乘客座椅；
- 贸易展览会；
- 产品展厅；
- 荒野；
- 部署军事（潜艇、前沿基地等）；
- 公司会议室；
- 医疗室；
- 康复 / 运动设施等；
- 主题公园。

由于场地会对虚拟现实体验产生影响，所以体验本身也会影响场地的选择。体验的目标会影响场地或虚拟现实系统是否会主导体验。例如，如果目标是找到好的教育应用程序，那么我们是否应该只考虑现在课堂上负担得起的东西？还是应该在知道硬件设备将继续变得更便宜、让学生在不久的将来获得更高质量的体验的情况下，现在就构建好的应用程序？

虚拟现实系统的要求也会影响体验的场地。很多时候，可能会要求一个有趣的应用程序在不同的地方展示。根据原始场地的展示类型和现场的后勤情况，这种转移也许是有可能的，也许是不可能的。例如，为基于投影的视觉显示（例如，CAVE）设计的应用程序可能由于空间和照明需求而难以移动到其他地点。而由笔记本电脑驱动的 HMD 几乎可以在任何地方安装，而且速度非常快——甚至可以在移动显示屏上显示一个虚拟现实。

场地如何塑造虚拟性体验

在大多数情况下，虚拟现实体验将为特定的场馆或某类场馆设计和创建。根据预期的地点，系统设计有许多实际方面需要考虑。当然，一个应用程序最终可能会被放置在一个没有为其设计的地方。但是，在设计期间，这不应该是一个主要考虑因素，除了计划可能使体验在另一个站点更好地工作的选项。

可用空间（或空间成本）将影响适合的虚拟现实显示模式的类型以及可同时处理的参与者数量。如果系统要放置在公共空间，那么设备的坚固性和维护成本是关键问题，可能会限制哪些类型的界面设备是实用的。例如，数据手套比手持控制器更脆弱。选择在公共场所和私人场所使用何种硬件和软件时，系统各组件的费用也将被考虑在内。

时间是决定某一特定类型场地可接受性的另一个因素。平均参与者的沉浸时间对虚拟环境的设计有重大影响，其范围从在人流大的公共场所中的几分钟到在公司设施中的几个小时，其中可以保留大量时间。对于那些用户接触虚拟现实的程度较低而人流大的场所，交互将需要非常简单且易于学习。等待体验的参与者可以在其他人还在体验的时候得到一些基本的指导（如果做得好，等待过程中的学习可以作为整个体验的一部分）。

根据"吸引力媒介"的概念，许多公共场所体验是（或曾经是）虚拟现实作为媒介的"未同化"阶段的一部分［Rouse 2016］。（我们将在10.2.3节进一步讨论虚拟现实的吸引力媒介阶段。）当然，这些场所已经成为大众接触虚拟现实的有趣方式的一部分以及广播新闻中体验虚拟现实的报道。奥地利林茨的电子艺术博物馆是为数不多的定期向公众开放的CAVE式展览之一。札幌"Virtual Brewery"是一个有特定观众的场所（参观札幌东京啤酒厂的游客）（图8-8），还有"Cutty Sark"体验，它参观了美国的酒类商店。最近的一个例子是VOID公司的 Ghostbusters：Dimension 体验，这个展览于2016年在纽约杜莎夫人蜡像馆开幕（图8-9）。

图 8-8　在东京的札幌啤酒博物馆，游客们有机会参观一个虚拟世界，了解啤酒的酿造过程。这种体验是由网真公司（Telepresence）创建的，一个访客使用一个吊杆（中间）控制体验，而许多其他人可以通过电影放映机式的立体观影器跟随（图片由 Scott Fisher 提供）

现代的基于位置的娱乐（LBE）虚拟现实体验的例子是 VOID 公司开发的体验，提供了一个舒适的前厅，在一组用户进行交互体验时，等待的用户可以在其中更换衣服（图 8-10）。完整的体验可以通过在体验的互动部分之前和之后提供简介和汇报信息来扩展。LBE 的场地通常在外面的监视器上展示当前的会话，在那里等待的参与者从观察那些先于他们的人的行为中了解到应该做什么和期望做什么。虽然基于家庭的体验允许在沉浸于环境中时有充分的学习时间，但是基于位置的体验要求以更快的速度完成。

图 8-9　在 VOID 公司的 Ghostbusters：Dimension 体验中，参与者的任务是清除公寓里熟悉的幽灵，最终与破坏者对抗（图片由 VOID 公司提供）

图 8-10　用户在等待体验的过程中，穿戴和熟悉设备是他们体验的一部分（图片由 VOID 公司提供）

场地如何塑造参与性体验

场地本身将塑造参与者体验虚拟环境的方式。如果将相同的虚拟现实系统和应用程序放置在两个不同的场所，例如娱乐商场和古根海姆博物馆，体验的方式将会有显著的不同。因为体验会受参与者心理状态的影响，任何影响参与者潜意识的事情都可能影响对体验的感知。例如，当参与者在古根海姆博物馆时，他们的精神状态可能比在游乐场时更严肃。在博物馆里，他们不太可能在一件艺术品上附加涂鸦，即使这是一种选择，然而，如果相同的体验放在游乐场，他们可能就会在艺术品上随意涂鸦。虽然虚拟现实系统和软件是一样的，但是参与者在不同的场地可能会有非常不同的体验。一个可能令人兴奋，而另一个可能令人恐惧。同样，用户对相同的应用程序在同一地点但在不同的日子也会有不同的体验。

场地也会影响体验的可信度。例如，如果一个应用程序的目标是让成年人了解吸烟对健康的影响，那么如果它被放置在游乐场，而不是美国国立卫生研究院的实验室里，或者被放置在一家香烟制造商主办的嘉年华展示会上，人们对它的看法就会有所不同。场地的一个主要影响是参与者进入虚拟环境时的心理状态。虚拟现实体验 The VR Cave of Lascaux 的开发者 Benjamin Britton 谈到了参与虚拟现实体验之前发生的所有事件。在他的应用程序中，该剧本包括穿上外套，开车在城镇中穿行，找个地方停车，与博物馆的其他顾客擦肩而过，观看 / 参与体验，与他人分享自己的参与体验，最后回家。在诸如迪士尼世界、当地一家酒类商店、大厅里的研究实验室或办公室等场地体验的虚拟世界中，剧本和参与者的思维方式将会有很大的不同（图 8-11）。

a)

b)

c)

d)

图 8-11 放置 VR 体验的场所或设置可以对整体体验做出很大的贡献，特别是对于娱乐应用。a) Cutty Sark Scots Whisky 体验中，沉浸式用户参与到与正在销售的产品相关的体验中。b) 对于 Place holder 体验，一个光线昏暗、没有装饰品的洞穴般的空间暗示着一种神秘的、超凡脱俗的情绪。c) 虽然伊利诺伊州国会大厦似乎不太可能找到 VR 显示器，但它的存在表明政客们对发现虚拟现实在服务公共利益中的作用感兴趣。d) 在这里，2000 年 4 月，一位伊利诺伊州参议员，在变得相当有名之前，体验了一个虚拟醉酒驾驶模拟器（照片分别由 David Polinchock、Brenda Laurel 和 William Sherman 提供）

　　场地的开放程度会影响体验的实际价值。例如，一个精心策划的虚拟现实展览，它是为高度受欢迎的博物馆而开发的，并且只有在那里才能使用，它具有一定的价值。有些人可能会觉得，无论对错，如果免费提供给想在家体验的人，这种体验就会变得"廉价"。另一方面，将它提供给家庭用户可以将博物馆的范围延伸得更广大。在家的体验还能带来长时间体验的额外好处，而在博物馆中当人们排着队等待时，这种长时间体验是不可能实现的。

　　除了虚拟现实系统的位置，场地的装饰方式也会影响人们体验的方式。游戏设置是否增加了一种神秘感或冒险感？例如，早期的 Virtuality PLC 街机系统在流行的 *Dungeons and Dragons* 角色扮演游戏中设置了一套 4 个单元的合作探索体验。作为场地的一部分，环形平台在树木繁茂的环境中呈现，可以营造出中世纪英国森林的氛围（图 8-12）。

图 8-12　Legend Quest 体验是将娱乐虚拟现实应用置于精心设计的环境中，以营造整体氛围的一个例子（图片由 Virtuality Group plc. 提供）

综上所述，场地是虚拟现实系统中非常重要的元素，应用设计者不能轻视或忽视场地。改变场地可能会让更多的人有机会访问虚拟世界，但他们的体验不会完全像在原来设计的场地那样。

8.3　虚拟世界

当然，虚拟世界本身是虚拟现实体验的主要组成部分。这是所有行为发生的地方，其中的主角参与者，在这个空间中移动并与这个空间的元素交互。我们可以对虚拟世界中的对象进行分类，探索这些对象是如何创建的，以及它们如何与现实世界相关联。

8.3.1　虚拟世界的实体

首先要考虑的是在虚拟世界中与之交互的"东西"——实体。虚拟世界的实体是由体验的对象、角色和场地组成的。它是你看到、触摸和听到的东西。它可以任何方式表现出来。它可以通过多种方式创建。虚拟世界的实体可以用一种或多种感官来呈现和展示。它是使得虚拟世界之所以成为虚拟世界的一切事物的集合。

许多人把他们的物理世界定义为一个充满物体的空间，他们在其中移动。虚拟世界也可以被类似地看待，尽管我们必须认识到，创作者可以用与现实世界相似或不同的方式定义空间和对象。虚拟世界的空间或多或少是由它的内容来定义的。这种说法并没有假设虚拟世界是以视觉呈现的——一个纯音频的虚拟世界也有内容。虽然看不见，但它们依然存在。

与物理世界非常相似，虚拟世界中的对象也具有一些属性，比如形状、质量、颜色、纹理、密度和温度。某些特性对特定的感官来说是显而易见的。颜色是在视觉范围内被感知的。纹理可以在视觉和触觉领域被感知。虚拟世界中的对象与虚拟空间中的位置相关联。一些对象可以移动，而另一些对象是固定的。并不是所有的虚拟对象都有物理属性——可能有些东西没有物理属性，比如一个想法或一个灵魂。通过它对其他事物的影响，你就能知道它的存在。对象可以是真实对象之外的实体的表示，例如可以操作浮动菜单界面来控制虚拟世界的各个方面。

我们可以把虚拟世界的实体主要分为四大类（图 8-13）：

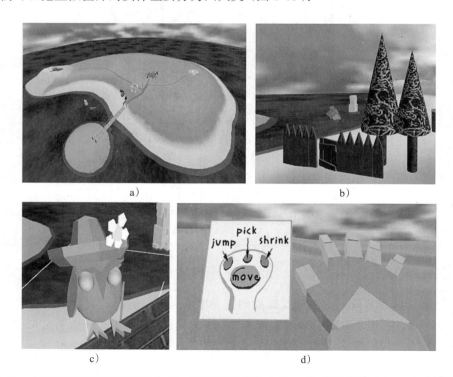

图 8-13 虚拟现实应用程序通常包括 4 种不同类型的实体：a）虚拟世界地理，b）人工制品，
    c）代理，d）用户界面元素（NICE 应用程序由 Maria Roussou，EVL 提供）

1）虚拟世界地理；

2）人工制品；

3）代理；

4）用户界面元素。

虚拟世界地理

虚拟世界地理描述了参与者移动的表面（地形），或者它可以描述具有自己独特风味的世界区域。借用电影媒介的内涵，我们可以将其称为在虚拟世界中有不同的位置。虚拟世界的地形可能是平面或起伏的小山，也可能是由一个奇怪的数学公式生成的。这取决于所期望的效果以及虚拟现实创作者（个人或团队）愿意付出多少努力。

通常，虚拟现实体验发生在参与者可以移动的一个相当小的、连贯的区域。用户要么不允许离开此区域，要么在其边界之外没有任何感兴趣的内容。然而，一个大的虚拟世界可能包含许多感兴趣的位置。如果虚拟世界是一个大的区域，所有位置可以全部连接在一起，或者有些位置可能或多或少与用户或叙事者控制的区域之间的传送无关。

通常，虚拟现实世界将被分割成离散的位置。进行这种划分的一个实际原因是它减少了应用程序所需的计算资源。在离散位置环境中，应用程序只需要显示和存储当前活动的位置。此外，应用程序只需要计算有限区域内对象的物理性质，而不需要计算整个虚拟世界的物理性质。

假设虚拟世界包括被风吹过的树叶。虽然参与者一次只能占据一个位置，但在一个非离散的虚拟世界中，他们可以看到（或听到）其他位置发生的事情。所以，如果树叶被风吹到街上的某个地方，参与者可能会看见它们，也可能看不见它们。由于这是很难预测的，所以应该考虑这种可能性。叶子最终可能会被吹到视场中，但如果它们位于一个离散的、独立的位置，则不需要对它们进行计算。

独立的区域也有其技巧的原因。受全局图形渲染属性的影响，每个位置可能有自己独特的表示样式。每个位置可能都有自己的界面。用户可以在每个空间学习不同的移动方式。也许对象的操作方式也因地而异。最后，每个位置可能有不同的物理定律。

在软件系统中，特别是在游戏引擎中，玩家 / 参与者的地面移动通常需要识别虚拟世界中的可穿越区域。这可以帮助进行物理计算，还可以防止用户进入世界上无意义且不重要的区域。

人工制品

虚拟世界的人工制品是"普通"的对象——所有事物。也就是说，对象是人们在虚拟世界中能发现的主要东西。对象可以是花、树木、栅栏、Tiki 雕像，或者任何你在虚拟世界中可能会遇到的事物。它们是人们可以观察、操控，有时甚至摧毁、创造或毁损的东西。

在建筑物漫游中，建筑物及其内部物件、景观、街道和汽车都是对象。在科学的可视化应用中，科学现象的表示是虚拟世界的对象。这种表示形式可能包括表示水蒸气含量的形状或随空气流动的小球。在用户能够创建标注的应用程序中，注释的标记及其包含的内容也是一种对象。

代理

虚拟世界的代理包括虚拟世界中的居民：自主控制的角色，被控制的角色，或者参与者自己的化身。从视觉上看，代理似乎只是工件或对象的高级形式。然而，如果它们是栩栩如生的，或者表现出某种模拟的类似生命的行为，那么它们就完全不同了。他们有某种智力，似乎是"活着的"（具身的）。

代理可能会在虚拟世界中移动，可能会跟随用户随时提供建议（"跟随者"代理）。或者，代理可以链接到世界上的某个对象或区域，在那里它们可以提供有关某些局部特性的信息。

用户界面元素

用户界面元素是表示用户在虚拟世界中可以直接感知的界面部分的实体。这包括所有需要某种形式显示的虚拟控件。菜单和虚拟垃圾桶就是两个用户界面元素的例子。另一个例子是用户可能调用的简单指示的界面。一个不太容易区分的例子是有些对象既可以是虚拟世界中的对象，也可以用作界面的一部分。具体来说，汽车显然是一个正常的对象，但如果用户进入汽车，踩下虚拟油门踏板，转动虚拟方向盘，很难将车轮和踏板划分为"对象"与"用户界面表示"。

8.3.2 对象建模与虚拟世界布局

虚拟世界中的所有对象都需要一个组件来描述如何渲染对象（为一个或多个感官，不一定是视觉上的）、如何操作单个对象以及将它们放置在虚拟世界中的何处。接下来的主要内容，我们将研究对象如何在虚拟世界的规则中相互交互。

对于许多体验，特别是那些追求大型逼真虚拟世界的体验，创建和布局（在时间和财务上）可能是构建体验的一个重要成本。生产高质量的资源需要一个由工匠、技术人员和生产者组成的熟练团队。

对象行为

单个对象的行为复杂程度各不相同。具体来说，我们可以将对象分类为静态对象或具有动态元素的对象。没有通用的术语来区分这些类型，但是在本书中，我们将使用以下术语：静态的、骨骼绑定的、动态的和触发的。

静态的

从最基本的静态对象开始，静态对象具有固定不变的形式——它们是刚性的。参与者可能会把它们捡起来，或者把它们撞倒，或者用其他方法把它们重新安置，但是它们的形状是不变的或不可改变的。

骨骼绑定的

带骨骼绑定的对象虽然大部分是刚体组成，但有预先指定的连接点——它们只能在特定的位置和特定的尺度上弯曲或滑动。即使在这一分类中，也有很多可以做的事情。一个简单的例子是一扇靠铰链旋转的门。其他简单的例子可能是吊扇，或者游戏中上下浮动的"健康方块"。这些行为虽然简单，却给世界增添了一点"生命"。

一个更复杂的例子可能是一个参数化的脸，它支持逼真的面部表情，或者参数化人形身体的主要关节。在计算机动画和游戏社区中，这种参数化被称为"蒙皮"。蒙皮是动画师（或物理模拟）用来让角色走路或摆姿势的关节的集合。蒙皮就像一个物体的骨架系统。在一个实时渲染的虚拟世界中，带有动画蒙皮的对象看起来就像一个机器人。

动态的

用数学方程模拟，或外部输入驱动对象的运动，会比仅用关节连接起来的对象更加动态。动态物体可以是水面起伏的水体，也可以是篝火冒出的火和烟。动态物体常常试图模仿一些自然现象，比如一棵树在风中摇摆。

触发的

任何类型的对象都可能是一个"触发"对象，当参与者与触发对象或虚拟世界中的其他标记对象进行接触时，就会激活某个事件。例如，当参与者触碰一扇门时，门就会通过铰链被触发打开。或者炮弹可能被触发爆炸并摧毁它所接触的任何物体。在游戏引擎术语中，触发通常是通过"碰撞器"实现的。

对象形式（模型和数学）

构建虚拟世界过程的另一个步骤是确定如何创建或获取对象模型。通常，对象是在虚拟世界执行之前独立创建的。预先在虚拟现实应用程序外部创建的对象通常被称为虚拟世界的"资源"——其他类型的资源是预先录制的声音和脚本，它们影响着虚拟世界的行为。另一种方法是由应用程序本身"动态"创建对象。

为虚拟世界创建对象的主要方法是：

❑ 手工建模 / 艺术创造；

❑ 根据算法创建；

❑ 现实世界捕捉。

这些创建模式中的任何一种都可以预先执行，或者动态执行。然而，对于大多数虚拟现实体验来说，大多数对象都是预先创建的，并作为"资源"加载到虚拟世界中。此外，4个对象类型（虚拟世界地理、人工制品、代理和用户界面元素）中的任何一个都可以使用这些技术创建，尽管可能有不同的倾向性。例如，可以通过算法生成地形（可能是分形曲面，也可能是城市景观生成器）。或者现实世界中的捕捉技术可能更适用于代理或虚拟博物馆的虚拟文物的创建。用户界面元素可能是通过手动布局方式创建的，也可能是以编程方式生成的。

通常，预先创建的对象是使用**建模软件**"手工"创建的。既有电影行业用于动画和特效的高端商用建模软件，如 Maya 或 3D Studio MAX，也有像 Blender 这样的开源软件。这些工具非常强大，这也意味着它们往往很复杂，需要一些培训才能达到足够的技能水平。有一些建模工具关注于易用性（有些甚至针对儿童），而牺牲了灵活性和可控性，比如"Teddy"［Igarashi et al. 1999］（图 8-14）。当然，也可以使用虚拟现实工具在应用程序本身中建模新的对象。

图 8-14 "Teddy"建模软件使用简单的启发式方法将屏幕上绘制的线条转换为三维形状，为儿童（和许多成年人）快速创建可爱的模型提供了一种简单的方法

数学公式或计算机算法也可以用作创建虚拟对象的一种方法。这些方程可以是简单的波动方程，也可以是分形雪花曲线。有些算法可以生成典型办公楼或酒店，并有统一匹配的外观，能快速生成建筑填充整个城市。由于随机数生成器是数学/算法的一部分，因此可以为每个体验创建新的变化。算法的控制参数也可以通过技巧控制，从而允许体验设计师探索算法空间。应用程序可以根据需要使用不同的算法，可能在开始时填充一些虚拟对象，并随着体验的继续填充更多的对象。也可以通过预先运行算法将结果以对象编码形式保存为资源，从而预先创建对象。

对象可以根据观察或模拟过程中的数据通过算法生成。通常，数据被收集并以任意格式存储，或者类似地，一种现象被编码为一种计算机模拟，并生成新的数据。然后，可以使用算法处理这些数据，这些算法将数据映射为可视或声音形式，使研究人员或业务分析师更容易发现其中的关系。与一般的数学公式一样，虚拟对象可以提前创建，也可以在应用程序执行期间创建。

最后，可以专门创建对象来复制现实世界的某些方面。我们将在下一节中更深入地讨论这个问题。

虚拟世界布局

虚拟世界的构成是指把一切都结合在一起形成一个有凝聚力的整体。在现代游戏引擎中，比如 Unity，游戏设计师会在虚拟世界的每个"场景"中给出对象的初始位置。还可以应用初始化脚本，根据文件中指定的布局或使用算法为虚拟世界添加对象。

在最简单的虚拟世界中，例如为了产品设计评审或科学数据的可视化，整个场景可能只是产品或数据的表示以及静态的背景。但仍然有可能对对象进行剖析、修改或移动某些部分，以查看其中的内容或寻找有趣的关系。

另一方面，军事训练或游戏的场景往往要复杂得多，空间更大，对象更多。

对于某些应用，特别是培训模拟以及虚拟旅游，虚拟世界的布局是由现实世界决定的，这时对象布局算法经常会受到限制。一个极端的例子可能是一个对象随机分布的虚拟世界。

对于将身体移动作为唯一的（或几乎是唯一的）空间移动方式的体验，可能需要实时更改布局，以便利用变化盲视重定向技术，这种技术的工作原理是在用户背后更改布局。身体移动体验的另一个特点是，布局可能需要最小的物理步行空间，应用程序才算成功。这一要求可以适用于正常的移动，但也适用于使用重定向技术使虚拟世界看起来比实际空间更大的情况。例如，Unseen Diplomacy 游戏需要一个相当大的空间——（4.0×3.5）平方米的以家庭为场地的体验（图 8-15）。

图 8-15　TriAngular Pixels 的 Unseen Diplomacy 游戏中，整个体验都是通过身体运动来完成的。通过结合一个大的物理空间和不可能的空间的概念，用户面临的挑战包括，当他们在一个似乎很大的建筑中穿行时，要避开激光束。为了创建一个看起来很大的可步行空间，房间是通过使用符合给定约束的随机填充空间的算法创建的

8.3.3　现实世界作为虚拟世界的一部分

从最真实的意义上说，虚拟世界不受任何约束，除了它的创作者的想象力的限制。虽然这在小说中是微不足道的，但一个以虚拟现实为媒介表现出来的虚拟世界，却因为现实世

界的存在而受到一定的约束（更不用说创意团队的技术能力和现有技术的能力）。这些约束很难克服，有时甚至是不可能克服的。例如，现实世界受到引力的影响。因此，虚拟现实体验的参与者必须服从万有引力定律。虽然我们可以尽量减少重力的影响，但它们总会产生一些身体反应。即使一个人努力在外层空间拥有虚拟现实体验，但现实世界的其他方面，比如参与者自身的身体惯性，仍然会影响这种体验。

声音是现实世界中另一个难以在虚拟现实体验中克服的"特性"。事实上，如果在现实世界中，有人走近参与头戴式虚拟体验的参与者，开始和他们说话，他们很可能会听到这些话，而且这很可能让他们会失去临场感。

一个很自然的问题是：沉浸在虚拟现实体验中与现实世界中的另一个人交谈的能力是否足以让虚拟现实不再是虚拟现实？如果说话的人是通过计算机媒介"带入"虚拟世界的，那么答案会改变吗？或者，如果参与者正在使用来自现实世界的某种"道具"，这仍然是一种虚拟现实体验吗？

这些类型的问题值得深思，尤其是在考虑虚拟现实的定义时。然而，在另一个层面上，当涉及实现为特定目的而设计的虚拟现实应用程序时，它们就不那么重要了。事实上，有意将现实世界的元素引入虚拟现实体验中往往是可取的。

实时捕捉现实世界的动机

虽然使用非实时技术将现实世界的实体带入虚拟世界是可能的，而且通常也是可取的，例如扫描、艺术建模和实体的算法生成，但是这些活动与实时监视是分开的。本章稍后将讨论这些离线技术。

正如在第 6 章的视觉表示部分中提到的，我们通常希望将现实世界的数据与虚拟元素结合起来的体验被归类为 AR。但值得注意的是，当现实世界和虚拟世界同时存在时，情况确实如此，但并不总是这样。在这些情况下，"实时"的现实世界监控被用作一种机制，以增强虚拟现实体验的呈现，而不是为参与者提供与之交互的内容。然而，在某些场合下（假设的和真实的），虚拟现实体验的目标是与来自现实世界的实时数据进行交互：

❏ **分析和探索获得的科学 / 商业数据。**一般来说，科学或商业数据是"离线"分析和探索的（即不是实时的），可能是在对数据进行处理之后再实现实时渲染。然而，可能存在一些极端情况，例如极端天气造成的灾难性事件，则需要立即确定危险和相对安全的区域。

❏ **分析需要实时响应的数据。**动机的不同之处在于，有些情况非常体现现实世界中的事情发生之后的应变能力。这些情况包括军事活动和股票 / 商品交易。

❏ **操作远程设备——远程呈现。**将操作投射到其他位置的能力属于沉浸式应用程序类型的"远程呈现"方面。控制远程工具的一种方法是从该工具的角度提供一个第一人称视角，以便用户更自然地操作该工具。实现第一人称视角需要直接的视频，或者向用户重构虚拟世界。

❑ 与合作者进行实时交流。更准确地呈现真人可以使虚拟现实中的远程会议更有效。参与者能够更好地理解那些从现实世界捕获并重新呈现给远程用户的化身的面部和身体的变化。在 Kunert 等人的"Photoportals"项目中，他们演示了在一个 CAVE 式到 CAVE 式的应用程序中，采用了合作者的点云捕捉和渲染，其中点云捕捉使用了 Microsoft Kinect 深度照相机（图 8-16）。

图 8-16　与地理上分离的人交互的一种方法是实时扫描他们，并在本地表示他们。在 Photoportals Immersive Group-to-Group 3D Telepresence 系统中，每个位置的参与者都被 Kinect 深度摄像机扫描，并在远程以多边形表示。Photoportal 相机将两个位置的实时捕捉结合成一张照片（照片由魏玛大学包豪斯虚拟现实与可视化研究小组提供）

从现实世界的监控和捕捉中获益的另一类任务是那些需要参与者保持"世界意识"（对现实世界中的事物和事件的情景意识）的任务。当这些目标通常（如果不总是）出现在参与者沉浸在头戴式虚拟现实中时，这比其他虚拟现实界面风格更能将用户与现实世界隔离。

❑ 防止用户与现实世界中的对象发生冲突。尤其需要加强封闭式 HBD 体验中的安全性，使用户可以自由地移动，将现实世界的数据集成到虚拟世界中，可以引导用户避开现实世界的障碍物或其他危险（图 8-17）。根据体验的类型不同，现实世界中的危险可以渲染得很逼真或者很简单——可能是打破模仿，或者通过使用反映虚拟世界风格和内容的表示来避免模仿的中断。HTC Vive 系统提供了逼真和简单的渲染——逼真的边缘渲染可以向用户显示他们所处的位置，或者一个简单的网格可以显示他们可以安全移动的边界（图 8-18）。理想情况下，可以避免危险而又不妨碍虚拟现实体验。Simeone 等人［2017］探索了调整虚拟世界的方法，使用户不会失去临场感，但将避免移动到现实世界的危险（图 8-19）。

图 8-17 在 Dassault Systèmes 的 Never Blind 系统中，用户可以激活一个由微软 Kinect 创建的真实世界视图，让他们找到真实世界的物体并与之交互，例如图中所示的桌子，同时沉浸在虚拟现实体验中（图片由 Dassault Systèmes 3DEXPERIENCE Lab 提供）

图 8-18 墙上的网格线为佩戴 Vive HMD 的用户提供了安全移动的边界提示

❑ 提供虚拟现实系统限制范围的边界。一种用于表示虚拟现实系统（包括安全移动区域）操作范围边界的技术已被推广为 HTC Vive 的"Chaperone System"，当用户绕过操作边界时，该系统会突出显示一个网格（通常）（见图 5-43）。这一技术之前在虚拟现实 UI 软件系统［Kreylos 2008］（图 8-20）中被证明是一种保护屏幕表面的方法，并在他们的 DISH 系统中通过 Disney Imagineering 进行了演示。随着 SLAM 技术越来越多地融入虚拟现实显示中，这些数据可以用来生成保护边界，并实时帮助用户避免障碍物。

图 8-19　来自 Simeone 的两个虚拟世界示例［2017］，说明如何改变虚拟环境的设计，使得用户避免特定区域——危险表面，如水或虚拟屏障（图片由 Adalberto Simeone 提供）

图 8-20　Vrui 应用程序提供了一个网格，当用户的头部或控制器太靠近屏幕时，网格就会出现在 CAVE 系统的墙壁上。这有助于保护屏幕免受损害（照片由 Shane Grover 提供）

❑ 保持对现实世界中重要事件的意识。这种特殊情况通常应用在军事和公共安全领域中。例如，在实战操作中，在分析整个战斗的同时，还需要让沉浸其中的参与者记住那些不属于实时数据的事件报告，甚至包括附近的危险。

❑ 在沉浸中实现真实操作。因为头戴式虚拟现实系统将用户（尤其是他们的视觉感知）与真实世界隔离开来，所以即使执行简单的手眼任务也会受到极大的阻碍。当然，许多虚拟现实体验的目标是让参与者脱离现实世界，但有时处理现实世界的对象是有意义的。也许最大的收益来自键盘或其他输入设备的使用。虽然虚拟现实更多的是关于 3D 交互，但有时用键盘输入文本或数值数据更容易。

在这些情况下，用户通常更容易看到他们正在做什么，这可以通过实时扫描技术来渲染现实世界的一部分，用户可以看到他们的手和与之交互的对象是很重要的（图 8-21）。在长时间的体验中，甚至能喝一杯水也很重要。另一种选择可能是简单地跟踪与虚拟模型匹配的键盘，这可作为被动触觉设备，并依赖用户触摸输入数据的能力。将对象作为一个道具来直接跟踪的优势在于更精确，而扫描技术的优势在于更通用，无须对键盘或其他虚拟表示进行建模。

图 8-21　在 Vrui 工具中进行测量的用户可以使用物理键盘对数据进行标注，他们将微软 Kinect 的实时捕捉数据整合到虚拟世界中来定位物理键盘（图片由 Oliver Kreylos 提供）

第三种广泛的用途分类，现实世界的输入增强了虚拟现实体验，因为现实世界对象提供的东西超出了当前可以模拟的范围。

❑ 被动触觉。我们已经讨论了沉浸式用户触摸的物理对象的形状和纹理如何增加其临场感。在被动触觉的情况下，现实世界的对象本身实际上被带入虚拟世界来代表虚拟世界的一部分。

❑ 乐器。这个类别是关于现实世界的对象可以超越计算机模拟的其他方式。目前还不能完全将精细制作的乐器（如小提琴）的表示形式（如丰富的音乐弦外之音和详细的用户界面）模拟为一个虚拟实体。

❑ 现实世界。对于在增强现实方面的沉浸式应用程序（用 AR 表示），有些现实正在被增强，而这个现实通常就是真实的世界。因此，为了将增强现实与现实世界相结合，需要提供现实世界数据。而现实世界的数据可以预先捕获，但是手机 / 平板电脑通过增强现实体验可以利用实时视频和结构化光捕获技术，这样这些数据可以重新投影到将现实世界与其他体验连接起来的虚拟世界中。

离线捕获现实世界的动机

离线捕获现实世界的原因可能比实时捕获的原因更明显。首先，使用来自现实世界的数据可以使虚拟世界更加真实。另一方面，应用程序设计师可以选择以非自然的方式操作现实世界的信息。如果应用程序是为了可视化自然系统的各个方面，以便进行科学研究，例如，区域天气或海湾生态系统等信息，如温度和风 / 水的流动，可以使用标准的科学虚拟可视化表示添加到或直接替换数据的真实表示［Sherman et al. 1997］（图 8-22）。

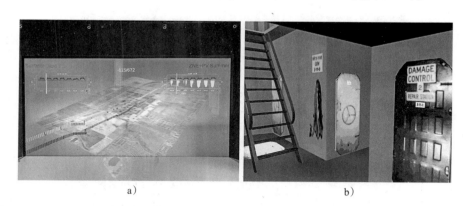

a）　　　　　　　　　　　　　　　b）

图 8-22　现实世界的数据可以根据不同的原因被引入虚拟现实体验。a）在沉浸式可视化中，电力系统收集一周的数据，然后在沉浸式环境中进行分析。b）在特定船只或潜艇上进行训练时，可使用实际布局，以便更好地转化为实际的操作（照片由 Kenny Gruchalla 拍摄，图片由海军研究实验室的 David Tate 提供）

在虚拟世界中使用真实数据对于提供情景预防培训的应用程序特别有用。在这种体验中，参与者通过尽可能准确地体验世界而受益。另一个经典的例子是为虚拟旅游重新创建感兴趣的景观，其中包括教育实地考察。在某些情况下，现实世界可以与衰败或毁坏的遗址的重构研究相结合，重构后可反映出遗址在全盛时期的样子。

捕获现实世界的技术

如前所述，使用现实世界的输入来实时创建虚拟世界的部分有很多原因。实时输入的例子有来自实时激光雷达扫描仪、天气监测站的数据，或者来自众包（crowdsourcing）地图系统的交通数据。这样，现实世界的数据就成为虚拟世界的一部分。在增强现实系统中，虚拟世界与现实世界相互融合，即使仅使用视频数据，也需要具备现实世界的输入能力。现实世界的输入也可以从专业的数据源中获得。例如，道琼斯股票市场数据，或来自社交媒介网站（如 Twitter）的实时数据，这些都可能会集成到虚拟世界中。

还有一些应用程序可以从实际数据中获益，但不需要实时捕获。离线真实数据捕获扩展了可用数据类型和范围。例如，任何体验设计师都可以使用照片创建三维模型（摄影测量 / 运动恢复结构技术）。在更大的范围内，像谷歌这样的公司能够系统地穿越或飞越地形捕获海量数据，这些数据几乎可以重构整个地球的地形、景观和建筑外观（当然，并不完全适用于建筑外观）（图 8-23）。

图 8-23 Google Earth 虚拟现实完成了一项惊人的全球重建工作，但仔细观察后，许多建筑物的正面出现了一点不稳定

传感器是用来捕获真实数据的设备。传感器是一种设备，它能够感知物理世界中的现象并将其转换成另一种形式——在虚拟现实系统中，这种形式是计算机系统能够处理的电信号。根据 Webster 词典［1989］：

传感器："一种从一个系统接收能量并将其以另一种形式重新传输给另一个系统的设备。"

传感器包括麦克风、湿度传感器、激光雷达（光雷达，又称光探测和测距）、数码相机和电磁位置传感器等设备。甚至智能手机也包含各种各样的传感器，可以用来将现实世界的信息实时导入系统，比如 GPS、加速度计、陀螺仪、麦克风、相机、距离传感器、照度计、磁强计等。

在虚拟现实系统中使用传感器来帮助创建更丰富的虚拟世界。它们可以提供现实世界的精确表示，例如用户飞越地形的应用程序。它们可以收集数据（有时是通过卫星获取的）来创建一个真实的地球视图。如果目标是检测地球上某一地区的天气，那么系统就可以读取监测站的实时数据，并将其转换成适当的视觉表示。

在增强现实应用中，可以使用超声波传感器实时确定患者的内部结构［State et al. 1994］（图 8-24），或者可以用摄像机捕捉一个房间，然后对其进行处理，创建一个基于计算机的多边形／纹理表示的房间，然后将其集成到虚拟现实应用程序中。激光雷达系统可以扫描用于拍摄电影的物理位置。捕捉到的物理空间数据可以被重新创建为一个虚拟的世界，可以通过计算机进行特效操作，或者规划演员和摄像机的位置。

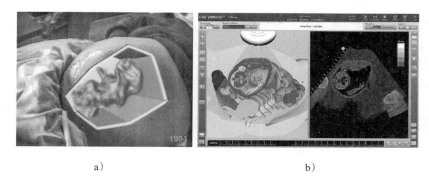

a) b)

图 8-24　a）利用超声成像等医疗工具的数据增强现实世界，可以帮助理解皮肤下发生的事情。在这幅概念化的图像中，一个婴儿就像从母亲身上的洞里往外看一样。b）在模拟医疗设备时，可将 3D 模型与 2D 超声图像并排查看，以帮助理解工具如何将 3D 对象映射到可视化中（图片分别由 Andrei State 和 CAE Healthcare 提供）

　　我们可以将捕捉现实世界的常用技术分为两大类：基于图像和测距技术。最常见的基于图像的真实地形或物体三维模型创建技术是被称为"运动恢复结构"（Structure from Motion，SfM）的摄影测量技术。这个术语中的"运动"部分来自最初的算法，这些算法是基于使用逐帧视频分析来生成一个三维表示，但现在对任何足够重叠的照片集合都同样有效。简而言之，该算法通过匹配图像之间的公共点来确定每张照片的相对位置，然后使用匹配的图像和照片的位置来创建一个彩色的 3D 点集。加上相应的纹理映射，这些点集可以进一步生成多边形网格。有时，当采用多种算法使得多个摄像头预先对齐时，可以接近实时地完成这项工作。这项技术经常用于体育广播，以显示一个"三维"视图（图 8-25）。

图 8-25　商业系统 FreeD 从多个角度捕捉事件，回放突出的瞬间，仿佛时间被冻结了（图片由印第安纳大学提供）

　　类似的技术是获取两个同步视频流（一个立体对），然后从中创建一个深度图。如果已知立体对的相关信息，则可以执行感知分析（例如，使用"神经网络"），因此，在一双手的匹配点创建之后，可以确定用户手和手指的位置，例如使用体感控制器（图 8-26）。

一般情况下，单个视频流不会被用作捕捉现实世界的技术，除非使用视频流作为远程用户化身的一部分来显示他们的脸，或者使用色键（chroma-key，又名"绿屏"）系统来提取单帧纹理图。

测距技术包括使用雷达（radar）、激光雷达（lidar）、超声波、结构光和飞行时间（Time of Flight，TOF）系统。雷达发射电磁脉冲，并且从回波的特性可以确定雷达单元与外界的距离。激光雷达从一个旋转装置上扫描激光束，测量每个回波的时间和强

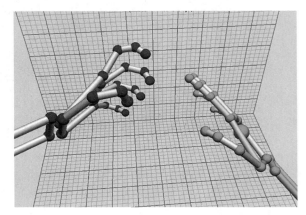

图 8-26　Leap Motion 设备使用一对立体图像来确定双手在相机中的位置

度。然后，这些测量数据可以用来采集一组 3D 点，以及亮度。通常激光雷达站也会使用数码相机重新扫描该区域并捕获颜色数据以匹配三维点。一个可能存在的问题是，两次扫描有时会间隔几分钟，因此颜色可能会发生变化。事实上，激光雷达系统一般应用在固定目标上的效果会更好。

测距技术的第三个例子是结构光，它通过发出特定的光模式，然后使用摄像机重新捕捉世界。模式中的形变可用于计算整个图像平面的距离。通常，结构光模式和捕捉模式的摄像机在电磁频谱的红外部分工作，这防止被用户看到，从而分散了用户的注意力。与大多数激光雷达系统类似，结构光系统也经常与标准彩色摄像机配对，后者将颜色映射到三维深度数据上。结构光系统也被称为"深度摄像机"。

另一种测距技术是超声波成像，它使用声波而不是光，能够"看到"软组织（又称超声波扫描技术）。超声成像系统将超过 20kHz 的声音脉冲发送到组织（或其他材料）中，在那里，返回的回声可以被可视化（或以其他方式处理），形成随时间变化的二维结构，甚至是三维结构。

最后，激光雷达测距技术的一个分支是 TOF 相机，它具有超灵敏的传感器，利用反射光的速度来计算返回信号的深度图。这些系统通常分辨率相对较低（如 320×240 像素），可能适合捕捉较小的物体。

8.4　虚拟世界规则：物理学

虚拟世界中的对象可以包含关于它们如何与彼此以及整个环境交互的描述。这些交互

作用描述了虚拟世界的自然规律或物理规律。体验设计师可以选择模拟真实物理世界或虚构的世界。

无论定律是否明确规定，它们都是存在的。也就是说，没有定律来支配某一种特定的情形确实也是一种定律。例如，如果没有规定的万有引力定律，那么默认的定律是：物体不会下落。如果没有规定的碰撞定律，那就默认：物体永远不会碰撞，它们只是穿过彼此。

虚拟世界物理学涵盖了物体在空间和时间中的行为。我们对虚拟世界物理的讨论涵盖了各种物理流派、模拟类型、物体之间的碰撞检测以及世界的持久性。

8.4.1 虚拟世界物理学的类型

虚拟现实世界物理有几个共同的主题。其中包括以下内容：

❑ 静态世界；
❑ 动画物理学；
❑ 牛顿物理学；
❑ 亚里士多德物理学；
❑ 编排物理学；
❑ 其他物理学。

静态世界

静态世界是没有物理规律进入环境的世界。这个世界由固定的物体组成，参与者必须在这些物体周围移动。许多建筑漫游应用程序都是这种类型的，允许参与者探索建筑物或其他空间的设计，但不能以任何方式操作或与之交互。（接下来的小节将讨论参与者可能会如何受到一套不同规则的约束——防止他们穿越墙壁的规则。）

动画物理学

动画物理学是指那些遵循或类似于许多动画电影中事物的工作方式的物理学。例如，"任何在空中悬浮的物体都将留在空中，直到它意识到自己的处境为止"或"某些物体可以穿过粉刷成类似隧道入口的坚固墙壁，其他物体则不能"［O'Donnell 1980］。这可以在虚拟现实体验中实现，允许参与者离开悬崖边缘，仅当他们向下看时才应用地形约束。当然，即便如此，重力也不适用于那些"不懂定律"的人（图 8-27）。比如一款现代经典的计算机游戏 *Portal*，它允许玩家在两个地方设置传送门，瞬间从一个地方传递到另一个地方（图 8-28）。

并不是所有的虚拟现实动画物理都像这些例子一样复杂。一个更简单的例子可能是，物体可以被拾起并放置在空间中的任何地方，而不会掉下来或被移动。在 Crumbs ［Sherman and Craig 2002］可视化工具中，对象只是悬挂在用户放置的空间中。用户可以再次拿起它们来移动它们或将它们移到垃圾桶图标中。

图 8-27 在虚拟世界中，自然法则不必模仿真实世界的物理法则。与卡通一样，实体的行为可以根据不同的规则进行。因此，一些参与者可能想知道另一个实体是如何完成他们看来不可能完成的壮举的。在这种情况下，由于没有虚拟世界规则的限制，代理可以在其他参与者之上

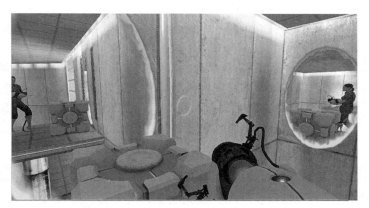

图 8-28 在遥远（或者不那么遥远）的地点之间旅行的一种方法是通过传送门。在 Valve 游戏 *Portal* 的这个场景中，用户可以通过每个传送门看到自己（图片由 Thomas Sherman 提供）

牛顿物理学

牛顿物理学是一个很好的近似方法，可以复制我们真实物理世界中的大多数情况。在地球上或使用牛顿物理学的虚拟世界中，物体以 $9.8m/s^2$ 的速度下落。

此外，物体碰撞将动量从一个物体转移到另一个物体。因此，台球模拟就像大多数人所期望的那样，基于他们对真实台球的体验。

ScienceSpace 项目的 NewtonWorld 应用程序旨在向参与者讲授牛顿力学（图 8-29）。另一个例子是 Caterpillar 公司的虚拟原型系统（Virtual Prototyping System），说明一定程度的真实仿真是很重要的（图 8-30）。拖拉机设计工程师创建了非常逼真的机器系统模型，以及

它们与地面的交互作用。由于实时性能的需要，建立了牛顿力学的简化模型。

图 8-29　NewtonWorld 是由休斯敦大学和乔治梅森大学开发的 ScienceSpace 项目的一个
　　　　应用。它的设计是通过让学生亲身体验牛顿定律的影响，来教授牛顿物理学的
　　　　概念。在这幅图中，学生学习了动能和势能之间的关系。一个球所包含的动能
　　　　的大小直观地表示为附在球上的弹簧的压缩量（图片由 Bowen Loftin 提供）

图 8-30　由于 Caterpillar 公司的虚拟现实体验的目标需要有一定程度的真实性，因此它
　　　　们的应用是基于简化的牛顿物理规则建立的（图片由 Caterpillar 公司提供）

大多数现代游戏引擎都包含一个基于牛顿的物理模拟引擎，在这个引擎中，单个对象

可以被分配一个"刚体",并根据质量和其他属性进行调整,甚至可能包括重力。独立的图形和听觉渲染器也可以包含一个独立的物理模拟,例如 Havok 引擎、Nvidia 的 PhysX、Bullet 和 Open Dynamic Engine(ODE)编程接口。

亚里士多德物理学

亚里士多德还根据自己的观察描述了一套"自然法则"。他的系统不如牛顿的精确,但常常是人们思考事物工作的方式。因此,对许多人来说,反映亚里士多德物理学的模拟看起来更自然。例如,大炮发射的炮弹直线飞行一定距离,然后直接落在地上。

编排物理学

编排物理学是由体验设计者选择的预先设计的(动画)动作组成的自然法则。系统提供了一份指令列表,说明在每种情况下应该做什么。或者,脚本可以让球以一种看起来像是按照物理定律运行的方式飞行。与亚里士多德物理学一样,编排物理学经常被使用,因为对许多人来说,它们看起来很自然。如果一个虚拟世界的砖墙崩溃了,牛顿物理学的模拟可能相当准确,但可能看起来不像动画师描述的那样自然。这可能需要体验创作者进行更多的前期工作。现在必须预先手工编排所有可能的事件,而不是创建一个模拟算法来处理虚拟世界在任何情况下的工作方式。好处是,编排体验的实时模拟需要更少的计算资源。

迪士尼的 Aladdin's Magic Carpet Ride VR 体验在参与者遇到的大多数事件中都使用了精心设计的物理机制。Aladdin 的设计团队认为,利用在 20 世纪 90 年代中期的技术,使用真实物理定律进行完整的模拟是不可能的(例如,树叶在风中摆动),并且如果以这种方式制作,世界无论如何看起来都不像"真实"的[Snoddy 1996]。因此,许多动作都是经过精心设计的,比如 Cave of Wonders 的开场和每个角色的行为。

其他物理学

还有其他类型的物理定律也可以模拟。这些法则以超出我们日常认知的水平支配着这个世界。它们要么在宏观尺度上运作,要么在微观尺度上运作,这是牛顿物理学无法充分描述的。其中的例子是亚原子粒子的相互作用和相对论。这些定律通常与牛顿模型相同,牛顿模型将观察到的现象的物理规律转化为计算机算法,计算随时间变化的状态。许多试图模拟对宇宙中某些现象的科学理解的体验都包含在这一类别中。这些物理模拟必须专注于在那个尺度上产生最大影响的力——就像现实世界的模型专注于对我们的真实物理世界产生最大影响的力(重力、光的性质等)一样。

8.4.2 虚拟世界物理学的范围

体验可以被设计成并非所有对象都在相同的规则下运行。通常,一组不同的规则可以应用于用户或者用户界面,或者用户可以应用"额外的物理修订定律"。

在一些应用程序中,允许用户与模拟交互并修改支配世界的定律。这使得他们可以改变虚拟世界物理的标准结果(即对世界进行"额外的物理修订定律"——创造一个虚拟的奇迹！）这在许多科学和工业应用中是典型的。例如，生态学家可以通过修改虚拟世界中的规则并观察这些变化带来的结果来了解真实物理世界。应用程序设计师可以决定是否允许参与者更改，以及在多大程度上允许参与者更改虚拟世界的基本性质。

正如这些自然规律支配着虚拟世界中的对象一样，用户也可能受制于它们，尽管不一定如此。事实上，虚拟世界中的每一个物体都可以用自己独立的自然法则来处理。表示用户的对象可以与所有其他对象一样被视为一类对象的成员，或者完全独立。大多数虚拟现实移动规则都使得用户有一套不同于其他对象的控制方式，特别是在移动的方式上。

物体会降落到某个表面（另一个物体或地形）是完全合理的，而用户可以在任何方向上移动，当不移动时，仍然可以飘浮在空中。例如对于洋流的科学可视化，科学家可能希望通过静态视角进行观察，而不是被虚拟的洋流冲走。

有时候，可能希望使用一些现实世界中的物理学来影响用户。特别是，用现实世界的墙来约束用户是很有用的，这样他们就不会通过墙，即使物理学的其他部分不适用于它们。

同样，用户界面对象可能不会与其他人工制品受相同的物理影响，也许用户界面会随着用户的移动而浮动。实际上，可能还有其他对象集合使用一组完全不同的规则进行操作。

8.4.3　模拟 / 数学模型

所描述的许多虚拟世界物理学需要通过某种数学模型在虚拟现实系统中实现。数学模型是一组方程，描述了虚拟世界中可能发生的动作，以及它们何时发生。数学模型是虚拟世界中自然规律的执行者，是世界物理的源泉。这些模型有时非常复杂，计算需要非常快的计算机才能实时执行。

计算科学家也使用数学模型来描述我们存在的物理世界（宇宙）。当使用计算机创建虚拟世界时，可以利用这一事实。数学公式可用于创建虚拟对象的视觉属性（例如形状和颜色）、物理属性（例如质量）以及控制其行为的自然法则（例如重力）。只要模型基于真实的物理定律，就会自动获得许多好处。例如，如果物体的视觉特性是用真实的光学方程描述的，光的行为和材料的特性都是用数学模型描述的，那么阴影、镜面高光以及光线的颜色相互作用等效果都不需要虚拟现实应用程序程序员进行干预。计算科学家在模拟现实世界的某些方面做得很好，并且如果计算速度足够快，则可以用来创建一个更现实、更有交互性的虚拟世界，因为可以完全由（现实世界）物理的自然法则控制。

8.4.4　对象相互作用

自定义物理定律的另一个特点是，实现者不仅可以选择作用在每个对象的物理类型，还可以选择这些"物理交互"是独立工作还是相互依赖。换言之，虚拟世界中的每一个物体都是独立的，还是它能影响其他物体？

例如，一个简单的动画物理世界允许用户拿起一朵花或一块石头。一旦释放，物体就会掉到地上。可以对该物体进行编程，使其在接触到它下面的任何物体时停止，或者仅在它到达地面时停止。或者，在一个充满"橡胶"球的世界里，这些球可能会从房间的所有表面反弹，但不会彼此反弹。

选择创建无交互对象有三个基本原因：艺术表现、实现困难和计算资源有限。后者常常是在较大的虚拟世界中，诸如碰撞交互之类的"物理"属性没有在所有对象上完全实现的原因。在一个完全实现的虚拟世界中，需要大量的计算资源来监视和响应对象碰撞的所有可能方式。除了最简单的虚拟世界之外，确定任何两个对象之间是否发生碰撞的计算需求都会非常昂贵。因此，大多数虚拟世界都有一组受约束的碰撞，模拟将关注这些碰撞。除了最简单的虚拟世界，确定任何两个对象之间是否存在碰撞的计算需求都可能非常昂贵。因此，大多数虚拟世界都仅模拟一些有限的碰撞。在前面的花卉示例中，唯一检测到的是地板和所有可移动对象之间的碰撞。一朵花落在地面上会与地面相撞，但不会与途中的石头相撞。

8.4.5　虚拟世界的持续性

在许多情况下，当参与者离开虚拟世界体验时，他们在虚拟世界中的行为不会被记录下来。当那个人或另一个人再次进入这个虚拟世界时，就好像从来没有人去过那里一样。体验重新开始，与之前所有参与者的初始条件相同。这样的世界是短暂的而非持续的。持续性虚拟世界是这样的世界，虽然它们没有特定的物理位置，但却具有真实的持续性。持续性虚拟世界的独立存在有几个含义。每次体验虚拟现实应用程序时，非持续性虚拟世界将从相同的初始条件或一些随机初始条件开始。在一个持续性虚拟世界中，以前的用户操作保持不变，直到另一个用户（或代理）出现并更改它们，或者通过世界自身的演化来更改它们。随着时间的推移，持续性世界不断发生变化，即使没有人目击或直接导致这些变化。

持续性虚拟世界通常由一个服务器系统来支持，该服务器系统保持虚拟世界的当前状态，并控制在该世界中发生的演化。服务器可能支持各种用户界面，无论它们是虚拟现实还是其他媒介。持续性虚拟世界可以由一个用户体验，多个用户同时体验，也可以由多个用户异步体验，可能与现实世界耦合，也可能与现实世界不耦合。持续性虚拟世界的一个流行的例子是 Minecraft 计算机游戏。许多用于虚拟现实和增强现实的 Minecraft 原型都以视频形式展示过，但目前还没有实现真正的沉浸式的体验。

持续性虚拟世界的一个有益特性是异步通信的可用性。异步通信是指非实时的通信，例如留下稍后查阅的语音信息（电话交谈是同步通信的一个例子。在语音信箱留言是异步通信的一个例子）。使用异步通信，用户可以通过一个交互式设计过程来开发产品或空间，而不必同时出现在空间中。虚拟现实应用程序可以使用视觉或口头标记为未来的参与者留下说明或其他信息。建筑可视化工具 IrisVR Prospect Pro 的"meetings"概念提供了一种可持续状态，可以由一个或多个参与者随时加入，即使没有参与者处于活动状态，也可以维护标记（见图 7-64a）。

在一个完全持续的虚拟世界里，无论有没有人，世界都在继续成长和发展。在 NICE 应用中［Sherman and Craig 2002］［Roussos et al. 1999］，虚拟世界中的一个组成部分是蔬菜园。通过模型模拟了蔬菜的生长行为。就像在现实世界的花园里一样，无论有没有人在场，这些蔬菜都会继续生长。如果不照料花园，它可能会被杂草覆盖。

实现持续性虚拟世界

通常，持续性虚拟世界使用客户端/服务器端模式来实现。在服务器端和客户端之间移动大量数据可能会导致交互过程的时间延迟。克服这种时延的一个策略是在本地虚拟现实系统上维护部分数据库。在建筑空间中，对象（椅子、桌子、灯具等）的描述可以存储在虚拟现实体验客户端，而每个对象的位置都存储在服务器端，只有在移动时才需要通过网络进行通信。另一种策略是在启动应用程序时将整个数据库下载到客户端，然后在发生增量更改时与服务器端通信（并返回到其他活动客户端）。通过在体验开始时下载整个数据库，并且只在发生变化时与服务器通信，参与者只在体验开始时经历通信延迟。一旦加载了初始数据库，通信量就会减少，通信延迟也会减少。当然，这种方法的实用性取决于虚拟世界的大小。

8.4.6　现实世界和虚拟世界的物理不一致

当你为自己的世界物理规律建模时，你还必须关注如何处理现实世界的规律（如自然重力），而这些规律在虚拟现实系统中是无法去除的。例如，如果你的虚拟世界没有重力，但你有一个虚拟对象与一个手持道具设备，当用户放开手中的道具，道具会落下（因为现实世界的重力），导致虚拟对象附加到道具的重力反应（打破了虚拟世界的自然法则）。

另一方面，真实物理世界可能无法提供虚拟世界所需的限制和约束——例如，当参与者遇到一堵他们不应该通过的墙时（图 8-31）。在一个没有力反馈的系统中，该系统如何防止

图 8-31　对于没有力反馈显示的虚拟现实系统，当参与者试图穿过固体物体（如这些照片中的墙）时，世界可能会采取两种行动：要么允许他们通过对象，要么必须把用户推开（照片由 William Sherman 拍摄）

用户透过墙壁窥视？如果体验设计师选择不让参与者穿透坚硬的表面，那么他们必须防止这种情况发生。虽然让他们不去"非法"的地方很容易，但是在没有力反馈的系统中，没有办法从物理上阻止他们移动到"非法"的地方——比如把头伸进墙里。然而，如果现实空间足够大，虚拟现实系统实际上可以通过改变虚拟世界来阻止非法移动，而不是通过阻止用户。这种方法的潜在问题是，用户可能会使用这种方法来"欺骗"周围的世界。处理这种情况的其他方法，如创建即时孔或可拉伸的墙壁也已被探索［Burgh and Johnsen 2018］。

　　同样，虚拟对象与物理对象相链接，如道具在用户手中，可在周围任意挥舞，可能移动非常快，甚至它移动的速度比物理模拟可以处理的速度还快（这可能会导致手穿过对象），或者可能手与道具的位置会不一致，从而导致物理引擎进入一个不可能的状态，并且事实上可能"炸裂"对象。

　　另一个问题发生在体验的设计师选择身体移动为唯一的移动方式，而且他们想要表达的空间大于跟踪系统可以处理的空间，或大于系统所在的空间，这时体验必须以某种方式来欺骗用户。我们在本章前面讨论了其中三种技术：重定向行走、重定向变化盲视和重定向触觉。

8.5　呈现虚拟现实体验的软件

　　虚拟现实作为一种依赖于计算机的媒介，需要广泛运用软件应用和开发来将虚拟世界的表现形式转化为一种体验。一些软件的使用将发生在体验产生 / 显示之前。特别地，建模软件生成虚拟世界的对象和地形，音频编辑软件生成音频片段，等等。但是大部分的软件执行都是在参与者沉浸在虚拟世界时"实时"执行的。

　　在撰写本书时，大部分虚拟现实体验都是使用游戏引擎编写的。游戏引擎是一种工具（如 Unity 或 Unreal Engine），主要用于创建交互式、实时、三维的计算机游戏。有多种插件可以直接创建虚拟现实体验。

　　虚拟现实开发不是必须要使用游戏引擎。如果你选择不使用游戏引擎作为应用程序的主干，那么你将需要通过集成各种来源的软件组件来提供游戏引擎所提供的功能。

　　这些组件包括：

❑ 确定虚拟现实系统的配置——哪些输入设备可用，哪些输出设备可用，每个设备的坐标是什么，以及使用什么协议来接收跟踪目标的位置信息。所有这些都是系统根据参与者的交互产生适当的输出。

❑ 与输入设备的接口——读取由用户操作产生的输入数据或其他现实世界中实时捕捉的数据。

❑ 与输出设备的接口——将所有渲染的图像传送到适当的感知设备中。通常都是以第一人称视角呈现，并且可能是立体视觉和立体声的形式。透视渲染需要使用输入系统的位置跟踪数据。

❑ 启动和处理多进程——由于虚拟现实体验需要许多子任务，所以大多数系统将在多个处理核心上同时处理不同的组件（有时在多台机器上，但对于大多数普通系统来说，这是不必要的）。

❑ 模拟世界物理——计算对象在虚拟世界中的行为和相互作用。

❑ 网络连接远程部分——使用计算机网络技术实现分布式计算机集群工作，共享相同的虚拟世界。

❑ 组织和渲染虚拟世界的对象——通过对对象的组织和高效的渲染，可以确定处理顺序，然后生成发送到显示器的"图像"（其中"渲染"和"图像"适用于系统的所有感官模式）。

这些软件组件中的大多数都有商用和开源两种类型。这两种软件资源各有优缺点。当然，对于开源软件，如果软件存在要纠正的错误或要添加的功能，则可以直接修改程序代码。但这种方式确实需要一定的技能和时间来解决问题。商业软件通常有很好的技术支持，其中的错误和功能需求可以由那些最熟悉该软件的人解决。任何一种软件类型都可能拥有良好的社区、教程和文档，商业软件在这方面做得更好（至少在游戏引擎方面确实如此）。商业软件最大的问题可能是"供应商锁定"，一旦一个项目与一个特定的商业产品相关联，那么所有设计决策和成本变更都依赖于商业软件公司，或者更换另一个软件需要付出巨大的成本。

在接下来的几节中，我们将提到几个软件产品，它们以前或现在都是虚拟现实软件系列中不同方面的例子。所提到的软件产品并不是一个全面的列表，而是用来说明系统的每个组成部分。与硬件一样，我们关心的是概念，而不是特定的实现。

8.5.1　虚拟现实软件集成

在制度化的虚拟现实领域之外（即大众市场的虚拟现实游戏），虚拟现实体验的软件开发可能需要开发者找到所需要的软件工具（运行库），并集成起来。例如，他们可能使用一个可视化渲染库，如 OpenSceneGraph，以及一个虚拟现实输入库，如虚拟现实外围网络（Virtual Reality Peripheral Network，VRPN），然后编写代码获取 VRPN 输入并使用渲染库呈现出第一人称视角的效果。

在某些情况下，一个库可能包含虚拟现实系统完整运行所需的全部或大部分元素，或者可能包含除了虚拟世界本身之外的所有元素。我们将使用术语"虚拟现实系统工具"来描述那些包含了完整虚拟现实体验所需的所有内容的系统，以及术语"虚拟现实集成库"用于包含虚拟世界的实际渲染（但不包括）之前的所有内容的系统，它通常需要与一个单独的渲染库结合在一起生成最终产品。

在现代"游戏引擎"出现之前，有许多专门为创造虚拟现实体验而开发的工具。包括上面介绍的两个术语，我们描述了一些用于生成虚拟现实的软件类——"虚拟现实软件集"：

❑ 配置；

❑ 仅输入；

❑ 仅渲染（每种模态）；

❑ 用户界面（小部件和其他 3D 控件）；

❑ 世界模拟（物理引擎等）；

❑ 网络；

❑ 虚拟现实集成；

❑ 虚拟现实系统。

在虚拟现实开发的历史中，无论是在商业市场还是开源市场上，都有很多这样的例子。在 20 世纪 90 年代初，随着商用硬件的出现，例如 VPL EyePhones、DataGlove、DivisionPro 系统，许多系统成为可用的，如 Sense8 的 WorldToolKit（WTK）［Sense8 1997］、Minimal Reality Toolkit（MRT）［Green et al. 1992］、Distributed Virtual Environment library（DIVE）［Carlsson and Hagsand 1993］、UNC 的 Tracklib/Quatlib/Vlib 系列［Holloway et al. 1992］、Rend386/AVRIL 渲染器［Roehl 1994］和 CaveLib 1.0［Cruz-Neira et al. 1993］。在大多数情况下，这些库满足了当时的需要，但已不再使用。

下一代工具（从 20 世纪 90 年代末到 21 世纪前 10 年）持续使用了很多年，其中很大一部分至今仍在使用：CaveLib 2.x、Augmented Reality Toolkit（ART）［Kato et al. 2000］、vrJuggler［Bierbaum et al. 2001］、FlowVR、FreeVR［Sherman et al. 2013］、Diverse［Kelso et al. 2002］、Syzygy［Schaeffer and Goudeseune 2003］、Vrui［Kreylos 2008］、Vizard［WorldViz 2017］和 Virtools/3Dvia［Dassault Systèmes 2005］。其中大部分都属于虚拟现实集成库的范畴。这一代的另一个工具是虚拟现实外围网络（VRPN，UNC Tracklib/Quatlib 的继承者）［Taylor et al. 2001］。VRPN 是一个专门的输入 / 输出（I/O）工具，主要用于输入。它能够与所有正在使用的虚拟现实硬件设备中的很大一部分进行通信，并已成为事实上的标准。

在视觉渲染方面有一些较低级的渲染系统，仅提供一些基本功能。低级渲染库包括 OpenGL、DirectX 和 GLSL，而一些更高级别的渲染系统包括 OpenSceneGraph［Burns and Osfield 2004］、OpenSG［Reiners 2002］、Inventor［Wernecke 1993］和被弃用的 Performer 库［Rohlf and Helman 1994］，它们可以提供高级渲染模式，特别是表示对象之间的层次关系的"场景图"。例如，一个角色的层次结构可能有手指连接到手，手连接到手腕，而手腕又连接到下臂，等等，这样当手臂抬起时，手腕、手和手指都自然地跟着移动。有关视觉（和其他感官模式）渲染系统的更多细节已在第 6 章的相关章节中描述。

用于渲染的音频工具也可以分为低级和高级。低级音频工具包括 ALSA 和 DirectX 的 XAudio2 库。介于两者之间的是 Stanford Synthesis Toolkit（STK），它可以用来合成从乐器到音素等各种各样的声音。高级的听觉渲染是 Vanilla Sound Server（VSS）、Ausim3D，以及最近的 Steam Audio，这是一个库或游戏引擎的附加组件。与视觉渲染器一样，更多细节可以在第 6 章的音频渲染部分找到。

对于触觉渲染，通常有较少广泛应用的软件工具。比较"高"端的触觉渲染工具主要有 GeoSystems（前身是 SensAble 公司）的 OpenHaptics 库。该库基于 Ghost（高端部分）和 ArmLib（低端部分）触觉渲染库。

除了直接渲染系统，还有一些工具可以将桌面软件包链接到虚拟现实界面。实现此目的的两种技术是通过配置和拦截。

配置方法可以应用于灵活的桌面系统，这些系统支持多个同步显示和足够的输入特性，以允许更改和离轴透视渲染。MiddleVR 软件产品使固定的虚拟现实显示器能够与游戏引擎进行交互，这些游戏引擎通常适用于桌面或只支持头戴式的环境，比如 Unity 和 Unreal Engine。MiddleVR 支持多屏渲染及位置跟踪输入，为 CAVE 风格的系统提供合适的透视渲染。在某些情况下，对现有系统（如 ParaView 可视化工具）的附加组件（插件）提供了从虚拟现实系统内部渲染的方法。

图形拦截技术（通常是指 OpenGL interception）通过拦截发送到显示器的渲染命令，并替换系统上的实际渲染库（Windows 的 DLL，或 Linux 中的共享对象库）来工作。然后，拦截工具将图形重新渲染并发送到虚拟现实显示设备。这种方法最常见的例子是 Conduit 和 TechViz 系统。这种技术也应用于特定的图形系统，如 MatLab，它还允许其他输入交互。

有一些"物理引擎"库可以用来处理世界模拟。通常，这类库包括计算对象之间碰撞以及对象之间的模型约束（如链接或铰链）的能力。两个流行的开源物理引擎是 ODE 和 Bullet，而在商用方面是 PhysX 和 Havoc。也有一些工具已经处理了部分世界模拟，比如 H-collision 碰撞检测库［Gregory et al. 2005］或 Yggdrasil 交互脚本库［Pape 2001］。

在"虚拟现实软件集"工具套件中的最后三类任务是处理配置、用户界面和网络。一般来说，除了为军事协作模拟开发的 DIS/HLA 网络工具［Miller 1996］之外，处理这些任务的独立组件实例并不多。除此之外，还有一些针对用户界面的附加组件，例如，SARA 使用 SGI 的 performer 库为 CAVE 系统开发的 pfmenu SDK。

8.5.2　游戏引擎

游戏市场再一次利用现有的工具来满足需求，并在需要时改进它们以支持大众消费市场。当然，现有的工具，如 World ToolKit（WTK）和 Virtools，拥有开发许多不同的虚拟现实体验所需的完整功能（除了可能没有完整的物理模拟）。但当大型游戏引擎出现时，它们便被大型市场游戏所使用，因此拥有构建完整世界模拟、渲染、网络等的资源。在进入这个爆炸性市场之前，它们缺少的一个功能是与虚拟现实交互。

虚拟现实社区向游戏引擎的迁移是从"吸引力媒介"时代向更加制度化的过程演化的一部分。现代商业游戏引擎的一个标志就是制度化，它的"应用商店"界面允许用户从经过审查的市场购买虚拟现实游戏和其他产品。

商业游戏引擎的用户界面至少是隐式地（如果不是显式地）限制了用户的操作（某些期望）。然而，这些限制通常使大众市场消费更容易掌握，但同时也会制约创新！为了探索新的虚拟现实体验的新概念，需要突破这种标准化限制。使用开放式系统可以减少这种限制。通常情况下，甚至商业系统也具有添加"插件"的能力，从而扩展了系统的功能。

在虚拟现实开发中使用游戏引擎

现在，许多现代商业游戏引擎要么已经将虚拟现实完全整合到系统中，要么已经有现成的附加组件，以至于在实践中很难将两者区分开来。例如，Valve 提供了一个"SteamVR"软件包，可轻松集成到 Unity 中。另外两款热门游戏引擎是 Unreal Engine4（UE4）和 Crytek 的 CryEngine。开源引擎的一个例子是 Delta3D 游戏引擎，由美国海军研究院开发，主要用于功能游戏（serious game）开发。Delta3D 利用了现有的开源项目，如 OpenSceneGraph 和 OpenDynamicsEngine，将所有内容整合到一个游戏引擎中，并进一步扩展到虚拟现实系统的应用［Koepnick et al. 2010］。

8.5.3 网页传送虚拟现实

另一个不断发展的领域是将 WorldWideWeb 用作交互式应用程序分发机制。以前有专用插件，如 Flash 或者 Unity Web Player，安装在这些平台上来开发游戏。然而，随着 HTML5 界面和 WebGL（Web OpenGL 的一个专门版本）的出现，现在构建直接在 Web 浏览器中运行的应用程序已经变得非常简单。此外，现在有虚拟现实协议，如 WebVR/WebXR，它可以提供 3D 虚拟世界的形式，既适合 SmartPhone 虚拟现实持有者，也适合消费者 HMD，如 Vive 和 Rift。

除了直接渲染，Web 还可以用作计算资源，即云计算。由于计算过程中双向网络的固有延迟，在大多数情况下，使用云计算并不是最优解决方案。然而，它可以很好地应用于语音识别输入。语音命令的本质使它们对时间不那么敏感，因为说出指令需要时间，即使在人与人之间的交流中，我们也不期望立即得到响应。此外，考虑到良好的语音解释需要计算量，可以利用外部计算资源来承担这项任务。

8.6 体验创建过程

在开发虚拟现实应用程序的过程中，我们可以采取一些措施来减少所浪费的精力。仅仅因为这个原因，我们提倡虚拟现实体验开发者在项目开始前就了解这个媒介，如果你正在阅读这本书，那就表明你也有同样的想法。然而，试验那些最终被放弃的可能性不应该被认为是浪费精力。事实上，在开发计划中包含一些试验时间是明智的。当涉及用户测试时，试验尤其有用。许多成功的虚拟现实体验和其他计算机应用程序都依赖于用户测试来完善内容和界面。将虚拟现实应用专家纳入开发团队。在开发过程中，与这些专家一起回顾和评价应用程序和进展。即使有了这些预防措施，也可能有必要放弃一个情节线、一个很酷的界面想法，或者其他不为应用程序服务的开发线，但是也许你可以在将来的工作中包含它们。

与其他基于技术的媒介（如电影）一样，除了一些小项目外，一个由不同技能的人组成的团队很有可能对任何事情都是必要的。由于虚拟现实是一种基于计算机的媒介，所以显然需要能够编程的人（或团队），但不要就此打住。内容专家——用户本身或了解用户社区的人——也应该是团队的明显补充。类似地，应该包括对用户界面设计和人为因素研究有丰富知识的人。创建大型虚拟世界的体验可能需要布景设计师、道具创作者和音效师。你还需要精通硬件集成的人员，可能还需要音频 / 视频工程师。

下一步是选择硬件 / 软件系统。在没有制度化的年代，人们可能不得不做一些硬件设备的搭建，或者至少是相互集成。在 2017 年虚拟现实"成熟"之后，这种需求就很少了——即使是大型固定显示器也几乎可以"即插即用"。当使用低成本、商品化的硬件时，为每个团队成员在工作站上提供虚拟现实系统就很简单了。然而，当虚拟现实硬件有限，如大型固定显示器，或在开发时的硬件还没有批量生产，然后在这些情况下，将需要使用另一个虚拟现实系统，使它实现了大部分目标硬件的功能。或在某些情况下，可以利用软件系统模拟虚拟现实体验，进行并行开发，缓解资源紧缺带来的瓶颈。

在虚拟现实游戏引擎普及之前，内部软件是一种常见的解决方案：让软件在虚拟现实内外都能工作，而且重要的是，提供一个非技术人员可以使用的界面。在开发迪士尼的 Aladdin 虚拟现实体验时发现可访问的界面是至关重要的［Pausch et al. 1996］［Snoddy 1996］。迪士尼团队发现，有必要创建自己的开发语言 SAL，内容创作者可以使用它来快速创建虚拟现实环境中的新场景。至关重要的是允许创意团队在不依赖技术人员的情况下对故事进行更改。

在为已经具有广泛可用性的系统进行开发时，可能没有必要具备硬件专业知识。然而，在开发原型硬件或大型非消费虚拟现实系统时，团队成员能够集成和调试硬件问题很重要。因此，使用大型设备的网站，如企业研发中心、军事训练中心或虚拟现实主题场馆（如 VOID），将不得不考虑需要哪些硬件组件。这些组件包括显示设备（视觉、听觉、触觉）、渲染系统、主机（可能包括部分或所有渲染引擎）和用户监控硬件（跟踪系统）。虚拟现实系统可能需要一个场地，至少在开发过程中是这样，因为它最终可能会部署到其他地方。根据所选择的显示类型，空间可能是一个无关紧要的问题，也可能不是。

虚拟现实开发团队所需的技能为创建虚拟世界所需的活动提供了线索。对象需要建模和绘制（纹理映射）。声音必须被记录、创建或算法建模。虚拟世界的渲染必须编程实现。物理模拟需要编程实现。用户界面必须经过设计和编程实现。物理硬件必须获得、集成并安装在场地中、测试和部署。

构建你的第一个虚拟现实应用程序

当你要实现你的第一个虚拟现实应用程序的时候，选择的范围可能会让人望而生畏。但是，除了最专业的应用程序外，目前的实践通常遵循以下步骤。因为这是一个针对新手开发人员的通用工作流的实用大纲，所以我们将限制应用程序仅使用视觉和声音，因为这是目前虚拟现实应用程序最常见的场景。

步骤 1：规划（设计）虚拟现实体验。
确定应用程序的用途（这决定了需要哪些资源）、类型、所需的用户交互，以及基本的用户体验。

步骤 2：选择虚拟现实设备并配置开发环境。

对于第一个应用程序（以及你可能构建的大多数虚拟现实应用程序），选择一个游戏引擎作为你的核心开发环境。两个现代流行游戏引擎是 Unity 和 Unreal Engine。

这两个游戏引擎都支持"插件"扩展功能，特别是都有处理 Oculus Rift、HTC Vive 开发的插件，以及谷歌为智能手机的虚拟现实界面提供了插件。对于任意一款游戏引擎，可以通过导入虚拟现实插件（也称为"开发包"）用于虚拟现实显示。这些插件可以处理用户跟踪、立体视觉渲染和立体声渲染。

步骤 3：获取虚拟世界所需的资源。

换句话说，要么自己创建，要么通过其他方式获取虚拟现实体验所需的所有对象、声音和脚本（小型模块化程序）。

获取资源的常见方式包括：

❑ 购买；

❑ 聘请艺术家创建它们，或者从头开始创建，或者使用现实世界物体的图像或录音创建；

❑ 扫描 / 记录它们（使用摄影测量技术，即运动恢复结构技术，利用图像来创建）；

❑ 使用 Maya 或 Blender 等工具创建对象模型或用于音频剪辑工具创建音频资源。

请注意，需要将获取或创建的资源转换为所选择的游戏引擎所支持的格式。例如，Unity 使用的多边形模型格式是 Filmbox（fbx）格式。

步骤 4：在游戏引擎环境中创建虚拟世界。

这一步包括在 3D 虚拟世界环境中，将对象和声音按相对位置摆放，创建一个放置这些对象的地形，并通过将光源放置到虚拟世界中来照亮场景。

现代游戏引擎提供了许多功能，比如可以为虚拟对象添加物理属性和行为。当需要游戏引擎不提供的功能时，可以创建自己的脚本来启用对象行为、交互等。在 Unity 的情况下，脚本可以用 C# 或 Javascript 编写。

步骤 5：构建并运行虚拟现实应用程序。

游戏引擎提供了一种直接的方法来构建和执行你的虚拟现实的应用程序。对于初学者来说，应用程序可以直接在游戏引擎中以开发模式运行。下一步是创建一个可执行文件，该文件可以迁移到其他机器上，以允许其他人使用你的应用程序，假设他们的系统上配置了适当的虚拟现实硬件。

现在，你已成为一名虚拟现实开发者！

8.7 本章小结

虚拟现实体验开发者，就像小说家、编剧或画家一样，需要考虑如何通过所选择的媒介来体现要传达的信息。虚拟现实还存在一些特殊的问题。一些特定虚拟现实的关注点包括允许的交互类型和方法、虚拟世界中对象和人相互作用的自然法则、当没有人在场时虚拟世界会发生什么，以及多人如何在体验中交互。甚至物理位置和设置也会影响参与者的虚拟现实体验效果。

应用程序设计师必须考虑体验的目标，是否需要精神沉浸感，以及在需要时如何实现这种体验。与其他媒介的内容创作者类似，虚拟现实体验设计师对虚拟世界拥有完全的控制权，至少在设计和实现阶段是这样，必须决定虚拟世界中应该有什么，不应该有什么。他们决定了所有在虚拟世界中可以或不可以发生的事情，谁可以或不可以参与，以及在体验结束时虚拟世界会发生什么。

广泛使用的游戏引擎的出现使得虚拟现实应用程序开发的过程比过去更加直观和轻松，但应用程序设计师仍然需要关注表示、虚拟世界的内容、与现实世界或其他虚拟现实系统的连接，以及许多其他创新性和技术性问题。

同样，现在有许多易于使用的工具来创建视觉和听觉资源，从而将其引入虚拟世界。此外，人们可以从大量资源中免费或以很低成本获得此类内容。

现在更合理的做法是创建一个应用程序，将它部署在许多不同的虚拟现实硬件设备上，但是创建者仍然必须考虑支持应用程序目标的硬件类型的最优组合、场地、目标用户群等。

交互技术和导航方案的选择可以实现或破坏应用程序的预期目的。同样，必须做出选择以确保参与者的安全和舒适。

打造虚拟现实体验的机会唾手可得，对于那些没有资金购买"游戏 PC"或全功能头戴式显示器的人，仅仅使用免费游戏引擎、智能手机虚拟现实支架和智能手机，也可以将自己的虚拟现实体验变成现实。

体验概念与设计：应用虚拟现实解决问题

如果虚拟现实不能帮助解决问题或提供一种传递信息、想法和情感的有用方法，那么它只不过是一种技术创新。研究人员和工程师可能会对它感兴趣一段时间，但如果艺术家和应用程序设计师不能培养它来创造有价值的体验，那么就没有多少人会经常使用它。

当你创造一种新的虚拟现实体验时，你要从设计过程开始。那么，为什么设计是这本书的倒数第二章呢？因为你需要了解虚拟现实体验的所有元素，然后才能正确地设计自己的虚拟现实体验。当然，即使这样，你也需要实际的虚拟现实体验设计的经验来学习如何设计一个好的虚拟现实体验——但是你必须从某个地方开始。本章将介绍大量虚拟现实体验的不同需求和用途，以及如何使用前 8 章讨论的所有虚拟现实组件来设计体验。

9.1 虚拟现实能实现你的目标吗

要评估虚拟现实是否是可以应用于某个问题的媒介，第一步是确定使用虚拟现实可能会获得什么结果。使用虚拟现实有很多潜在的原因，而且有些项目针对不同的参与者有不同的目标。使用虚拟现实的原因包括：

❑ 提高检查和探索 3D 数据的能力；

❑ 节约成本；

❑ 创造收益；

❑ 增强营销；

❑ 提高生活质量；

❑ 以艺术的方式传达想法；

❑ 以信息的方式传达想法；

❑ 娱乐或逃避现实；

❑ 启用非侵入性实验和其他模拟技术；

❑ 提高安全性。

大多数项目的目标是重叠的。如果项目是在一系列产品中设计一个新产品（例如下一代发动机设计），那么虚拟现实可能首先用于分析即将推出的产品的性能。然后，利用虚拟现实将这些信息呈现给公司高管，以设想新设计的回报（一种内部营销形式）。

随着项目的进展，虚拟现实可以继续用于设计模拟，包括早期的物理工作原型上的传感器记录的数据。然后，当产品上市时，在设计过程中使用虚拟现实可以成为外部营销的焦点，通过让潜在的购买者看到引擎内部的工作原理来刺激他们。

如果目标是娱乐，那么虚拟现实被视为"未来主义"的事实有助于吸引早期观众。但这并不会让你走得更远。更重要的是，内容设计师有了一个全新的、更精细的媒介来表达。对于家庭虚拟现实系统，一般的"游戏"PC 或游戏机（如 Sony PlayStation 4）的功能制约着虚拟世界中可以呈现多少细节。在公共场所的虚拟现实体验中，当盈利是一个主要目标时，那么就要求体验是快速的，同时提供足够的肾上腺素或其他诱惑把用户吸引回来。既然家庭虚拟现实对于早期的爱好者来说是实用的，市场的力量能增加那些更复杂的、更持久的体验的可行性——无论是公共场所还是家庭。

虚拟现实并不是最适合所有任务的媒介，其实没有媒介是。一旦一个体验的目标被确定，人们就可以评估虚拟现实如何以及是否应该被应用。本章列出了一些判断的准则。理想的情况下，人们可以从自己对虚拟现实媒介的经验来判断。现在这是一个更容易的任务，因为相对低成本的虚拟现实系统已经在家庭中使用，但许多可供家庭用户使用的应用程序仅限于游戏和简单的虚拟现实体验。随着家庭系统的普及，Web 上（主要通过视频）记录/描述的虚拟现实应用程序的数量也在增加。这些视频还可以让潜在的开发人员看到其他人做了什么，以及可能提供一些有用的想法。当然，看视频绝对不能和自己尝试构建虚拟现实应用相比，但至少可以让你看到更多的项目创意。

虚拟现实是合适的媒介吗

对于任何特定的概念，都会有一些合适和一些不合适的媒介。虽然虚拟现实有广泛的用途和功能，但并不是所有形式的交流都能从它的使用中受益。随着底层技术的发展和改进，适合的应用数量将会增加。然而，也有很多情况下虚拟现实显然是最好的选择。一般来说，对于需要在三维环境中操作对象的情形，虚拟现实是一种特别合适的媒介。通常，对象在本质上也是 3D 的，尽管在 3D 世界中使用 2D 对象（或高维对象）也并不是不可想象的。有时候，将参与者放入 3D 空间是虚拟现实的一个很好的应用。

然而，仅仅是图形化的任务是不够的。许多图形化工作最适合在二维空间中完成。建筑师仍然使用工程图纸以 2D 形式传达建筑设计的重要细节。事实上，相同信息的 3D 渲染可能过于杂乱，而且传达的信息不那么清晰。当然，建筑师可能还有其他的任务，例如完成产品的客户演示，这时沉浸式的 3D 表示是更好的选择，而工程图纸的细节可能不如 3D 可视化那么具有说服力。

虽然体验 *Moby Dick* 的最佳方式可能是坐在扶手椅上，手里拿着一本实体书，但读者可以通过另一种体验来更深入地了解这部小说，在这种体验中，他们可以交互地在捕鲸船上走动。体验 *Citizen Kane* 的最佳方式，可能是和几十个陌生人坐在一个黑暗的房间里，看着大屏幕上的画面在你面前闪烁。但如果你得到一组虚拟的镜厅场景，并且你能自己来重现摄像机的移动，那可能会更好地欣赏 Orson Welles 的导演和电影的摄影。创建一个文档的最好方法可能是直接通过键盘输字符，但是如果你正在学习使用一些必要的按键去设置一个组装线，那么在一个虚拟的实际任务中使用的专用键盘输入可能会更好。虚拟现实是众多选择中的一种，每种选择都适合于特定的任务。

是什么让一个应用程序成为虚拟现实的好候选者

对于某些任务和目标，虚拟现实不太可能是合适的媒介。这可能是因为这项任务本身并不是三维的，需要大量不切实际的计算机能力，或者超出了当前技术的能力（例如逼真的触觉反馈）。

由于虚拟现实的一个关键组成部分是它有一个实时的界面，所以使用当今技术无法实时计算的任务不太可能在虚拟现实环境中产生令人满意的结果。有些任务可以简化为实时计算，但有些则不能。当未来有了更快的技术时，那些不能进行实时计算的程序可能会成为合适的候选程序。

由于虚拟现实依赖于三维环境，原本是一维或二维的任务不太能体现虚拟现实的优势。例如，在三维虚拟现实环境中实现一个常见的股票市场价格 X-Y 图，可能收效甚微。然而，如果我们能利用 3D 表示的优势重构那些数据，例如使用额外维度将其他因素与特定股票联系起来，或者将风险因素与一类市场工具联系起来，那么这可能成为虚拟现实的一个合适任务。

需要与现实世界非常紧密地注册的任务（无论是地理上的还是时间上的），如果没有快速准确的位置跟踪，就不太可能成功地实现虚拟现实应用程序。由于现实世界是精确的、瞬时性的，虚拟现实的技术问题比单纯在虚拟世界中注册时显得更加明显。精确和快速跟踪对增强现实应用尤其重要，尽管在许多简单的增强现实应用中，如波音公司的线束构造应用 [Sherman and Craig 2002]，要求很低，即使是智能手机处理器也足够了。

正如我们所说，大多数虚拟现实设备都是面向视觉和听觉显示的。正因为如此，对于触觉显示非常重要的应用领域，人们所做的工作较少。虽然也有一些反例（特别是医疗培训，如图 4-33、图 5-79 和图 5-80 所示），但当触觉是任务的关键组成部分时，目前的虚拟现实系统不太可能成功地呈现出令人满意的体验。对于许多系统来说，手上简单的振动是唯一可用的触觉反馈。

相反，虚拟现实的许多特性可以使项目受益，包括其他媒介的不足、站点熟悉性以及与计算机模拟世界的轻松集成。虚拟现实可能被利用，因为非虚拟现实技术不能充分解决任务的某些方面。实际设计问题可以由两部分组成：任务固有的困难；偶然出现的问题，或使任务固有问题复杂化的问题［Mine 1997］。正如 Mine 的解释："偶然的"困难是"这些问题是所选择的表达媒介导致的，而不是设计问题本身所固有的。"因此，选择合适的媒介对于找到一个好的解决方案是至关重要的。

遇到偶然困难的一个经典领域是，在一个固有的三维空间，使用一维或二维界面和显示。低维界面的表现力不足以使 3D 操作变得简单，而虚拟现实（带有 3D 界面）则很好地满足了这些需求。NCSA 的 Virtual Director 应用程序［Thiébaux 19977］开发人员在动画摄像机控制方面遇到了这样一个问题，通过将他们的三维问题迁移到虚拟现实（一种三维媒介），找到了一个令人满意的解决方案。用于通过 3D 空间操作动画摄像机的桌面工具没有提供电影制作者所需的界面类型。这些桌面工具的使用方式常常导致摄像机的非自然移动。Virtual Director 的虚拟现实界面使其与实际需要相匹配。

目标是探索或熟悉物理位置（无论是真实的还是虚构的）的场景非常适合虚拟现实开发。设计建筑物并允许客户在虚拟现实中"穿行"一直是一种成功的应用程序类型，它利用了虚拟现实媒介提供的优点。如果目标是让参与者熟悉特定的环境，虚拟现实是一种合适的表达媒介。例如，美国海军研究实验室（NRL）的 Shadwell 消防项目［Tate et al. 1997］使用虚拟现实体验帮助船上的消防员计划他们通往火灾现场的路线（图 9-1）；类似地，核反应堆应急培训应用程序为核电站人员提供了"第一手"处理响应程序的机会［Kriz et al. 2010］。事实上，任何涉及现实场景的 3D 探索或规模变化有益的应用程序都有可能成为成功的虚拟现实应用程序的候选。

图 9-1　在美国海军研究实验室的 Shadwell VR 体验中，消防受训者在参加消防演习之前先了解船的内部情况（图片由 David Tate/NRL 提供）

如果一项任务已经涉及计算模拟，那么虚拟现实可能能够增强或利用模拟过程本身固有的许多好处，特别是如果模拟能够在三维空间中得到充分的表示，并且速度足够快，可以

进行直接 / 实时交互。有很多问题可以将模拟的同样的好处和解决问题的能力扩展到虚拟现实媒介中，包括：

- ❏ 物理世界中无法解决的问题（例如，观察分子间的原子键合力以找到最佳结构）；
- ❏ 无法安全研究的问题（例如，目睹龙卷风漏斗内的风暴）；
- ❏ 由于成本限制而无法进行试验的问题（例如，让每个军官练习停靠价值数十亿美元的潜艇）；
- ❏ "如果……会怎样？"研究（虚拟探索可以带来更好的理解）。

9.2 构思新的虚拟现实应用程序

在考虑构建一个虚拟现实系统时，重要的第一步是尽可能熟悉虚拟现实这一媒介。走出去，尝试尽可能多的虚拟现实体验和虚拟现实硬件设备。通过将自己融入各种虚拟现实世界，在各种虚拟现实系统中，你会认识到虚拟现实的能力、局限性和属性。通过对体验的调查，你将了解虚拟现实的三维本质，并开始建立对虚拟现实环境的预期的直觉，以及识别对用户有用或麻烦的技术。

购买或获得一个虚拟现实系统，并建立一些简单的经验。探索不同的移动界面、不同的操作界面，等等。用不同层面和类型的叙事构建体验。如果可能，花一段时间沉浸在你自己和他人创造的体验中——学习生活在虚拟现实中是什么样子的。（你不必像 Frank Steinicke 那样极端，他花了 24 小时沉浸在头戴式显示设备中 [Steinicke and Bruder 2014]）。了解你作为用户的期望类型，以及体验的哪些因素是重要的，哪些因素是至关重要的。

做一些研究来发现其他人在虚拟现实中做了什么，并了解他们的观后感，知道什么是有效的，什么是无效的。*Development Virtual Reality Applications* [Craig et al. 2009] 一书就是这样一种资源，它允许你从各种应用程序设计经验中学习。当然，面向家庭的虚拟现实系统提供了成百上千种不同的体验。当然，虽然有不同的应用程序风格，但应用程序之间也可能有很多相似之处，尤其是当你把范围限制在游戏中时。更重要的是，基于相同游戏引擎构建的游戏将具有相同的属性。如果你能有机会在不同的场所和不同的模式中体验虚拟现实，那将是非常理想的。

在你花了一些时间学习虚拟现实媒介之后，重新审视你的目标是明智的。随着你越来越熟悉虚拟现实的优势、限制和意想不到的可能性，你的目标很有可能会改变。你可能会发现虚拟现实（还）不是你想要实现的目标的理想媒介。你也会发现你可以超越最初的目标。

基本上，你可以从 3 种资源中获得虚拟现实体验：1）来自另一种媒介，2）来自现有的虚拟现实应用程序，3）从零开始。

9.2.1 从其他媒介改编

如果你从另一种媒介派生出作品，检查这两种媒介之间的差异是很重要的（图 9-2）。

不加区别地将内容从旧的媒介迁移到虚拟现实通常是行不通的。在适应原始媒介的过程中，也许你可以利用在旧的媒介中被忽略的内容的某些方面，而这些方面现在可以在虚拟现实中得到惊人的实现。在把一本书转换成电影的过程中，编剧把叙事从文本转换成视觉。他们不只是把书读给观众听，还要在内容中添加新元素作为焦点出现。

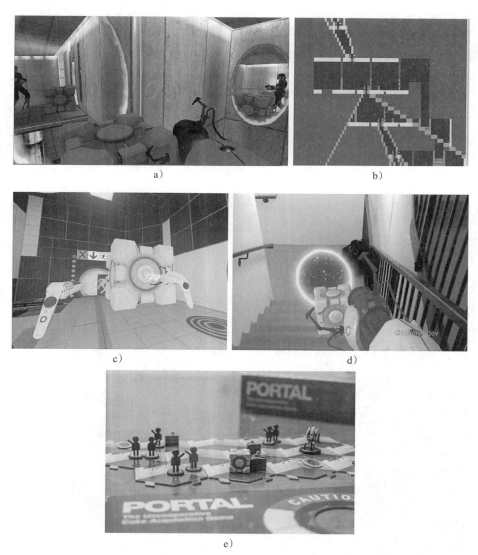

图 9-2　一个以交互计算机游戏开始的虚拟世界。a) *Portal*（其本身改编自 *Narbacular Drop*）被改编成了漫画书，b) 终端（ASCII）图形，c) 虚拟现实，d) 增强现实，e) 一个棋盘游戏（照片 a 由 Thomas Sherman 提供，照片 d 由 Kenny Wang 提供，照片 e 由 William Sherman 提供）

虚拟现实本质上是一种交互媒介，因此，简单地从顺序媒介转移内容没有什么意义。

例如，阅读（Herman Melville）的小说时，如果戴着头戴式显示器（图 9-3），就不会变得更有趣、更吸引人或更有用。观看 Orson Welles 的电影并不是通过让观众转过头去看电影的动作来增强效果的。另一方面，如果通过增加互动性来修改原始内容以适应新的媒介，那么电影人通过摄像角度、剪辑和其他技术来设定基调和节奏的作用就会减弱。

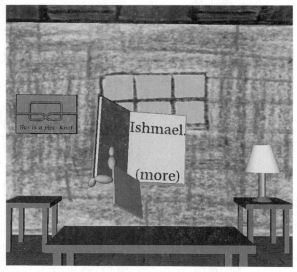

将一个短篇小说叙事放到虚拟现实中，可以让"参与者"对剧情如何展开有一定的控制。例如，在 Penrose Studios 的作品 *Allumette* 中，故事的整个情节都是预先写好的（图 9-4）。但它并不是预先录制的——参与者可以在故事的空间里走动（或者至少是故事的一部分），并选择关注那些导演可能会选择强调或不强调的元素。在某些情况下，参与者可以在所有人，包括那些选择站在原地观望的人，都能看

图 9-3　如果不做重大的修改，现有的一些虚拟世界根本不适合从现有媒介迁移到虚拟现实

到船的内部活动之前，通过窥视船体内部来"预见"将要发生的事情。或者，即使导演没有把流浪汉的存在表现得很明显，参与者也可能比主角更早注意到角落里有一个流浪汉。

图 9-4　在 *Allumette* VR 体验中，观看者根据自己的好奇心和动机，通过穿墙或不穿墙的方式成为参与者

甚至不是所有的交互任务都适合虚拟现实。编辑文本文档需要用户通过计算机键盘输

入大量信息，但文本文档本质上是一维的，在虚拟环境中建模的键盘不太可能比真实环境下的键盘工作得更好，因此，毫不奇怪，虚拟现实不是执行文本编辑任务的合适媒介。

某些内容特别适合在特定的媒介中呈现。通过虚拟现实界面呈现像 *Moby Dick* 这样的小说，既不能增强虚拟世界的体验，也不能改善书面文字的原始媒介。另一方面，派生作品利用虚拟现实的特殊功能可以创造一种新的、增强的体验，一种允许以线性媒介中不可能的方式探索故事的体验。1994 年，美国全国广播公司（NBC）的 *Saturday Night Live* 电视节目模仿了通过虚拟现实界面展示原著的想法，将其作为 *Virtual Reality Books* 的广告。但我们也许是去参观一艘 17 世纪捕鲸船的虚拟复制品——甚至可能发射鱼叉。或者你可以跳过小说中关于如何将鲸鱼取出内脏的那一章，看看它是如何在充满血腥的 3D 环境中完成的！

根据媒介和内容的不同，从一种媒介到另一种媒介的有效适应是可能的。有些媒介的适应性比其他的更直接，例如，成功的虚拟现实作品有迪士尼的电影 *Aladdin* 和电子游戏 *Pac Man*。将 *Aladdin* 的剧本改编成 3D 交互、身临其境的体验，需要从线性叙事转变为以目标为导向的游戏式体验。此外，二维角色和动画必须以三维的形式表现。从电子游戏中衍生虚拟现实作品通常更为直接，但仍有一些问题需要考虑。电子游戏 *Pac Man* 已经是一种交互体验，玩家可以选择在任何时刻采取何种行动。2D 迷宫被放进三维空间中，允许一个以玩家为中心的视角（不同于原始街机游戏的上帝视角）。另一方面，交互游戏引入现实世界作为增强现实体验引发了其他问题——游戏的物理现象变得"超凡脱俗"，允许玩家瞬移或跳得更高更远，但遗憾的是这些功能并不能迁移到增强现实中。例如虚拟实验 Portal 迁移到增强现实中，只允许游戏中的对象在传送门中瞬移，而 Super Mario 迁移到增强现实中，并不允许用户攀爬虚拟的山（所以他们必须四处走动）（图 9-5）。

图 9-5　在这款将 Super Mario 原型转化为 AR 体验的游戏中，用户可以跳到敌人身上，并通过跳跃来释放硬币和增强道具，但他们无法爬上虚拟的小山，尽管他们可能会掉进虚拟的洞穴（或者至少会因为试图穿过洞穴而死亡）（图片由 Abhishek Singh 提供）

　　从书籍中派生虚拟现实体验的例子就不那么直截了当了。简单地把 *Moby Dick* 的虚拟副本放到一个虚拟的客厅里显然是行不通的。然而，将一本参考手册放入增强现实中，维修人员可以在执行维修任务时翻阅参考手册。参考材料可以被增强，包括仪器的三维模型，可能通过重叠这两个模型将虚拟模型与现实世界连接起来，或者使用指向每个世界（真实的和虚拟的）中相应特征的箭头。类似的例子是，当用户在城镇中行走时，可以从旅游指南中获得信息（图 9-6）。

a)　　　　　　　　　　　　　　　　b)

图 9-6　增强现实技术的一种应用可能是，当游客在曼哈顿漫步时，它可以为游客提供有关曼哈顿各个地方的信息。a）当用户查看一个地点时，相关事实被添加到他们的视图中。b）今天，这可以通过一部手机或基本的 AR 显示器（如 HoloLens）来实现，但是哥伦比亚大学的这个原型系统允许研究人员用当时的技术对未来的界面进行实验（图片由 Steve Feiner/ 哥伦比亚大学提供）

9.2.2　从现有的虚拟现实体验汲取灵感或改编

　　站在前人的肩膀上开始创建新的媒介是一种明智方法，虚拟现实也不例外。我们可以通过几种方式从现有的媒介作品中获得灵感或其他好处：重用、改编和启发。

　　如果现有的虚拟现实应用程序能满足你的需求，那么通常最明智的做法是直接使用该工具提供的功能，在其约束范围内运行，或者扩展程序以处理你可能需要的任何新功能。对于一些"常见"的应用程序领域，例如建筑漫游或科学可视化，很有可能出现这种情况——也许只需要用户将自己的数据转换成原有应用程序支持的格式。事实上，已经有很多开源和商业科学可视化工具：LidarViewer［Kreylos et al. 2008b］、3Dvisualizer［Kreylos et al. 2003］、Toirt Samhlaigh［O'Leary et al. 2008］、ParaView［Sharkey et al. 2012］、Ensight［Frank and Krogh 2012］、Amira［Stalling et al. 2005］、Avizo［Thermo Scientific 2018］和 COVISE［Rantzau et al. 1998］。

　　重用的另一种形式是从现有的虚拟现实应用程序中提取元素并将其迁移到新的应用程

序中。例如，如果已经有一种很好的导航方式，他们可能希望将现有导航方式直接复制到他们的工作中。例如，导航源代码可以从建筑漫游工具迁移到嘉年华游戏体验中。当然，这既需要访问源代码，也需要使用源代码的权限。

最后，人们可以简单地从现有的应用程序中获得灵感，因为它们为相似甚至不同的需求设计了一个新的工具。他们甚至会从没有想到的地方获得灵感。例如，一位设计师正在体验一款家居漫游应用程序，他可能偶然发现一罐剃须膏，并发现它会释放出一些漂浮的泡沫（球体）。然后，他们可能会受到启发，开发一个 3D 绘画应用程序，通过一些喷雾罐激发的机制，球体被用来创建虚拟物体。

在接下来的虚拟现实体验范例部分中，我们将着眼于许多现代虚拟现实体验是如何对以前的作品进行重新塑造的——在许多情况下，设计者潜意识地就这样做了。

9.2.3 从头开始创造新的虚拟现实体验

从零开始创建一种体验允许最大的灵活性，但需要最大的努力。目标必须集中在合理的范围内。通常，当第一次尝试创作一个新的类型时，做原型实验是个好主意。当然，当一条特定的道路似乎没有成效时，人们应该愿意停止走下去。如果后来发现所选路径毫无进展，那么在这一点上，可能会改变方向。当然，和其他媒介一样，在虚拟现实中，也几乎不可能创造出一种全新的、与之前的东西完全没有共同想法或元素的体验。

作为原型设计阶段的一部分，举办"头脑风暴"会议综合各种新想法，并开始创建交互如何发生的故事板是一个很好的实践。接下来，你需要预算开发所有资源所需的时间和费用，包括界面软件。预期的观众，以及体验的场地也将影响设计决策。例如，用于学校参与的基础教育应用程序通常不需要 CAVE 式的显示。特别需要注意的是，对于从头开始的应用程序，应该尽早并且经常执行大量的用户测试。在收集反馈的同时，继续完善应用程序，并最终在预期的场地进行测试。

9.3 丰富的应用领域

甚至在虚拟现实诞生之前，研究人员就认识到，支持虚拟现实媒介的技术可以应用于许多领域，包括用于太空探索的远程机器人技术［Fisher et al. 1986］、科学数据调查［Brooks 1988］，甚至游戏，至少 Robert Burton［1973］是这样推测的。作为一个昂贵的主题，虚拟现实的早期工作大多应用于科学和军事目标。当然，在大学的实验室里，除了这些应用，艺术和娱乐（游戏）应用也得到了实现。但在虚构的世界里，成本仅仅只是作者的想象力。用于其他目的的虚拟现实，尤其是娱乐（或逃避现实），已经在许多场景中多次描述了。事实上，许多科幻小说都包含了虚拟现实的概念，可以追溯到 *Pygmalion's spectacles*［Weinbaum 1935］，以及更现代的例子，比如 *Snow Crash*［Stephenson 1992］。其他媒介也对虚拟现实进行了描述，比如歌曲 Early Morning Dreams［Townshend 1993］。

严肃使用虚拟现实所带来的回报（财务、知识和人类福祉）使其值得我们去探索这种技术媒介，即使成本很高，而且广泛使用的机会有限。早在 1990 年，W-Industries 公司就尝试通过他们的虚拟街机游戏来建立一个具有经济可行性的游戏市场。不过，面向消费者的家庭虚拟系统要想以大众市场的价格上市还需要 25 年的时间，同时需要开发一些催化剂，比如低成本的 GPU 和高分辨率、轻薄型、低成本的屏幕。当然，游戏是推进这一切发生的主要原因。

但是，尽管游戏对于实现可负担得起的虚拟现实方面很重要，但仍然有许多其他的方式可以应用虚拟现实，并获得许多不同类型的回报，如肯定生命、拯救生命、获取知识以及产生经济利益。对于企业，事实上，对于任何对股东负有信托责任的组织，有一个度量标准是非常重要的，通过该度量标准可以衡量虚拟现实系统的价值或更具体地说是"投资回报"。最简单的衡量标准就是设备每周使用的百分比。虽然当设备时间被第三方负责时，该指标是合理的，但大多数情况下，它是一个较差的指标，例如在科学发现中，灵感可能只在一瞬间产生，而不需要大量使用设备的时间。事实上，一个 100% 使用，但没有产生任何有效成果的系统，是一个糟糕的投资。

这里列出了大量虚拟现实的潜在用途（尽管不一定详尽），其中有简短的描述、可能的价值实现方式以及可能使用哪种度量标准来衡量虚拟现实的价值。

训练：即使是简单的任务，在第一次执行时也会令人生畏，特别是在使用昂贵的设备或涉及消耗性材料的情况下。在模拟环境中执行操作是在完全参与任务之前学习"离线"程序并熟悉操作的演示方法。训练的目标是能够在特定情况下知道要做什么，特别是在快速、近乎自动的反应非常重要的情况下，这就是"情景训练"。

所涉及的任务可能是纯粹的认知，也可能涉及运动技能。训练对组织有明显的可衡量的好处，这适用于计算机生成的表示以及传统的物理模型。典型的虚拟现实训练体验通常依赖于虚拟世界的逼真渲染，以便提供从模型到现实的更平滑过渡。

虚拟现实设备指标：训练体验在虚拟现实硬件和设施内消耗的时间，为测量提供了积极的指标，这也意味着训练可能需要精心安排和多个虚拟现实单元。

公共安全和军事行动的任务规划和侦察：与虚拟现实完美融合的另一个显而易见的目标是为军事或警察反应部队的特定行动制定计划。参与者通常有机会提前进入竞技场进行巡视，或"侦察"该区域。侦察 3D 空间的机会增加了他们对将要执行的操作的知识。与上面的"情境训练"相反，任务规划通常是对特定环境中的特定近期事件的预期。这项任务通常被认为是军队和警察部队在特定情况下执行的任务。

虚拟现实设备指标：与情景训练一样，虚拟现实设备的使用可以通过设备的使用时间来衡量。但实际上，我们应该衡量的是，与不使用虚拟现实相比，虚拟世界中的侦察工作提高了完成正面任务的可能性有多大。

科学行动规划和侦察：安排科学考察队进入"实地"的行程分享了军事任务计划的一些好处，尽管这些好处更有可能是节省时间，从而节省出行成本。在这种科学应用中，虚拟世界将被真实地再现，或者在这种情况下，实际上是真实的。对于那些到偏远的、有时几乎无法到达的地方（除了乘坐直升机或军用交通工具，如阿拉斯加的偏远地区或南极洲地区）的科学家来说，让他们的整个团队熟悉当地的地形是有益的。当团队成员不熟悉地形时，可能会在直升机或交通工具上花费大量宝贵和昂贵的时间去了解周围的地形。此外，团队领导者可能想要侦察一个区域，以便集中精力进行研究，同样也不需要花费航空或船舶运输时间。

　　虚拟现实设备指标：就虚拟现实设备的使用而言，探险侦察很可能只会间歇性地进行，不会定期消耗系统时间。但更好的衡量标准是这次探险节省的时间。

　　追求新见解（顿悟时刻）：探索数据，寻找能够为某些物理或行为（包括股票交易）分析提供新见解的关系，是虚拟现实数十年来一直活跃的领域（尤其是在科学方面）。这种"沉浸式可视化"任务只是数据分析的一种方式。事实上，通常发现一些有趣的事情——有一个"顿悟时刻"——可能只需要几分钟的沉浸，之后研究人员就会回到他们的办公桌上，围绕这一关系进行更传统的分析。这种沉浸式可视化使数据分析变得更普通的另一种方法是帮助发现模拟中的错误。传统的分析可能不会揭示出那些在 3D 环境中沉浸式探索时容易显现的奇怪现象。不幸的是，对于虚拟现实可视化团队来说，这种特殊的好处很少被记录下来，更不用说公布了。但是，当这些错误被发现时，它可以节省大量的超级计算资源和研究时间。

　　虚拟现实设备指标：这一领域的价值很难衡量——对于后者来说更是如此，后者被低估了，因为它有利于发现模拟错误。但是，即使是对于实际的新发现，比如 Kinsland 博士花 10 分钟沉浸在虚拟现实数据中，也足以产生一篇新的可发表论文［Sherman et al. 2014］。

　　数据处理：通常，数据（来自科学模拟或业务流程）需要进行一些筛选，以便更容易地解释或进行特定的度量。例如，对于"模糊"数据，由自动计算机算法做出的决策很容易失败。在这些情况下，通常需要人工来解释数据。例如，用 CT 扫描仪捕捉到的纤维穿过一团组织时，可能会遇到其他需要直觉（经验）才能知道哪条进入的纤维与正确的流出的纤维相匹配。

　　当使用虚拟现实处理数据以产生更好的数据时，发现（顿悟时刻）可能不会，实际上很可能不会在沉浸的状态下发生。这种情况可能会发生在办公桌上，使用专门为键盘和鼠标交互设计的软件。然而，如果没有在虚拟现实中清理数据，办公桌前的灵光一现可能就不会发生。

　　虚拟现实设备指标：与追求新见解相反，数据的沉浸式处理将消耗虚拟现实设备的时间，因为通常会有许多数据集需要相同的处理。当然，这种身临其境的体验也可以归功于后虚拟现实分析所获得的任何新见解。

　　医学程序规划和侦察：医学领域，尤其是医学可视化领域，对数据分析的新方法的适应速度较慢，但尽管如此，如果一个沉浸式界面被证明具有压倒性的价值，我们将假定它最终会在这里得到应用。就像军事行动或科学考察一样，为即将发生的任务制定计划，可以从事先对形势的了解中获益。在这种情况下，这些数据很可能是用穿透组织的仪器收集的，并以非逼真的形式表示，但外科医生可以用这些形式指导他们的动作。

　　虚拟现实设备指标：同样，假设医务人员熟悉使用沉浸式医疗程序规划的概念，可以

预期虚拟现实系统将成为整个术前工具套件的一部分。就像医生诊所有移动诊断系统，比如超声波扫描仪，可以在需要进行特定检查时从一个房间移动到另一个房间，移动虚拟现实设备可以很容易地安装在这套设备中。

过程可视化： 在某些情况下，在过程中通过虚拟现实或增强现实（更有可能是增强现实）获取重要信息是有益的。以医学为例，可以在手术过程中向外科医生提供信息，以协助完成手头的任务。例如，通过集成实时传感器数据，增强现实系统可能使外科医生能够看到指示切口或注射的最佳点的表面，甚至可能有"看穿皮肤"的能力，以及生命体征的信息流的持续显示。

虚拟现实设备指标： 在这种情况下，虚拟现实设备实际上是在手术室。它很可能包括一个透明的头戴式显示器。衡量成功的标准是医护人员的工作表现和病人的治疗结果。

患者治疗： 在一些医学（包括精神病学）用例中，是患者沉浸在 3D 虚拟世界中。沉浸式学习的目的可能有所不同，但是有一些用例已经在实践中使用了，而且通常具有可衡量的好处。

早期的一个案例是让病人使用虚拟现实作为疼痛分散剂。这种方法已经被应用于正在接受烧伤治疗的病人，他们会持续疼痛，但伤口定期得到治疗。在很大程度上，虚拟世界本身的细节并不重要，重要的是与患者交互。在对这种治疗方法的开创性探索中，Hunter Hoffman 为烧伤患者设计了一个"冰雪世界"，让他们在接受治疗时流露出凉爽的想法 [Hoffman et al. 2000]。一个类似的例子是，当医生在没有适当麻醉手段的情况下对病人实施轻微但痛苦的手术时，比如在偏远和贫困的农村地区进行手术时，就会使用虚拟现实 [Marchant 2017]。

另一种沉浸式的使用方法是帮助病人克服使人衰弱的恐惧或压力的原因，即恐惧症和创伤后应激障碍（PTSD）暴露疗法。在这些情况下，病人要么暴露在他们所害怕的环境中，要么暴露在使他们不堪重负的环境中。训练有素的临床医生引导患者从轻度交互开始，逐渐增加暴露水平，随着时间的推移，强度增加，让患者逐渐克服他们的症状。在这些情况下，虚拟世界需要有点逼真，尽管随着患者的进展，它们可能会从卡通的形式过渡到真实。这包括所有的感官，包括视觉、听觉、嗅觉和触觉。

以患者为中心的沉浸式疗法的第三个领域是为患有自闭症等发育障碍的患者提供治疗。对这些患者中的一些人来说，能够与虚拟人交互可以带来积极的结果。

虚拟现实设备指标： 如前所述，这些应用领域已经投入使用很长时间了，在某些情况下甚至已经商业化和常规使用。同样，在医疗用途上，移动虚拟现实设备可以成为从一个治疗室到另一个治疗室的共享资源。这种方法的一种显著成本节省的应用是在恐惧症暴露治疗中，在过去，患者必须到高处或坐在静止的飞机上才能适应这些刺激。然而，这样做既昂贵，又向其他人暴露了他们的治疗。

设计和创造： 构建虚拟世界或虚拟世界中的对象是另一个"明显的"用例，因为它有一系列针对广泛内容类别的实现。回顾过去 20 多年，已经有了基本的虚拟世界建模工具，其中基本形状和模型文件可以放置在整个网格空间中（3DM［Butterworth et al. 1992］；CALVIN［Leigh and Johnson 1996］）。或者，一个沉浸式的设计工具可以提供更多自由形状的图形，或者提供更高绘画质量的线条，或者提供允许定义空间并赋予其建筑感的多边形（ShadowLight［Leetaru 2005］）（图 9-7）。

　　另一方面，可能有一些特定的元素可以添加到一个预先确定的对象中——比如在虚拟农场设备中添加气流挡板，以便更好地操作，或者在锅炉中注入燃料，以便更有效地提取能源。

　　虚拟现实设备指标：在某些情况下，改进设计可以节省成本——特别是在一些可以衡量效率的情况下——可以很容易地与虚拟现实系统、设备和正在进行的虚拟现实成本进行比较。然而，在更多自由形式的工具中，尤其是那些与物理工艺媒介（如黏土或金属）竞争的工具，它可能更难衡量——尽管可以采取的一个指标是设计团队在一个指定的时间内能够模拟多少想法实例和完善它们所需的时间。

图 9-7　使用 ShadowLight 创建工具，建筑学教授 Joy Malnar 与一名学生就颜色选择和其他设计决策进行对话（ShadowLight 应用由 Kalev Leetaru 提供，照片由 William Sherman 拍摄）

　　设计评审：即使一个潜在的产品是非沉浸式设计（或者是沉浸式设计），也可以在虚拟现实中对该产品进行协同评审。一般来说，一个产品评审会有多个参与者，这意味着可能几个人同时沉浸其中，或者几个沉浸其中的参与者和更多提出建议的旁观者。参与者甚至可能是分布在不同的空间，但当沉浸其中时，他们会看到彼此聚集在同一个空间里。

　　持续的虚拟世界部分（8.4.5 节）指出，设计虚拟世界可能会允许人们加入和离开一个会话，但虚拟世界可能会继续，即使最后一个参与者离开，等待新的参与者加入，或者人们可以重新加入并继续讨论。标记可以留在虚拟世界中以报告将来的会话。在很多情况下，在一个 CAVE 式虚拟现实环境中，多人参与的设计评审更加方便和高效，因为在那里所有参与者都可以看到彼此以及虚拟世界。

　　在设计评审中使用沉浸感的一个重要因素是，它使非专业人员能够更好地把握潜在产品的视觉特征。对于建筑设计而言，情况确实如此，专家（建筑师）有能力在内部可视化他们的设计，但是当将其呈现给客户进行评审时，可能只有当客户能够清楚地体验设计的概念时才能得到清晰的反馈。

　　虚拟现实设备指标：这种使用可能更难衡量其价值，但如果它有助于人们聚集到一起，并能充分缩短产品设计周期，那么就可以与使用虚拟现实的成本进行比较。

产品展示：使用虚拟现实"展示"产品的一个经典案例是建筑空间。然而，与产品（建筑物）尚未生产的情况不同，当产品存在时，客户将希望在考虑购买决策时尽可能地体验它们。因此，在房地产销售的情况下，捕捉一个现有的展示空间，可以帮助客户在选择为哪些房子花费精力之前，先浏览许多房子，以便在实际的地点进行面对面的评估。或者，它也可以为那些必须在远程做出决定的客户提供一个比简单地查看照片和视频更好的选择。

房地产只是其中一种受益于全面 3D 展示的类型。人们可以想象，线上市场会把从珠宝到鞋子等任何东西的 3D 视图作为决策工具。当然，在无法亲身体验现实世界产品的情况下，汽车或船只等高价物品也可以在做出购买决定前通过 VR 进行评估。

虚拟现实设备指标：在很多情况下，家庭消费者是目标受众，这意味着如果他们有一个虚拟现实系统，主要的用途可能不仅仅是浏览购物，因此这是拥有自己的虚拟现实系统的额外好处。

营销：让人们看到你的产品是市场营销的目标。而在虚拟现实的展示时代，技术的新颖性可以用来吸引人们对你产品的关注。虽然这在过去可能更容易吸引人，就像 Cutty Sark 威士忌的促销之旅一样，但现在虚拟现实仍然没有完全普及，因此，它仍然吸引着人们。

有些公司，如乐高（AR 盒子），以及国家地理频道（聚集着野生动物和宇航员的购物中心），在这种情况下，使用了增强现实技术。以国家地理频道为例，增强现实体验使用了第二人称视角。万豪酒店最近也利用虚拟现实技术来展示度假酒店，以激发人们的兴趣。

虚拟现实设备指标：营销活动一般有一些衡量指标，比如他们可以比较在参加一个特定的活动之后，客户的兴趣是否提高，或者在某些情况下，通过后续的调查问卷，可以衡量他们的产品信息（有时只是名称）是否被游客记住。

教育：使用虚拟现实来传授知识是虚拟现实预期会带来好处的另一个领域。事实上，有研究清楚地表明，虚拟现实的沉浸式三维交互性质提高了学生在学习物理中的三维特性时的成绩［Dede et al. 1996］。

带学生去任何地方、任何规模的真实（虚拟）旅行，让他们体验不同时代、不同地点的自然和人类社会——这是终极的实地考察，就像流行的"魔法校车"儿童电视节目一样。当然，制作实地考察需要付出代价，并确保教育内容很有价值。为教育设计的体验应该有助于引导学生完成解决问题的过程，或让学生体验到他们原本无法做到的事情（图 9-8）。

虚拟现实设备指标：即使面向家庭消费市场（即面向游戏玩家）定价，对许多学校（如果不是大多数）来说，完全跟踪的 HMD 的成本仍然是难以承受的。然而，智能手机虚拟现实一般都在学校的预算之内。当然，必须与传统的教育演示进行比较，包括从学校到有趣地方的实地考。

教育娱乐：对许多人来说，当没有对获得的知识进行后续评估时，学习是更吸引人的——在这种情况下，学习只是为了"乐趣"。与主要为教育而产生的体验一样，开发高质量的体验是有成本的，同时还要审查准确性。一个受欢迎的类别是虚拟旅游，它可以包括文化体验，甚至是过去的文化。

图 9-8　Voyage 是 Sharan Shodan、Rajeeve Mukundan、Na-Yeon Kim、Sijia He 和 Julian Korzeniowsky 创作的虚拟现实教育体验。在 Voyage 体验中，学生们进行一次虚拟的实地考察，比如进入树林，在那里他们会遇到植物和动物，这些可以被观察探索，包括带有他们发现的信息对话框。在虚拟世界中，学生可以探索、拍照、收集信息，然后进行合作或竞争性的寻宝游戏，寻找给定问题的答案，例如，找到白尾鹿吃的两种东西（图片由 Voyage 创作团队提供）

　　虚拟现实设备指标：当涉及娱乐支出时，指标相当简单——参与者是否觉得他们花费的钱物有所值。

　　纪录片：与教育和"教育娱乐"有关的是纪录片，即与电影纪录片类似，记录或再现真实的事件，以呈现基于现实的叙述。这可以包括体育赛事、音乐会或戏剧性的新闻故事（图 9-9）。

　　虚拟现实设备指标：在许多方面，体验纪录片的活动与娱乐活动是相同的，参与者愿意支付多少钱，这些支出是否值得？

　　艺术 / 娱乐：纯粹为了感官和情感影响而设计的将我们带入虚拟世界的体验既是艺术也是娱乐。我们认为电影和计算机游戏产业在很大程度上是娱乐的生产者，但它们也是艺术形式，许多人喜欢交响乐或芭蕾舞的艺术性，并从中得到娱乐。

　　艺术世界可以跨越从逼真到抽象的范围。他们的叙事可能是真实的，也可能是虚构的。对于虚拟现实的媒介来说，娱乐体验主要是游戏、叙述或感官体验。游戏是虚拟现实后制度化时代不可避免的产物。游戏有许多子类型：第一人称射击游戏（FPS）、塔防、谜题密室逃脱和通信挑战等，还有一些体验更像是玩具而不是游戏，包括玩家可以直接体验真实物理现象的沙盒。叙事可以制作成电影或动画，在任何一种情况下，它们都可以像传统电影一样线性呈现，或者可以随参与者的动作（也许是视角）进行推进，例如，在风吹掉他的帽子之前，等着观众看老鼠。最后，感官体验可以包括主题公园的云霄飞车、黑暗之旅的模拟器（如 *The Amazing Adventures of Spider-Man* 或 *Harry Potter and the Forbidden Journey*），以及身临其境的漫游体验（如 VOID 的 *Ghostbusters：Dimension* 体验）（图 9-10）。

　　虚拟现实设备指标：与其他娱乐相关应用领域一样，价值在于是否有足够的客户支付足够的资金下载游戏或参观主题公园并感觉物有所值。对游戏下载来说，这是一个重要的指标，而对于主题公园来说，主要指标是在一个旅程体验中"验票回转闸门"的数量。

a）

b）

图 9-9　a）美国国家科学基金会的潜水员 Rob Robbins 和 Steven Rupp 探索南极海冰 8 英尺下的冰洞，这是《纽约时报》拍摄的南极洲系列 VR 电影中的剧照。b）《纽约时报》极具吸引力的故事编辑 Evan Grothjan（前左）和 Graham Roberts 与哥伦比亚大学 Lamont Doherty Earth Observatory 的研究团队一起去检查相机，乘坐一架 LC-130 货机飞越南极洲的罗斯冰架（图片由《纽约时报》提供）

社交聚会：一个主要供参与者与朋友或有共同兴趣的社区相聚的空间是虚拟现实领域的一个期待已久的领域。实际上，像多用户地下城（Multi-User Dungeon，MUD）这样的社交世界被标榜为虚拟现实空间，尽管它们只是文本世界，位置和动作都是用文字描述的，但用户可以聚集在一起，交互和聊天［Curtis and Nichols 1994］。所有的交互都是通过键盘和 ASCII 字符进行的，所以很明显用户的身体并没有被跟踪，因此从技术上讲这并不是虚拟现实。但虚拟现实被认为是这类社交世界的理想界面——并且现在有很多家庭用户可以负担得起虚拟现实，新的社交聚会应用程序正在开发，专门迎合沉浸式界面。Facebook 收购 Oculus 虚拟现实的原因之一是将社交媒介和虚拟现实结合起来。在写这本书的时候，这个目标还没有实现。

图 9-10　Ghostbusters Dimension 空间体验使用触觉背心、被动触觉环境和 4D 效果增强娱乐体验，提供了完整的感官体验（照片由 VOID 公司提供）

　　在某些情况下，在一些社交聚会、协作空间中会提供一个主题。例如，Rec Room 体验增加了台球和飞镖等"会客厅"游戏，参与者可以在"闲逛"的同时进行竞技活动（图 9-11）。类似地，"桌面模拟器"之类的体验允许参与者以自由形式玩棋类游戏，这样规则就不是由应用程序直接强加的，而是由参与其中的人选择的。

a)　　　　　　　　　　　　　　　　　　　　b)

图 9-11　Rec Room VR 体验允许人们参观不同的地点，这些地点可能对所有人开放，也可能是私人空间。一些空间有竞赛活动，另一些只是为了和人相处

　　虚拟现实设备指标：在某些方面，社交聚会体验可以被视为娱乐应用，当然同样的指标也可以应用——付费下载能带来多少收入？除了财务上的考虑，一些开发者可能仅仅通过

下载的数量来衡量成功与否，即使他们免费提供下载，或者通过使用他们的世界"闲逛"的人数来衡量成功与否。

App 启动器（和商店）：App 启动器是一个工具，它可以方便家庭场所的虚拟现实用户从一种体验切换到另一种体验，它的行为方式与智能手机或平板电脑的主屏幕非常相似，后者为用户提供可用选项。此外，它还为虚拟现实发行公司提供了一种方便的机制，让他们能够宣传并为家庭用户提供额外的体验。（通常这些空间会给人一种"家"的感觉，比如客厅或山间小屋的聚会空间。）

虚拟现实设备指标：对于"可用"（在某些情况下需要用户拥有）的公司，指标是，通过使用家庭空间吸引了多少额外的需求。另一方面，便利的代价可能是冲动购物的比例更高。

对一般人类表现的研究：长期以来，虚拟现实被用作研究工具的一个领域是研究人类（在一些罕见的情况下是动物）的感知和运动特性。例如，研究老年人在产生焦虑的情况下的步态，如沿着高空的狭窄桥面行走［Widdowson et al. 2016］（图 9-12），或分析受试者的爬坡能力（图 9-13）。

图 9-12　利用 HMD 将参与者与外部世界隔离，在他们行走过程中，不断变化呈现给他们的视觉刺激，以分析对他们的步态和平衡的影响（照片由 Priten Vora 拍摄，图片由 Max Collins 提供）

虚拟现实设备指标：心理学研究小组经常购买专业技术来帮助测量受试者的反应，所以购买或租赁虚拟现实设备也属于这一范畴。或者，如果他们所在的研究中心还有其他对使用虚拟现实感兴趣的研究人员，他们可能会发现，一个可以根据需要使用的中央虚拟现实设备的成本效益要高得多。

对在虚拟现实中人类表现的研究：最后，虚拟现实有时被用来研究人类在虚拟现实中的表现。多年来，随着科技的发展虚拟现实正逐步走向大众市场，虚拟现实领域的研究人员探索了用户执行特定任务的能力范围，因为它们提供了特定的分辨率、视域、能视域、延迟值、输入类型等。当然，所有这些研究的目的都是改善虚拟现实的媒介——这样它的大众市场用户将会有更好的体验。目前一个特别感兴趣的领域是研究有关虚拟现实病的问题。

图 9-13　在 Cliffhanger-VR 体验中，我们探索了让沉浸其中的参与者通过攀爬墙的方法，在攀爬墙的过程中，用户需要伸手触摸虚拟目标（图片由 Simon Su 拍摄）

虚拟现实可用性研究的一些具体例子包括：

❑ 哪种类型的导航方案最容易让新用户（相对于有经验的用户）通过虚拟世界？

❑ 哪种漫游方式最能减少晕动症引起的恶心的可能性，尤其是那些更容易得晕动症的人？

❑ 多大的时延会被 95% 的人接受？

❑ 在参与者没有注意到的情况下，虚拟世界能被改变多少？无论是对世界变化速度的细微改变，还是剧烈改变，都是在用户不注意时改变的吗？

❑ 所有与虚拟现实相关的问题，无论是通过硬件、软件还是感知问题引起的。

　　虚拟现实设备指标：研究虚拟现实需要虚拟现实设备。然而，研究小组至少必须确认，如果没有发现其中的一些参数，并将其发布给社区，使其从中受益，或者在某些情况下，为他们自己的组织所生产的产品生成内部设计参数以从中受益。

9.4　虚拟现实体验范例

　　甚至在 2016 ～ 2017 年虚拟现实体验爆发之前，就已经有成百上千个虚拟现实应用程序被开发出来——这还不包括测试程序或学生项目。事实上，在虚拟现实风靡的最新浪潮中，许多被誉为"新""创新"或"前所未有"的应用程序都可以追溯到几十年前的应用程序。在某些情况下，所谓"新"应用程序，其实仅仅是对其前身进行了研究，并使用新技术进行了直接模拟。在其他情况下，某些现在被誉为虚拟现实"突破性"的应用程序，他们在构思和实现时，其实早已存在类似的应用程序。

在本章的早些时候，我们恳请作为虚拟现实体验设计者的你走出去，体验大量现有应用程序，这些以为让你了解各种可能性、体验各种技术的经验并为你提供灵感。

新进入媒介的人常常对这种可能性感到兴奋，并看到了他们可以填补的广阔的虚拟体验开放领域，因此他们开始构建自己感兴趣的应用程序——通常认为他们的工作是一种独特的、前所未有的体验。虽然这种热情是好的，甚至这些创造经验可以使得新的虚拟现实设计者感兴趣也是好的，但是设计者应该了解当前存在或历史上已有的应用程序，以免他们发现自己一直在不断地重新造轮子——闭着眼睛直接跳下去，通常是由于过度狂热以至于总以为自己是第一个开始做的。

有人认为，只有 7 种基本的叙事情节——或 9 种、20 种或 36 种——因此戏剧和小说的媒介常常是对同一基本情节的复述。我们不去争论这一点，但在虚拟现实媒介中，确实有很多对现有主题的重新塑造。几乎无一例外的是，任何虚拟现实的创作以前都已经有人做过——虽然可能没有现在做得好，特别是如果新版本是由现代软件开发公司创建的，但是，在虚拟现实开发的漫长历史中，许多应用程序的本质也可能是在此之前的某个时候创建的。Tilt-Brush 吗？看看 1992 年的北卡罗来纳大学创建的虚拟世界，一个虚拟的剃须膏罐会喷出一些小泡泡球，充当 3D 涂料（3DM），或者 Sun Microsystems 公司演示的罗技 3D 鼠标，该鼠标允许在三维空间中绘制线条。还有 Dan Keefe 的绘画应用程序，画笔和托盘采用实物道具，CAVE 式采用 BLUI 系统，或者看看所有 17 年来上过我的虚拟现实课程并完成第一份作业的学生！

下面是一些我们多年来一直在实践的经验。目前可能有两个领域已达到顶峰：游戏 / 娱乐和虚拟世界构建。在虚拟世界方面，主要有三类：绘画、建模（对象构建）和虚拟世界构建。在游戏方面：战斗类游戏（通常是对抗计算机对手）和单人游戏（实际上可以与多人轮流）。

虚拟现实绘画：正如引言中提到的，北卡罗来纳大学的 3DM［Butterworth et al. 1992］（作为建模工具，参见下一条目内容），其球形喷雾器（"剃须膏"）可用作绘画程序，但在此之前，在 Robert Burton 关于 Twinkle Box 位置跟踪装置的博士论文中，他描述了一个示例应用程序，其中"魔杖"的跟踪位置会在虚拟世界生成一些点（显示在一定范围内）［Burton 1973］（图 9-14）。（毫无意外，附带的图片中显示了一个用户正在画她的名字）。在 20 世纪 90 年代，有 BLUI［Brody and Hartman 1999］（图 9-15）和 Dan Keefe 的 CavePainting［Keefe et al. 2001］，同时这也是"虚拟现实入门"课程中经常布置给学生的第一个虚拟现实编程作业。

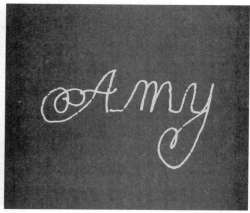

图 9-14 在虚拟现实刚刚兴起的时候，3D 绘图的能力吸引用户书写自己的名字（图片由犹他大学提供）

虚拟现实建模：建模应用可以追溯到 Sutherland 的第一个 HMD 系统，以及早期的"魔杖"手持控制器。Sutherland 的学生 Donald Vickers 和 James Clark 的博士论文都描述了用户可以在 3D 虚拟世界中修改模型的应用。大约 10 年后，北卡罗来纳大学开发了 3D modeler（3DM）程序［Butterworth et al.1992］。Sensable Technologies 公司（现为 3D Systems）为其 Phantom 触觉显示器开发了一款名为 Freeform 的工具。Gravity Sketch 是一个现代的例子，专为消费者设计双位置跟踪手持控制器。

虚拟现实世界建筑：早期设计精良、商业化销售的虚拟建筑应用

图 9-15 在 VR 的历史中，已经开发了许多沉浸式绘画工具。在 CAVE 式 BLUI 应用程序中，手杖相对于绘画方向的角度会影响被扫出的 3D 模型的宽度和颜色（照片由 William Sherman 拍摄）

是 Smart Scene（基于 Mapes 和 Moshell［1995］）。Smart Scene 使用虚拟空间数据手套，提供了用于快速旋转和缩放对象的双手界面。预定义模型菜单允许用户快速构建一个微型世界。Smart Scene 不断被重新构思，2000 年用于虚拟乐高积木建筑，2012 年与 Oculus Rift DK1 和 Razer Hydra 手持控制器一起使用。在此过程中，开发了一个用于建筑业的工具（ShadowLight），让建筑学学生按照作业要求构造建筑。

科学可视化：NASA 的 Virtual Windtunnel 是早期的可视化工具，目的是为航空设计师提供分析工具。VR-Chem 工具是一个虚拟现实应用程序，用于查看分子结构。后来，它演变为 VMD（Visual Molecular Dynamics）桌面工具［Humphrey et al. 1996］［Stone et al. 2016］，该

工具带有 6-DOF 的输入和立体影像输出，此外，作为一个选项，可以添加完整的沉浸式观看。美国国家超级计算机应用中心（NCSA）的 Crumb 工具［Brady et al. 1995］侧重于体可视化应用的易用性。随后，Vrui 工具套件［Kreylos 2008a］提供了许多不同的可视化技术。Avzio 是一款商业用途的通用可视化工具。ParaView 现在既支持消费级头戴式显示设备，也支持高端大尺度固定屏幕（如 CAVE 式显示设备）［Chaudhary et al. 2012］［Martin et al. 2016］。

太空和行星探索 / 测绘： 在高等教育研究型校园中，人们往往对虚拟现实设备用于探索

地理和行星系统的能力感兴趣。构建 VR Orrery（太阳系模型）对于新生来说是一个简单的项目，因为它有一个适合学习场景图的层次结构，但同时要注意处理尺度（时间和空间）问题，以便使它变得有趣（图 9-16）。随着消费革命的到来，我们也看到了太阳系视觉化，比如 Titans of Space，逐渐进入新兴的教育市场。

同样，在行星或月球上漫步既可以是娱乐也可以是教育。EVL CAVE（Marcus Thiebaux 制作的 Earth）允许参与者在地球表面的任何地方飞行，并使

图 9-16　用户可以加速时间，以观察我们太阳系的天体在其指定轨道上运行（照片由 William Sherman 拍摄）

用海拔数据来显示海底的山脉和山脊。当然，这一技术的现代版本是 Google Earth 虚拟现实，它有更高分辨率的数据，甚至在许多较大的城镇都有建筑物。

音乐工具： 另一个好的学生项目是用虚拟现实制作乐器——假设有好的音频工具可用。打击乐器，如鼓和电颤琴往往是最受欢迎的（图 9-17）。消费级音乐应用程序包括 Sound Stage，用户可以用于编辑音乐。

图 9-17　一种流行的 VR 体验是创造乐器。通过虚拟界面，乐器的性质可以很容易地改变，如改变音调和音质，或创建不同音质的虚拟特雷门琴（Virtual Vibraphone 应用程序由 Dave Zielinski 提供，照片由 William Sherman 拍摄）

冥想体验： 尤其是头戴式显示器，用户与外界隔绝，体验设计师利用这种隔绝让用户"离开"，在一个超脱尘世的空间里放松。"经典"的两个例子是 Osmose［Davies and Harrison 1996］［Craig et al. 2009］和 The Meditation Chamber［Seay et al. 2002］，其中，Osmose 允许使用者在一系列独特的空间中飘浮和滑行，用他们的呼吸来控制他们的运动，The Meditation Chamber 在 2001 年的 SIGGRAPH 会议上展示，利用生物特征传感器，既能让环境对用户做出反应，又能收集有关体验有效性的数据。Lumen 是一个消费级应用程序，旨在使用简单的游戏，用户可以帮助环境成长和繁荣（图 9-18）。

图 9-18　在 Lumen 体验中，参与者通过与环境的互动来帮助他们放松，凝视虚拟世界中的元素使它们开花和成长（图片由 Framestore 提供）

战斗类游戏： 毫不奇怪，游戏在研究虚拟现实的校园里也很受欢迎。Randy Pausch 用于编程教育的 Alice 系统曾被用于制作受《星球大战》启发的光剑对抗远程游戏。Quake-Ⅱ引擎被用来创造沉浸式 CAVEQUAKE-Ⅱ体验［Rajlich 2000］，人们可以身临其境地玩 FPS 游戏的虚拟现实版本。在 Thiele 等人［2013］创建有形输入虚拟射箭游戏之前，学生们正在创建双输入的射箭游戏（图 9-19）。

图 9-19　射箭界面需要双手操作，一只手握弓，另一只手拉箭、系弦和射箭。这个 2008 年的学生项目（Arrowtastic）是为一个带有双手追踪器的 CAVE 式 VR 环境创建的。箭是从肩部后面的一个虚拟（无形）箭筒中抽出的（照片由 William Sherman 拍摄）

早在 2000 年，索尼就发布了一款使用 Playstation Move 手持控制器的剑术游戏。在商业 VR 的现代浪潮中，Valve 的迷你游戏套装包括 Longbow 和 ILMxLab 发行的迷你游戏 Trials on Tatooine 中，光剑被用于防御模式。现代 FPS 游戏可能数量太多，无法从中选择一个例子，但也许第一个商业虚拟现实游戏是一款 FPS 游戏——街机虚拟现实版 " Dactyl Nightmare"（图 9-20）。

单人游戏：一些研究实验室有不止一个虚拟现实系统，但大多数体验是为单个用户设计的。这些游戏可能是多人轮流操纵的游戏，类似于现实生活中的台球、迷你高尔夫球和一些街机游戏。事实上，台球、迷你高尔夫或 Pac-Man 风格的初级游戏可以作为课程项目来实现，此外，还可以提供一些娱乐价值。这些经典游戏的现代实现版包括 CloudLands 迷你高尔夫游戏，以及 Rec Room（包含台球及其他游戏）。虚拟现实街机系统已经有授权版的 Pac-Man 游戏。

图 9-20　最早的 VR 战斗游戏（第一人称射击游戏）是 Dactyl Nightmare，游戏中玩家将在一个由平台和基本形状组成的简单世界中移动，并向对方发射武器，同时避开偶尔会突然袭击的翼手龙（图片由 Virtuality Group plc 提供）

这个列表当然不是详尽无遗的。还有其他类型的游戏，其中许多一直是学生最喜欢的项目选择，以及其他类型的体验。这些 VR 历史上曾经努力的亮点说明了该领域新手的许多发现实际上是重新发现。重点是，不要忽视了过去那些创意提供的财富，我们可以利用它来帮助激发未来的作品。

9.5　设计虚拟现实体验

除非你只是为了学习这种媒介而尝试虚拟现实，否则明智的做法是通过良好的设计实践来创造一种虚拟现实体验。正如画家首先为主题绘制一系列草图，电影制作者和动画师首先构建故事板，建筑师首先以 2D 蓝图的形式布局建筑，每一个都需要通过多次迭代进行审查和修改。实践的好处可以在虚拟现实体验的设计中体现出来。通常，设计过程在约束条件下优化总体目标。通过概括各种可能性，讨论各种想法，并将潜在的实现方案与任务需求进行比较。下一小节将介绍虚拟现实体验设计的一些重点，并举例说明每一点。对于设计关键阶段的完整内容，读者可以参考前面第 4 ～ 8 章的相应部分。

9.5.1　设计要谨慎

虚拟现实体验的设计应该按从自上而下的角度（朝着目标）构建。也就是说，从你想要传达的信息、想要完成的任务或想要唤起的情感开始。当然，实际的挑战是要同时记住可用的资源。

应用程序的主要用途是设计开始的地方。训练应用程序与数据分析工具在本质上是不同的。游戏体验在某些方面与训练体验可能有重叠部分，但会有显著差异——训练体验可能需要有控制面板以方便教练随时调整场景，甚至提供复盘（回放）的方法。

设计应该为应用程序量身定做。永远不要使用方法或程序片段，仅仅因为它们已经存在，或者因为一种方法比另一种方法更容易实现。选择你的模型、软件、声音和其他细节，因为它们适合特定的体验。不用仅仅因为在以往的"假装你是一只鸟"的应用程序中有关于拍着翅膀飞翔的代码，就为了节省时间而试图让科学家拍着翅膀绕着分子飞翔。类似地，如果提供一个带有三个按钮的手持道具作为用户输入设备，并且有五个项目可供用户选择，那么使用一个菜单，而不是让用户为每个选择按一个复杂的按钮组合。简而言之：设计是为了让用户操作简单，而不是程序员。

9.5.2　原型

好的设计还需要经常测试体验，并评估它是否达到目标。经常迭代，准备好扔掉很多想法。经常迭代，准备好扔掉很多想法。不要因为某个功能难以实现且能体现自己的编程技能而保留它。如果该功能不能为用户提供良好的体验，那么它就不值得保留。概括想法的要点是对实验内容进行迭代。但是如果我们把糠和小麦放在一起，用户体验可能会非常不好。除了应用程序的目标之外，还要注意体验所针对的系统、场地和受众的约束。

原型并不一定要从虚拟现实开始。网页设计师经常从一些零碎的纸张开始探索不同的布局思想。即使使用现代的 Web 构建工具，在桌子上移动纸张也比编写示例布局容易得多。桌面游戏设计通常是"白盒"。白盒是将游戏场景的资源快速布置在虚拟世界中，而不需要花费任何精力在纹理或光照上——字面意思是，将空白形状放置在虚拟世界中。这使得游戏设计师可以尝试游戏的乐趣和节奏，而不用花费时间去美化那些最终被淘汰的元素。Schell Games 的游戏设计师发现，这种方法可以推广到虚拟现实。当然，虚拟现实的不同之处在于，需要通过参与者的身体运动来操作物体。因此，检查对象是否能接触到是很重要的。因此，他们将虚拟现实动作的物理原型制作方法称为 brown boxing［Patton 2019］。他们用纸板箱和其他简单的道具来规划交互，因此得名 brown boxing。

此外，别忘了虚拟现实作为媒介的独特之处。虚拟现实比日常现实有更多的选择。当一个人获得使用虚拟现实的经验并学会思考什么是可能的时候，这种思维方式就会变得更容易。

9.5.3　设计要考虑系统

设计师在项目开始时应该考虑的问题是：

❏ 哪些（如果有）现有的虚拟现实硬件系统应该作为目标？
❏ 该系统有哪些组件可用？
❏ 渲染引擎的性能和局限是什么？
❏ 显示器的局限是什么（视域 / 能视域 / 分辨率）？
❏ 是否需要专用的输入或输出设备（如呼吸器）？

对于某些应用程序，系统资源是预先知道的。专为特定游戏机设计的体验一般具有已知的特定系统参数。专门为维护自己的虚拟现实设备的组织设计的用于商业或科学需求的虚拟现实工具也将具有已知的参数。在某些情况下，体验开发者也可以自由设计和实现虚拟现实系统。当然，建立一个特殊用途的虚拟现实系统将比直接使用商业系统要昂贵得多，所以选择这条路必须有明确的理由。但是，假设系统已经存在，并且知道它的功能是什么，那么可以在设计应用程序软件时考虑到这些约束。另一种选择是扩展现有的系统——也许需要一种特殊的被动触觉输入设备来使某种交互更加真实。在其他情况下，可能会组合不同来源的现有硬件——例如，可能会将眼球跟踪添加到商业头戴式显示设备中。

如果你的项目在相当长一段时间内（比如两年）不会部署到最终用户，那么你可以利用这样一个事实：在这段时间内，技术可能会有很大的改进。一个简单的例子可能是，你打算在部署时以每秒 90 帧的速度渲染，但是在开发的第一阶段愿意接受每秒 60 帧的速度，并期望硬件的改进能够填补这个空白。如果你能够说服虚拟现实硬件制造商你的体验（游戏）需要不同方式的输入，或者更多的触觉设备（也许是 HMD 本身的振动触觉发射器），你便能够说服他们开始为现有的系统设计新的硬件设备。如果你的项目将涉及大量的硬件开销，那么你还有一个优势，那就是你可以说服硬件制造商让你在其下一代产品发布之前进行测试。这对你和硬件制造商都有好处：你可以针对该硬件对应用程序进行专门的优化，而硬件的性能则给其他潜在用户留下深刻印象，因为应用程序已经为此进行了优化。

虚拟现实模式的差异也是体验是否适合未来硬件的一个因素。头戴式显示设备可以隔离用户，而固定屏幕则允许用户看到自己和周围的人。因此，头戴式体验可以改变每个用户的外观，而 CAVE 式系统没有这个选项——你不能在 CAVE 式体验中回避自己的身体。另一方面，CAVE 式系统允许你看到真实的同伴，而头戴式显示设备则将其他人挡在视野之外（除非他们在虚拟世界中以化身表示）。

9.5.4 设计要考虑场地

部署虚拟现实体验的场地将对硬件和显示器的类型有一些限制，同时这将反过来影响体验的设计。例如，空间有限的场地（或参与者的空间有限）可能需要采用头戴式显示器。如果场地是剧场式的且需要高分辨率显示器，那么基于投影的虚拟显示器可能更合适。如果场地是一个大的空间，参与者可以在其中漫步——例如，一个 80 英亩的真实农场——那么非封闭的头戴式或手持式显示器可能是正确的选择。如果场地位于公共场所，那么吞吐量和让人们快速进出体验的能力就很重要。还应该考虑提供某种形式的显示器，以便用户在等待时观看，或者只是看看发生了什么。默认情况下，大型投影显示器为这两个问题提供了一种解决方案。当需要控制虚拟现实系统发出的声音音量时，用户应该佩戴头戴式耳机。

即使预期的场地是家庭，也有很多因素需要考虑。并不是所有的家庭都会有一个 4 米 × 4 米的空间，专门用来进行虚拟现实交互。对于更拥挤的空间，用户可以运用的身体运动可能非常有限——也许他们将始终保持坐姿。面向消费者的虚拟现实系统可以通过指定最小的

"游戏区域"来解决这个问题，这样用户只能在指定的空间内移动。

9.5.5　设计要考虑受众

了解你的受众可能是体验设计师在做任何设计选择时都应该记住的最重要的原则。如果受众是一个小的、已知的用户群体，那么设计师可以将他们直接包含在设计过程中。让用户说明他们认为重要的特性。也许这种体验以后会发布给更广泛的受众，但是让当前的用户参与到设计中将会促进体验。

让我们看看另一种类型的受众：一个由不熟悉虚拟现实的个人组成的小型用户社区，也就是说，某个特定领域的人是应用程序的潜在用户。除了让这个社区的成员参与设计和测试过程之外，开发人员还应该检查这个小组已经在使用的工具，并找出他们喜欢和不喜欢这些工具的地方。NCSA 的 Virtual Director 应用程序是一个虚拟现实工具，它模拟并扩展了已有的桌面工具，用于计算机动画编排。在这种情况下，小部分计算机动画专业人员组成了测试小组和设计团队；事实上，他们领导了这个项目。然后，他们教其他人如何使用该工具来收集更多的输入并测试其健壮性。

一般受众可能是最难设计的。面向一般受众的设计意味着体验开发人员需要找到能够被所有人理解、能够快速学习或易于修改以适用于个别用户的界面和表示。对于说多种语言的人经常光顾的场所来说，这一点是显而易见的。在这种情况下，第一个选择是要避免使用基于语言的消息，而选择国际通用的声音和符号。如果有一些重要的细节需要以文本的形式传达，那么场地操作员可以快速地更改系统的语言。操作选项也可以用来选择语音识别数据库，除非开发人员能够将多语言字典包含到识别系统中。

年龄、经历和文化在用户如何与虚拟现实体验交互方面也扮演着重要的角色。年幼的孩子可能没有像青少年或成年人那样拿着道具的体力。因此，为成人设计的按钮道具可能需要儿童双手操作。面向儿童的 NICE 应用程序的实现者发现［Roussos et al. 1999］，基于头部的显示器和快门式眼镜可能会从孩子的头上滑落（图 9-21）。此外，年幼的孩子可能无法快速联系到他们的行为是如何影响虚拟世界的，而有玩电子游戏经验的青少年可能能够立即操作界面。根据生活经验的不同，一个成年人可能会

图 9-21　为普通用户设计的硬件可能不适应较年轻的用户。为儿童设计应用程序需要特殊的考虑。有趣的是，孩子们经常用手握住 HMD。这可能是由于 HMD 的重量和大小（照片由 William Sherman 拍摄）

很快适应，也可能会感到无比的困惑。

　　受众差异也应该通过导航界面来解决。儿童、成人或有经验的电子游戏玩家对移动控制有不同的要求。电子游戏玩家也许能够处理更复杂的控制系统，可以提供多种不同类型的动作。成年人可以轻松使用类似汽车的转向界面。小孩子可能喜欢一个允许小的、多步骤的界面。同样，人们在三维空间中如何看待自己的方位也存在差异。有些人更喜欢能够相对世界来改变他们的方向的控件。另一些人则更喜欢相对他们自己来改变方向。这两种技术具有相反的控制效果。对于那些喜欢相对自己来调整方向的人来说，向左转会使世界的视角顺时针旋转。偏好设置应根据用户来确定，例如，飞行员通常更喜欢控制自己而不是整个虚拟世界。寻路工具的使用也有团体和个人偏好的差异。不同的人会使用不同的策略来跟踪他们在虚拟世界中的位置。甚至有不同的方式来使用相同的寻路工具。例如，有些人喜欢看朝北的地图，而另一些人则喜欢地图按照前进方向来旋转。

　　用户生活经历的期望因文化的差异会有所不同。一个想当然的假设是，在工业化国家，大多数特定年龄的男性都有电子游戏的经验，但如果因此将体验设计成完全跨文化的，这可能会造成问题。不同文化之间穿着的差异也可能导致困难。当虚拟现实街机系统被部署在一个地区的某个场所时，他们发现，由于大多数男性都戴着头饰，他们无法佩戴所提供的头戴式显示设备。了解受众的一部分是理解和引导他们的期望。其中一种影响受众期望的方式是通过场地和体验的预沉浸部分。呈现某种类似行为的背景故事以及参与者在叙事中的角色将有助于玩家在体验的虚拟现实部分培养一种预期的感觉。

　　另一种引导受众期望的方式是通过流派。在人类交流的所有其他媒介中，已经出现了将某些类型的主题与特定的表示、叙事和界面风格联系起来的模式。这些模式是每种媒介的流派。通过选择一个特定的主题，你通常会将你的应用程序与一个流派联系起来，这可能会给你的世界带来一种特殊的外观和界面。所以，了解你的受众的一部分就是了解他们期望从这个流派中得到的惯例。按照这些思路，了解受众的一部分就是确保将应用程序推广到目标受众，这样那些最有可能理解和欣赏应用程序的人就会出现。通过明确这一流派，熟悉这一流派的参与者将会立刻知道该期待什么。因此，一个熟悉的参与者应该很快适应所呈现的世界，并且能够很容易地在界面中找到他们的方式。当然，用户可能会对某一流派感到习以为常，这常常会促使艺术家们打破参与者的期望，从而让他们感到惊奇。

　　与家庭场地一样，一个解决方案要确认用户是否符合体验的约束，或者体验是否能够适应不同用户的能力。Fred Brooks［2002］在 SIGGRAPH 大会的演讲中，列举了一些设计师应该向目标受众询问的问题：

- ❏ 年龄范围是多少？
- ❏ 经验水平如何？
- ❏ 这种经历是个人的还是集体的？
- ❏ 用户是否了解主题？
- ❏ 一些用户的感知能力会下降吗？

❏ 这种体验将如何影响易患晕动病的顾客？

❏ 潜在用户对佩戴虚拟现实设备的接受程度如何？

9.5.6 设计要吸引受众

一旦你了解了你的受众，你还需要让他们对这种体验感兴趣。即使在军事训练这样的可以强制要求参与者进行体验的情况下，如果体验有吸引力也会使训练更有效。如果应用程序被设计成教育性的，那么更大的吸引力自然会导致更好的学习效果，即使只是由于花更多的时间在任务上。如果应用程序设计得很有趣，更大的吸引力可以避免用户要求退款，或至少给游戏一个更好的评价。

为了保持人们对计算机为媒介的体验的兴趣，电子游戏设计师已经研究这个问题很长时间了。游戏设计师已经学会了如何分配奖励，并允许玩家在完成特定任务并获得经验时"升级"。虽然研究分子的科学家不需要获得奖励，但应用程序可能会发现低效的使用模式，并指导他们以更好的方式使用界面，从而提高效率。Google EarthVR 应用程序以界面的"导游"开始，在允许用户使用已经提供的信息进行探索之后，解释每种移动方式（图 9-22）。

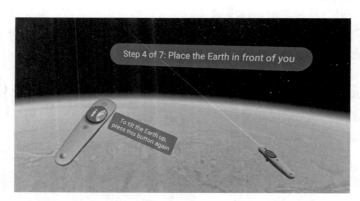

图 9-22 谷歌的 Google Earth VR 应用程序提供了一个如何使用手持控制器界面的分
步教程，等待用户完成每一步后再继续

除了指导用户如何使用界面，体验设计的其他方面也要发挥作用。尤其要注意如何让用户在虚拟世界范围内获得角色，建立用户的存在感。应该从整体的角度来解决提升角色的问题——每个决策都应考虑是有助于用户参与还是脱离体验。从创建连贯的叙事世界到创建具有适当可供性的用户界面，甚至添加简单的增强功能，例如"直播"或化身使得通过良好的反向运动算法能自然地移动，这一切都为了使得虚拟世界更诱人。

9.5.7 考虑社交交互

沉浸其中的参与者将与谁在体验中进行交互？这些交互将采用何种媒介？ Fred Brooks［2002］在 2002 年 SIGGRAPH 会议上的虚拟现实设计教程中列举了一些需要考虑的问题：

　　□ 需要什么样的对话／讨论？

　　□ 是否有手动协作任务需要执行？

　　□ 是否有认知合作需要讨论？

　　□ 参与者需要竞争吗？

　　□ 他们会与自主代理交流吗？

　　为此，我们补充：

　　□ 参与者是否都有相同的（对称的）界面？

　　这些考虑大部分是相当直接的。对称与非对称界面的概念只是指是否每个人都沉浸在虚拟现实中（相同风格的虚拟现实系统——对称，或者一些用户在物理上沉浸于虚拟现实中，而其他用户则通过桌面甚至移动设备进行交互）。沉浸在其中的参与者通常还能看到其他人，但其他人的行为可能会在某种程度上受到限制，可以明显看出他们有一个更受约束的物理界面。

9.5.8　考虑设计权衡

　　在任何设计过程中都必须进行权衡。最常见的折中是在虚拟世界复杂性和高计算机性能所需的开销之间进行权衡。虚拟世界的复杂性将反过来影响虚拟世界设计者如何表示虚拟世界的各个方面。一个采用了高度复杂渲染技术的可接受的表示，可能完全不适用于移动设备或图形渲染性能较差的系统。也要考虑虚拟世界交互的复杂性和叙事之间的权衡。通过限制虚拟世界中的移动路径，设计师不必创建整个虚拟世界的每个细节，而只需要关心用户路径附近的虚拟世界。

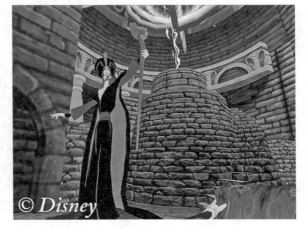

　　一个相关的概念是允许用户完全自由地移动，但是限制他们的移动范围，而不是限制移动路径。例如，在飞行模拟中，设计师可以通过确保你离开那个空间就会被击落，从而让你保持在一个特定的空间中。这允许世界设计师只关注用户可能去的地方，同时给用户一种完全自由的错觉。迪士尼的虚拟现实体验 Aladdin's Magic Carpet Ride 中利用了这项技术，通过创建用户不感兴趣或无法通过的区域来避免开发大量的虚拟世界的细节（图 9-23）。例如，一个峡谷峭壁太高，用户无法通过，所以尽管用户感觉完全自由，但也有一些伪装的限制［Daines 1995］。

图 9-23　在迪士尼的虚拟现实体验 Aladdin's Magic Carpet Ride 中，内容创作者能够通过创造性地使用符合世界叙事的限定位置来减少模拟和渲染世界所需的计算量；因此，参与者并没有得到自由受限的印象。在这里，参与者可以绕着 Jafar 实验室飞行（图片由华特迪士尼幻想工程提供）

限制移动范围是创造一个看似复杂的虚拟世界的一种方式，通过将参与者引导到重要的区域来维持他们的兴趣。引导用户体验的另一种方法是，对与参与者特别感兴趣的对象和位置的细节，采用更多的创意和渲染资源。实际上，这些都是控制叙事的方法。

仅仅在一个物体上添加大量的多边形来使它看起来更真实并不总是对的。有时，模型的精细程度要与渲染模型所需的计算量做出权衡。最有效的表示并不总是最复杂的。正如 Kathryn Best 在 *The Idiots' Guide to Virtual World Design* 一书中所指出的那样："答案不是简化一切，而是强调某些功能，让大脑来填补剩下的部分。"[Best 1993]

9.5.9 设计用户目标

让用户成为设计过程的焦点是非常重要的。此外，除了硬件、表示和界面之外，还必须解决用户使用应用程序的方式。用户应该感觉到应用程序有其目的。应用程序可以设计为娱乐、教育、启发、信息可视化等用途，但是必须有一个叙事或一个任务可以实施。在 "Aladdin's Magic Carpet Ride" 中，迪士尼的设计团队通过实验确认，人们只能在一个环境中忍受长达 2 分钟的无方向移动[Pausch et al. 1996][Snoddy 1996]。在那之后，他们想要一些方向。设计团队最初的假设是，虽然人们通常希望自己的娱乐内容能够被包装起来，但在虚拟现实中，情况可能并非如此。他们发现这个假设是不正确的。如果没有方向，人们感到无聊而想要做点什么。

用户界面的类型和数量也取决于目标。如果这种体验只是在虚拟世界中骑行或飞跃一个没有任何交互的对象，那么只需要开发简单的用户界面。如果应用程序需要用户必须能够操作对象，特别是多个对象相互关联，那么用户界面将变得更加复杂。交互和用户界面越复杂，需要进行的用户测试就越多——这是另一个权衡。

9.5.10 设计体验的结束

体验的结束方式因其类型而异。有些体验是开放式结束，用户可以在虚拟世界中无限期地工作或玩耍。有些体验则按规定结束。无论体验是否有一个具体的结束，参与者可以体验的时间可能是固定的，或者也可能是想体验多久就多久。但不管是开放式还是固定的体验，都必须保证参与者在体验期间不会被打扰。当参与者在某个特定会话的时间用完之后，许多虚拟现实应用程序允许参与者稍后返回并继续上次他们离开的位置。有一些持续性虚拟世界，可能还允许其他参与者在中途加入并与虚拟世界交互。

典型的非永久性（固定）体验是桌面弹球街机版和电子游戏机。每次体验这些游戏的时候，你都是从头开始——零分，第一级——然后尽可能多地体验。当最后一个错误出现时（死亡、掉球），体验就结束了。出去看电影也是一样，它从开头开始，在所有的信息呈现出来之后，它就结束了。如果你再次体验它，它还是从头开始。因此，有 3 种方式可以结束体验：1）时间到了（5 分钟结束），2）终点事件（最后的球落下），3）用户提前终止（用户因无聊而离开）。

许多公共场所和虚拟现实演示应用程序都是非永久性的限时体验。Aladdin 的体验在前两个公开展示的都是持续了 5 分钟，在这段时间里，玩家试图完成一个特定的目标来赢得游

戏。并没有给参与者额外的时间去探索世界。Virtuality PLC 公司为汽车营销打造的 Ford

Galaxy VR 体验呈现了一段固定长度的
完整故事（开头、中间和结尾）。用户
被提示进入汽车。当他们被送往一个目
的地时，给他们介绍这辆车的特点。当
他们到达旅程的终点时，他们离开了汽
车和虚拟现实系统。

　　个别面向叙事的应用程序也属于限
时体验的范畴。Char Davies 的 Osmose
是一个艺术应用程序（图 9-24），给每个
用户 15 分钟的时间来探索和冥想
［Davies and Harrison 1996］。随着它的
结束，体验转移到另一个空间，旨在轻
轻地结束体验。卡耐基梅隆大学
STUDIO 实验室开发的教育 / 科学应用
程序 Pompeii 是另一个例子，参与者被
给予了固定的时间去探索，这种特殊的
体验随着维苏威火山的爆发而结束
［Loeffler 1995］。所给的时间（10 分钟）
不足以探索整个城市，所以参与者选择
参观城市的哪些部分。一般来说，吞吐
量很重要的体验都是固定时间的长度。

　　用户可以在开放式体验中延长时间。
根据流派的不同，这种类型的体验可能
有也可能没有正式的结尾。例如，科学
可视化应用程序可以反复使用，科学家
可以尝试综合多种工具并探索新的数据。
有些体验，特别是那些有强烈叙事的体
验，可能持续时间很长，但最终都会有
一个结尾。例如，小说、文字冒险游戏
（互动小说）或角色扮演电子游戏，当玩
家被要求完成一项任务时，可能需要 20
个小时或更多的时间去完成，但最终最
后一个谜题解开了，最后一页翻开了，
这一过程也就结束了。Legend Quest 游戏
就是这种类型的虚拟现实体验（图 9-25，

图 9-24　Osmose VR 应用程序为艺术表达提供
了一个短暂的、超现实的环境（图片
由 Char Davies 提供）

图 9-25　Legend Quest VR 体验需要几次游戏才能到
达冒险的终点，这可能需要在 VR 娱乐场所
玩 20 个小时（图片由 Virtuality LLC 提供）

另见图 8-6 ）。每个参与者都可以完成一定数量的任务，并且在每次访问虚拟世界时，他们都可以尝试完成一个任务。虽然每次遇到的都是一次性的事件，但整个体验都是开放式的，参与者可以将自己的生命统计数据存储在一张卡片上，每次开始玩的时候都会将其插入卡片中。

　　其他身临其境的叙事体验更像是一部电影，事实上有些确实与典型的电影形式相同，只是增加了环顾四周的能力。在这些情况下，时间长度显然是固定的。有些叙事体验可能介于两者之间。这种叙事体验大多与标准电影一样，但在特定的时刻，故事会等待用户朝特定的方向看（希望因此注意到一些至关重要的信息）。直到他们看了，故事才会继续。也许狂风不停地从窗户刮进来，电闪雷鸣，电视还在继续播放，但是在用户看到之前，情节没有任何进展。智能手机虚拟现实显示器上的"Sisters"体验就是这样的类型（图 9-26 ）。所以，这些电影没有绝对固定的时间长度，但可能会有一个没有太大偏差的平均长度。Trials on Tatooine 体验也是做了类似的事情，但需要参与者按一些虚拟按钮来修复千年隼号（Millennium Falcon），然后它将再次起飞，故事将会结束。

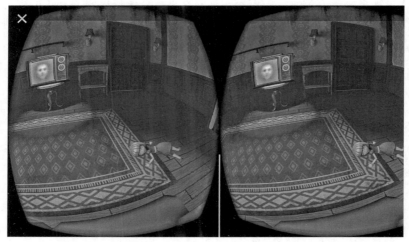

图 9-26　在 Otherworld Interactive 推出的基于手机的 Sisters VR 体验中，故事可能会
　　　　　停留在特定场景上，直到用户盯着一个特定的方向，希望用户注意到一个
　　　　　关键的情节元素，然后故事可能会继续到下一个场景

　　不管是否正式结束，许多漫长的体验都允许保存和恢复它们的状态。可视化工具的参数可以保存，小说的书签或冒险家的位置可以记录。当参与者返回时，他们可以从中断的地方继续。许多体验的长度迫使它需要具备保存虚拟世界状态的能力，这几乎是开放式体验的一个定义特征。

　　结局是一个故事的结束，这样所有的故事松散的结尾都被绑起来。对于许多探索性的（科学的或艺术的）应用程序，它是由参与者来弄清楚每件事是如何与他们的世界模型相结合的。因此，在这方面，结局可能会在虚拟现实体验结束后的某个重要时刻到来。要想获得更多以故事为导向的体验，就必须由内容创建者来将结局联系在一起。

9.5.11 用户测试

当然，应用程序团队可以跳过这些设计步骤中的大多数，但这并不是说跳过任何设计元素都是好主意——它肯定不是。但是有些团队可能会跳过用户测试，因为他们觉得他们在开发过程中一直在测试。但是开发人员测试不是用户测试。也许在这个过程中已经进行了少量的用户测试，但是完整的体验应该由目标用户组成的代表进行全面的测试。

体验的某些要素可能经过了独立测试（例如导航、某些交互），但是当所有这些要素结合在一起时，仍然应该有一轮包含完整体验的测试。也许最好的全体移动技术在特定的操作上并不奏效——也许有一些很简单，比如按键之间靠太近了，或者有些需要重大的代码改进才能纠正。

同样，电子游戏开发团队也意识到了这一需求，他们通常雇佣一些人作为游戏测试人员。当将游戏呈现给测试人员时，最重要的是要模拟最终用户体验的方式呈现游戏——除非这是真实的情况，否则不应该是由开发者随便在计算机前演示一下。通常用户测试是视频录制的，开发人员不允许在测试期间提供帮助，因为实际用户使用时开发人员也不会在旁边提供帮助。也许如果开发人员确实观看了体验测试，他们会安静地坐下来观察——当然，他们可以做笔记。

如果体验有具体的衡量指标，那么应该测量测试人员的会话。一种重要的测量方法是采用晕动症问卷（SSQ）方式进行长期的体验测试。首先，可以通过更好的交互或者限制视场等来解决过度的晕动症。除此之外，还可以对那些在正常使用情况下仍会产生高于平均恶心程度的体验发出警告。

9.5.12 文档、部署和评估体验

假设用户测试是在开发过程中执行的，那么当虚拟现实体验准备好部署时都要有一些文档。在任何情况下，都需要对运行体验的人员的文档进行塑造和润色。用户测试阶段会出现一系列常见的问题和错误。每一个问题都应该写一个简洁的答案 / 更正。

如果可能，虚拟现实体验可以监控用户的熟练程度，并且要么提供一点提示，要么通过简单的示例将用户推向正确的方向。提示可能是通过弹出消息、给出建议的代理或一个没有实体的声音来提供。这些界面是访问虚拟现实应用程序文档的交互方式。谷歌在 Tilt Brush 和 Google Earth VR 中都是这样做——通过"动画"向用户展示第一个基本的交互，然后显示额外的界面选项。

将应用程序部署到家庭市场（包括头戴式显示设备和智能手机虚拟现实应用程序），通常是通过该系统的市场或商店完成的。在这种情况下，应用商店的"所有者"通常会审查应用程序，以确保它们满足一些最低要求，并且可能还会指定适当的场地和系统要求（可能还会有用户要求，通常是年龄限制的形式）。

对于部署到家庭以外的场地（那里可能有专门的设备）的应用程序，部署过程略有不同。在这方面，安装工作和人员培训的数量将在很大程度上取决于环境的类型，特别是取决于它是否有现成的虚拟现实设备。如果场地已经有虚拟现实设备，那么可能不用或只需要安装很少的硬件。当然，运营该设施的人员可能也不需要那么多的培训。对于即将"巡演"的虚拟现实系统，我们应该注意如何处理安装、拆解和运输的过程。任何部署在公共场所外的系统应该为最容易破碎和损坏的部件提供易于更换的备用部件。例如，Cutty Sark Virtual Voyage 应用程序（参见图 4-39a）包含了额外的头戴式显示设备。

要评价你的虚拟现实体验是否成功，你必须解决的第一个问题是"什么是衡量成功的好方法？"答案很简单："目标达到了吗？"但目标的实现可能很难衡量。如果有一个更具体的衡量标准，那么评价成功可能会更容易一些，比如利润或节省的钱、节省的时间、提高的考试成绩或发表的论文——这些内容在 9.3 节有讨论。其他不太具体的衡量标准包括：人们是否确实获得了对某个概念的新理解；人们是否在某种程度上沉浸于或被吸引到这种体验；或者他们是否因为参与了这种体验而在工作中表现得更好。

对于艺术家 Rita Addison 来说，这种做法既是为了个人宣泄，也是为了传达她的信息。在体验了 Rita Addison 的作品 *Detour: Brain Deconstruction Ahead* 之后，许多人都在评论这幅作品对他们的影响有多大（图 9-27）。对许多人来说，这是他们第一次能够真正同情中风或脑损伤的人。这些有趣的评论就是这个作品成功的衡量标

图 9-27　艺术体验 Detour ： Brain Deconstruction Ahead 常常能让参与者对他们认识的那些因事故或疾病而导致视觉异常的人产生共鸣。这里的用户体验模糊的视觉，其中只有一部分世界可以清楚地看到（照片由 William Sherman 拍摄）

准。其他新闻风格的叙事也寻求情感上的共鸣，让观众更加关注主题。讲述利比亚难民营的一个女孩的虚拟现实电影 *Clouds Over Sidra* 就是这种风格的一个例子。

9.6　虚拟现实设计的过去与未来

本书列举了虚拟现实体验开发者目前可以使用的许多选项。作者还写了一本书，详细描述了 50 种不同的虚拟现实体验的广泛应用领域［Craig et al. 2009］——本书第 1 版的附录中描述了另外 4 种应用，并可在本书网站上获得。但虚拟现实作为一种媒介已经走出了萌芽阶段（制度化前）。在 20 世纪 90 年代的虚拟现实热潮消退之后，虚拟现实作为一种能够

影响我们交流、思考、经商和学习方式的媒介在继续发展，并显示出前景。随着媒介的成熟，媒介的设计也在不断发展，但基本原则却没有改变。

在本书的第 1 版中，我们主要写了关于虚拟现实的未来和设计过程。我们那时的许多预测现在都实现了。然而，仍有许多发展将有助于该媒介的继续扩大。首要的是虚拟现实越来越被人们接受和熟悉。随着越来越多的虚拟现实体验的产生，现在更广泛的虚拟现实社区相互学习，成功的界面元素将变得更加普遍。这反过来又促使参与者了解在新的虚拟现实应用程序中能做什么——他们开始熟悉虚拟现实，就像典型的台式计算机界面一样。虚拟现实所基于的技术已经有了巨大的进步，并将继续改进。当这种情况发生时，那些导致有些任务不适合采用虚拟现实的技术限制统统消失了——也许仍然有一些可视化工具不能完全处理现代科学模拟产生的海量数据，而且一些应用领域可以从更好的触觉显示中受益。促进协同虚拟现实工作环境就是这样一种挑战，这种挑战一直在不断改进，有些或多或少已得到解决。许多新的虚拟现实应用程序将默认包含与其他系统协作的功能。

在很大程度上，虚拟现实已经从专业的、定制的应用转向了大规模发行。已有一些软件包能减轻编写虚拟现实应用程序的负担，同时通用性和低成本的现代游戏引擎已经打开了大门。一些商业软件供应商现在为科学可视化、建筑漫游和模型构建等领域提供预先设计的虚拟现实应用程序。在第 1 版中，我们预测"最终，计算机可能会为虚拟现实做好准备。"这事果然发生了。此外，人们越来越有兴趣探索将虚拟现实应用到他们的研究领域中的潜在价值。因此，虚拟现实正在许多新的领域得到应用。

9.7 本章小结

总之，虚拟现实已经被证明对某些特定的目标是有益的。有许多指标可以帮助评估虚拟现实是否适合于给定的任务。除了市场营销和媒介的艺术探索之外，在虚拟现实中寻找解决问题的方法通常是不明智的。你应该有问题，并把虚拟现实作为可能的解决方案。

一旦决定探索虚拟现实作为实现目标的手段，就应该遵循标准的设计技术。特别是要让用户参与进来。在开发的每一个阶段，都要预先了解他们的想法并从他们那里得到反馈。不断迭代设计。随着工作的进展，通过实现、测试和分析工作，不断地改进经验，并愿意抛弃不好的想法，不管曾投入了多少精力。参考已知的信息来源。参考虚拟现实媒介和人机交互研究领域。特别是要检查人为因素和人机界面社区所做的研究。再次，让自己沉浸在各种各样的虚拟现实体验中，获得想法和灵感。

当然，不要忘记内容！在构建虚拟现实体验的内容时，重要的是要考虑为任何媒介创建虚拟世界所涉及的共性问题。也就是说，创作者必须考虑体验中的概念、情节（如果有）、角色和设置。毕竟，即使是一个引人注目的虚拟现实界面也无法取代实质性的内容。首次使用虚拟现实的内容创作者应该考虑在其他媒介中不突出的方面，比如确保用户遇到对体验至关重要的元素。作者可以结合一些辅助工具来指导用户体验。对于那些需要用户输入的方面，应该提供合理的默认值。

在开始研究虚拟现实应用程序之前，设计师应该考虑几个问题。没有虚拟现实他们如何完成任务？他们期望或希望通过使用虚拟现实获得什么？虚拟现实会对任务的解决方案施加什么额外的约束？当前在现有媒介中实现的任务受到哪些限制？系统的最低要求是什么？要实现这样一个系统，需要什么样的资源？使用虚拟现实的预期收益与预期资源成本相比如何？你的用户将是谁，他们将如何相互交互和交流？在不过度阻碍应用程序性能的情况下，可以进行哪些权衡来降低资源成本？用户会经常进出体验吗？他们是否能够回到他们停止的地方？在虚拟现实中，还有什么方法可以实现类似的目标呢？先前的努力取得了什么程度的成功？在此期间与虚拟现实相关的技术有了多大的改进？最后，我将如何评估虚拟现实是否有助于实现目标？

虚拟现实：过去，现在，未来

尽管试图预测未来似乎有些冒昧，但如果你正在为一个需要最新技术的项目做准备，那么这是一项重要的练习。实际上，虚拟现实开发人员有必要在确定虚拟现实应用程序的规范时，不仅考虑当前的技术，还要为部署时可能使用的技术制定计划。

在本章中，我们将讨论虚拟现实在未来 5 ~ 20 年中在硬件和软件技术、集成系统和应用程序方面可能遵循的一些趋势。首先，我们使用一个概括技术开发中典型阶段的模型来评估虚拟现实当前的发展状况，然后我们将看看这本书第 1 版的预测结果如何，并且通过采用多种新技术的演化模型来看看虚拟现实是如何发展的。一旦了解了虚拟现实的发展现状，我们将讨论目前的研究现状，并着眼于该领域的发展趋势。在此基础上，我们继续展望虚拟现实技术的未来。

10.1 虚拟现实的现状

在将虚拟现实作为工作媒介或研究领域之前，有必要了解虚拟现实作为一项技术的地位。在过去的几十年里，人们对虚拟现实的兴趣忽高忽低。自从本书第 1 版出版以来，虚拟现实已经变得越来越重要，在书中我们指出人们对虚拟现实的兴趣在很大程度上已经消退，然后我们说："然而，许多指标表明，虚拟现实的实际应用正在增多，随着硬件和软件的进步，虚拟现实呈现出一个健康的未来。"［Sherman and Craig 2002］。这种说法似乎相当准确。

检验虚拟现实状态的一种方法是将其与其他技术进行比较，看看它们是如何从一个有趣的概念发展成为日常的实用工具的。Gartner Group 观察到，大多数新技术都遵循他们所说的"新技术炒作周期"［Fenn 1995］。如图 10-1 所示，技术可见性看上去遵循一种随时间变化的模式，这是根据这项技术在大众媒介（新闻故事、电影等）上出现的频率来衡量的。从图中可以看出 Gartner Group 确定了开发周期中的 5 个阶段：

1）技术萌芽期
2）期望膨胀期
3）幻灭期
4）复苏期
5）成熟期

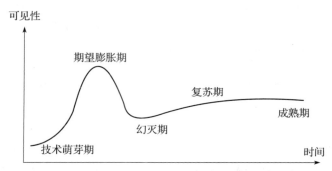

图 10-1　Gartner Group 使用这条曲线表明公众对开发的看法如何随着时间的推移而变化（根据 Gartner Group 的数据重绘）

　　我们将解释每个阶段，因为它可以应用到其他通用的技术，并简要确定每个阶段与虚拟现实的演变之间的关系。

10.1.1　技术萌芽期

　　在第 1 章提出的虚拟现实时间线中，我们可以将虚拟现实进入公众视野的触发点归结为两个时间点。1968 年，Ivan Sutherland 演示并记录了第一个可工作的头戴式显示器，它被连接到一个虚拟世界，以一种身临其境的方式做出反应。虽然这确实引起了一些计算机科学家的兴趣，而且 Sutherland 的实验室还在继续研究，但潜在的技术不足以引起许多人的高度兴趣。

　　尽管该技术在 Sutherland 最初的尝试之后并没有引起太多关注，但北卡罗来纳大学教堂山分校、莱特·帕特森空军基地和美国宇航局艾姆斯研究中心等研究人员的不懈努力，使得这项技术在 20 世纪 80 年代末重新燃起了人们的兴趣。因此，至少就公众的看法而言，我们最好将技术触发的日期定在 1989 年。在那一年，VPL Research 公司降低了研究人员开发虚拟现实体验的门槛，方法是以优惠的价格向政府、大学和企业研究实验室提供硬件。1989 年，VPL 创始人 Jaron Lanier 引入了虚拟现实一词。

　　也许有人会说，2012 年是另一个触发点，这是 Oculus Kickstarter 众筹活动的结果，除了通常的研究社区之外，该活动还吸引了普通公众（尤其是计算机游戏玩家）的资金支持和关注。也就是说，它吸引了更多的人，他们正在渴望拥有自己的虚拟现实显示器。现在，我们将坚持将 1989 年作为虚拟现实发展轨迹中的触发点。

10.1.2 期望膨胀期

为了确保新技术研究的资金，研究人员必须提高相关资助机构对其工作的兴趣。为了做到这一点，研究人员经常讨论这项技术的未来前景。然而，经常被忽略的是，实现这一目标需要多少努力（多少年）。

在推广他们的工作时，研究人员和商业开发人员的努力经常会出现在报纸、杂志和电视上。他们的工作越来越引人注目，人们对这项伟大的新技术的期望越来越高，这很可能导致他们的工作获得数年的资助。当然，这也有不利的一面，因为这种前景常常会导致人们对当前技术能够实现的功能具有过高期望。由此产生的失望导致了不可避免的幻灭期。当期望不能立即得到满足时，兴趣就会减弱。对于虚拟现实，期望膨胀期出现在 1992 ～ 1995 年。

10.1.3 幻灭期

不断蔓延的失望给人一种幻灭的印象。由于这种幻灭，投资者的兴趣急剧下降。随后，有兴趣支持进一步发展的资助者越来越少，有兴趣在新闻和娱乐报道中报道这项技术的媒体也越来越少。由于可用资金较少，许多为满足技术研究领域的需求而成立的公司面临生存困难。更多服务于其他技术领域或其他行业的公司也经常放弃使用这种新技术，而这同样发生在虚拟现实市场上。事实上，有些公司即使在虚拟现实技术的鼎盛时期也很难继续营业，这一点可以从 VPL 的挣扎和最终的消亡中得到证明。

虚拟现实的幻灭期大约在 1995 ～ 1998 年——万维网开始兴起之时。为了避免被指责只展示了虚拟现实的积极方面，我们应该注意到一些以虚拟现实技术及应用为核心的公司的经营失败就是发生在这个时候。其中一个例子是英国莱斯特的 Virtuality Group 公司。尽管他们在虚拟现实处于高期望期时开发了一款优质产品，但他们的产品仅出现在几个普通的街机游戏中，然后很快就消失了。硬件仍然过于昂贵，导致这种体验无法让用户负担得起，而且它们也无法生成符合公众期望的实时图像。后来，迪士尼公司通过 DisneyQuest 家庭游乐场向公众提供虚拟现实。虽然虚拟现实并不是唯一的吸引力，但也是相当重要的一部分。然而利润也没有预期的那么高，因此迪士尼在中国各地的场馆建设计划很快被搁置。只有两家场馆（奥兰多和芝加哥）开业，芝加哥场馆在大约 26 个月后关闭。经过 19 年的经营，奥兰多影城于 2017 年 7 月关闭。

10.1.4 复苏期

对于那些没有在幻灭期消失的技术，人们很可能会找到一些东西，并重新对它的未来充满信心。当有足够多有趣的例子暗示着一些新的可能时，新的灵感就会产生。最终，随着越来越多的人追求这项技术，新的采用者找到了使用它的新方法。社区蓬勃发展，新从业人员发现技术的创新用途，这标志着该领域逐渐复苏。许多新成员将加入该领域，他们开始看到，除了未来更大的可能性之外，新的先进技术实际上还能实现一些东西。大约在世纪之交的 1999 年，人们就开始了新的投入和努力。

在某种程度上，可以做到什么主要取决于对支撑技术的改进，这样就可以实现更加有用和有趣的任务。对于虚拟现实来说，技术的发展包括：商品化的图形显卡、智能手机显示技术、无处不在的 IMU 定位跟踪电子设备（同样由于智能手机的普及），以及更好的基于摄像头的跟踪算法。

10.1.5　成熟期

最终，幸存下来的技术将被接受，因为它能带来好处。技术的使用范围将取决于它所服务的市场规模。随着新一代产品的发布，技术的进步将继续发生。在虚拟现实热潮中，认为技术和市场已经稳定下来还为时过早，因此我们可能仍处于复苏期。有人甚至会说，除了娱乐之外，生产力水平仍有较大的提升空间——虽然也许能够使用虚拟现实向客户展示设计，但建筑师还没有真正在虚拟现实中设计房子；虽然已经对任务训练的有效性做了一些实验，但并没有在日常中使用；等等。

复苏期和成熟期之间的划分是模糊的，所以不管我们是否已经过渡到了成熟期，虚拟现实已经开始渗透到各种文化中。未来将要发生什么还有待观察。事实上，这可能是虚拟现实技术的成熟度曲线的完成，也可能仅仅只是开始。虽然谷歌的搜索引擎分析只能追溯到 2004 年，但我们可以看到，当时人们对虚拟现实的兴趣正在下降，直到 2016 年底才再次达到同等水平（图 10-2）。

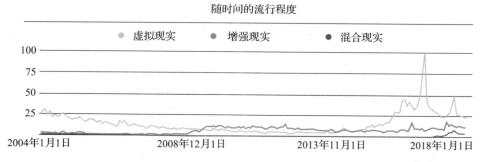

图 10-2　通过 Google 的搜索历史，我们可以了解虚拟现实的流行程度，并将其与其他相关（或不相关）的主题进行比较。回顾（直到 2004）搜索虚拟现实、增强现实以及最近的混合现实（MR）的历史记录，我们可以看到，虚拟现实是呈下降趋势的，当手机增强现实流行时，虚拟现实在低谷维持了大约 5 年，并被增强现实超过了。然后，随着消费级虚拟现实产品的发布，虚拟现实出现了显著的上升趋势，在 2016 年 12 月达到顶峰。2016 年发布了 3 个主要的消费级头戴式显示器：HTC Vive、Oculus Rift 和索尼 PlayStation 虚拟现实

10.2 虚拟现实的成熟

从开发必要的技术来实现媒介，到研究我们可以通过媒介进行交流的常态化方式，再到经常使用虚拟现实，这都是虚拟现实领域走向成熟的标志。媒介分析包括人为因素研究和对现有虚拟现实作品的批判性分析与评论，以及虚拟现实在何处和如何被使用。

随着虚拟现实的成熟，它从只是在实验室中进行探索（带有少量可能有用的测试用例）的技术，到进入大学课堂作为课程主题，再到进入课堂作为辅助教育的工具。当然，这只是从大学的角度来看，但在其他场合也是如此。甚至家庭虚拟现实也遵循这种模式。一开始，有一些"车库虚拟现实爱好者"，他们发现低成本的技术可以满足虚拟现实的部分需求，然后拼凑出其余的部分（探索技术），并向他们的朋友和家人介绍这个即将普及的技术（解释技术），然后成为社区中第一个购买消费级虚拟现实头戴式显示器（使用技术）的人。

10.2.1 实验室中的虚拟现实

讨论高校如何对待虚拟现实，一个重要方面是看其如何对待应用虚拟现实的研究。人为因素和可用性研究是研究人们与新技术交互方式的重要方面。虽然我们可以列举和描述许多虚拟现实应用程序的工作示例，从中可以获得对该媒介的一些理解，但迄今为止，大多数工作只能得到一些非正式的理解。正式的研究必须继续研究界面方法能正常工作和工作异常的环境。

由于早期大多数虚拟现实体验的示例是在虚拟现实媒介得到充分研究之前创建的，因此可以理解这些示例为什么会以一些特别的方式来创建。随着公众对虚拟现实的兴趣的增加，该领域的许多研究人员感受到了快速开发虚拟现实技术以满足人们越来越高的期望的压力，因此创建应用程序来展示虚拟现实的潜在用途。然而，人们对验证某一特定应用程序的实际有效性的关注较少。几乎没有时间进行后续研究来衡量使用虚拟现实的实际好处。当然，这种说法也有例外。

在北卡罗来纳大学教堂山分校，研究人员使用触觉虚拟现实界面测量受试者执行特定任务的表现，并将该结果与使用传统计算机界面的结果进行了比较［Ouh-young et al. 1989］。他们发现触觉界面将任务执行速度提高了两倍以上。Scaros & Casselma 广告公司研究了制作令人难忘的体验的有效性，该体验传达了人们想要的信息。这个应用程序就是 Cutty Sark Virtual Voyage，它为用户提供了在禁酒令期间在虚拟环境中走私"卡蒂萨克"苏格兰威士忌的机会（见图 4-39 和图 8-12）。4 个月后，他们在去零售、娱乐和贸易展览场所的路上进行了一次后续研究，以衡量参与者在多大程度上记住了该品牌的名称。结果表明，该方法是有效的。

随着媒介的发展，在应用程序开发期间和之前对可用性进行了更有价值的研究。弗吉尼亚大学的早期工作包括努力使用虚拟现实技术来改进神经外科医生检查病人数据的可视化界面［Hinckley et al. 1994］，以及在简单搜索任务中使用虚拟现实和非虚拟现实呈现的比较［Pausch et al. 1997］。佐治亚理工学院的研究探索了许多交互技术，包括访问复杂环境中获取信息的能力［Bowman et al. 1998］和虚拟现实对害怕飞行的患者产生生理影响的能力［Rothbaum et al. 1996］（图 10-3）。

a）

b）

图 10-3　a）佐治亚理工学院的研究人员通过 Bravemind 项目开发了一款虚拟现实应用程序，用于治疗因越战经历而患上创伤后应激障碍（PTSD）的患者。这被作为 Virtual Vietnam 应用程序进行了商业化，并作为治疗师的日常硬件/软件使用。Virtually Better 公司继续为恐惧症治疗提供一系列系统，包括从恐飞症到恐高症。b）军方对开发使用虚拟现实的 PTSD 治疗方案非常感兴趣。南加州大学创新技术研究所的研究人员继续适应最近的手术情境，改善视觉和其他感官输出，以及治疗方案（图 a 由佐治亚理工学院提供。图 b 由 Skip Rizzo，USC-ICT 提供）

休斯敦大学和乔治梅森大学的一个合作项目比较了虚拟现实和传统教科书在高中物理教学中的有效性［Salzman et al. 1996］。伊利诺伊大学芝加哥分校电子可视化实验室的工作人员研究了两名沉浸在不同 CAVE 显示器中的参与者在共享空间中操纵虚拟物体的效果［Park and Kenyon 1999］。这不是一个完整的列表，这项工作仍在继续，而且仍然迫切需要对基础界面设计和信息表示进行研究。与非虚拟现实解决方案相比，还需要衡量单个应用程序的好处。如果这项研究做得不够早，那么当虚拟现实达到生产平台时，标准的虚拟现实界面可能恰好成为流行的东西。一旦一个界面被习惯了，就很难改变了。由于早期采用者往往从他们所知道的开始，许多早期虚拟现实应用程序都采用了 2D 桌面的界面概念，比如菜单。一个合适的虚拟现实版本或菜单的替代品还有待创建。

除了对人类如何与媒介进行最佳交互的正式研究外，研究媒介的社会影响也很重要。开始这种努力的一种机制是研究媒介在向用户传递信息方面的有效性。在评论一部小说或电影时，人们可能会评估作者或导演展示作品的能力（他们是否以一种引人入胜、富有启发性的方式这样做）以及作品对观众的影响。到目前为止，还没有公认的论坛对虚拟现实体验的社会影响进行批判性评论，只有一些临时的意见。究其原因，媒介必须具有足够的普适性以进行评估，需要有足够多的人对媒介和媒介的语言有所了解才能发起讨论，而且必须有足够多的人对阅读文章感兴趣。也许有一天会有一个精心策划的论坛，供影评人讨论沉浸式体验及其对社会的影响，就像电影评论和其他期刊为当今的电影行业服务一样。

10.2.2　课堂中的虚拟现实

在 21 世纪初，成熟的另一个标志是越来越多的大学开设了虚拟现实课程。多年来，这种增长一直受到可用硬件的限制。硬件限制常常将班级规模限制为少数学生。作为一项新兴的计算机技术，许多大学的计算机系都开设了虚拟现实课程。然而，虚拟现实确实是一个跨学科的尝试，因此，课程设置将逐步从计算机科学专业向外推广，或至少影响了大量的交叉课程。

聚焦于我们熟悉的大学，我们看到了将虚拟现实体验纳入非技术课程的趋势。事实上，这种趋势正在发生。早在 2001 年，伊利诺伊大学香槟分校的计算机科学系、数学系和建筑学院就开设了虚拟现实课程。在数学和建筑学方面，学生们在他们的研究领域中使用虚拟现实，而不是将虚拟现实作为一种"纯"技术或媒介来学习。在印第安纳大学布卢明顿分校，艺术专业开设了一门为虚拟现实展示开发虚拟世界的课程，已经有 10 年了。最近，在西班牙语课上，在波多黎各、墨西哥和阿根廷录制的 360 度视频片段允许学生在使用西班牙语的不同情况下"临场"（图 10-4）[Scrivner et al. 2018]。当然，这些以虚拟现实作为教育组成部分的课程，与十多年前关于虚拟现实技术的"传统"课程一起教授。目前，伊利诺伊大学正在开展一门利用虚拟现实教授考古学方法的课程，计划在本书出版时进行广泛部署（图 10-5）。

图 10-4　印第安纳大学的研究人员正在探索如何使用 VR 作为一种不需要去国外旅行就能提供语言沉浸感的方法，同时提供机会去看其他国家的文化地标（图片由 Olga Scrivner 和 Julie Madewell 提供）

图 10-5　VR 提供了在接受新任务训练时学习方法和工作流程的手段。在这里，考古
学生学习挖掘现场所需的工具的基础知识，以及如何正确测量和编目文物
［Sharkelford et al. 2018］（照片由 Laura Shakelford 提供）

10.2.3　过渡：大众用户的吸引力媒介

　　1968 ～ 2014 年（当时 Google 发布 Google Cardboard，OculusVR 现实被 Facebook 收购
并发布了 DK2 模型，三星发布了 GearVR），虚拟现实可以被标记为处于"吸引力媒介"阶
段。吸引力媒介的概念是，以技术为基础的媒介在制度化（完全融入文化）之前和之后在本
质上是不同的。事实上，2014 ～ 2018 年是虚拟现实尚未完全制度化的过渡期。所以 2014
年之前的几乎所有虚拟现实体验，以及 2015 ～ 2018 年发生的事情大部分都属于这一类。现
在还不知道什么时候会过渡到通用，而且在回顾之前也不太可能知道。

　　Rebecca Rouse 使用"吸引力媒介"这一术语来概括电影分析中的"吸引力电影"概念
［Rouse 2016］。"吸引力电影"时代是在 1908 年之前，当时爱迪生的电影专利公司对该行
业进行了标准化。在那个时代，人们在多个场所观看电影，而不是专门为电影设计影院。它
们可能作为杂耍表演的一部分出现，也可能出现在世界博览会上。人们不但为了这个故事去
看一部"电影"，而且惊叹于这项技术——就像 Rouse 所说的："这种惊讶于设计师的手段和
幻觉效果本身的双重感觉，是吸引力媒介的核心"。虚拟现实媒介的"吸引力媒介"阶段当
然适合这种模式——人们可能会去研究实验室、迪士尼的 Epcot 主题公园，甚至当地的酒类
专卖店，以获得参与虚拟现实体验的机会。

　　根据吸引力媒介理论，2014 年之前的虚拟现实体验并不仅仅是这一时期最佳实践的雏
形，相反，它们本身就是媒介的探索，在当时的世界背景下，包括可用的技术和成本。

　　确实不可能精确地指出一个标志着从吸引力媒介到制度化的绝对转变的事件。20 世纪
90 年代就有了商业虚拟现实产品。这些产品范围从恐惧症治疗系统到汽车设计评估，再到
街机系统。即使在商业化之后，仍然会有"吸引力"。但制度化的开始可能是谷歌推广基于

智能手机持有者的虚拟现实的概念——采用的概念最初是受孩之宝（Hasbro）公司的 My3D 立体显示器的启发，并由创意技术研究所（Institute for Creative Technologies，ICT）探索作为 DIY 虚拟现实显示器。通过纸板智能手机支架的广泛应用（从 2014 年他们自己的 I/O 技术年会开始），谷歌提供了一种方法，任何拥有智能手机的人都可以从"Play Store"下载虚拟现实应用程序，并在家里或任何地方体验它们。

当然，家庭虚拟现实的完全成熟应用是由多种技术推动的，包括 Facebook 投资的 Oculus Rift（与 ICT 也有关系）和 Oculus-Samsung Gear VR，以及相应的商业版 HTC Vive 和消费级的 Oculus VR CV-1，还有 2016 年推出的索尼 PlayStation VR。每一个技术都有自己的应用程序市场，消费者可以从中购买和下载大量的虚拟现实体验。

然而，现在有并将继续存在的特殊场所的虚拟现实体验，其中一些是面向公众的，例如 VOID 或大型主题公园的"黑暗之旅"，还有一些仍然可以在世界各地的大学、公司和政府研究与开发小组中发现。通常在这些情况下，系统将使用实验性的硬件，并且仍然在寻找新的方法来开发媒介和改进用户界面。的确，对于为教育、商业培训、医疗培训等创作的"电影"，以及那些与体制形式相悖的前卫电影，也是如此。

10.3　虚拟现实的趋势

在虚拟现实技术的所有领域，"更快、更好、更便宜"的格言都是适用的。在本节中，我们将尝试解决这个陈词滥调的一些后果，以及一些可能的革命性变化和进化的发展。我们的许多具体预测是基于我们与虚拟现实应用程序开发人员合作多年的经验得出的。某些重要的主题不断出现，成为人们应用虚拟现实的绊脚石。其他障碍已被拆除。在这里，我们将讨论虚拟现实硬件和软件供应商仍然关注的问题。

在本书的第 1 版中，我们列出了虚拟现实技术发展的五大趋势：1）较少的累赘；2）增强现实的应用增加；3）家庭虚拟现实；4）更高的感官保真度；5）支持虚拟现实的设备。其中有三个是相当具体的，而且基本上已经被发现：现在通过移动设备广泛使用增强现实技术；虚拟现实已经进入了家庭；而且支持虚拟现实的设备也正在推向市场。另外两项是相当普遍的，已经取得了很大进展，但还有更大的发展空间。此外，我们可能会将第 4 项的范围扩展到"更高的体验保真度"，并包括生成更逼真、更深入的虚拟世界的能力。我们还在"软件"趋势和硬件重大进步的影响方面增加了第三和第四类通用类别。我们将重新排序我们的列表，并首先解决自第 1 版以来实现的三个"趋势"：

1）增强现实的应用增加；

2）家庭虚拟现实；

3）支持虚拟现实的设备；

4）更少的累赘；

5）更高的感官保真度；

6）即时可用的软件（软件趋势）；

7）新驱动 / 颠覆性技术。

10.3.1　增强现实的应用增加

由于跟踪和其他输入技术的改进，增强现实应用的可行性增加了。但事实证明，移动设备的性能将会提高几个数量级，其中包括支持由内而外（视频）跟踪的独立摄像头。基于手机的虚拟现实只是增强现实的一个范例，但这已经足够将其推向主流。（当然，基于手机的增强现实的典型应用并不涉及头部跟踪，以获得完全正确的透视效果——为此，通常仍需要基于头部的显示器，这些显示器已经以 Daqri 公司的智能头盔 / 智能眼镜、微软的 HoloLens 和 Magic Leap ML-1 的形式出现在了现场。）

在实现许多期望的应用程序的潜在效用方面，仍需取得进展。但在识别和克服许多技术障碍方面已经取得了许多成果。这些类型的设备中出现了许多技术创新，例如由内而外的跟踪（例如，SLAM 跟踪）、小型计算机（例如，智能手机技术）以及用于提供明亮的虚拟物体以抵抗现实照明的光学器件。

增强现实作为虚拟 "X 射线视觉" 的预期用途的另一个要求是关于墙 / 皮肤 / 外壳内部的数据。这方面的一个经典的开创性例子是，将基于头部的显示器与医用超声波结合起来以观察孕妇体内的婴儿［State et al. 1994］。在建筑方面，由于现在大多数新的大型建筑都使用了 "建筑信息建模"（Building Information Modeling，BIM）数据，因此可以知道管道和管道的位置，并提供给增强现实应用。此外，激光雷达扫描仪等扫描技术可以在装配的不同阶段对建筑项目进行详细扫描。所有这些收集到的关于现实世界的数据正在增加增强现实可以成功应用的领域。关于遮挡问题，特别是在现实世界中计算机图形的遮挡问题，仍有大量工作要做。

家庭虚拟现实

曾经期待的虚拟现实出现在家里的未来前景已经发生了！这是一个意料之中的壮举，在本书的第 1 版中，我们预计基于头部的显示器的价格将达到计算机显示器的价格，因此不会超出对性能系统（通常用于游戏）十分重视的计算机用户的预算。一个犹豫不决的问题是是否有足够有趣的应用软件使购买物有所值——我们认为这可能会通过开源游戏社区来实现。我们还认为鱼缸式虚拟现实可能是第一个 "回家" 的游戏，因为现有的电视显示器（已经开始提供立体声输出）可以通过简单的跟踪来使用，比如任天堂 Wii 控制器。事实上，在 2007 年，Johnny Lee［Lee 2008］在 YouTube 上的一个热门视频中宣传了这一场景（尽管不是在同年推出的立体电视上）。但这并没有引起公众的注意。（Johnny Lee 继续从事微软 Kinect 和谷歌 Tango 项目。）

那么到底发生了什么呢？一个词：Kickstarter（两个词：crowd funding（众筹））。大公司往往不愿投资新技术产品，不愿进入新市场，特别是那些已经尝试失败的市场。那么，一家公司如何知道什么时候是合适的时机呢？然而，有了众筹，足够多的狂热者可以投票或用他们的钱投资来开发一个有潜力推向市场的产品，但并不仅仅是因为现有公司的不情愿。

不过，找到将现有硬件推向市场的资金并不一定能解决软件问题。当 Facebook 投资由众筹催生的 Oculus VR 时，大量资金的涌入打破了这一障碍。有了内部开发游戏的资金，以及为现有游戏开发者提供的种子资金，一个新兴的市场应运而生。Facebook 的投资也吸引了其他科技公司的注意，促使其中一些公司也投身于虚拟现实技术和软件的开发。

现在的趋势将主要是改进游戏，以及除游戏之外的一系列软件，并提供更多实用的工具。我们将在 10.3.6 节进一步讨论软件趋势。

图 10-6　虚拟现实渲染需要满足一些最低的性能要求，保证许多应用程序的顺利运行。计算机制造商已经开始用标签来宣传他们的机器，以表明机器的性能（照片由 William Sherman 拍摄）

支持虚拟现实的设备

今天的"支持虚拟现实"系统的概念类似于十年前购买的计算机系统，它是"支持多媒介"的，预先配备了基本的硬件和软件组件。如今，人们可以购买直接运行虚拟现实应用程序的系统（图 10-6）。

在第 1 版中，我们预计将出现可立即启用的系统，即为某些特殊目的而将硬件和软件相结合的系统。事实上，这种情况已经在特定的情况下发生了，比如 BDI 缝合训练器、Virtuality 的游戏系统以及 Virtual Better 公司的治疗方法。就硬件和软件一体化集成设备（软件融合硬件）而言，最接近标准的可能是像微软 HoloLens 这样的产品，它是一款一体机、增强现实设备和内置软件——然而，集成软件主要是演示，而不是完全充分（"可立即使用的"）的工具。但现在，一些虚拟现实应用市场已经存在，对软件预集成到计算硬件的需求已经减少了。

标有"支持虚拟现实"的计算机现在已经进入市场。"支持虚拟现实"的标识用于表示计算机具有足够 GPU 性能用于以流畅的帧速率进行渲染，这对于高质量（不令人恶心）体验是必不可少的，而一些驱动程序可以在特定的虚拟现实硬件发挥更高的性能。在一些特殊的情况下，这进一步被应用到设计成背包的计算机上，从而缩短了基于头部的显示器和计算机之间的电缆，这样用户就不受运动的限制，也不会被电缆绊倒（图 10-7）。

10.3.2　更少的累赘

一个持续的趋势是减少虚拟现实系统的障碍。重量和活动受限阻碍了穿着笨重的、被拴在一起的电子设备的用户，从而降低了参与者的体验质量。头戴式显示器的重量和体积已大大减少（图 10-8）。1989 年，头戴式显示器的典型重量为 8 磅（1 磅 =0.454 千克），而 2016 年，头戴式显示器的典型重量为 1 磅（这在一定程度上与趋势相反，因为在 2002 年，每个头戴式显示器的重量约为 0.5 磅）。但是 2002 年 0.5 磅的头戴式显示器的分辨率和视场都很差，而今天的头戴式显示器甚至包含了一些全 6-DOF 位置跟踪技术。

另一个正在消失的累赘是连接设备和用户的电线。任天堂 Wii 遥控器（又名 Wiimote）利用蓝牙与机顶盒进行短距离通信，揭示了这一趋势，让游戏玩家可以更自由地移动，从而更多地参与到游戏中。Wii 遥控器是第一个使用 IMU 跟踪来添加 3-DOF 运动（方向）作为输入的游戏控制器，并且使用了红外摄像机，另外还提供了报告其位置的机制。

实际上，大多数跟踪技术都减少了将参与者连接到虚拟现实系统的电线数量。这是使用计算机视觉和相关技术进行跟踪的主要好处之一。但是，即使声波和电磁系统也开发了射频连接，以消除用户与计算机之间的电线——尽管用户使用了有源接收器，仍然需要在身上佩戴电池组来提供电

图 10-7　消除电线危险的一种方法是随身携带计算机。背包形式的 VR 系统是目前的趋势，但随着无线通信设备的推广，这一趋势可能只是短暂的（照片由 Ray Stephenson 拍摄）

图 10-8　HMD 一度只存在于大学和公司的研究实验室中，现在它不仅价格实惠，而且随着显示和跟踪技术的改进，其外形也得到了极大的改善（照片由 William Sherman 拍摄）

力。HTC Vive 的 Lighthouse 系统使接收器不必直接连接到发射器，但是它们必须经过本地处理，然后再传递回计算机。

　　最终，SLAM 跟踪技术将推动不久的将来。SLAM 跟踪功能已经在消费级（或接近消费级）产品中得到了证明，比如谷歌 Tango、微软 HoloLens、HTC Vive Focus 和联想 Mirage。Mirage 和 HTC Vive Focus 都使用了谷歌的 WorldSense 中的 SLAM 系统。三星、惠普和华硕的头戴式显示器使用微软的"Windows 混合现实"技术。同样，SLAM 跟踪也可以通过苹果的 ARkit SDK 和谷歌的 ARCore SDK 在智能手机上实现。正如第 4 章所述，SLAM 是一个由内向外的跟踪系统，所有的工作都是从用户的角度完成的，因此不需要对环境进行任何更改。但这需要大量的专门处理以及内存，以便将当前输入与过去的位置相匹配。虽然同样的 SLAM 技术可以从用户的头部观察到用户的身体，并通过 Leap Motion 等产品确定用户的肢体位置，但这并不能解决跟踪用户身体其他部分的问题。目前 SLAM 跟踪在环境快速变化的情况下并不是一个可行的解决方案。

　　最后，完全集成的系统减少了累赘，因为整个设备是独立的，因此不需要与其他系统连接。"显示"将包括跟踪、计算和将其连接到远程计算和数据设施的网络（很可能是通过云）。

　　我们在 2002 年预测，将来我们希望用户能拿起一个比一副太阳眼镜还小的并且没有连接线的显示器，从而在视觉上和听觉上沉浸在媒介中。现在，微软的 HoloLens 几乎做到了这一点，尽管它的视场不够理想，输入也有限，甚至它比一副眼镜大得多，重量也更重，视场也非常有限。但是，头戴式显示器已经努力在改进设备的视场。

　　然而，并不是所有的进步都能减少累赘。随着触觉显示技术的推进，在开发的早期阶段，将涉及更多阻碍界面的小装置。因此，对于给定的体验而言，设计师必须权衡哪一端更重要。

10.3.3　更高的感官保真度

　　在第 1 版中，我们做了一个简单的预测，即感官保真度的改进可能会体现在头戴式显示器具有更高的视觉敏锐度，当然这已经发生了。但我们也预测，触觉呈现的技术将会有革命性的改进，尽管该领域的技术仍在继续发展，但几乎没有成为广泛部署的虚拟现实显示的标准。关于全身参与（尤其是腿部）的技术，我们预计，改进可能会伴随着更多的累赘，"为参与者提供一台跑步机，让他们可以在上面行走，这可能会增强体验，但是如果要求将其束缚起来作为一种安全措施，也会更加碍事"。不仅仅是跑步机，像 Virtuix Omni 这样的低摩擦"原地跑"设备填补了其中的一些空白，虽然脚或腿没有累赘（除了必须穿特殊的鞋子），但是安全环仍然是一个累赘因素。

　　特别关注视觉显示器：分辨率（像素密度）已经取得了长足的进步。在第 1 版的时候，高清电视（HDTV）刚刚进入美国有线电视市场。现在，超高分辨率（又名 4K）电视已经普及且价格低廉，而且更高分辨率的电视也即将面世。其中一些原因是现在电视显示器和计算机显示器半共享的特性。在许多方面，这些技术已经融合在一起（部分原因是后模拟标准将使用正方形像素的斗争）。现在，智能手机和平板电脑上的小屏幕具有同样的分辨率，因此像素密度更高。

在声音方面，我们正在对声源进行处理，以模拟它们在环境中的传播，从而使它们"进入"虚拟世界。由于现在正在进行中，很容易预测，更好的声音渲染和传播将成为未来虚拟现实体验的一部分。

与触摸相类似，迪士尼研究中心的立体触觉研究小组在研究如何更好地控制传感器［Israr et al. 2016］。特定的感官可以被捕捉并传送到触觉显示器上。因此，我们可以很容易地预测这些产品在不久的将来会到达最终用户。其他触觉技术也在改进中，尽管有较长期的预测。我们预计 MEMS 和微流控技术，以及其他技术，将大大提高触觉能力。

最后，虚拟世界的模拟和渲染也将提供更高的保真度体验。这包括减少延迟，缩短所谓的"从动作到显示"的时间延迟——因此也包括"从动作到皮肤压力"，等等。此外，更快的处理器，以及 GPU 作为计算单元的使用，改进了虚拟世界的物理计算，这有助于通过防止对象进入不可能的 / 矛盾的状态来保持世界的"稳定"。事实上，目前正在生产专门的硬件芯片，用于优化虚拟现实所需的计算，并在芯片上嵌入完整的渲染管道，以实现虚拟现实系统所需的实时工作流。

10.3.4　软件可用性

在虚拟现实硬件"制度化"之前，许多（如果不是大多数）虚拟现实设施都依赖于"本土"和社区共享软件。有一些社区通过这些社区共享软件，少数开源虚拟现实集成库使这成为可能，但也只有在每个设施的本地程序员和运营商付出大量努力的情况下才有可能实现。缺乏广泛的软件工具是虚拟现实最终进入更广阔市场所必须克服的障碍之一。这是一个经典的先有鸡还是先有蛋的问题。似乎虚拟现实已经从大多数使用虚拟现实应用程序的人同时也是以某种方式参与到虚拟现实开发的时代过去了。如今，大多数使用虚拟现实应用程序的人都没有参与虚拟现实应用程序的创建过程。

当第一台个人计算机问世时，所有的销售人员都在吹捧个人计算机如何能帮助平衡支票簿、组织食谱和完成其他听起来很有用的任务（我们之所以知道这些，是因为其中一位作者 20 世纪 70 年代在一家计算机商店工作过）。但在现实中，人们使用早期的计算机主要是为了玩游戏。另一个有用的任务是文字处理，这对写论文来说是一个巨大的进步。最终，第一个电子表格 VisiCalc 发布了（典型的"杀手级应用"），家用计算机开始向更实用的方向发展——同时还能玩游戏。

目前，大多数为虚拟现实系统发布的软件都是游戏。在不久的将来，人们将把大部分时间都投入虚拟现实中。但即使是在国内市场，也已经有工具（或类似工具的应用程序）可用，比如谷歌的 Tilt Brush 和 Google Earth VR。叙事性体验（虚构的、纪实的和新闻的）目前也可用的，并且可能会有更多的版本发布，尽管它们是否能跟上游戏体验还有待观察。在未来，我们可以期待一些体验，如 DIY 培训应用程序——也许通过构建一个表格的步骤，并要求用户模仿专家的动作。其他形式的教育也将开始投放市场——科学实地考察、历史实地考察、物理学解释等将在现有的基础上继续扩大和改进。

好消息是，现在有了可以发布新软件工具的市场，这将促进新的开发。

10.3.5 新驱动/颠覆性技术

虚拟现实技术的进步在很大程度上得益于可以被认为是其前身的飞行模拟技术。实际上，飞行模拟确实是一种虚拟现实体验，一种早期有明显好处的体验，因此更多的资源被用于其开发。飞行模拟本身早于数字计算机，但是基于计算机的图像生成器的可视飞行模拟与虚拟现实是在同一时代出现的。事实上，第一个计算机驱动的虚拟现实的创作者 Ivan Sutherland，是 Evans & Sutherland（E&S）公司的共同创始人。该公司几十年来一直是视觉飞行模拟的主要开发商。

然而，直到 Sutherland 的一名学生 Jim Clark 生产了图形渲染硬件芯片（"图形引擎"）并成立了硅谷图形公司（Silicon Graphics Inc.，SGI），大学研究人员才买得起实时计算机图形。SGI 系统的价格甚至比低端的 E&S 图像生成器便宜几个数量级——这无疑是对市场的扰乱。这些"便宜"的系统，加上开发小型液晶显示器或中等价位的投影系统，使虚拟现实研究得以开展。

后来，硬件计算机渲染市场再次被打乱，随着 3D 计算机游戏的爆炸式发展，芯片制造商进入大众市场，推动性能上升和价格下降，价格下跌了更多的数量级。

虽然速度没有那么快，但与此同时，输入技术也在进步。游戏社区在这方面做了贡献，尤其是在 Wii 遥控器等游戏控制器的升级方面。但跟踪技术的进步也得益于 IMU 自身的日益普及，不仅是在 Wii 遥控器，在智能手机领域也是如此。此外，基于摄像机的跟踪技术也在不断进步，手机（两侧）、计算机显示器甚至 wiimote 都安装了质量合理的摄像头传感器。结合改进的计算机视觉和跟踪算法，基于摄像机的跟踪变得非常简单。最后，虚拟现实专用的进步出现在 HTC Vive 的 Lighthouse 系统中，该系统利用低成本的传感器在光线照射的空间中进行快速无线跟踪。

最后的硬件部分是显示屏，尤其是在视觉方面。便携游戏和智能手机再次为一种颠覆性的产品创造了市场，这种产品的屏幕分辨率高、重量轻、体积小，便于手持或佩戴。此外，能够低成本立体呈现的投影技术也变得更容易获得。

这种颠覆性的技术让一群充满激情的爱好者聚集在一起，为市场不太明朗的有趣项目筹集资金，从而发现这样的市场是否存在——众筹——应运而生，以 Oculus Rift 为例，就是 Kickstarter。随后，或许是众筹之后的混乱，是大规模的投资资金。再一次，以 Oculus 虚拟现实为例，Facebook 注入了 20 亿美元。此外，虽然 Facebook 收购 Oculus 虚拟现实可能是最公开的大规模投资，但其他科技巨头（如谷歌、微软、苹果）也在虚拟现实技术和与虚拟现实相关的知识产权方面大举投资。

回顾一下虚拟现实技术发展到今天的颠覆性：

❑ 数字计算机；

❑ 计算机图形图像生成；

❑ 商品化计算机；

❑ 计算机图形学的两个拐点；

❑ 商品化 3-DoF、6-DoF 跟踪能力；

❑ 商品化屏幕；

❑ 人群采购；

❑ 重大投资。

但更难预测的是，在很远的未来，下一代颠覆性技术将是什么——除了虚拟现实本身可能颠覆我们与计算机及其他设备的交互方式。

与过去相比，技术领袖们无疑更加关注虚拟现实和增强现实技术。

10.4　对技术的回顾与预测

正如我们在本章开头所提到的，虽然很难（是不可能）精确地预测技术的未来，但是，如果要进行适当的规划，就必须对可能开发的技术进行一些有根据的猜测。否则，如今研发中的虚拟现实应用程序在部署时就会过时。事实上，迪士尼 Aladdin 虚拟现实游乐设施的联合开发者、Schell 游戏公司的创始人 Jesse Schell 最近对未来 20 年的虚拟现实做出了 40 个预测，而在短短 4 个月时间里，他的其中一个预测就已经实现了——过山车虚拟现实将成为现实［Schell 2016］。该领域不断加快的进展只会加剧"问题"。

当然，这并不是我们（作者）第一次面对虚拟现实的未来。本书的第 1 版和第 2 版之间将有 16 年的时间，那时已经做出了预测，除了现在做出新的预测，我们还要看看我们做得有多好。事实上，这一章的第一个预测是在没有文字的情况下完成的——用来介绍这一章的图片描绘了两个人在玩一种棋盘游戏，其中一名参与者虽然共享同一个虚拟空间，但却身在别处（图 10-9）。除了一些小细节，这种情况已经发生了。当然，将虚拟现实作为社交聚会场所的概念不仅存在于虚拟现实商店的少数应用中，也存

图 10-9　在本书的第 1 版中，我们展望了未来，预测两个人可以在相隔遥远的情况下，就像面对面坐着一样。这在很大程度上已经实现了

在于社交媒介巨头 Facebook 因其在社交媒介领域的潜力而在虚拟现实领域做出的开创性投资中。"桌面模拟器"程序提供了一个可以下国际象棋、玩任意数量的棋盘或纸牌游戏的环境，并使用诸如 Kinect 之类的深度摄像机将朋友的数字副本带入虚拟世界。唯一没有发生的是，所展示的头饰仍然比目前的 HMD 技术更薄，但这也会发生。

在这个版本中，我们将保留第 1 版中使用的主要部分，并在每个部分中添加一个"回首过去"小节。我们的新预测是我们相信在不久的将来可能发展的概念。即使某些设备（例如 Daqri 智能头盔）已经内置了可用作输入设备的脑电图传感器，我们也不会解决直接大脑输入和输出的真正未来主义愿景。此外，加州大学伯克利分校的研究正朝着直接影响老鼠大脑感知的方向发展［Mardinly et al. 2018］。

这些印象是基于我们与供应商、技术开发人员、虚拟现实社区的讨论，以及与虚拟现实相关技术的发展方向保持"接触"。毫无疑问，我们所描述的一些技术将会出现，而有些则不会，而我们没有提到甚至没有想到的其他技术很可能会普及。

当我们回顾虚拟现实中发生的事情时，我们用图标来区分特定的事件，以表明我们是否：

- ☺ 预测准确（正确）；
- 😐 预测一半（几乎完成）；
- ☹ 预测不准（遗漏）；
- 😲 未预测，但对虚拟现实有重大影响（惊喜！）

10.4.1 显示技术

在不久的将来，我们可能会看到虚拟现实显示硬件领域的重大变化。在接下来的章节中，我们将讨论各种感官呈现的创新。随着呈现技术的进步，人们对人类感知和生理机能的理解也将得到改善，可以从呈现硬件和调整软件中获得更好的输出，从而避免呈现令人讨厌的场景。

视觉显示——回首过去

☹ 在第 1 版中，我们专注于自动立体视觉显示。虽然自动立体显示器可以在任天堂 3DS、富士 W1 和 W3 相机以及一两款智能手机上找到，但它并没有真正成为一个更大的市场项目。一些研究甚至是在用户跟踪的、主动的自动立体显示器上进行的，但这并没有离开研究实验室［Sandin et al. 2005］。最适合该市场的技术是 2007 ～ 2014 年间蓬勃发展的 3D（立体）电视，以及面向专业广告市场的飞利浦"WOWvx"9 区自动立体显示器。

视觉显示——展望未来

简单的预测是视觉显示器将具有更高的分辨率、更宽的视场以及更符合人体工程学的设计。特别是在人体工程学方面，消费级头戴式显示器可以更好地配合处方眼镜工作，而且重量更轻，平衡性更好，并且最终将是无线的。（实际上，已经有用于使当前 HMD 成为无线设备的产品，这很可能使虚拟现实背包系统成为从有线图像传输到无线图像传输过渡期间的短暂时尚。）

　　光学将会有重大的发展。利用光场和光波更好地将图像精确地传输到眼睛，从而减少光学足迹，这将从分散的研究实验转向消费技术。光学的另一个领域可能至少对高端消费者可用，那就是场景焦距变化的技术。这可能是由于全光显示器的使用，它可以在许多方向上渲染光波，或者通过提供变焦图像的特殊光学来实现的（图 10-10）。这将导致"适应问题"的改善，从而产生更多"真实的"图像，并减少眼疲劳、头痛和其他问题。实时渲染的全息技术是另一种有潜力的光学技术，但是光场的效果可能会模仿全息图对单个用户的效用，而对计算的要求要低得多。

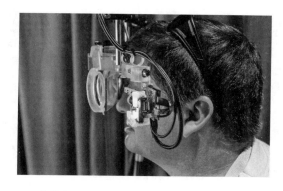

图 10-10　有一项正在进行的光学研究是，根据参与者在场景中的观看位置提供不同程度的聚焦来进一步提高视觉真实感。目前，这类变焦显示器还不是一项面向消费者的技术，并且问题是不确定还需要多久能为消费者准备好（出 John Stone 拍摄）

　　随着智能手机不断发展成为通用的移动计算平台，它们将具备更多的虚拟现实和增强现实显示功能。特别是，带有小型眼镜的增强现实系统，通过无线通信返回到口袋中的计算机进行渲染和输入。总体而言，头戴式显示器将被吸引成为移动计算平台的一部分，在某些情况下，它包含改善增强现实和虚拟现实体验所需的外围处理单元。

　　增强现实能力将日益融入"标准"虚拟现实系统。随着由内而外的跟踪技术不断改进，增强现实技术变得更加易于管理，因此这两种技术可以看作同一媒介的两个方面。事实上，未来我们将在现实、增强现实和虚拟现实之间无缝切换，以适应当前的任务。虽然主要是出于安全考虑，HTC Vive HMD 已经配备了一个摄像头，而 Vive Pro 则配备了一个立体摄像头。随着深度摄像机变得越来越普遍，作为 SLAM 跟踪的一部分，同时也作为近场交互的一部分，将真实世界完全融入虚拟体验的能力将变得司空见惯。

　　更好的显示技术和对人类感知生理学更深的理解相结合，将导致专门设计的显示器，以减少由图形显示（又称晕动症）引起的恶心的可能性（和严重程度）。

音频显示——回首过去

　　☺在第 1 版中，对于音频输出，我们主要关注基于物理的声音建模算法。虽然视觉渲染继续占据主导地位，但在这个方向上已经取得了一些进展；特别是在声音传播中，通过3D 环境产生适当的空间化声音。另一方面，虽然工作还在继续，但在当前的虚拟现实应用中，基于真实世界的物理的声音计算仍然不是标准做法。

😞我们简要提到了创建透明扬声器的能力，该扬声器可以在环绕声——虚拟现实模式中使用。这似乎不是一个很理想的项目。同样，在环绕虚拟现实系统中也没有对回声消除进行过重要的演示——也许对于大型虚拟现实系统中通常使用的应用类型而言，拥有良好的本地声音并不重要。然而，在家庭影院系统中，通过一对扬声器提供"宽音域"已经取得了很大的进展。

🙂音频压缩技术的进步使我们能够以合理的质量传送实时音频，从而在不需要过多存储和网络带宽的情况下获得更丰富的体验。

音频显示——展望未来

基于物理的声音建模算法将继续发展。新算法的优点是无须预先生成可能需要的所有声音。

未来的音频显示器将提供产生高品质的私人聆听的能力，而不需要在我们的耳朵里或上面安装设备，同时，根据体验的需要，允许或阻止真实世界的声音。

触觉显示——回首过去

与音频一样，触觉显示并没有按照我们预期的方式发展。当用户必须将小物体拼凑在一起或使用需要非常灵敏、精确调整的仪器时（例如外科医生可能需要的仪器），触感是非常有用的。除了非常特定的用例以外，触觉呈现的进步比我们预期的要慢得多。

😞在第 1 版中，我们讨论了如何使用插针网格阵列的显示器来生成用户可以感觉到的纹理。插针网格阵列的使用仍在研究中，但还没有明显的进展将其从研究转向实际应用。

🙂类似地，对于温度显示（一种皮肤 / 触觉的类型）而言，市场上也没有多少新技术可供使用。现在向用户显示温度的主要方式是激活针对用户的加热灯或风扇。当它发生的时候，这正是我们所预测的关于热感显示的最初进展。虽然已经出现了一些使用 Peltier 设备显示温度信息的手套型设备原型，但是这种技术还没有得到广泛的应用。

🙂我们还预测全方位的跑步机将会被更广泛的使用，在这一点上，我们也有部分功劳。消极的一面是，允许用户在任何方向上自由行走并始终回到中间位置的真正的移动跑步机仍然很少而且相差很远，并且很大程度上是实验性的。从积极的一面来看，如果我们认为这些显示器是触觉的，因为它们允许自然的本体感觉反馈运动，那么低摩擦行走表面（例如 Virtuix Omni）的趋势本身就不是跑步机，而是传送机，那么现在有一种可以填补这一空白的最终用户产品。

触觉显现——展望未来

一项即将出现的新技术是"超声波触觉技术"。虽然这项新技术最初可能不会应用于虚拟现实系统，但它仍有很大的发展前景。超声波触觉技术使用一组声音传感器来产生空气压力波，用户的皮肤可以感受到。单个传感器产生一个扩展的波前，但通过使用多个传感器，可以产生驻波模式。一种假定的用法是在驾驶舱（包括汽车）中，用户通过手势与虚拟控件交互，然后感受物理反馈（图 10-11）。

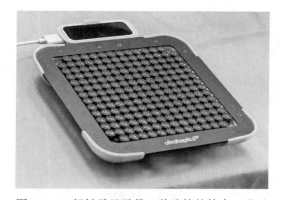

图 10-11　超触觉显示是一种独特的技术，通过重叠的超声波波形提供触觉。这和其他新技术为创建新的有趣应用提供了可能，能够超越一般的 VR 体验（照片由 William Sherman 拍摄）

另一项将使触觉显示受益的技术是可动态改变的织物。特别是，织物的硬度可以瞬间改变，这样它就可以提供一种方法来显示限制用户移动的力量——可能嵌入手套中，然后可以向用户描述他们正在拿着一个物体。

除了织物，其他开发"活动表面"的方法也在研究中，这些方法可以通过膨胀的气囊和收缩的节流阀来提供改变形状的能力，结合起来可以产生有趣的形状，用户可以伸出手来感受被表达的物体。

使用 Peltier 或类似的传感器提供质感甚至温度梯度的皮肤活化剂阵列的概念仍然可能出现。AxonVR 是一家致力于生产此类显示器的公司，但作者尚未有机会亲身体验。

振动触觉传感器将被添加到 HMD 中，以提供与头部运动相关的信息传递手段，如与墙壁或其他物体接触，或可能将用户的注意力引向特定的方向。

嗅觉显示——回首过去

气味是情感记忆最引人注目的触发因素之一。对于任何想要唤起情感记忆的体验来说，增加嗅觉显示都是很重要的。即使对于非情感的应用，气味也是有用的，例如，在外科模拟和诊断电气系统的问题上。虽然已经有一些将气味吹进虚拟现实显示空间的实验，但在气味真正成为虚拟现实体验的一部分之前，还有许多问题需要解决。例如，一旦一种气味被引入一个环境中，目前没有有效的方法可以立即去除它。

😊 在第 1 版中，我们讨论了如何建立一个完整的气味模型，通过这个模型可以将原始的气味结合起来产生一个广泛的气味谱。研究仍在继续寻找可行的气味模型，但目前最先进的气味显示技术仍然是在环境中释放"香水"，然后将其扩散。

😐 但在原始气味方面已经有了一些进展，只是比我们预期的要慢。例如，Takamichi Nakamoto［2016］的研究展示了"橘子"气味是如何通过 14 种化学物质产生的。

嗅觉和味觉显示——展望未来

对于嗅觉显示而言，种种迹象表明，气味理论将会取得稳步进展，但在显示技术本身方面却进展甚微。尽管神经科学家们还在继续研究人类（和其他动物）的嗅觉接收是如何工作的，但这可能会导致嗅觉显示方面的突破。

味觉显示技术也将主要停留在理论方面，开发和完善口味配方。当然，味觉的本质总是会使它成为一种利基效用，通常情况下，使用嗅觉和视觉来影响味觉——也许是在下巴上增加了振动触觉反馈，以表现出松脆或其他感觉（图 10-12）

图 10-12　创新者寻求进一步与人类感官交互的方法。在这里，一个 Ph 计和颜色传
　　　　　感器被用来传送值到一个特殊的杯子，这个杯子通过颜色和舌头上的微小
　　　　　电刺激来显示味道（图片由 Nimesha Ranasignhe 提供）

10.4.2　输入技术

在用户监控和世界监控方面的创新可能最终会使参与者不受阻碍，并出现最终的界面。在下一节中，我们将重点介绍不那么引人注目的跟踪设备、潜在的新输入设备和直接连接。

无累赘的输入——回首过去

☺在第 1 版中，我们展望了未来更少的电线。对于几乎所有的输入技术来说，这已经成为现实。虽然专业的控制器早在几年前就已经存在了，但随着"Wii 遥控器"的出现，这一趋势出现了迅猛发展，包括 Vive 控制器、Oculus Touch 控制器和谷歌 Daydream 控制器，虚拟现实输入都是无线的，其中许多都利用了蓝牙无线外围协议。

☺使用改进的摄像机跟踪技术和算法是我们能够预期改进的另一个领域。在这种情况下，改进超出了我们的预期，因为整个区域的深度摄像机以及推导人的骨骼形状和附件的算法出现了。因此，在头戴式显示器上安装了深度摄像机的系统可以跟踪在其前面进行的手部操作。

☺摄像机的一种即将出现的用途是面部识别，我们预计这种用途会更加普遍，尤其是识别"谁在被跟踪的空间里"，然后为他们量身定做一种体验。当然，这项技术是存在的，并且已经在虚拟现实之外的领域得到了应用，所以在不久的将来，这项技术仍有可能实现。"自然特征跟踪"（Natural Feature Tracking，NFT）在增强现实应用中已经很常见了。NFT 是介于在世界中放置人工标记和 SLAM 跟踪之间的一个步骤，SLAM 跟踪是在跟踪环境中自识别线索。增强现实系统使用 NFT 识别和跟踪预定的自然发生的物体和场景，本质上是隐藏在普通视线中的"标记"（特征）。

无累赘的输入——展望未来

作为输入设备的摄像机种类将继续扩大。对于基于摄像机输入的 6-DOF 跟踪的系统，将提取更多的真实世界信息以供虚拟世界使用。简单来说，视频输入可以用来确定谁在空间中（如上所述），也可以用来计算他们的 3D 形式，以便在虚拟世界中更准确地表示它们。同样，对于现实世界中的无生命物体（或者甚至是在游戏空间中漫步的宠物），利用现有的视频输入可以提高游戏体验的安全性。

虚拟世界中的手交互将通过更自然交互来增强。手套很有趣，但不实用。外部手的跟踪已经被证明（通过 Leap Motion 等），一些特定的手的运动将被专门的探测器检测到，比如谷歌的基于雷达的 Soli 项目，甚至是 HoloLens 的硅内手势识别。

新输入设备——回首过去

☺在第 1 版中，我们推测可能会有新的可变形装置，为虚拟世界中特定的交互作用提供调节输入的手段，例如高尔夫球杆的输入可能能够改变质心来模拟不同的球杆。虽然目前还没有任何重要的可变形输入，但 Wii 遥控器的一些附件可以让它根据游戏呈现出不同的形式，这在一定程度上解决了这个问题。也许更接近目标的是 Reactive Grip 控制器，它利用可以被移动的内部重量来影响转矩和质心。但是由于没有达到 Kickstarter 的目标，它并没有进入消费者市场。

☺虽然在我们的"虚拟现实的未来"一章［Sherman and Craig 2002］中没有明确的预测，但我们确实谈到了通过传感器融合来改善整体跟踪，这在很大程度上已经成为现实。消费者的头戴式设备现在既包括 IMU 3-DOF 跟踪，也包括位置跟踪。

新输入设备——展望未来

最明显的新输入设备是眼球跟踪输入。显然，因为它现在某些情况下是可用的，所以我们的预测是，它将在所有头戴式显示器中无处不在，为虚拟现实系统提供眼球跟踪信息。

面部表情的跟踪是另一项即将得到广泛应用的技术（图 10-13）。当然，随着社交虚拟现实体验成为虚拟现实的重要用途，需求就存在了，这将推动技术向前发展。在这种情况下，"技术"将是硬件趋势（如眼球跟踪）和专门软件算法的结合。

在输入的另一面——世界捕捉——我们还将可能看到 SLAM 技术的进步，通过这种技术可以更加真实地捕获周围的环境，并且这些数据将被用于更好的增强现实，并利用世界知识更好地引导用户远离与现实世界发生干扰交互。

图 10-13　在 CMU 人类感应实验室展示了一种技术，它可以分析一个人的面部特征（也许还有姿势），并确定他们的幸福程度（照片由 Max Collins 提供）

直接神经连接——回首过去

☹虽然第 1 版至今已有 15 年，但在直接神经输入连接的方式上还没有明显的进展。当然，已经为高级假肢开发了一些接口，但在消费者面前，最接近的设备是使用脑电波传感器测量"脑波"的玩具——不是精确的"直接"连接。这些测量数据允许用户通过调整他们的"放松状态"来控制直升机或浮球的高度。不出所料，一些虚拟现实体验被创造出来，将脑电图输入与虚拟现实相结合，比如在游戏 The Adventures of NeuroBoy 中。

直接神经连接——展望未来

神经科学家们继续研究大脑中负责视觉和听觉区域的运作方式，以期治愈失明和耳聋。从这类研究中开发出来的设备的接受者将有机会通过技术感知现实世界，有些人甚至会在大脑中直接感知虚拟世界。一旦突破了这种技术的障碍，具有冒险精神的研究人员可能会绕过感觉器官，直接向大脑提供模拟刺激，即使在感觉功能没有受损的情况下也是如此。

10.4.3　软件

虽然虚拟现实体验仍然需要良好的计算机编程技能，但现代虚拟现实体验设计团队不再特别要求熟悉欧拉角、串行协议、共享内存、消息传递、套接字接口、头部相关传输函数、弹簧和阻尼器模型等概念的人。现在，设计团队几乎不需要在这些概念上花费时间，而是可以将 100% 的精力集中在以下问题上：

❑ 故事发展（故事板）；

❑ 具象映射和美学（要渲染什么而不是如何渲染）；

❑ 构建虚拟世界；

❑ 地标和其他寻路辅助；

❑ 用户与虚拟世界的交互；

❑ 有效且有趣的表示方法；

❑ 解决问题和创造力（满足用户需求）。

同样，团队现在可以更完整地围绕科学家、艺术家、医生、教师、学生、家庭主妇和作家编织。也就是说，虚拟现实应用程序应该由使用最终结果的人设计并为他们服务。

在虚拟现实体验发展中曾经至关重要的工作任务，现在已经不那么重要了，包括电气工程、视频工程、代码开发、计算机图形学和数学。虚拟现实应用不应该只由基础设施开发者来设计。当然，这些技能仍然是需要的，但现在这些解决方案已经集成到虚拟现实界面软件中。一个例外是，允许硬件独立性的模块化不再是大多数基于游戏引擎的虚拟现实软件界面的目标。上一代的虚拟现实集成库一般都能很好地与头戴式或 CAVE 式的大型系统协同工作，而当前的一代往往忽略了更大尺寸的系统，因此面向后市场或内部硬件的程序员需要解决问题。

在前 9 章中，我们已经看到了软件工具使虚拟现实能够实现虚拟现实应用程序的当前状态的不同领域。我们可以将虚拟现实软件分为四类：虚拟世界创建、硬件接口、渲染和应用开发工具。发展或多或少是并行进行的，但随着支持虚拟现实的游戏引擎的出现，它们的进展也可以在几代之间联系起来。

虚拟世界创建软件——回首过去

☺ 在第 1 版中，我们在这方面的预测是："最终，体验创建软件将发展到非程序员也可以开始自己创建虚拟世界的程度。"现代的游戏引擎，如 Unity、Unreal Engine 等已经让这一想法变成了现实。是的，要做一些稍微有趣的交互，一些简单的脚本（在 Unity 中）或可视化编程（在 Unreal Engine 的"蓝图"系统中是必要的，但不需要大量的计算机编程技能。同样，科学的可视化也可以通过 ParaView 的图标和基于菜单的界面在虚拟现实中进行探索，然后按下"虚拟现实"按钮。然而，这些工具仍然需要一个学习曲线，在未来，我们将看到允许任何人在没有任何计算机编程背景的情况下创建引人注目的体验的工具。已经有了基于 Web 的工具，如 STYLY［http://styly.cc］正在尝试让任何人不需要编码就可以创造虚拟现实体验。

虚拟世界创建软件——展望未来

在未来，专业的现成开发工具将出现在特定的（非游戏）市场。例如，架构设计工具使创建和更改新的建筑布局变得容易。这些工具可以连接到成本预测模型，生成材料清单、人工成本、任务排序甘特图等。材料数据库甚至可以包括墙纸、油漆等的目录，以便于用已知可用的产品来设计建筑。

为业余爱好服务的工具（非游戏）也可能为那些喜欢世界设计业余爱好的人提供一个市场，否则他们可能会占用太多空间或花费"永无止境"。例如，除了现在作为具有无限轨道和空间的虚拟世界外，要飞行模型飞机或建造模型铁路。

硬件接口软件——回首过去

☹在第 1 版中，我们将开源解决方案作为推进虚拟现实硬件接口的主要催化剂。虽然在各种研究实验室中都使用了开放源代码的工具，例如用于位置跟踪的 VRPN，或用于沉浸式科学可视化软件的 Vrui、Free VR 等，但总的来说，开源的贡献比预期的要少。事实上，最近的趋势是走向闭源软件，如 Oculus SDK（最初宣布是开放的），以及 Valve 不恰当地将 Open VR 命名为虚拟现实硬件接口。

硬件接口软件——展望未来

尽管在软件开发的许多领域，开源社区做出了巨大的贡献，而且在虚拟现实的历史上也有过很多努力，但几乎没有进行过整合，留下了一个支离破碎的开发基地。当然，低成本硬件将虚拟现实向更广泛的开发人员社区开放，并且其中一些将倾向于开源解决方案和开发。然而，商业游戏引擎社区的趋势是将他们的软件免费提供给教育工作者和修补者，在某些情况下，将源代码提供给他们，尽管不像开源社区所定义的那样完全"开放"。当然，任何时候开发标准，都可以使社区协作变得更容易。

虽然不是开源的，但 Khronos Group 一直致力于创建一个名为 OpenXR 的标准，该标准与 OpenGL、WebGL 等一样，提供了一个编程接口（API），可用于与各种硬件设备进行通信。这确实需要硬件制造商和渲染系统开发者（例如游戏引擎）都致力于将他们的产品与 OpenXR 集成在一起，但是我们有理由保持乐观，因为 Khronos Group 之前已经成功地为其他标准解决过这种情况。

渲染软件——回首过去

☺渲染方面未曾预料到的主要发展是 GPU 着色器语言的发展，它提供了对图形渲染芯片内部并行处理的直接访问。这不仅提高了渲染的效率，还扩展了专门表示的可用技术。

渲染软件——展望未来

一项已经开始但尚未完全成熟的发展，是声音渲染的改进。用于基于物理的声音生成、处理和传播的算法和软件库将变得更加普遍。

另一个基于声音的预测是，产生自然发音的人类语言的能力将继续提高，使多个代理都有自己的声音，而不会表明说话者是计算机模拟出来的。

应用开发软件——回首过去

☺在本书的第 1 版中，我们假设"当虚拟世界的代码编写方面的创造变得微不足道时，我们将看到虚拟现实应用程序创造的一场革命。应用程序开发工具将使大量的人很容易创建虚拟现实应用程序，并使这些应用程序为大众所用。关键是开发人员必须能够专注于空间和那里发生的事情，而不是关注正确呈现世界所必需的数学。"通过将虚拟现实界面整合到广泛使用的游戏引擎中，这已经成为现实。

☺再一次，现代游戏引擎解决了另一个特定的交互 – 沉浸的虚拟世界构建。我们在第 1 版中的预测是："体验创建者需要轻松而直接地传达他们在虚拟世界中想要的东西，而不需要手动定位每个多边形，或者为每个动作和界面编写计算机代码。这种未来的开发环境可以通过桌面计算机界面来操作，但是虚拟现实界面可能会更合适、更有效。"

事实上，Unreal Engine 现在为虚拟现实中的世界建设提供了一个工具，而 Unity 也宣布了这样做的计划。同样，诸如 MakeVR 和 Gravity Sketch 之类的工具也开始致力于使创作者能够"按思想建模"，但是适应诸如 Sketch-up 提供的自动增强技术的技术尚未迁移到虚拟现实。"创建者应该能够快速地勾勒出桌子的形状，计算机软件会自动地根据需要或多或少地增强物体［Zeleznik et al. 1996］。"

☺我们还建议"对象行为模拟（世界物理模型）的进步将允许开发人员选择一个特定的、预先创建的对象行为模型"。虽然现有的物理模拟可能只提供了少量可调的"材料"参数（如摩擦和弹性），但物理模拟已经成为标准游戏引擎的一部分。

☺我们还预计"理想的开发平台［将］是模块化的，并提供硬件设备独立性"。至少在两个主要的头戴式显示器以及智能手机虚拟现实显示器方面，这是标准虚拟现实开发的一部分。实际上，我们继续描述了支持虚拟现实的现代游戏引擎（如 Unity 和 Unreal Engine）的其他特点，例如界面模块化（√），使设计团队能够忽略渲染的数学知识（√）或消息传递（√），并使整个设计团队专注于他们的专业领域（√）。"虚拟现实应用程序不应仅由基础设施开发人员设计"。（√）

☹在第 1 版中，我们没有重点关注应用程序开发的一个方面，那就是通过传感器和算法的组合来捕获和创建真实世界物体的计算机模型的能力。诸如"运动恢复结构"（SfM）之类的技术已经被引入，这使得获取一个物体或空间的照片集合并处理它们以创建一个 3D 计算机模型变得非常简单。在四轴飞行器上安装一个摄像头，或者增加激光扫描技术，这样就可以扫描大片面积的空间。

☺填充虚拟世界的另一种方法是从其他来源获取模型。事实上，有些公司向游戏和培训应用程序开发人员出售各种对象模型，但随着大型游戏引擎市场的扩大，这些"资源"现在可以以各种价格（包括免费）获得。此外，像 Sketchfab［sketchfab.com］和 Google 这样的公司现在正在提供可以找到（和发布）3D 模型的存储库［ poly.google.com ］以及旅游和历史古迹的数据集［ artsandculture.google.com/partner/cyark ］。

应用开发软件——展望未来

目前，对于为虚拟现实设计的相对简单和可移植的虚拟世界开发来说，最好的工具是通过商业游戏引擎。因此，毫不奇怪，当手头的任务是制作游戏时，这些环境便会胜出。如果目标是创建一个建筑空间，或者为 3D 对象建模，那么最好使用专门用于这些任务的工具。实际上，我们期望看到的是社区内的工具（除了游戏开发之外）将虚拟现实界面合并为一个本地界面，通过这个本地界面，他们可以进行设计更改并评估设计。

虚拟现实应用程序的界面设计很有可能朝着标准化使用的方向发展——不一定，甚至不太可能是专家小组制定的标准，而是因为模仿了一两个流行的游戏界面而形成的一种事实上的标准。标准化的使用与虚拟现实的发展有着协同的关系，因为当虚拟现实从一致的使用模式中变得更容易使用时，它将传播和渗透更多场所，反之亦然。

10.4.4　应用程序软件的未来

在本书的第 1 版中，我们已经看到，在虚拟现实如何以各种不同的方式使用方面取得了很大的进步。也许有点讽刺，有点烦人，虚拟现实的制度化使人们更容易获得这项技术，同时也缩小了人们实际使用虚拟现实的范围，或者在现实中，扭曲了范围，以至于除了游戏以外的任何东西现在都是统计噪声的一部分。由于工具的范围有限，内容创建者创建的应用程序也有限。

应用程序软件——回首过去

☺或许这并不难预测："很快，人们就能购买一个用于建筑设计和评估的软件包，或者，甚至更早，就能买到一款你可以带回家的虚拟现实游戏，安装在你的家庭计算机上，让自己沉浸在设计空间或游戏舞台中。"也许在它发生之前并不完全是"不久"，但它确实发生了。当然，你也可以购买虚拟现实应用程序，而不是游戏或故事。

☺当然，与支持虚拟现实的软件并驾齐驱的是，可以从标准消费者来源获得虚拟现实硬件。

☻另一个我们没能成功预测的是使用图形命令拦截将标准桌面图形应用程序的渲染转换成虚拟现实显示。这种技术曾被用于制作更大的墙壁显示的瓷砖墙，实际上，作者自己也试图将这种技术应用于虚拟现实。但它最终被 Mechdyne 商业化为 Conduit 工具，并被 TechViz 作为" TechViz XL"。最终，这种将应用程序引入虚拟现实的方法是一种临时的权宜之计。例如，Google Earth 是一个常见的例子，但它现在被 Google Earth VR 所取代——尽管后者在 CAVE 式系统中仍然不可用。

应用程序软件——展望未来

也许这是另一个简单的预测——虚拟现实将不仅仅应用于游戏。虚拟现实将可以预览未来以及现有的建筑空间，建筑构建的增强现实已集成到"建筑信息管理"系统中。患者治疗系统也已经可以使用了，而且许多其他应用已经落地，只需要将其迁移到一个更简单的分布模型中。

另一个可靠的预测：支持网络传输的虚拟现实内容。事实上，对于像《纽约时报》这样的网站来说，360 叙事虚拟现实体验已经在制作和传输中了。但除此之外，交互式网络传输体验的协议存在于诸如 WebXR 这样的新兴标准中，因此，随着协议成为一致的工具包，在 Web 上提供虚拟现实将是常见的事情。

现有的游戏局域网聚会很容易扩展到虚拟现实聚会，人们可以在共享的空间中工作或竞争，虽然他们也可以在自己的家里这样做，但那需要付出更多的精力。实际上，一些精明的游戏开发人员会创建提供激励的游戏，甚至要求参与者处于相同的现实世界中才能玩游戏或达到游戏中的特定级别。一般来说，多人虚拟现实体验将会更加普遍。

虚拟现实技术的社交应用将不局限于局域网聚会，在那里人们可以聚集在一起进行虚拟交互。简单地与朋友和家人一起在虚拟现实的空间里"闲逛"将使生活在不同地方的人更频繁地聚在一起。当然，这是吸引 Facebook 等公司的一个关键特征，它们希望通过参与下一波技术浪潮来保持自己的市场主导地位。（也许两个人只是想聚在一起下一盘棋。）

将会有适合角色扮演的虚拟现实应用。例如，你不仅可以去听 Paul McCartney 的演唱会，还可以在舞台上和他一起，成为第五位披头士成员，或者代替 Keith Moon 打鼓，或者参加专业级别的体育活动。

10.5　本章小结：未来已来

正如本书第 1 版出版时所说的那样："我们所说的许多趋势今天确实正在发生。"现在，无所不在的虚拟现实基本上已经到来，或者至少即将到来。构建自己的虚拟现实显示器比以往任何时候都要容易，但重要的是，购买一台显示器可能会更便宜。事实上，硬纸板和一对便宜的镜头就足以让你以不到 10 美元的价格制造或购买一款基于手机的虚拟现实显示器。

虚拟现实正处于一个转折点上。我们的社区是"吸引力媒介"的一部分，那里创造了有用和有趣的工具与经验，但在很大程度上是技术本身有趣。"怎么可能骗过我的大脑，让它以为我正站在悬崖边上，感到紧张呢？"现在只专注于技术是不够的——对于那些仍然有兴趣探索大众市场之外的虚拟现实的人来说，必须变得更前卫。

仍然有大学学者将研究虚拟现实对沉浸参与者思维的影响——世界如何在生理上影响他们？心理上呢？知道了这些影响后，我们是否可以提高执行某些任务的能力？我们可以使学习高等数学变得更容易吗？虚拟的实地考察旅行比真实的更有价值还是更没有价值？我们能防止参与者晕屏吗？

当然，我们可以努力使用户界面更好、更逼真、更舒适等。现在有数十亿美元已投资于这项技术，并且在一年内投入的资源比过去 50 年的总和还要多，进步将会出现，而且会很快出现。请确保你的安全带系好了。

推荐阅读

Unity游戏开发（原书第3版）

作者：Mike Geig ISBN：978-7-111-63083-8 定价：119.00元

基于Unity与SteamVR构建虚拟世界

作者：Jeff W Murray ISBN：978-7-111-61958-1 定价：79.00元

Unreal Engine 4游戏开发秘笈：UE4虚拟现实开发

作者：Mitch McCaffrey ISBN：978-7-111-59800-8 定价：69.00元

增强现实：原理与实践

作者：Dieter Schmalstieg Tobias Höllerer ISBN：978-7-111-64303-6 定价：99.00元